普通高等教育“十一五”系列教材（高职高专教育）
PUTONG GAODENG JIAOYU SHIYIWU XILIE JIAOCAI

GONGCHENG ZHITU YU AUTOCAD

工程制图与AutoCAD

主　编　邢国清
副主编　陆家才
编　写　冀翠莲　刘建勋
主　审　张正磊

中国电力出版社
CHINA ELECTRIC POWER PRESS

Engineering Drawing and AutoCAD

内 容 提 要

本书为普通高等教育“十一五”系列教材（高职高专教育）。全书分为两篇共十六章，第一篇为工程制图，主要内容为制图的基本知识，投影的基本知识，点、直线、平面的投影，基本几何体的投影，组合体的投影，轴测投影，体表面的展开，剖面图和断面图，建筑施工图，给水排水施工图，采暖工程施工图；第二篇为用AutoCAD绘制建筑图，主要内容为AutoCAD绘图基础，编辑图形对象，精确绘制建筑图，图案填充、尺寸标注和文本标注，AutoCAD绘制建筑图的准备，绘制建筑图范例。全书在编写过程中以“应用”为主旨，以“必须、够用”为原则；书中采用了最新的建筑、给水排水、采暖等制图标准，书后附有整套施工图，将理论知识与实际工程紧密地结合在一起。

本书可作为高职高专院校建筑工程技术、给水排水、采暖通风、设备安装等专业的教材，也可供建筑工程技术、给水排水、采暖通风、设备安装等专业的工程技术人员参考。

图书在版编目（CIP）数据

工程制图与AutoCAD/邢国清主编．—北京：中国电力出版社，2009.8（2021.8重印）

普通高等教育“十一五”规划教材．高职高专教育

ISBN 978-7-5083-7233-4

Ⅰ．工…　Ⅱ．邢…　Ⅲ．工程制图—计算机辅助设计—应用软件，AutoCAD—高等学校：技术学校—教材　Ⅳ．TB237

中国版本图书馆CIP数据核字（2009）第090394号

中国电力出版社出版、发行

（北京市东城区北京站西街19号　100005　http：//www.cepp.sgcc.com.cn）

北京天泽润科贸有限公司印刷

各地新华书店经售

*

2009年8月第一版　　2021年8月北京第五次印刷

787毫米×1092毫米　16开本　24印张　586千字

定价 **38.00** 元

前　言

为贯彻落实教育部《关于进一步加强高等学校本科教学工作的若干意见》和《教育部关于以就业为导向深化高等职业教育改革的若干意见》的精神，加强教材建设，确保教材质量，中国电力教育协会组织制订了普通高等教育“十一五”教材规划。该规划强调适应不同层次、不同类型院校，满足学科发展和人才培养的需求，坚持专业基础课教材与教学急需的专业教材并重、新编与修订相结合。本书为新编教材。

本书是在总结高等职业技术教育经验的基础上，结合我国高等职业技术教育的特点编写而成。本书可作为高职高专院校建筑工程技术、给水排水、采暖通风、设备安装等专业的教材，也可供建筑工程技术、给水排水、采暖通风、设备安装等专业的工程技术人员参考。

本书在编写过程中以“应用”为主旨，以“必须、够用”为原则，注重基本理论、基本概念和基本方法的阐述，深入浅出、图文结合，更具有针对性和实用性。

本书由两部分内容组成：第一篇为工程制图，第二篇为用AutoCAD绘制建筑图。

第一篇贯彻了现行的制图标准，强调工程图样的规范性和严肃性。采用的标准有：《总图制图标准》、《建筑制图标准》、《给水排水制图标准》、《采暖通风制图标准》。为配合本书教学，另编写出版《工程制图与AutoCAD习题集》，供教学中使用。

第二篇是以全新的编排方式，由浅入深，并用一系列典型的实例（绘制建筑平面图、建筑立面图等）来讲授AutoCAD制图的基本技能和方法。这一部分结构清晰，内容丰富，易学易懂，并通过详尽的说明，丰富具体的实例引导读者循序渐进地掌握AutoCAD的各种绘图技术。

本书由山东城市建设职业学院邢国清担任主编，山东城市建设职业学院陆家才担任副主编，山东城市建设职业学院冀翠莲和滨州医学院刘建勋担任参编。编写分工为：绪论、第一、二、三、六、十、十二、十三、十四、十五章由山东城市建设职业学院邢国清编写；第七、十一章由山东城市建设职业学院陆家才编写；第四、五章由山东城市建设职业学院冀翠莲编写；第八、九章由滨州医学院刘建勋编写。全书由山东城市建设职业学院张正磊担任主审。

本书在编写过程中得到了山东城市建设职业学院有关领导和同志的支持，在此谨向他们表示衷心感谢。

因编者水平有限，书中错误和不当之处在所难免，恳请广大读者提出宝贵意见。

编　者

2009年3月

目　录

第二篇　用 AutoCAD 绘制建筑图

绪　　论

一、本课程的性质和任务

建筑工程从设计到施工，都离不开工程图。工程设计阶段，工程图是设计人员表达设计构思的载体；工程施工阶段，工程图是编制施工计划、编制工程预算、准备施工所需材料及施工组织所必须依据的技术资料。因此，工程图是研究设计方案、指导和组织施工的重要依据，是表达和交流技术的一种工具，所以被喻为“工程界的技术语言”。对于从事建筑工程的技术人员来说，不懂这门语言，在工作中将寸步难行。

工程图是以投影原理为基础，按国家规定的制图标准绘制的，用来表示工程的形状、大小、各部分的相互位置关系及工程所需的工程材料和对施工要求等的图样。

本课程是专业基础课，它的任务是：通过本课程的学习，使学生掌握工程图的识读方法，并熟练掌握用AutoCAD绘制建筑图的能力，为学生学习专业知识和职业技能以及今后的继续学习奠定良好的基础。

二、本课程的教学目标

本课程的教学目标是：使学生掌握正确绘制工程图的基本知识和基本技能，掌握正确阅读工程施工图的方法，具有用AutoCAD绘制工程图的能力。在教学中应注重培养学生严肃认真、一丝不苟的工作作风。

基本知识教学目标：

（1）掌握建筑工程制图的国家标准；

（2）掌握工程图的基本概念、基本知识和基本分析方法；

（3）掌握各种投影法的基本理论及其应用；

（4）掌握工程施工图的图示内容、图示特点及常用图例；

（5）掌握如何阅读工程图；

（6）熟练掌握用AutoCAD绘制工程图的方法与技巧。

能力目标：

（1）具有正确绘制和识读建筑工程、给水排水工程、采暖通风工程等施工图的能力；

（2）具有计算机绘制工程图的能力。

三、本课程的内容和学习方法

（一）课程内容

本课程分为两篇：

第一篇为工程制图，内容由三部分组成。第一部分制图基本知识，内容包括：基本制图标准，制图工具，仪器及用品，绘图的一般步骤和方法；第二部分投影作图，内容包括：投影的基本知识，点、直线、平面的投影，基本几何体的投影及尺寸标注，组合体的投影及尺寸标注，轴测投影，体表面的展开，剖面图和断面图；第三部分专业制图，内容包括：建筑施工图、给水排水施工图、采暖施工图。

第二篇为用AutoCAD绘制建筑图。本部分最大特点是通过一些建筑图形的实例讲述使用AutoCAD绘图的方法与技巧。内容有四部分组成，第一部分AutoCAD绘图基础，包括AutoCAD安装、启动及用户界面，AutoCAD基本操作，用AutoCAD绘制基本几何图形，选择图形；第二部分精确绘制建筑图，包括捕捉和格栅，对象捕捉，查询命令；第三部分AutoCAD绘图建筑图的准备，包括设置AutoCAD绘图的环境、设置线型、线宽和颜色、图层；第四部分绘制建筑图范例，包括绘制窗户立面图，绘制体育场平面图，绘制建筑总平面图，绘制建筑立面图，绘制管道穿过基础的大样图，绘制建筑平面图，绘制坐式大便器，给水排水平面图。

（二）学习方法

（1）要深刻理解和掌握每一个基本概念、投影规律和基本作图方法，必须认真听课和反复练习。只有通过反复练习，巩固所学的知识，才能不断的提高空间想象能力和解题的能力。

（2）要熟记制图标准，并通过反复的绘图训练，不断提高绘图能力和绘图质量。

（3）工程制图要求完整、正确和严密，图中任何细小的错误、忽略或多余都会给工程的建造带来严重的损失，所以制图是一种非常细致的技术工作，需要有耐心和细致的工作态度与高度认真负责的工作精神。

第一篇　工　程　制　图

第一章　制图的基本知识

学习目标：

- 掌握建筑制图的国家标准。
- 掌握常用制图工具和用品的使用及绘图基本步骤。

本章主要介绍建筑制图国家标准、常用制图工具和用品的使用及绘图基本步骤。

第一节　建筑制图国家标准

工程图样是工程界的技术语言，是表达设计意图、进行建筑施工的重要依据。为了统一房屋建筑制图标准，便于技术交流，保证制图质量，提高制图效率，做到图面清晰、简明，符合设计、施工、存档的要求，适应工程建设的需要，国家制定了全国统一的建筑工程制图标准。其中《房屋建筑制图统一标准》（GB/T 50001—2001）是房屋建筑制图的基本规定，是各专业制图的通用部分，自2002年3月1日起施行。

本节参照《房屋建筑制图统一标准》（GB/T 50001—2001），主要介绍图纸幅面规格、图线、字体、比例、尺寸标注等制图标准，其他标准规定在后面有关章节中介绍。

一、图纸幅面规格

（一）图纸幅面

图纸幅面是指图纸的大小。绘制图样时，图纸的基本幅面尺寸及图框尺寸应符合表1-1的规定。

表1-1　图纸的幅面及图框尺寸表（mm）

图幅代号 / 尺寸代号	A0	A1	A2	A3	A4
$b\times l$	841×1189	594×841	420×594	297×420	210×297
c	10			5	
a	25				

如图纸幅面不够，在必要时可将图纸的长边加长，短边不得加长。其加长尺寸应符合表1-2中的规定。

图纸以短边作为垂直边称为横式，以短边作为水平边称为立式，一般A0～A3图纸宜作横式使用；必要时，也可立式使用，见图1-1。图纸的裁切见图1-2。

表 1-2　　**图纸长边加长尺寸（mm）**

幅面代号	长边尺寸	长边加长后尺寸
A0	1189	1486　1635　1783　1932　2080　2230　2378
A1	841	1050　1261　1471　1682　1892　2102
A2	594	743　891　1041　1189　1338　1486　1635　1783　1932　2080
A3	420	630　841　1051　1261　1471　1682　1892

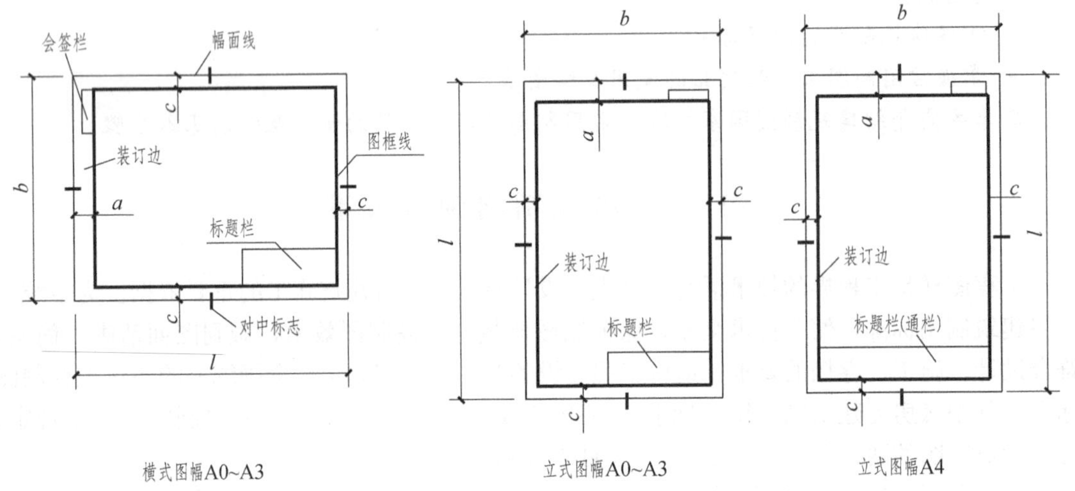

图 1-1　图纸幅面规格

（二）图框线

图纸上限定绘图区域的线框称为图框。图框线用粗实线绘制，图框线的位置见图 1-1 所示。

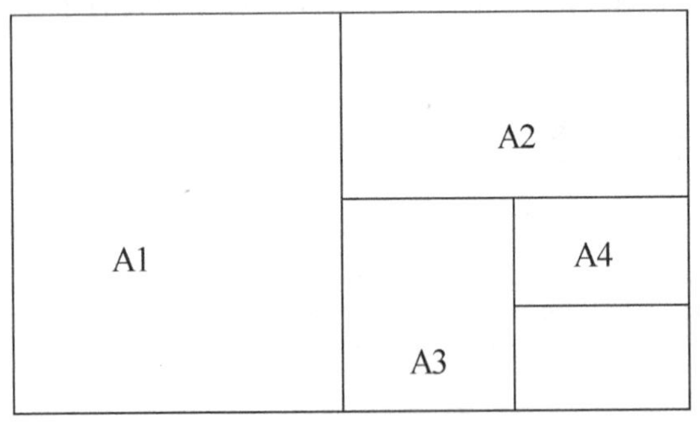

图 1-2　图纸的裁切

（三）标题栏与会签栏

图纸的标题栏、会签栏及装订边的位置，应按图 1-1 的形式布置。对中标志应画在图纸各边长的中点处，线宽 0.35mm，伸入框内 5mm。

每张图纸都应在图框右下角设置标题栏（简称图标），用以填写设计单位名称、工程名称、图名、图号、设计编号以及设计人、制图人、校对人、审核人的签名和日期等。标题栏应根据工程需要选择确定其尺寸、格式及分区，一般按图 1-3 的格式绘制。

学生制图作业所用的标题栏，可采用图 1-4 的格式。

除图标外，建筑工程图在图框线外左上角，尚应绘出会签栏，作为图纸会审后签名用。会签栏的格式如图 1-5 所示。不需会签的图纸，可不设会签栏。

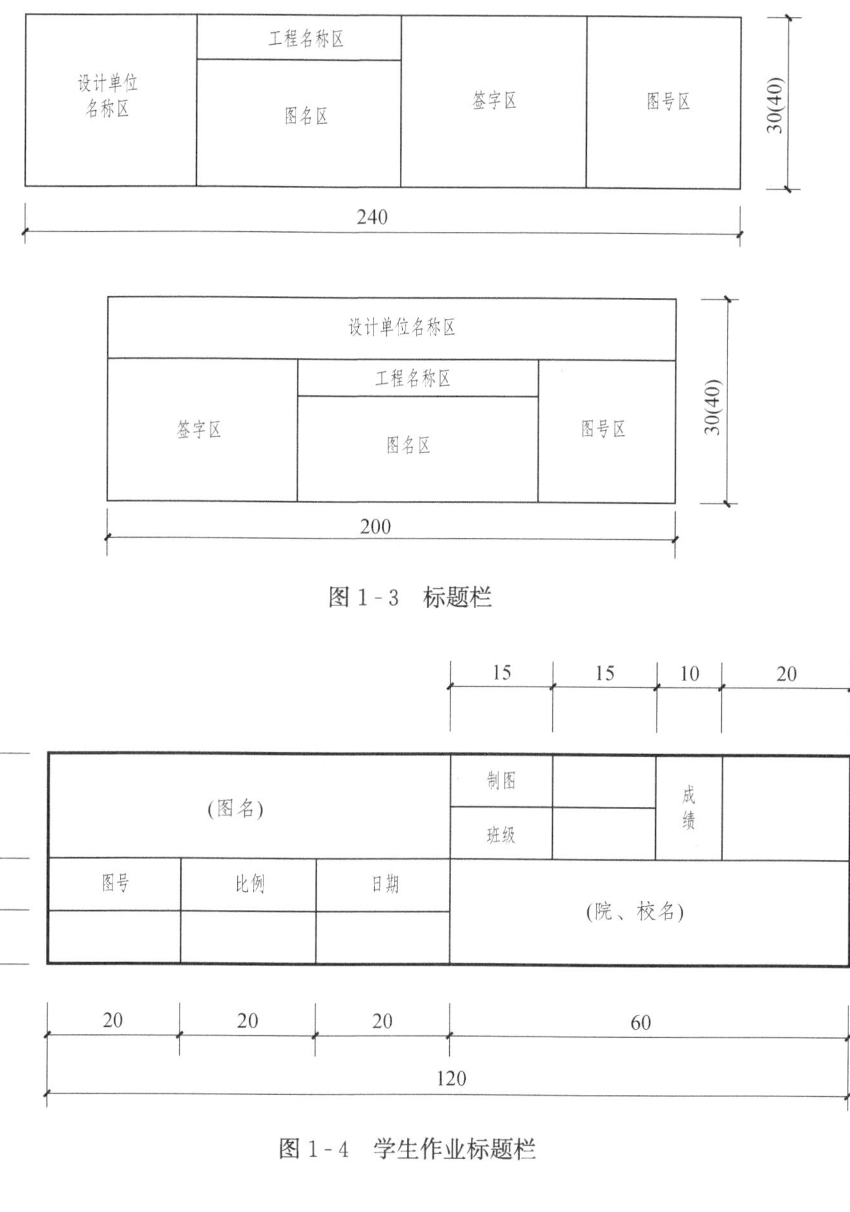

图 1-3 标题栏

图 1-4 学生作业标题栏

专业	实名	签名	日期

图 1-5 会签栏

二、图线

（一）图线的种类和用途

建筑工程图中常用图线的线性、线宽及一般用途见表 1-3。

表 1-3 **图 线**

名称		线型	线宽	一般用途
实线	粗		b	主要可见轮廓线
	中		$0.5b$	可见轮廓线
	细		$0.25b$	可见轮廓线、图例线
虚线	粗		b	见有关专业制图标准
	中		$0.5b$	不可见轮廓线
	细		$0.25b$	不可见轮廓线、图例线
单点长画线	粗		b	见有关专业制图标准
	中		$0.5b$	见有关专业制图标准
	细		$0.25b$	中心线、对称线
双点长画线	粗		b	见有关专业制图标准
	中		$0.5b$	见有关专业制图标准
	细		$0.25b$	假想轮廓线、成型前原始轮廓线
折断线			$0.25b$	断开界线
波浪线			$0.25b$	断开界线

（二）图线的画法要求

（1）在《房屋建筑制图统一标准》（GBT J0001—2001）中规定，图线的宽度 b，宜从下列线宽系列中选取：2.0、1.4、1.0、0.7、0.5、0.35mm。画图时，每个图样应根据复杂程度与比例大小，先确定基本线宽，b 为粗线，中线为 $0.5b$，细线为 $0.25b$。粗、中、细形成一组，叫做线宽组，见表 1-4。

表 1-4 **线宽组（mm）**

线宽比	线宽组					
b	2.0	1.4	1.0	0.7	0.5	0.35
$0.5b$	1.0	0.7	0.5	0.35	0.25	0.18
$0.25b$	0.5	0.35	0.25	0.18	—	—

注 1. 需要缩微的图纸，不宜采用 0.18mm 及更细的线宽。
2. 同一张图纸内，各不同线宽中的细线，可统一采用较细的线宽组的细线。

（2）同一张图纸内，相同比例的各图样应选用相同的线宽组。

（3）图纸的图框线和标题栏线，可采用表 1-5 的线宽。

表 1-5 **图框线和标题栏线的宽度（mm）**

幅面代号	图框线	标题栏外框线	标题栏分格线、会签栏线
A0、A1	1.4	0.7	0.35
A2、A3、A4	1.0	0.7	0.35

（三）画线时应注意的事项

(1) 相互平行的图线，其间隔不宜小于其中的粗线宽度，且不宜小于 0.7mm。

(2) 虚线、单点画线或双点画线的线段长度和间隔，宜各自相等。

(3) 单点画线或双点画线的两端，不应是点。点画线与点画线相交或点画线与其他图线相交时，应是线段相交。

(4) 单点画线或双点画线，在较小图形中绘制有困难时，可用实线代替。

(5) 虚线与虚线交接或虚线与其他线交接时，应是线段相交。虚线是实线的延长线时，不得与实线连接。

(6) 图线不得与文字、数字或符号重叠、混淆，不可避免时，图线可断开，以保证字体的清晰。

各种图线画法及常见错误见表 1-6。

表 1-6　　各种图线画法

注意事项	正确画法	错误画法
两实线、两虚线或实线与虚线相交时，应交在线段处。相交处不得留有缝隙。	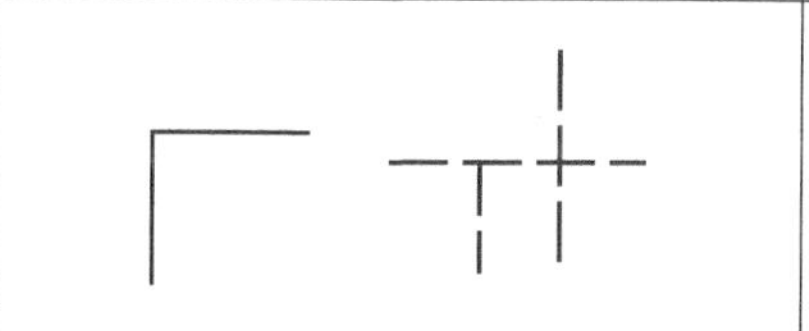	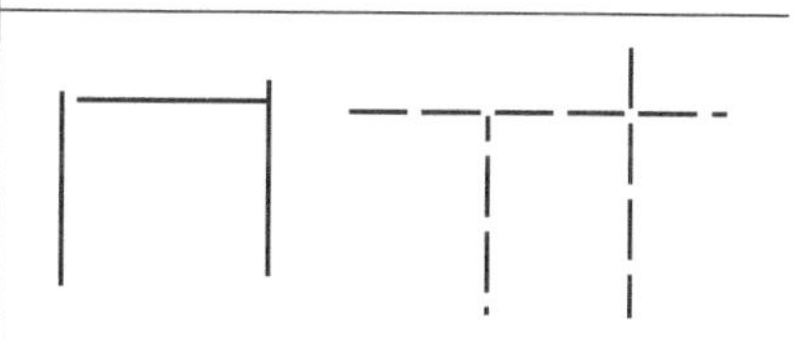
点画线与其他图线相交，不应交于点画线的点处，应交在线段处。	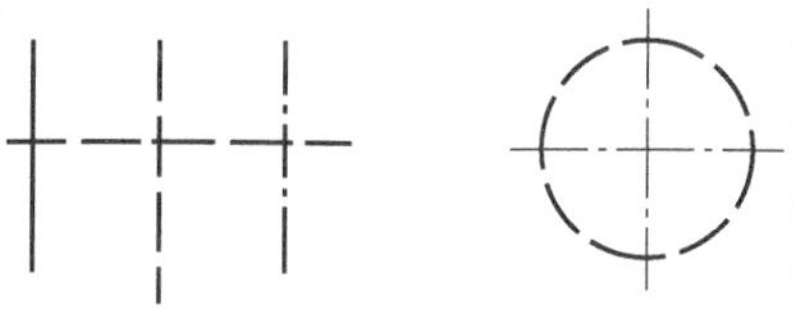	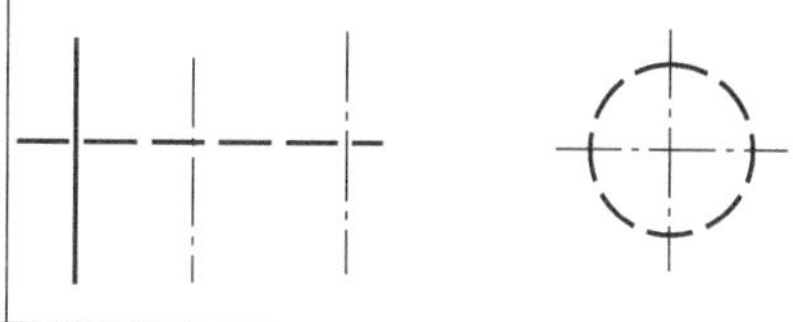
虚线为实线的延长线时，应留有空隙。	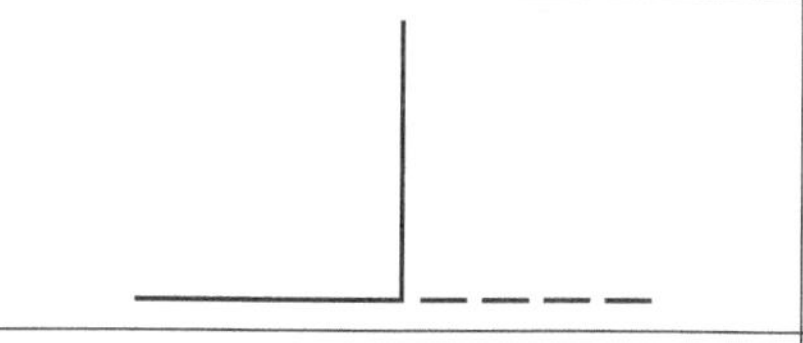	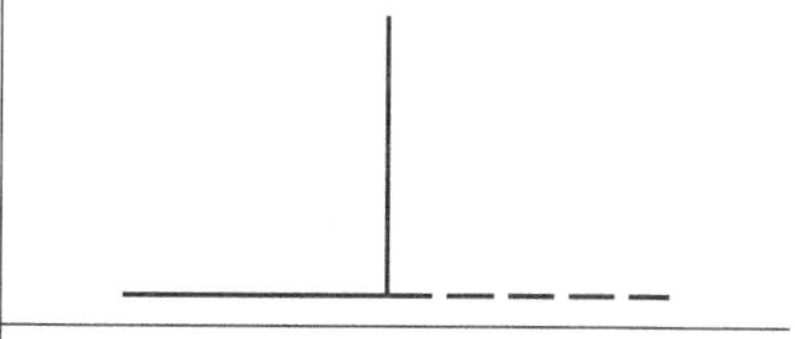
圆的中心线用细点画线绘制，两端应超出圆周 3～5mm，图形较小时，点画线可用细实线代替。	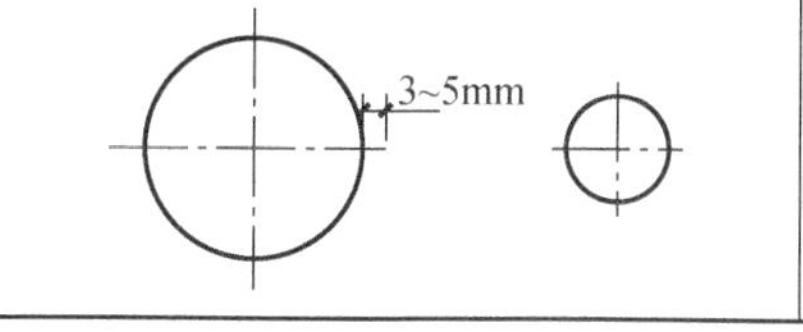 3~5mm	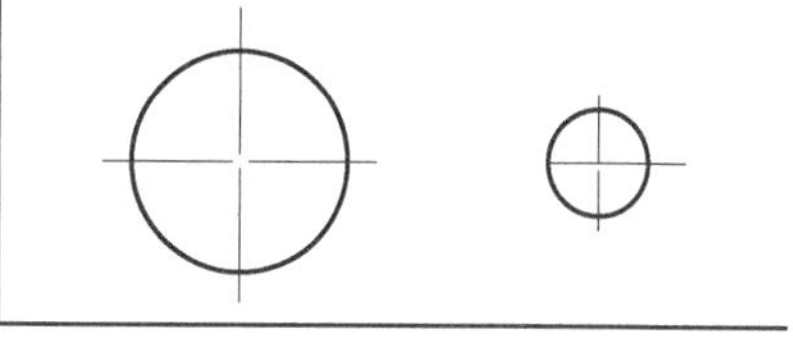

三、字体

在工程图样中，经常要用文字说明各部分尺寸和技术要求。工程图上书写的文字、数字或符号等均应笔画清晰、字体端正、间隔均匀、排列整齐，标点符号应清楚正确。

字号即字高，常用的字号有：3.5、5、7、10、14、20mm，如需书写更大的字，其高度按$\sqrt{2}$的比值递增，即汉字的宽度与高度的比例为 2∶3，见表 1-7。

表 1-7　　长仿宋体字高宽关系（mm）

字　高	20	14	10	7	5	3.5
字　宽	14	10	7	5	3.5	2.5

（一）汉字

图样及说明中的汉字，宜采用长仿宋体，并应采用国家正式公布的简化字。仿宋字有八个基本笔画：即点、横、竖、撇、捺、挑、钩、折，其起笔和落笔处，要有钝笔或笔锋，见表1-8。练习时除注意写好基本笔画外，还要仔细分析字体结构特点，合理安排其组成部分所占的比例和位置（表1-8），使写出的字匀称美观。练写长仿宋字的要领是“满、锋、匀、劲”，即“满”为充满方格；“锋”为笔端钝笔或做锋；“匀”为结构匀称；“劲”为竖直横平（横宜微向上倾）。长仿宋体字例如图1-6所示。

表1-8　　长仿宋体的基本笔法

笔画名称		笔画形状	笔　画	运　笔　说　明	字　型
横				起笔有尖锋，笔划均匀，平直，末端略有向上方抬起，落笔稍重呈三角形	工　上
竖				起笔有尖锋，笔划均匀垂直，落笔稍重呈三角形	十　中
撇	直　撇			上半段如“竖画”，下半段略向左弯渐细尖	月　厂
	斜　撇			起笔有锋稍重，笔画向左下方斜渐尖细，微似弧形	大　方
	平　撇			起笔有锋稍重，向左斜渐细	毛　利
捺	斜　捺			起笔轻细，挺劲渐粗，捺笔重而平尖	木　是
	平　捺			起笔平弯，要挺直略向下斜，捺笔如同斜捺	建　造
点	一、二			起笔尖细，落笔稍重呈三角形	寸　宁
	三、四			起笔尖细，而后稍重，回笔中间轻挑尖	光　雨
挑	挑　点			起笔如点“三、四”，回笔中间向右上挺进挑尖	江　决
	平　挑			起笔粗略，微向上斜，挺挑渐细尖	技　地
钩	直　钩			“竖画”下端接钩	制　村
	弯　钩			起笔尖细，略向右弯，下粗，下端接钩	学　部
	弯　钩			起笔如“竖画”同，钩尖垂直	民　心
	平　钩			起笔如“竖”，画略向上斜，笔画粗细一致，角成弧形，钩尖垂直	北　老
折	折　钩			似为“横”和“直钩”所构成，但笔画挺劲，略向左斜	为　局
	直　折			为“横”和“竖”所构成	国　囱

建筑装饰制图汉字采用长仿宋体书写
横平竖直起落有力笔锋满格排列匀称
字高
行距
字宽
字距

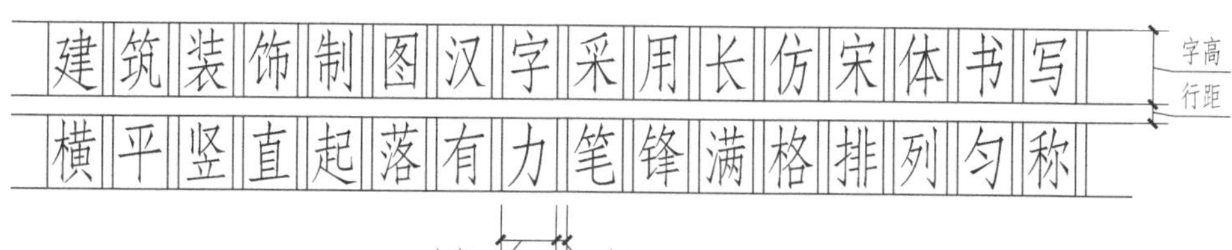

图 1-6　仿宋字示例

（二）数字和字母

数字和字母在图样上的书写可写成直体和斜体两种，但在同一张图纸上必须统一。如需写成斜体字，其斜度应是从字的底线逆时针向上倾斜 75°。斜体字的高度与宽度应与相应的直体字相等，如图 1-7 所示。在汉字中的拉丁字母、阿拉伯数字或罗马数字，其字高宜比汉字字高小一号，但应不小于 2.5mm。

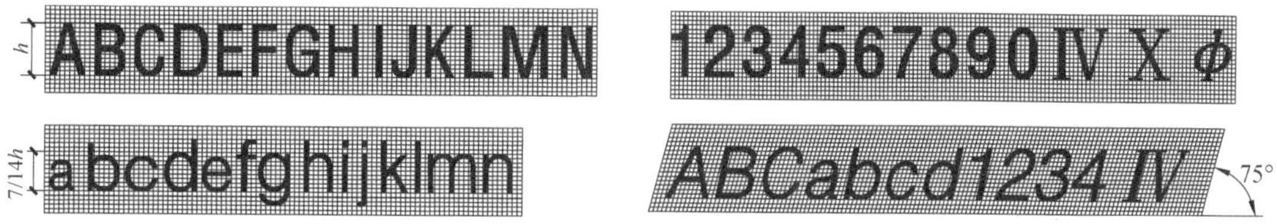
ABCDEFGHIJKLMN
1234567890 IV X ϕ
abcdefghijklmn
ABCabcd1234 IV
h
7/14h
75°

图 1-7　数字和字母示例

四、比例

（一）比例的概念

图样的比例，是指图形与实物相对应的线性尺寸之比。比例的大小，是指比值的大小。如图样上某线段长为 10mm，而实物上与其相对应的线段长也是 10mm 时，比例等于 1∶1；若图样上某线段长为 10mm，而实物上与其对应的线段长为 1000mm 时，比例等于 1∶100。

比例应以阿拉伯数字表示，如 1∶1、1∶5、1∶100 等。比例应注写在图名的右侧，字的基准线应取平，比例的字高宜比图名的字高小一号或二号，如图 1-8 所示。

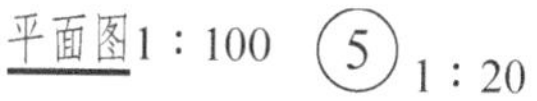
平面图1∶100
5
1∶20

图 1-8　比例的注写位置

绘图所用比例，应根据图样的用途与被绘对象的复杂程度从表 1-9 中选用，并应优先选用常用比例。

表 1-9　绘图所用比例

常用比例	1∶1、1∶2、1∶5、1∶10、1∶20、1∶50、1∶100、1∶150、1∶200、1∶500、1∶1000、1∶2000、1∶5000、1∶10 000、1∶20 000、1∶50 000、1∶100 000、1∶200 000
可用比例	1∶3、1∶4、1∶6、1∶15、1∶25、1∶30、1∶40、1∶60、1∶80、1∶250、1∶300、1∶400、1∶600

（二）比例的应用

用不同的比例画出门的外形，如图 1-9 所示。

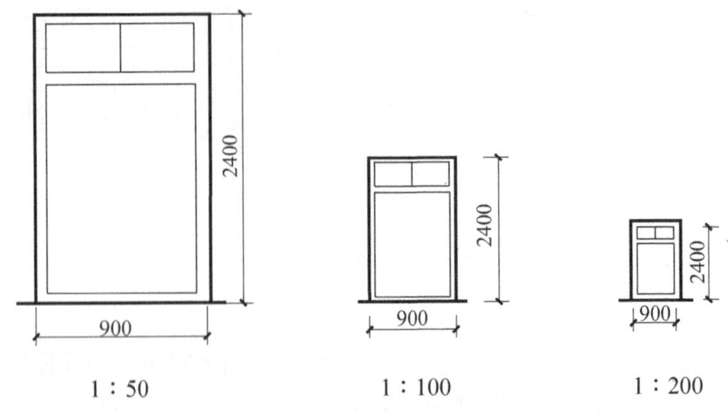

图 1-9 用不同的比例画出的门

五、尺寸标注

图纸上的图形仅表达物体的形状，而物体各部分的具体位置和大小，必须由图上标注的尺寸来确定，并以此作为施工依据。

（一）尺寸标注的组成

尺寸标注由尺寸界线、尺寸线、尺寸起止符号和尺寸数字组成，如图 1-10 所示。

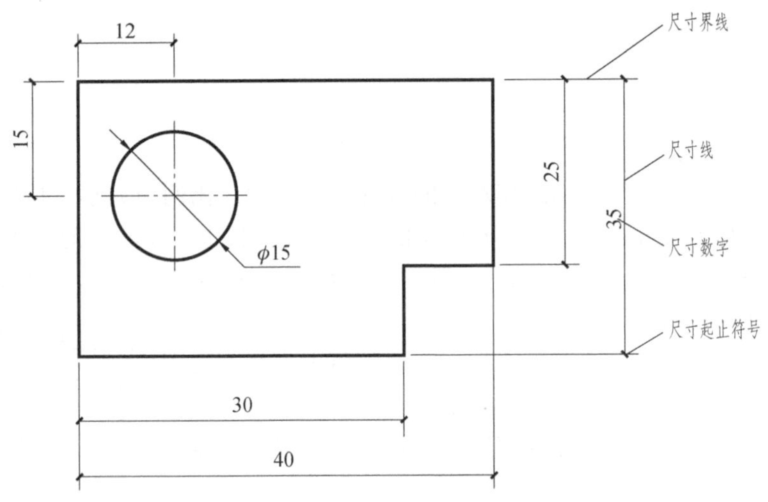

图 1-10 尺寸标注的组成

（1）尺寸界线：确定标注尺寸的范围，与所标注线段垂直，用细实线绘制。

（2）尺寸线：与所要标注尺寸的线段相平行，且垂直于尺寸界线。用细实线绘制。

（3）尺寸起止符号：尺寸线与尺寸界线的交点为尺寸起止点，用尺寸起止符号表示。尺寸起止符号用中粗短线绘制，方向为尺寸界线顺时针转 45°，其长度约 2～3mm。

（4）尺寸数字：图样上所注尺寸数值是物体的真实大小，与画图时所用比例无关。除标高及总平面图以米（m）为单位外，其余一律以毫米（mm）为单位，且数字后不必带单位。

（二）标注尺寸的方法

方法如表 1 - 10 所示。

表 1 - 10　　标注尺寸的方法

内容	说明	画法示例
尺寸界线	1. 尺寸界线与被注线段垂直，其一端离开图形轮廓线不小于 2mm，另一端超出尺寸线 2～3mm。 2. 图形的轮廓线和中心线可用作尺寸界线。 3. 总尺寸的尺寸界线应靠近所指部位，中间的分尺寸界线可稍短，但其长度应相等	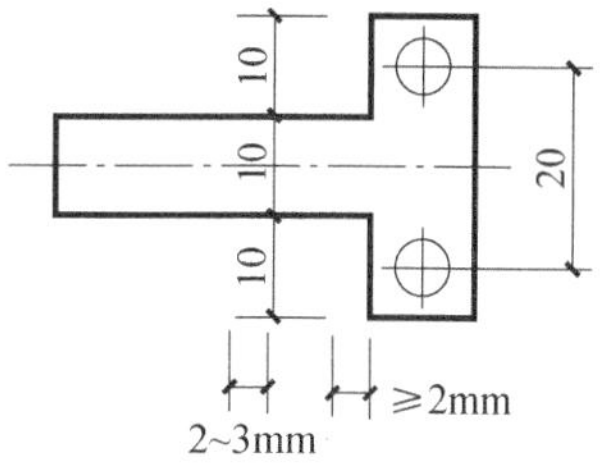 10　10　10　20　2~3mm　≥2mm
尺寸线	1. 尺寸线应与被标注线段平行，且不得超出尺寸界线。 2. 图形的轮廓线和中心线不得用作尺寸线。 3. 尺寸线到轮廓线的距离不宜小于 10mm；平行排列的尺寸线之间的距离宜为 7～10mm。 4. 相互平行的尺寸，应小尺寸在内，大尺寸在外	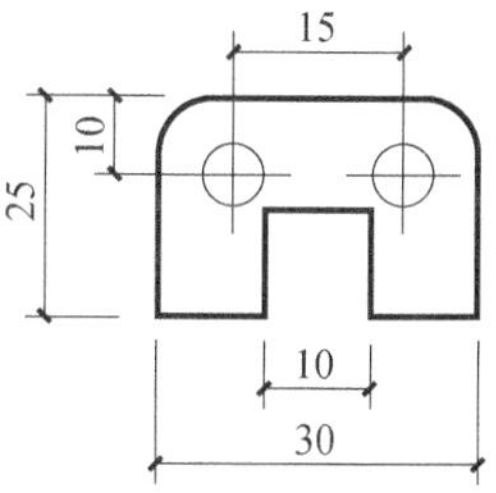 15　10　25　10　30 （a）正确画法 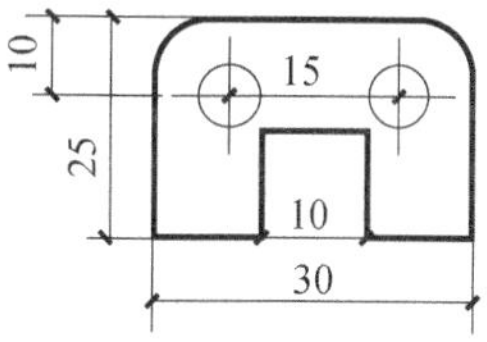 10　15　25　10　30 （b）错误画法
尺寸起止符号	1. 尺寸起止符号与尺寸界线成顺时针 45°倾斜，长度为 2～3mm 的中粗短线。 2. 半径及角度的起止符号用箭头表示	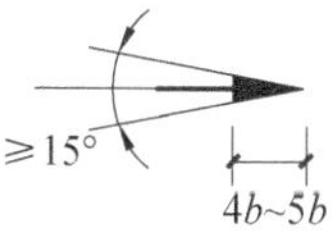 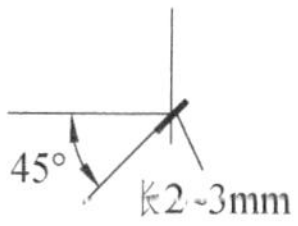 ≥15°　4b~5b　45°　长2~3mm
尺寸数字	1. 线性尺寸的尺寸线为水平方向时数字字头朝上，竖直方向的尺寸数字字头朝左。倾斜时应按右图（a）所示的方向标注，并尽量避免在图示 30°范围内标注尺寸，当无法避免时，可按图（b）的形式标注	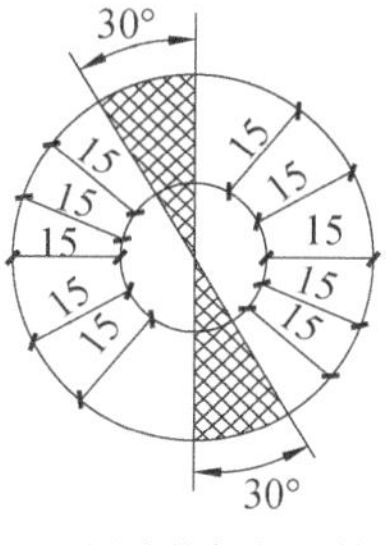 30°　15　15　15　15　15　15　15　15　15　15　30° （a）尺寸线倾斜时数字的注写方向 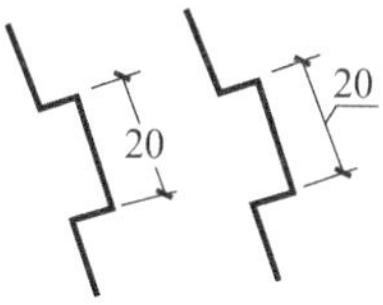 20　20 （b）尺寸线在 30°斜线区内时的注写方法
	2. 线性尺寸的数字应依据读数方向注写在尺寸线的上方中部，如没有足够的注写位置，最外边的可注在尺寸界线的外侧，中间相邻的尺寸数字可错开注写，也可引出注写	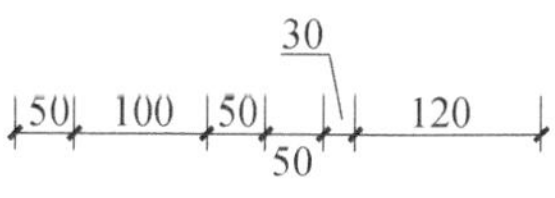 30　50　100　50　50　120 （a）正确注法 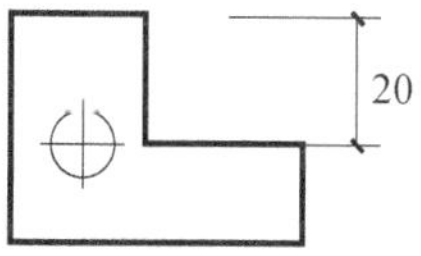 20 （b）错误注法

续表

内　容	说　　明	画　法　示　例
尺寸数字	3. 任何图线不得与尺寸数字相交，无法避免时，应将图线断开	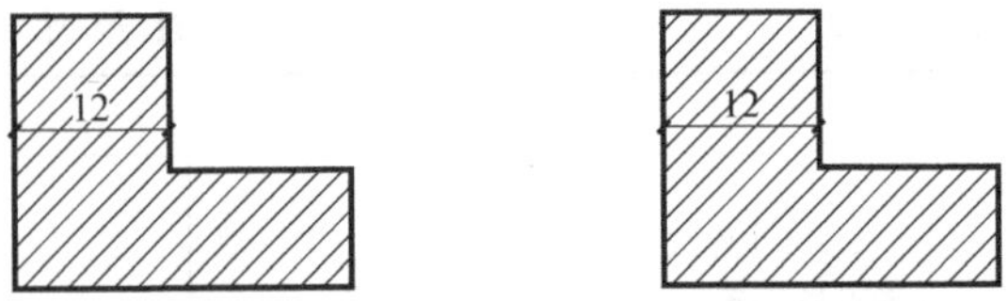 (a) 正确画法　(b) 错误画法
直径与半径	1. 标注圆的直径时，直径数字前加符号 ϕ，标注半径时，加符号 R。 2. 标注直径的尺寸线应经过圆心，两端画箭头指向圆弧。半径的尺寸线，一端从圆心开始，另一端画箭头指至圆弧。 3. 较大和较小的直径和半径按图示标注	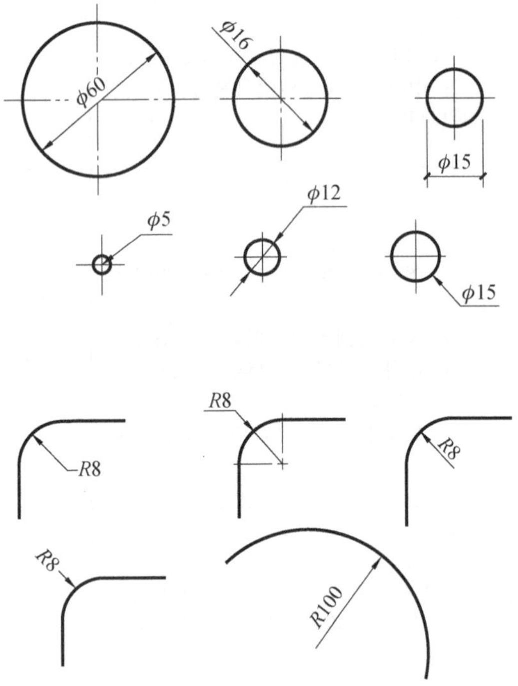
坡度	坡度的符号是单箭头，箭头指向下坡方向。坡度也可用直角三角形的形式标注	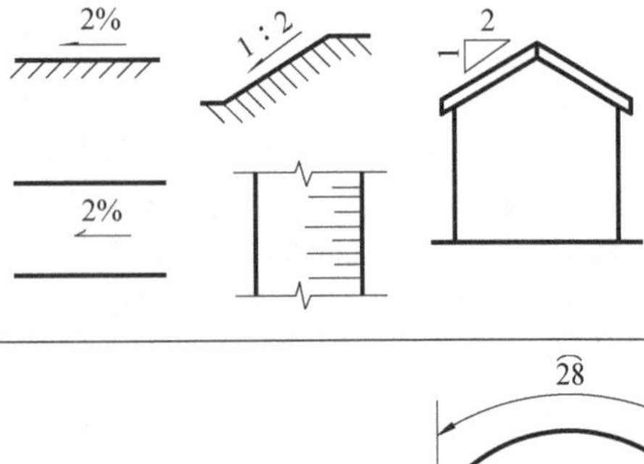
角度、弧长	1. 角度的尺寸线应以圆弧线表示，角的两个边为尺寸界线，起止符号用箭头表示，如没有足够的位置，可用圆点代替，角度数字应水平方向注写。 2. 弧的尺寸线为该圆弧同心的圆弧，尺寸界线应垂直该圆弧的弦，起止符号用箭头表示，在弧长数字上方加注弧线	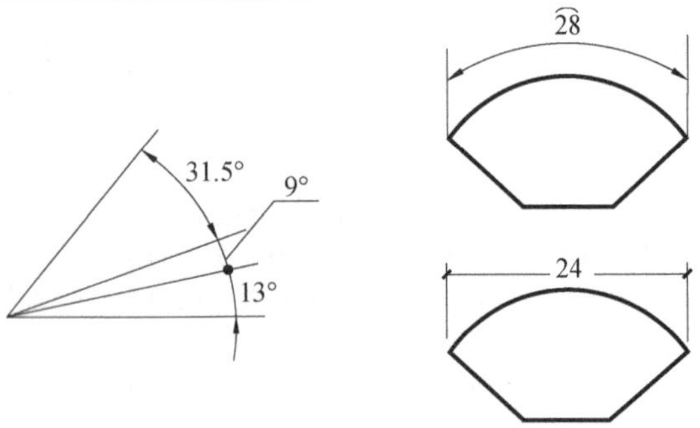

续表

内 容	说 明	画 法 示 例
尺寸的简化画法	1. 杆线或管线的长度，直接将尺寸数字写在杆线或管线的一侧。 2. 连续排列的等长尺寸，可用个数×等长尺寸＝总尺寸的形式标注。 3. 构配件内的构造要素如相同，可仅标注其中一个要素的尺寸	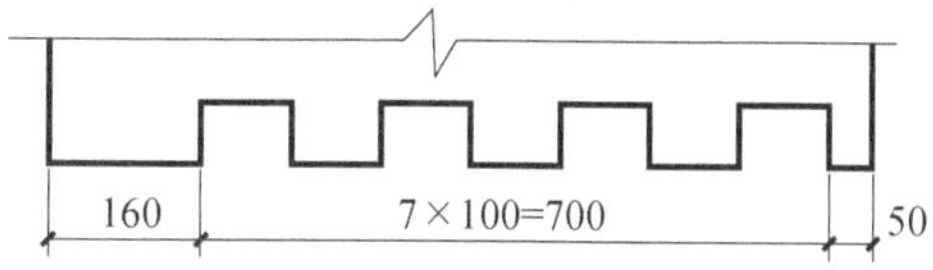 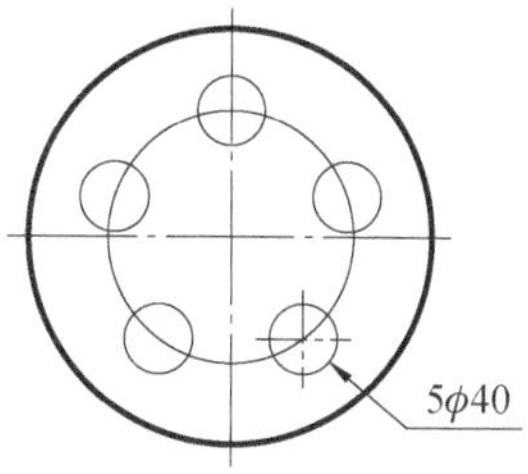 250 250 250 250 250 250 160 7×100=700 50 5ϕ40
对称构件的尺寸注法	对称构配件采用对称省略画法时，该对称构配件的尺寸线应略超过对称符号，仅在尺寸线的一端画尺寸起止符号，尺寸数字应按整体全尺寸注写，其注写位置宜与对称符号对直	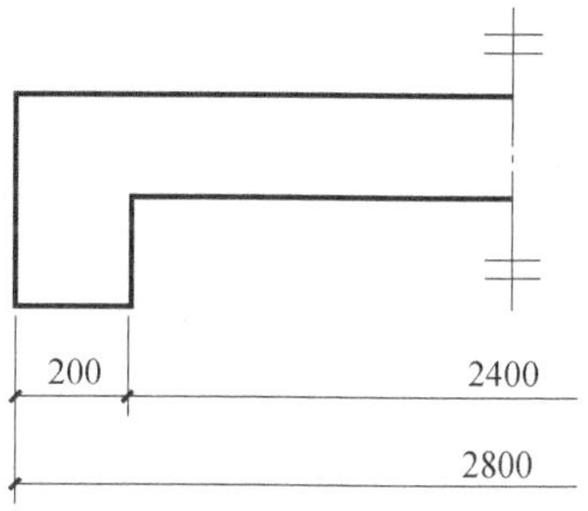 200 2400 2800

第二节 绘图工具、仪器及用品

一、绘图板

绘图板是固定图纸用的绘图工具，因此，要求图板的表面平整光滑。图板的左侧边为工作边，要求必须平直，如图 1-11 所示。

常用的图板规格有 0 号、1 号和 2 号。

二、丁字尺

丁字尺由尺头和尺身组成。丁字尺主要用于画水平线。尺身有刻度的一边为工作边，必须平直。使用时将尺头紧靠图板的左侧工作边，上下移动丁字尺，自左向右画出不同位置的水平线，

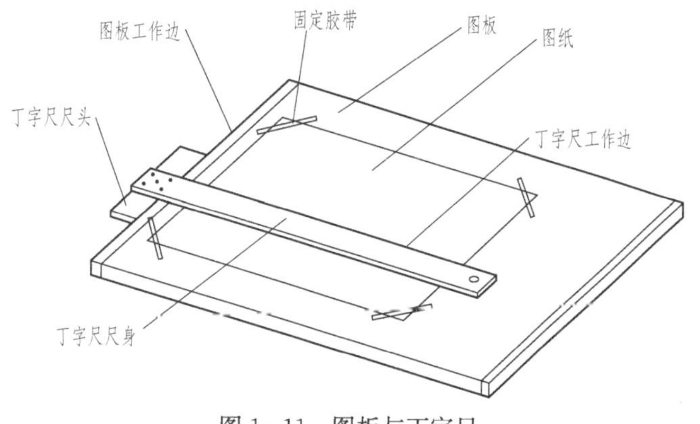

图 1-11 图板与丁字尺

如图 1 - 12（a）所示。

丁字尺的工作边要保证平整光滑，不得用利器刻、割、划。

三、绘图三角板

三角板与丁字尺配合使用，由下向上画不同位置的垂直线，如图 1 - 12（b）所示。也可两块三角板配合画与水平线成特定角度的斜线。

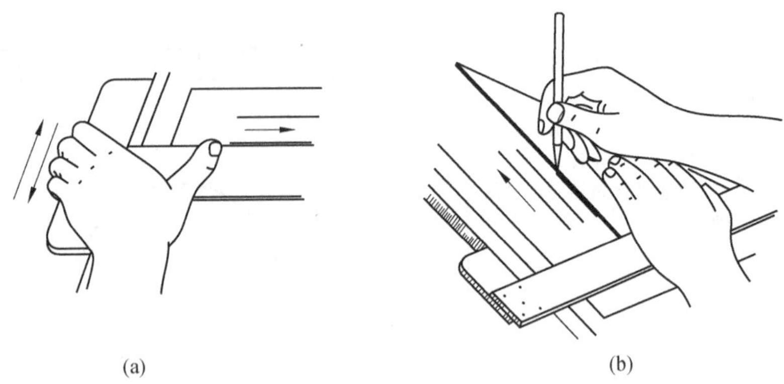

(a)　　(b)

图 1 - 12　丁字尺与三角板的使用

四、比例尺

比例尺是在画图时按比例量取尺寸的工具。常用的比例尺有三棱柱和直尺状，如图 1 - 13 所示。比例尺上刻度所注的长度，代表了要度量的实物的长度。如图 1 - 13 中以 1∶500 的比例画长度为 18 000mm 的线段，只要在比例尺 1∶500 的刻度面上直接量取 18m 就可以绘图了。

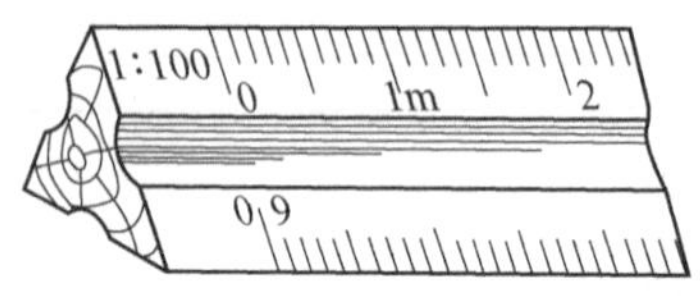

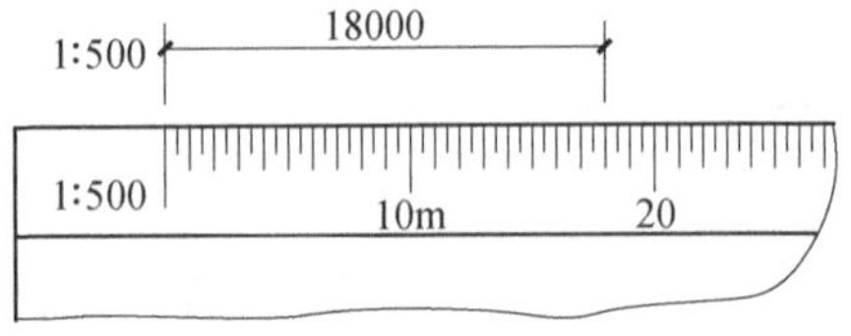

图 1 - 13　比例尺

五、圆规

圆规是画圆的工具。在画圆时，应使圆规按顺时针方向转动。转动时圆规可稍向画线方向倾斜，画大圆时，应使圆规两脚都大致与纸面垂直，如图 1 - 14 所示。

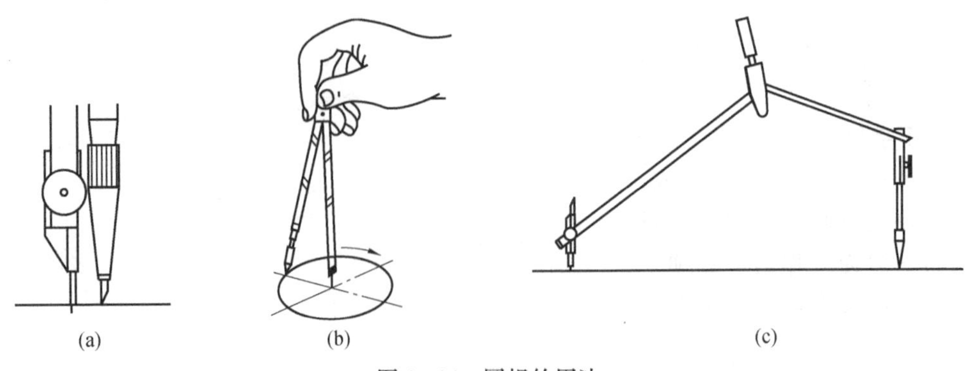

(a)　　(b)　　(c)

图 1 - 14　圆规的用法

六、铅笔

铅笔是画线用的工具。铅笔的铅芯有不同的软硬度，分别用 H 和 B 表示，H 前的数字越大，表示铅芯越硬；B 前的数字越大，表示铅芯越软；HB 表示软硬适中。常用 H、2H 铅笔画底稿，用 HB、B 加深图线。铅芯的长度与形状可削成图1-15 所示。

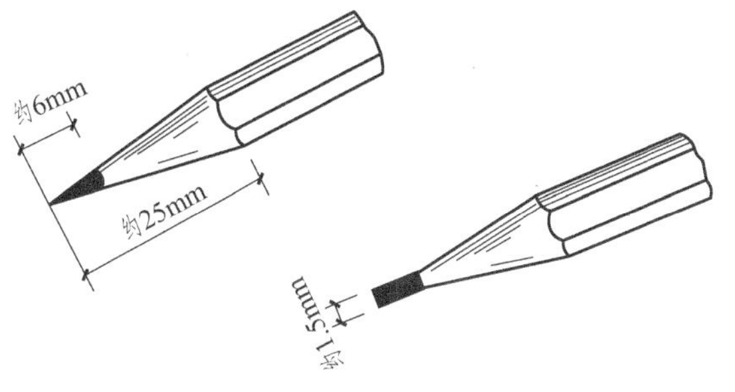

图 1-15　铅芯的长度与形状

七、绘图墨水笔

绘图墨水笔是画墨线图的工具，如图 1-16 所示。针管直径有粗细不同的规格。

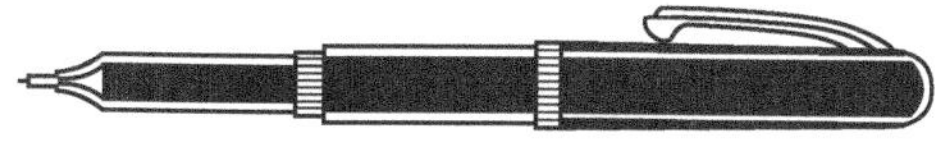

图 1-16　绘图墨水笔

八、其他用品

除了以上介绍的绘图工具和仪器用品外，绘图常用的还有分规、曲线板、建筑模板、擦图片、绘图墨水等，如图 1-17、图 1-18、图 1-19 所示。

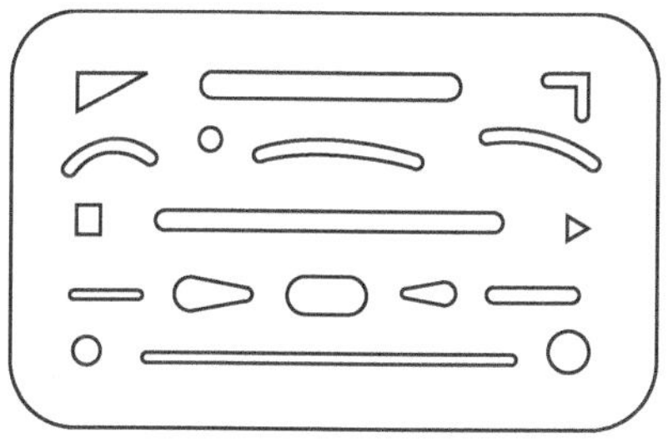

图 1-17　擦图片

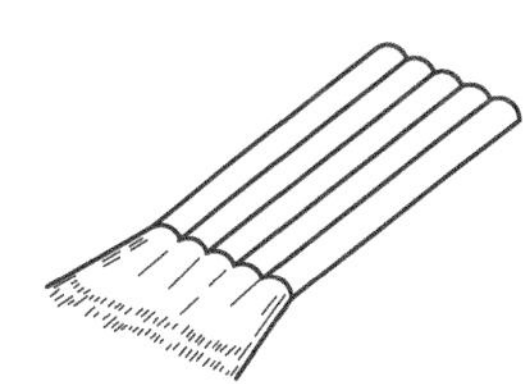

图 1-18　排笔

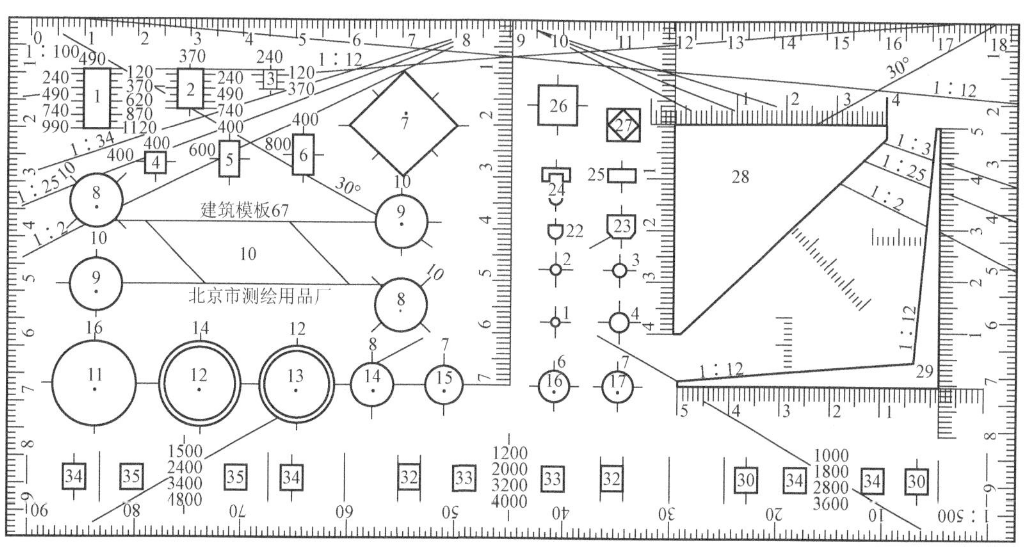

图 1-19　建筑模板

九、计算机

前面介绍的绘图工具都是传统的手工绘图的常用工具。随着计算机的普及，计算机绘图的快速、准确等特点，使计算机绘图逐渐取代了传统的手工绘图。计算机绘图的特点及方法将在后面详细地介绍。

第三节 绘图的一般步骤和方法

一、用绘图工具、仪器绘制图样

为了保证绘图质量，提高绘图速度，除正确使用绘图仪器、工具和严格遵守有关的建筑制图国家标准外，还需要按照一定的程序、正确的绘图步骤进行。

（一）准备工作

（1）熟悉所绘图样。对作业的内容、目的、要求了解清楚。

（2）准备好必要的制图仪器、工具和用品，并把图板、丁字尺、三角板等擦拭干净，洗净双手。

（3）选好图纸，鉴别图纸的正反面，可用橡皮在纸边拭擦，不易起毛的面为正面。

（4）将图纸按规定大小裁切后用胶带纸固定在图板上，位置要适当。固定时，应使图纸的上边对准丁字尺的上边缘，然后下移使丁字尺的上边缘对准图纸的下边。最好使图纸的下边与图板的下边保持大于一个丁字尺宽度的距离。

（二）画底稿

1. 画底稿的步骤

（1）按国标规定，将图框线及标题栏的位置画好。

（2）依据所画图形的大小、多少及复杂程度选择好比例，然后安排好各图形的位置，定好图形的中心线或基线。图面布置要适中、匀称。

（3）首先画图形的主要轮廓线，然后由大到小，由外到里，由整体到细部，完成图形所有轮廓线。

（4）画出尺寸线和尺寸界线等。

（5）检查修正底稿，擦去多余线条。

2. 画底稿注意事项

（1）采用 H～3H 的铅笔画底稿，所有的线应轻、淡、细、准，不要重复描绘，以目光能辨认即可。

（2）对有错误或过长的线条，不必立即擦除，可标以记号，待整个图样绘制完成后，再用橡皮、擦图片擦除。

（3）为了保持图面干净，在作图时，可用白纸覆盖，只露出所要画的部分。

（三）铅笔加深

1. 铅笔加深的步骤

（1）加深图线时，一般是先曲线，再直线，后斜线；各类图线的加深顺序为细点画线、细实线、粗实线、粗虚线。

（2）同类图线其粗细、深浅要保持一致，按照水平线从上到下、垂直线从左到右的顺序依次完成。

(3) 最后画出起止符号，注写尺寸数字、说明，填写标题栏，加深图框线。

2. 铅笔加深注意事项

(1) 加深粗线的铅笔宜选用 B～2B，加深细实线的铅笔宜用 H～HB，写字的铅笔用 H 或 HB。加深圆或圆弧时所用的铅芯，应比加深同类直线所用的铅芯软一号。

(2) 加深粗实线时，要以底稿线为中心线，以保持图形的准确性。

(3) 要勤修削铅笔，用力要均匀，粗实线或圆弧可重复几次画成。

(4) 修正铅笔加深图，可用擦图片配合橡皮进行，尽量缩小擦拭的面积，以免损坏图纸。

(四) 描图

建筑工程在施工过程中，往往需要多份图纸，这些图纸通常采用描图和晒图的方法进行复制。描图就是用墨线把图样描绘在描图纸（也称硫酸纸）上，它是用来复制施工图的底图。

描图的步骤与铅笔加深的顺序相同，同一粗细的线要尽量一次画出，以便提高绘图的效率。

描图注意事项如下：

(1) 描图时，图板要放平，墨水瓶千万不可放在图板上，以免翻倒沾污图纸。手和用具一定要保持清洁干净。

(2) 描图时，每画完一条线一定要等墨水干透再画，否则容易弄脏图面。

(3) 描图时，若画错或有墨污，一定要等墨迹干后再修改。修改时，可用双面刀片轻轻地将画错的线或墨污刮掉。刮时，要将图纸放平，力量轻而均匀。千万不要着急，以免刮破描图纸。刮过的地方用软橡皮擦净并压平后重描。

二、徒手作图

徒手作出的图称为草图。草图是工程技术人员表达新的构思、拟定设计方案、创作、现场参观记录及交谈等方面的有力工具。工程技术人员应熟练掌握徒手作图的技能。

徒手作图同样有一定的作图要求，即布图、图线、比例、尺寸大致合理，但不潦草。

徒手作图，可以使用钢笔、铅笔等画线工具。选用铅笔最好选软一些的，一般选用 B 或 2B 的，铅笔削长一点，笔芯不要过尖，要圆滑些。

徒手作图要手眼并用，作垂直线、等分线段或圆弧、截取相等的线段等，都是靠眼睛目测、估计决定。

(一) 直线的画法

画直线时，要注意执笔方法。画短线时，用手腕运笔；画长线时，用整个手臂动作。

画水平线时，铅笔要放平些。画长水平线可先标出直线两端点，掌握好运笔方向，眼睛此时不要看笔尖，要盯住终点，用较快的速度轻轻的画出底线。加深底线时，眼睛要盯住笔尖，沿底线画出直线并盯住笔尖，沿底线画出直线并改正底线不平滑之处，如图 1-20 (a) 所示。画竖直线和斜线时，铅笔要竖高些，画法与画水平线的方法相同，如图 1-20 (b)、(c) 所示。

(二) 角度的画法

画角度时，先画出互相垂直的两相交直线，交点为 O，如图 1-21 (a) 所示，在两相交直线上适当截取相同的尺寸，并各标出一点，徒手作出圆弧，如图 1-21 (b) 所示。若需画出 45°角，则取圆弧的中点与两直线交点 O 的连线，即得连线与水平线间的夹角为 45°角，

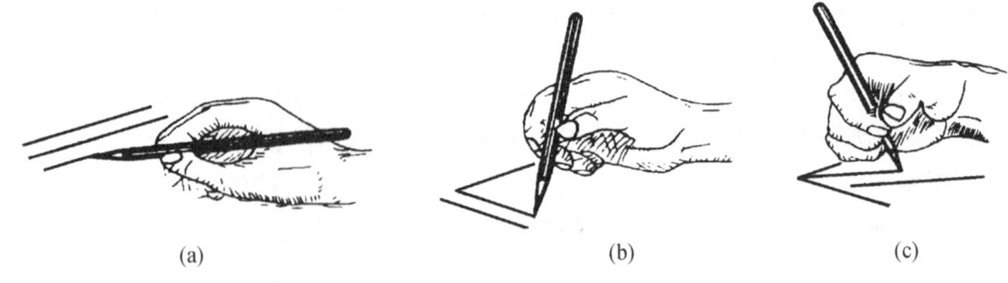

图 1-20 徒手画直线

(a) 画水平线；(b) 画竖直线；(c) 画斜线

如图 1-21（c）所示。若画 30°角与 60°角时，则把圆弧作三等分。自第一等分点起与交点 O 连线，即得连线与水平线间的夹角为 30°角；第二等分点与交点 O 连线，即得连线与水平线间的夹角为 60°角，如图 1-21（d）所示。

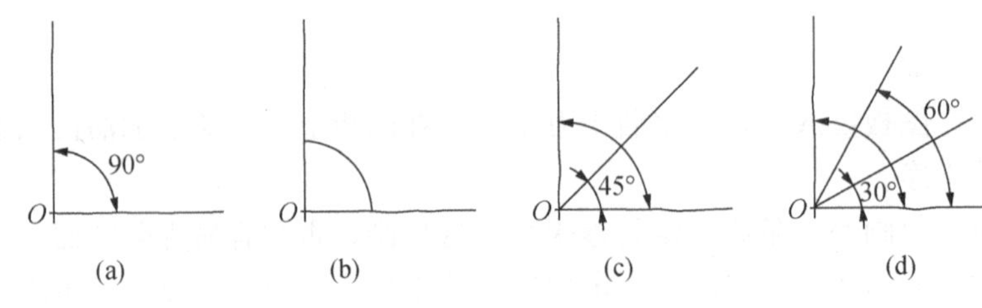

图 1-21 徒手画角度

（三）圆的画法

画圆时，先画出互相垂直的两直线，交点 O 为圆心，如图 1-22（a）所示；在两直线上取半径 $OA=OB=OC=OD$，得点 A、B、C、D，AB、CD 为直径，可得到正方形线框，过点作相应直线的平行线，如图 1-22（b）所示；再作出正方形的对角线，分别在对角线上截取 $OE=OF=OG=OH=OA$（半径），于是在正方形上得到八个对称点，如图 1-22（c）所示；徒手将点用圆弧连接起来，即得徒手画的圆，如图 1-22（d）所示。

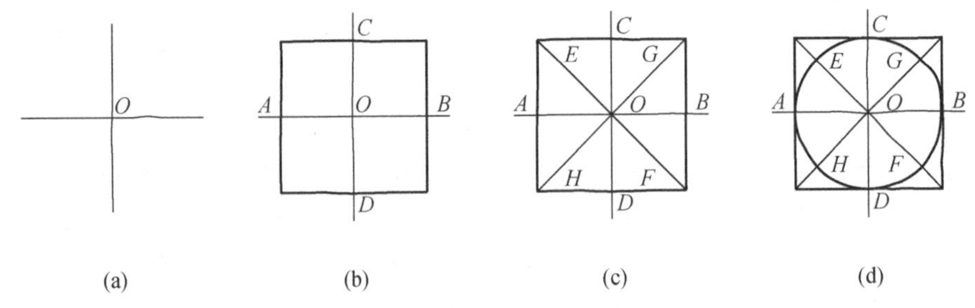

图 1-22 徒手画圆

（四）椭圆的画法

画椭圆时，先画出椭圆的长、短轴，具体画图步骤与徒手画圆的方法相同，如图 1-23 所示。

（五）任意等分直线（以五等分为例）

把已知直线 AB 五等分，可用平行线求得。其作图方法和步骤如图 1-24 所示。

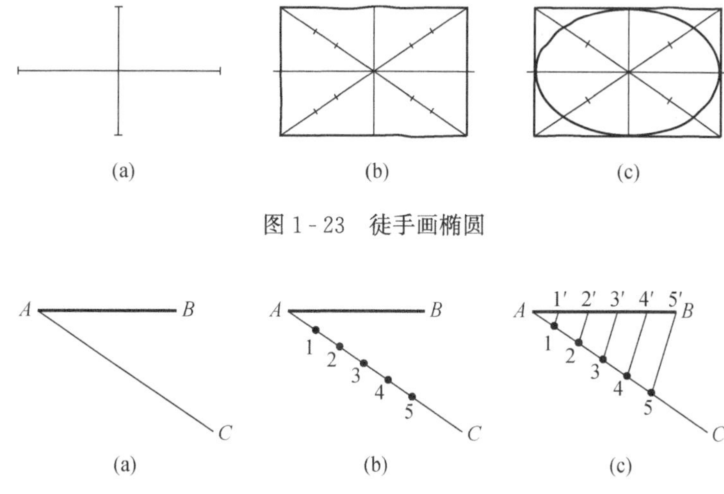

图 1-23　徒手画椭圆

图 1-24　五等分直线段

（1）自 A 点任意引一直线 AC；

（2）在 AC 上截取任意等分长度的五个等分线段 1、2、3、4、5 点；

（3）连接 $5B$，分别过各点作 $5B$ 平行线，即得等分点 $1'$、$2'$、$3'$、$4'$、$5'$。

第二章　投影的基本知识

学习目标：

- 掌握投影基本知识和投影的分类。
- 掌握正投影法的投影特性。

本章主要介绍投影的概念、分类和正投影的基本特性。

第一节　投影的概念

一、投影的概念

我们生活在一个三维空间里，一切形体（只考虑物体所占空间的形状和大小，而不涉及物体的材料、重量及其物理性质）都有长度、宽度和高度或厚度。要在一张只有长度和宽度的纸上准确、全面的表达出形体的形状和大小，可以采用投影的方法。

日常生活中，我们经常可以看到经灯光或阳光照射的形体，会在墙面或地面上产生影子，这种现象就是投影现象。人们从形体与其影子的关系中认识到影子是在有光线、形体、承接影子的平面（像墙面、地面等）的条件下产生的。

如图 2-1 所示，三角形 ABC 在点光源 S 照射下，在平面 P 上投下影子为三角形 abc。理论上，我们把所产生的影子 abc 称为投影，通常也称为投影图；能够产生光线的光源 S 称为投射中心；光线 SAa、SBb、SCc 称为投射线，承接影子的平面 P 称为投影面。

很明显，影子只能概括地反映形体的外轮廓形状，而不能确切的反映形体上各个不同表面间的界限，如图 2-2（a）所示。如果设想从光源 S 发出的投射线能够透过形体向选定的投影面 P 投射，并且将各个顶点和各条侧棱线都在平面 P 上投下它们的投影，这些点和线的投影将组成一个能够反映出形体形状的图形，这种方法称为投影法，如图 2-2（b）所示。也就是说，对形体的投影，应包括形体的全部几何要素，而不仅仅只是形体的外轮廓。

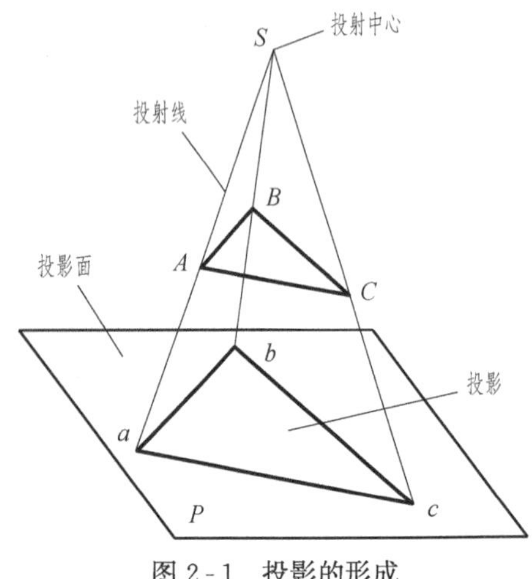

图 2-1　投影的形成

投影面、投射线、形体是产生投影的三个基本要素。

二、投影的分类

投影可分为中心投影和平行投影两大类。

（一）中心投影

投射中心 S 在有限的距离内发出放射状投射线，这些投射线与投影面相交作出的投影，称为中心投影，如图 2-3（a）所示。作出中心投影的方法称为中心投影法。显然，用这种投影法作出的投影图不能准确的反映形体的真实大小，故不能作为施工图使用。

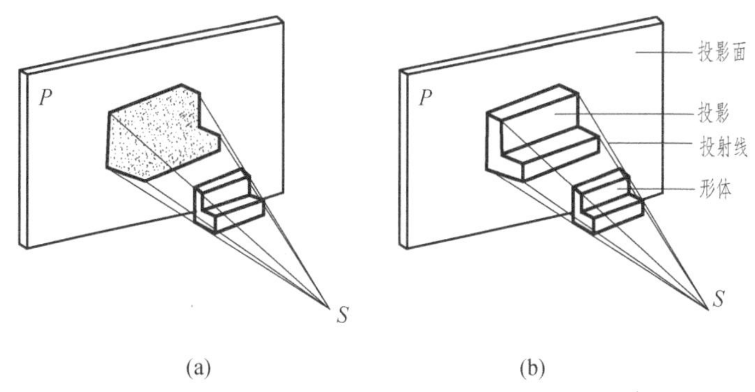

图 2-2 形体的投影

(a) 影子；(b) 投影

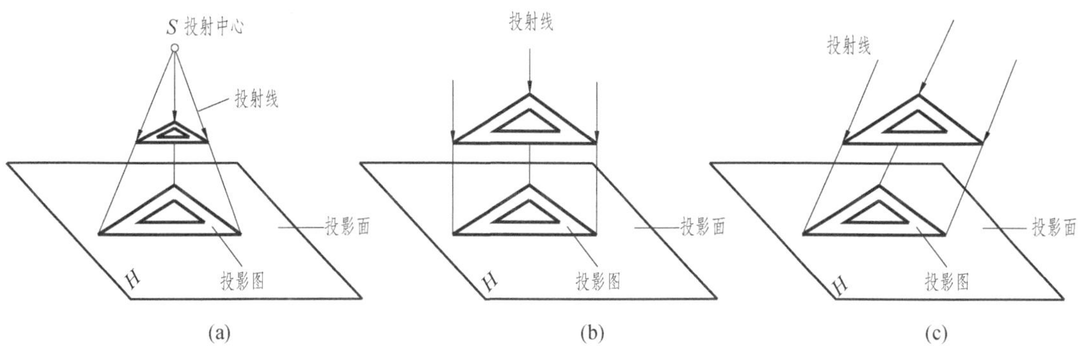

图 2-3 投影的分类

(a) 中心投影；(b) 正投影；(c) 斜投影

用中心投影法作出的形体投影图称为透视图。其特点是图形逼真、直观性强，仅适用于建筑设计方案的比较及工艺美术和宣传广告等，如图 2-4 所示。

图 2-4 透视图

(二) 平行投影

假设将投射中心移至无限远处，所有投射线将依一定的投射方向平行地投射下来。用平行投影线作出的投影，称为平行投影。作出平行投影的方法称为平行投影法。

根据投射线与投影面的角度不同，平行投影又可分为斜投影和正投影。

1. 斜投影

投射方向倾斜于投影面时所作出的平行投影，称为斜投影，如图 2-3（c）所示。作出斜投影的方法称为斜投影法。显然，用这种投影法作出的投影图也不能准确地反映形体的真实大小，故也不能作为施工图使用。

用斜投影法作出的形体投影图称为轴测投影图，工程上也称为系统图。其特点是直观性强，但不能准确地反映物体的形状，视觉上产生变形和失真，只能作为工程上的辅助图样，如图 2-5 所示。

2. 正投影

投射方向垂直于投影面时所作出的平行投影，称为正投影，如图 2-3（b）所示。作出正投影的方法称为正投影法。

用正投影法作出的形体投影图称为正投影图，如图 2-6 所示。正投影图能反映形体的真实形状和大小，且作图方便，但是，正投影图缺乏立体感，需要经过一定的训练才能看懂。

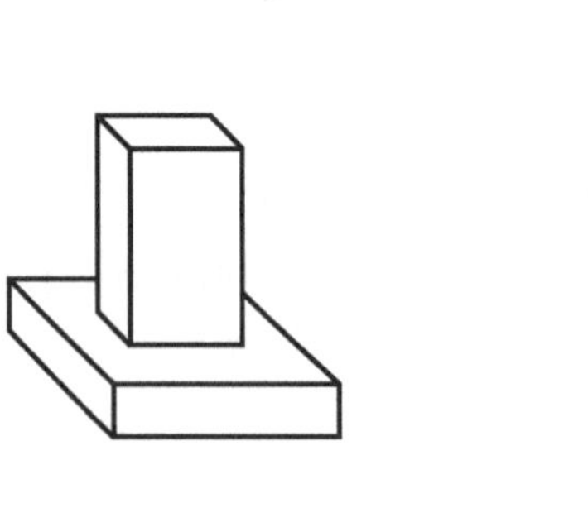

图 2-5 斜投影图

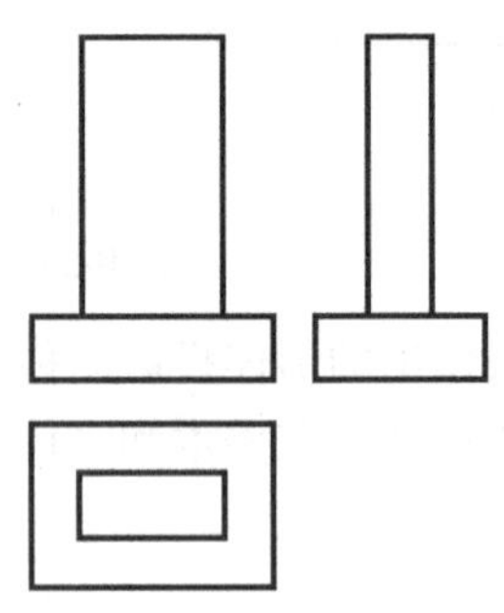

图 2-6 正投影图

工程施工图都是采用这种正投影法绘制的正投影图。正投影图我们通常简称投影，若无特殊说明，本教材中所指的投影均为正投影。

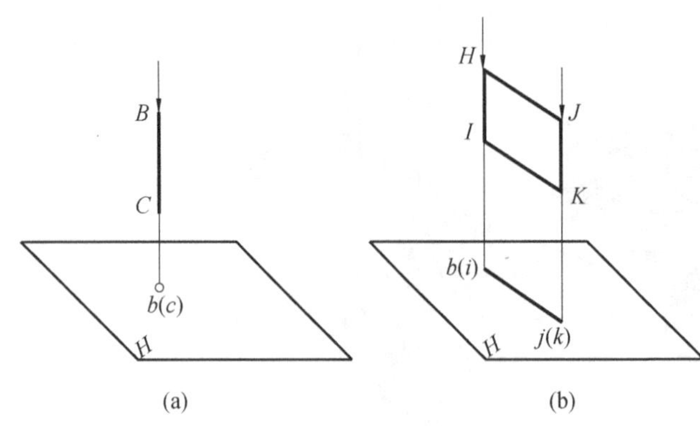

图 2-7 直线与平面投影的积聚性

三、正投影法的投影特性

在正投影法中，由于空间位置的直线和平面相对于投影面所处的位置不同，其投影具有以下基本特性。

(一) 积聚性

垂直于投影面的直线，其投影积聚为一个点，如图 2-7（a）中直线 BC，在投影面 H 上投影为一个点 b（c）。当平面垂直于投影面时，其投影积聚成一条直线，如图

2-7（b）中平面 $HIJK$ 的投影面 H 上的投影为一条直线。

（二）全等性

当直线平行于投影面时，其投影与直线段等长，如图 2-8（a）中直线 DE。当平面平行于投影面时，其投影反映实际形状和大小，如图 2-8（b）中平面 $PLMN$。

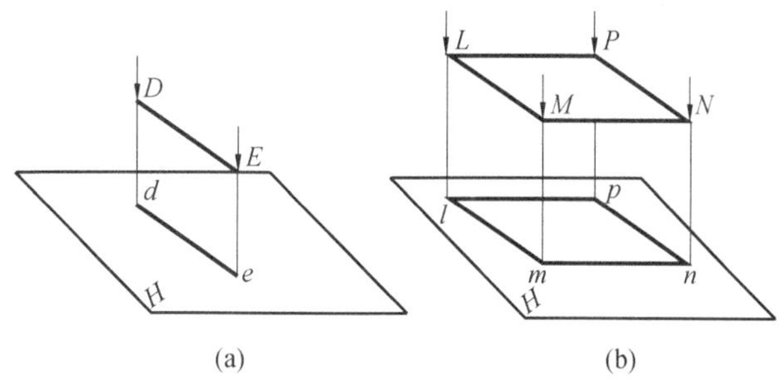

图 2-8　直线与平面投影的全等性

（三）类似性

当直线倾斜于投影面时，其投影仍为直线，但短于实长，如图 2-9（a）中直线 FG；当平面形倾斜于投影面时，其投影与平面形类似，但比实形小，如图 2-9（b）中平面 $ABCD$。这种只反映几何形状，而不反映真实大小的特性称为类似性。

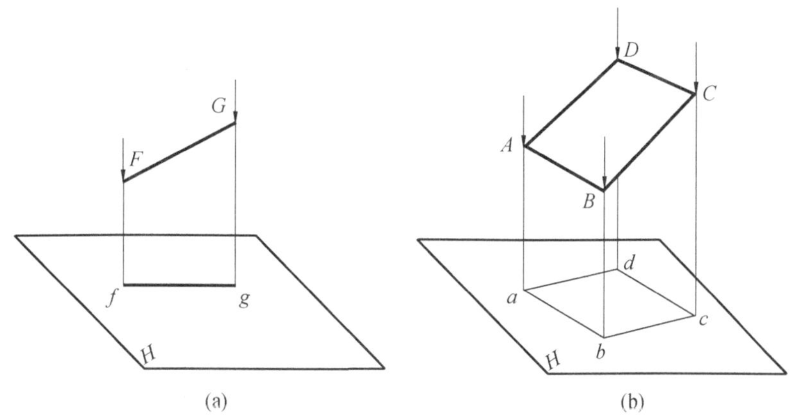

图 2-9　直线平面正投影的类似性

第二节　三面正投影图

在投影面和投射方向确定后，形体在一个投影面上产生的投影是唯一的，但是形体的一个投影却不能确定形体的真实形状。

如图 2-10 中三个不同形状的形体，它们在同一个投影面上的投影是相同的。这说明仅仅根据一个投影不能完整的表达形体的形状和大小。要确切的表达形体的完整形状和大小，必须增加不同的投射方向、在不同的投影面上得到几个投影，互相补充，才能将形体表达清楚。

一、三面投影体系的建立

通常用三个互相垂直相交的平面做投影面，将形体在这三个投影面上产生的三个投影结合起来，才能比较充分的表示出这个形体的空间形状。

三个互相垂直的投影面构成三面投影体系，如图 2-11 所示。在三面投影体系中，呈水平位置的投影面称为水平投影面（简称水平面），用字母“H”来表示，水平面也可称为 H

面；与水平投影面垂直相交的正立方向的投影面称为正立投影面（简称正面），用字母“V”来表示，正面也可称为V面；位于右侧、与水平投影面及正立投影面同时垂直相交的投影面，称为侧立投影面（简称侧面），用字母“W”来表示，侧面也可称为W面。

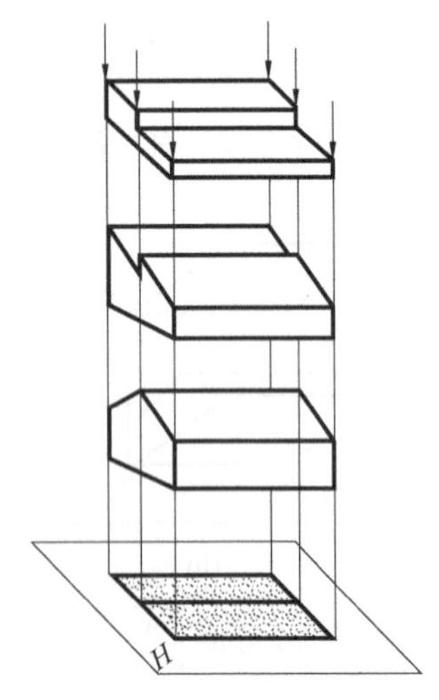

图 2-10 不同形体的一个正投影图

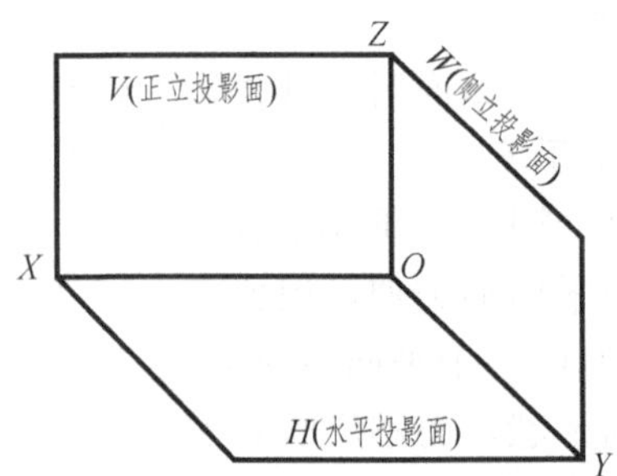

图 2-11 三面投影体系

各投影面的交线称为投影轴。V面与H面的交线称作X轴；H面与W面的交线称作Y轴；V面与W面的交线为Z轴。三个投影轴的交点称为原点，用“O”表示。

二、三面正投影图的形成

将形体置于H面之上、V面之前、W面之左的三面投影体系中，使它的主要平面分别平行于三个投影面，如图 2-12（a）所示。投影时采用的投射线有三组，如图 2-12（a）中的A、B、C，它们分别垂直于H、V和W投影面。将形体分别向这三个投影面进行投影，即可得到它的三面正投影图，如图 2-12（b）所示。

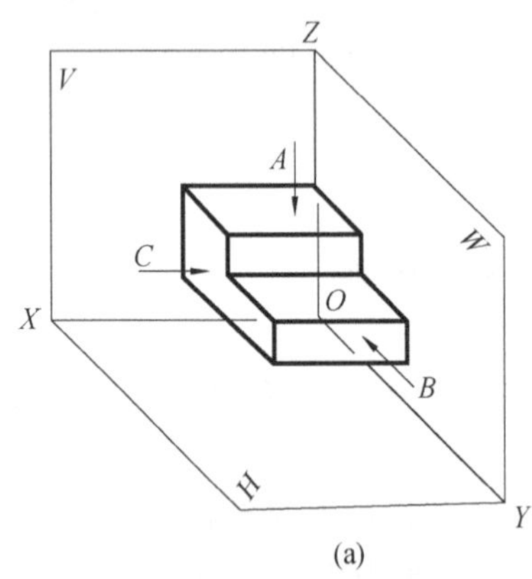

(a)

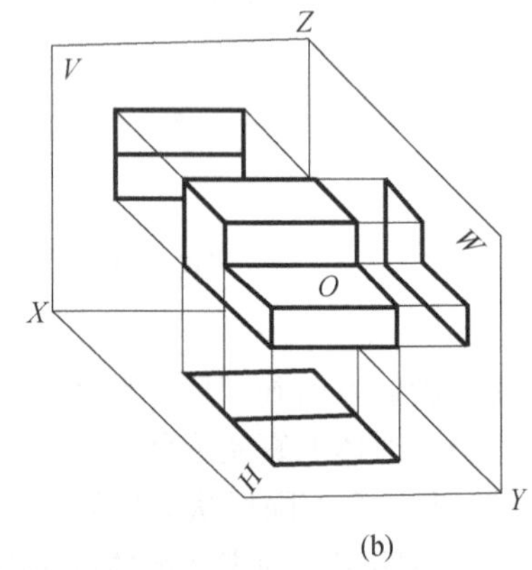

(b)

图 2-12 形体的三面正投影图

由于三个投影面是两两相互垂直的关系，因此形体的三个投影不在同一个平面上。为了能在一个平面上同时反映这三个投影，需要把三面投影体系中的三个投影面按一定规则回转展平在一个平面上，方法如图 2-13 所示。

按规定V面不动，H面绕OX轴向下旋转 90°，W面绕OZ轴向右旋转 90°，使展平后的H、V、W三个投影面都处于同一平面上，如图 2-13（b）所示。

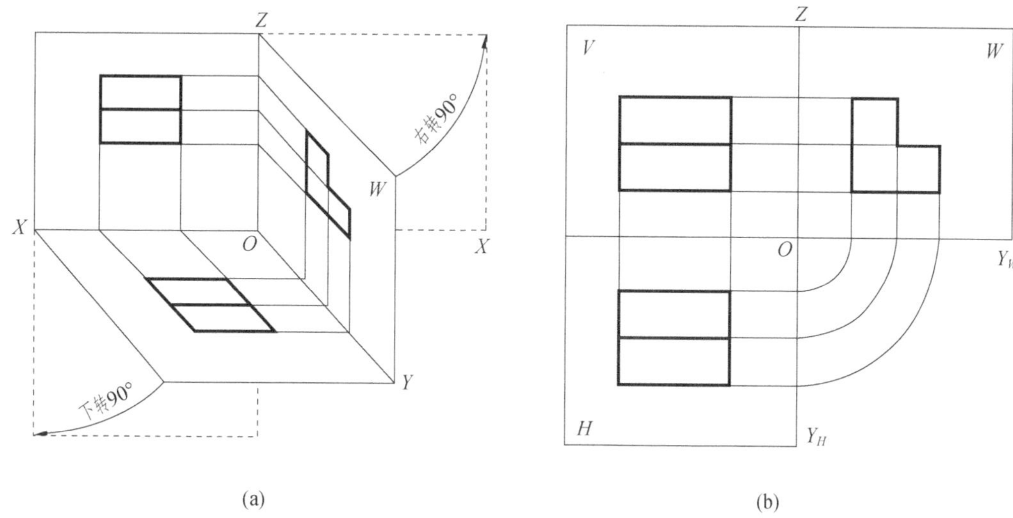

图 2-13　三面投影体系的展开

三个投影面展开后，三条投影轴成为两条垂直相交的直线。原 OX、OZ 轴位置不变，OY 轴则分为两条，位于 H 面上的用 OY_H 来表示，它与 OZ 轴成一直线；位于 W 面的用 OY_W 轴来表示，它与 OX 轴成一直线。

H、V、W 面的相对位置是固定的，投影图与投影面的大小无关，所以作图时可以不必画出投影面的外框。在工程图中投影轴一般也不画出。但是初学投影作图时还需将投影轴保留，用细实线画出。

三、三面正投影图的投影规律

空间形体都有长、宽、高三个方向的尺度。在做投影图时对形体的长度、宽度和高度方向，统一按下述方法确定：当形体的正面确定之后，形体上最左和最右两点之间平行于 OX 轴方向的距离称为形体的长度；形体上最前和最后两点之间平行于 OY 轴方向的距离称为形体的宽度；形体上最上和最下两点之间平行于 OZ 轴方向的距离称为形体的高度。因此，形体的 V 面投影反映了形体的长度及高度，以及形体上平行于正立投影面的各个面的真实形状；形体的 H 面投影反映了形体的长度和宽度，以及形体上平行于水平投影面的各个面的真实形状；而 W 面投影反映了形体的高度和宽度，以及形体上平行于侧立投影面的各个面的真实形状。将三个投影图联系起来看，即可知：V 面投影和 H 面投影同时反映形体的长度，且左右对齐；V 面投影和 W 面投影同时反映形体的高度，且上下平齐；H 面投影和 W 面投影同时反映形体的宽度，如图 2-14 所示。

为便于作图和记忆，三面正投影图规律可概括为：

（1）正面投影和水平面投影——“长对正”；

（2）正面投影和侧面投影——“高平齐”；

（3）水平面投影和侧面投影——“宽相等”。

“长对正、高平齐、宽相等”的投影规律是三面投影之间的重要特性，也是画图和读图时必须遵守的投影规律。这种对应关系无论是对整个形体，还是对形体的每一个组成部分都成立。在运用这一规律画图和读图时，要注意形体水平投影和侧面投影的前后对应关系。

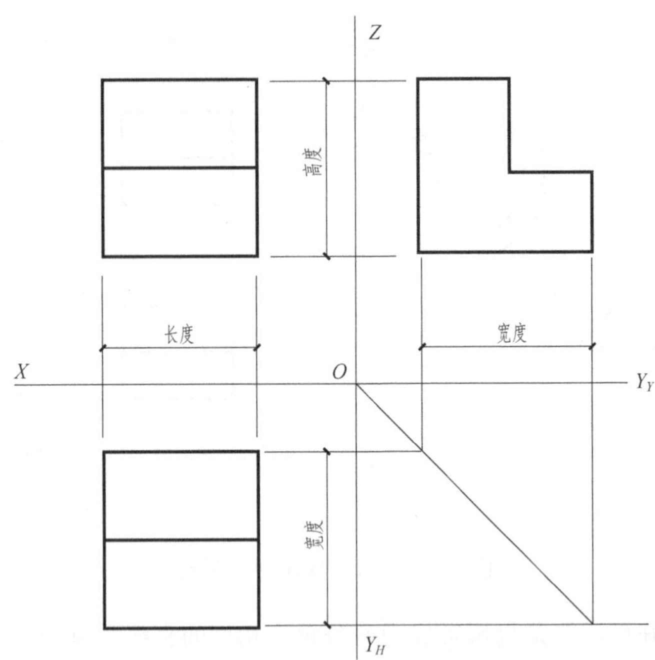

图 2 - 14 形体的三个向度

四、三面正投影图与形体的方位关系

如图 2 - 15 所示，任何形体都有前、后、上、下、左、右六个方位。在三面正投影图中，每个投影图各反映其中四个方位的情况，即水平面图反映形体的左右和前后；正面图反映形体的左右和上下；侧面图反映形体的前后和上下。

在投影图上识别形体的方位，对识图将有很大的帮助。

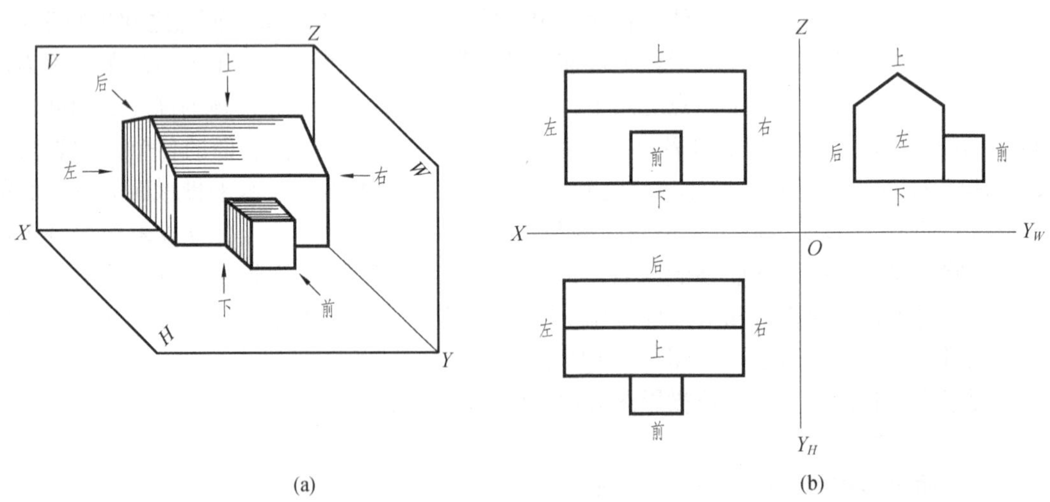

图 2 - 15 在投影图上反映的形体各个方位

(a) 直观图；(b) 投影图

第三章 点、直线、平面的投影

学习目标：

- 掌握点、直线、平面的投影规律。
- 掌握利用投影规律绘制点、直线、平面投影的方法。

点、直线、平面是组成形体表面形状的基本几何元素。因此，学习投影作图必须研究点、直线、平面投影的基本规律。

第一节 点 的 投 影

一、点的三面正投影及其投影标注

将空间点 A 置于三面投影体系中，由 A 点分别向三个投影面做垂线（即投影线），三个垂足点就是点 A 在三个投影面上的投影，如图 3-1 所示。

图 3-1（a）是空间点 A 及其三面投影的直观图。图 3-1（b）是三个投影面回转展平后所得点 A 的三面正投影图。

在投影中，空间的点用大写字母 A 表示，其在 H 面上的投影称为水平投影，用同名的小写字母 a 表示；在 V 面上的投影称为正面投影，用同名小写字母并在右上角加一撇 a' 表示；在 W 面上的投影称为侧面投影，用同名的小写字母右上角加两撇 a'' 表示，如图 3-1 所示。

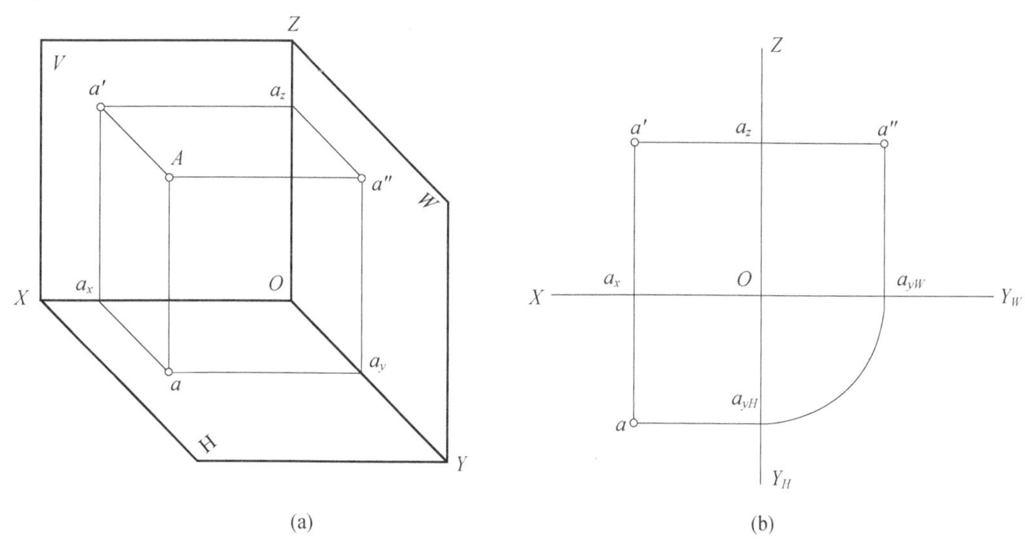

图 3-1 点的三面投影

（a）直观图；（b）展开图

二、点的正投影规律

由图 3-1（a）中可以看出，过空间点 A 的两条投射线 Aa、Aa' 决定的平面 $Aa'a_xaA$ 与

V 面和 H 面同时垂直相交，交线分别是 $a'a_x$ 和 aa_x，因此 OX 轴必然垂直于平面 $Aa'a_xaA$，所以 $OX \perp a'a_x$、$OX \perp aa_x$。又因为 $a'a_x \perp aa_x$，所以当 H 面绕 OX 轴回转成与 V 面成为同一平面时，aa_x 和 $a'a_x$ 就成为一条垂直于 OX 轴的直线，即 $aa' \perp OX$，如图 3-1（b）所示。同理 $a'a'' \perp OZ$。a_y 在投影面展平后，被分为 a_{yH} 和 a_{yW} 两个点，所以 $aa_{yH} \perp OY_H$，$a''a_{yW} \perp OY_W$，且 $aa_x = a''a_z$。

从上面可以得出点的投影规律：

（1）点的正面投影和水平投影的连线必定垂直于 OX 轴，即：$aa' \perp OX$；

（2）点的正面投影和侧面投影的连线必定垂直于 OZ 轴，即：$a'a'' \perp OZ$；

（3）点的水平投影到 OX 轴的距离等于其侧面投影到 OZ 轴的距离，即：$aa_x = a''a_z$。

从图 3-1（a）中可以看出：$Aa = a'a_x = a''a_y$，其中 Aa 是空间点 A 到 H 面的距离；$Aa' = aa_x = a''a_z$，其中 Aa' 是空间点 A 到 V 面的距离；$Aa'' = a'a_z = aa_y$，其中 Aa'' 是空间点 A 到 W 面的距离。因此可以得出：点的三面投影到各投影轴的距离分别代表空间点到相应的投影面的距离，如图 3-2 所示。

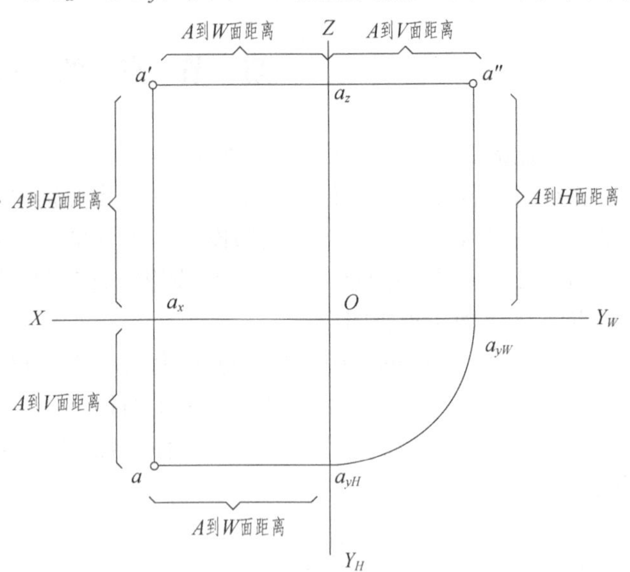

图 3-2 空间点到投影面的距离

不难看出，点的三面投影也符合“长对正、高平齐、宽相等”的投影规律。应用上述投影规律，可根据一点的任意两个已知投影，求得它的第三个投影。

【例 3-1】 已知点 A 的 H 面和 W 面投影 a 和 a''，求作点 A 的 V 面投影 a'。

根据点的投影规律，a' 的求作方法如图 3-3 所示。

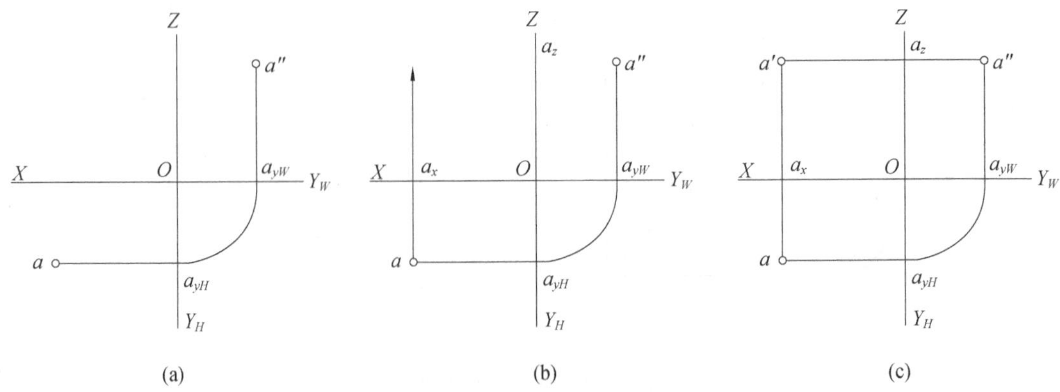

图 3-3 已知点的 H、W 面投影求作点的 V 面投影

（a）已知点 A 的 H、W 面投影为 a 和 a''；（b）过点 a 作 OX 轴的垂线 aa_x 并延长；（c）过 a'' 作 OZ 轴的垂线 $a''a$ 并延长与 aa_x 的延长线交于 a' 点即为所求

【**例 3-2**】　已知点 B 的 V 面和 H 面投影 b' 和 b，求作点 B 的 W 面投影 b''。

b''的求作方法如图 3-3 所示。

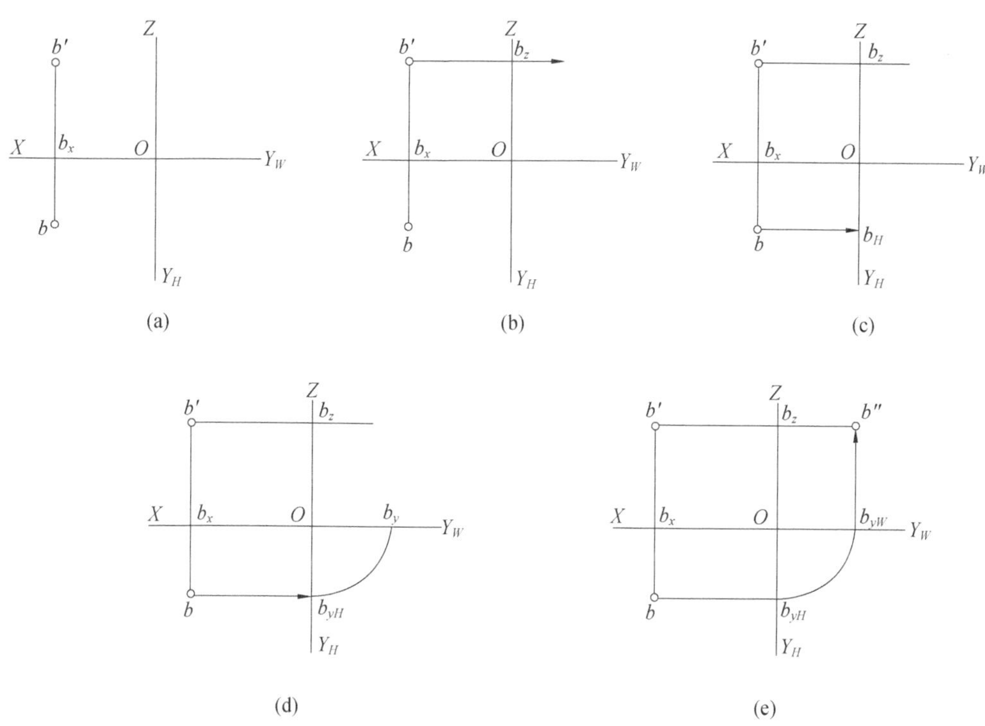

图 3-4　已知点的 H、V 面投影求作其 W 面投影

(a) 已知点 B 的 H、V 面投影为 b 和 b''；(b) 过点 b 作 OZ 轴的垂线 $b'b_z$ 并延长；(c) 过 b 作 OY_H 轴的垂线 bb_{yH}；(d) 以 O 为圆心，Ob_{yH} 为半径作圆弧，交 OY_W 于 b_{yW}，即 $Ob_{yH}=Ob_{yW}$；(e) 过 b_{yW} 作 OY_W 轴的垂线，与 $b'b_z$ 的延长线相交，交点 b''即为所求

三、点的坐标

在三面投影体系中，空间点及其投影的位置，可以用点的坐标来确定。把三面投影体系看作空间直角坐标系，投影轴 OX、OY、OZ 相当于坐标系 X、Y、Z 轴，投影面 H、V、W 相当于三个坐标面，投影轴原点 O 则相当于坐标系原点。

如图 3-5 所示，空间一点到三投影面的距离，就是该点的三个坐标，用字母 x、y、z 表示。即

空间点 A 到 W 面的距离为 x 坐标，即 $Aa''=a'a_z=aa_{yH}=x$；

空间点 A 到 V 面的距离为 y 坐标，即 $Aa'=aa_x=a''a_Z=y$；

空间点 A 到 H 面的距离为 z 坐标，即 $Aa=a'a_x=a''a_{yW}=z$。

空间点及其投影位置可用坐标值表示，如点 A 的空间位置是 A (x, y, z)，则点 A 的 H 面投影 a 可反映点的 x 坐标和 y 坐标，即 a (x, y)；点 A 的 V 面投影 a'可反映点的 x 坐标和 z 坐标，即 a' (x, z)；点 A 的 W 面投影 a''可反映点的 y 坐标和 z 坐标，即 a'' (y, z)。

【**例 3-3**】　已知点 A 的坐标为（20，10，15），求作点 A 的三面投影图。

作法如图 3-6 所示。

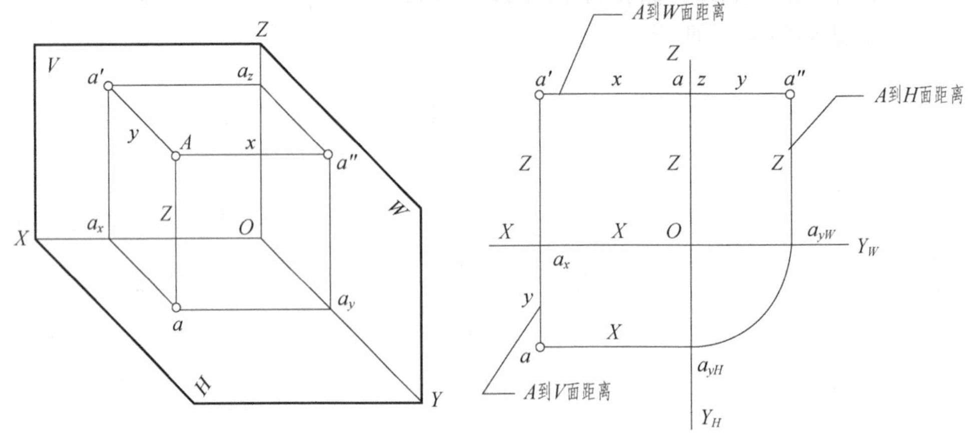

图 3-5 点的坐标与点的三面投影的关系

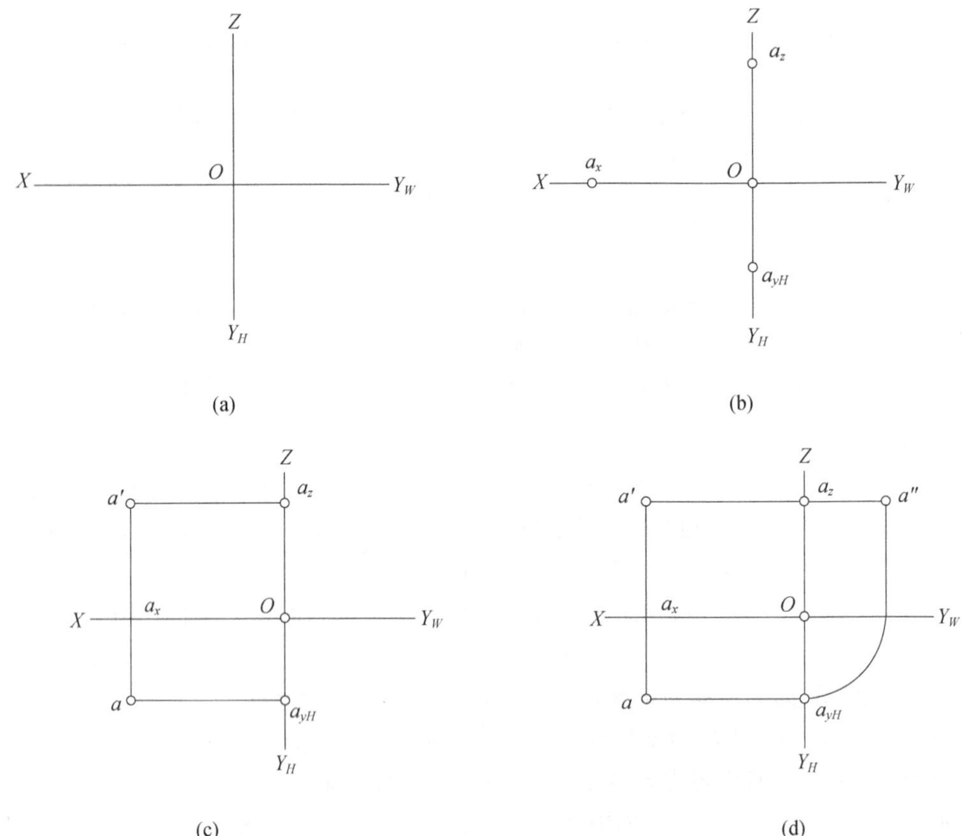

图 3-6 根据点的坐标作三面投影图

(a) 画出投影轴；(b) 在 OX 轴上量取 $oa_x=x=20$，在 OY_H 轴上量取 $Oa_{yH}=y=10$，在 OZ 轴上量取 $Oa_z=z=15$；(c) 过 a_x 作 OX 轴的垂线，过 a_z 作 OZ 轴的垂线，过 a_{yH} 作 OY_H 轴的垂线，得交点 a 和 a'；(d) 按前述方法求得 a''

四、特殊位置点的投影

位于投影面、投影轴或坐标原点上的点，称为特殊位置的点。

（一）位于投影面上的点

若点的三个坐标中有一个坐标为“0”时，则空间点位于某一投影面上，如图 3-7 所示，A 点在 V 面上，B 点在 H 面上，C 点在 W 面上。从这些点的投影图可以看出，如果点位于投影面上，则它的三个投影中有一个投影与空间点重合，另两个投影在相应的投影轴上。

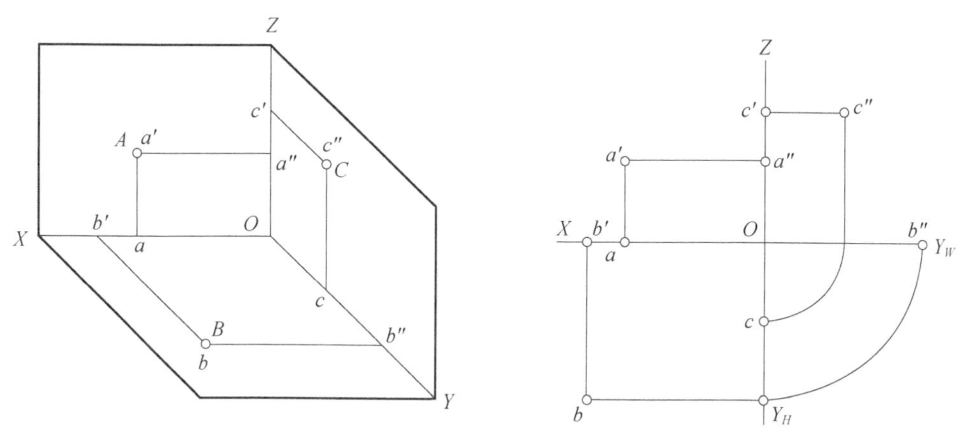

图 3-7　位于投影面上的点

（二）位于投影轴上的点

当点的三个坐标中有两个坐标为“0”时，空间点位于某投影轴上，如图 3-8 所示 D、E 和 F 点。

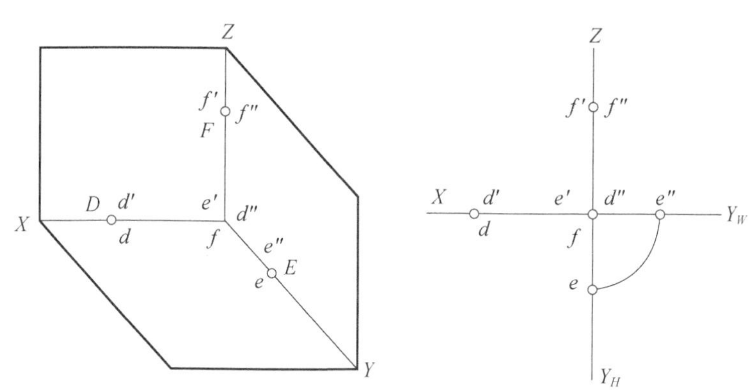

图 3-8　位于投影轴上的点

（三）位于坐标原点的点

位于坐标原点的点，其三面投影均与坐标原点重合。

在特殊位置点的三面投影图中，空间点可不标注，其三个投影的符号，应写在相应的投影面上。

五、两点的相对位置

(一) 点的空间方位

由点的投影图判别两点在空间的相对位置，首先要了解一个点在三面投影体系中有上、下、左、右、前、后六个方位，如图 3-9 (a) 所示。这六个方位在投影图中也能反映出来，见图 3-9 (b)。从图中可以看出：

在 V 面上的投影，能反映左、右（即距 W 面的距离——x 坐标）和上、下（即距 H 面的距离——z 坐标）的情况。

在 H 面上的投影，能反映左、右（即距 W 面的距离——x 坐标）和前、后（即距 V 面的距离——y 坐标）的情况。

在 W 面上的投影，能反映前、后（即距 V 面的距离——y 坐标）和上、下（即距 H 面的距离——z 坐标）的情况。

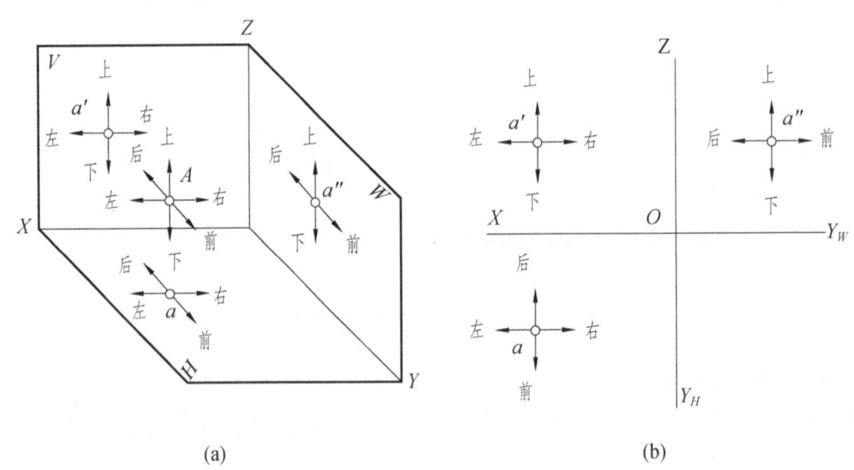

图 3-9 投影图上的方位

我们可根据方位来判别两点在空间的相对位置。

【例 3-4】 根据投影图判断 C、D 两点的相对位置，如图 3-10 所示。

从图中可以看出，c、c'在 d、d'的左边，即 C 点在 D 点的左方；c、c''在 d、d''的上方，即 C 点在 D 点的上方；c、c''在 d、d''的后方，即 C 点在 D 点的后方。

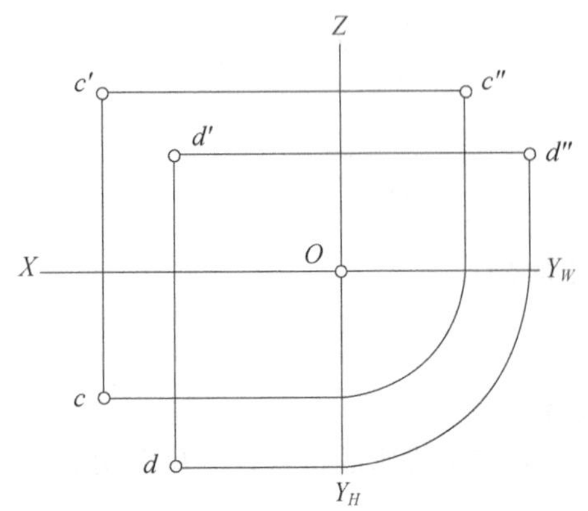

图 3-10 判别两点的相对位置

由此判别出 C 点在 D 点的左、上、后方。

(二) 重影点

由正投影特性可知，如果两个点位于同一投射线上，则此两点在该投影面上的投影必然重合，该投影称为重影，重影的空间两个点称为重影点。

从图 3-11 长方体的立体图中可以看出，A、B 是位于向 H 面投影的同一投射线上，它们在 H 面上的投影 a 和 b 相重合。如果沿着投射方向观察这两个点，离 H 面较近的 B 点被较远的 A 点所遮挡，点 A 为可见点，点 B 为不可见点。在投影图上规定重影点中不可见的点的投影用字母加一括号来表示，如 H 面中的 a（b）。同理，对 V 面来说，A 和 C 点是重影点，其 V 面投影重合为 a'（c'）。对 W 面来说，点 A 和点 D 是重影点，其 W 面投影重合为 a''（d''）。

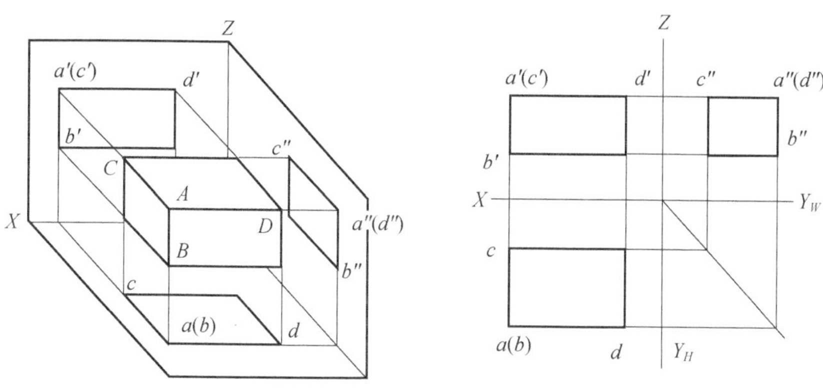

图 3-11　重影点

第二节　直 线 的 投 影

一、直线投影图的作法

直线是点的集合，因此直线的投影为直线上各点投影的集合。如图 3-12 所示，通过直线 AB 上 A、B、C、D…各点，向投影面作投射线，这些投射线形成了一个与投影面垂直的平面，此平面与投影面的交线必然为一条直线，该直线就是直线 AB 在投影面上的正投影。从中可以看出，直线的投影一定为直线。

我们知道，直线的长度是无限的。两点可以确定一直线。所以求作直线的投影时，只需求出直线上任意两点的投影（一般取其两个端点），然后连接该两点的同名投影，即得该直线的投影。

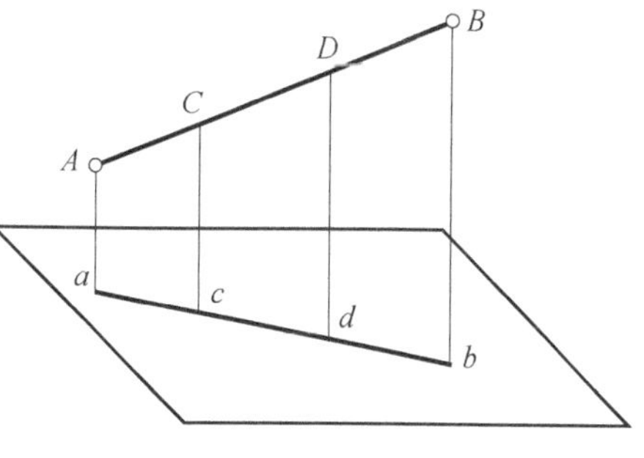

图 3-12　直线的投影

【例 3-5】　已知直线 AB 两端点为 A（20，10，15）、B（10，5，5），求作直线 AB 的三面正投影图。

作法如图 3-13 所示。

二、各种位置直线的分类和投影特性

（一）空间直线相对于投影面的分类

空间位置直线相对于投影面的位置可分为三种：

一般位置直线，如图 3-14 中直线 AE、BF；

投影面平行线，如图 3-14 中直线 AC；

投影面垂直线，如图 3-14 中直线 AB、EF。

其中投影面平行线和投影面垂直线，又称为特殊位置直线。

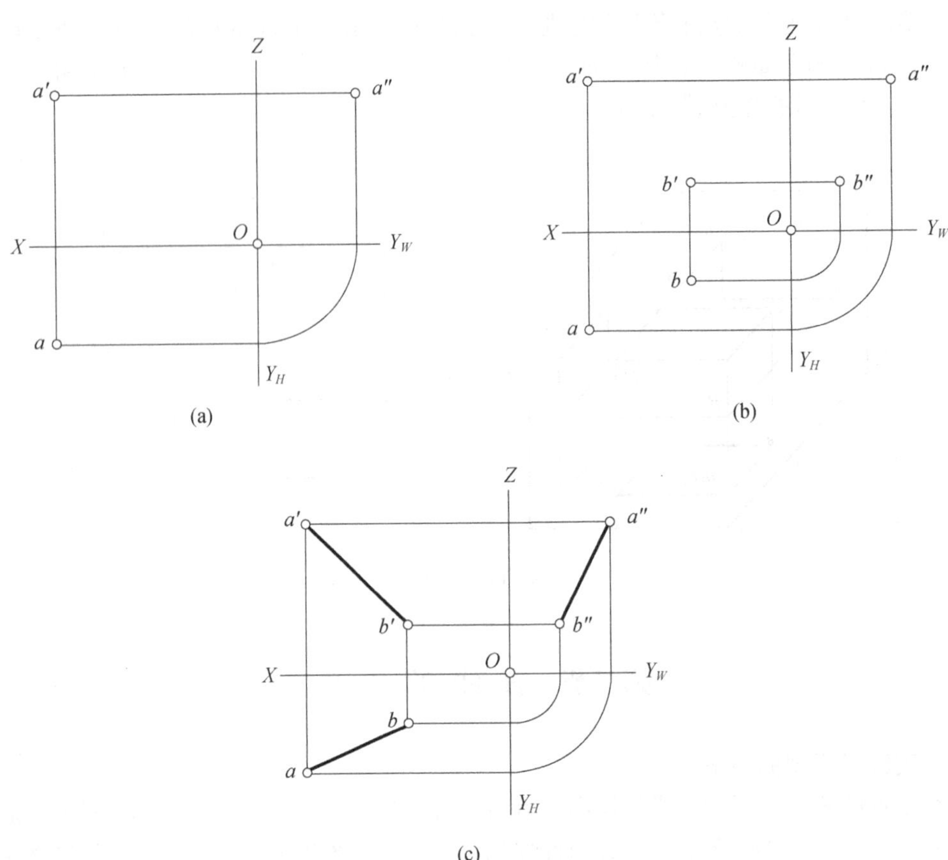

图 3-13 直线投影图的作法

(a) 作点 A 的投影图；(b) 作点 B 的投影图；(c) 分别连接 A、B 两点的同名投影，即得直线 AB 的投影图

(二) 各种位置直线的投影特性

1. 一般位置直线

与三个投影面都倾斜的直线，称为一般位置直线。

一般位置直线的投影特性分析如下：

从图 3-15 中可以看出，由于直线 AB 与各投影面都倾斜，即直线上各点与投影面距离都不相等，所以在投影图中直线上各点的同名投影距相应的投影轴的距离也不相等，因此直线 AB 在三个投影面上的投影 ab、$a'b'$ 和 $a''b''$ 都倾斜于各投影轴。所以一般位置直线的投影特性为：

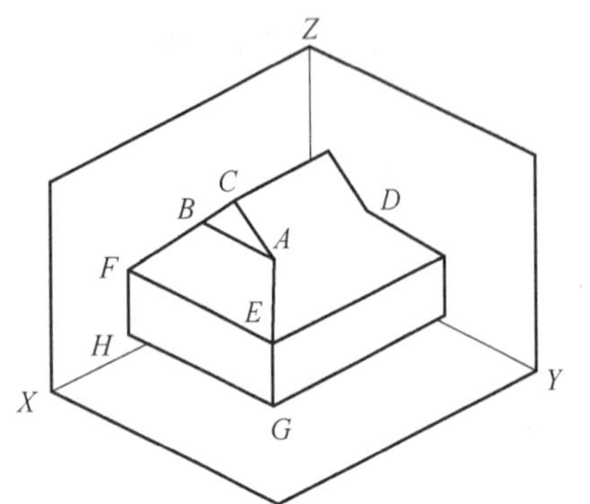

图 3-14 直线的空间位置

(1) 直线倾斜于投影面，则直线在三个投影面的投影均为倾斜于投影轴的直线，且不反映实际长度；

(2) 直线的三个投影与投影轴的夹角，均不反映直线对投影面的倾角。直线对 H 面、V 面和 W 面的倾角分别用 α、β 和 γ 表示，如图 3-15 (a)

所示。

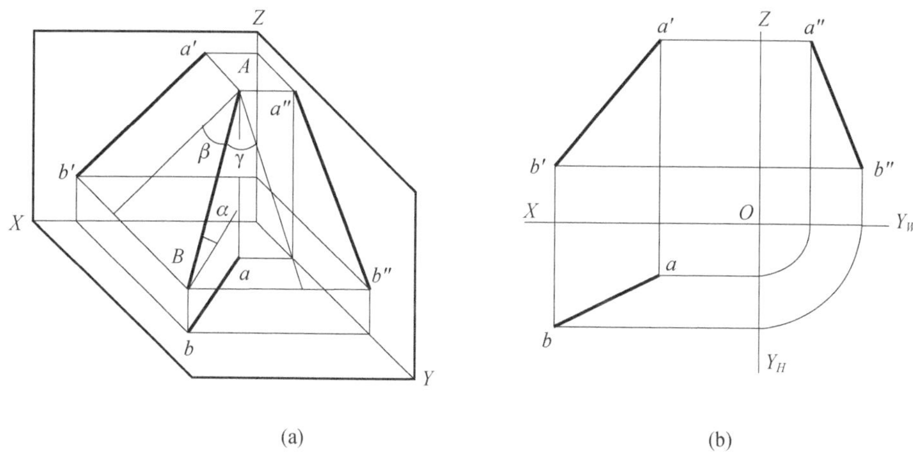

图 3-15　一般位置直线的投影

(a) 直观图；(b) 投影图

2. 投影面平行线

投影面平行线是指仅平行于一个投影面，而倾斜于另两个投影面的直线。

投影面平行线可分为三种情况：

H 面平行线：直线平行于 H 面，倾斜于 V、W 面，又称水平线；

V 面平行线：直线平行于 V 面，倾斜于 H、W 面，又称正平线；

W 面平行线：直线平行于 W 面，倾斜于 H、V 面，又称侧平线。

三种投影面平行线的投影图和投影特点见表 3-1。

由表 3-1 中可以得出投影面平行线的投影特性为：

(1) 直线平行于某一投影面，则在该投影面上的投影倾斜于投影轴、反映直线实长，并且在该投影面上的投影与投影轴的夹角反映直线对其他两个投影面的倾角。

(2) 直线在另外两个投影面上的投影，分别平行于相应的投影轴、共同垂直于某一投影轴，但不反映实长。

表 3-1　　**投 影 面 平 行 线**

名称	水平线（$AB/\!/H$）	正平线（$AC/\!/V$）	侧平线（$AD/\!/W$）
立体图			

续表

名称	水平线（$AB/\!/H$）	正平线（$AC/\!/V$）	侧平线（$AD/\!/W$）
投影图	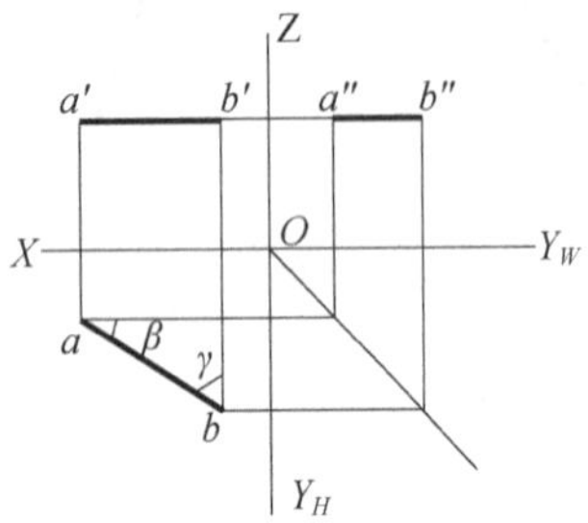	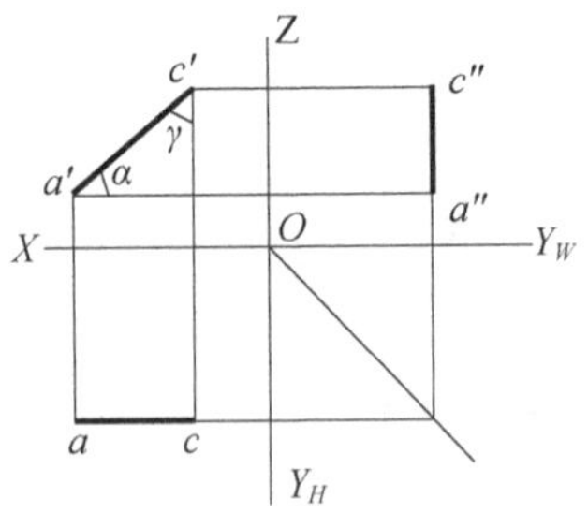	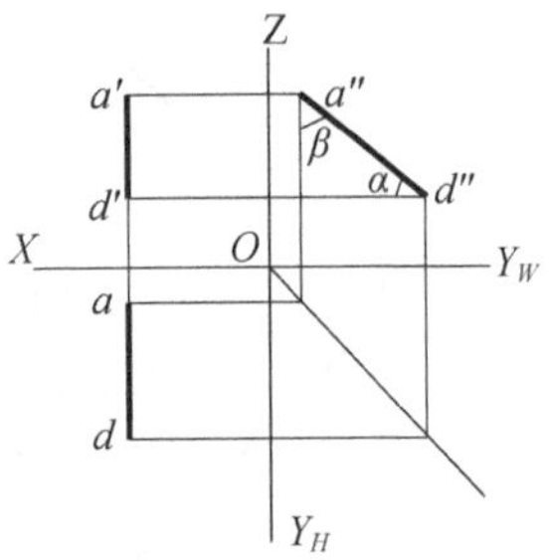
在形体投影图中的位置	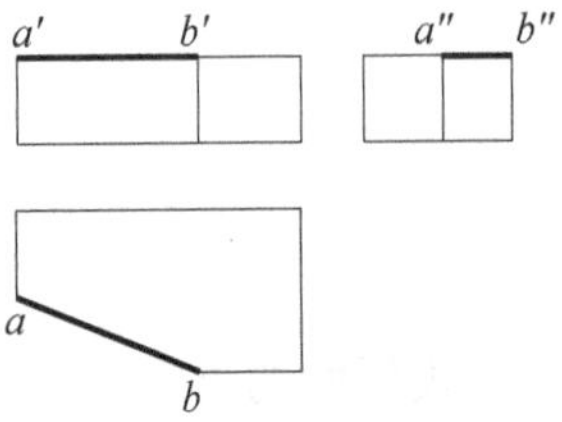	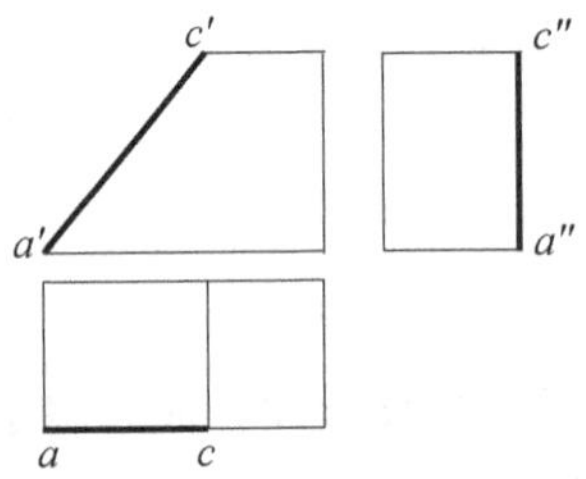	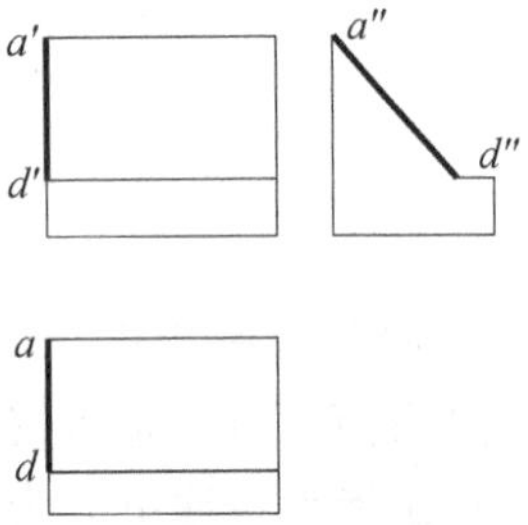
在形体立体图中的位置	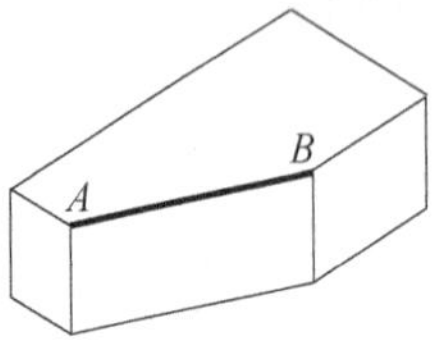	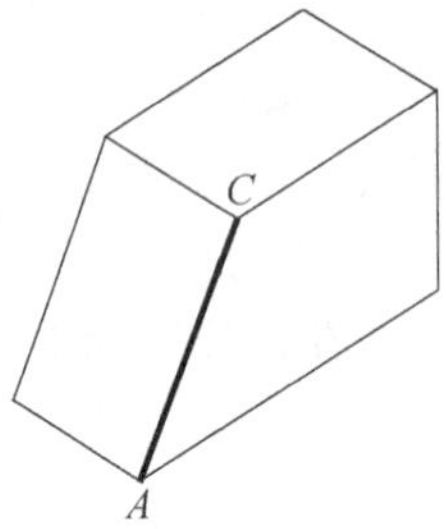	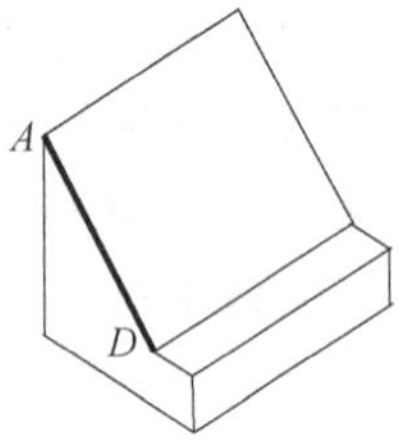
投影规律	1）ab 与投影轴倾斜，$ab=AB$；反映倾角 β、γ 的实形 2）$a'b'/\!/OX$，$a''b''/\!/OY_W$	1）ac 与投影轴倾斜，$a'c'=AC$；反映倾角 α、γ 的实形 2）$a'c'/\!/OX$，$a''c''/\!/OZ$	1）$a''d''$ 与投影轴倾斜，$a''d''=AD$，反映倾角 α、β 的实形 2）$ad/\!/OY_H$，$a'd'/\!/OZ$

3. 投影面垂直线

投影面垂直线是指垂直于一个投影面，平行于另两个投影面的直线。

投影面垂直线可分为三种情况：

H 面垂直线：直线垂直于 H 面，平行于 V、W 面，又称铅垂线。

V 面垂直线：直线垂直于 V 面，平行于 H、W 面，又称正垂线。

W 面垂直线：直线垂直于 W 面，平行于 H、V 面，又称侧垂线。

三种投影面垂直线的投影图和投影特点见表 3-2。

表 3-2　**投影面垂直线**

名称	铅垂线（$AB \perp H$）	正垂线（$AC \perp V$）	侧垂线（$AD \perp W$）
立体图	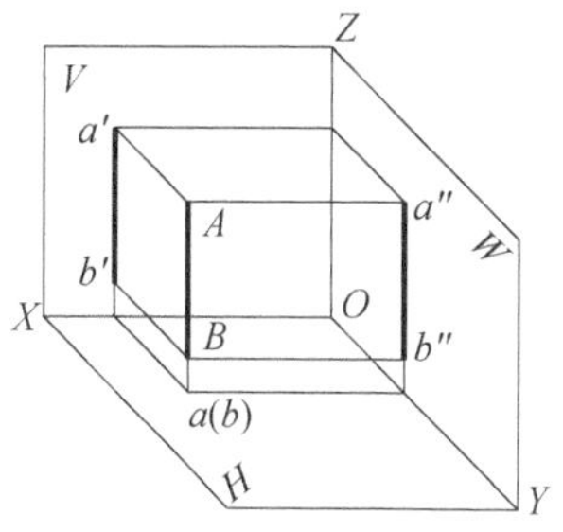	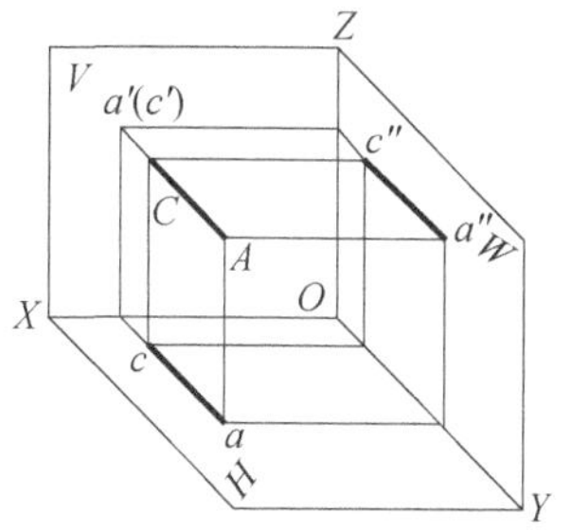	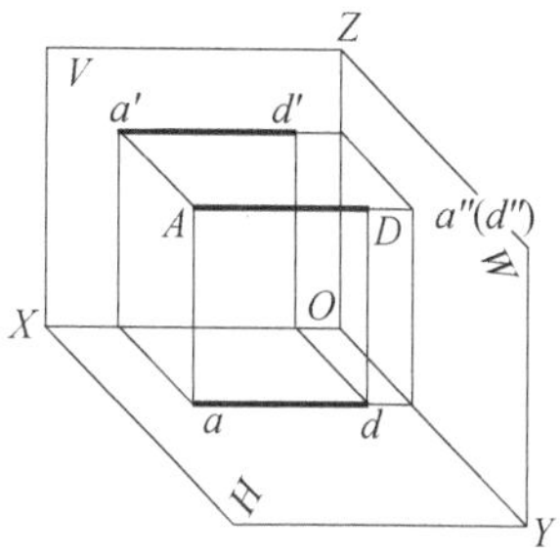
投影图	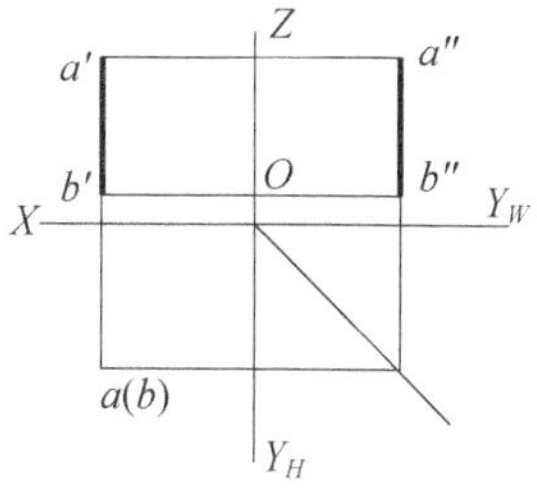	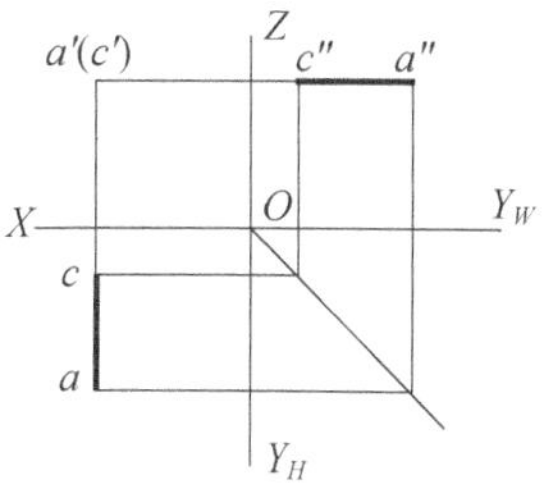	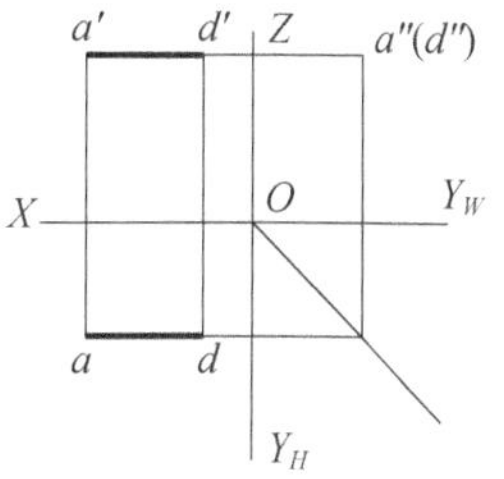
在形体投影图中的位置	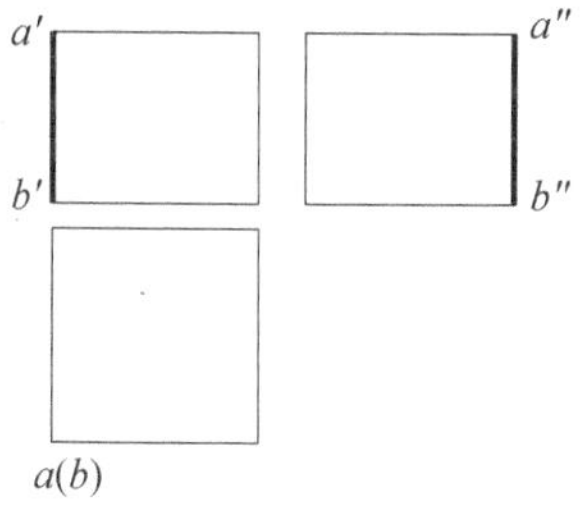	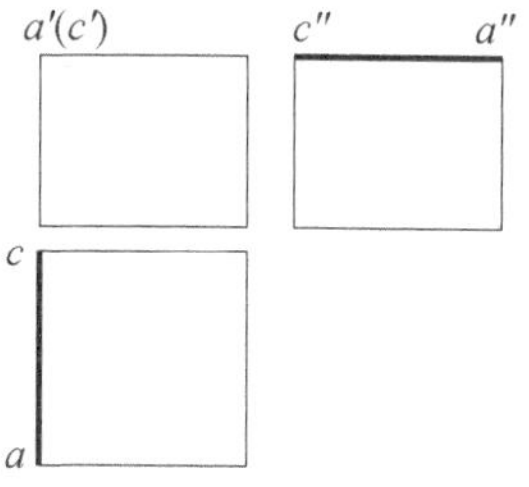	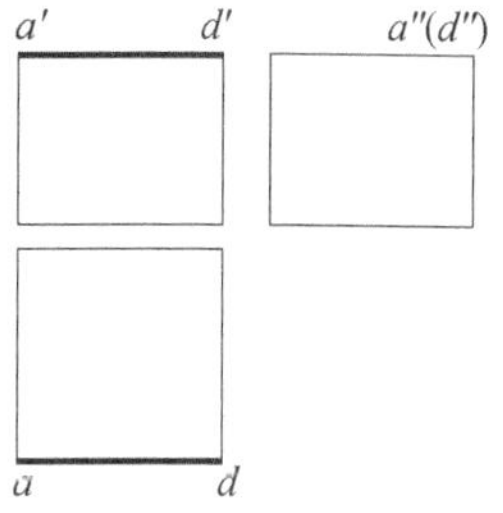
在形体立体图中的位置	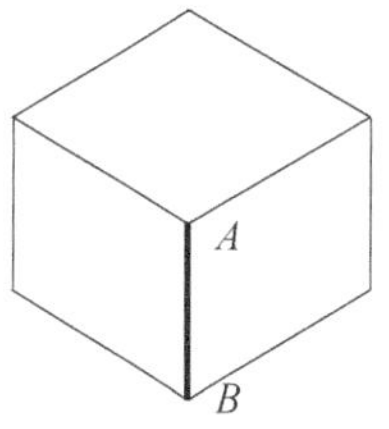	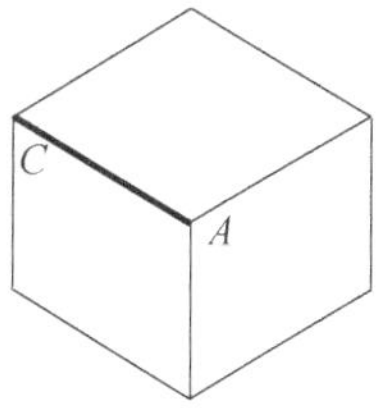	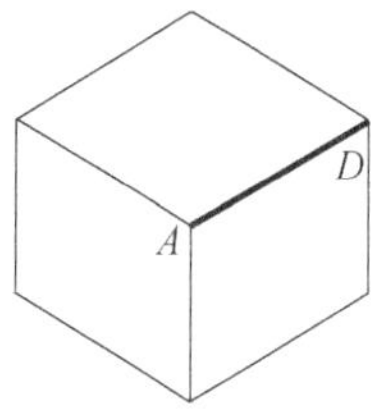
投影规律	(1) ab 积聚为一点 (2) $a'b' \perp OX$，$a''b'' \perp OY_W$ (3) $a'b'=a''b''=AB$	(1) $a'c'$ 积聚为一点 (2) $ac \perp OX$，$a''c'' \perp OZ$ (3) $ac=a''c''=AB$	(1) $a''d''$ 积聚为一点 (2) $a'd' \perp OY_H$，$a''d'' \perp OZ$ (3) $ad=a'd'=AD$

由表 3-2 可以得出投影面垂直线的投影特性为：

(1) 直线垂直于某一投影面，则在该投影面上的投影积聚成一点。

(2) 直线在另外两个投影面上的投影，分别垂直于相应的投影轴，共同平行于某一投影轴且反映实长。

【例 3-6】 已知水平线 AB 的长为 25mm，$\beta=30°$ 及点 A（30，5，10），已知点 B 在点

A 的右前方。求作直线 AB 的投影，如图 3-16 所示。

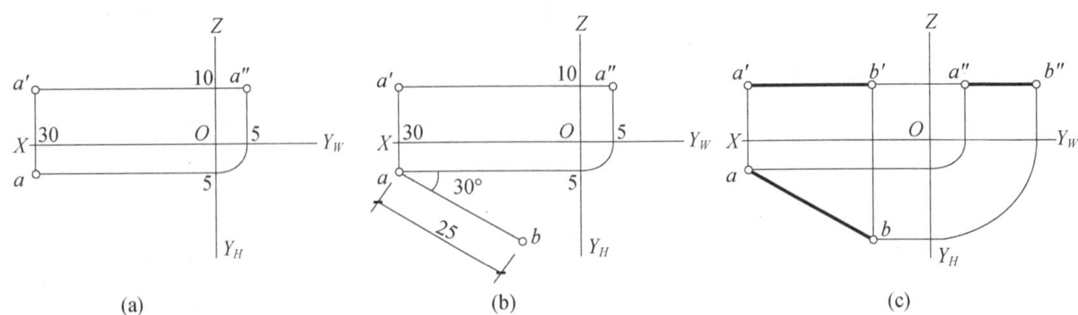

图 3-16 作水平线 AB 的投影

(a) 作点 A 的投影图；(b) 过 a 作 ab 与 X 轴成 30°且长度等于 25mm，得到 B 点在水平面的投影 b；(c) 过 a' 及 a'' 分别作 X 轴及 Y 轴的平行线，并根据 b 作出 b' 及 b''

根据各种位置直线的投影特点，可以由直线的投影图来判别直线的空间位置。例如：

(1) 如果一条直线在三面投影体系上的投影，其中有两个投影面上的投影倾斜于投影轴，则该直线必定是一般位置直线。

(2) 如果一条直线在三面投影体系上的投影，其中仅有一个投影面上的投影是倾斜于投影轴的，则该直线必定是投影面平行线，且平行于该倾斜投影所在的投影面。

(3) 如果一条直线在三面投影体系上的投影，其中有一个投影积聚成一个点，则该直线必定是投影面垂直线，且垂直于该积聚性投影所在的投影面。

三、直线上的点

(一) 直线上点的投影

位于直线上的点，它的投影必然也在该直线的同名投影上，这是正投影的从属性。根据这一特性，我们可以求作直线上点的投影，或判别直线与点的相对位置。如果点的各个投影都在直线的同名投影上，则此点在直线上。反之，此点不在直线上。

如图 3-17 所示，空间点 C 的三面投影 c、c'、c'' 都在直线的同名投影上，说明点 C 是直线 AB 上的点。而点 D 的三个投影中，d 和 d' 在直线 AB 的同名投影上，但 d'' 不在直线 AB 的 W 面投影 $a''b''$ 上，故点 D 不是直线 AB 上的点。

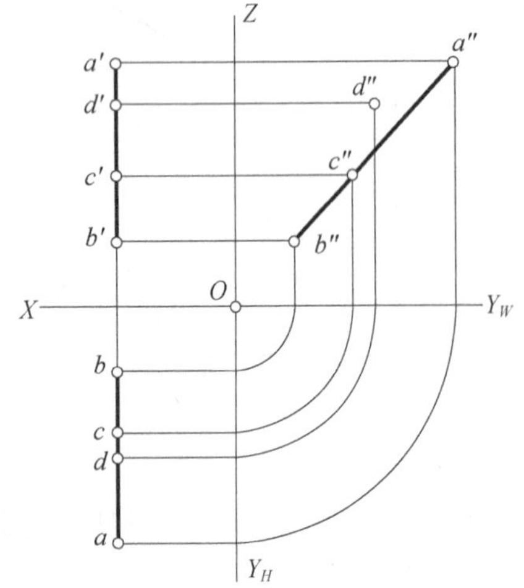

图 3-17 直线与点的相对位置

(二) 直线上的点分线段成定比

如果直线上一个点把直线分为一定比例的两段，则该点的投影也分直线的各同名投影为相同比例的两段，这种性质称为定比性。

如图 3-18 所示，直线 AB 和通过 AB 所作的投影线与其投影形成一个垂直于 H 面的平面，过直线上的点 C 所作的投影线 Cc 必然是在这个平面内，且 $Aa/\!/Cc/\!/Bb$，所以 $AC:CB=ac:cb$。同理，$AC:CB=a'c':c'b'$，$AC:CB=a''c'':c''b''$。

【例 3-7】 已知直线 AB 的投影 ab 和 $a'b'$，求作直线上一点 C 的投影，使 $AC:CB=3:2$。作法如图 3-19 所示。

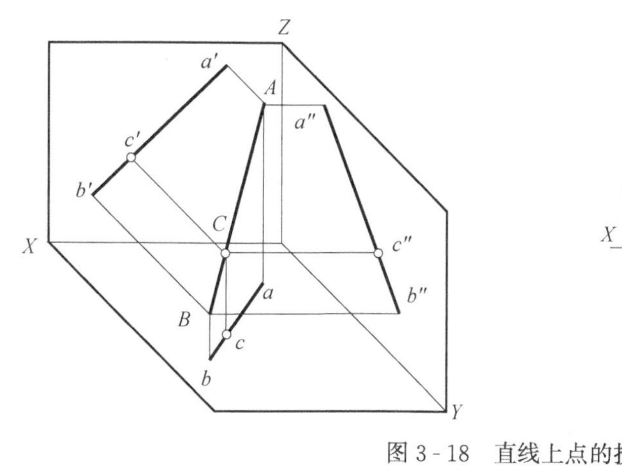

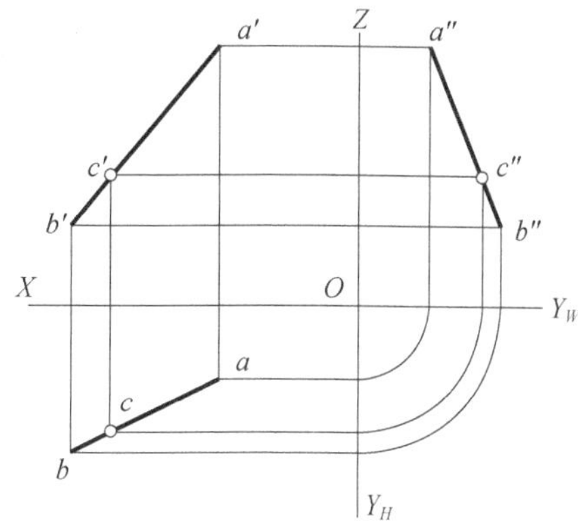

图 3-18　直线上点的投影

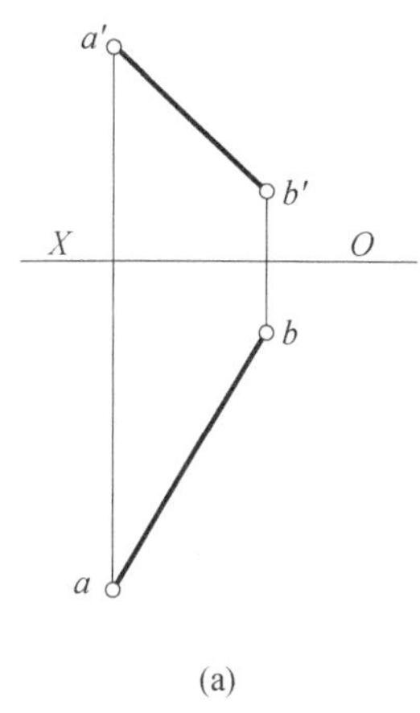

(a)

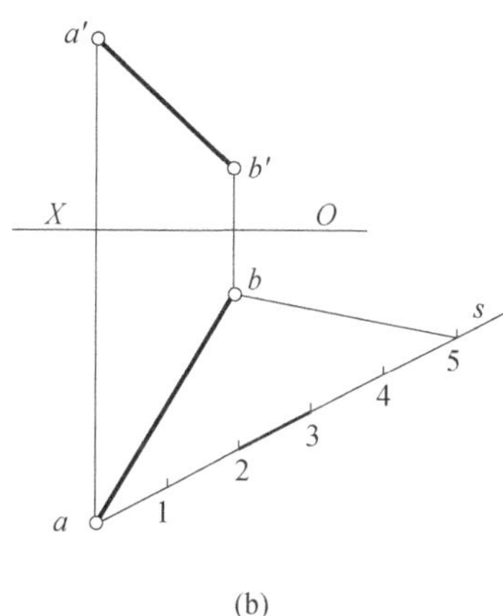

(b)

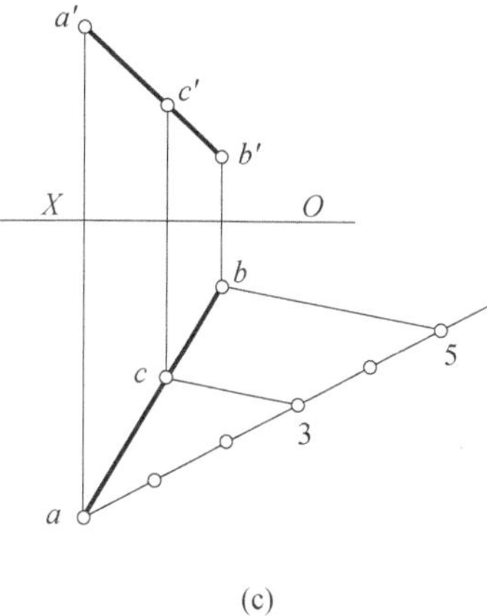

(c)

图 3-19　分直线为定比的点的投影

(a) 已知直线 AB 的投影 $a'b'$ 和 ab；(b) 过 a 作辅助线 as，并量取 5 个单位，得 1、2…、5 各点，连 $b5$；
(c) 过 3 作 $b5$ 的平行线，交 ab 于 c，再自 c 作 OX 轴的垂线，延长交 $a'b'$ 于 c'，则 c 和 c' 即为所求

四、用直角三角形法求一般位置直线的实长和对投影面的倾角

我们知道，一般位置直线在各个投影面上的投影都不反映直线的实长和与投影面所成的倾角。下面我们根据一般位置直线与投影面之间的几何关系，来介绍用直角三角形法求作直线实长及其对投影面倾角的方法，如图 3-20 所示。

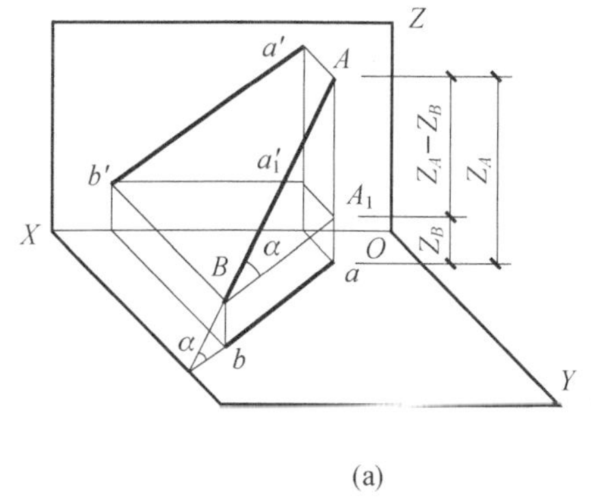

(a)

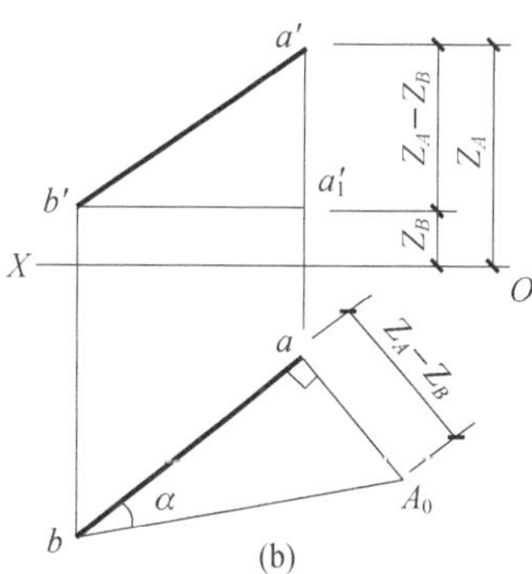

(b)

图 3-20　用直角三角形法求一般直线的实长及对 H 面的倾角 α

图 3-20（a）所示为直线 AB 在两投影面体系中的空间位置，ab 为直线 AB 在 H 面的投影，$a'b'$ 为直线 AB 在 V 面的投影，AB 与 H 面的倾角为 α。在铅垂平面 $AabB$ 内，过点 B 作直线 BA_1 平行于 ab。在直角三角形 ABA_1 中，一条直角边为 BA_1 等于 ab，另一直角边 AA_1 等于直线 AB 两端点 Z 坐标之差，即 $Aa-Bb$，反映在 V 面投影上为 $a'a_1'$，斜边为直线 AB 的实长。$\angle ABA_1=\alpha$（直线 AB 对 H 面的倾角）。

如图 3-20（b）所示，以 AB 的水平投影 ab 为一直角边，以 AB 的 Z 坐标差作为另一条直角边，作直角三角形，则 A_0b 即为直线 AB 的实长，$\angle A_0ba=\alpha$。这种方法称为直角三角形法。

求直线对各个投影面的倾角，其作图方法如图 3-21 所示。

综上所述，用直角三角形法求作一般位置直线的实长和对投影面倾角的方法如下：

（1）以直线的一个投影为一条直角边；

（2）以直线的另一个投影的两个端点到相应投影轴距离之差作为另一条直角边；

（3）连接两直角边得直角三角形，其斜边长即为直线的实长，斜边与该投影面投影的夹角即为直线对该投影面的倾角。

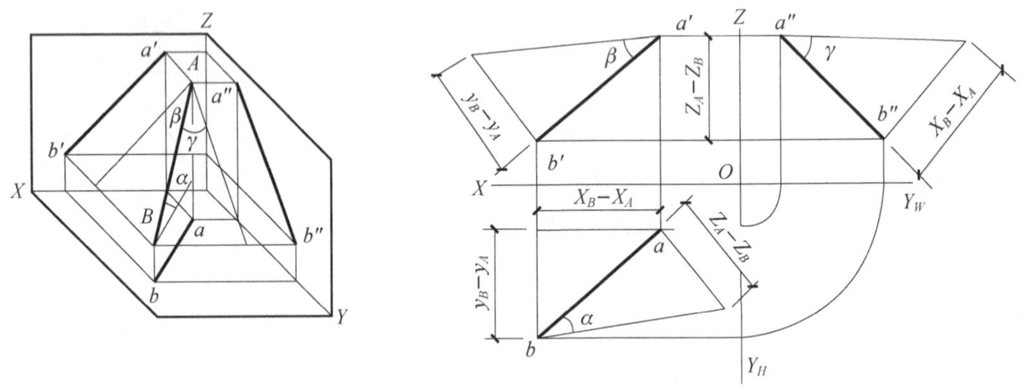

图 3-21 用直角三角形法求实长及 α、β、γ

【例 3-8】 已知直线 AB 的 V 面投影及点 A 的 H 面投影，$\beta=30°$，B 在 A 的前方，试补全 AB 的 H 面投影，如图 3-22（a）所示。

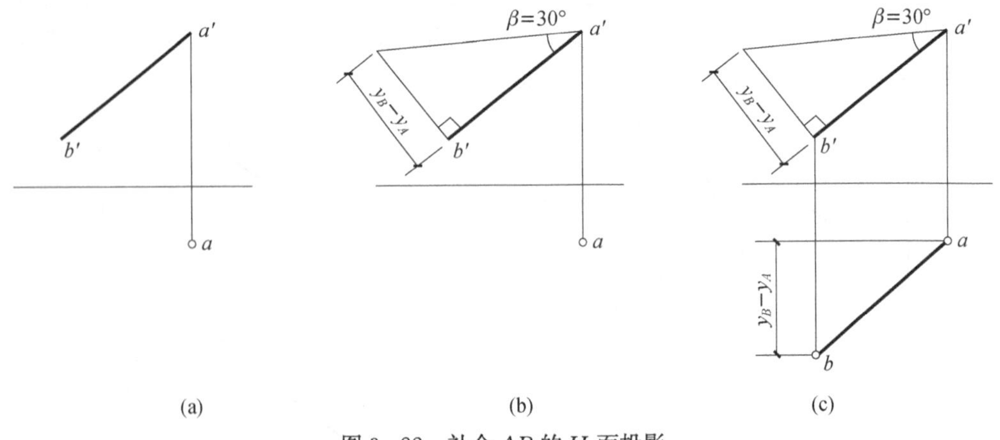

图 3-22 补全 AB 的 H 面投影

（a）已知条件；（b）以 $a'b'$ 为直角边和 $\beta=30°$ 作直角三角形，则另一条直角边为两点的 Y 坐标差；

（c）在 H 面上量取两点的 Y 坐标差得 b 点，连接 ab 即得

分析：已知投影 $a'b'$ 和 a，求 b。需先求出 AB 两点的 y 坐标之差。由于已知 $a'b'$ 和 β 角，所以可作出包含有 $a'b'$ 和 β 角的直角三角形。

作图步骤如图 3-22 所示。

五、两直线的相对位置及投影特性

空间两直线的相对位置有三种：

两直线平行：如图 3-23 中直线 GF 与 CD、BE 等；

两直线相交：如图 3-23 中直线 AC 与 AB 及 DE 与 EF 等；

两直线交叉：如图 3-23 中直线 AB 与 GF 以及 AC 与 BE 等。

从几何学可知，相交的两条直线或平行的两条直线都在同一平面上，称为共面直线；而交叉的两条直线则不在同一平面上，称为异面直线。在相交两直线中，有斜交的，如图 3-23 中 AB 与 AC；有垂直的，如图 3-23 中 BE 与 EF。交叉直线中也有垂直的，如图 3-23 中 DE 与 GF。

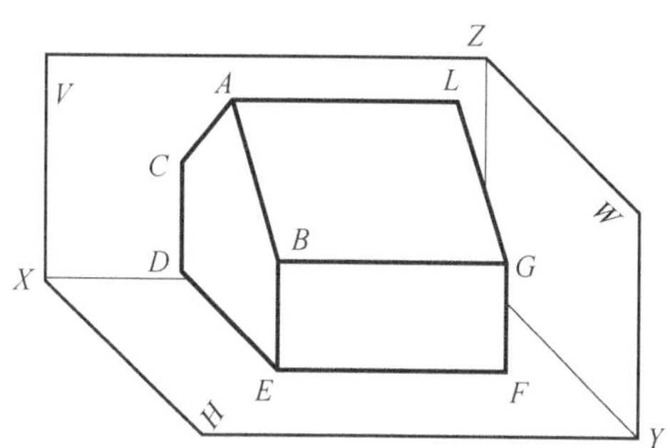

图 3-23　两直线相对位置

（一）平行两直线的投影特性

如图 3-24 所示直线 AB 平行 CD，过 AB 和 CD 向 H 面做投影线所形成的两个平面也互相平行，该两平面与 H 面的交线 ab 与 cd 也一定互相平行，即 $ab /\!/ cd$；同理 $a'b' /\!/ c'd'$、$a''b'' /\!/ c''d''$。由此可以得出，空间两直线互相平行，则它们的同名投影必定互相平行，如图 3-24（b）所示。反之，若两直线的同名投影都互相平行，则此两直线在空间也一定互相平行。需要指出的是，某些特殊位置的空间直线，只根据它们在两投影面体系中的同名投影互相平行，还不能说明这两条空间直线是相互平行的，常需作出它们的第三个投影才能进行判别。

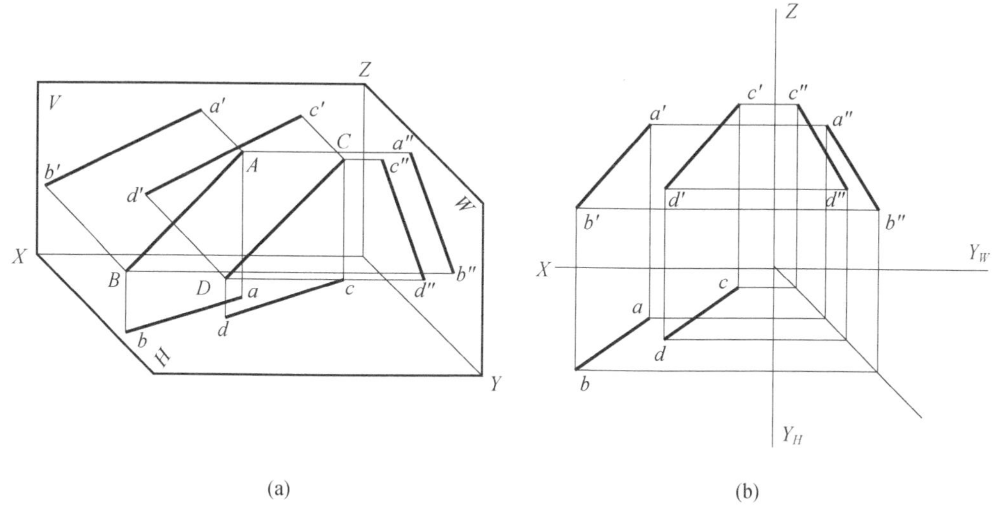

图 3-24　平行两直线的投影

【例 3-9】 如图 3-25（a）所示，判别直线 AB 与 CD 是否平行。

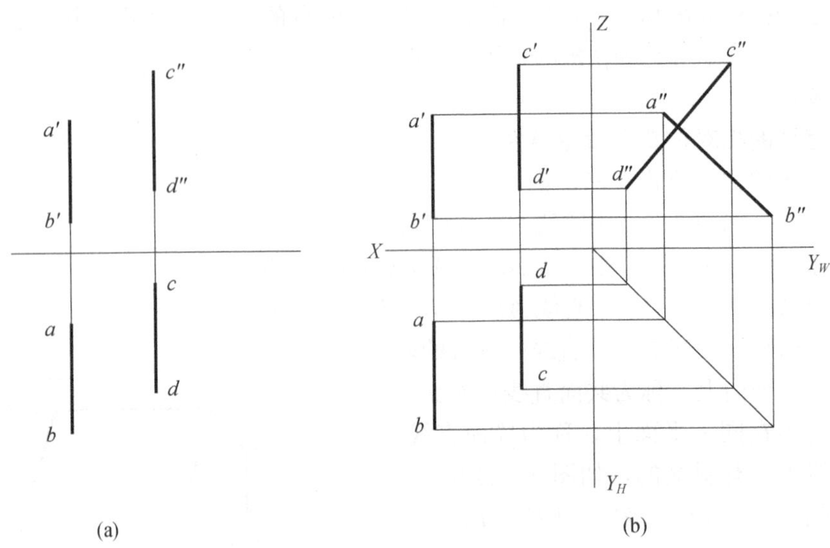

图 3-25 判断两直线是否平行

虽然 $ab /\!/ cd$，$a'b' /\!/ c'd'$，但因为 AB 与 CD 是侧平线，故需要作出侧面投影。由图 3-25（b）知：$a''b''$ 与 $c''d''$ 不平行，所以空间直线 AB 与 CD 不平行。

【例 3-10】 如图 3-26（a）所示，已知直线 AB 和点 C 的投影，求过点 C 作直线 CD 的投影，要求 CD 与 AB 平行。

做法如下：

（1）过 c' 作 $a'b'$ 的平行线 $c'd'$，自 d' 向下引与 X 轴垂直的线，如图 3-26（b）所示；

（2）过 c 作 ab 的平行线，与过 d' 所引垂线相交于 d 得 cd，cd 与 $c'd'$ 即为所求，如图 3-26（c）所示。

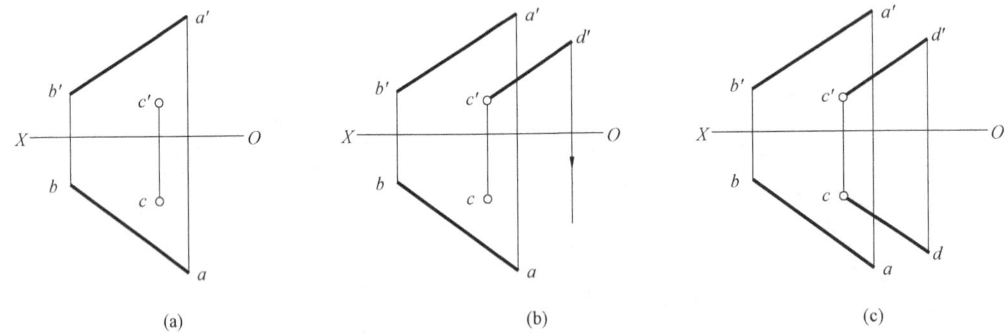

图 3-26 过已知点作已知直线的平行线

（二）两相交直线的投影特性

图 3-27（a）所示直线 AB 与 CO 相于 O 点，O 点是 AB 和 CD 两直线的共有点。按照直线上点的投影特性，点 O 的投影必然在直线 AB 的同名投影上，同时也在直线 CD 的同名投影上。所以 ab 与 cd 必然交于 o 点、$a'b'$ 与 $c'd'$ 必然交于 o'、$a''b''$ 与 $c''d''$ 必然交于 o'' 点。因此可以得出，两直线相交，它们的各同名投影必然相交，且各同名投影的交点应符合直线上点的投影规律，如图 3-27（b）所示；反之，若两直线的同名投影相交，而且交点符合直线

上点的投影规律，则这两条空间直线必然相交。对空间两条一般位置直线来说，可根据它们的两组同名投影来判断它们是否相交，但是某些特殊位置的空间直线是否相交，常需做出第三投影后才易作出正确判断。

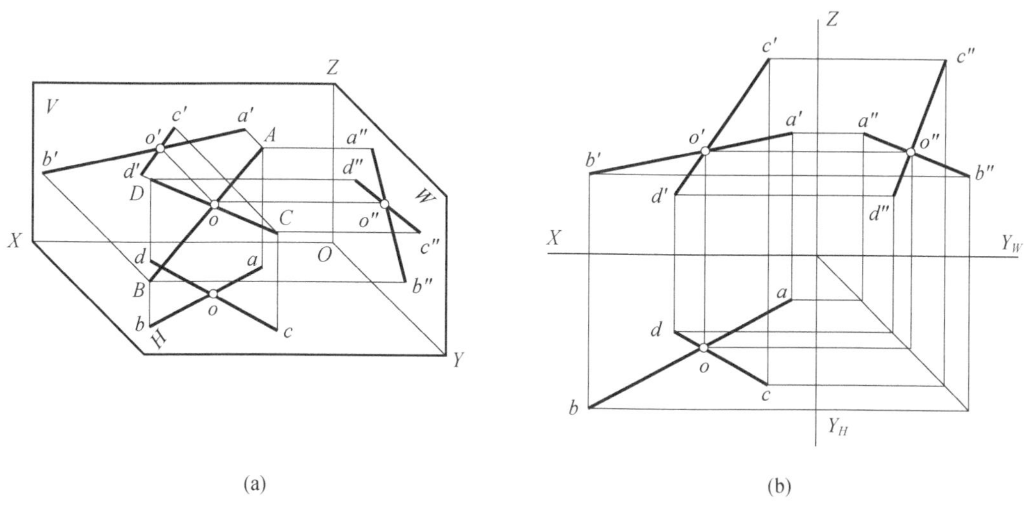

(a)　(b)

图 3-27　两相交直线的投影

【**例 3-11**】　如图 3-28（a）所示，判断直线 AB 与 CD 是否相交。

虽然 ab 与 cd 相交于 m，$a'b'$ 与 $c'd'$ 相交于 m'，且 $mm' \perp OX$ 轴，但 CD 是侧平线，故需要作出侧面投影。在侧面投影上虽然 $a''b''$ 与 $c''d''$ 相交，但交点显然不是 m'' 位置，所以空间直线 AB 与 CD 不相交。

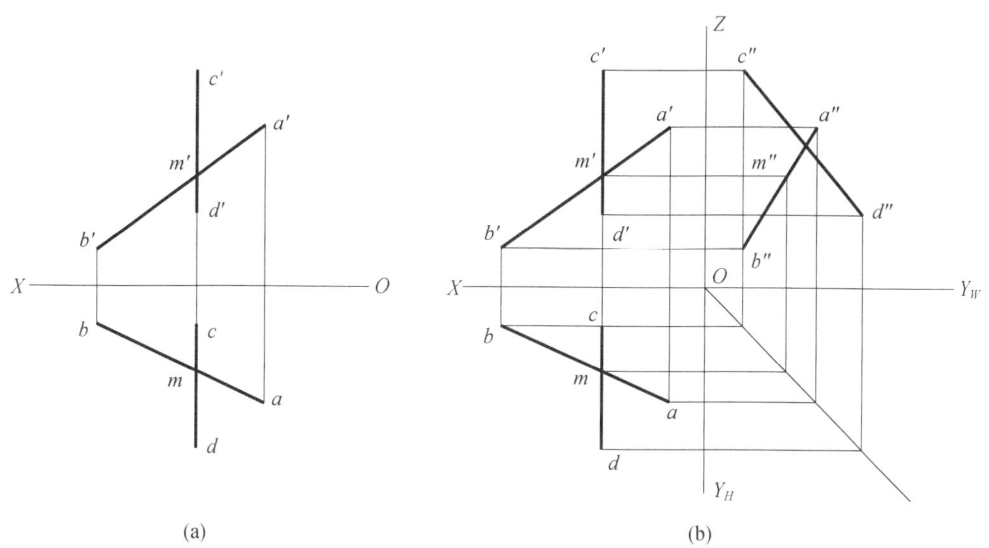

(a)　(b)

图 3-28　判断两直线是否相交

【**例 3-12**】　如图 3-29（a）所示，已知直线 AB 与 CD 相交，CD 为侧平线，试完成直线 AB 的 H 面投影 ab。

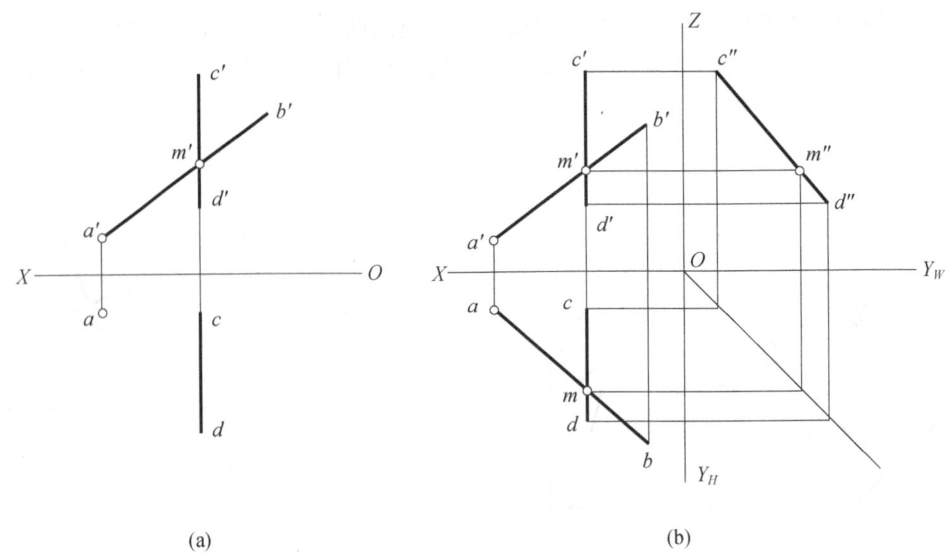

图 3-29 求直线 AB 的 H 面投影 ab

作图如下：

(1) 由 cd 和 $c'd'$，补出直线 CD 的 W 面投影 $c''d''$；

(2) 参照 m' 在 $c''d''$ 上作出 m''；

(3) 参照 m'' 在 cd 作出 m；

(4) 连 am 并延长过 b' 作 OX 轴的垂直线与 am 的延长线相交于 b，如图 3-29 (b) 所示。

(三) 两交叉直线的投影特性

既不平行也不相交的空间直线，称为交叉直线。图 3-30 中，直线 AB 与 CD 的同名投影都不平行。虽然它们的同名投影都相交，但各同名投影的交点不符合同一点的投影规律，所以直线 AB 与 CD 在空间既不平行又不相交，而是交叉直线。在特殊情况下，交叉直线在

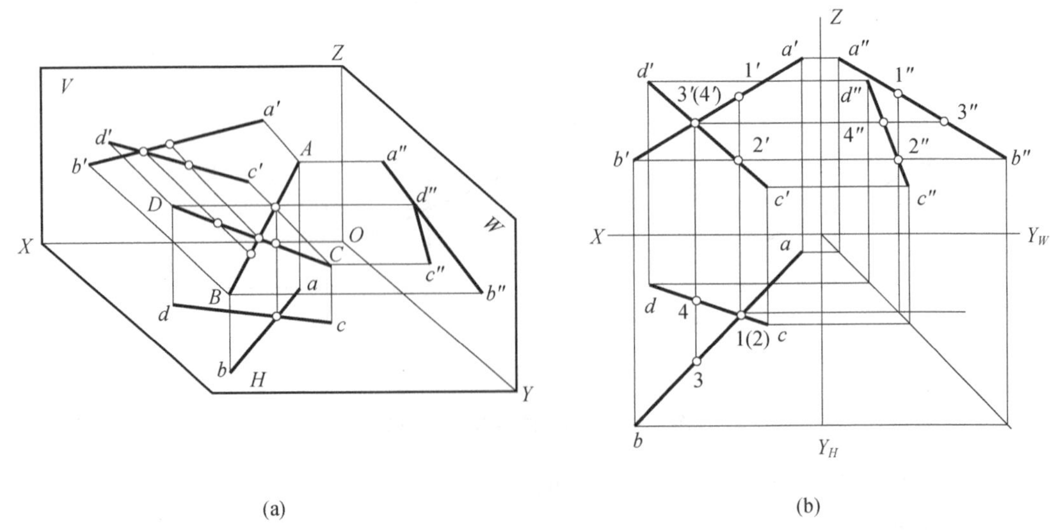

图 3-30 两交叉直线的投影

同名投影可能互相平行，但它们在三个投影面上的同名投影不会全都互相平行。

图 3-30 中，AB 与 CD 为交叉直线，其 H 面投影 ab 与 cd 的交点 1（2）实际上是 AB 上的 1 点与 CD 上的 2 点在 H 面的重影点，1 点在上，2 点在下。因此 1 点可见，2 点不可见。同样，其 V 面投影 $a'b'$ 与 $c'd'$ 交点 $3'$（$4'$）实际上是直线 AB 上的 3 点与 CD 上的 4 点在 V 上投影的重影点，3 点在前，4 点在后。因此，$3'$ 点可见，$4'$ 点不可见。

（四）互相垂直两直线的投影特征

如果两条直线互相垂直，且其中一条直线平行于某一投影面，则此两直线在该投影面上的投影也互相垂直。如图 3-31（a）所示，直线 AB 垂直于直线 BC，其中 AB 是水平线，所以 AB 必垂直于投影线 Bb，并且 AB 垂直于 BC 和 Bb 所决定的平面 $BCcb$。因为 ab 平行于直线 AB，所以 ab 也垂直于平面 $BCcb$，因而也必然垂直于该面内的 bc 线，如图 3-31（b）所示。

如图 3-31（c）所示，正平线 AB 与一般直线 CD 是交叉两直线，延长 $a'b'$ 和 $c'd'$，如果它们的夹角是直角，即 $a'b'$ 垂直于 $c'd'$，则直线 AB 与直线 CD 交叉垂直。

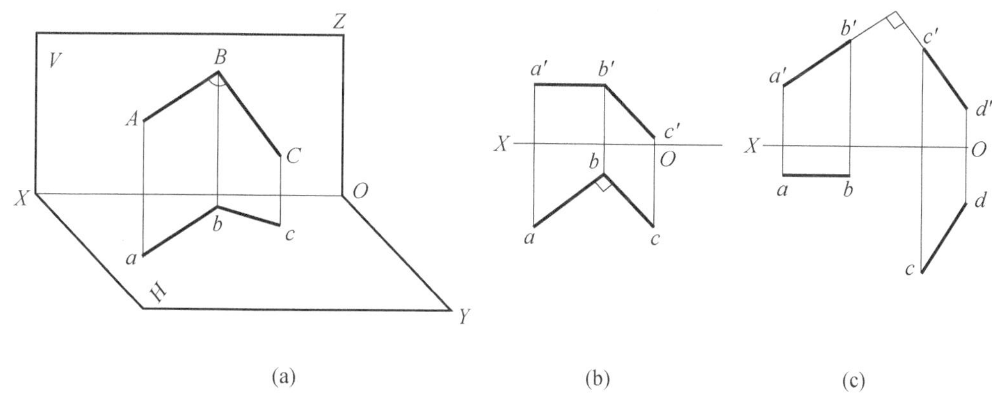

图 3-31　互相垂直两直线的投影

【例 3-13】 如图 3-32（a）所示，已知直线 AB 和点 C 投影，求点 A 至直线 BC 的距离。

分析：求一点到某一直线的距离，即是求该点到该直线所引的垂线长度。因此，本题的求解应该分为两个步骤来完成，即先过已知点 C 做水平线 AB 的垂线，然后再求该垂线的真长。

作图：

（1）在 H 投影面上过 c 作 ab 的垂线 cd（因为 AB 是水平线），即 $cd \perp ab$，如图 3-32（b）所示；

（2）做垂线 CD 的正面投影 $c'd'$，如图 3-32（c）所示；

（3）做 C、D 两点的 Y 坐标差 y，如图 3-32（d）所示；

（4）以 $c'd'$ 为一直角边，$d'e'$（长度为 C、D 两点的 Y 坐标差 y）为另一直角边，作直角三角形 $c'd'e'$，斜边 $c'e'$ 的长度即为点 A 到直线 AB 的距离的真长，如图 3-32（e）所示。

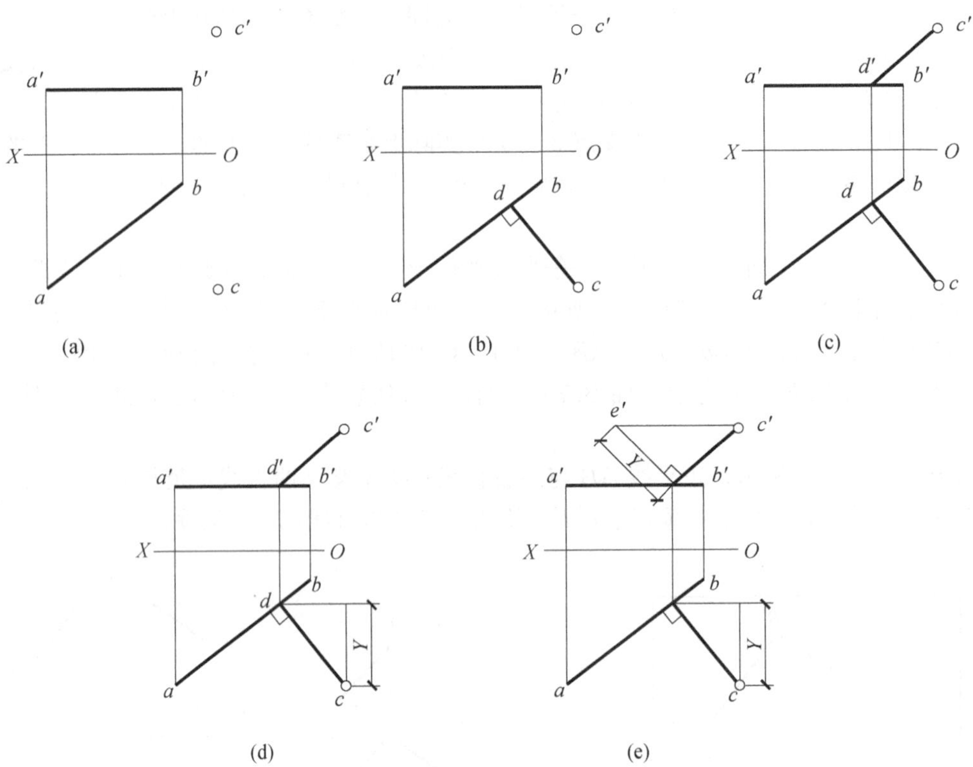

图 3-32　求已知点到水平线的距离

第三节　平 面 的 投 影

一、平面的表示方法

可以用几何元素来表示平面，如图 3-33 所示。

图 3-33（a），不在同一直线上的三点表示平面；

图 3-33（b），一直线和直线外的一点表示平面；

图 3-33（c），相交两直线表示平面；

图 3-33（d），平行两直线表示平面；

图 3-33（e），平面图形，如三角形、圆及其他图形，表示平面。

在上述用几何元素表示平面的方法中，较多采用平面图形来表示平面。但必须注意，这种平面图形可能仅表示其本身，也有可能表示包括该图形在内的一个无限广阔的平面。为叙述方便，我们统称为平面。

二、平面投影图的作法

平面一般是由若干轮廓线围成的，而轮廓线可以由其上的若干点来确定，所以求作平面的投影，实质上就是求作点和线的投影。

图 3-34（a）所示为平面 ABC 的直观图。求作其正投影图，就是先求出它的三个顶点 A、B、C 的投影，如图 3-34（b）所示；再分别将各同名投影连接起来，就得到平面 ABC 的投影，如图 3-34（c）所示。

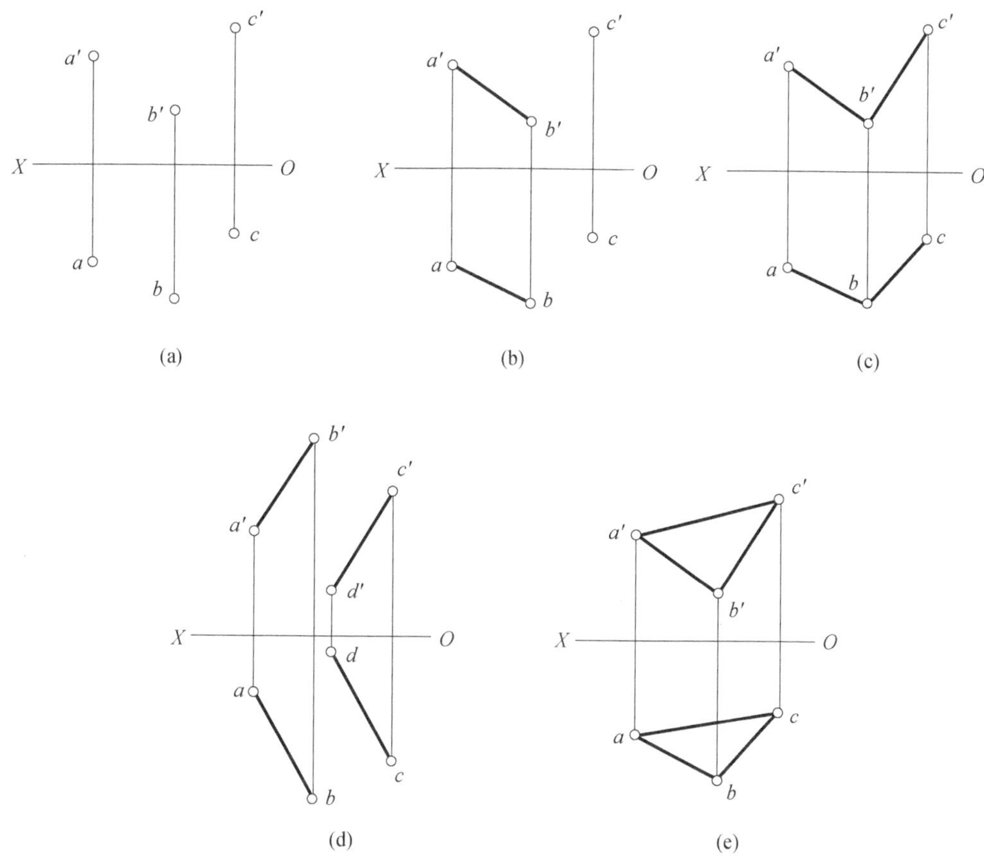

图 3-33　用几何元素表示平面

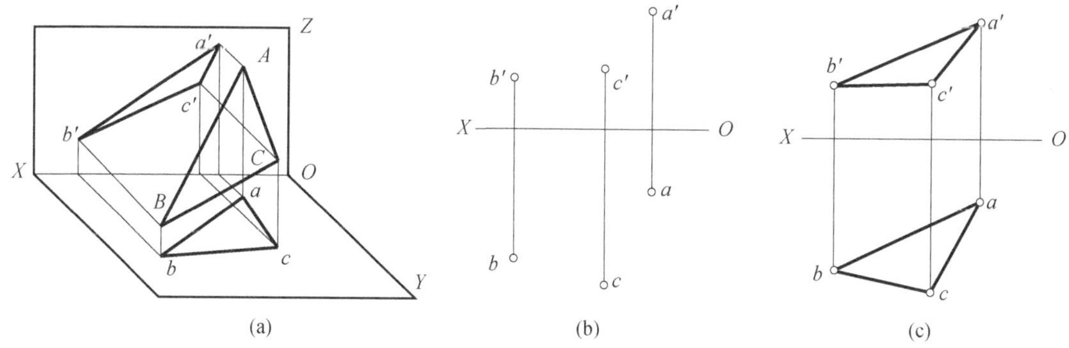

图 3-34　平面投影图的作法

三、各种平面的投影特性

（一）平面相对于投影面的分类

在三面投影体系中，平面相对于投影面的相对位置，有下列三种情况：

（1）投影面平行面：平行于某一个投影面，必垂直于另两个投影面；

（2）投影面垂直面：垂直于一个投影面，而倾斜于另两个投影面；

（3）一般位置平面：对三个投影面都倾斜。

投影面平行面与投影面垂直面，统称为特殊位置平面。一般位置平面与投影面之间的夹角，称为倾角。平面对 H 面、V 面和 W 面的倾角，分别用 α、β 和 γ 表示。

(二) 各种位置平面的投影特性

1. 投影面平行面

投影面平行面分为三种：

H 面平行面：平面平行于 H 面，垂直于 V、W 面。又称水平面。

V 面平行面：平面平行于 V 面，垂直于 H、W 面。又称正平面。

W 面平行面：平面平行于 W 面，垂直于 H、V 面。又称侧平面。

三种投影面平行面的投影图和投影特点见表 3-3。

由表 3-3 中可以得出投影面平行面的投影特性为：

(1) 平面平行于某投影面，则在该投影面上的投影为平面，反映平面实形；

(2) 在另外两个投影面上的投影，积聚成一条直线，且分别平行于相应的投影轴。

表 3-3 **投 影 面 平 行 面**

名称	水平面 ($A/\!/D$)	正平面 ($B/\!/V$)	侧平面 ($D/\!/W$)
立体图	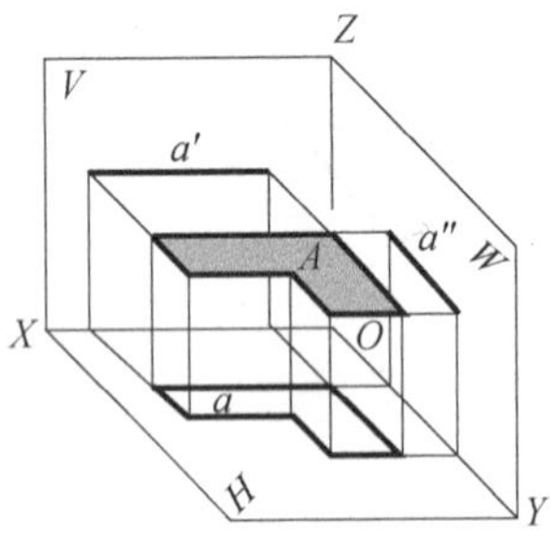	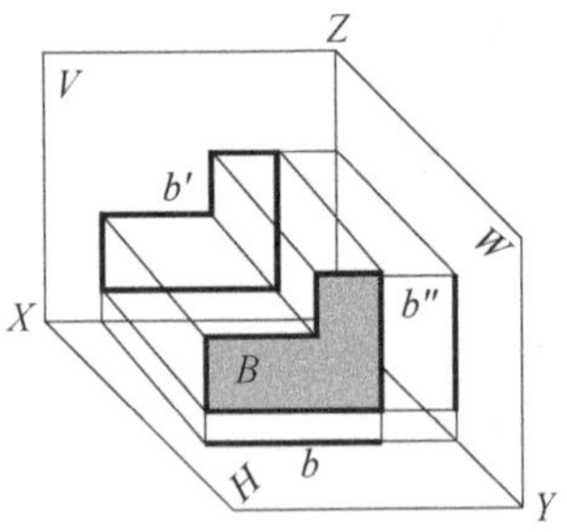	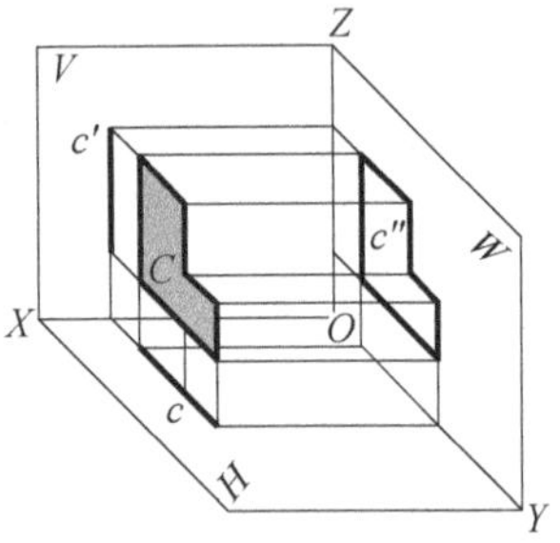
投影图	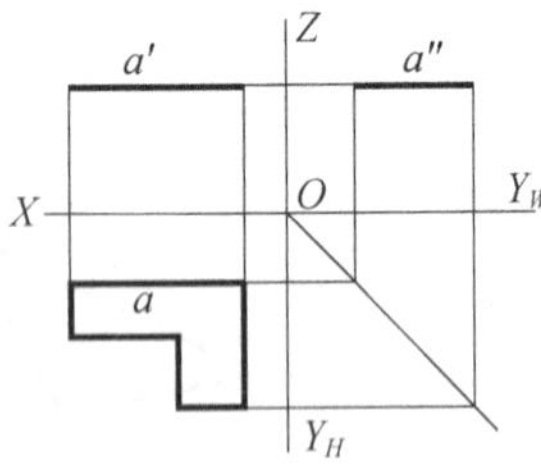	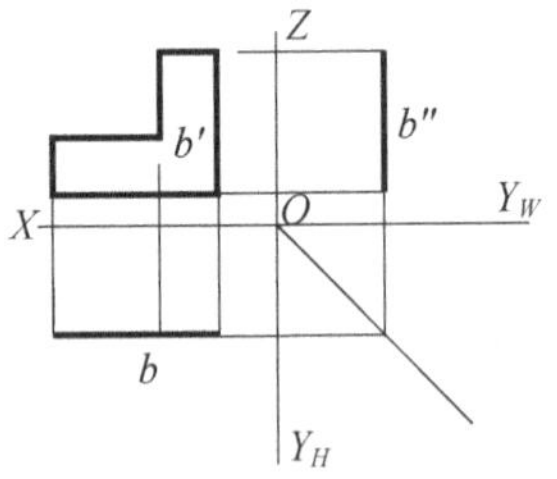	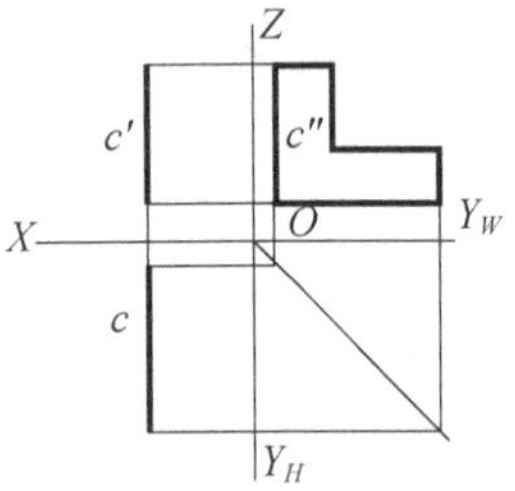
在形体投影图中的位置	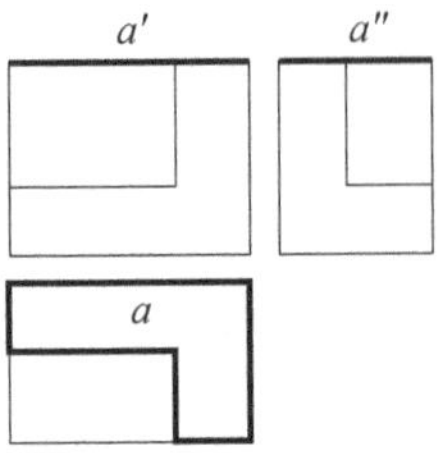	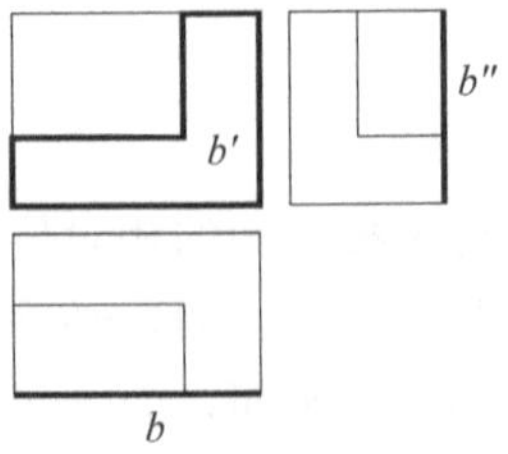	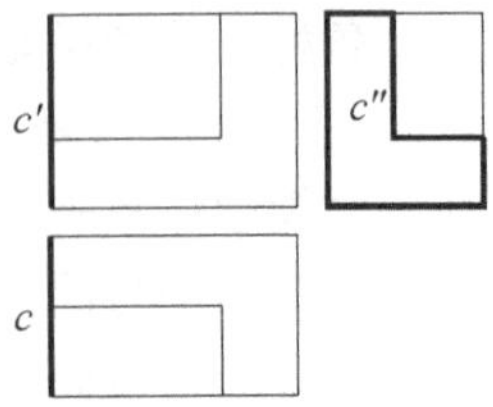

续表

名称	水平面（$A/\!/D$）	正平面（$B/\!/V$）	侧平面（$D/\!/W$）
在形体立体图中的位置	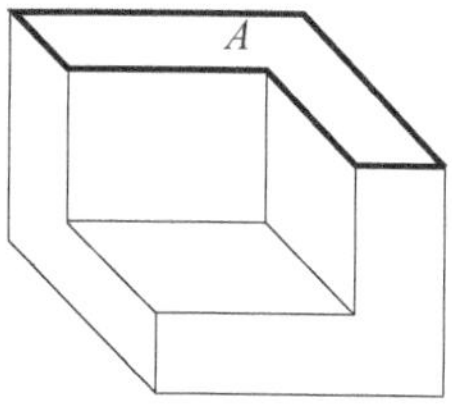 A	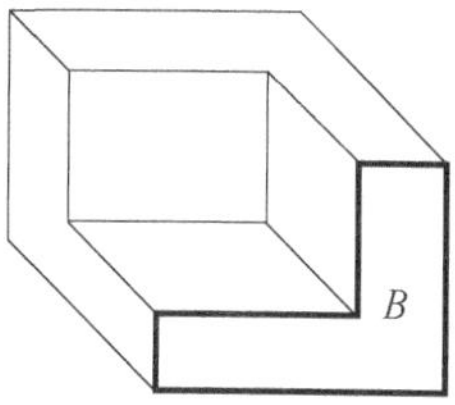 B	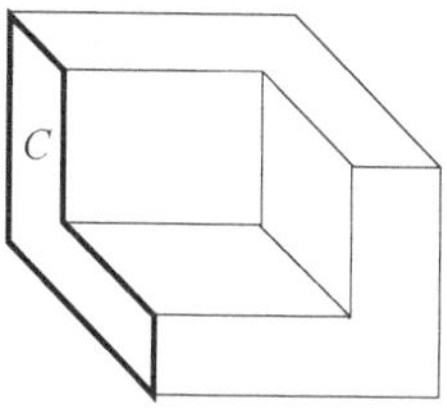 C
投影规律	（1）H 面投影 a 反映实形 （2）V 面投影 a' 和 W 面投影 a'' 积聚为直线，分别平行于 OX、OY_W 轴	（1）V 面投影 b' 反映实形 （2）H 面投影 b 和 W 面投影 a'' 积聚为直线，分别平行于 OX、OZ 轴	（1）W 面投影 c'' 反映实形 （2）H 面投影 c 和 V 面投影 c' 积聚为直线，分别平行于 OY_H、OZ 轴

2. 投影面垂直面

投影面垂直面是指垂直于一个投影面，而倾斜于另两个投影面的平面。可分为三种：

H 面垂直面：平面垂直于 H 面，倾斜于 V、W 面。又称铅垂面。

V 面垂直面：平面垂直于 V 面，倾斜于 H、W 面。又称正垂面。

W 面垂直面：平面垂直于 W 面，倾斜于 H、V 面。又称侧垂面。

三种投影面垂直面的投影图和投影特点见表 3-4。

表 3-4　投影面垂直面

名称	铅垂面（$A\perp H$）	正垂面（$B\perp V$）	侧垂面（$D\perp W$）
立体图	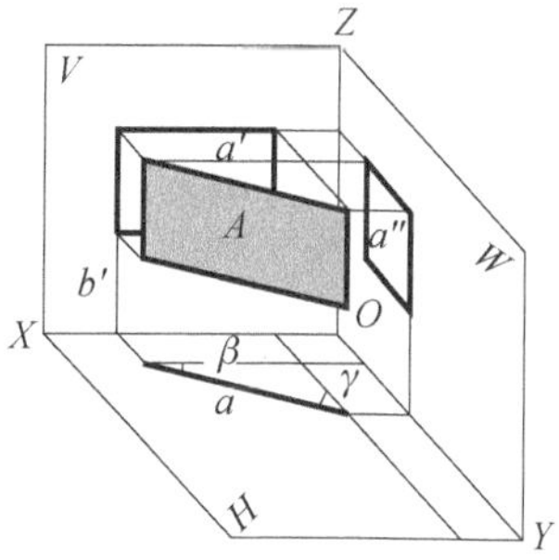 V, Z, W, X, O, H, Y, A, a', a'', b', a, β, γ	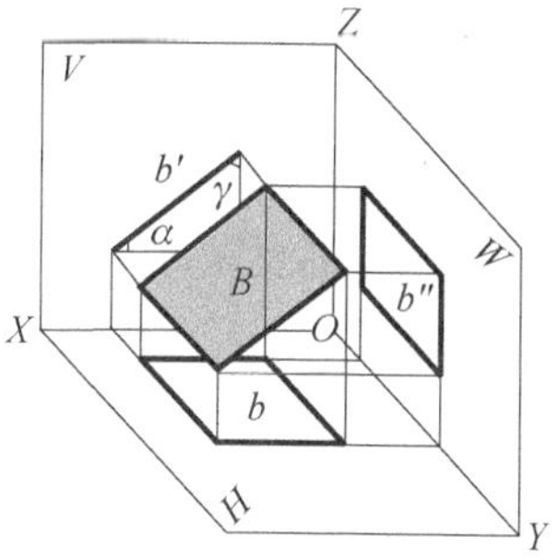 V, Z, W, X, O, H, Y, B, b', b'', b, α, γ	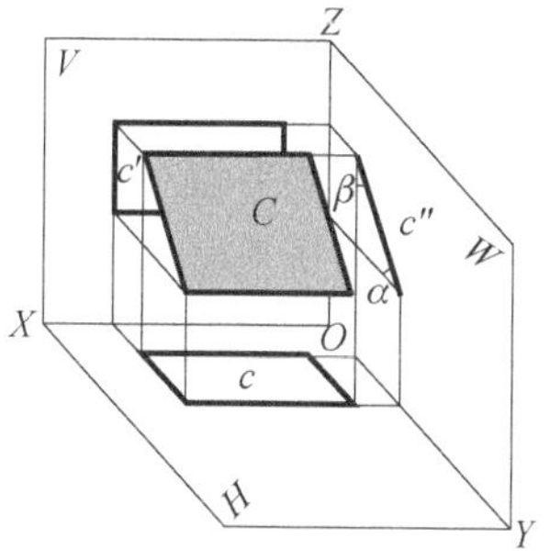 V, Z, W, X, O, H, Y, C, c', c'', c, α, β
投影图	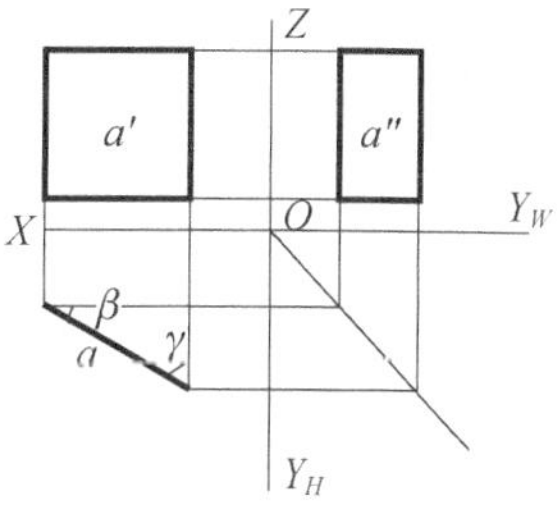 Z, X, O, Y_W, Y_H, a', a'', a, β, γ	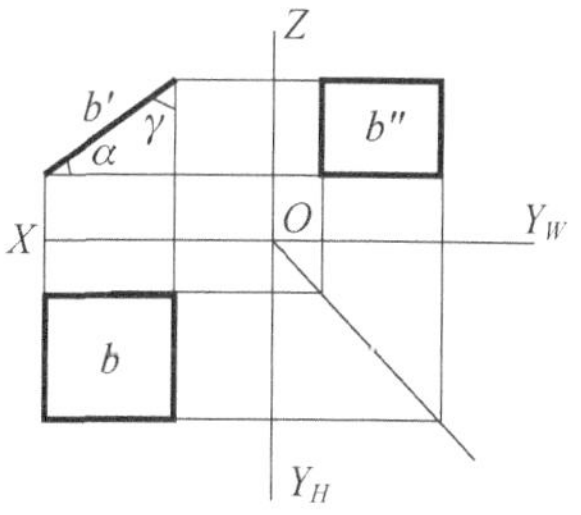 Z, X, O, Y_W, Y_H, b', b'', b, α, γ	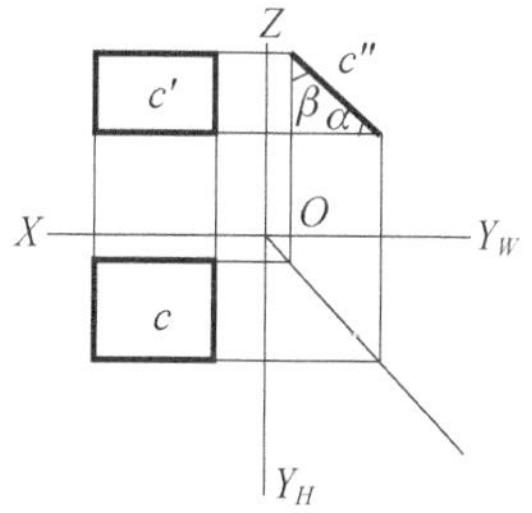 Z, X, O, Y_W, Y_H, c', c'', c, α, β

续表

名称	铅垂面（$A\perp H$）	正垂面（$B\perp V$）	侧垂面（$D\perp W$）
在形体投影图中的位置	a' a'' a	b' b'' b	c' c'' c
在形体立体图中的位置	A	B	C
投影规律	（1）H 面投影 a 积聚为一条斜线且反映 β、γ 的实形 （2）V 面投影 a' 和 W 面投影 a'' 小于实形，是类似形	（1）V 面投影 b' 积聚为一条斜线且反映 α、γ 的实形 （2）H 面投影 b 和 W 面投影 b'' 小于实形，是类似形	（1）W 面投影 c'' 积聚为一斜线，且反映 α、β 的实形 （2）H 面投影 c 和 V 面投影 c' 小于实形，是类似形

由表 3 - 4 中可以得出投影面垂直面的投影特性为：

（1）平面垂直于某投影面，则在该投影面上的投影积聚成一条与投影轴倾斜的直线，此直线与两投影轴的夹角反映平面对其他两投影面的倾角；

（2）在另外两个投影面上的投影都是平面，比实形小，但反映原平面图形的几何形状（即类似形）。

3. 一般位置平面

一般位置平面对各个投影面既不平行也不垂直。从图 3 - 35 可以看出，一般位置平面的三个投影都是平面，没有积聚性，而且都反映原平面图形的几何形状，但小于实形。

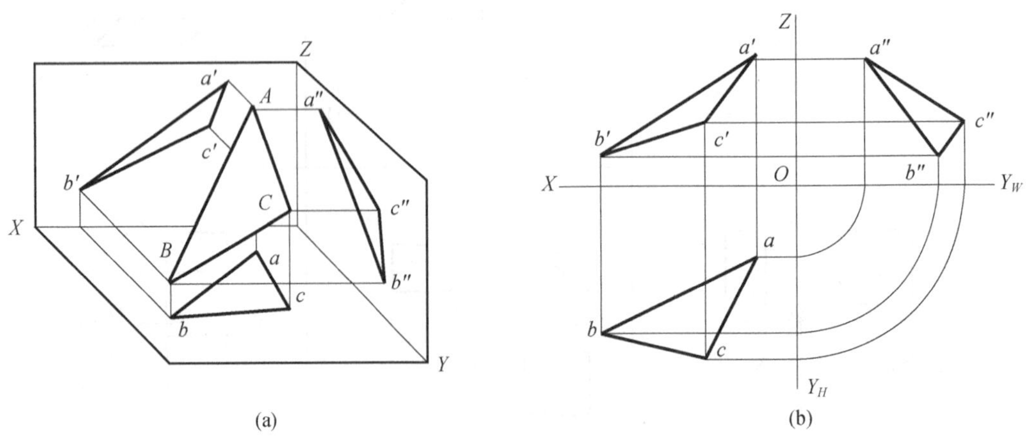

图 3 - 35 一般位置平面

四、平面上的直线和点

（一）平面上的直线

若一直线通过平面上的两个点，或通过平面上的一个点且与平面内的另一条直线平行，则该直线位于平面上。图 3-36 中直线 DE，点 D 在 $\triangle ABC$ 的 BC 边上，点 E 在 $\triangle ABC$ 的 AC 边上，故直线 DE 在 $\triangle ABC$ 上。直线 CF 平行于平面上的直线 AB，而 C 是平面内的点，所以直线 CF 也在平面 $\triangle ABC$ 内。

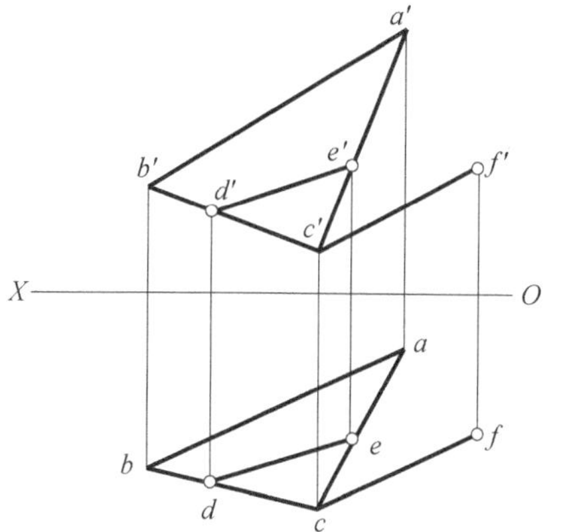

图 3-36　平面上的直线

【例 3-14】　过点 B 在 ABC 内作一条水平线。

分析：在 ABC 平面上作投影面的平行线，除应符合平面上直线的投影特性外，还应符合投影面平行线的投影特性。作图步骤如图 3-37 所示。

作图如下：

（1）在 V 面上过 b' 点作直线 $b'g'$ 平行于 OX 轴交直线 $a'c'$ 于 g' 点；

（2）过 g' 点作 OX 轴垂直线，交 H 投影面上的直线 ac 于 g 点；

（3）连接 bg，直线 BG 即为所求的水平线。

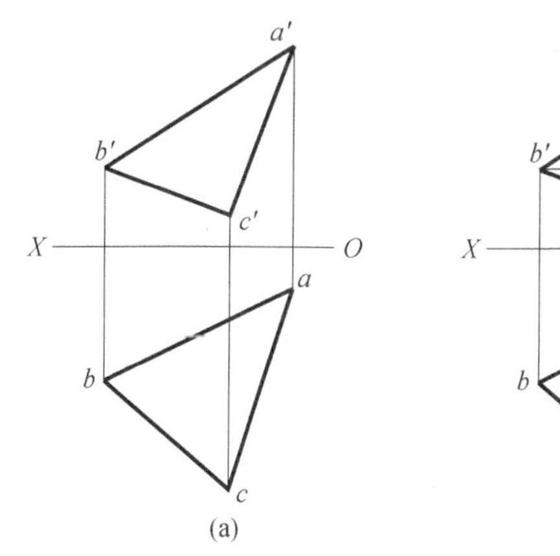

(a)

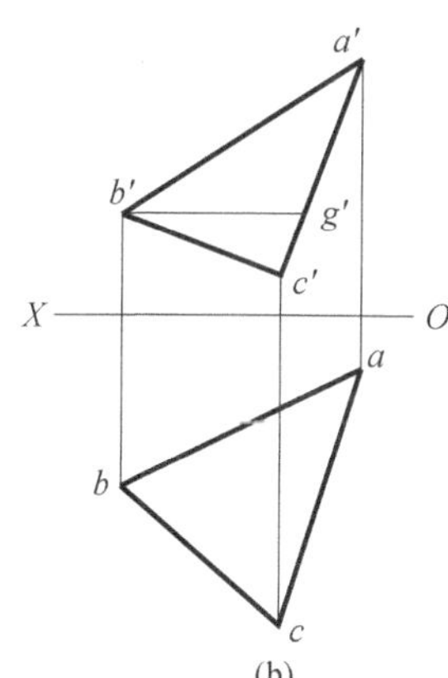

(b)

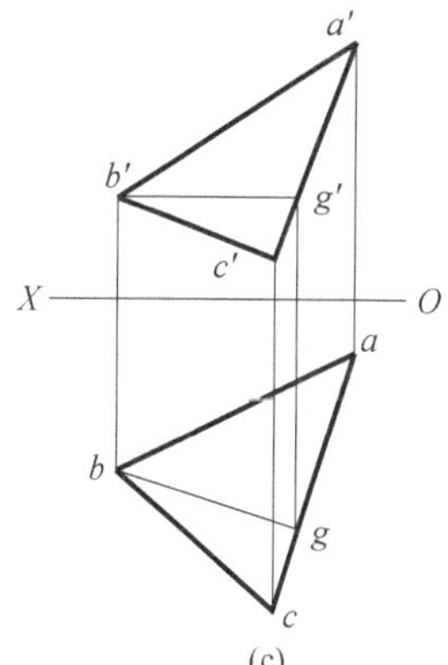

(c)

图 3-37　平面上的水平线

（二）平面上的点

如果一点位于平面内的一直线上，则该点位于平面上。如图 3-38 所示，点 F 位于直线 DE 上，而直线 DE 在 $\triangle ABC$ 上，则点 F 在平面 $\triangle ABC$ 上。

根据平面上点的投影特性可知，在平面内取点，首先要在平面内取直线。

【例 3-15】　已知 $\triangle ABC$ 上点 D 的水平投影 d，求点 D 的正面投影 d'（图 3-39）。

做法如下：

（1）连接 bd 并延长交 ac 于 e，自 e 向上引垂线交 $a'c'$ 于 e'，如图 3-39（b）所示；

（2）连接 $b'e'$，自 d 向上引垂线交 $b'e'$ 于 d'，则 d' 即为所求，如图 3-39（c）所示。

【例 3-16】　已知四边形 $ABCD$ 的水平投影和 AB、AD 两边的正面投影，补全四边形 $ABCD$ 的正面投影。

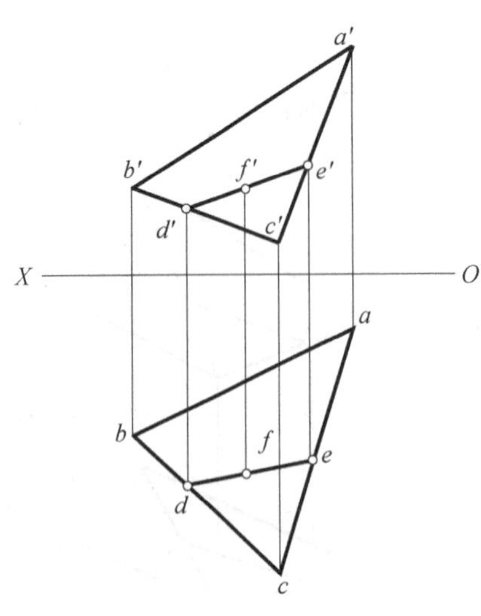

图 3-38 平面上的点

作图步骤如图 3-40 所示。

(1) 连接 ac、bd 交于 e，自 e 向上引垂线交 $b'd'$ 于 e'，如图 3-40（b）所示；

(2) 过 c 向上引垂线与 $a'e'$ 的延长线相交于 c'，连接 $b'c'$、$c'd'$，即为所求，如图 3-40（c）所示。

五、直线与平面的相对位置

直线与平面的相对位置有三种：平行、相交、垂直。垂直是相交的特殊情况。

（一）直线与平面平行

从几何学可以知道，如果一条直线与一平面内的某一条直线平行，则该直线与该平面平行，如图 3-41 所示，直线 AB 平行于平面 P 上的一条直线 CD，所以直线 AB 平行于平面 P。根据这一原理，可以判别一条直线是否与平面平行，或者求作一条平行于已知平面的直线。

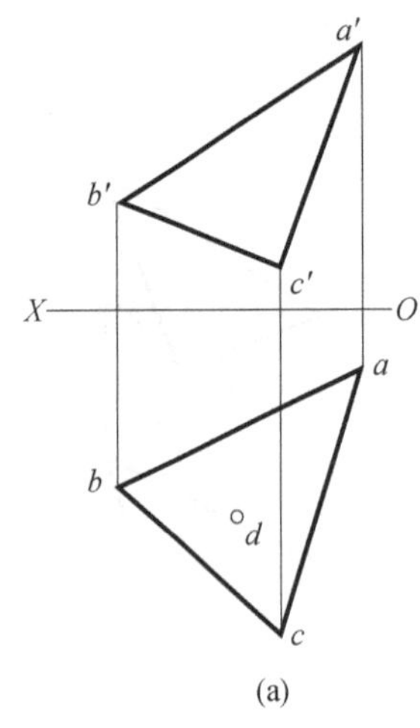

(a)

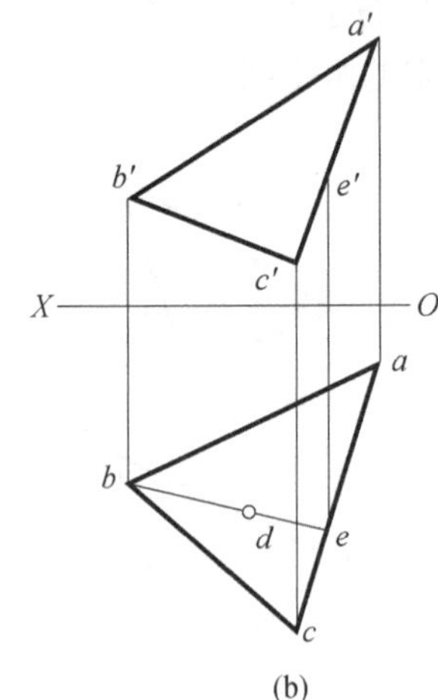

(b)

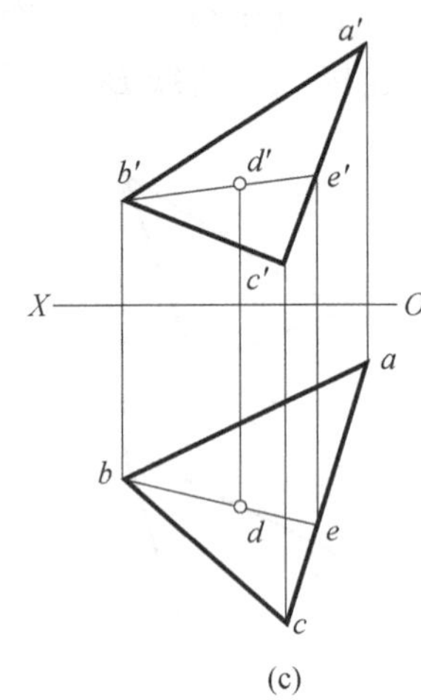

(c)

图 3-39 求作平面内的点的投影

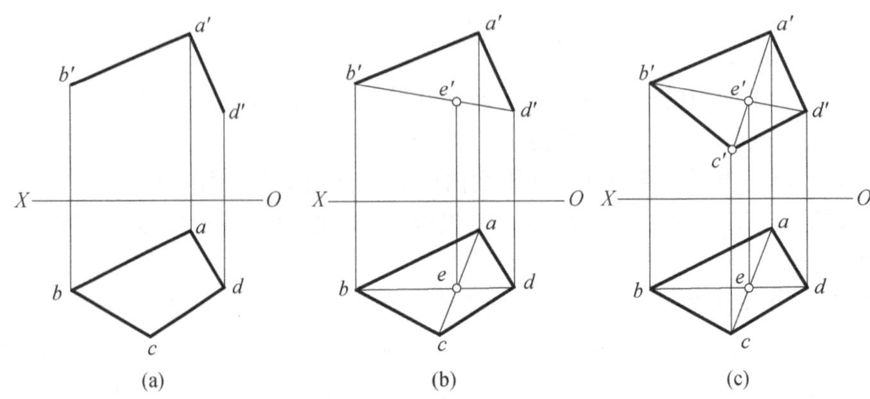

图 3-40 求作四边形的投影

【例 3-17】 如图 3-42（a）所示，过已知点 K 作一条水平线 KF，平行于已知平面三角形 ABC。

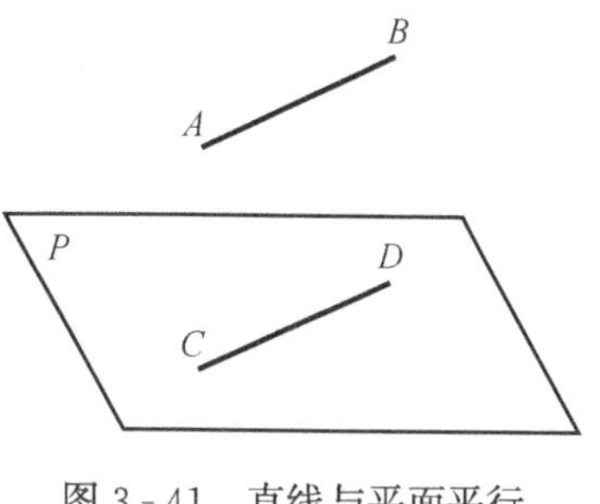

图 3-41　直线与平面平行

分析：

与平面 ABC 平行的水平线，必平行于该平面上一条水平线。所以先在平面 ABC 上做一水平线 AD，再过已知点 K 做一水平线 KF 平行于平面 ABC 上的水平线 AD 即可。

作图：

(1) 在平面 ABC 的 V 面投影上，过 a' 点作 $a'd'$ 平行于 OX 轴交 $b'c'$ 于 d' 点；

(2) 作 AD 的 H 面投影 ad；

(3) 过 k' 点作 $k'f'/\!/a'd'$、$kf/\!/ad$。则 $k'f'$、kf 即为所求水平线 KF 在 V、H 上的两面投影，如图 3-42（b）所示。

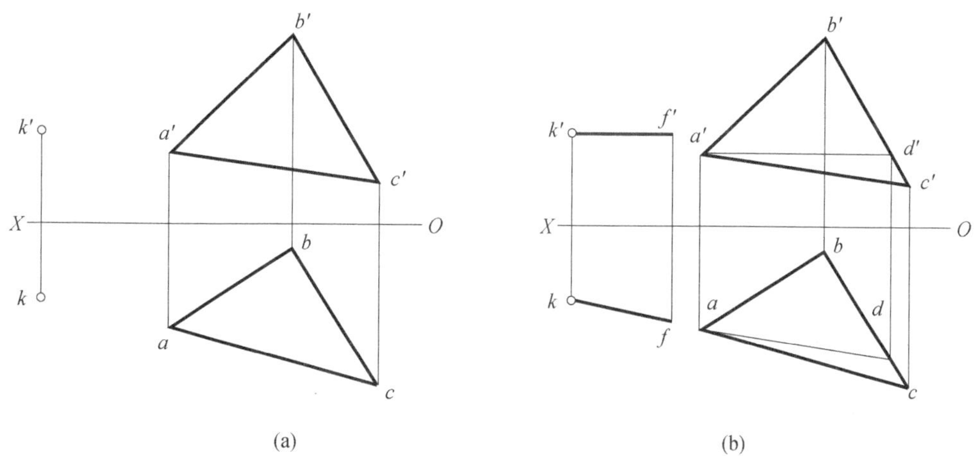

图 3-42　过已知点作已知平面的平行线

如图 3-43 所示，若直线 AB 平行于铅垂面 P，则 AB 的水平投影 ab 必然平行于平面 P 积聚性的水平投影 p。

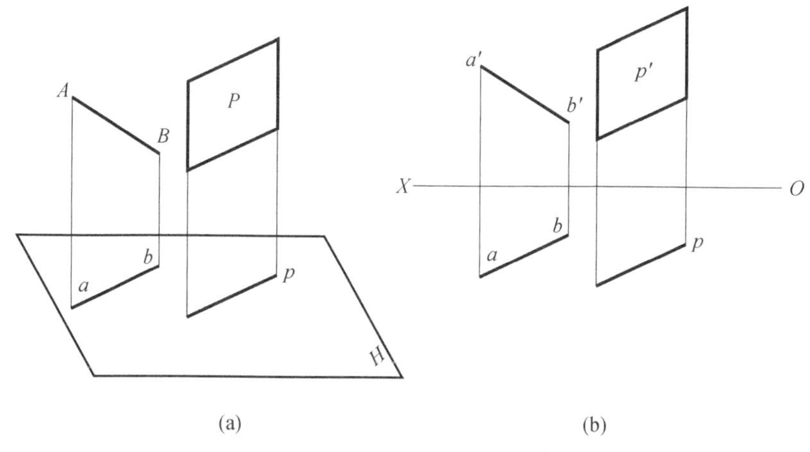

图 3-43　直线与投影面垂直面相平行

（二）直线与平面相交

直线与平面相交只有一个交点，交点是直线与平面的共有点，它既在直线上又在平面上。

1. 直线与特殊位置平面相交

求直线与特殊位置平面的交点，应充分利用平面投影的积聚性，如图 3-44 所示。

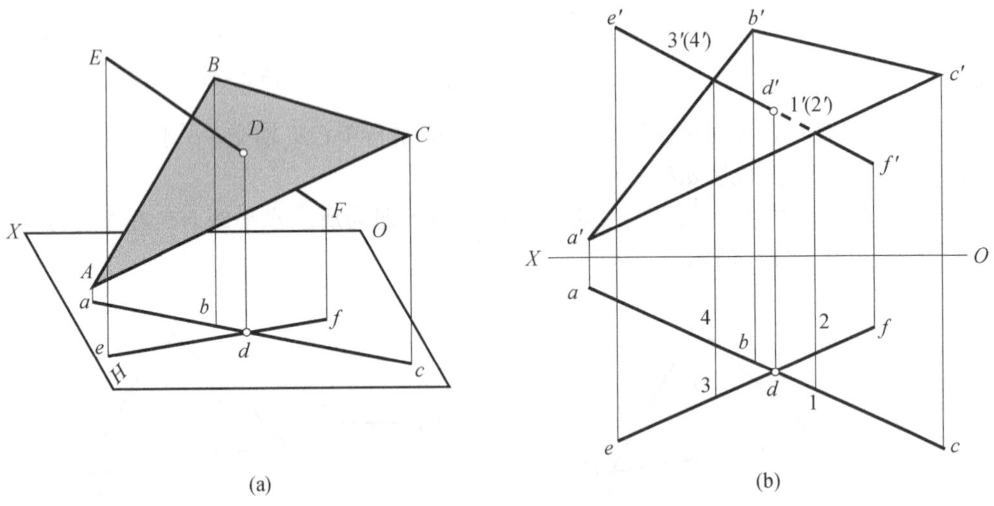

图 3-44 直线与投影面垂直面相交

如图 3-44（a）所示，平面 ABC 垂直于 H 面，其水平投影积聚为一条直线 abc。空间直线 EF 与平面 ABC 相交于 D 点。因为交点 D 是平面 ABC 上的点，其水平投影 d 必定在 abc 上。而交点 D 同时也是直线 EF 上的点，所以它的水平投影 d 必定在 ef 上。显然，abc 与 ef 的交点 d 就是交点 D 的水平投影。从点 d 向上引垂线，与直线 EF 的 V 面投影 $e'f'$ 相交，d' 即为交点 D 的 V 面投影，如图 3-44（b）所示。

直线与平面相交时，直线的某一部分可能被平面所遮挡，需要判断其可见性。如图 3-44（b）所示，自 $a'c'$ 与 $e'f'$ 的交点向下引垂线，先交 ef 于 2，后交 ac 于 1。因为 1 在前，2 在后，直线 EF 中的 DF 段的一部分被平面所遮挡，所以 DF 段的一部分 $d'2'$ 在 V 面的投影画虚线。再自 $a'b'$ 与 $e'f'$ 的交点向下引垂线，先交 ab 于 4，后交 ef 于 3。因为 3 在前，4 在后，直线 EF 中的 ED 段在平面的前面，所以 ED 段的一部分 $d'3'$ 在 V 面的投影画实线。

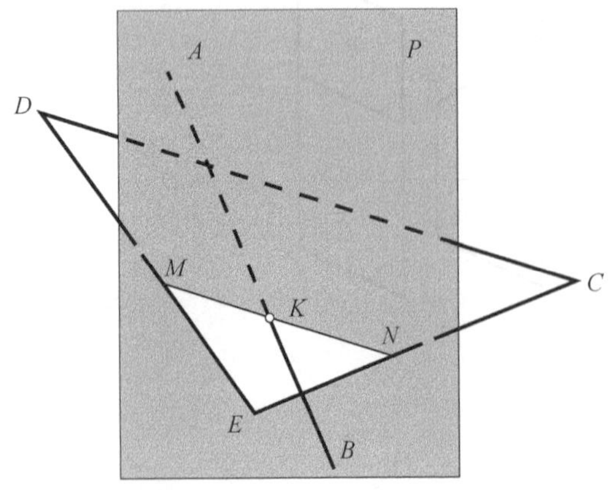

图 3-45 直线与一般位置平面相交

2. 直线与一般位置平面相交

求直线与一般位置平面的交点，需要设定一个包含该直线在内的特殊位置平面作辅助面。如图 3-45 所示，直线 AB 与平面 CDE 相交，为求交点 K，可按下面三个步骤进行：

（1）过直线 AB 作一投影面的垂直面 P 作为辅助面；

（2）求出辅助面 P 与已知平面 CDE 的

交线 MN 的投影；

（3）求出 MN 与直线 AB 的交点 K 的投影，点 K 就是直线与平面的交点。

【例 3-18】 如图 3-46（a）所示，已知直线 AB 与平面 CDE 相交，求作交点 K 的投影。

做法如下：

（1）过直线 AB 作一铅垂面 P 作为辅助面，在 H 面上 P_H 与 ab 重合，P_H 与 cd、ed 分别相交于 m、n，mn 即为平面 P 与平面 CDE 的交线 MN 在 H 面的投影。自 m、n 向上做垂线，与 $c'd'$、$d'e'$ 分别相交于 m'、n'。则 $m'n'$ 即为平面 P 与平面 CDE 的交线在 V 面的投影，如图 3-46（b）所示。

（2）自 $m'n'$ 与 $a'b'$ 的交点 k' 向下引垂线与 ab 交于 k，则 k 与 k' 即为所求交点的投影，如图 3-46（c）所示。

（3）可见性的判断：在图 3-46（c）的 H 面投影中，自 de 与 ab 的交叉点 n（2）向上引垂线，得与 $a'b'$ 的交点 $2'$、$d'e'$ 的交点 n'。n' 在上，$2'$ 在下，所以直线 AB 在做 H 面投影时，有部分被平面 CDE 所遮挡，即 $k2$ 为不可见，画成虚线。以 k 点为界，km 一定可见，画成实线。在 V 面投影中，自 ab 与 $c'd$ 的交叉点 $3'$（$4'$）向下引垂线，分别交 ab 于 4，cd 于 3，3 点在前，4 点在后，故在向 V 面投影时，直线 AB 也有部分被平面遮挡，即 $k'4'$ 不可见，画成虚线，以 k' 为界，$k'2'$ 一定不可见，画成实线。

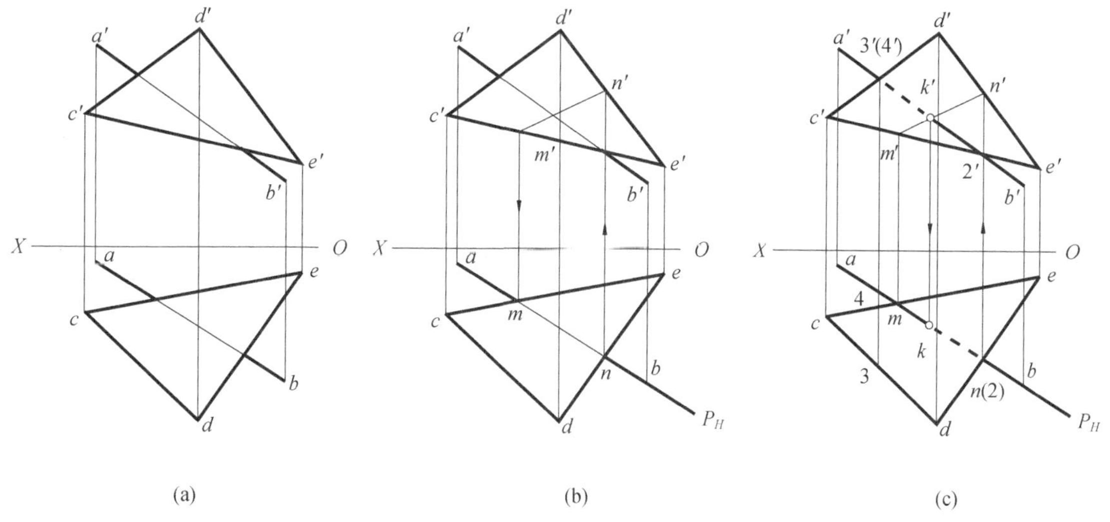

图 3-46　直线与一般位置平面相交

（三）直线与平面垂直

判断直线与平面是否垂直的几何条件是：若有一直线垂直于某一平面内的两条相交直线，则该直线与该平面垂直。因此，直线与平面的垂直问题，实际上是直线与平面内两条相交直线的垂直问题。

我们知道，如果一条直线垂直于一平面，则该直线一定垂直于该平面内的任何一条直线。如果我们在平面内取两条相交直线，一条为水平线，另一条为正平线，那么当一直线垂直于该平面时，它就一定垂直于该平面内的水平线和正平线。所以，该直线在 H 面的投影就垂直于该平面内的水平线在 H 面的投影；该直线在 V 面的投影就垂直于该平面内的正平线在 V 面的投影，如图 3-47 所示。

利用这种方法，就能比较容易的作出垂直于某一平面的直线，或判断一直线是否垂直于某平面。

【例 3-19】 如图 3-47（a）所示，已知点 A 和平面 CDE 的投影，求过点 A 并垂直于平面 CDE 的直线 AB 的投影。

作图如下：

（1）过 c' 点作 OX 轴的平行线与 $d'e'$ 相交于 f' 点，由 f' 点向下引垂线交 de 于 f，连接 cf，则 CF 为一条水平线。再由 a 点向 cf 的延长线做垂线，如图 3-47（b）所示。

（2）过 f 点作 OX 轴平行线与 cd 交于 g，由 g 向上引垂线得 g'，连 $f'g'$，则 FG 为一条正平线。再由 a' 向 $f'g'$ 延长线作垂线。按点的投影规律，取直线的另一端点投影 b 和 b'。AB 的投影 ab、$a'b'$ 即为所求，如图 3-47（c）所示。

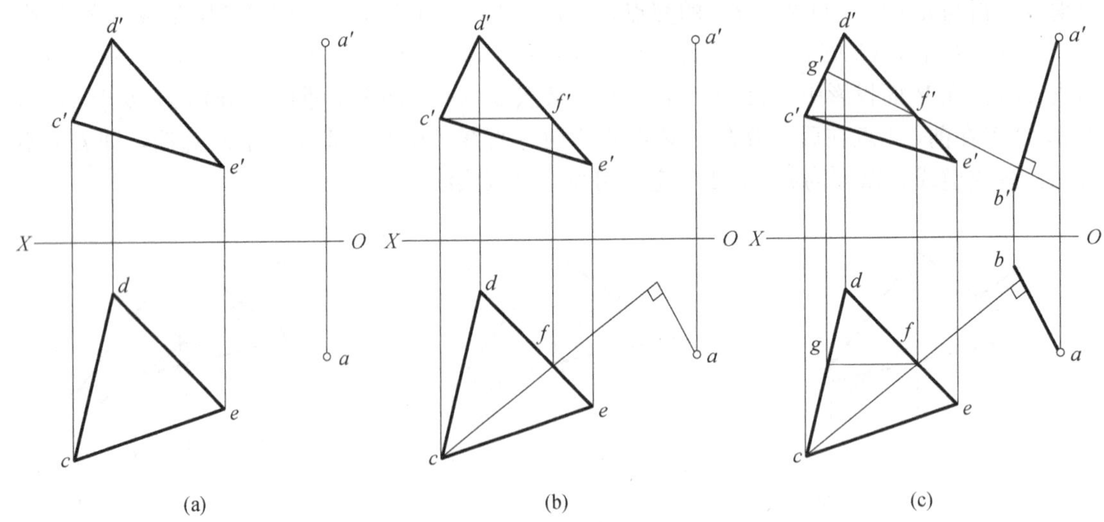

图 3-47 过定点作直线垂直已知平面

第四章 基本几何体的投影

学习目标：

- 掌握平面几何体、曲面几何体的投影。
- 掌握平面几何体、曲面几何体上点和直线的投影。

任何复杂的形体或建筑物，都可以分解成多个简单的基本几何形体，如房屋（图 4-1）、水塔（图 4-2）均可看作是可以分解为若干基本形体的复杂形体。

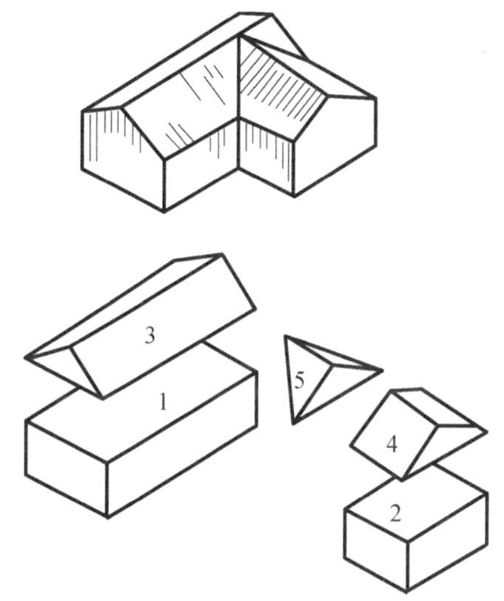

图 4-1 房屋的形体分析

1、2—四棱柱；3、4—三棱柱；5—三棱锥

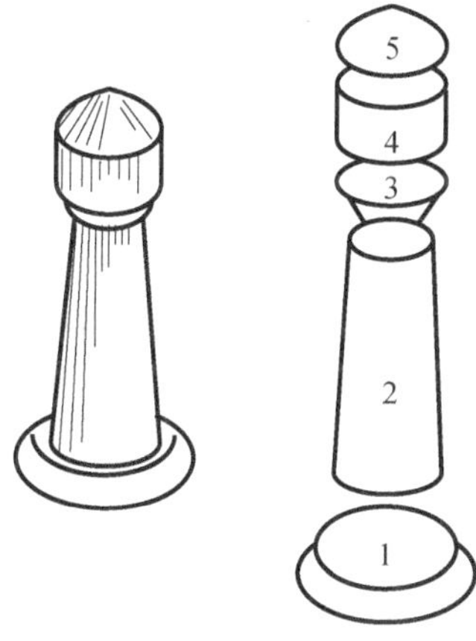

图 4-2 水塔的形体分析

1、2—圆台；3—倒圆台；4—圆柱；5—圆锥

基本形体又称为几何体。几何体按其表面的几何性质，可分为平面体和曲面体。

（1）平面体：由若干平面所围成的几何体，如图 4-3 所示。

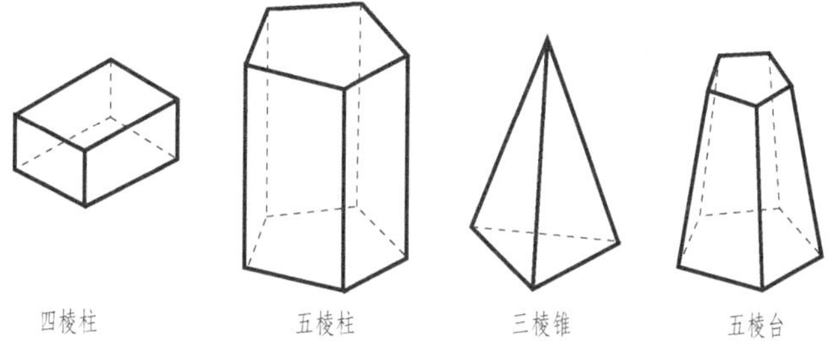

图 4-3 平面体

（2）曲面体：由曲面或曲面与平面所围成的几何体，如图 4-4 所示。

本章主要讲解平面体、曲面体的投影、尺寸标注。

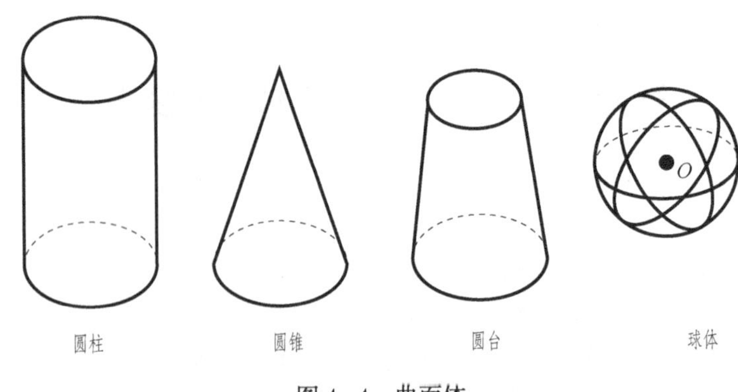

图 4-4 曲面体

第一节 平面几何体的投影

平面体的每个表面均为平面多边形。因此，作平面体的投影，就是作出组成该平面体的各平面图形的投影。

一、棱柱体的投影

（一）棱柱体的投影分析

图 4-5（a）所示的形体是一个三棱柱，它的上下底面为两个全等三角形且互相平行；侧面均为四边形，三条棱线互相平行且垂直于上下底面。棱柱体相对于投影面，其上底面和下底面都是水平面，左右两侧面都是铅垂面，后侧面则是正平面。

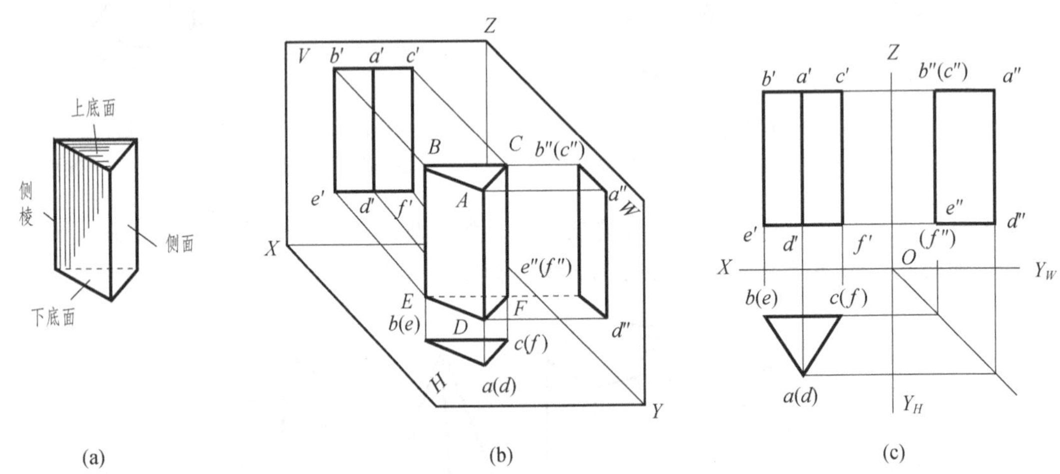

图 4-5 三棱柱的投影

（a）三棱锥；（b）直观图；（c）投影图

（二）棱柱体的投影特性

从三棱柱的放置位置可以看出：

（1）三棱柱的上底面和下底面为两个水平面，它们的水平投影重合且反映三角形实形，正面投影和侧面投影分别积聚成与相应投影轴平行的直线。

(2) 后面的侧棱面是正平面，它在正面的投影反映实形，水平投影和侧面投影积聚为直线，分别平行于相应的投影轴。

(3) 左右两个侧面垂直于水平面，它们在水平面投影积聚成与投影轴倾斜的直线；在正面的投影为两个平面，不反映实形，与后侧面投影重合；在侧面的投影重合为一个平面，不反映实形。

由此可见，作棱柱体投影时，可先作反映实形和有积聚性的投影，然后再按照“长对正、宽相等、高平齐”的投影规律做其他投影图。

二、棱锥体的投影

(一) 棱锥体的投影分析

棱锥体有一个底面，全部侧棱线交于有限远的一点（即锥顶）。图 4-6 所示为一个正三棱锥 *SABC*，锥底面为水平面，后棱面为侧垂面，其他两个棱面则是一般位置平面。

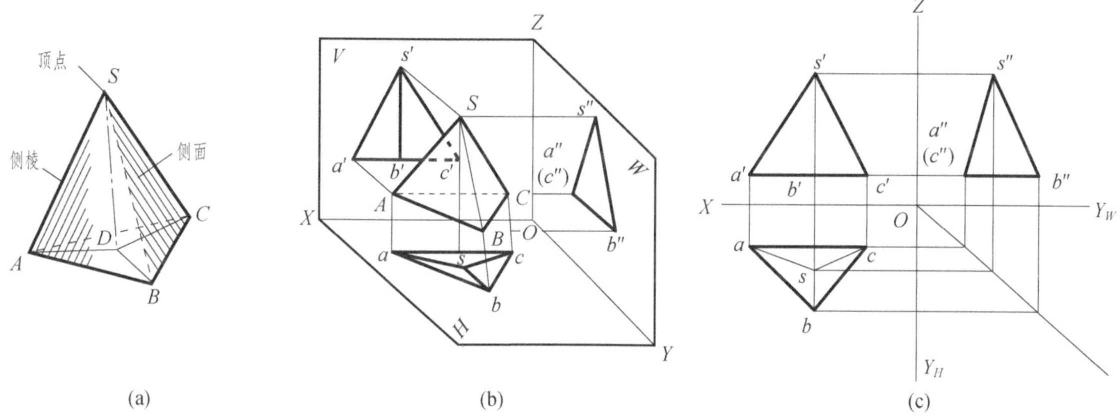

图 4-6 棱锥体的投影

(a) 三棱锥；(b) 直观图；(c) 投影图

(二) 棱锥体的投影特性

从三棱锥的放置位置可以看出：

(1) 三棱锥的底面 *ABC* 是水平面，它的水平投影反映三角形实形，正面和侧面投影积聚成水平的直线，分别平行于相应的投影轴。

(2) 后棱面 *SAC* 为侧垂面，其侧面投影积聚成直线，正面投影和水平面投影均为三角形，不反映实形。

(3) 另两个侧棱面 *SBC* 和 *SAB* 为一般位置平面，其投影全部为三角形，均不反映实形。

由此可见，做棱锥的投影图时，可先作底面的各个投影，再作锥顶的各面投影，最后将锥顶的投影与同名的底面各点投影连接，即为棱锥的三面投影。

三、平面体投影图的作图方法和步骤

绘制三面正投影图时，一般先绘制正面投影图或水平投影图（因为这两个图等长，且一般反映形体形状的主要特征），然后再绘制侧面投影图。熟练地掌握形体的三面正投影图的画法是绘制和识读工程图样的重要基础。下面是画三面正投影图的具体方法和步骤：

(1) 在图纸上先画出水平和垂直十字相交线，以作为正投影图中的投影轴，如图 4-7

(b) 所示。

(2) 根据形体在三投影面体系中的放置位置，先画出能够反映形体上、下底面真实形状的水平面投影，根据“三等”关系，由“长对正”的投影规律，画出正面投影图，如图 4-7 (c) 所示。

(3) 由“高平齐”的投影规律，把正面投影图中涉及高度的各相应部分用水平线拉向侧立投影面；由“宽相等”的投影规律，用过原点 O 作一条向右下斜的 45°线，然后在水平投影图上向右引水平线，与 45°线相交后再向上引铅垂线，得到在侧立面上与“等高”水平线的交点，如图 4-7 (d) 所示。

(4) 连接关联点而得到侧面投影图，如图 4-7 (e) 所示。

(5) 擦去作图线，整理、描深，如图 4-7 (f) 所示。

由于在制图时，只要求各投影图之间的“长、宽、高”关系正确，因此，在实际工程图中，一般不画投影轴，有时各投影图还可以不画在同一张图纸上，但其对应关系不变。

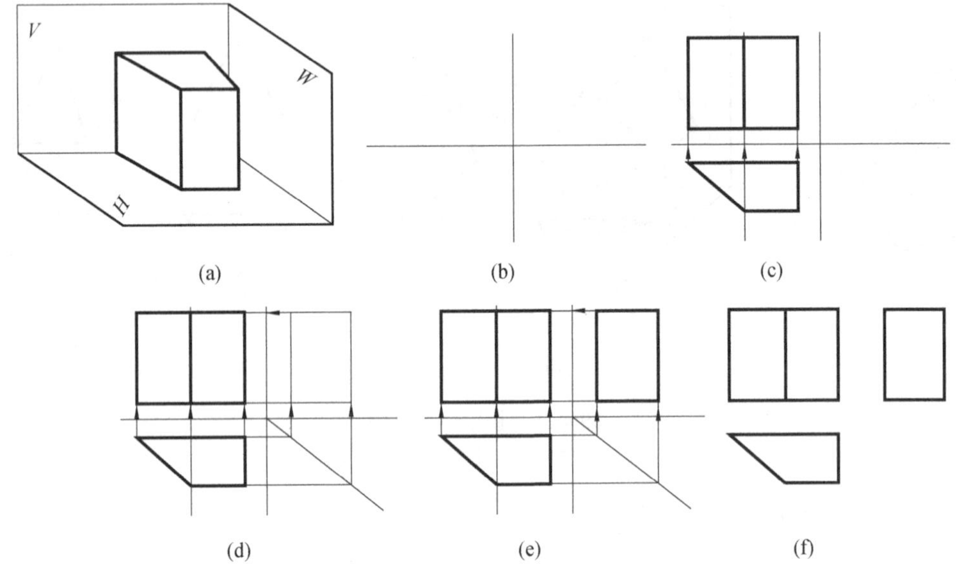

图 4-7 三面正投影图的画法步骤

四、平面体表面上点和直线的投影

平面体表面上点和直线的投影实际上就是平面上点和直线的投影。由于平面体的各表面皆是平面多边形，因此，在具体作图时，只要把平面体上的各表面都看成是一个独立的平面，然后利用在平面上取点先在平面上取线的原理进行作图。

由于平面体的各表面在投影过程中的相互重叠，产生了各表面投影的可见与不可见的问题，因此，对处于不同表面上点或线的投影，就要进行可见性的判别。凡是位于看得见表面上的点和直线，其投影是可见的，直线投影要画实线；凡是位于看不见表面上的点和直线，其投影是不可见的，直线投影要画虚线。

(一) 棱柱体表面上点和直线的投影

【例 4-1】 如图 4-8 所示，已知三棱柱的三面投影及其表面上的点 M、N 的投影 m' 和 n'，求作它们的另两个投影。

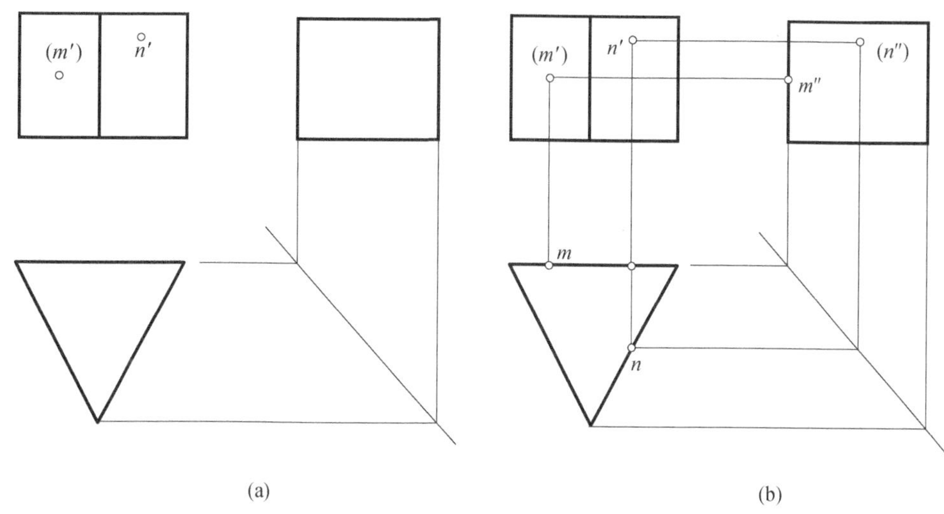

图 4-8　三棱柱表面上点的投影

投影分析：

(1) 根据已知条件，M 点必在三棱柱后侧棱面上（因 m'不可见），而 N 点必在三棱柱的右前侧棱面上（因 n'可见）。

(2) 利用棱柱体各棱面水平投影的积聚性，可自 m'和 n'向下引投影线，直接求到两点的水平投影 m 和 n，然后可按点的投影规律求出这两点的侧面投影 m''和 n''。注意，在向 W 面投影时，N 点位于右侧不可见棱面上，故 n''不可见。

【例 4-2】 如图 4-9 所示，已知三棱柱的三面投影及其表面上的直线 MN 的投影 $m'n'$，求作该直线的另两个投影。

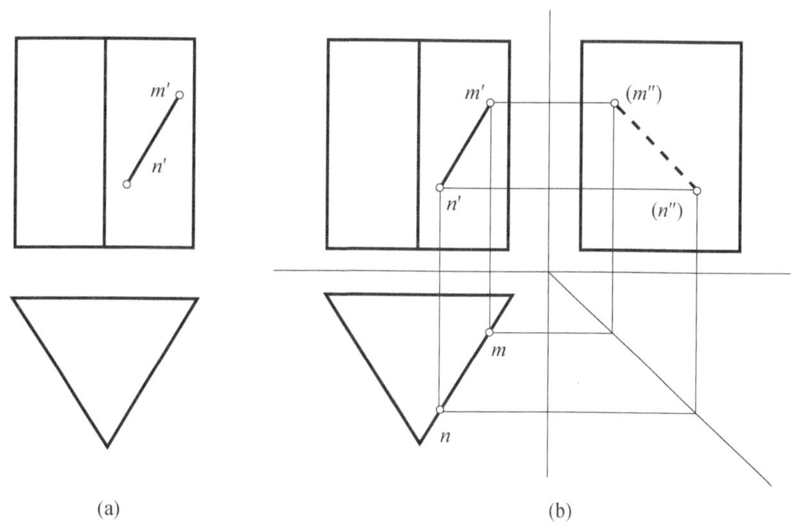

图 4-9　三棱柱表面上的直线

(a) 已知；(b) 作图

投影分析：

(1) 根据已知条件，$m'n'$是可见的，所以直线 MN 在三棱柱右前侧棱面上。此侧棱面的水平投影为三角形的一条边，所以直线 MN 的水平投影 mn 必在这条边上，如图 4-9（b）所示。

（2）在侧面投影中，由于三棱柱的左前侧棱面和右前侧棱面的投影重合，直线 MN 所在的侧棱面为不可见，所以其投影 $m''n''$ 为不可见，用虚线表示。

【例 4-3】 如图 4-10（a）所示，已知四棱柱体表面的折线 $ABCD$ 的 V 面投影 $a'b'c'd'$，完成其 H 面及 W 面投影。

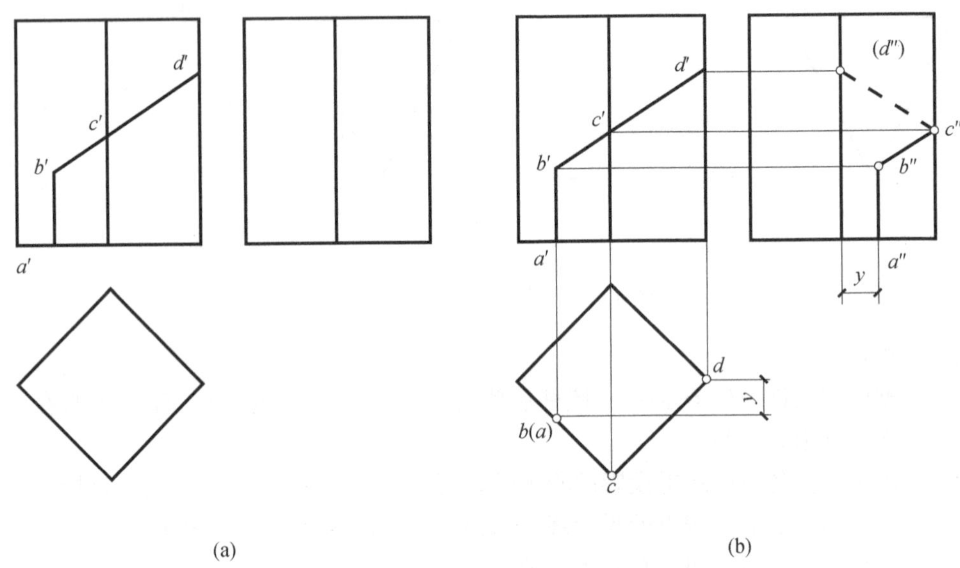

图 4-10 求作四棱柱表面折线的投影
（a）已知；（b）作图

投影分析：

（1）根据四棱柱体表面的折线 $ABCD$ 的 V 面投影 $a'b'c'd'$，可以判断出 $ABCD$ 位于前面可见的两个棱面上。因为四棱柱的四个侧棱面垂直于 H 面，所以四个侧棱面在 H 面的投影聚集成四边形的四个边线。折线 $ABCD$ 在 H 面的投影在四边形的前两条边线上，如图 4-10（b）上的 b（a）cd。

（2）在侧面投影中，根据“高平齐”和“宽相等”分别求出 A、B、C、D 四个点的侧面投影 a''、b''、c''、d''。将四点的投影连接起来并判断可见性，如图 4-10（b）所示。

（二）棱锥体表面上点的投影

【例 4-4】 如图 4-11（a）所示，已知三棱锥的三面投影及其表面上点 K 的正面投影 k' 和点 L 的水平投影 l，求出它们的另两个投影。

投影分析：根据题中所给出的条件可知：K 点和 L 点分别位于三棱锥体的 SAB 和 SBC 棱面上。由于这两个棱面都是一般位置平面，因此要求这两点的其他投影，必须在棱锥的棱面上作出过已知点的辅助线，然后再作出辅助线上该点的各投影。

利用过锥顶 S 辅助线求点的各投影：

（1）经 k' 作 $s'1'$；

（2）求出 1，连 $s1$；

（3）过 k' 作投影线与 $s1$ 相交，即可求出 k。根据 k 和 k'，求出 k''。

点 L 的投影可用同样的方法求得，见图 4-11（b）。

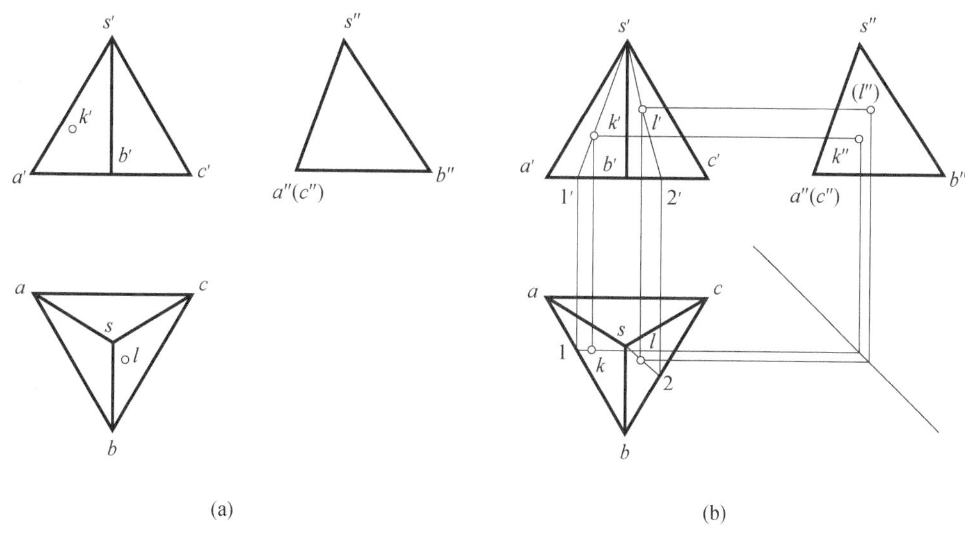

图 4-11　三棱锥体表面上点的投影

第二节　曲面几何体的投影

一、曲面几何体的基本知识

曲面体是由曲面或曲面与平面围成的立体。工程中常见的曲面体多为回转体。回转体是由一条母线（直线或曲线）绕一固定的轴线作回转运动所形成，如圆柱体、圆锥体、球体等。

在学习曲面几何体的投影前，首先应该了解以下一些基本知识：

（1）曲线：曲线是由点按一定的规律运动而形成的轨迹。曲线上的各点都在同一平面上的曲线，称为平面曲线，如圆、椭圆、双曲线、抛物线等；曲线上的各点不在同一平面上的曲线，称为空间曲线，如圆柱螺旋线等。

（2）曲面：曲面是由直线或曲线在空间按一定规律运动而形成的轨迹。运动的线叫做母线，母线的形状及运动的形式是形成曲面的条件。母线绕一条固定的直线旋转所形成的曲面叫做回转曲面（或旋转曲面），如圆柱面、圆锥面、球面等。这条固定的直线叫做回转曲面的轴。母线和回转轴是确定回转曲面的要素。

（3）素线：形成回转曲面的母线在曲面上的任何位置都叫做素线。

（4）轮廓素线：轮廓素线是指投影图中确定曲面范围的外形线。对平面体的投影，实质上就是对其棱线等进行投影，并以此表明平面体的形状［图 4-12（a）］。而曲面体由于不存在棱线，所以其投影就用它的轮廓素线来表示［图 4-12（b）］。轮廓素线不仅可以反映曲面的范围和外形，同时还可以反映曲面在按某一个方向投影时的可见部分和不可见部分的分界线，例如 V 面投影中的最左轮廓素线和最右轮廓素线，W 面投影中的最前轮廓素线和最后轮廓素线。

（5）特殊（位置）点：轮廓素线上的“最”点称为特殊（位置）点。例如，曲面体上的最上、最下、最前、最后、最左、最右点。形体上的“最”点是曲面体投影作图的基本要

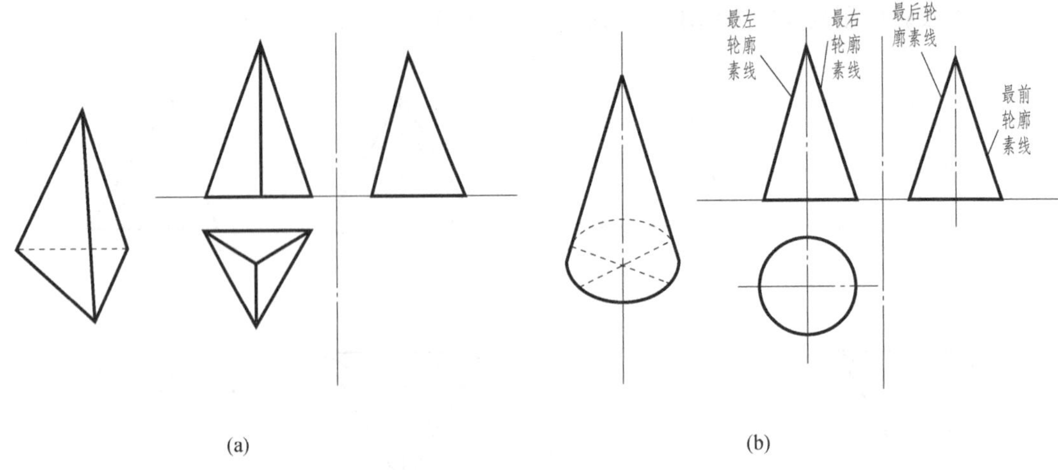

图 4-12 平面体和曲面体的投影图
(a) 平面体投影图；(b) 曲面体投影

素，熟悉这些点的投影特性，将有助于提高作图的速度和准确度。

二、圆柱体的投影

(一) 圆柱体的形成

圆柱体是由一直线 AA_1 绕着与其平行的轴线 OO_1 旋转一周所形成的。直线 AA_1 称为母线，直线 OO_1 称为轴线，母线 AA_1 绕轴旋转到任一位置时称为素线，如图 4-13 所示。故圆柱面也可看作由无数条平行素线距 OO_1 轴等距离排列所围成。若把母线 AA_1 和轴 OO_1，连成一矩形平面，该平面绕 OO_1 轴旋转的轨迹就是圆柱体。圆柱体由两个互相平行且相等的平面圆（即顶面和底面）和一圆柱面所围成。顶面和底面都垂直于圆柱面的母线（或素线）的圆柱体我们称为正圆柱体；顶面和底面的距离即为正圆柱体的高。

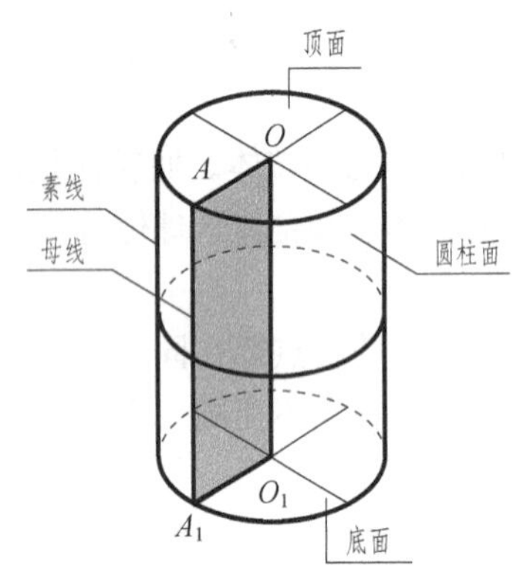

图 4-13 圆柱体的形成

(二) 圆柱体的投影分析

(1) 当圆柱体的轴线垂直于水平面时，该圆柱体的顶面和底面平行于 H 面，所以在 H 面上的投影为一圆；反映顶面和底面的实形，且两者重影，圆心就是圆柱体轴线的水平投影。圆柱侧面的水平投影积聚在该圆周上。

(2) 圆柱体正面投影是一个矩形线框，是可见的前半个圆柱面和不可见的后半个圆柱面投影的重合，与其对应的水平投影分别是下半个圆周和上半个圆周。矩形的高等于圆柱体的高，矩形的宽等于圆柱体的直径。正面投影中矩形线框的上下两条水平线 $a'c'$ 和 $a_1'c_1'$ 是上底圆和下底圆的积聚投影，左右两边线 $a'a_1'$ 和 $c'c_1'$ 分别为圆柱面上最左和最右两条轮廓素线 AA_1 和 CC_1 的投影，它们的侧面投影 $a''a_1''$ 和 $c''c_1''$ 与轴线重合，但 $a''a_1''$ 和 $c''c_1''$ 在侧面投影中不是轮廓线，所以仍然用点画线表示，如图 4-14 所示。

(3) 圆柱体侧面投影的矩形线框是可见的左半个圆柱面和不可见的右半个圆柱面投影的重影，与其对应的水平投影分别是左半个圆周和右半个圆周，它们的正面投影分别是轴线左边和右边的半个矩形。侧面投影中矩形线框的上下两条水平线是上底圆和下底圆的积聚投影，左右两边线 $d''d_1''$ 和 $b''b_1''$ 分别为圆柱面上最前和最后两条轮廓素线的投影，它们的正面投影 $b'b_1'$ 和 $d'd_1'$ 与轴线重合，因 $b'b_1'$ 和 $d'd_1'$ 在正面投影中不是轮廓线，所以仍然用点画线表示。

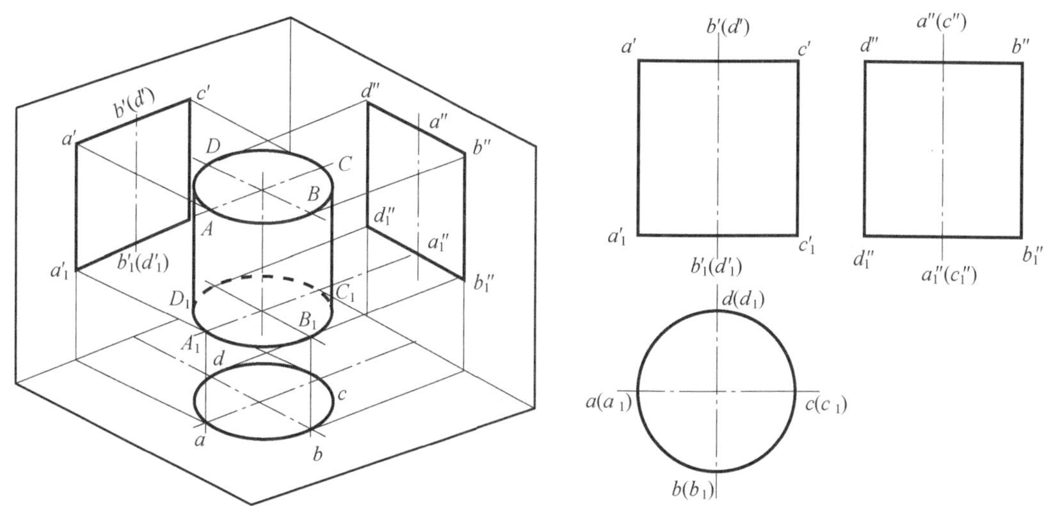

图 4-14　圆柱体的投影

（三）圆柱体的投影特性

圆柱体的三面投影：一个投影面上的投影是圆，在另两个投影面上的投影是全等的矩形。

（四）圆柱体投影图的画法

（1）首先确定圆柱体的摆放位置，使其两个顶面圆与某一投影面平行；

（2）在其平行的投影面上画出中心线和反映实形的圆；

（3）根据“长对正、高平齐、宽相等”的投影规律和圆柱体的高度画出圆柱体在另两个投影面上的投影，如图 4-14 所示。

三、圆锥体的投影

（一）圆锥体的形成

圆锥体是一直线 SA 绕与其相交的轴线 SO 旋转而成的。旋转时 S 点在轴线上不动，为锥顶，A 点到轴线的距离不变。SA 是母线，它在圆锥侧面上任一位置时称为素线，如图 4-15 所示。

（二）圆锥体的投影分析

（1）圆锥体侧面在各投影面上的投影都没有积聚性。当圆锥体的轴线为铅垂线时，则锥底为水平面，其水平投影为反映实形的圆，正面投影及侧面投影为水平线，长度等于底圆直径。

（2）圆锥体的正面投影为等腰三角形。等腰三角形的两腰是圆锥侧面上最左、最右两条轮廓素线 SA 和 SC 的投影，它们的侧面投影与轴线的侧面投影重合，不必画出。

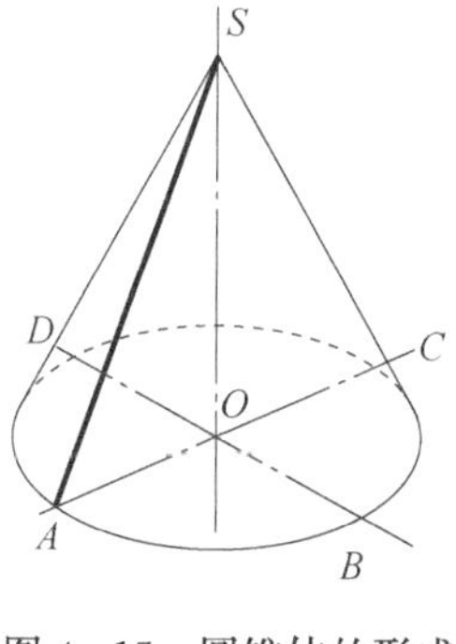

图 4-15　圆锥体的形成

（3）侧立面上圆锥体的投影也是一个等腰三角形，与正立面上的等腰三角形是全等的。等腰三角形的两腰是圆锥侧面上最前、最后两条轮廓素线 SB、SD 的投影，它们的正面投影与轴线的正面投影重合，不必画出。

（三）圆锥体的投影特性

圆锥体的三面投影：在一个投影面上的投影是圆，在另两个投影面上的投影是全等的三角形。

（四）圆锥体投影图的画法

（1）首先确定圆锥体的摆放位置，使其底面圆与某一投影面平行；

（2）在其平行的投影面上画出中心线和反映实形的圆；

（3）根据“长对正、高平齐、宽相等”的投影规律和圆锥体的高度画出圆锥体在另两个投影面上的投影，如图 4 - 16 所示。

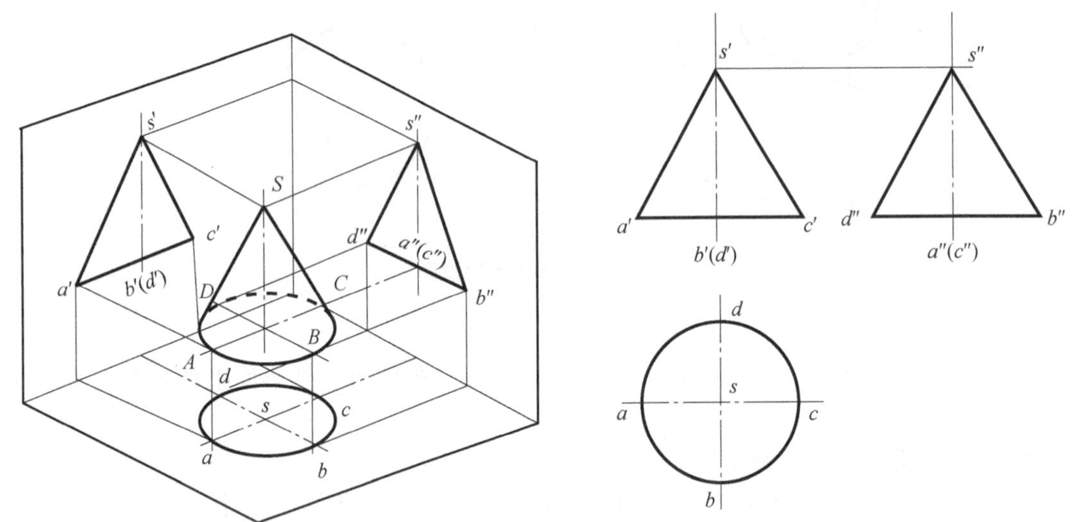

图 4 - 16　圆锥体的投影图

四、球体的投影

（一）球体的形成

球体的表面是球面。球面是以圆为母线，以该圆直径为轴线旋转而成的，如图 4 - 17 所示。

（二）球体的投影分析

球在三个投影面上的投影是三个大小相等的圆，是球体在三个不同方向（分别平行于 V 面、H 面和 W 面）的转向轮廓线的投影。

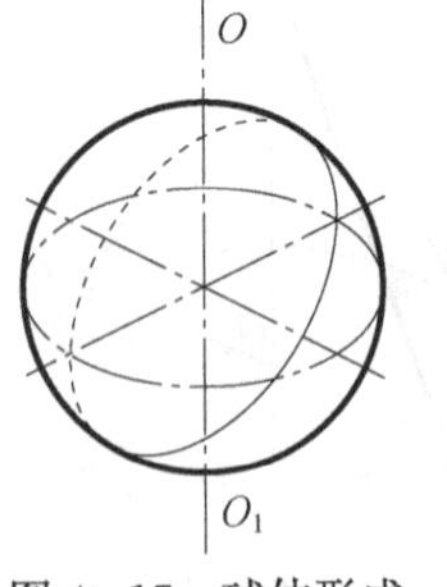

图 4 - 17　球体形成

（1）球体的正面投影的轮廓圆是球体上可见的前半部与不可见的后半部的分界圆（正平圆）的投影。这个圆的水平投影与水平投影轮廓圆的横向中心线重合；其侧面投影与侧面投影轮廓圆的竖向中心线重合，皆不必画出。

（2）球体的水平投影的轮廓圆是上、下半球的分界圆（水平圆）的投影。它的正面投影和侧面投影与该两投影面上轮廓圆的横向中心线重合，也不必画出。

（3）球体的侧面投影的轮廓圆是左、右半球的分界圆（侧平圆）的投影。它的正面投影和水平面投影与该两投影面上轮廓圆的竖向中心线重合，也不必画出，如图 4－18 所示。

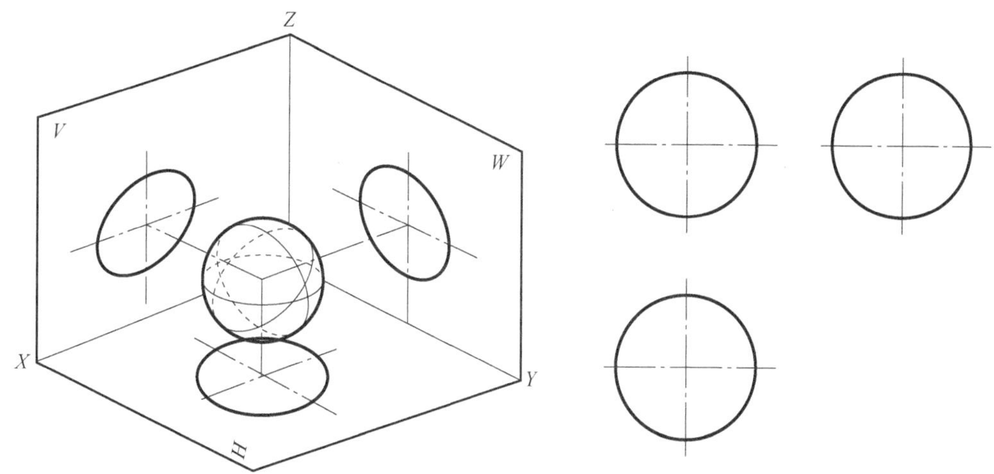

图 4－18　球体的三面投影图

（三）球体的投影特性

球体的三面投影都是相同大小的圆，圆的直径是球体的直径。

（四）球体投影图的画法

画球体的投影步骤是：定球心，画出中心线，作圆。

五、曲面体表面上点的投影

（一）圆柱体表面上点的投影

【例 4－5】 如图 4－19（a）所示，已知圆柱体表面上两点 A 和 B 的正面投影 a' 和 b'，求作它们的另两个投影。

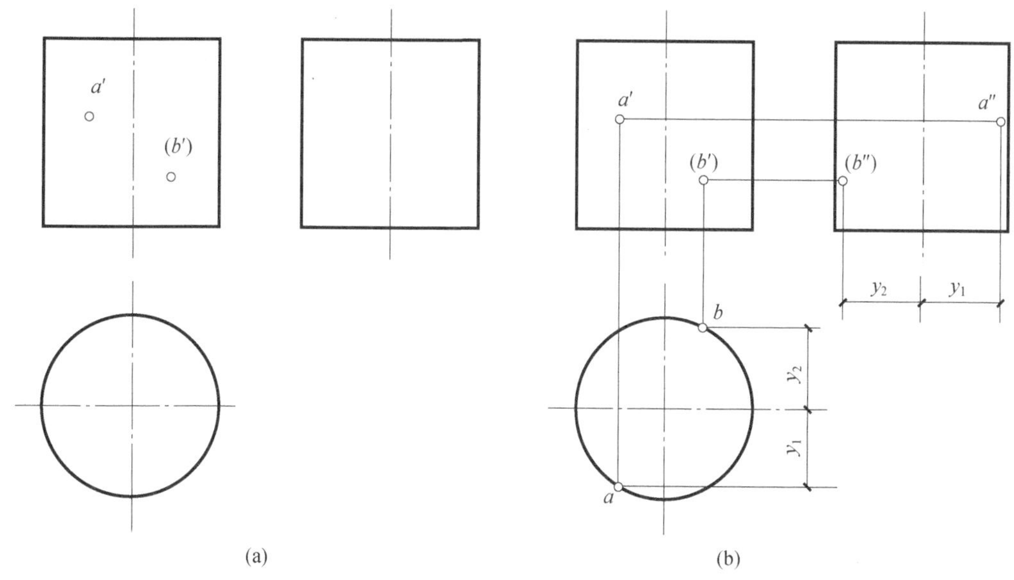

图 4－19　圆柱体表面上点的投影

投影分析：

(1) 根据已知条件a'可见，b'不可见，可知A点在前半个圆柱面上，B点在后半个圆柱面上。利用圆柱体的水平投影有积聚性，可直接作出A点和B点的水平投影a和b，然后根据A、B两点的正面和水平面投影求出侧面投影a''和b''。

(2) 由于A点在左半圆柱面上，所以a''为可见，而B点在右半个圆柱面上，所以b''不可见，如图4-19 (b) 所示。

(二) 圆锥体表面上点的投影

求圆锥体表面上点的投影，可采用两种方法求解，即素线法和纬圆法。

1. 素线法

圆锥体表面上任意素线都通过顶点。求作圆锥体表面上点的投影，先过该点作素线的投影，再在素线投影上作点的投影。

2. 纬圆法

求作圆锥体表面上点的投影，先过该点作与圆锥底面平行的圆，该圆称为纬圆。作出纬圆的三面投影后，再在纬圆投影上作点的投影。

【例4-6】 如图4-20 (a) 所示，已知圆锥体表面上M、N点的正面投影图m'和n'，求作它们的水平投影m、n和侧面投影m''、n''。

投影分析：

根据已知条件是m'可见，故M点在圆锥体表面的左前部分，其H面和W面投影均为可见。由于n'不可见，所以N点位于圆锥体表面的右后方，其H面投影可见，而W面投影为不可见。

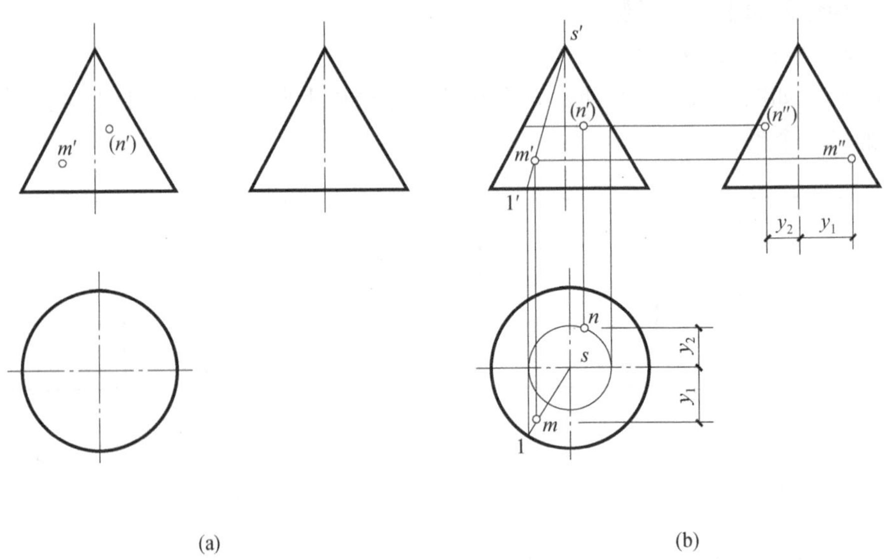

图4-20　圆锥表面上点的投影

投影作图：

1. 用素线法求M点

(1) 连$s'm'$并延长，使与底圆的正面投影相交于$1'$点，求出其水平面投影$s1$。$S1$为过M点且在圆锥面上的素线；

(2) 根据点 M 在素线 $S1$ 上，利用直线上取点的作图方法求出 m。根据 m 及 m' 求出 m''，如图 4-20 (b) 所示。

2. 纬圆法求 N 点

(1) 在正面投影中过 n' 作水平线，与正面投影轮廓线相交，该直线段即为纬圆的正面投影，其长为纬圆的直径。在水平投影中以底圆的中心为圆心作该纬圆的投影，即反映实形的圆。

(2) 过 n' 向下作投影线，在纬圆水平投影的后半个圆上求出 n，并根据 n' 和 n，求出 n''，如图 4-20 (b) 所示。

(三) 球体表面上点的投影

用纬圆法求球体表面上点的投影。

【例 4-7】 已知一球体表面上点 A、B 的投影 a'、b'，如图 4-21 (a) 所示，求两点的另两面投影。

投影作法：

(1) A 点在球体表面左前上方，过 a 点作一与水平面平行的纬圆，该纬圆在正面的投影积聚为一条与投影轴 OX 平行的直线 $c'd'$，a' 点在 $c'd'$ 上；该纬圆在水平面上的投影是以水平面上的圆的圆心为圆心、以 $c'd'$ 长的二分之一为半径的圆，过 a' 作 OX 轴的垂线，交该纬圆的水平投影圆周于 a 点。

(2) 利用投影规律求得 a''，经判断均可见。

(3) B 为特殊点，在球体表面过球心与水平面平行的最大的圆周上，可直接求得 b，再求得 b''，因为 B 点在圆面的右前方，故 b'' 不可见，写成 (b'')，如图 4-21 (b) 所示。

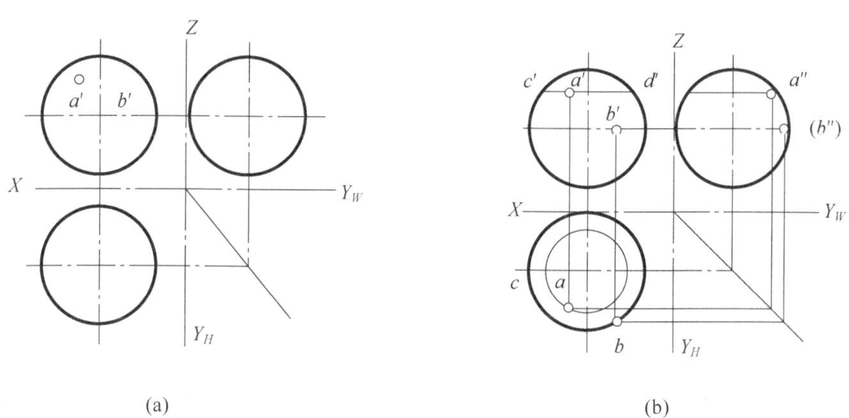

图 4-21 球体表面上点的投影

第五章　组 合 体 的 投 影

学习目标：

- 掌握组合体的投影及其标注。
- 掌握组合体的识读。

本章主要讲解组合体的投影、尺寸标注、组合体的识读。

第一节　组合体投影图的画法

一、组合体的类型

组合体由若干基本几何体所组成，形状比较复杂。我们在作组合体投影之前要对形体进行分析，主要是分析该组合体是怎样构成的。

组合体的构成方式大致可分为如下三种：

(1) 叠加型：可以看作是几个基本几何体拼合而成。

(2) 切割型：可以看成是由一个基本几何体切掉某些部分而成。

(3) 混合型：可以看成是由上述叠加和切割混合构成。

二、组合体投影图的画法

绘制组合体投影图具体步骤如下。

(一) 进行形体分析

一个组合体可以看作是由若干个基本几何体所组成，我们对这些基本几何体的组合形式、各部分的相对位置和连接方式进行分析，弄清各部分的形状特征，逐步进行作图，这种分析方法即形体分析法。

图 5-1 所示是一台阶直观图，它可看作是由三个四棱柱体的踏步板按大小自下而上的顺序叠放，两个五棱柱体的栏板紧靠在踏步板的左右两侧叠加而成的。

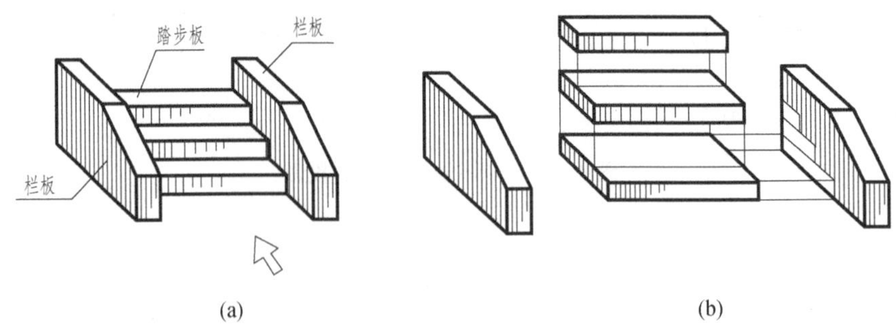

图 5-1　形体分析
(a) 直观图；(b) 形体分析

(二) 确定组合体在三面投影体系中的摆放位置

在作组合体的投影之前首先要确定组合体的正确摆放位置，以方便作投影图。一般将形体按自然位置放置，同时能较明显地反映形体的形状特征，符合人们日常观察东西的习惯。并应考虑以下几点：

(1) 将形体的主要面或者说将形状复杂而又反映形体特征的一侧作为正面（V 面）投影；

(2) 主要面放置成投影面的平行面。因为只有这样其投影才能反映形体的实形；

(3) 按照生活习惯放置。一般来讲：X 轴方向表示形体的长度、Y 轴方向表示形体的宽度、Z 轴方向表示形体的高度；

(4) 使作出的投影图，虚线少，图线清楚。

(三) 逐个作出各基本几何体的三面投影图，完成整个组合体的投影图

【例 5-1】 作图 5-2 (a) 所示台阶模型的三面正投影图。

1. 投影分析

台阶是一个叠加型组合体。它由左右两侧栏板、中间三级踏步板组成。两侧栏板是长方体切掉一个角形成，各级踏步板均为长方体。

2. 确定组合体的摆放位置

在摆放形体时，可取其在实际生活中的位置，即底面平行于 H 面，各级踢面平行于 V 面放置。

3. 作图步骤

作图步骤如图 5-2 所示。

【例 5-2】 作图 5-3 (a) 所示的混合型组合体的正投影图。

1. 投影分析

该形体由长方体底板、竖板和三棱柱肋板叠加而成，而底板左侧挖去一个四棱柱槽，竖板上部有一四棱柱状切口，如图 5-3 (a) 所示。

2. 确定形体的摆放位置

形体的摆放位置如图 5-3 (a) 所示。

3. 投影作图

具体作图步骤如图 5-3 所示。

在以上两个例题中，图 5-2 (e) 中三级踏步板在叠加时的侧面投影和图 5-3 (b) 中底板与竖板叠加时的正面投影，这些相邻接表面的投影出现了多余交线，而这些表面在实际图形中，表面是平齐的，组合处无交线。所以作组合体投影图时要注意各部分在叠加过程中形成的邻接表面的不同情况，如图 5-4 所示。

当两邻接表面平齐时，组合处应无交线，如图 5-4 (a) 所示。

当两邻接表面不平齐时，组合处应有交线，如图 5-4 (c) 所示。

当两邻接表面相交时，组合处有交线，如图 5-4 (b) 所示。

当两邻接表面相切时，无交线，如图 5-4 (d) 所示。

三、根据投影规律绘制组合体的三面投影图

熟练掌握形体三面投影图的画法是绘制和识读工程图样的重要基础。下面是画三面投影图的基本方法和步骤，如图 5-5 所示。

(1) 先画出水平和垂直十字相交线，作为正投影图中的投影轴，如图 5-5 (b) 所示；

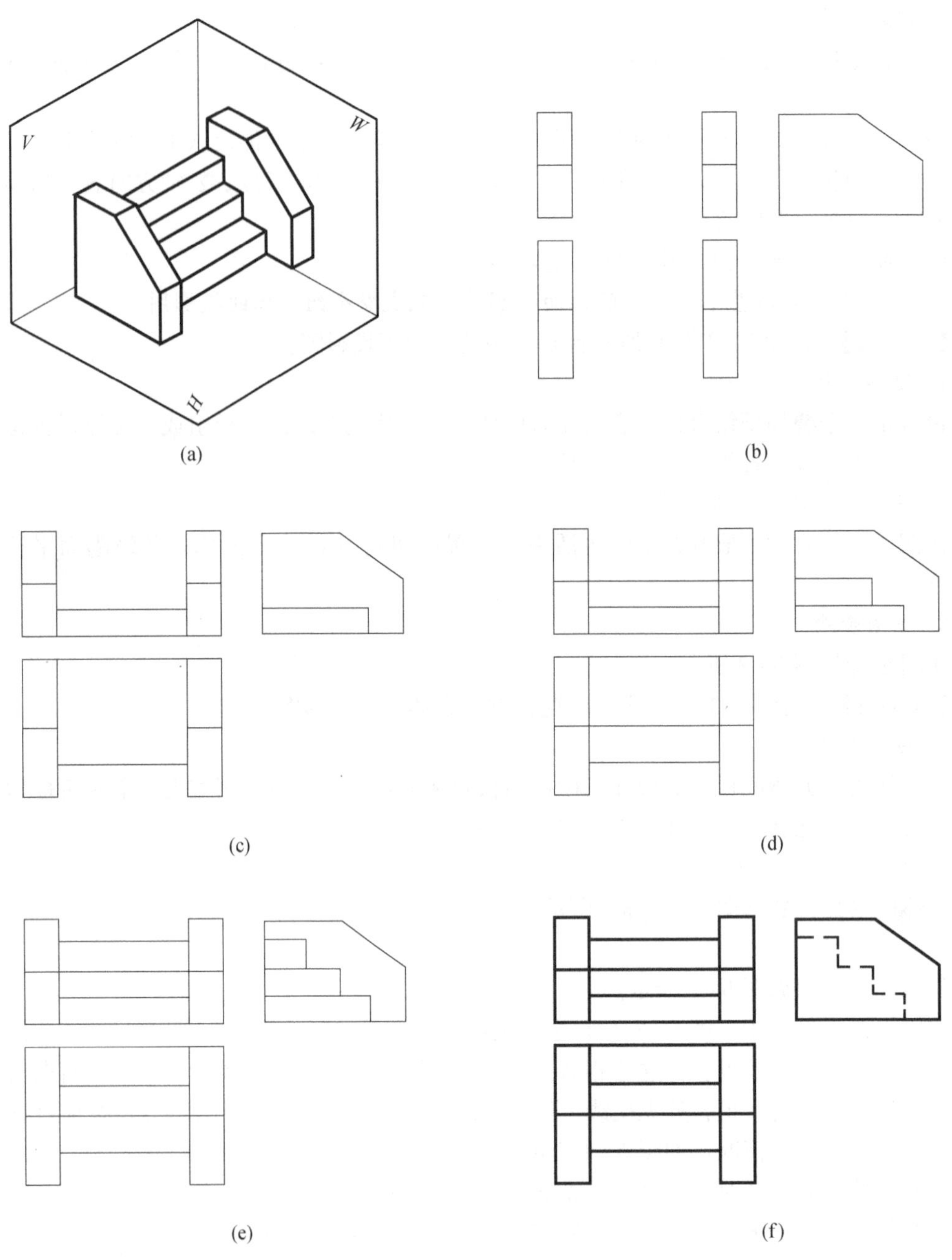

图 5-2 台阶的正投影图

(a) 台阶的直观图；(b) 作两侧栏板的投影图；(c) 作第一级踏步板的投影图；
(d) 在第一级踏步上迭加第二级踏步板；(e) 作第三级踏步板；
(f) 整理并加深图线，得踏步的三面投影图

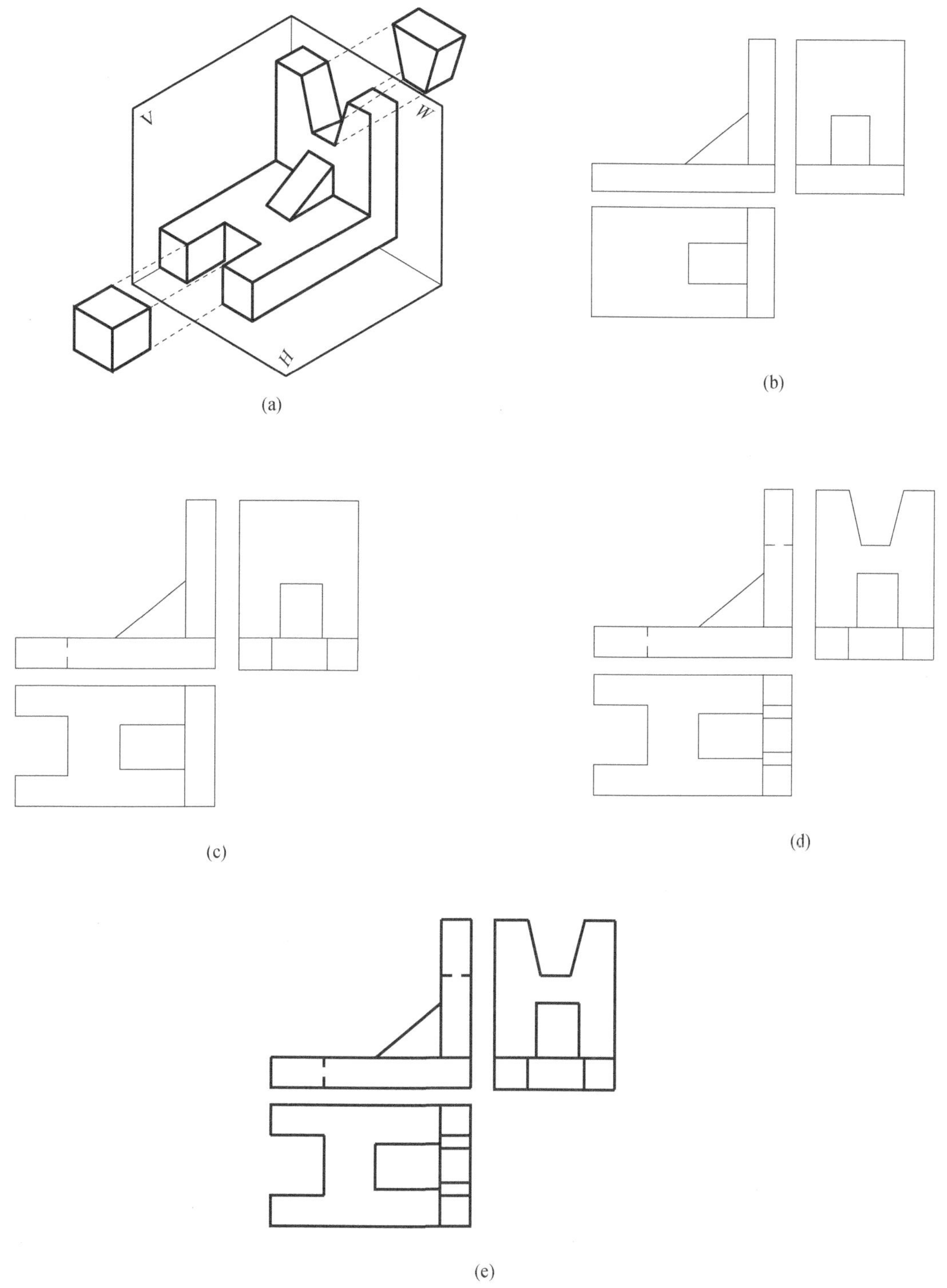

图 5-3 混合型组合体的投影图

(a) 直观图；(b) 用叠加法作出底板、竖板和肋板；(c) 用切割法在底板上切去小方块；(d) 在竖板上切去四棱柱；(e) 整理并加深图线

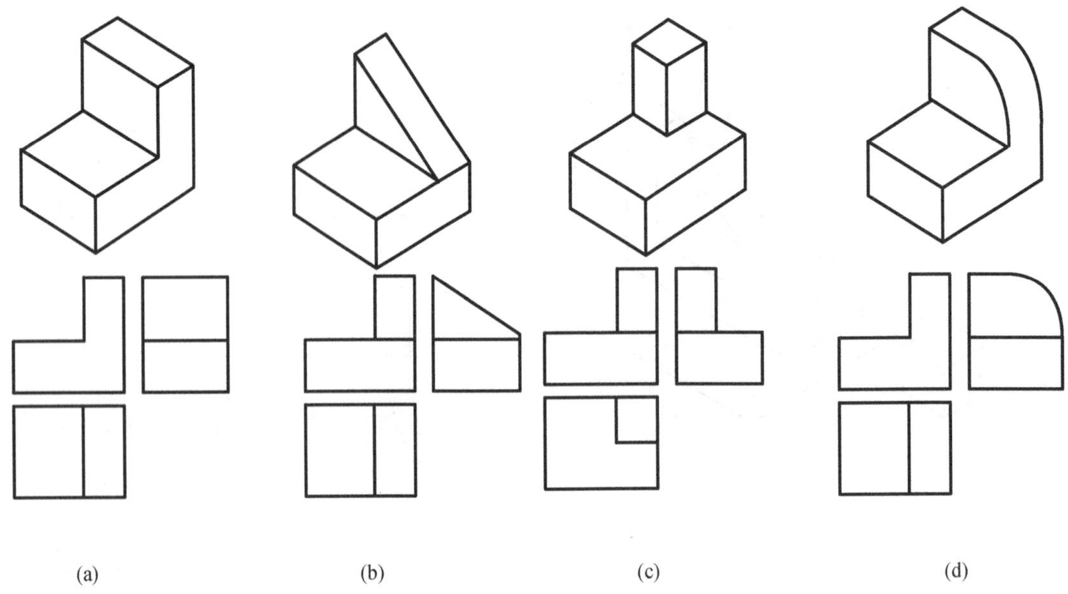

图 5-4　叠加时相邻接表面的不同情况

(a) 表面平齐无交线；(b) 表面相交有交线；(c) 表面不平齐有交线；(d) 表面相切无交线

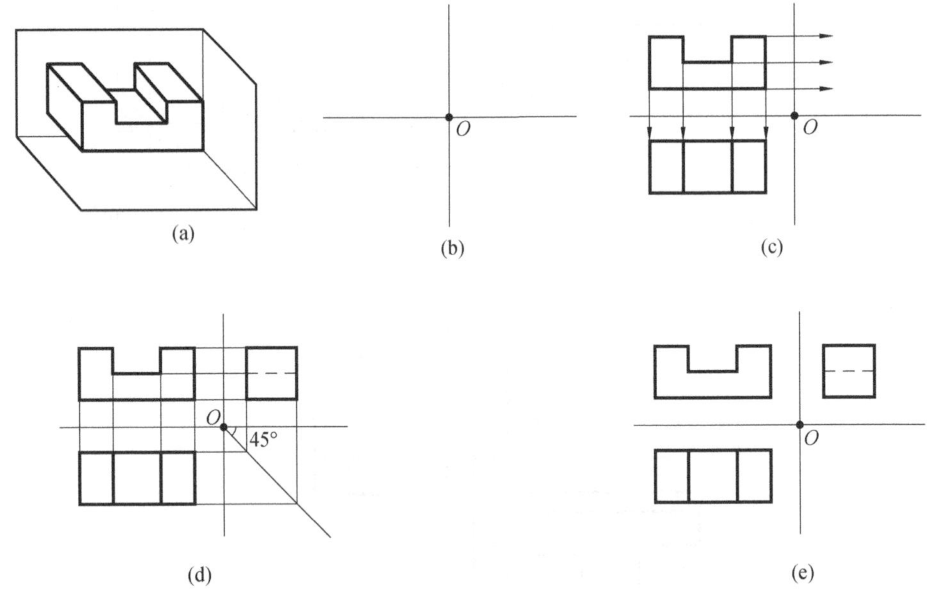

图 5-5　根据投影规律绘制组合体的三面投影图

(2) 根据形体在三面投影体系中的放置位置，先画出能够反映形体特征的正面投影图或水平面投影图，如图 5-5 (c) 所示；

(3) 根据“三等”关系，由“长对正”的投影规律，画出水平投影图或正面投影图；由“高平齐”的投影规律，把正面投影图中涉及高度的各相应部分用水平线拉向侧立投影面；由“宽相等”的投影规律，由过原点 O 做一条向右下斜的 45°线，然后在水平投影图上向右引水平线，与45°线相交后再向上引垂直线，得到在侧立面上与“等高”水平线的交点，连接关联点得到侧面投影图，如图5-5（d）所示；

（4）擦去做图线，整理、描深，如图5-5（e）所示；

由于在制图时，只要求各投影图之间的“长、宽、高”关系正确，因此，在实际工程图中，一般不画投影轴，各投影图位置也可以灵活安排，有时各投影图还可以不画在同一张图纸上。

第二节 组合体投影图的尺寸标注

一、基本几何体的尺寸标注

基本几何体的尺寸一般只需注出长、宽、高三个方向的定形尺寸，其标注示例如图5-6所示。

棱柱、棱锥应标注确定其形状的长度、宽度和高度尺寸，一个尺寸只须注写一次，不要重复；圆柱、圆锥需标注底圆的直径和高度。

带有切口的基本体，除标注出确定基本形体三个方向的尺寸之外，一般还需标注出切口的定位尺寸。

二、组合体的尺寸标注

组合体的尺寸包括三类：定形尺寸、定位尺寸和总尺寸。

（一）定形尺寸

用来确定构成组合体各基本几何体的形状、大小的尺寸，称为定形尺寸。

如图5-7的圆柱孔的尺寸：直径ϕ16，长10；左侧竖板的尺寸：长30，宽10，高40。

（二）定位尺寸

用来确定构成组合体各基本几何体相对位置的尺寸，称为定位尺寸。

如图5-7中的圆柱孔的中心距竖板的右表面为15，距水平板的顶面为15。竖板的后表面距水平板的后表面为10。

（三）总尺寸

用来确定形体的总长、总宽和总高的尺寸。

如图5-7中，该组合体的总长为60，总宽为40，总高为40。

三、标注尺寸的注意事项

为使尺寸标注清晰、合理，应注意如下几个问题：

（1）尺寸应尽量标注在反映形体特征最明显的视图上，如右侧水平板的切口尺寸应标注在其水平投影图中。

（2）同一基本形体的两个方向的定形尺寸应尽量集中标注，如图5-7中左侧竖板的长30和宽10。

（3）各相关尺寸，应尽量标注在两视图中间，如图5-7中的高度尺寸和长度尺寸。

（4）为了使图形清晰，尺寸应尽量标注在图形以外。但有时为了避免引出标注距离太远，也可标注在图形以内。尺寸应尽量避免标注在虚线上。同一方向的尺寸线应尽量画在同一条线上。相互平行的尺寸应小尺寸在内，大尺寸在外。

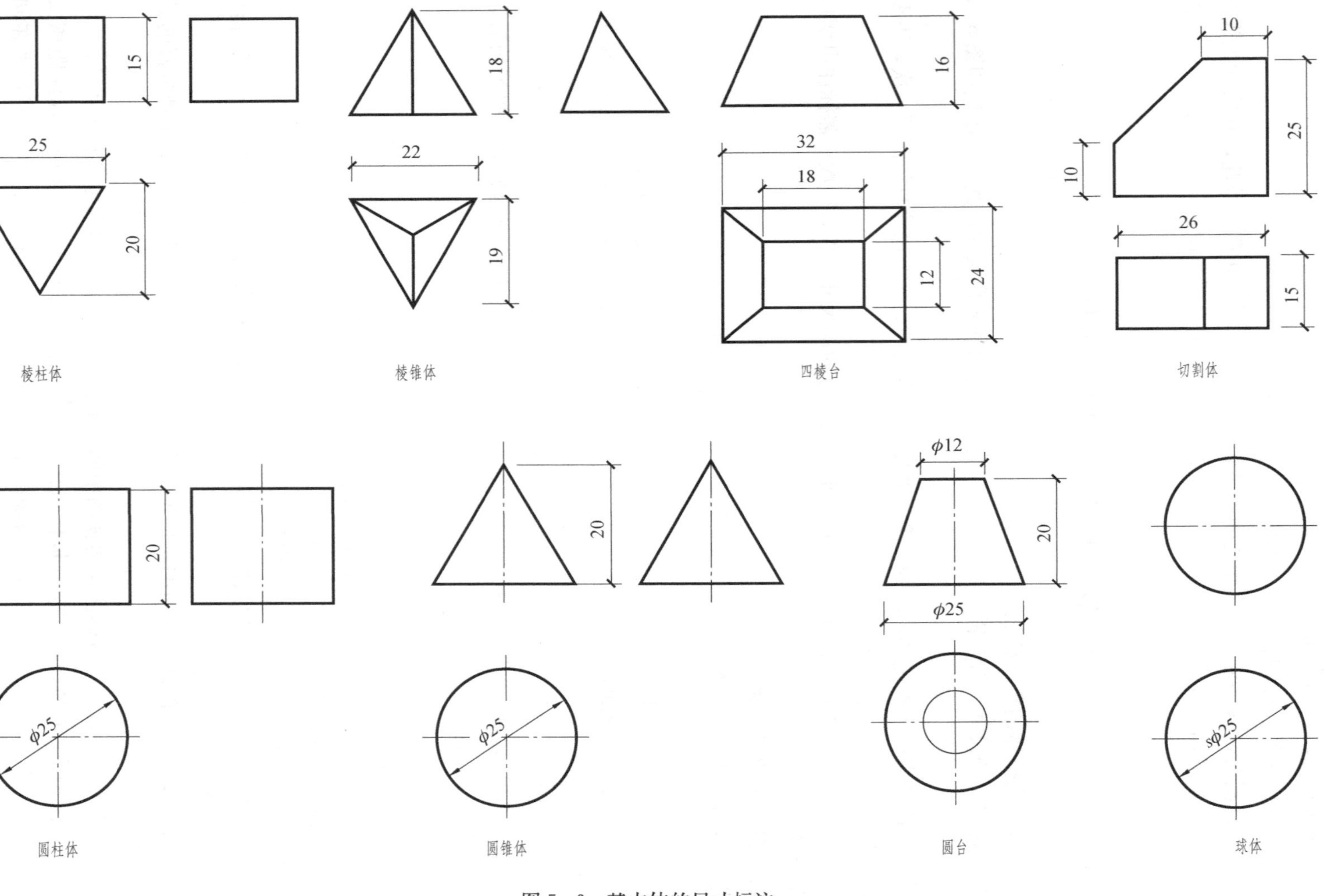

图 5-6 基本体的尺寸标注

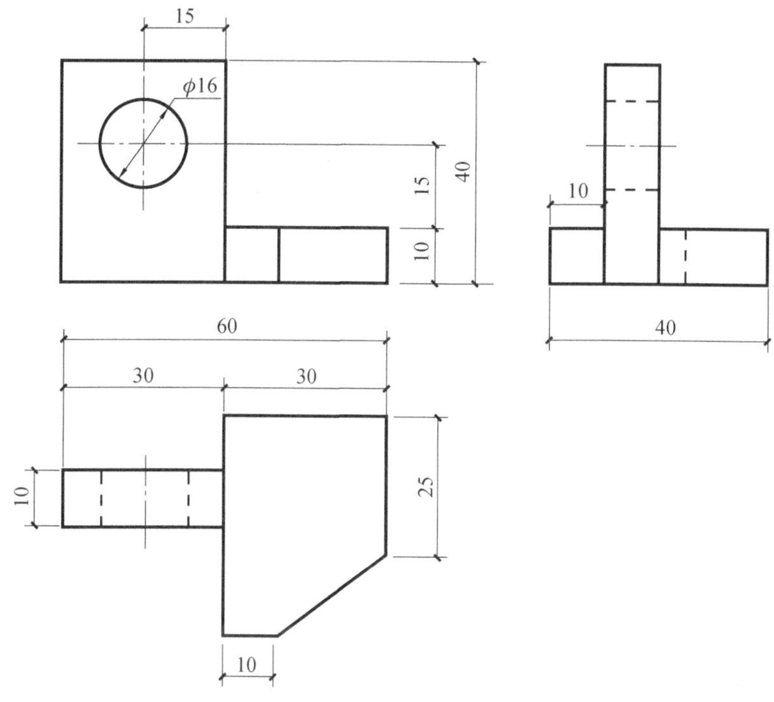

图 5-7 组合体的尺寸标注

第三节 组合体投影图的识读

识读组合体的投影图，就是根据三面投影图，想象形体的空间形状。画图与读图是两个相反的过程。画图是从立体到平面，读图是从平面到立体的思维过程。读图需要综合前面学过的点、线、面及基本几何体的投影图等有关知识，弄清组合体各部分的形状、位置，想象出其空间形状。

读图的基本方法可概括为形体分析法和线面分析法两种。

一、形体分析法

在一组投影图中，根据形状特征比较明显的投影图，将其分成若干基本几何体，并想象各部分的形状，然后按照它们的相对位置，综合想象出整体，这种方法称为形体分析法。它适合于较简单的叠加型组合体。

【例 5-3】 阅读图 5-8 所示形体的三面投影图。

二、线面分析法

线面分析法是以线、面的投影规律为基础，根据围成形体的某些棱线和线框，分析它们的形状和相互位置，从而想象出形体各表面的形状。这种方法常在分析复杂形体时采用。

利用线面分析法读图，必须明确投影图中每条线、每个线框的意义。线一般表示：积聚性的平面、面与面的交线、曲面体的转向轮廓线等。封闭线框一般表示：一个投影为实形或类似形的平面、一个曲面、物体上的一个孔洞或坑槽，如图 5-9 所示。

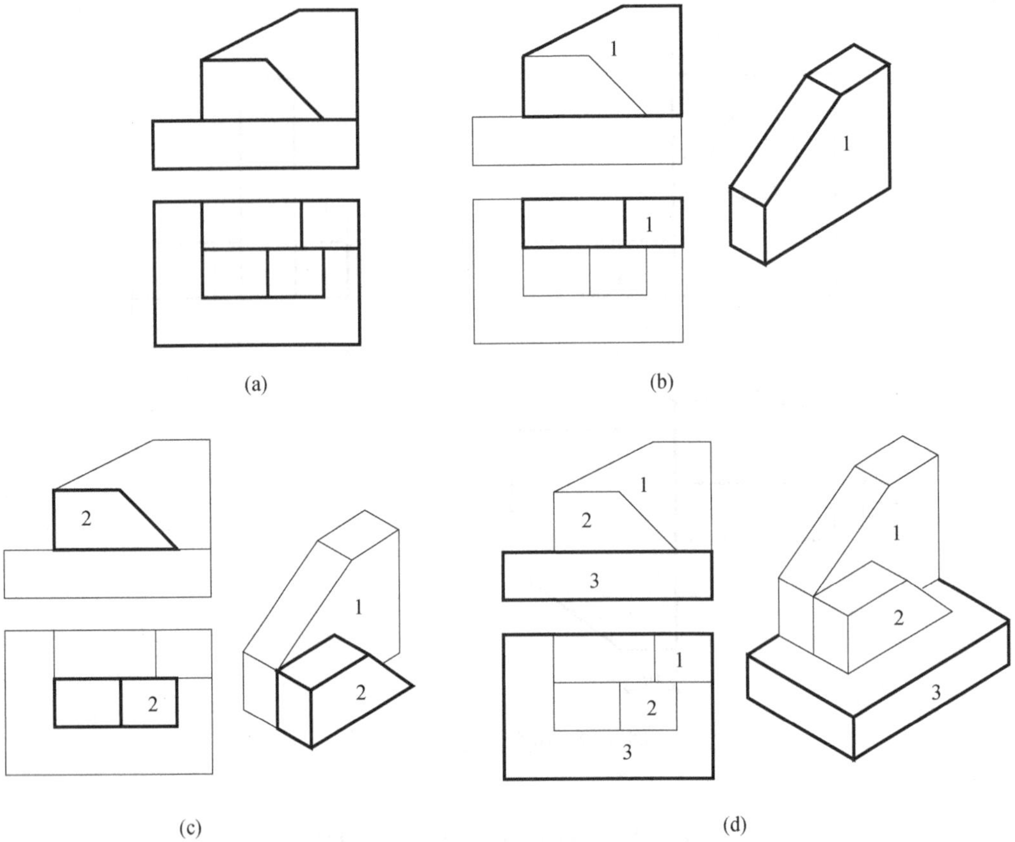

(a) (b)

(c) (d)

图 5-8 形体分析法读图

(a) 正投影图；(b) 基本体 1 的投影图及立体图；(c) 基本体 2 的投影图及立体图；(d) 基本体 3 的投影图及立体图

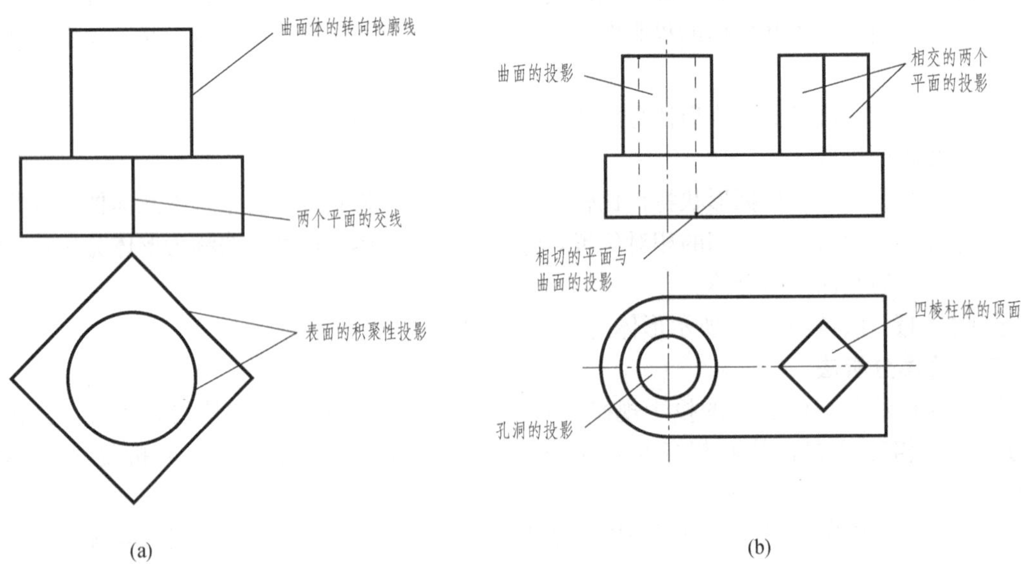

(a) (b)

图 5-9 投影图中线和线框的含义

(a) 线的含义；(b) 封闭线框的含义

【例 5 - 4】 阅读图 5 - 10 所示形体的三面投影图。

分析：该形体可看成是一个切割型的组合体。其正面投影中的线框 1′对应侧面投影中的斜线 1″，可假设这是用一个侧垂面来切割长方体，如图 5 - 10（b）所示。水平投影中的线框 4 对应了正面投影中的左右两条倾斜的轮廓线，可看成是用两个正垂面来切割形体，如图 5 - 10（c）所示。正面投影中的 3′线框，对照 3 和 3″可知这是一个在形体中部且凹进的正平面，此处是挖去一个四棱柱通槽。由此可综合想象出整个组合体的空间形状，如图 5 - 10（d）所示。

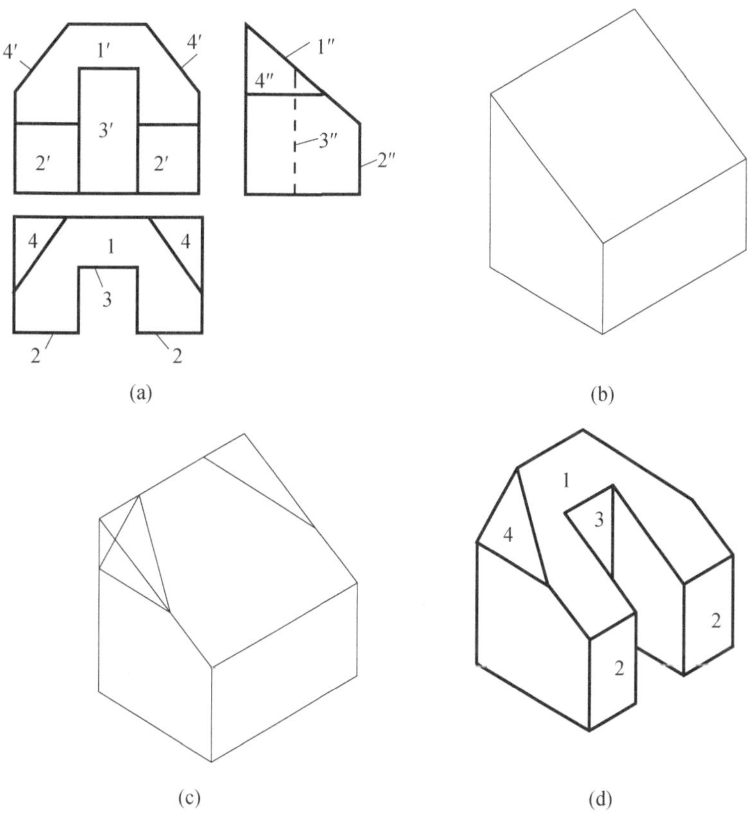

图 5 - 10　线面分析法阅读形体的投影图

（a）正投影图；（b）用一个侧垂面切割；（c）左右被两个正垂面切割；（d）中间挖去一个通槽

【例 5 - 5】 阅读形体的正面及侧面投影图 5 - 11（a），并补画形体的水平投影图。

分析与作图：

（1）由图 5 - 11（a）可知，该组合体由上下两部分构成。对照两个投影图可读出，下部底板是长方体，按投影规律可画出长方体的水平投影图，如图 5 - 11（b）所示。

（2）该形体的上部是由前后两部分组成：

1）后面部分是一个左上角为圆角且挖有一圆柱孔的竖板，如图 5 - 11（c）所示。

2）前面部分在侧面投影中是一个 L 型线框，对应其正面投影为一条倾斜直线，可知此平面是一个正垂面。而前面的形体是一带有切口的四棱柱体，且其左表面为正垂面。另外，根据已知的两投影都可得知上部的前后两个形体的顶面在同一个水平面上。由此，可画出上部的水平投影图，并应注意到前后两部分叠加顶面平齐无交线，如图 5-11（d）所示。

（3）由上述两部分综合起来，加深图线，即得到该形体的水平投影图，如图 5-11（e）所示。

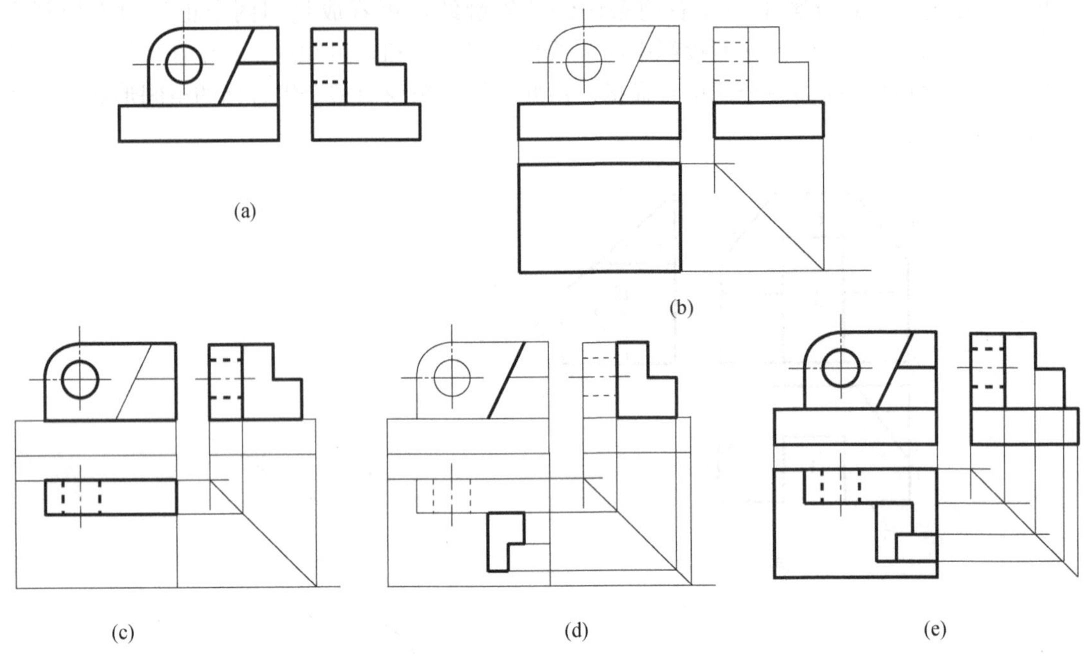

图 5-11 读图并补全投影图

第六章　轴　测　投　影

学习目标：

- 掌握轴测投影的基本知识。
- 掌握轴测投影的类型及画法。

第一节　轴测投影的基本知识

一、轴测投影的形成

图 6-1（a）为形体的三面正投影图，每个投影图只反映形体长、宽、高三个向度中的两个，识读时必须把三个投影图联系起来，才能想象出空间形体的全貌。所以，正投影图能够准确地表达出形体的形状，且作图简便，但直观性差。而轴测投影图 6-1（b）的立体感较强，能同时把一个形体的长、宽、高三个向度反映在一个图上，比较直观且容易看懂。

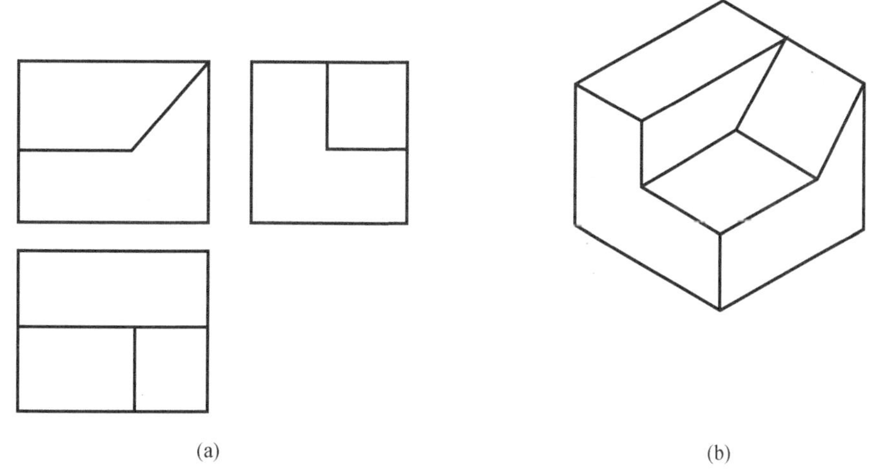

(a)　(b)

图 6-1　形体的正投影图与轴测投影图
（a）正投影图；（b）轴测投影图

轴测投影属于平行投影中的斜投影。用一组平行的投射线按某一特定的投射方向，将空间形体连同表示形体长、宽、高三个向度的直角坐标轴一起投射到一个新的投影面上所得到的投影称为轴测投影。用轴测投影的方法绘制的图形，称为轴测投影图，简称轴测图，如图 6-2 所示。

二、轴测轴、轴间角、轴向伸缩系数

如图 6-2 所示，投影面 P 称为轴测投影面。形体的直角坐标轴 OX、OY、OZ 在轴测投影面上的投影称为轴测轴，分别标记为 O_1X_1、O_1Y_1、O_1Z_1。

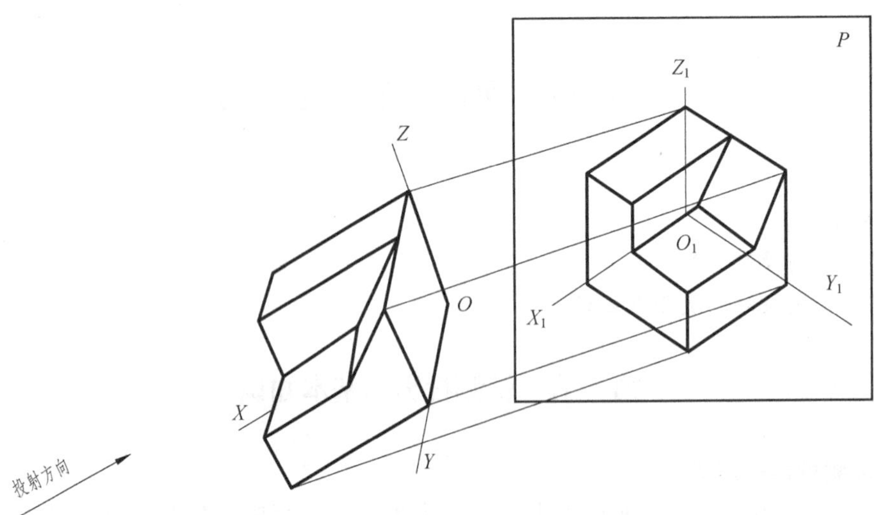

图 6-2 轴测投影的形成

相邻两轴测轴之间的夹角$\angle X_1O_1Y_1$、$\angle X_1O_1Z_1$、$\angle Y_1O_1Z_1$ 称为轴间角。

在轴测投影中，平行于空间坐标轴方向的线段，其轴测投影长度与原来空间实际长度的比值，称为轴向伸缩系数，分别用 p、q、r 表示，即

$p=\dfrac{O_1X_1}{OX}$，p 为 X 轴的轴向伸缩系数；

$q=\dfrac{O_1Y_1}{OY}$，q 为 Y 轴的轴向伸缩系数；

$r=\dfrac{O_1Z_1}{OZ}$，r 为 Z 轴的轴向伸缩系数。

轴间角和轴向伸缩系数是绘制轴测图的重要因素。由于形体各面或投射线对轴测投影面的倾斜角度不同，同一形体可以画出无数个不同的轴测投影图。详细情况见本章第二节。

三、轴测投影的特性

(1) 直线的轴测投影仍为直线。

(2) 空间平行直线的轴测投影仍然互相平行。所以与空间坐标轴平行的线段，其轴测投影也平行于相应的轴测轴。

(3) 只有与坐标轴平行的线段，才与轴测轴发生相同的变形，其长度才按相应的变形系数 p、q、r 来确定和测量。

四、轴测投影的分类

根据投射方向 S 与轴测投影面 P 的关系，轴测投影分为正轴测投影和斜轴测投影两大类。详细内容将在本章的第二节和第三节中详细介绍。

五、轴测投影图的基本画法

轴测图绘制的常用方法有：坐标法、叠加法、切割法和特征面法。

1. 坐标法

在形体的正投影图中确定坐标轴的位置，用坐标值来确定形体各控制点的坐标，画出这

些控制点的轴测图，然后连接各控制点，即得到该形体的轴测图。

2. 叠加法

根据形体分析的方法，将组合体分解成几个基本几何体，再根据各基本几何体之间的相对位置逐个作出轴测图，最后即可得出该组合体的轴测图。这种方法适用于绘制叠加型组合体的轴测图。

3. 切割法

对于切割型组合体，可将形体看成一个简单的基本体画出轴测图，然后将多余部分逐步切割掉，最后即可得出该组合体的轴测图。

4. 特征面法

又称次投影法。对于形体上某一个面较有特征，而另一方向轮廓线均为某一轴的平行线的柱状物体，可先画出特征面的轴测图，再由特征面的各顶点画出各条可见的棱线，最后画出另一底面的可见轮廓线。

在绘制较复杂形体的轴测图时，常需综合运用上述方法绘制。

第二节 正 轴 测 投 影

一、正轴测投影的形成

假想一长方体，它的三个坐标轴都与轴测投影面 P 倾斜，投射方向 S 与轴测投影面 P 垂直，所得到的投影图是正轴测投影图，如图 6-3 所示。

如果坐标轴与轴测投影面的倾斜角度不同，它们的三个轴测轴的方向、轴间角和轴向变形系数也就不同。这样，同一形体可以作出不同的正轴测投影，在实际中常用的正轴测投影有正等轴测图和正二等轴测图两种，现分别介绍如下。

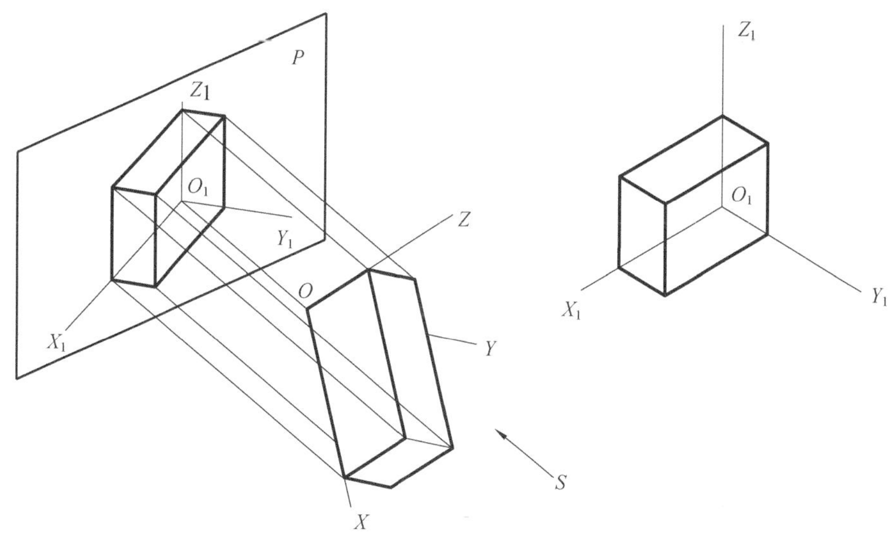

图 6-3 正轴测投影的形成

（一）正等轴测图

空间形体的三个坐标轴与轴测投影面的倾斜角度相等，这样得到的正轴测投影图，即为正等轴测图，简称正等测。

由于三个坐标轴与轴测投影面的倾角相等，它们的伸缩系数也相等，经计算可知：

$$p_1 = q_1 = r_1 = 0.82$$

伸缩系数为 0.82，作图时就需要计算，很麻烦。故实际应用时常把它简化为 1，即简化系数为 $p_1=q_1=r_1=1$。但这样画出来的图形，要比实际的大一些，即各轴向线段的长度是实长的 1.22 倍。

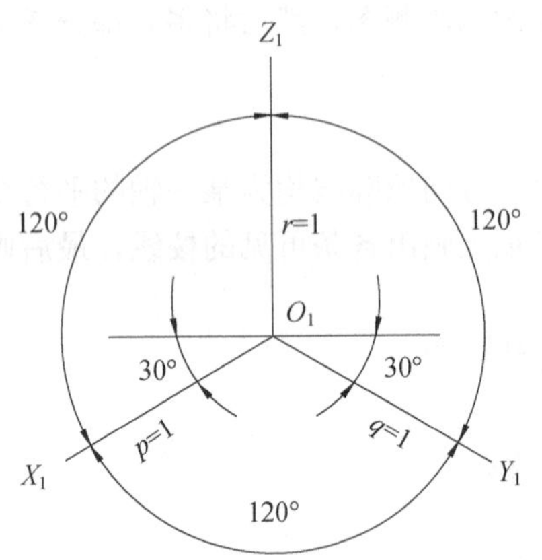

图 6-4 正等测的轴间角及轴向变形系数

由于形体的三个坐标轴与轴测投影面的倾角相等，则三个轴测轴之间的夹角也一定相等，即每两个轴测轴之间的轴间角均为 120°。作图时，规定把 O_1Z_1 轴画成铅垂线，其余两轴与水平线的夹角为 30°，如图 6-4 所示。

（二）正二等轴测图

正二等轴测图简称正二测。它与正等侧的不同之处在于三个坐标轴中只有两个与轴测投影面的倾角相等，因此这两个轴的轴向伸缩系数一样，三个轴的轴间角也有两个相等。

正二测的轴测轴画法，如图 6-5（a）所示。其 O_1Z_1 轴仍然画成铅垂线，O_1X_1 轴与水平线的夹角为 7°10′，O_1Y_1 轴与水平线的夹角为 41°25′。画轴测轴时可用近似方法作图，即分别采用 1∶8 和 7∶8 做直角三角形，再利用其斜边的方法求得，如图 6-5（b）所示。

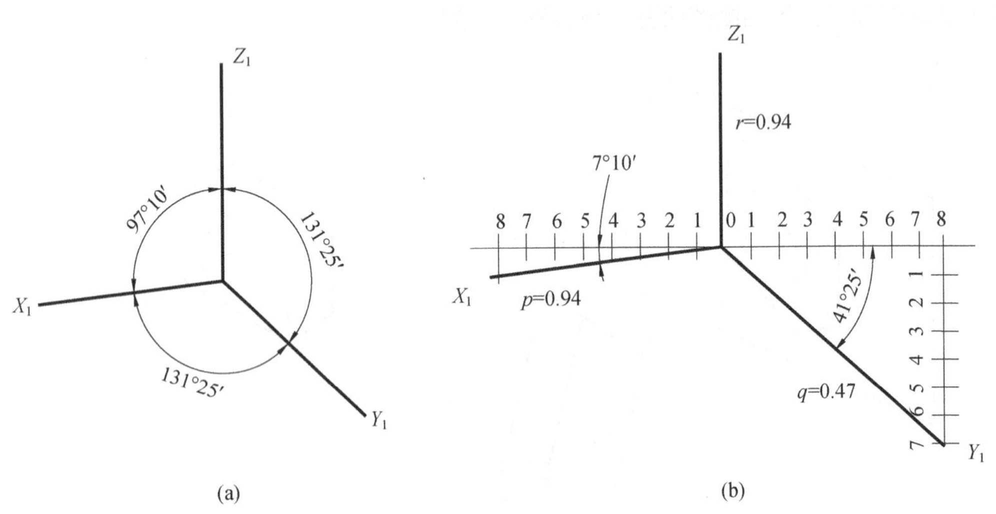

图 6-5 正二测的轴间角及轴向变形系数

根据计算，正二测的三个伸缩系数是

$$p_1 = r_1 = 0.94$$

$$q_1 = 0.47$$

为方便作图，同样可将正二测的伸缩系数变为简化系数：$p=r=1$ 和 $q=0.5$。但这样画出来的图比实际的略大些，即各轴向线段的轴测投影长度是实长的 1.06 倍。

正等轴测图和正二等轴测图的画法相同，只是轴间角和轴向伸缩系数有所不同。

二、正轴测投影图的画法

作图步骤：

第一步：对形体作初步分析。为把形体充分表示清楚，应确定形体在坐标轴间的方位，即合适的观看角度。

第二步：画出轴测轴，并按轴测轴方向及各轴向伸缩系数，确定形体各顶点及主要轮廓线的位置。

第三步：画出形体的轴测投影图。

【例 6-1】 已知斜垫块的正投影图，画出其正等测图。

作图步骤如图 6-6 所示。本题用坐标法作。

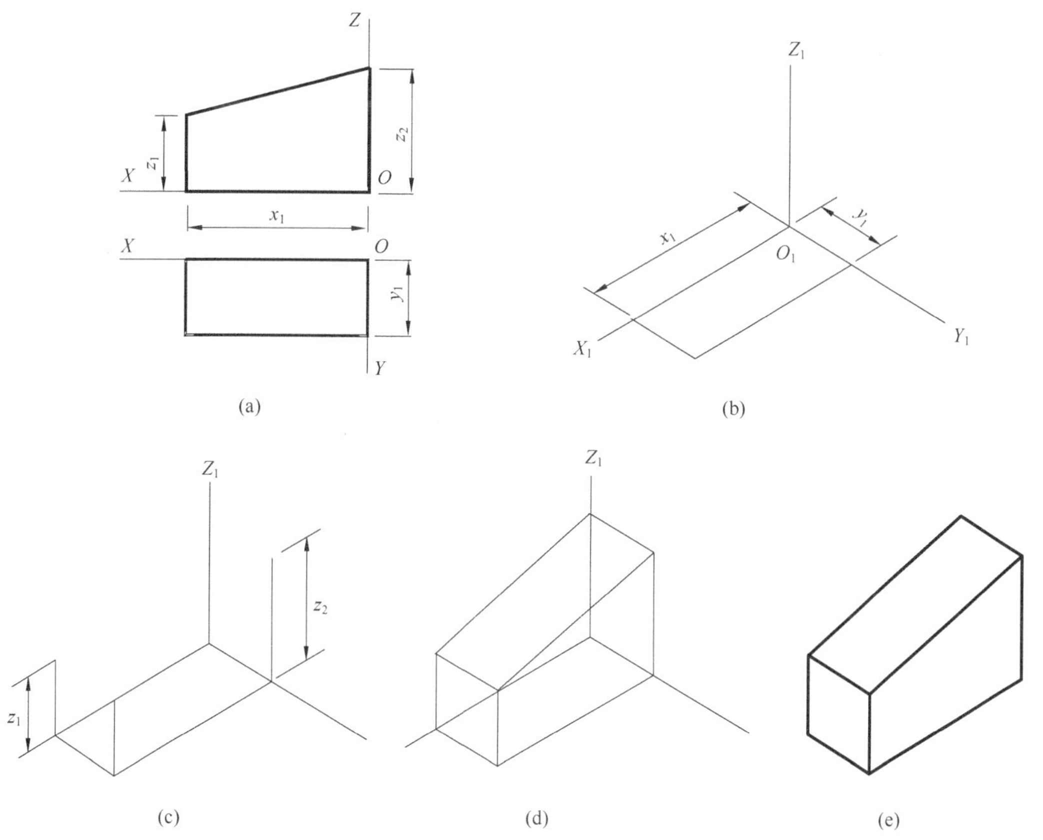

图 6-6 作斜垫块的正等测图

(a) 确定直角坐标的位置；(b) 用坐标法画出斜块底面的正等测；(c) 过底面上各点沿 Z_1 轴截取高度，得顶面各点；(d) 画出顶面各轮廓线；(e) 整理并加深图线，完成作图

【例 6-2】 已知基础墩的正投影图，如图 6-7 (a) 所示，画出其正等测图。

投影分析：

由正投影图可以看出，基础墩由长方体底块和四棱锥台叠加而成，是前后左右对称的。可采用叠加法作图。由于上部四棱台的四条棱线是倾斜的，可用坐标法作出各顶点后连接得出。

作图方法与步骤如图 6 - 7 所示。

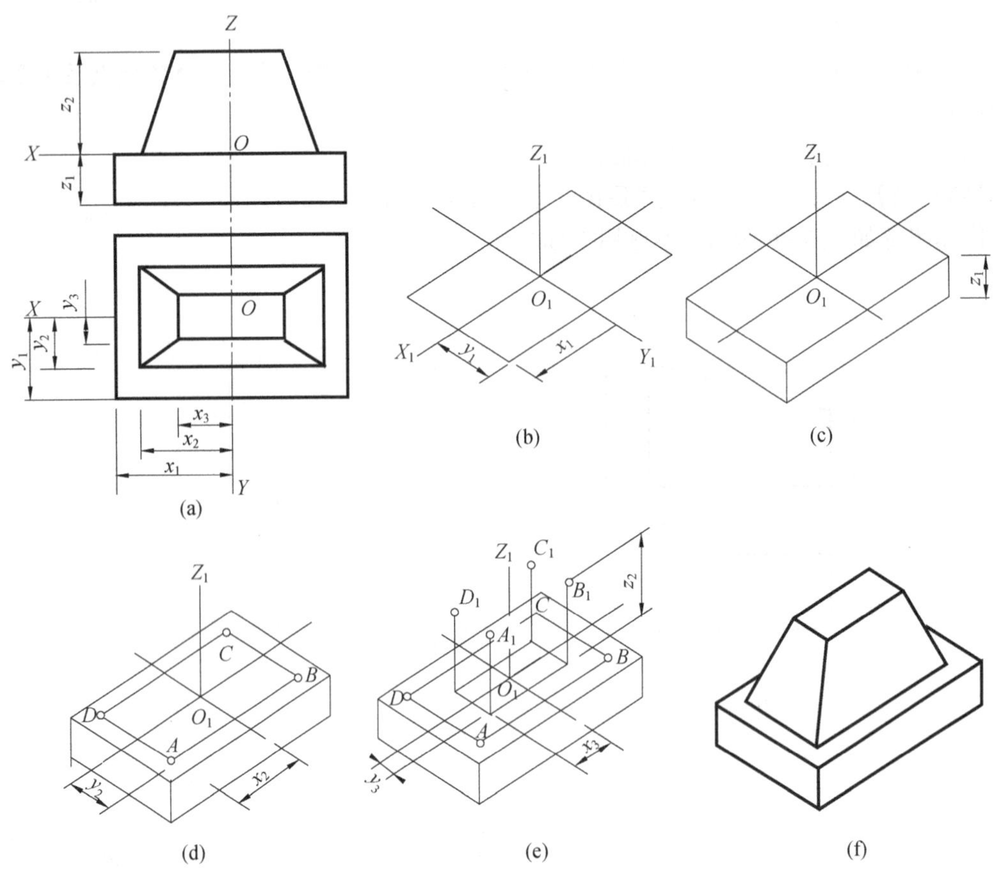

图 6 - 7 作基础墩的正等测图

(a) 在基础墩上确定直角坐标系；(b) 画出轴测轴，作出长方体底板顶面的正等测图；(c) 沿 Z_1 轴向下竖高度，画出长方体的底面的可见轮廓线；(d) 按尺寸 x_2、y_2 在底板的顶面作出四棱台底面的四个点 A、B、C、D；(e) 按尺寸 x_3、y_3、z_2 定出四棱台顶面的四个点 A_1、B_1、C_1、D_1；(f) 擦去不可见图线并加深

【例 6 - 3】 作切割形体的正等测图。

投影分析：

这个形体可以看成由一个简单的长方体被两次切割后形成。作图步骤如图 6 - 8 所示。

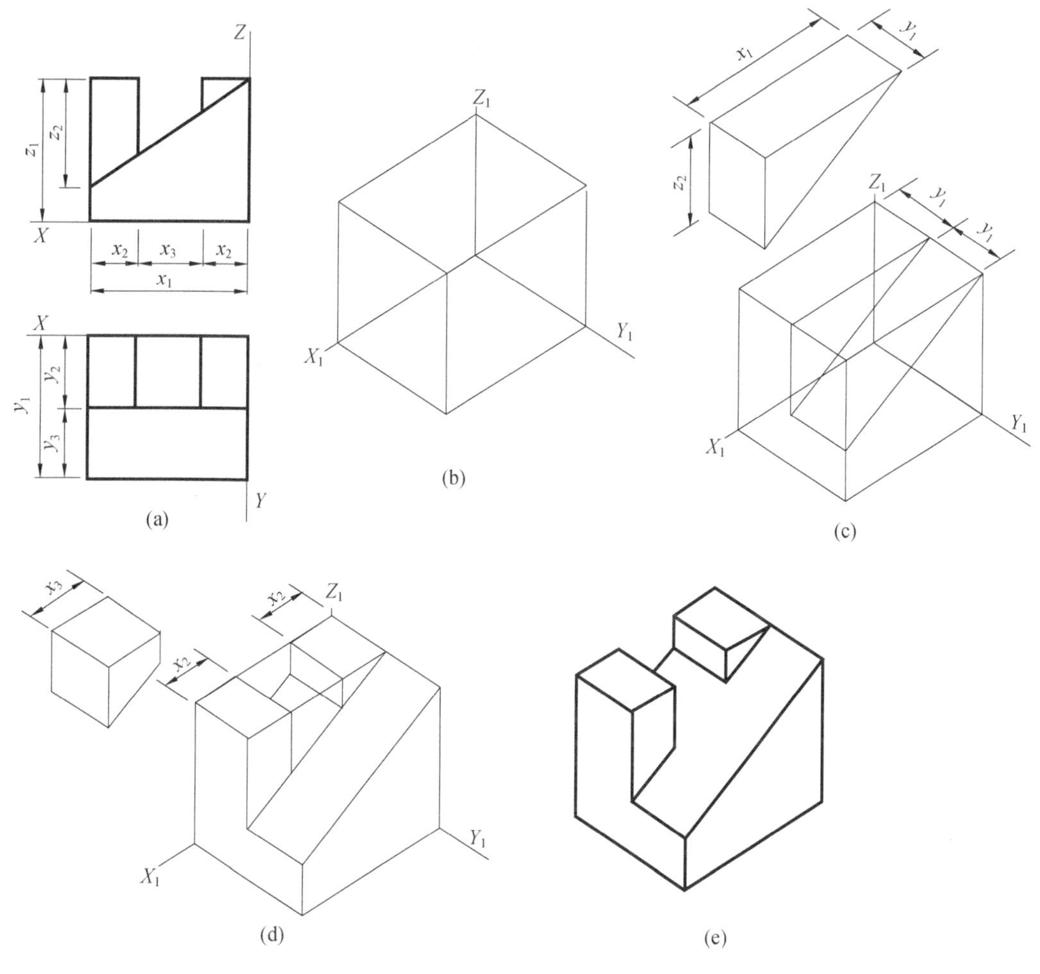

图 6-8　作切割型组合体的正等测图

(a)、(b) 作长方体的正等测图；(c) 按尺寸切去三棱柱体；

(d) 按尺寸切去后方的四棱柱体；(e) 检查并加深图线

第三节　斜 轴 测 投 影

斜轴测投影与正轴测投影不同。空间形体的一个面（或两个坐标轴）与轴测投影面平行，而投射方向 S 倾斜于轴测投影面 P，这样得到的轴测投影图即为斜轴测图。斜轴测图分为正面斜轴测图和水平斜轴测图两类。

一、正面斜轴测图

当空间形体的正面（即 XOZ 坐标面）平行于轴测投影面时所得到的斜轴测图称为正面斜轴测图，如图 6-9 所示。

如果轴向伸缩系数 $p=q=r$，得到的正面斜轴测图称为正面斜等轴测图；如果 $p=r\neq q$，得到的正面斜轴测图称为正面斜二测图。

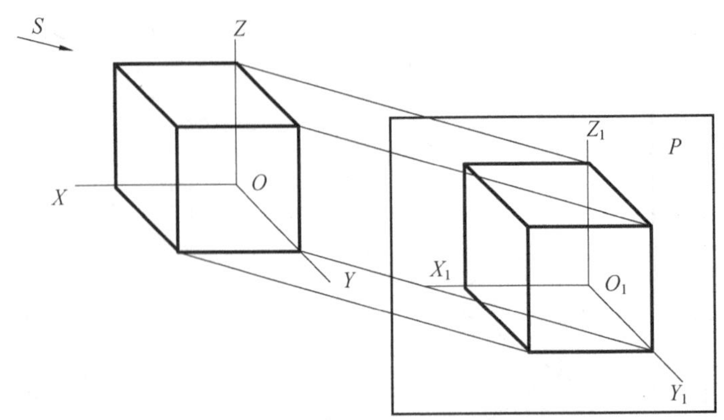

图 6-9 正面斜轴测图的形成

（一）正面斜等轴测图

1. 正面斜等轴测图的轴间角及轴向伸缩系数

图 6-10 所示为正面斜等轴测图的轴间角及轴向伸缩系数。坐标面 XOZ 平行于轴测投影面，轴间角$\angle X_1O_1Z_1=90°$，轴向伸缩系数 $p=q=r=1$。为简化作图及获得较强的立体效果，取轴间角$\angle X_1O_1Y_1=\angle Y_1O_1Z_1=135°$，即 O_1Y_1 轴与水平线成 45°，为了显示形体的左表面，可以取 Y_1 轴向右斜，如图 6-10（a）所示。如果要表现形体的右表面，可取 Y_1 轴向左斜，如图 6-10（b）所示。在实际工程中常用来画建筑物的室内给排水管道系统轴测图。

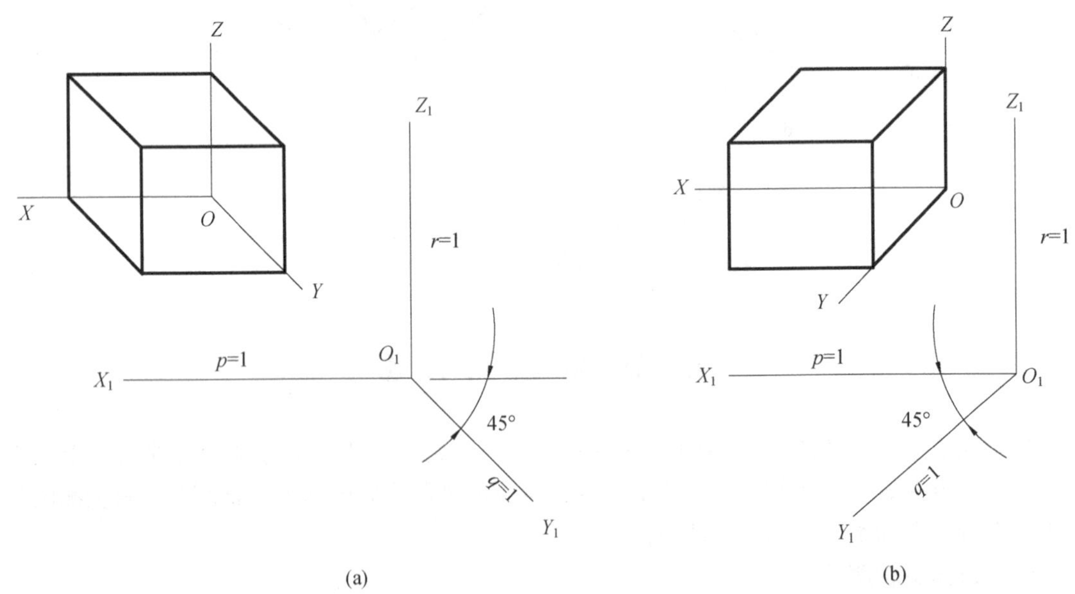

图 6-10 正面斜等测的轴间角及轴向变形系数

2. 正面斜等轴测图的画法

正面斜等轴测图的作图方法与正轴测图基本相同，不同的是轴间角和轴向伸缩系数。

【例 6-4】 根据混凝土花饰投影图作出其正面斜等轴测图，如图 6-11（a）所示。

作图步骤如下：

(1) 画出轴测轴和花饰的正面实形，并从各角点引出 O_1Y_1 轴的平行线（只画看得见的七条线），如图 6-11 (b) 所示。

(2) 在引出的平行线上截取花饰的宽度，并画出花饰后面可见的轮廓线，去掉轴测轴，加深图线，即得花饰的斜等测图，如图 6-11 (c) 所示。

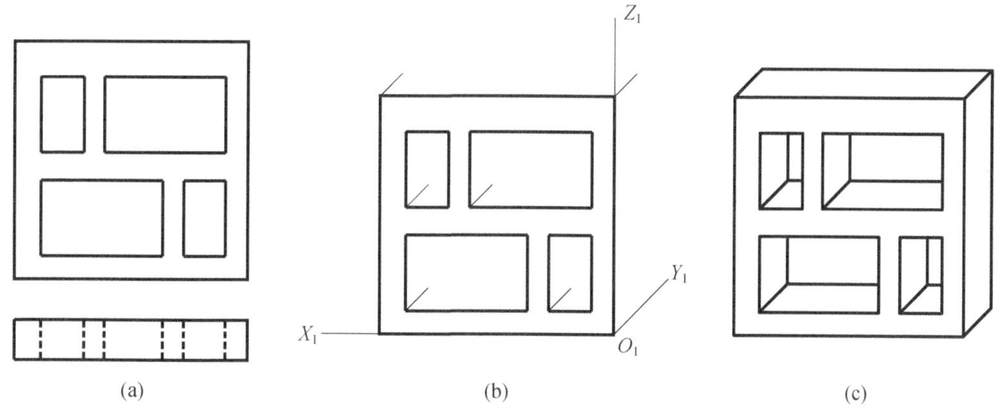

图 6-11 混凝土花饰的正面斜等测图

（二）正面斜二轴测图

1. 轴间角及轴向变形系数

正面斜二轴测图的轴测轴、轴间角与正面斜等轴测图的完全相同，不同的是 Y_1 轴方向的轴向伸缩系数不同，$q=0.5$，$p=r=1$，如图 6-12 所示。

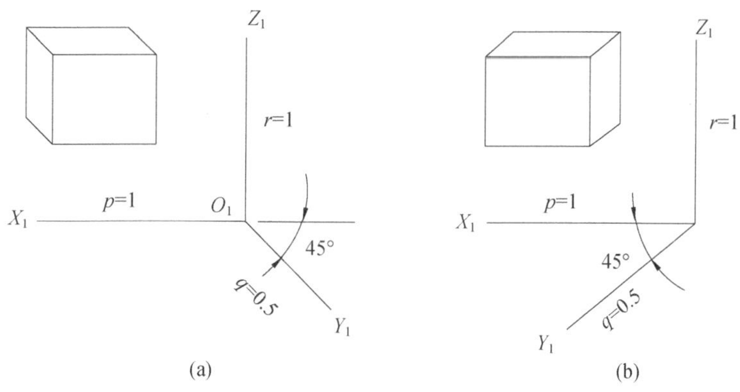

图 6-12 正面斜二轴测图的轴测轴与轴向变形系数

2. 正面斜二轴测图的画法

正面斜二轴测图的作图方法与斜等轴测图的作图方法相同，但要注意 Y_1 轴方向的轴向变形系数。

【例 6-5】 作形体的正面斜二轴测图，如图 6-13 所示。

分析：该形体的正面（由 XOZ 坐标面所决定的平面）较有特征，而另一个方向的轮廓线均为 Y 轴的平行线，故此题适合用特征面法作图。

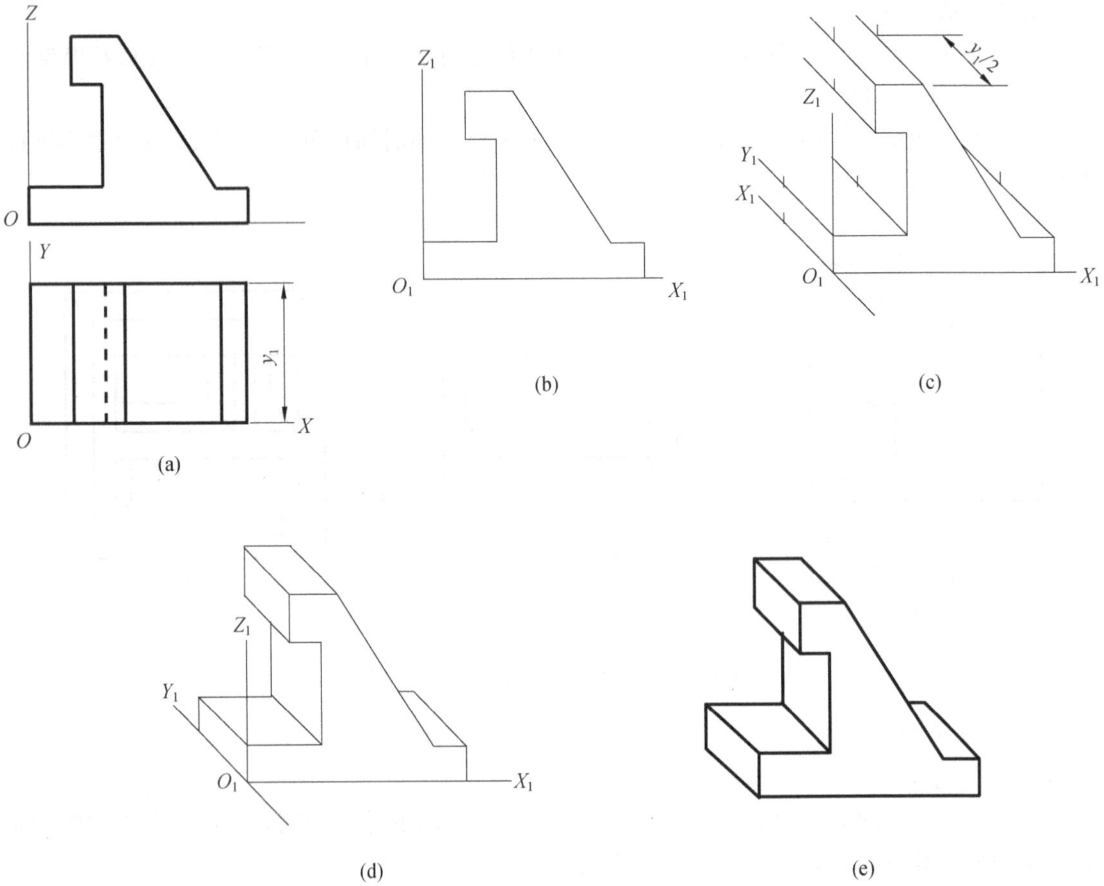

(a) (b) (c) (d) (e)

图 6-13 形体的正面斜二轴测图画法

(a) 在形体的正投影图上确定坐标轴的位置；(b) 在 X_1OZ_1 间作其正面投影的斜二轴测图；(c) 过形体正面投影上的各转折点作 Y_1 轴的平行线，并在其上截取 Y_1 的一半；(d) 连接形体后表面上的各点，得后面的轮廓线；(e) 检查加深，完成作图

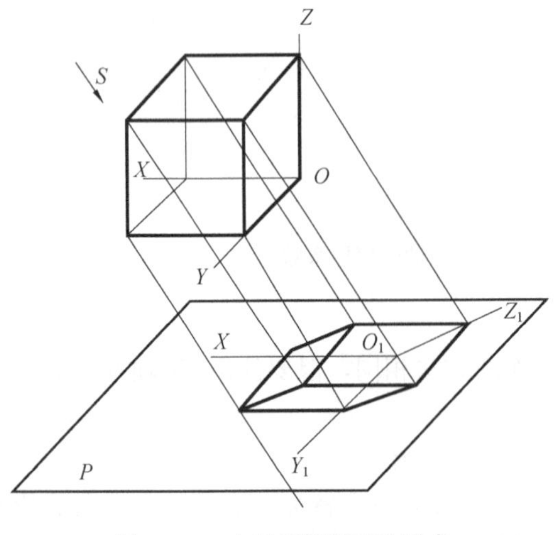

图 6-14 水平斜轴测图的形成

二、水平斜轴测图

空间形体的底面（即 XOY 坐标面）平行于轴测投影面时所得到的斜轴测图称为水平斜轴测图，如图 6-14 所示。

（1）空间形体的坐标轴 OX 和 OY 平行于水平的轴测投影面，所以 OX 轴和 OY 轴及平行于 OX 轴及 OY 轴方向的线段投影长度不变，即伸缩系数 $p=q=1$，其轴间角为 90°。

（2）坐标轴 OZ 与轴测投影面垂直。由于投射方向 S 是倾斜的，故轴测轴 O_1Z_1 是一条倾斜线，如图 6-15（a）所示。但习惯上仍将 O_1Z_1 轴画成铅垂线，而将 O_1X_1 轴和 O_1Y_1 轴相应偏转一个角度，如图 6-15（b）

所示。伸缩系数 r 应小于 1，但为简化作图，通常仍取 $r=1$。

这种水平斜轴测图，常用于绘制建筑小区的总体规划图。作图时只需将小区总平面图转动一个角度（例如 30°），然后在各建筑物的转角处画垂线，再量出各建筑物的高度，即可画出其水平斜轴测图，如图 6-16 所示。

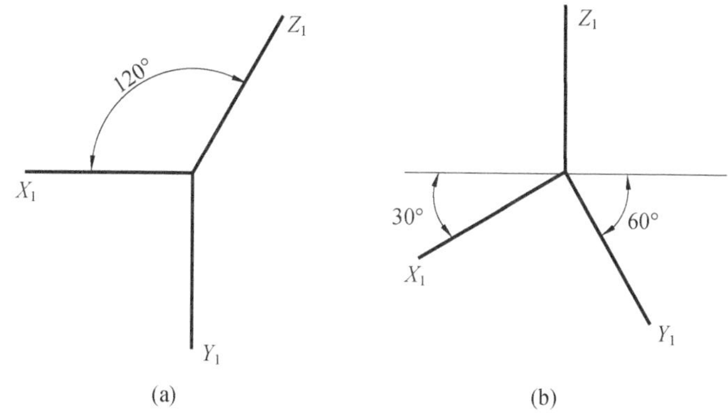

图 6-15 水平斜轴测图的轴间角及轴向变形系数

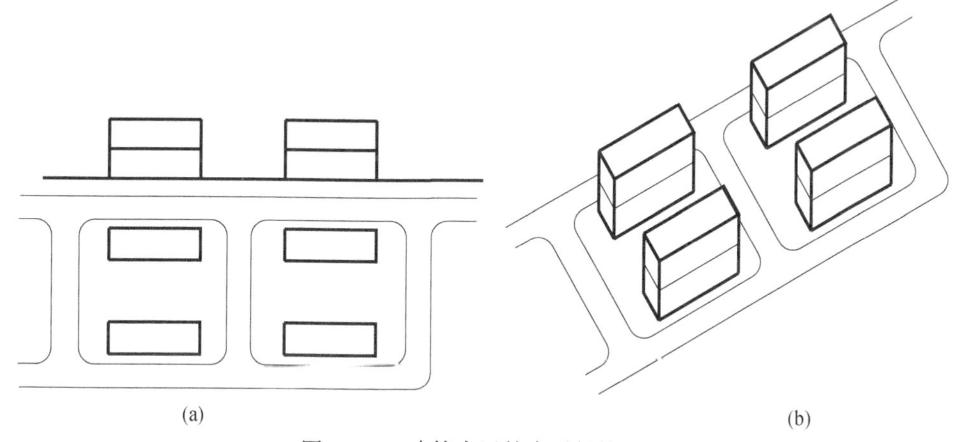

图 6-16 建筑小区的水平斜轴测图

(a) 正投影图；(b) 水平斜轴测图

第四节 曲面体轴测投影的画法

一、圆的正等轴测图的画法

一般情况下，圆的正等轴测图投影为椭圆。

画圆的正等轴测投影时，其作图方法是先作圆外切正方形的轴测图，再在其中用四心圆弧法作椭圆。

作图步骤如图 6-17 所示。

(1) 作圆的外切正方形 $abcd$ 与圆相切于 1、2、3、4 四个切点，如图 6-17（a）所示；

(2) 根据 1、2、3、4 点的坐标，在正等轴测轴上定出 1_1、2_2、3_3、4_4 四点的位置，并作出外切正方形 $abcd$ 的正等测图——$a_1b_1c_1d_1$，如图 6-17（b）所示；

(3) 连 a_12_1 和 c_14_1，并与平面 $a_1b_1c_1d_1$ 对角线 b_1d_1 分别交于 o_2、o_1 两点，则 a_1、o_2、

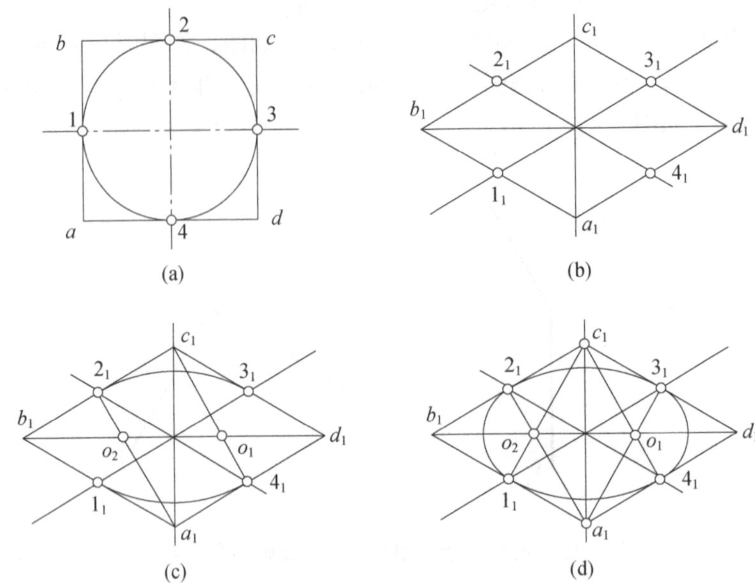

图 6 - 17 用四心圆弧法作椭圆的近似画法

c_1、o_1 为四个圆心，如图 6 - 17（c）所示；

（4）分别以 a_1 为圆心、a_12_1 为半径和以 c_1 为圆心、c_14_1 为半径作圆弧，这两个圆弧上下对称，如图 6 - 17（c）所示；

（5）分别以 o_2 为圆心、o_22_1 为半径和以 o_1 为圆心、o_14_1 为半径作圆弧，这两个圆弧左右对称，如图 6 - 17（d）所示。

四段圆弧构成一个椭圆（四个切点是四段圆弧的连接点），这个椭圆可以看成是水平圆的正等轴测图。

正平圆和侧平圆的正等轴测图同水平圆的正等轴测图画法完全一样。但要注意：水平圆投影成椭圆时，长轴垂直于 O_1Z_1 轴；正平圆投影成椭圆时，长轴垂直于 O_1Y_1 轴；侧平圆投影成椭圆时，长轴垂直于 O_1X_1 轴。

图 6 - 18 所示为三个坐标面上相同直径圆的正等测投影，它们是形状相同的三个椭圆。

【例 6 - 6】 作圆台的正等测图。

作图步骤见图 6 - 19。

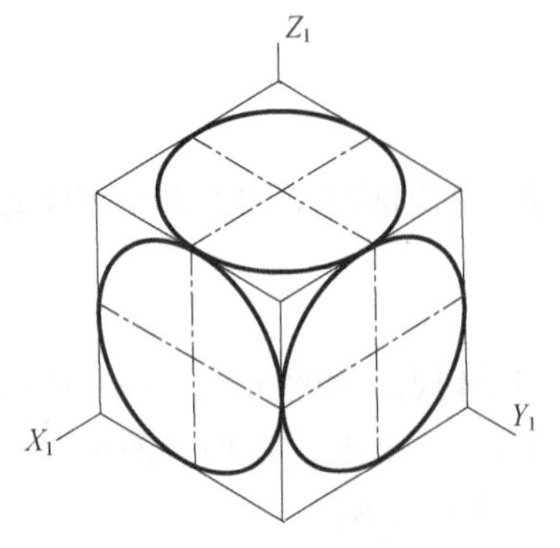

图 6 - 18 平行于坐标面的圆的正等测

【例 6 - 7】 形体上圆角的画法。

二、圆的斜轴测图画法

当平面圆平行 XOZ 坐标面时，其斜轴测投影不变形，仍为圆；平行于 XOY 坐标面和平行于 YOZ 坐标面的圆的斜轴测投影均为椭圆。可用八点法作圆的斜轴测图。

图 6 - 21 所示为平行于 XOY 坐标面的圆的斜二轴测图画法。

【例 6 - 8】 作形体的斜二轴测图，如图 6 - 22（a）所示。作图步骤见图 6 - 22。

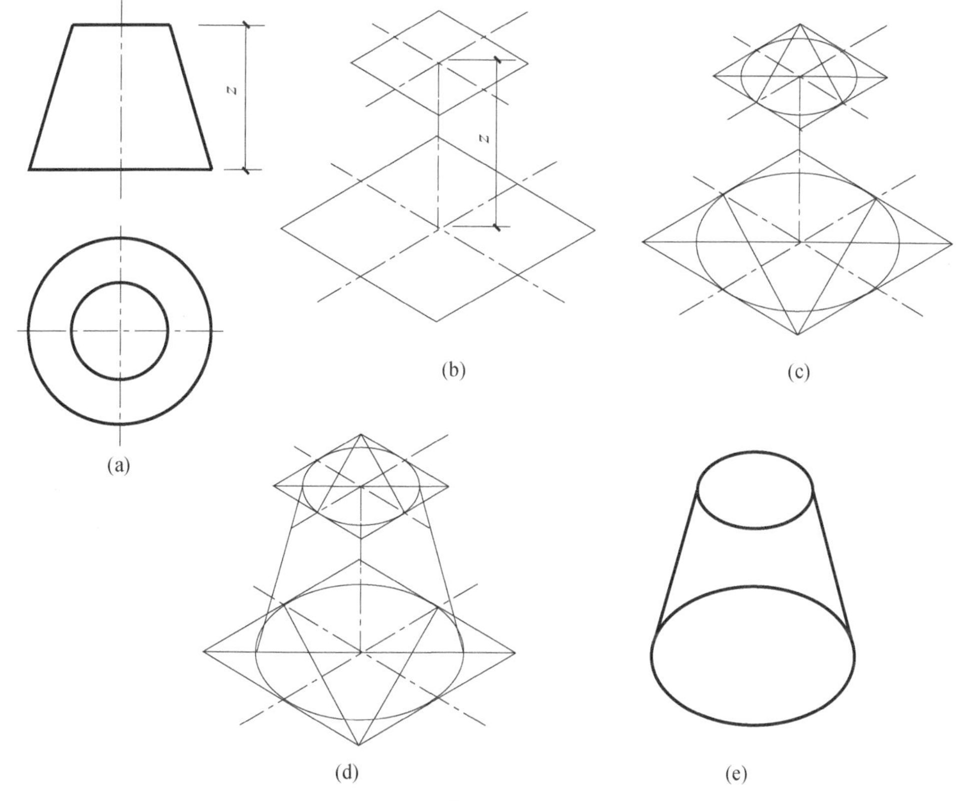

图 6-19 作圆台的正等测图

(a) 形体的正投影图；(b) 作铅垂线，截取圆台的高度 Z，并分别在上下两端点处按尺寸作上顶面圆和下底面圆的外切四边形的正等轴测图；(c) 分别作出上下两个椭圆；(d) 作上下两椭圆的外公切线；(e) 检查并加深图线

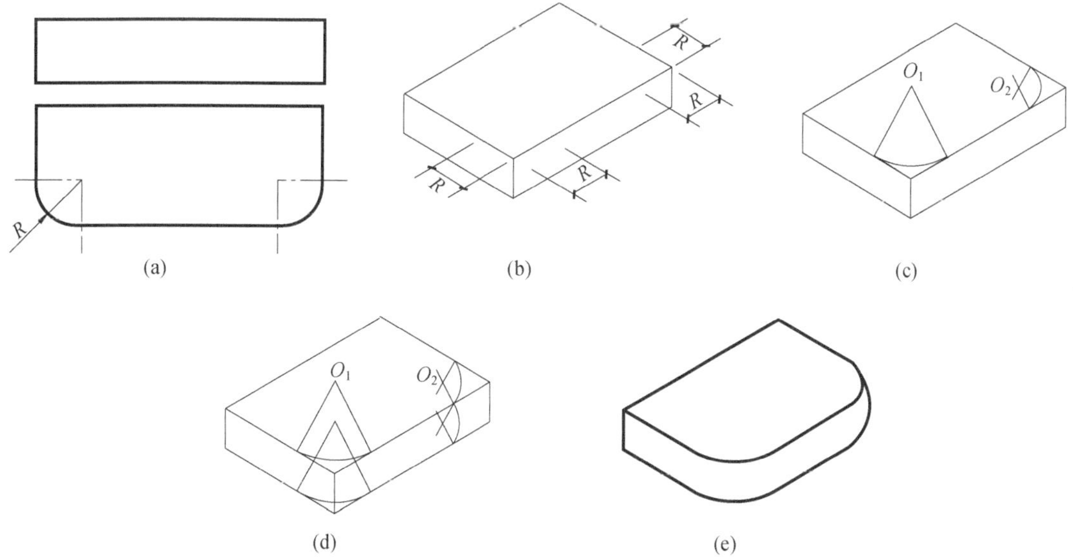

图 6-20 作圆角板的正等测

(a) 形体的投影图；(b) 画长方体底板的正等轴测图，由 R 定出圆角切点；(c) 过切点作垂线，定圆心画圆弧；(d) 同法定出下底面圆心及切点，画圆弧和外公切线；(e) 检查加深，完成作图

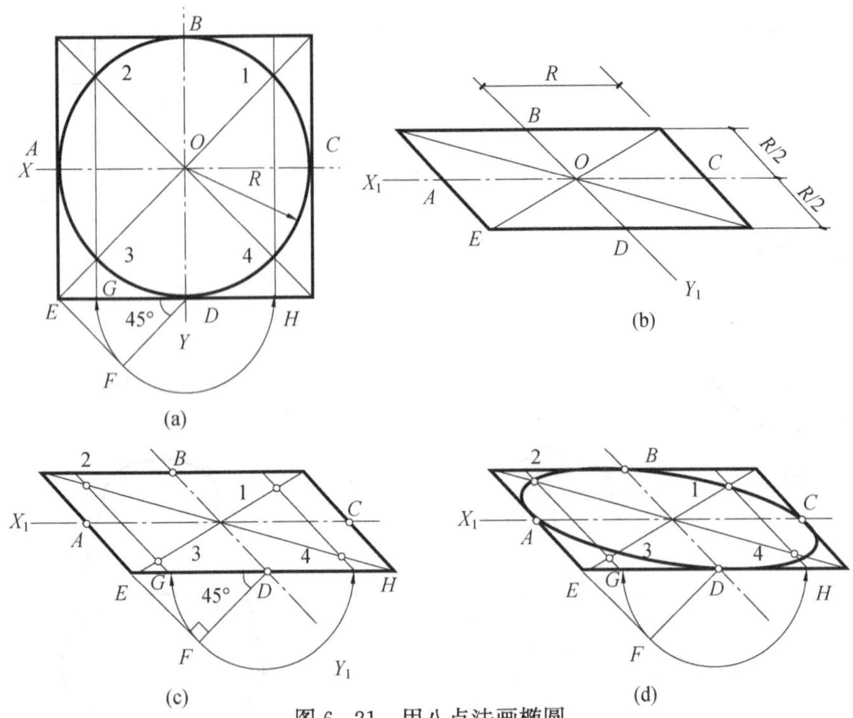

图 6-21 用八点法画椭圆

(a) 作圆的外切四边形；(b) 按斜二轴测图轴测轴的方向画圆的外切四边形得 A、B、C、D 四点；(c) 作等腰直角 $\triangle DEF$ 并作圆弧 GFH，过 G、H 点作 Y_1 的平行线，求得交点 1、2、3、4；(d) 光滑连接八个点得椭圆

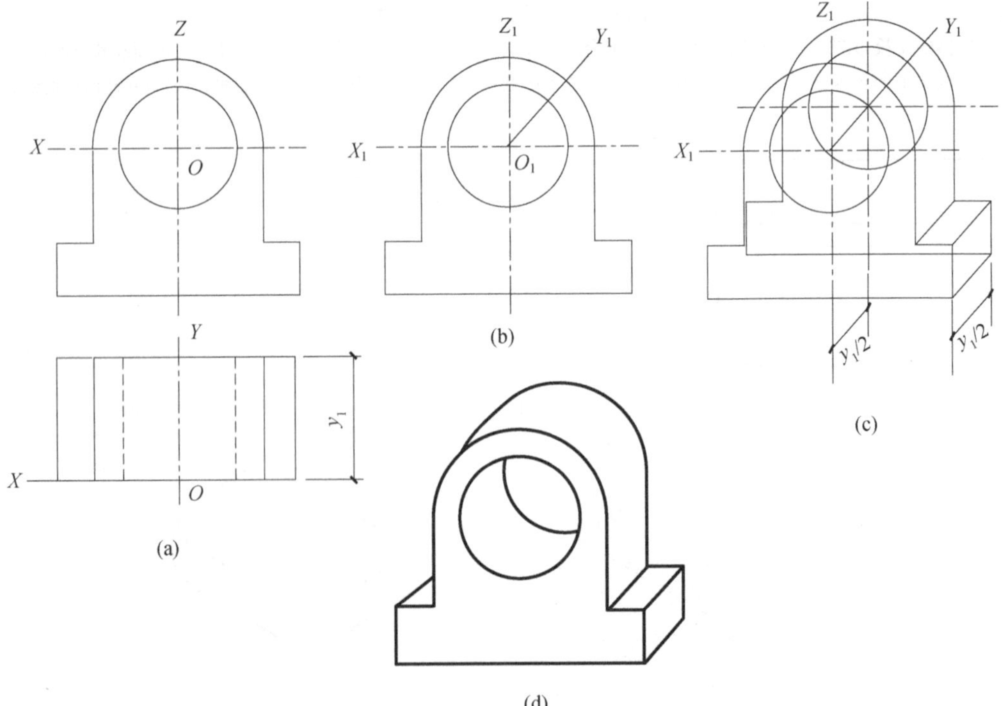

图 6-22 组合体的斜二测图

(a) 形体的正投影图；(b) 作形体正面（特征面）的斜二测图（不变形）；(c) 沿 Y_1 轴量取 $y_1/2$，画出形体的后表面的斜二测图，连接各相关点，画出上部半圆柱的转向轮廓线；(d) 擦去多余作图线并加深

第五节 轴测图类型的选择

轴测图能较直观地表示出形体的立体形状，但选用不同的轴测图类型及投射方向，其效果是不一样的。因此，作轴测图必须根据形体的形状特征来考虑。

一、轴测图的类型选择

根据物体的形状特征，在选择轴测图时，应考虑以下三个方面。

1. 作图简便

一般情况下，形状较复杂的柱类形体常用斜轴测图，使较复杂的表面平行于轴测投影面（投影不变形）。外形较方正、平整的形体常用正等轴测图。

2. 尽量少遮挡内部构造

轴测图要尽可能将形体的内部构造表达清楚。如图 6 - 23（a）所示，正面带孔的形体用斜二轴测图比正等轴测图要好，前者能看透孔洞。顶面带孔的形体用正等轴测图比斜二轴测图清楚，如图 6 - 23（b）所示。

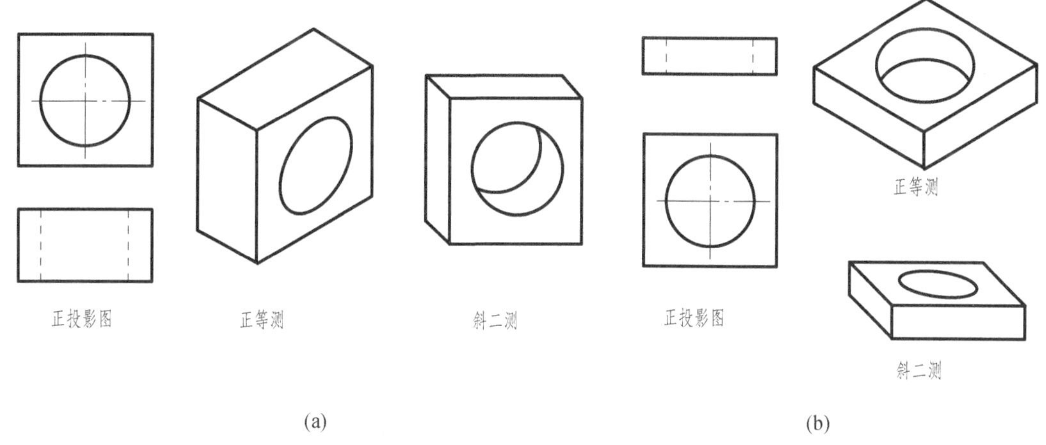

图 6 - 23 带孔物体的轴测图类型选择
（a）正面有孔的形体；（b）顶面有孔的形体

3. 避免转角处的交线投影成一条直线

有些形体外形轮廓的交线，如图 6 - 24 所示的正四棱柱和正四棱锥的组合体，该组合体的轮廓线在正等轴测图上成为与 O_1Z_1 轴平行的且上下贯通的直线。而在斜轴测图中就不会出现这种现象。因此，这种形体采用斜轴测图较好，如图 6 - 24 所示。

二、选择投射方向

作形体轴测图时常用的投射方向有四种。

（1）从左前上方向右后下方投影，见图 6 - 25（b）；

（2）从右前上方向左后下方投影，见图 6 - 25（c）；

（3）从左前下方向右后上方投影，见图 6 - 25（d）；

（4）从右前下方向左后上方投影，见图 6 - 25（e）。

选择轴测投影的方向应考虑形体的形状特征。图 6 - 26 所示的台阶的斜轴测图，选择从

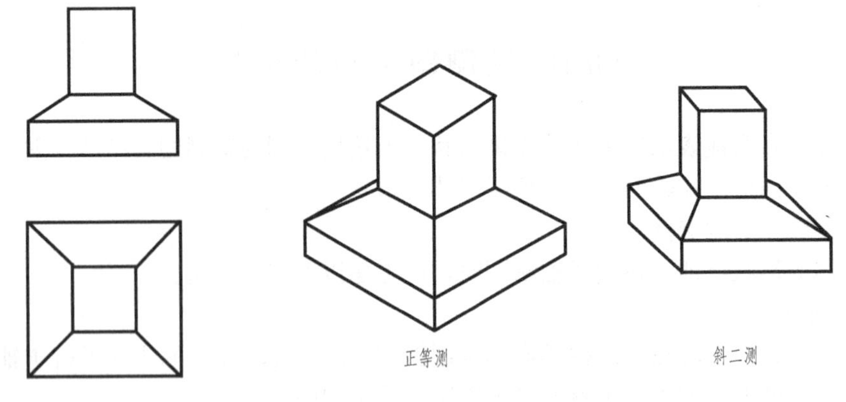

图 6-24 形体转角处交线避免成一条铅垂线

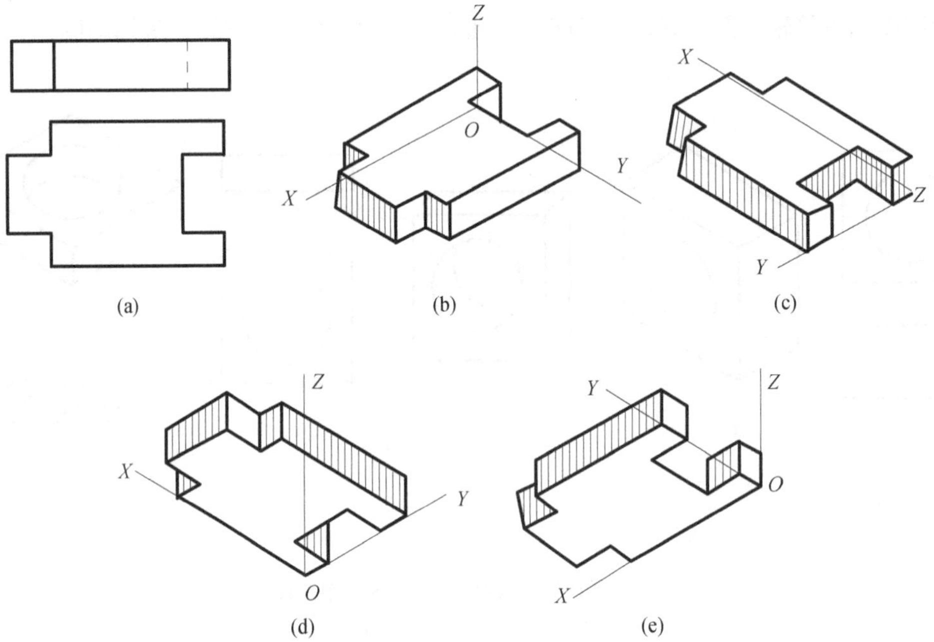

(a) (b) (c)

(d) (e)

图 6-25 作轴测图的投射方向

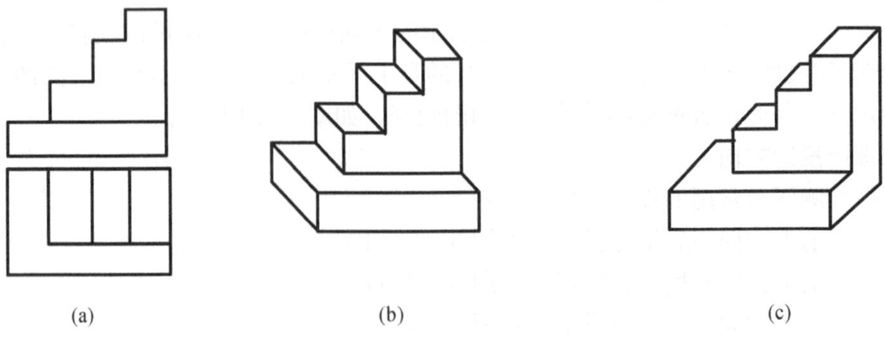

(a) (b) (c)

图 6-26 台阶模型的斜轴测图

(a) 正投影图；(b) 从左前上方向右后下方投影；(c) 从右前上方向左后下方投影

左上前方向右后下方投影所得到的投影图（b）比从右前上方向左后下方投影所得到的投影图（c）更合适。图 6－27 所示的柱板模型的正等测图，按左前下方向右后上方投影所得到的投影图（b）比从右前下方向左后上方投影所得到的投影图（c）要清楚。

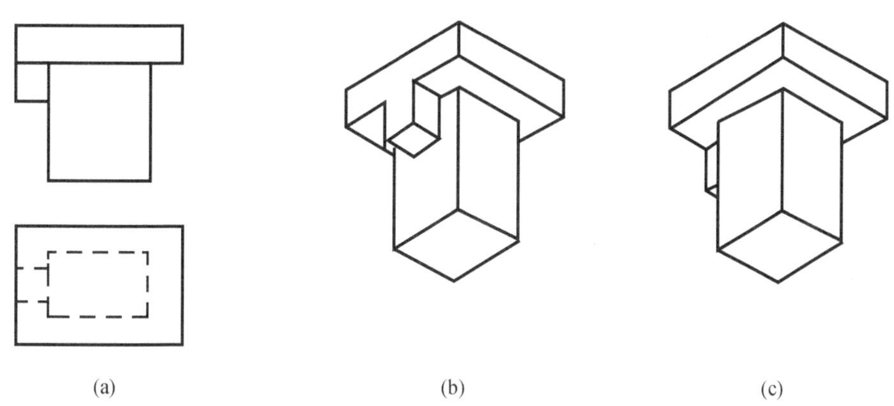

图 6－27　柱板模型的正等测图

（a）正投影图；（b）从左前下方向右后上方投影；（c）从右前下方向左后上方投影

第七章　体 表 面 的 展 开

学习目标：

- 掌握用旋转法求直线实长。
- 掌握平面体的展开。
- 掌握曲面体的展开。

将形体的各个表面展开、铺平到一个平面上所得到的图形，称为该形体表面的展开图。

在施工生产中，加工各种使用薄板材料的制品，常要求画出展开图。正确、合理地画出形体表面展开图，对于节约材料和缩短接缝有很重要的意义。

平面体的表面和曲面体中的圆柱面、圆锥面，均为可展开表面。球体的表面为不可展开表面。本章仅讨论可展开表面的展开图作法。

第一节　用旋转法求直线实长

一、旋转法的定义

旋转法是保持原投影面体系不变，而将空间点、直线和平面等几何元素绕某一垂直于投影面的轴旋转，使其成为有利于解题所需的特殊位置。

二、点的投影旋转规律

如图 7-1 所示，是空间点 A（旋转点）绕垂直于 H 面的 O_1O_2 轴（旋转轴）旋转时投影变化情况。从图中可以看出：点 A 绕 O_1O_2 轴旋转时的轨迹是一个平行于 H 面的圆（旋转平面），此圆的圆心为 O_2（旋转中心），也就是旋转平面与旋转轴的交点，O_2A 为轨迹圆的半径（旋转半径）。点 A 轨迹的投影，在 H 面上也是一个相同半径的圆周，而在 V 面上

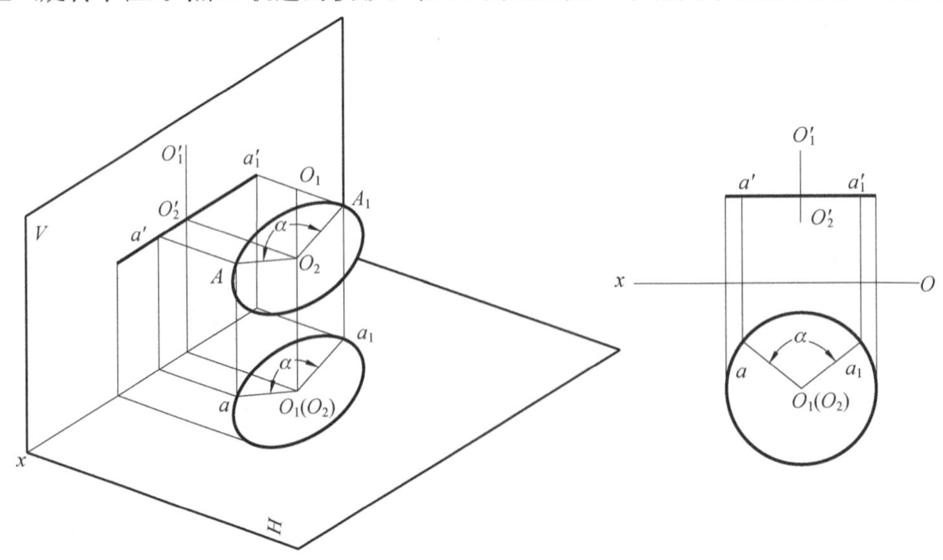

图 7-1　点的投影旋转规律

则是一条平行于OX轴的直线。当点A旋转一个任意角度α到达A_1位置时，它的H面投影也旋转同样角度α，其投影轨迹是aa_1弧，而V面投影的轨迹是一直线段$a'a'_1$。由此可得出点的投影旋转规律如下：

空间点绕垂直于投影面的轴旋转时，它在该轴所垂直的投影面上的投影，沿着一圆弧转动，而在平行于旋转轴的投影面上的投影沿一条平行于投影轴的直线移动。

根据上述点的投影旋转规律，就可以解决直线和平面的旋转问题。因为直线和平面都是由若干点确定的。但必须注意，这些直线和平面上的点，都要绕同一旋转轴、朝同一方向旋转同一角度，只有这样，才能在旋转后仍保持各几何元素的相对位置不变。

三、用旋转法求直线的实长

【例 7-1】 已知一般位置直线AB的投影，如图 7-2 所示。用旋转法求作其实长和对H面的倾角α。

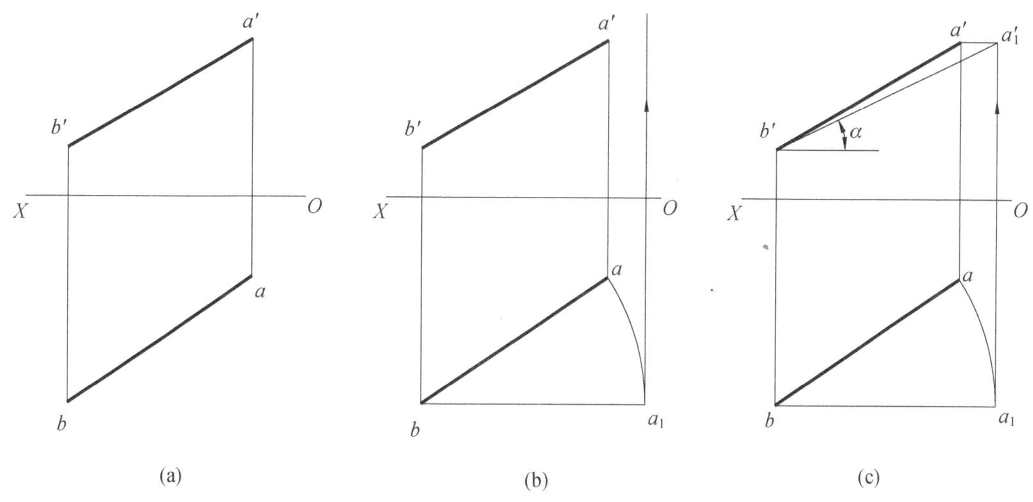

图 7-2　用旋转法求直线的实长和倾角α

因AB是一般位置直线，要求作其实长和对H面的倾角α，可将AB旋转成为V面的平行线，这样，它在V面上的投影即为实长，其投影与OX轴的夹角，即为直线AB对H面的倾角α。具体作法如下：

（1）根据题意，确定旋转轴应垂直H面。旋转轴以通过直线的一个端点为好（例如通过端点B)，图中旋转轴省略。

（2）以b为圆心，以ba为半径作弧，再过b作OX轴的平行线，与圆弧相交于a_1点，见图 7-2（b）。

（3）根据点的旋转投影规律，自a'向右作OX轴的平行线，又自a_1向上引垂直线，两线相交于a'_1，连$b'a'_1$，则$b'a'_1$为直线AB的实长，其与OX轴的夹角即是对H面的倾角α，如图 7-2（c）所示。

第二节　平面体表面的展开

平面体的各个表面都是平面多边形，这些平面多边形在展开图上都应当是实形。所以，求作平面体表面的展开图，实际就是求作该平面体各表面的实形。

平面体的展开包括棱柱体的展开和棱锥体的展开。

一、棱柱体表面的展开

图 7-3（a）所示为一截断的正三棱柱。正三棱柱的各个棱面都垂直于 H 面，所以各棱面都是投影面的垂直面，三棱柱的各棱线都是投影面垂直线，它们的 V 面投影都反映实长。三棱柱的下底面三角形平行于 H 面，它在 H 面的投影为实形。因此，比较容易作出它的表面展开图。其表面展开图的作法如下：

（1）将三棱柱底面三角形的三条边展开成一条直线Ⅰ、Ⅱ、Ⅲ、Ⅰ，如图 7-3（b）

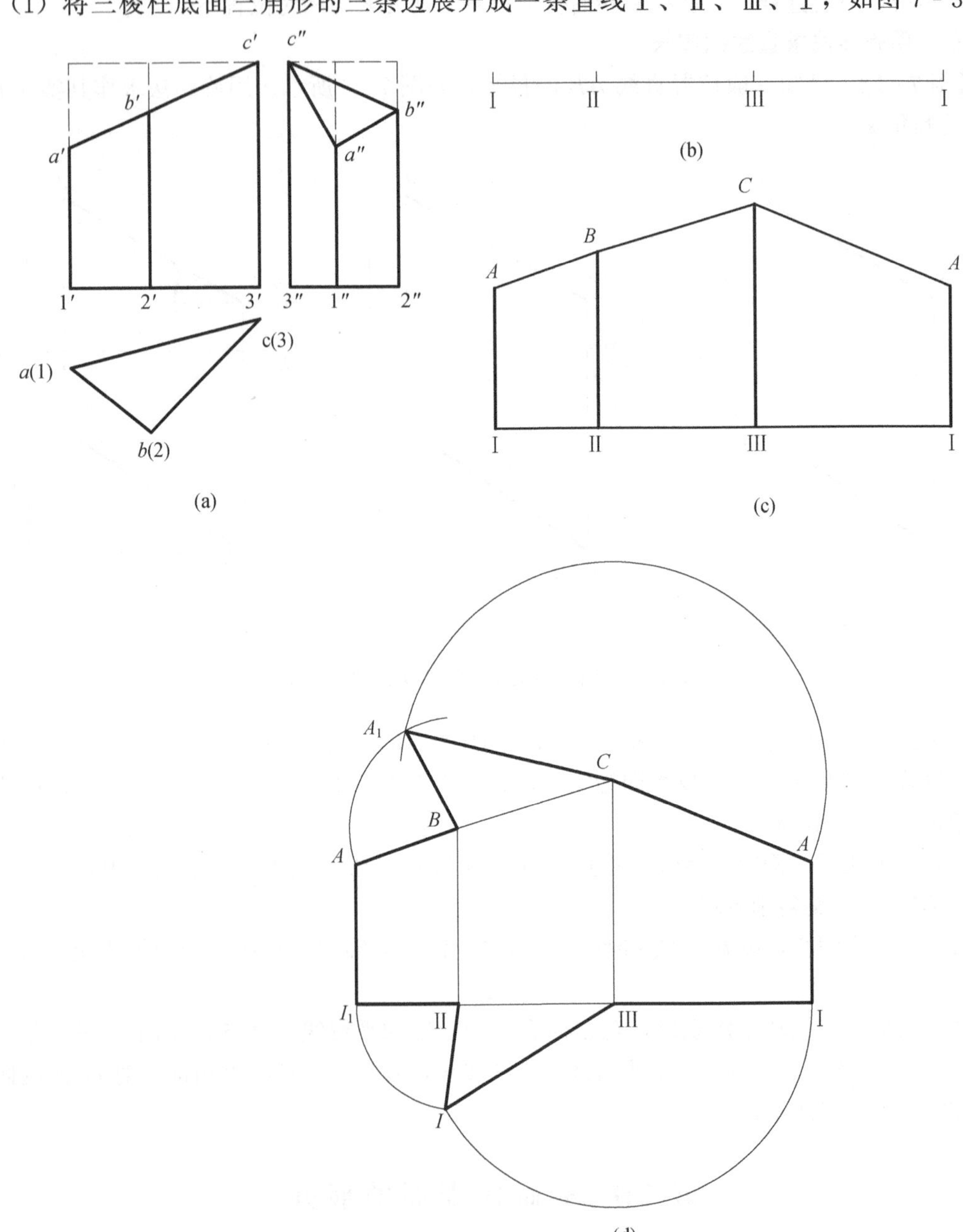

图 7-3 截断三棱柱体表面的展开

所示。

(2) 过Ⅰ、Ⅱ、Ⅲ、Ⅰ各点做垂线，并量取各棱线被截断后的高度，使 AⅠ$=a'1'$、BⅡ$=b'2'$、CⅢ$=c'3'$。连接 A、B、C、A 四点所得到的封闭图形，即为三棱柱棱面的展开图，如图 7-3 (c) 所示。

(3) 根据节约材料和便于加工的原则，在合适的位置拼接三棱柱的底面和顶面（即截面实形）两个三角形。

如图 7-3 (d) 所示，以 B 为圆心，以 AB 为半径作圆弧；再以 C 为圆心，以 CA 为半径作圆弧。两圆弧相交得点 A_1，连接 BA_1 和 CA_1，则三角形 A_1BC 即为三棱柱截断后的顶面实形。用同样方法可作出三棱柱的底面实形 Ⅰ$_1$ⅡⅢ。最终得三棱柱被截断后表面的展开图。

展开图的四周轮廓线，一般画成粗实线，各棱面的转折线（即棱线）画成细实线。

二、棱锥体表面的展开

图 7-4 (a) 所示为截断的正五棱锥体，正五棱锥体的五个棱面都是等腰三角形。如图 7-4 (a) 的放置位置，除了最前面的三角形是 W 面垂直面外，其余均为一般位置平面。五棱锥底面平行于 H 面，反映实形。各棱面的棱边除 $S5$ 外，都是一般位置直线。所以欲求各棱面的实形，需要先求作棱边的实长。棱边的实长可用旋转法或直角三角形法求作。

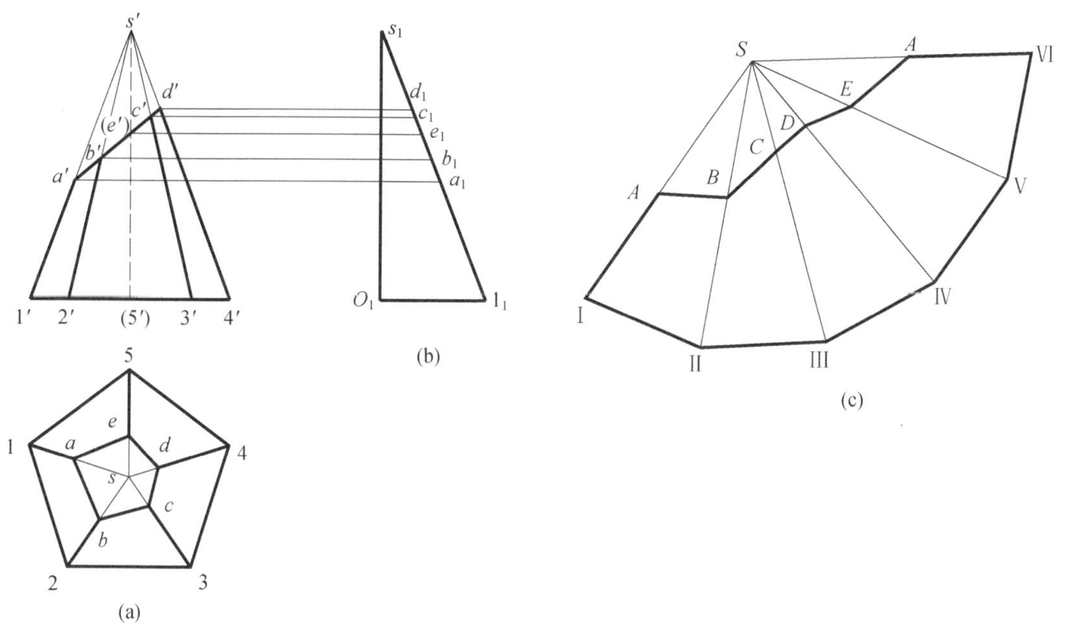

图 7-4 截断五棱锥表面的展开

正五棱锥若被一倾斜的平面所截断，则其截断后的五条棱线的长度可能长短不一，需要分别求作，正五棱锥截断后棱面的展开图做法如下：

(1) 根据“高平齐”在其 V 面投影的右侧作一直角三角形，三角形的高 s_1o_1 等于锥高 s' (5′)，三角形的底边 $o_11_1=s5$，斜边 s_11_1 即为棱线 SⅤ的实长，因为五棱锥的五条棱线长度相等，所以 SⅤ即为各棱线的实长。各棱线被截断后的实长的求法，如求 1_1a_1，可自 V 面投影中的 a'引水平线，与 s_11_1 相交于 a_1，得 1_1a_1 即为ⅠA 的实长。用同样方法可求得截断后其余各棱线的长度，如图 7 - 4（b）所示；

（2）根据已知三边长作三角形的方法，先作出五个等腰三角形拼连成的正五棱锥棱面的展开图，再在对应的各棱线上量取截断后的棱线长度，即Ⅰ$A=1_1a_1$、Ⅱ$B=1_1b_1$、Ⅲ$C=1_1c_1$、Ⅳ$D=1_1d_1$、Ⅴ$E=1_1e_1$，连接 A、B、C、D、E、A 各点，加粗四周轮廓线，即得正五棱锥被截断后的展开图，如图 7 - 4（c）所示。

如果需要求作整个五棱锥体的表面展开图，则应在上述棱面展开图的适当位置，拼接五棱锥的底面（正五边形）和顶面（另作截面实形）。

第三节 曲面体表面的展开

曲面体表面中属于可展开表面的有圆柱面和圆锥面。

一、圆柱体表面的展开

正圆柱体的展开图，是一个以柱高 H 为高、以 $2\pi R$（R 为圆柱底面半径）为底边的矩形。若正圆柱被一倾斜平面所截断，如图 7 - 5（a）所示，其柱面展开图作法如下：

（1）十二等分（或其他等分）底面圆周，定出十二等分点 1、2、3、…、12。并过各点向上做垂线，在圆柱的 V 面投影上作出相应的素线，如图 7 - 5（a）所示。

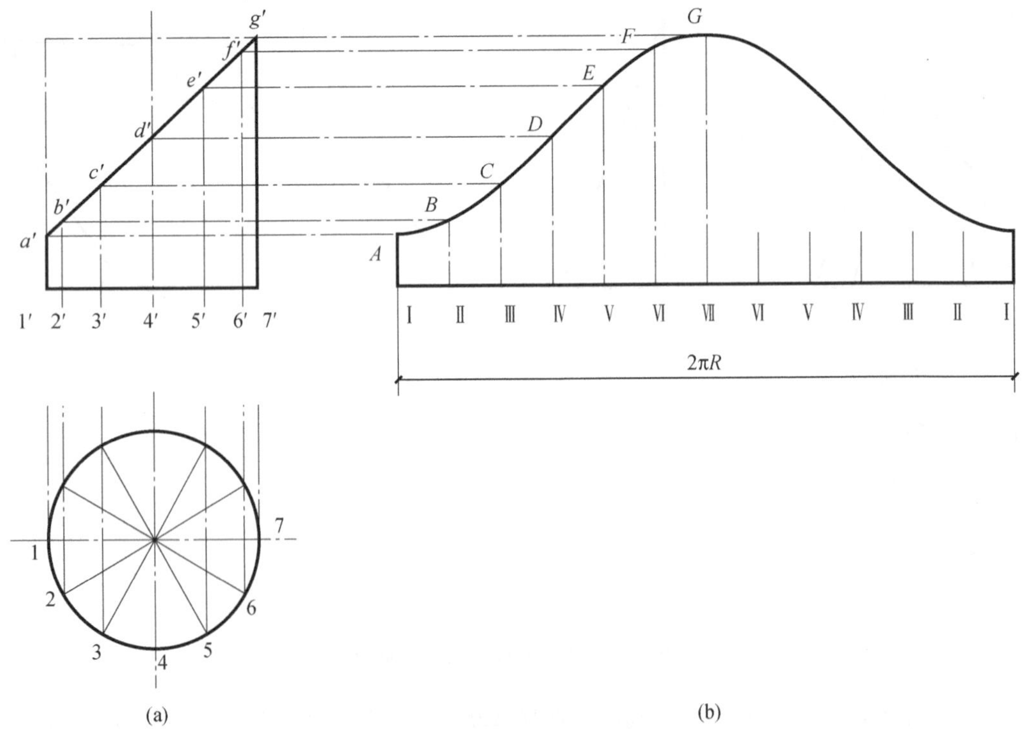

图 7 - 5 斜口圆管展开图

（a）投影图；（b）展开图

（2）将圆周展开成一条直线，其长度为 $2\pi R$，并十二等分该线段，过各等分点作垂线（即圆柱表面素线），再在各垂线上量取圆周等分点上的素线被截断后的高度，如Ⅰ$A=$

$1'a'$、Ⅱ$B=2'b'$、…。由于截平面是V面垂直面，圆周表面各素线前后对称，故圆柱截断后表面的展开图左右对称。

(3) 用曲线板光滑地连接A、B、C、…、A各点，即得圆柱截断后表面的展开图，如图7-5(b)所示。

二、圆锥体表面的展开

正圆锥面的展开图是一扇形，如图7-6(b)所示。它以圆锥素线的实长L为半径，作一圆弧，弧长等于圆锥底面圆的周长$2\pi R$，其圆心角$\alpha=360°R/L$(式中R为圆锥底圆半径)。

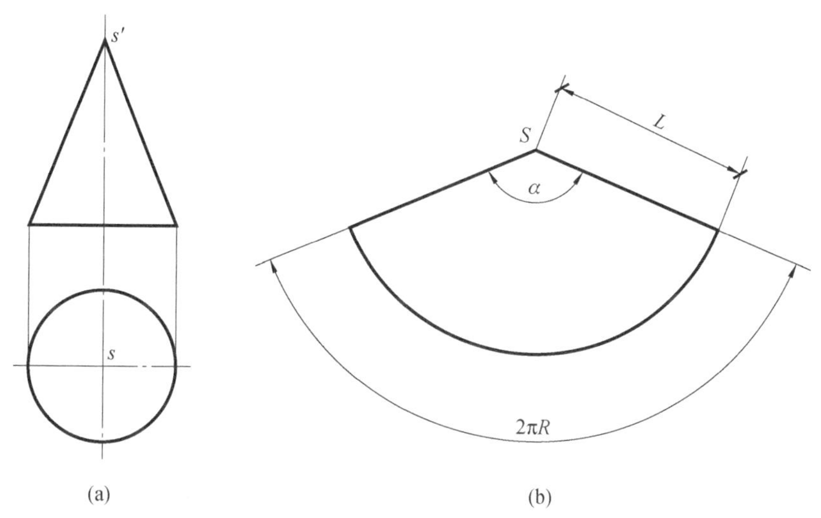

图7-6 圆锥体表面展开
(a) 投影图；(b) 展开图

正圆锥表面的展开图也可以采用下面的方法：先十二等分圆锥底面圆周，用一等分弦的长度在以素线实长L为半径所作的圆弧上，量取十二等分，再把两端点与圆心相连，所得扇形即为正圆锥面的展开图。但这样画出来的圆心角略小于计算所得的圆心角α。当正圆锥被一倾斜平面所截断时，其锥面展开图的作法如下：

(1) 十二等分圆锥底面圆周，定出十二个等分点1、2、…、12。并过各点向上做垂线，并在V面投影中作出相应的锥面素线，如图7-7(a)所示；

(2) 作出正圆锥面的展开图，画出各等分点的素线。

(3) 量取锥面各素线被截去部分的长度。由于正圆锥的最左和最右两条素线的V面投影反映实长，SA和SG可直接从圆锥的V面投影中量得。其余各素线被截去部分的实长，可用旋转法求作(图中未将截面的H面投影画出)。例如SB的求法：可在其V面投影中过b'作水平线，与$s'1'$相交得b_1，此$s'b_1$即为素线SⅡ被截去部分的实长，再展开图中量取$SB=s'b_1$，得点B。图7-7(a)中的截平面是V面垂直面，锥面各素线前后对称，如图7-7(b)所示。用同样方法再求出其余各点C、D、E、F、G和F、E、D、C。

(4) 用曲线板光滑地连接上述各点，即得截断后锥面的展开图，如图7-7(b)所示。

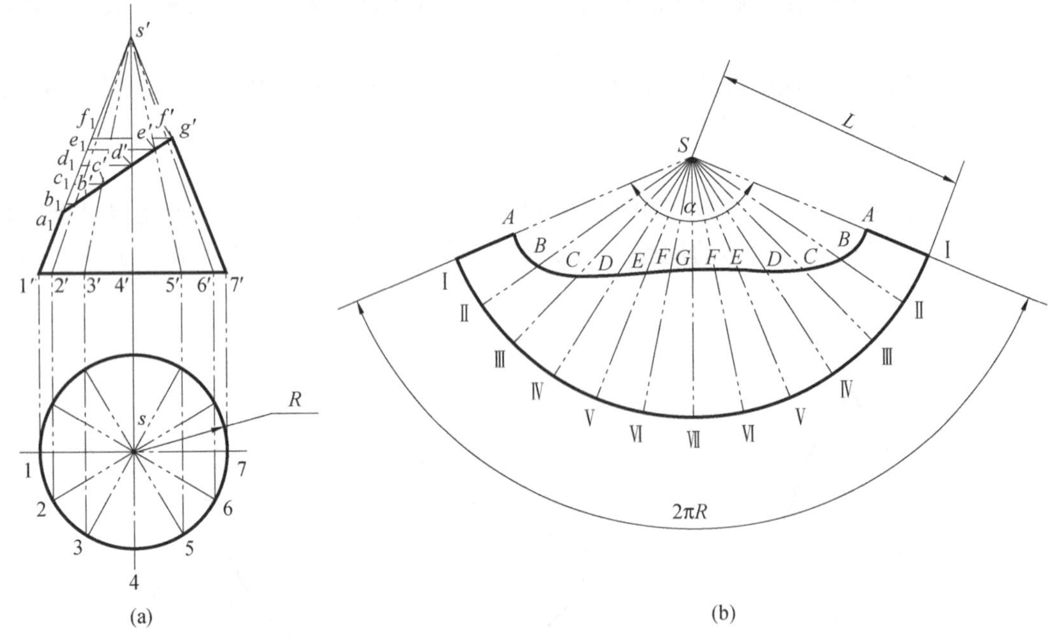

图 7-7 斜口正圆锥管的展开

(a) 投影图；(b) 展开图

第四节 过渡体表面的展开

过渡体构件在建筑中，尤其在通风管道方面起着不可低估的作用。所谓过渡体，即从一端的特定形状逐渐变化，过渡到另一端，使其成为另一种形状。如圆管变成矩形管或方管、圆管变换成其他形状管等，这种构件称为过渡体，通称为变径接头，如图 7-8（b）所示。应用前面所学平面体和曲面体表面的展开图作法，求作这种过渡面的展开图并不困难。

如图 7-8（b）所示，接管表面是由四个等腰三角形和四个倒斜圆锥面所围成，其展开图作法步骤如下：

（1）在其 H 面投影中，将上管口圆周分为十二等分，将各等分点分别与下管口矩形的四个顶点分别连线，各连线即为斜圆锥面上各条素线的投影，如图 7-8（a）所示；

（2）用直角三角形法求出斜圆锥面上各条素线的实长，因对称关系，只需求出其中的一组，如图 7-8（c）所示；

（3）做展开图。从其 V 面投影图中可以看出，三角形 ADⅠ的边长 AD 平行于 H 面，其投影即为实长。AⅠ$=D$Ⅰ，其实长已用直角三角形法求得，即图 7-8（c）中的 $A_1\mathrm{I}_1$。根据已知的三边长，即可作出三角形 ADⅠ的实形；

（4）斜圆锥面 A-ⅠⅡⅢⅣ被素线划分为三个部分，每一部分可近似的看作三角形，即用弦长代替弧长，其弦长又为 H 面的平行线，故其 H 面投影反映实长，即 12＝ⅠⅡ。AⅡ的实长即图 7-8（c）中的 $A_1\mathrm{II}_1$，还是用已知三边作三角形的方法，以 AⅠ为底边，求得Ⅱ。再用同样的方法，以 AⅡ为底边求得Ⅲ，以 AⅢ为底边求得Ⅳ。点Ⅳ也是侧面等腰三角形 ABⅣ的顶点，同样，AB 为已知，BⅣ即图 7-8（c）中的 $A_1\mathrm{IV}_1$，不难求出该三角形的另一

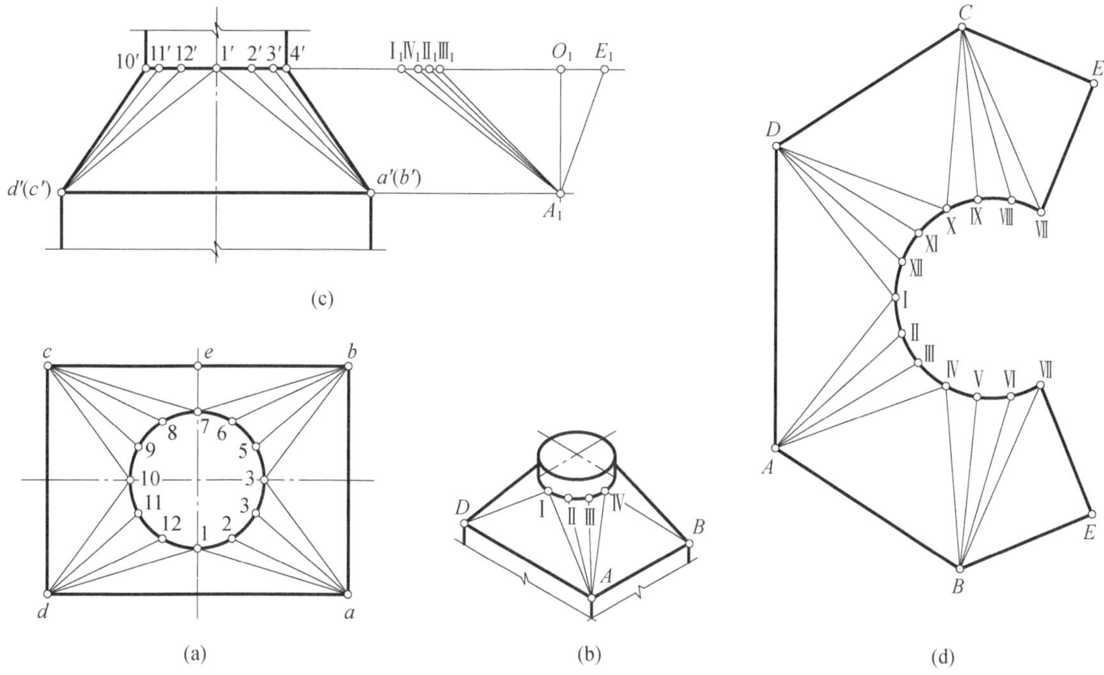

图 7-8　上圆下方管接头的展开

顶点 B。然后继续用前面的方法作出另一斜锥面 B-ⅣⅤⅥⅦ。

与三角形 ADⅠ相对称的三角形 CBⅦ被分割为两半，其中线 EⅦ也已用直角三角形求得，即图 7-8（c）中的 A_1E_1，故三角形 BEⅦ也可作出。

用上述方法在作出接管的另一半。

（5）用曲线板将四个斜圆锥底面的各点光滑的连成曲线，即得接管表面的展开图。

第八章　剖面图和断面图

学习目标：

• 掌握剖面图和断面图的基本知识。

• 掌握剖面图和断面图的类型及画法。

我们知道，运用前面所讲的三面投影图，可以用实线把形体的外部形状和大小表达清楚。至于形体的内部被遮挡的、不可见部分，则用虚线表示（图 8-1）。如果形体的内部形状比较复杂，在投影图内部就会出现较多的虚线，使投影图不清楚，较难识读，也不便于标注尺寸。解决这个问题的办法，就是假想将形体剖开，让它内部构造显露出来，使形体看不见的部分变成了看得见部分，然后用实线画出这些内部构造的投影图。在工程上采用剖面图和断面图来表示。

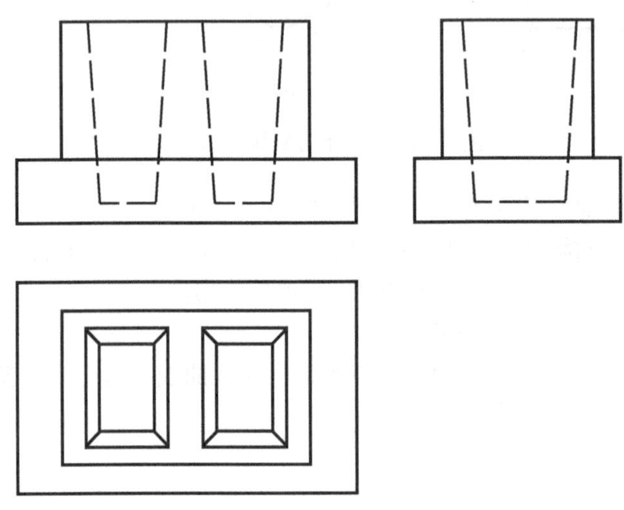

图 8-1　虚线较多的基础投影图

第一节　剖　面　图

一、剖面图的形成

（一）剖面图的形成

为了便于表达形体内部构造，我们假想用一个剖切平面，在形体的适当的部位将其剖开，将剖切平面连同它与观察者之间那一部分移走，将余下的部分投影到与剖切平面平行的投影面上所得的投影图，称为剖面图。

图 8-2 为基础剖面图的形成过程。图 8-1 是钢筋混凝土基础的投影图，由于在 V、W 面上的投影都出现了虚线，使图面不清晰。因此，在图 8-2 中假想用一个与投影面 V 平行的剖切平面 P 将基础剖开，然后将剖切平面 P 连同它前面的部分基础移走，将留下的部分基础投影到与剖切平面 P 平行的 V 投影面上，得到了 V 向剖面图。比较图 8-1 中的 V 面投

影图和图 8-2（b）的 V 向剖面图，可以看到剖面图中，基础的形状、大小和构造都表示得一清二楚。基础的 W 面投影仍有虚线，同样可以用一个与 W 面平行的剖切平面，沿左侧杯口的中心线将基础剖开，将剖切平面连同它左侧的部分基础移走，将留下的部分基础投影到与剖切平面平行的 W 投影面上，得到了 W 向剖面图。

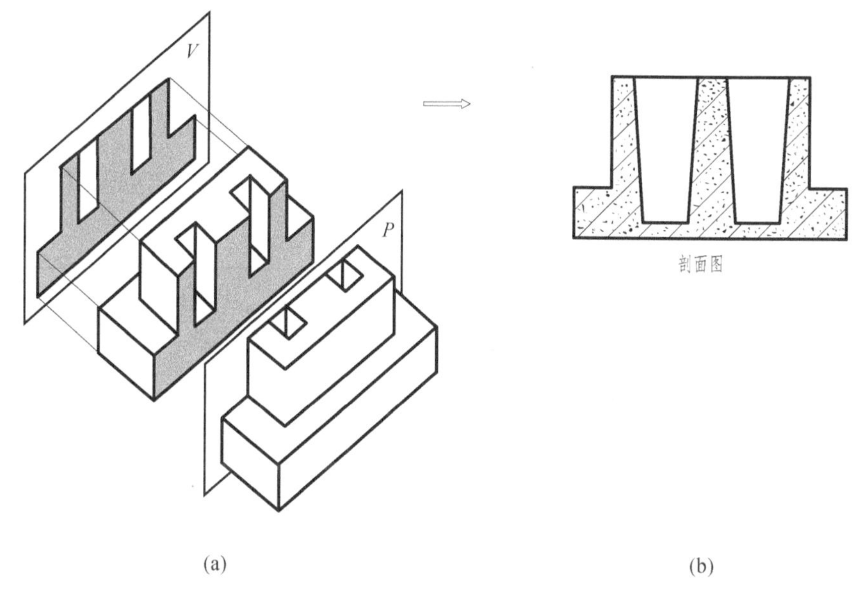

图 8-2　剖面图的形成

（a）假想用剖切平面 P 剖开基础并向 V 面进行投影；（b）基础的 V 向剖面图

（二）剖面图的画法

（1）由于剖切是假想的，所以只是在画剖面图时，才假想将形体切去一部分。而在画其他投影图时，应按完整的形体画出。如图 8-3 所示，在画 V 面剖面图时，虽然已将基础剖

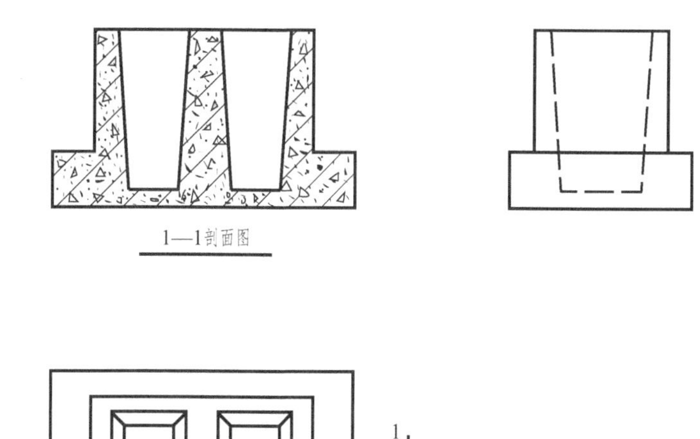

图 8-3　用剖面图表示的投影图

去了前半部分，但是在画 W 面、H 面投影图时按完整的基础画出。

(2) 从上述各图中可以看出，形体剖开后，都有一个切口，叫做截面（或断面）。在剖面图中，规定要在截面上画出建筑材料图例，以区分截面（剖到的）和非截面（看到的）部分。各种建筑材料图例必须遵照“国标”的规定画法画出。常见的建筑材料图例见表 8-1。在不指明材料时，可以用等间距、同方向的 45°细实线来表示。

(3) 作剖面图时，一般使剖切平面平行于基本投影面，从而使截面的投影反映实形。同时，要使剖切平面尽量通过形体上的孔、洞、槽等隐蔽形体的中心线，将形体内部尽量表示清楚。

(4) 在剖面图中，只画可以看得见的部分，不可见部分不画，即剖面图中不出现虚线。

表 8-1 **常用建筑材料图例**

材料名称	图 例	说 明
自然土壤		包括各种自然土壤
夯实土壤		
砂、灰土	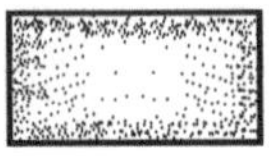	靠近轮廓线处点较密
砂砾石、碎砖、三合土	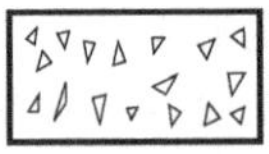	
天然石材	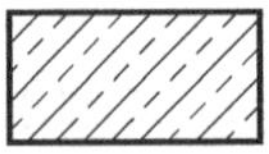	包括岩层、砌体、铺地、贴面等材料
毛 石	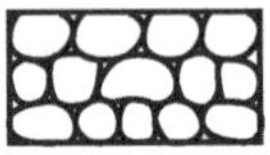	
普 通 砖	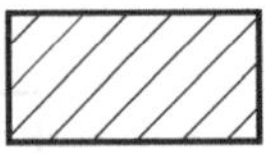	1. 包括砌体、砌块 2. 断面较窄，不易画出图例线时，可涂红
混 凝 土	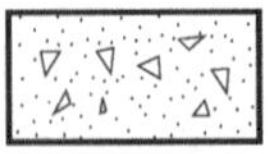	1. 本图例仅适用于能承重的混凝土及钢筋混凝土 2. 包括各种标号、骨料、添加剂的混凝土 3. 在剖面图上画出钢筋时，不画图例线 4. 剖（截）面较窄，不易画出图例线时，可涂黑
钢筋混凝土	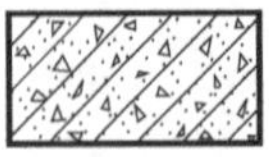	
焦渣、矿渣	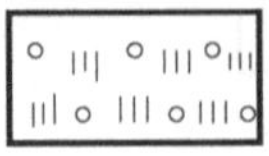	包括与水泥、石灰等混合而成的材料
多孔材料	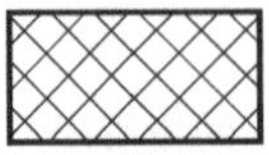	包括水泥珍珠岩、沥青珍珠岩、泡沫混凝土、非承重加气混凝土、泡沫塑料、软木等

续表

材料名称	图　　例	说　　明
木　　材		1. 上图为横截面，左上图为垫木、木砖、木龙骨 2. 下图为纵截面
金　　属		1. 包括各种金属 2. 图形较小时，可涂黑

二、剖面图的标注

为了明确剖面图与有关视图的关系，一般在剖面图及相应的视图上应加以标注，注明剖切位置、投射方向和剖面图的名称。

（一）剖切位置

用剖切符号表示剖切面的位置，如图 8 - 4 所示。

一般把剖切平面设置成平行于某个投影面的位置，则剖切平面在另两个投影面上的投影积聚成一条直线，此线称为剖切线。剖切线不应穿越形体投影图上的图线，所以在与剖面图相对应的视图上，在剖切位置的起迄、转折处，各画上 6～10mm 的粗短实线即剖切符号，表示剖切位置，如图 8 - 4 所示。

（二）投射方向

在剖切符号两端的同侧各画一段与它垂直的、长 4～6mm 粗短实线，表示投射方向，如图 8 - 4 所示。

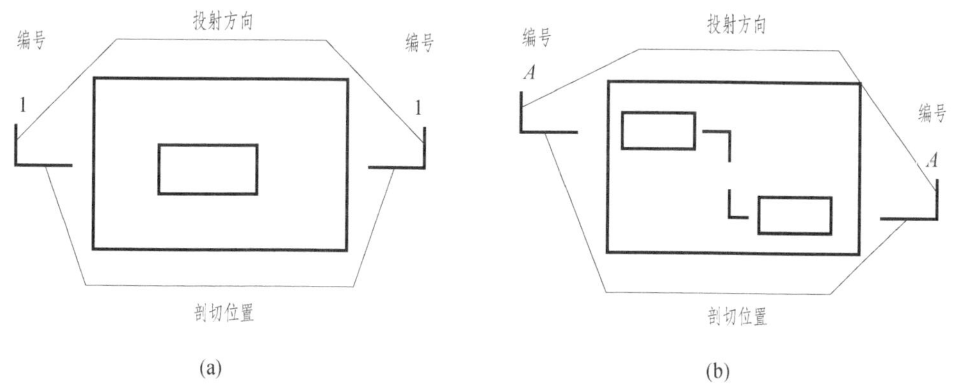

图 8 - 4　剖面图的标注

（三）剖面图的编号

在表示剖面图剖切位置的剖切线上，应标注相同的数字（或字母）对剖面图进行编号，并规定编号写在剖切线的投射方向一侧，如图8 - 4中的 1—1、*A*—*A* 剖面。

剖面图的编号一般用阿拉伯数字或英文字母按顺序连续编排，例如 1—1 剖面、*A*—*A* 剖面。不论用数字还是用英文字母编号，一般都标注在各剖面图的下方，见图 8 - 3 中的 1—1 剖面图。

三、剖面图的分类与画法

（一）全剖面图

用一个剖切平面把形体全部剖开后所得的剖面图，称为全剖面图，如图 8 - 5 所示。全

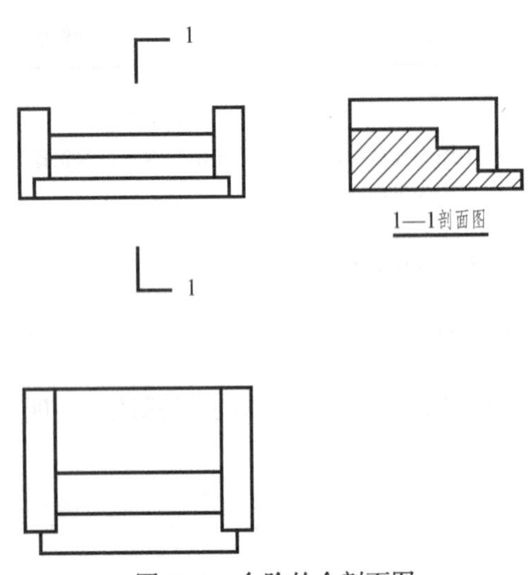

图 8-5 台阶的全剖面图

剖面图主要用于表现形体的内部构造，一般与投影图配合使用。当形体在某个方向上的投影图为非对称图形时，或虽然对称但外形比较简单，或在另一个投影中已将它的外形表达清楚时，应采用全剖面图。图 8-5 是台阶的1—1 剖面的全剖面图，它与平面图、正立面图组合在一起，就可以看清楚该台阶的内、外部形状。

（二）半剖面图

采用全剖面图时，形体外部的一些轮廓线被切去，需对照另一投影图才能了解其外形。因此，当形体具有对称平面时，在垂直于对称平面的投影面上的投影图，以对称线为界，一半画成表示形体外部形状的投影图，另一半画成表示形体内部形状的剖面图，这种图形称为半剖面图。图 8-6 为一基础的半剖面图。

画半剖面图时，当图形左右对称时，左边应画投影图，右边画剖面图；当图形上下对称时，上方应画投影图，下方画剖面图。对称线用点画线来表示。

半剖面图可同时表示出形体的外部和内部构造。在半剖面图中，虚线可省略不画。

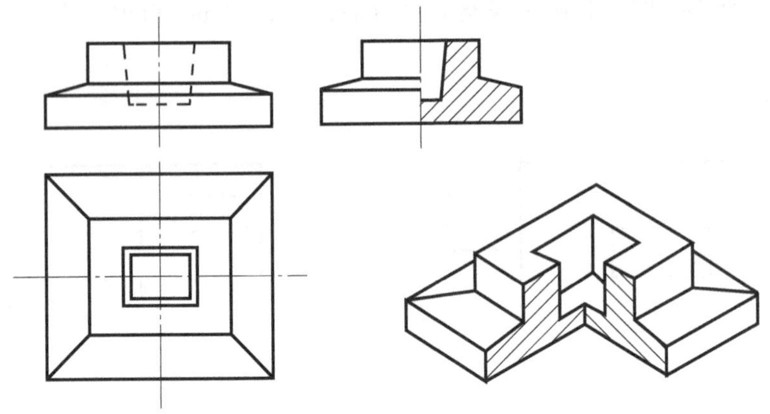

图 8-6 半剖面图

（三）阶梯剖面图

如图 8-7（a）所示，形体具有两个孔洞，又不在同一轴线上，如果仅作一个全剖面图，势必不能同时剖切到两个孔洞。因此，可以将剖切平面直角转折成两个互相平行的平面而通过两个孔洞，如图 8-7（b）所示，这样画出的剖面图，叫作阶梯剖面图。

画阶梯剖面图时应注意：一般阶梯剖面图的转折以一次为限。其转折后由于剖切而使形体产生的轮廓线不应在剖面图中画出，如图 8-7（c）所示。

（四）局部剖面图

当形体内有局部构造需要表达清楚，或形体的外形比较复杂，完全剖开后就无法表达它的外部形状时，可以保留原投影图的大部分，而只将局部地方画成剖面图，这种剖面图叫做局部剖面图，如图 8-8 所示。它清楚地表达了基础内部构造、所用材料及配筋情况。

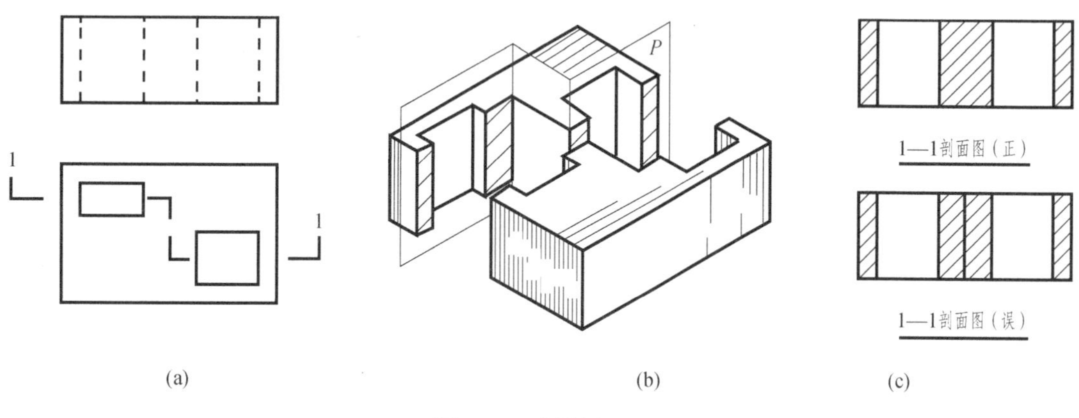

图 8-7　阶梯剖面图

局部剖面图的剖切位置用徒手画波浪线为分界线，波浪线不能与视图中的轮廓线重合，也不能超出图形的轮廓线。

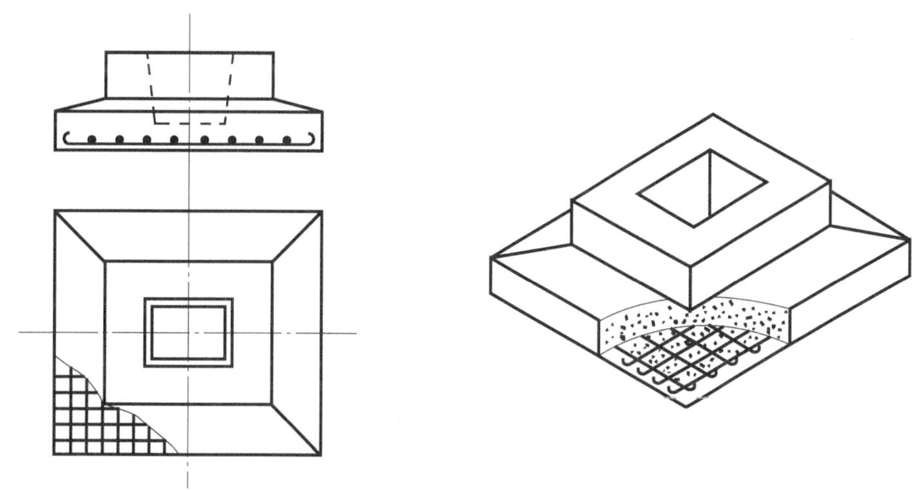

图 8-8　局部剖面图

（五）旋转剖面图

一个形体被两个不垂直相交的剖切平面剖切时，将倾斜于基本投影面的部分旋转到平行于基本投影面后得到的剖面图，称为旋转剖面图，常用于旋转体。图 8-9（a）中 1—1 剖面即为旋转剖面图，剖切情况如图 8-9（b）所示。图中因两根圆管的轴线不同时位于某个基本投影面的平行面上，故用两个相交的剖切平面，右方的剖切平面平行于基本投影面，左方的剖切平面倾斜于基本投影面，两剖切平面相交于圆柱轴线。剖切后，将倾斜的部分以轴线为旋转轴旋转成平行投影面的位置。

由于剖面是假想的，故两个相交的剖切平面的交线不应画出。

四、剖面图的应用

图 8-10 为一组合体的剖面图。由于该形体的两个圆孔轴线不位于某个基本投影面的同一平行平面上，故用一个阶梯剖面 1—1 将该形体剖开，得到处于正立面图位置的剖面图，同时反映出了两个圆孔。又用两个局部剖面图表现出了两个圆孔的基本构造。

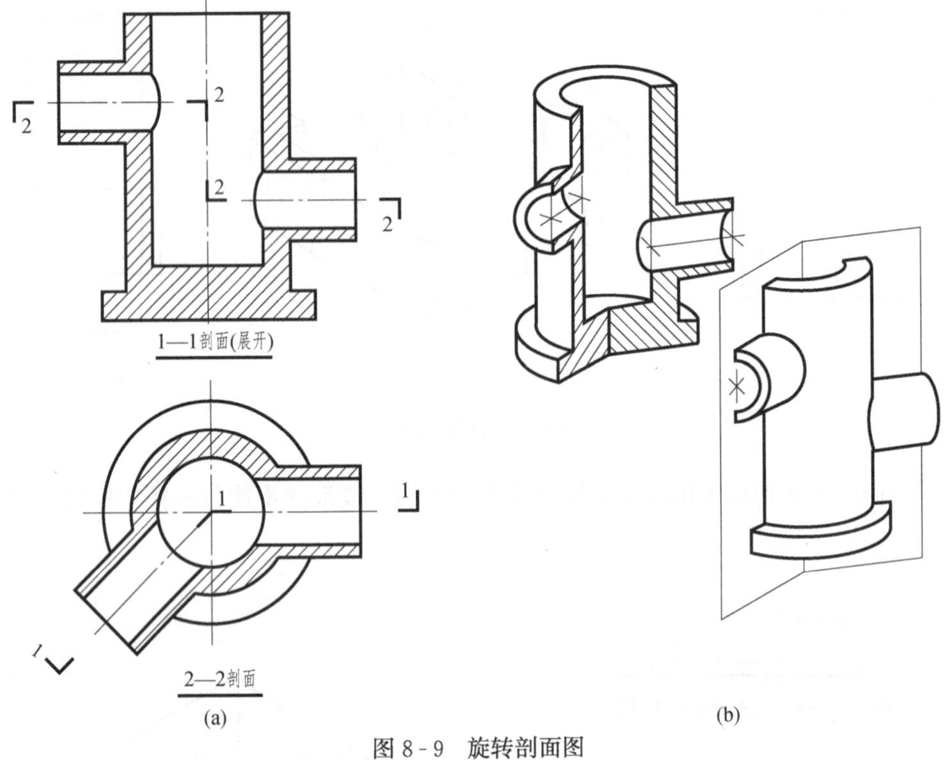

图 8-9 旋转剖面图
(a) 剖面图；(b) 剖切情况

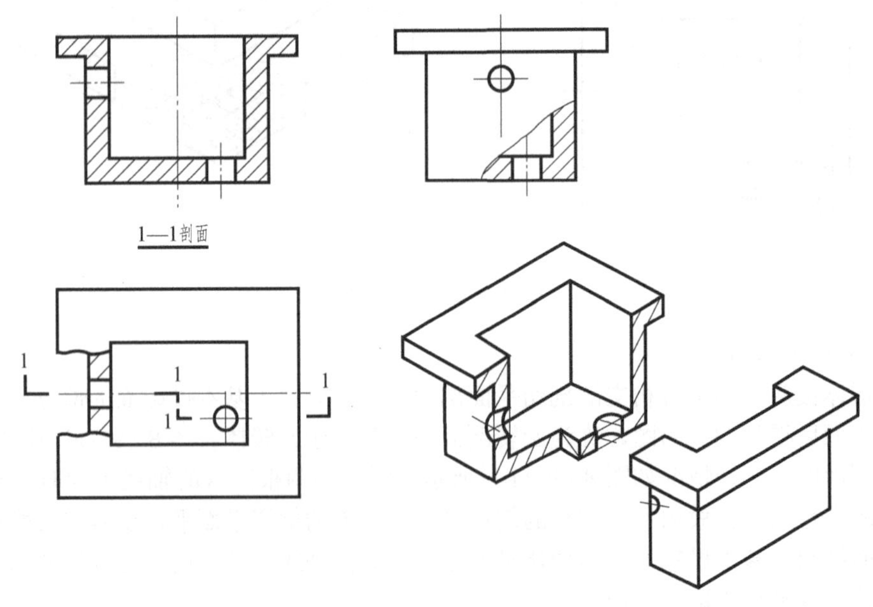

图 8-10 剖面图的应用

第二节 断 面 图

断面图又称截面图。实际工程中，当需要表示形体的断面形状时，通常要画出其断面图。

一、断面图的形成

假想用一个剖切平面将形体剖开后，形体上的切口，即截交线所围成的平面形状叫做断面。如果仅把这个断面投影到投影面上，所得的投影图称为断面图（又称为截面图），如图8-11所示。

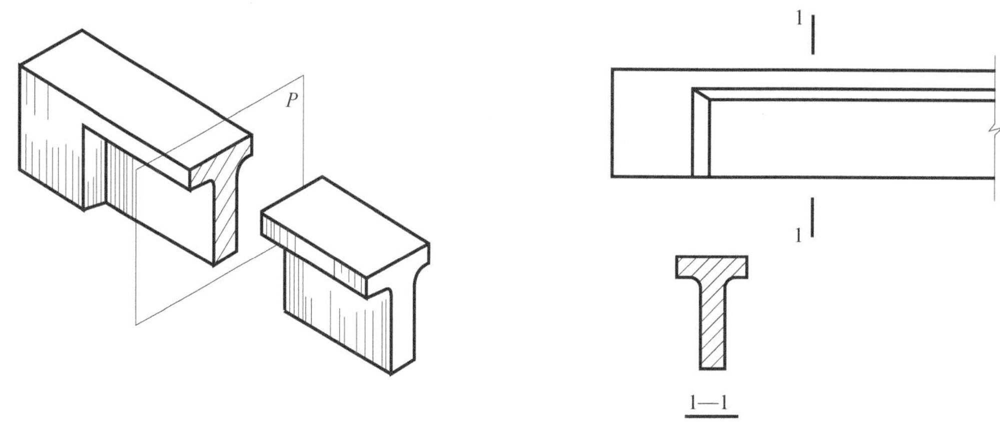

图8-11　断面图的形成

二、断面图与剖面图的区别

断面图与剖面图的主要区别有三个方面。

1. 投影图的构成不同

剖面图是被剖开形体的投影，它是“体”的投影，而断面图只是一个截面的投影，即“面”的投影。所以断面图是剖面图的一部分，即剖面图中包含断面图，如图8-12所示。剖面图中除包含有踏步的断面外，还表示出了未被剖切的右方的侧板。

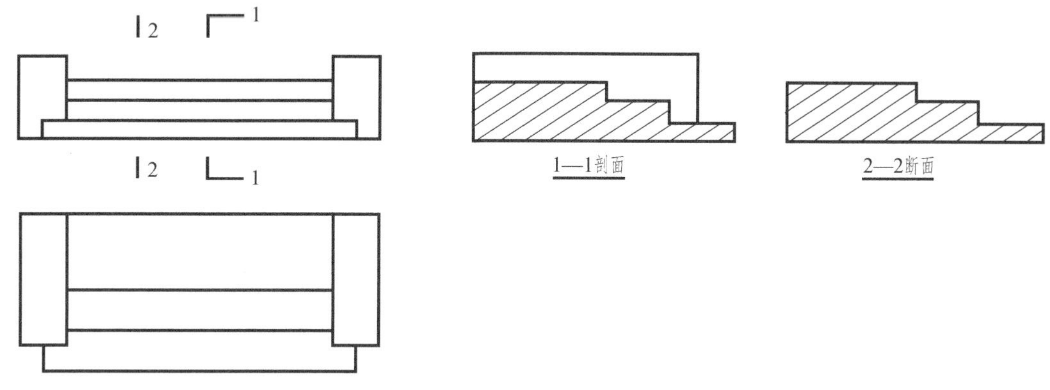

图8-12　剖面图和断面图的区别

2. 剖切符号的标注不同

断面图是用两条粗短实线（剖切线）表示剖切位置，用数字的标注位置来表示投射方向；而剖面图还要在剖切线上画出垂直粗线段表示投射方向。

3. 剖切方法有区别

剖面图中的剖切平面可以转折，而断面图中剖切平面不可以转折。

三、断面图的分类

断面图根据布置位置的不同分为移出断面图和重合断面图两种。

（一）移出断面图

将形体的断面图形画在投影图的一侧，称为移出断面图，如图 8-11 所示。移出断面的断面图一般画在剖切位置附近，以便于对照识读。断面图也可用较大比例画出，以利于标注尺寸和清晰显示其内部构造。

（二）重合断面图

将断面图直接画于投影图中，二者重合在一起，这种断面图称为重合断面图，如图 8-13 所示。

重合断面图可直接画于投影图上，如图 8-13（a）所示；也可以将形体断开，画在断开的中间，如图 8-13（b）所示。

重合断面图的轮廓线应与形体的轮廓线有所区别，当形体的轮廓线为粗实线时，重合截面的轮廓线应为细实线，反之则用粗实线。

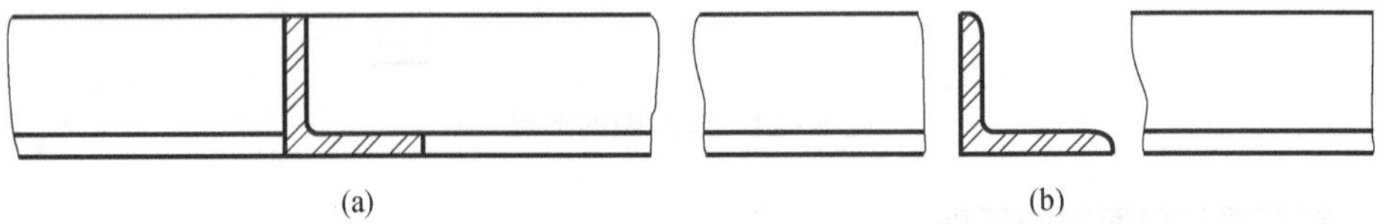

图 8-13 重合断面图

四、断面图的标注

对于移出断面，画断面图时，在基本投影图中用剖切符号表明剖切位置和投射方向。剖切位置用剖切线表示（与剖面图相同），剖切线用两个粗短实线绘制；投射方向则用断面编号数字的标注位置来表示，数字标注在剖切线的哪一侧，就表示向哪个方向投影。

断面图中也要画上表示材料种类的图例，常用材料的图例见表 8-1。

第九章 建筑施工图

学习目标：

- 掌握房屋建筑施工图的有关规定。
- 掌握房屋建筑施工图的识读方法。

第一节 概 述

建筑施工图是将建筑物的平面布置、外形轮廓、装修、尺寸大小、结构构造和材料作法等内容，按照“国标”的规定，用正投影方法，详细准确地画出的图样。它是用来组织和指导施工、完成房屋建造的一套图纸，所以又称为房屋施工图。

一、房屋建筑施工图的内容

一套完整的房屋建筑施工图，根据其专业内容或作用的不同，一般分为三类。

（一）建筑施工图（简称建施）

建筑施工图主要表明建筑物的总体布局、外部造型、内部布置、细部构造、内外装饰等情况。它包括首页图（设计说明）、建筑总平面图、平面图、立面图、剖面图和详图等。

（二）结构施工图（简称结施）

结构施工图主要表明建筑物各承重构件的布置和构造等情况。它包括首页图（结构设计说明）、基础平面图及基础详图、结构平面布置图及节点构造详图、钢筋混凝土构件详图等。

（三）设备施工图（简称设施）

设备施工图是表明建筑物各专业管道和设备的布置及安装要求的图样。它包括给水排水施工图（简称水施）、采暖通风施工图（简称暖施）、电气施工图（简称电施）等。它们一般都由首页图、平面图、系统图、详图等组成。

一幢房屋全套施工图一般应包括：图纸目录、总平面图（施工总说明）、建筑施工图、结构施工图、给水排水施工图、采暖通风施工图、电气施工图等。

二、房屋建筑施工图的有关规定

为确保制图质量，提高制图和识图效率，做到表达简明统一，我国制定了国家标准《房屋建筑制图统一标准》（GB/T 50001—2001），在绘制施工图时，应严格遵守国家标准中相关规定。

（一）图线

在建筑施工图中，为了表达工程图样的不同内容并分清主次，增加图面效果，必须选用不同的线宽和线型来绘制。

图线的线宽和线型按表 9-1 来表示。

表 9-1 图 线

名 称	线 型	线宽	用 途
粗实线	———	b	1. 平、剖面图中被剖切的主要建筑构造（包括构配件）的轮廓线 2. 建筑立面图或室内立面图的外轮廓线 3. 建筑构造详图中被剖切的主要部分的轮廓线 4. 建筑构配件详图中外轮廓线 5. 平、立、剖面图的剖切符号
中实线	———	0.5b	1. 平、剖面图中被剖切的次要建筑构造（包括构配件）的轮廓线 2. 建筑平、立、剖面图中建筑构配件的轮廓线 3. 建筑构造详图及建筑构配件详图中的一般轮廓线
细实线	———	0.25b	小于0.5b的图形线、尺寸线、尺寸界线、图例线、索引符号、标高符号、详图材料作法引出线等
中虚线	— — — —	0.5b	1. 建筑构造详图及建筑构配件不可见轮廓线 2. 平面图中的起重机（吊车）轮廓线 3. 拟扩建的建筑物轮廓线
细虚线	— — — —	0.25b	图例线、小于0.5b的不可见轮廓线
粗单点画线	—·—·—	b	起重机（吊车）轨道线
细单点画线	—·—·—	0.25b	中心线、对称线、定位轴线
折断线	—\/—	0.25b	不需画全的断开线

（二）比例

由于建筑物的形体大而复杂，因此绘制时应根据建筑物的形体尺寸，选择不同的比例进行绘制，见表9-2。

表 9-2 比 例

图名	建筑物或构筑物的平面图、立面图、剖面图	建筑物或构筑物的局部放大图	配件及构造详图
比例	1∶50、1∶100、1∶150、1∶200、1∶300	1∶10、1∶20、1∶25、1∶30、1∶50	1∶1、1∶2、1∶5、1∶10、1∶15、1∶20、1∶25、1∶30、1∶50

（三）定位轴线及其编号

定位轴线是确定建筑物或构筑物主要承重构件平面位置的重要依据。在施工图中，凡是承重的墙、柱子、大梁、屋架等主要承重构件，都要画出定位轴线来确定其位置。对于非承重的隔墙、次要构件等，有时用附加定位轴线（分轴线），来确定其位置。具体规定如下：

（1）定位轴线应用细点画线绘制。

（2）定位轴线一般应编号，编号应注写在轴线端部的圆内。圆应用细实线绘制，直径为8～10mm，定位轴线圆的圆心，应在定位轴线的延长线上。

（3）平面图上定位轴线的编号，宜标注在图样的下方与左侧。横向编号应用阿拉伯数字，从左到右顺序编号，竖向编号应用大写英文字母，从下到上顺序编写，英文字母的I、

O、Z不得用做轴线的编号，以免与数字1、0、2混淆，如图9-1所示。

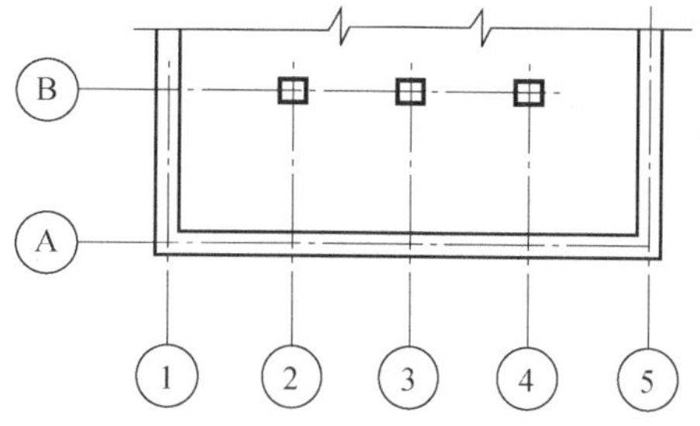

图9-1 定位轴线的编号

（4）附加定位轴线的编号，应以分数形式表示。两根轴线间的附加轴线，分母表示前一轴线的编号，分子表示附加轴线的编号，编号宜用阿拉伯数字顺序编写，如

$\frac{1}{2}$表示2号轴线之后附加的第一根轴线；

$\frac{3}{C}$表示C号轴线之后附加的第三根轴线。

1号轴线或A号轴线之前的附加轴线的分母应以01或0A表示，如

$\frac{1}{01}$表示1号轴线之前附加的第一根轴线；

$\frac{3}{0A}$表示A号轴线之前附加的第三根轴线。

（5）对于详图上的轴线编号，若该详图适用于几根轴线时，应同时标注有关轴线的编号；通用详图中的定位轴线，一端只画圆，不注写轴线编号，如图9-2所示。

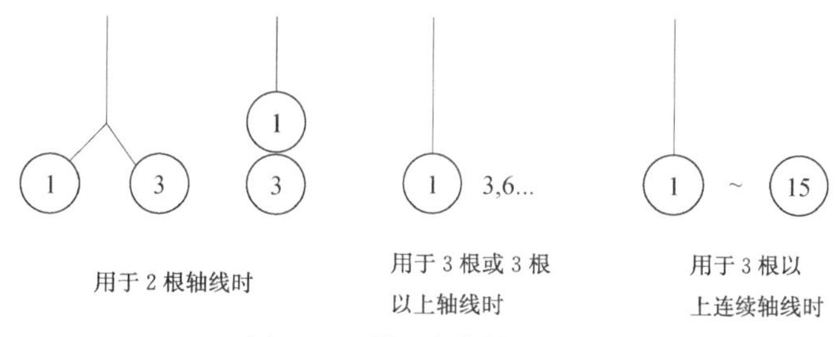

图9-2 详图定位轴线编号

（四）尺寸标注

1. 单位

图纸上的尺寸单位除标高及总平面图以“米（m）”为单位外，其他尺寸必须以“毫米（mm）”为单位。

2. 标高

标高是表示建筑物高度的一种尺寸形式。

标高有绝对标高和相对标高之分。

绝对标高：我国是以青岛附近的黄海平均海平面为零点，以此为基准而设置的标高，称为绝对标高。

相对标高：标高的基准面（即±0.000水平面）是根据工程需要而选定的，这类标高称为相对标高。在一般建筑中，通常取一层室内主要地面作为相对标高的基准面。

标高符号应以直角等腰三角形表示，用细实线绘制，如图9-3所示。

标高数字应以米（m）为单位，注写到小数点后三位。在总平面图中，可注写到小数点后第二位。零点标高应注写成“±0.000”，正数标高不注“+”；负数标高应注“—”，标高数字不到1米（m）时小数点前应加写“0”。

（五）索引符号、详图符号

施工图中部分图形或某一构件，由于比例较小或细部构造较复杂，而无法表示清楚时，通常要将这些图形和构件用较大的比例放大画出，这种放大后的图就称为详图。

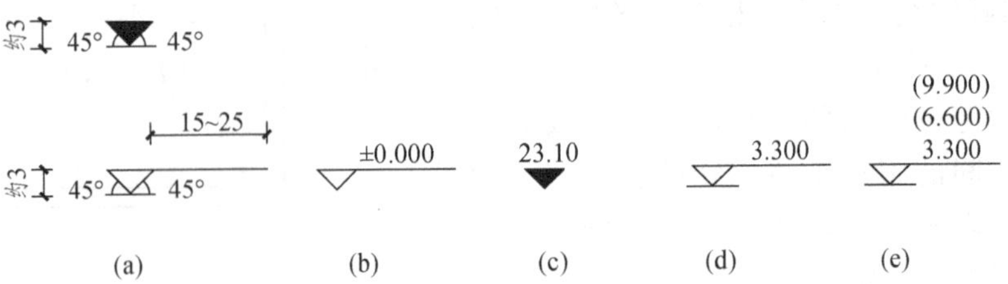

图 9-3 标高符号

(a) 标高符号画法；(b) 用于建筑平面图；(c) 用于总平面图；
(d) 用于建筑立面或剖面图；(e) 用于多层平面共用同一图样时标注

图样中的某一局部或构件，如有详图，应以索引符号索引。索引符号是由直径为 10mm 的圆和水平直径组成，圆及水平直径均以细实线绘制。详图符号是由直径为 14mm 的粗实线圆绘制。索引符号和详图符号见表 9-3。

表 9-3 索引符号和详图符号

名 称	符 号	说 明
索引符号	5/— 详图的编号；详图在本张图样上 —5/— 局部剖视详图的编号；剖视详图在本张图样上	详图在同一张图纸内
	5/4 详图的编号；详图所在的图样编号 —5/4 局部剖视详图的编号；剖视详图所在的图样编号	详图不在同一张图纸内
	J103 5/4 标准图册编号；标准详图编号；详图所在的图样编号	采用标准图集
详图符号	5 详图的编号	被索引的图样在同一张图纸内
	5/2 详图的编号；被索引的图样编号	被索引的图样不在同一张图纸内

（六）对称符号

当建筑物或构配件的图形对称时，可在图形的对称中心处画上对称符号，另一半图形可省略不画。对称符号如图 9-4 所示，对称线用细单点画线绘制，平行线用细实线绘制，其长度宜为 6～10mm，每对平行线之间的间距宜为 2～3mm；对称线垂直平分两对平行线，两端超出平行线宜为 2～3mm。

（七）连接符号

连接符号表示构件图形的一部分与另一部分是连接在一起的。连接符号应以折断线表示需连接的部位，折断线两端靠近图样一侧应标注大写字母或数字表示连接符号。两个连接图样必须用相同的字母或数字编号，连接符号如图 9-5 所示。

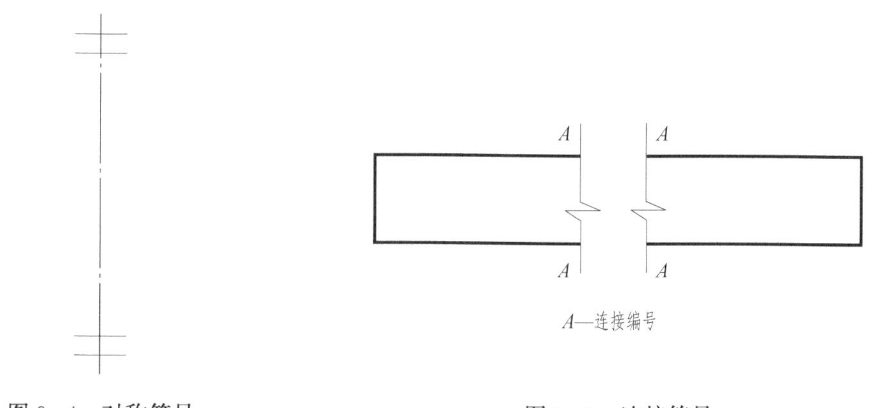

图 9-4　对称符号　　　　图 9-5　连接符号

（八）指北针及风向频率玫瑰图

在房屋总平面图及底层建筑平面图上一般都画有指北针，以指明建筑物朝向。指北针形状如图 9-6 所示，圆的直径宜为 24mm，用细实线绘制，指北针尾部宽度宜为 3mm，指北针头部应注“北”或“N”字。

在建筑总平面图上通常画出表示风向和风向频率的风向频率玫瑰图，简称“风玫瑰图”。风向频率玫瑰图是根据当地多年统计的风向资料，将不同风向的次数的百分数值，用一定比例画在一个十六方位线上，如图 9-7 所示。风玫瑰图指向正北方向，图中表示的风向指从外吹向中心，实线表示常年风向频率，虚线表示夏季 6、7、8 三个月的风向频率。图 9-7 表示全年最大的主导风向为西北风。

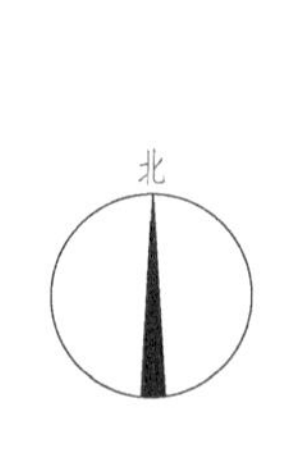

图 9-6　指北针

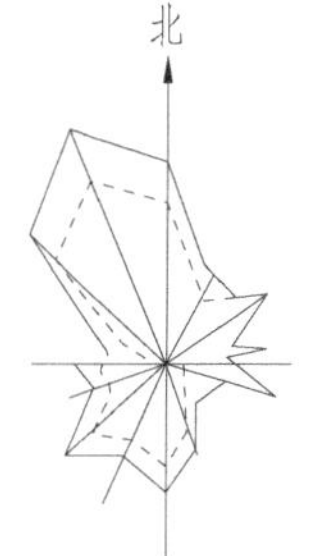

图 9-7　风向频率玫瑰图

第二节　施工图首页和建筑总平面图

一、施工图首页

施工图首页是建筑施工图的第一页，它的内容一般包括图纸目录、设计说明、建筑做法说明、门窗表等（详见附图一）。

（一）图纸目录

图纸目录是为了便于识图者对整套图样有一个概略了解和方便查找图样而列的表格。内容包括图样的名称、张数和编号等。

(二) 设计说明

设计说明是对工程的概貌和总设计要求的说明。内容包括工程概况、工程设计依据、工程设计标准、主要的施工要求和技术经济指标、建筑用料说明等。

(三) 建筑做法说明

建筑做法说明是对工程的细部构造及要求加以说明。内容包括楼地面、内外墙、散水、台阶等处的构造做法和装修做法。

(四) 门窗表

为了便于装修和加工，应列有门窗表。内容包括编号、尺寸、数量、说明等。

二、建筑总平面图

建筑总平面图简称总平面图。用水平投影的方法和相应的图例，画出新建建筑物在基地范围内的总体布置图。总平面图反映新建建筑物的平面形状、层数、位置、标高、朝向及其周围的总体布局情况。它是新建建筑物定位、施工放线、土方施工及作施工总平面设计的重要依据。

(一) 总平面图的图示内容

(1) 表明新建区的总体布局，如占地范围，各建筑物的位置、道路、管网的位置等；

(2) 确定新建、改建或扩建工程的具体位置；

(3) 确定建筑物定位的建筑坐标或相互关系尺寸，标明建筑物的名称、编号、建筑物的层数等；

(4) 注明建筑物一层地面的绝对标高，室外地坪、道路的绝对标高；

(5) 用指北针或风向频率玫瑰图表示建筑物的朝向和该地区的常年风向频率；

(6) 建筑物使用编号时，需开列“建筑物名称编号表”；

(7) 根据工程需要，有时还有水、暖、电等管线总平面图，各种管线综合布置图，绿化规划等。

上面所列内容，既不是完美无缺，也不是任何工程设计都缺一不可，而应根据工程的特点和实际情况而定。对一些简单的工程，可不画等高线、坐标网或绿化规划和管道的布置等。

(二) 总平面图的图示方法

1. 比例

总平面图绘制时常用的比例为 1∶500、1∶1000、1∶2000 等。

2. 图例

总平面图上应用图例来表明新建区、扩建区或改建区的总体布置。对于标准中缺乏规定而需自定的图例，必须在总平面图中绘制清楚，并注明其名称。常用图例见表 9-4。

表 9-4 **建筑总平面图常用图例**

序号	名 称	图 例	备 注
1	新建建筑物	8 ▲	1. 需要时，可用▲表示出入口，可在图形内右上角用点数或数字表示层数 2. 建筑物外形（一般以±0.000 高度处的外墙定位轴线或外墙面线为准）用粗实线表示。需要时，地面以上建筑用中粗实线表示，地面以下建筑用细虚线表示

续表

序号	名称	图例	备注
2	原有建筑物	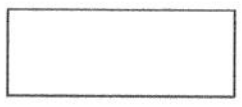	用细实线表示
3	计划扩建的预留地或建筑物		用中粗虚线表示
4	拆除的建筑物	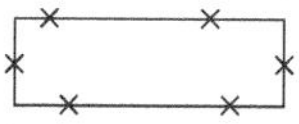	用细实线表示
5	建筑物下面的通道	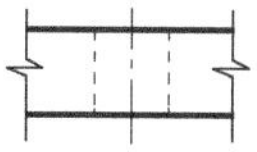	
6	围墙及大门	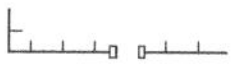 	上图为实体性质的围墙，下图为通透性质的围墙，若仅表示围墙时不画大门
7	坐标	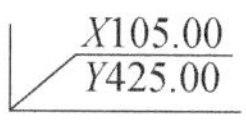 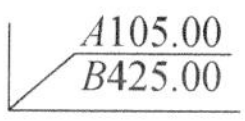 X105.00 Y425.00 A105.00 B425.00	上图表示测量坐标 下图表示建筑坐标
8	室内标高	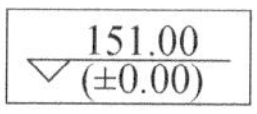 151.00 (±0.00)	
9	室外标高	•143.00▾143.00	室外标高也可采用等高线表示
10	新建的道路	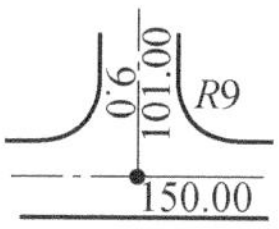 0.6 101.00 R9 150.00	“R9”表示道路转弯半径为9m，“150.00”为路面中心控制点标高，“0.6”表示0.6%的纵向坡度，“101.00”表示变坡点间距离
11	人行道	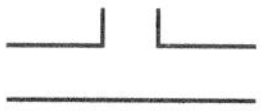	
12	拆除的道路	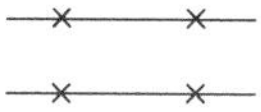	
13	计划扩建的道路		
14	原有道路		
15	桥梁	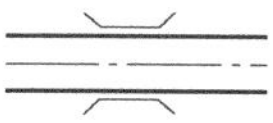 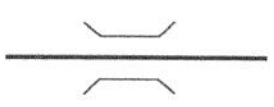	1. 上图为公路桥，下图为铁路桥 2. 用于旱桥时应注明
16	花卉		
17	草坪	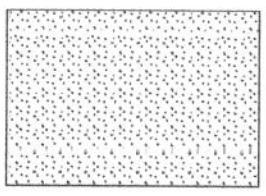	
18	花坛	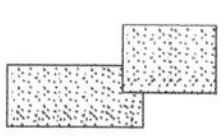	

续表

序号	名　称	图　例	备　　注
19	常绿针叶树		
20	落叶针叶树		
21	常绿阔叶乔木		
22	落叶阔叶乔木		

3. 单位、标高

总平面图中标注的标高应为绝对标高。总平面图中的坐标、标高、距离以米（m）为单位，并应至少取至小数点后两位，不足时以“0”补齐。

（三）总平面图的识读

现以某学校的总平面图为例，如图 9-8 所示，说明总平面图的识读方法。

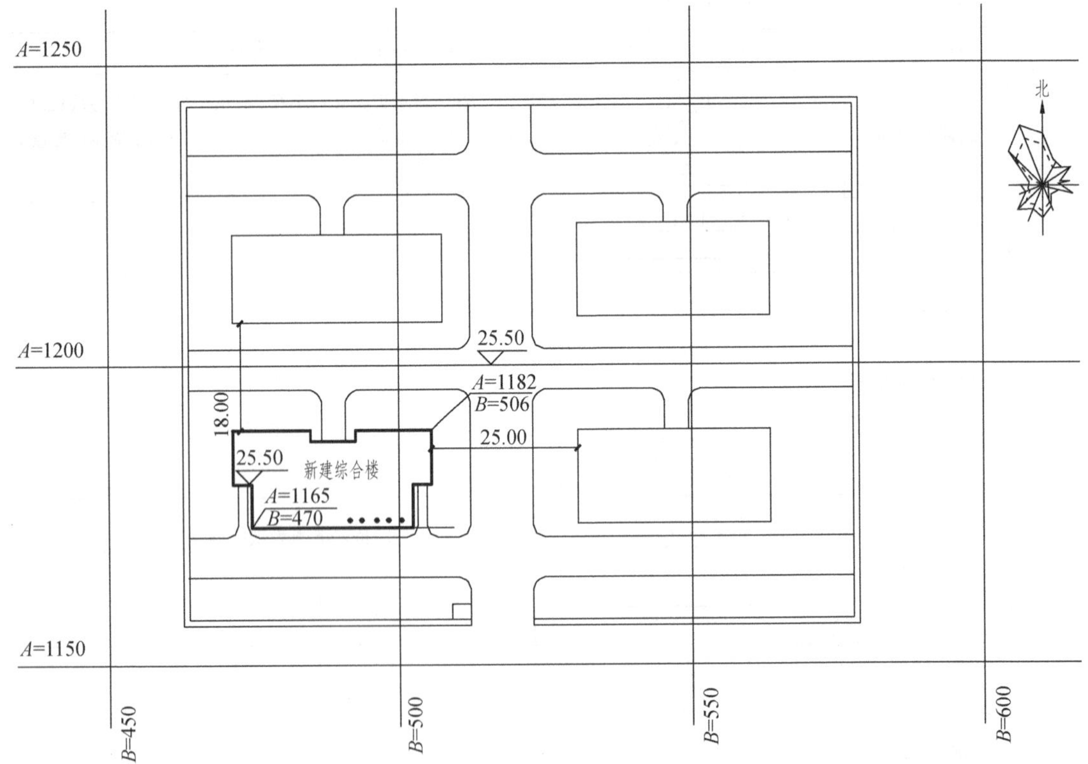

图 9-8　某学校总平面图

（1）了解图名、比例、图例及有关的说明。

（2）了解工程的性质、地形地貌、建筑物的布置、周围环境、道路布置等情况。

（3）了解拟建建筑物的室内外高差、道路标高等。

新建综合楼室内绝对标高为 25.50m，室外道路的绝对标高为 25.00m。

（4）了解拟建建筑物的定位方式。

新建综合楼定位采用的是建筑坐标方式。与东边建筑物的距离为 25m，与北边建筑物的距离为 18m。

（5）了解新建房屋的朝向和主导风向。

第三节 建 筑 平 面 图

一、建筑平面图的形成

用一个假想的水平剖切面沿房屋略高于窗台的部位剖切，移去上面部分，向下作剩余部分的正投影而得到的水平投影图，称为建筑平面图，简称平面图。

一般来说，房屋有几层，就应画出几个平面图，并在图形的下方注出相应的图名、比例等。沿房屋一层窗洞口剖切所得到平面图称为一层平面图（或首层平面图），最上面一层的平面图称为顶层平面图，若中间各层平面布置相同，可只画一个平面图表示，称为标准层平面图。

此外，还有屋顶平面图，它是在房屋上方，向下做屋顶外形的水平投影而得到的投影图。一般可适当缩小比例绘制。

建筑平面图主要反映房屋的平面形状、大小和房间的布置，墙（或柱）的位置、厚度和材料，门窗的位置和开启方向等。它是施工放线、砌筑墙和柱、门窗安装和室内装修及编制预算的重要依据。

二、建筑平面图的图示内容和方法

（一）图示内容

1. 一层平面图

一层平面图主要表示建筑物的入口、楼梯的位置、墙或柱的平面位置及建造材料等情况，同时还表明了一层房间的平面布置、门窗的位置、房间的大小及用途等。

一层平面图还应反映房屋的朝向（用指北针表示）、室外台阶、明沟、散水、花坛等的布置。

2. 楼层平面图

楼层平面图的表示内容与底层平面图基本相同。楼层平面图除要表达本层室内情况外，还需画出本层的室外阳台和下一层室外雨篷、遮阳板等。

3. 屋顶平面图

屋顶平面图主要反映屋面上的天窗、水箱、烟囱、墙、变形缝等的位置，屋面上的排水分区、水流方向、坡度大小、檐沟、泛水、雨水口等情况。

（二）图示方法

1. 比例

平面图常用 1∶50、1∶100、1∶200 的比例进行绘制。

2. 图例

由于比例较小，平面图中许多构造配件（如门、窗、孔道、花格等）均不按真实投影绘制，而用规定的图例表示，见表9-5。

表9-5 **常见构件及配件的图例**

序号	名称	图例	说明
1	墙体	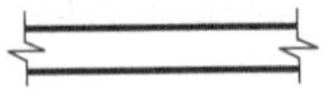	应加注文字或填充图例表示墙体材料，在项目设计图纸说明中列材料图例表给予说明
2	隔断		1. 包括板条抹灰、木制、石膏板、金属材料等隔断 2. 适用于到顶与不到顶隔断
3	栏杆		
4	楼梯	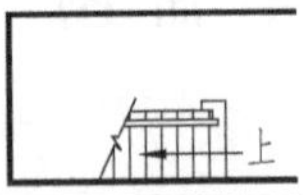 上	1. 图4为底层楼梯平面，图5为中间层楼梯平面，图6为顶层楼梯平面 2. 楼梯及栏杆扶手的形式和梯段踏步数应按实际情况绘制
5		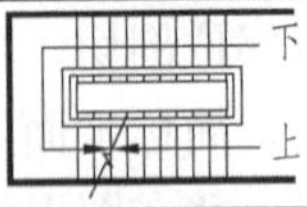 下 上	
6		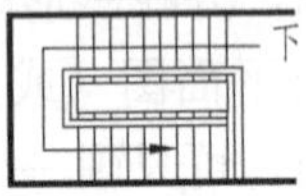 下	
7	坡道	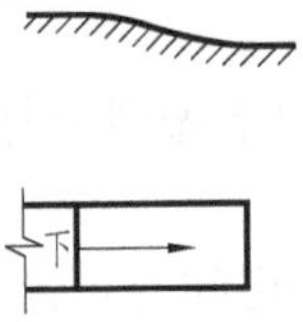 下	图7为长坡道 图8为门口坡道
8		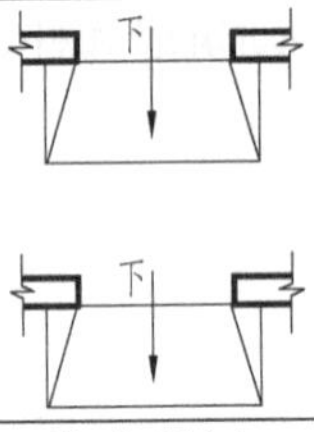 下 下	
9	墙预留槽	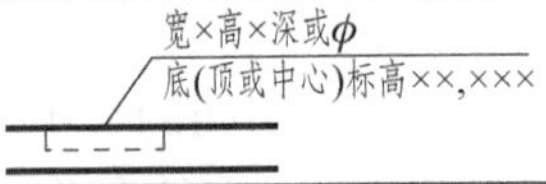 宽×高×深或ϕ 底(顶或中心)标高××,×××	1. 以洞中心或洞边定位 2. 宜以涂色区别墙体和留洞位置
10	烟道	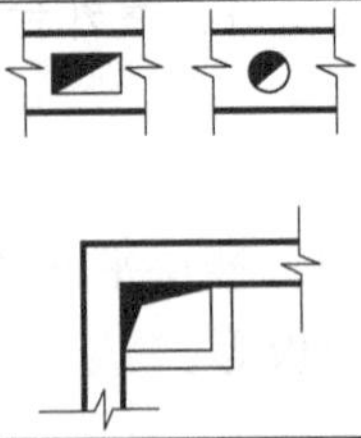	1. 阴影部分可以涂色代替 2. 烟道与墙体为同一材料，其相接处墙身线应断开
11	通风道	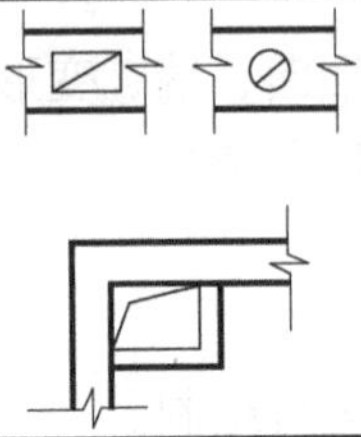	

续表

序号	名　　称	图　　例	说　　明
12	空 门 洞	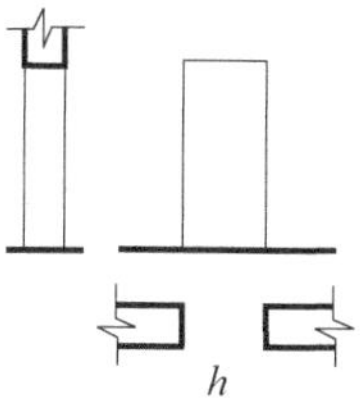 h	h 为门洞高度
13	单扇门（包括平开或单面弹簧）	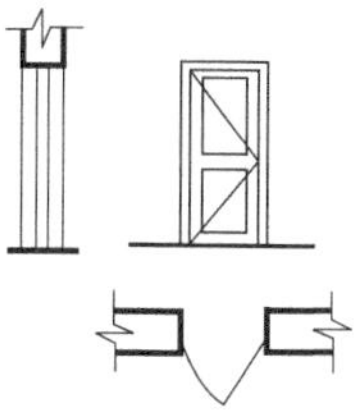	1. 门的名称代号用 M 2. 图例中剖面图左为外、右为内，平面图下为外、上为内 3. 立面图上开启方向线交角的一侧为安装合页的一侧，实线为外开，虚线为内开 4. 平面图上门线应 90°或 45°开启，开启弧线宜绘出 5. 立面图上的开启线在一般设计图中可不表示，在详图及室内设计图上应表示 6. 立面形式应按实际情况绘制
14	双扇门（包括平开或单面弹簧）	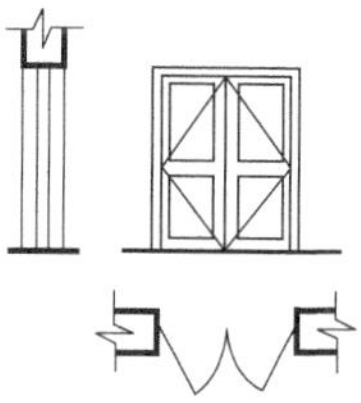	
15	墙中双扇推拉门	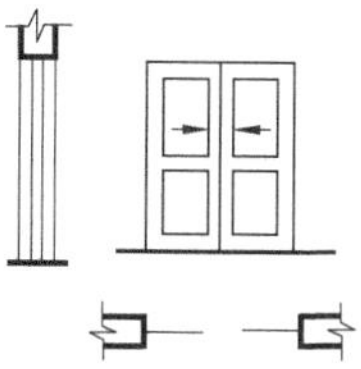	1. 门的名称代号用 M 2. 图例中剖面图左为外、右为内，平面图下为外、上为内 3. 立面形式应按实际情况绘制
16	墙外单扇推拉门	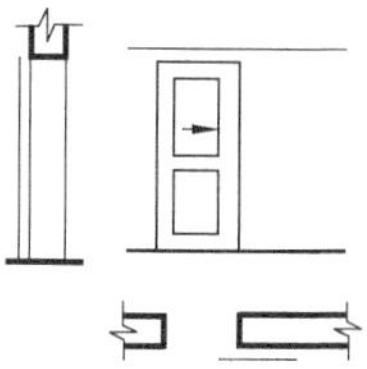	
17	墙外双扇推拉门	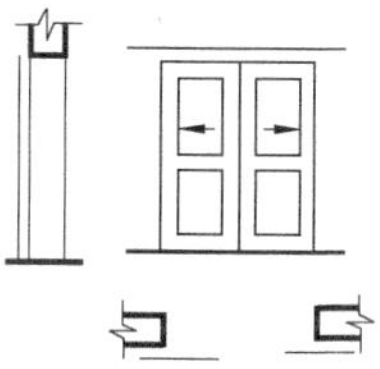	

续表

序号	名　称	图　例	说　明
18	单扇双面弹簧门	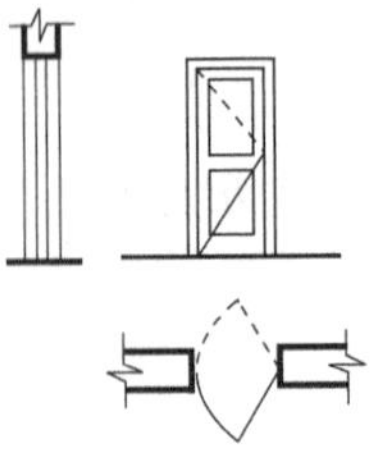	1. 门的名称代号用 M 2. 图例中剖面图左为外、右为内，平面图下为外、上为内 3. 立面图上开启方向线交角的一侧为安装合页的一侧，实线为外开，虚线为内开 4. 平面图上门线应 90°或 45°开启，开启弧线宜绘出 5. 立面图上的开启线在一般设计图中可不表示，在详图及室内设计图上应表示 6. 立面形式应按实际情况绘制
19	双扇双面弹簧门	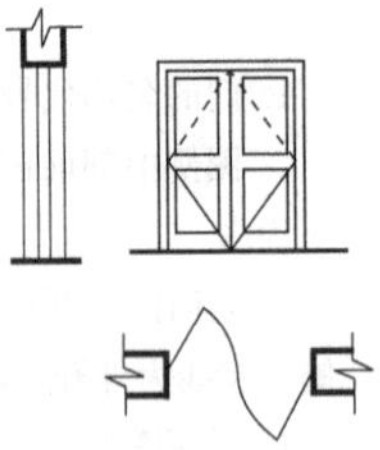	
20	单扇内外开双层门（包括平开或单面弹簧）	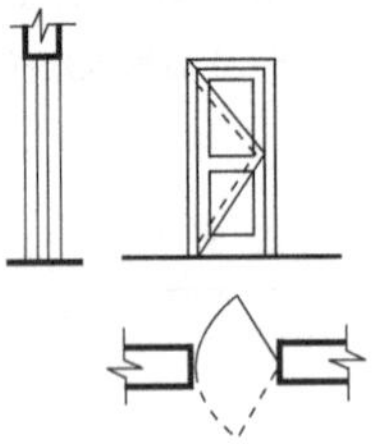	
21	转　门	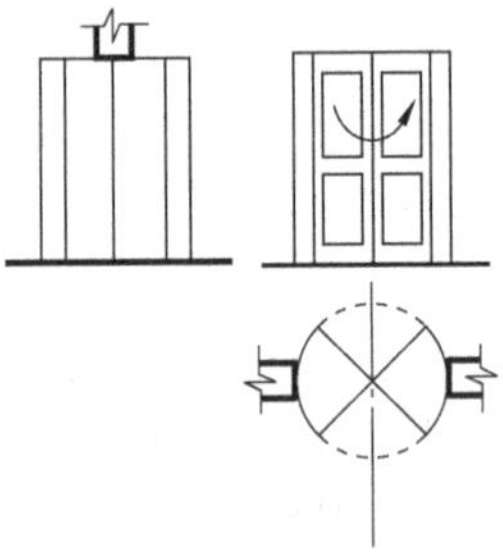	1. 门的名称代号用 M 2. 图例中剖面图左为外、右为内，平面图下为外、上为内 3. 平面图上门线应 90°或 45°开启，开启弧线宜绘出 4. 立面图上的开启线在一般设计图中可不表示，在详图及室内设计图上应表示 5. 立面形式应按实际情况绘制
22	竖向卷帘门	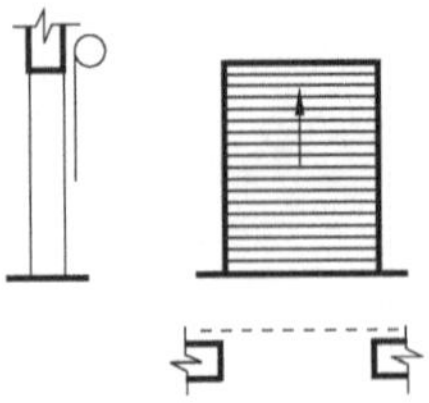	

续表

<table>
<tr><th>序号</th><th>名　称</th><th>图　例</th><th>说　明</th></tr>
<tr><td>23</td><td>单层固定窗</td><td> 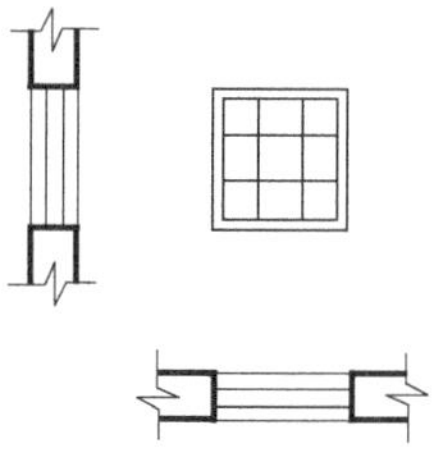</td><td rowspan="4">1. 窗的名称代号用C表示
2. 立面图中的斜线表示窗的开启方向，实线为外开，虚线为内开；开启方向线交角的一侧为安装合页的一侧，一般设计图中可不表示
3. 图例中剖面图左为外、右为内，平面图下为外、上为内
4. 平面图和剖面图上的虚线仅说明开关方式，在设计图中不需表示
5. 窗的立面形式应按实际情况绘制
6. 小比例绘图时平、剖面的窗线可用单粗实线表示</td></tr>
<tr><td>24</td><td>单层外开平开窗</td><td> 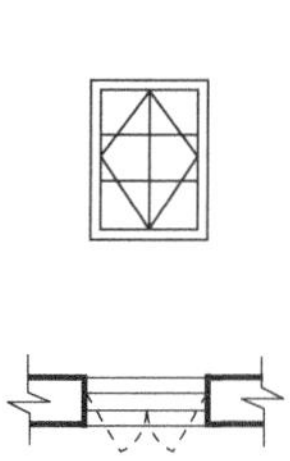</td></tr>
<tr><td>25</td><td>单层内开平开窗</td><td> 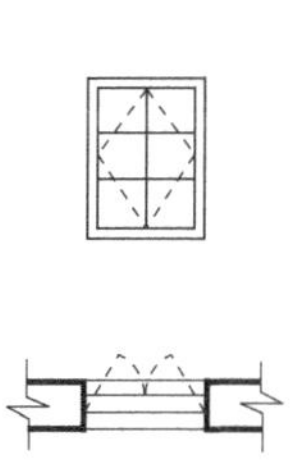</td></tr>
<tr><td>26</td><td>双层内外开平开窗</td><td> 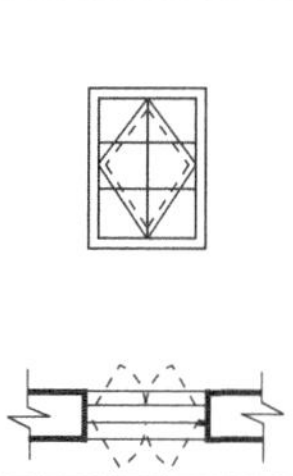</td></tr>
<tr><td>27</td><td>推 拉 窗</td><td> 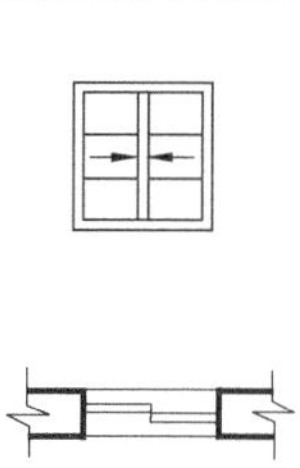</td><td>1. 窗的名称代号用C表示
2. 图例中剖面图左为外、右为内，平面图下为外、上为内
3. 窗的立面形式应按实际情况绘制
4. 小比例绘图时平、剖面的窗线可用单粗实线表示</td></tr>
<tr><td>28</td><td>百 叶 窗</td><td> 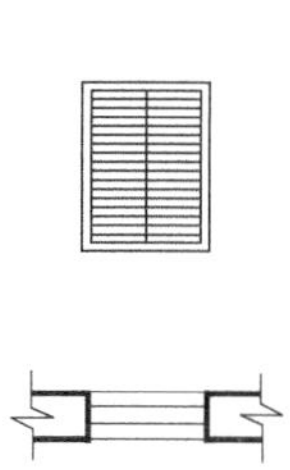</td><td>1. 窗的名称代号用C表示
2. 立面图中的斜线表示窗的开启方向，实线为外开，虚线为内开；开启方向线交角的一侧为安装合页的一侧，一般设计图中可不表示
3. 图例中剖面图左为外、右为内，平面图下为外、上为内
4. 平面图和剖面图上的虚线仅说明开关方式，在设计图中不需表示
5. 窗的立面形式应按实际情况绘制</td></tr>
</table>

续表

序号	名　称	图　例	说　明
29	高　窗		1. 窗的名称代号用C表示 2. 立面图中的斜线表示窗的开启方向，实线为外开，虚线为内开；开启方向线交角的一侧为安装合页的一侧，一般设计图中可不表示 3. 图例中剖面图左为外、右为内，平面图下为外、上为内 4. 平面图和剖面图上的虚线仅说明开关方式，在设计图中不需表示 5. 窗的立面形式应按实际情况绘制 6. h 为窗底距本层楼地面的高度

3. 图线及定位轴线

承重墙、柱，必须标注定位轴线并按顺序编号。被剖切到的墙、柱断面轮廓线用粗实线画出；没有剖到的可见轮廓线（如台阶、梯段、窗台等）用中实线画出；轴线用细点画线画出，标注尺寸线、尺寸界线、引出线等用细实线画出。

4. 尺寸标注

（1）外部尺寸。

外部尺寸一般标注在平面图的下方和左方，分三道标注：最外面一道是总尺寸，表示房屋的总长和总宽；中间一道是定位尺寸，表示房屋的开间和进深；最里面一道是细部尺寸，表示门窗洞口、窗间墙、墙厚等细部尺寸，同时还应注写室外附属设施，如台阶、阳台、散水、雨篷等尺寸。

三道尺寸线间的距离一般为7～10mm，第一道尺寸线应离图形最外轮廓线10mm以上。如果房屋平面图前后或左右不对称时，则平面图的上下左右四边都应注写三道尺寸。如有部分相同，另一些不相同，可只注写不同部分。

（2）内部尺寸。

一般应标注室内窗洞、墙厚、柱、砖垛和固定设备（如厕所、盥洗室等）的大小、位置及其他需详细标注的尺寸等。一层平面图中，还应注写室内外地面的标高。

三、建筑平面图的识读

现以某学校综合楼中底层平面图为例，如图9-9所示，说明平面图的识读方法。

1. 了解图名、比例及有关的文字说明

由图9-16可知，该图为某中学综合楼的底层平面图，比例为1∶100。

2. 了解定位轴线的编号及其间距

定位轴线之间的距离，横向称为开间，竖向称为进深。

3. 了解房屋内部各房间的位置、用途及其相互关系

该综合楼为内廊式建筑，房间布置在走廊两侧。有体育器材室、卫生室、阅览室、生物实验室、书库、图书管理室、舞蹈教室、舞蹈更衣室、卫生间等。综合楼正门在北边中间位置，南边东西两侧各有一个便门。

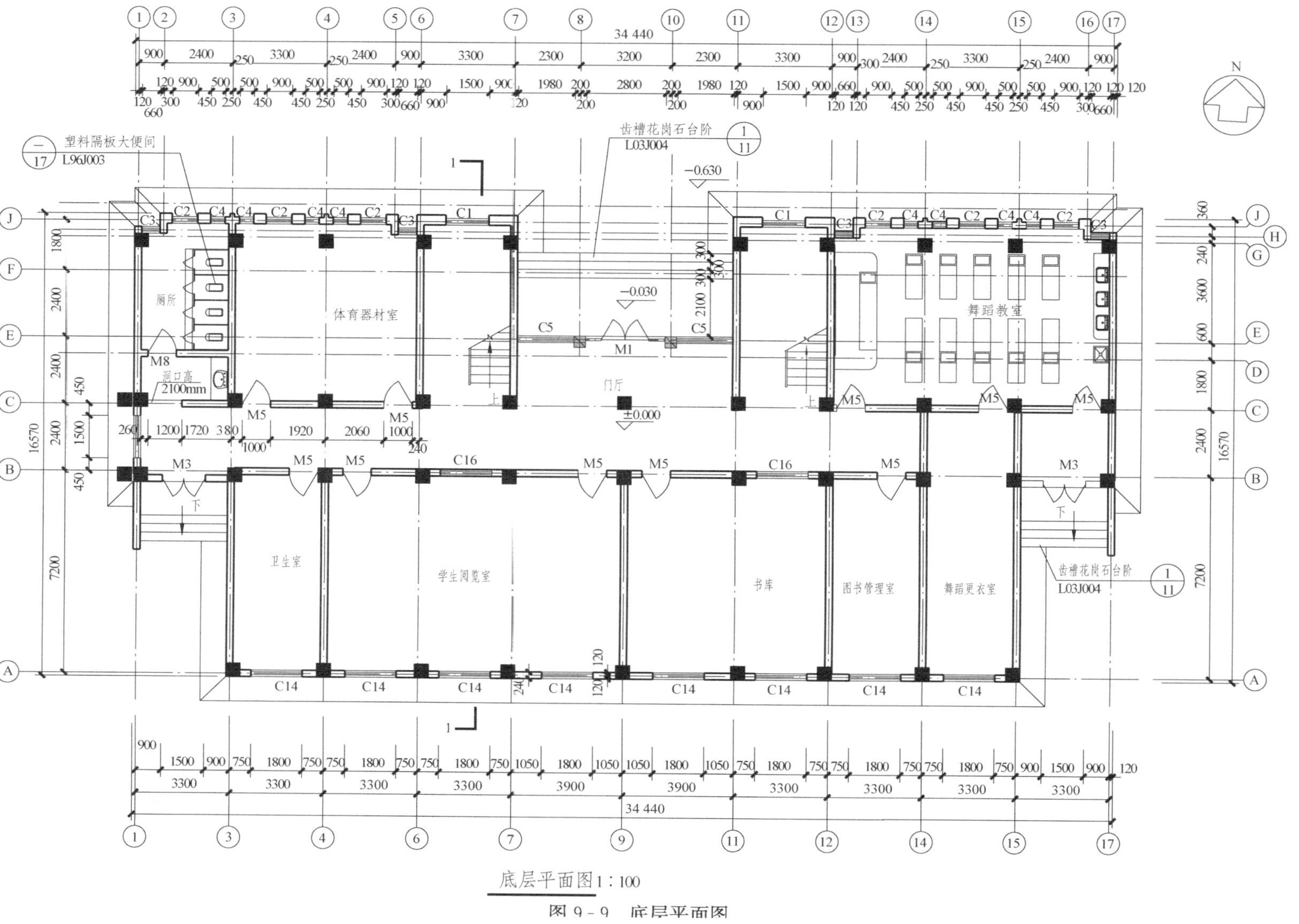

底层平面图 1:100

图 9-9 底层平面图

4. 了解平面各部分的尺寸

平面图尺寸以毫米（mm）为单位，但标高以米（m）为单位。平面图的尺寸标注有外部尺寸和内部尺寸两部分。

(1) 外部尺寸。

为便于识图及施工，建筑平面图的下方及侧向一般标注有三道尺寸：

第一道尺寸是细部尺寸，它表示门、窗洞口宽度尺寸和门窗间墙体以及各细小部分的构造尺寸（从轴线标注），例如卫生室窗户宽 1.800m、距两边墙体轴线的距离都是 0.750m。

第二道尺寸是轴线间的尺寸，它表示房间的开间和进深的尺寸，例如卫生室开间 3.3m、进深 7.2m。

第三道尺寸是外包尺寸，它表示房屋外轮廓的总尺寸，即从一端的外墙边到另一端的外墙边总长和总宽的尺寸。该综合楼总长为 34.440m、总宽 16.57m。

另外，台阶（或坡道）、花池及散水等细部的尺寸，可单独标注。

(2) 内部尺寸。

内部尺寸应注明室内门窗洞、孔洞、墙厚和设备的大小与位置。例如从走廊进入卫生间的洞口高 2.1m、宽 1.2m、距离定位轴线③的距离是 1.72m、距离定位轴线①的距离是 0.26m。

此外，建筑平面图中的标高，通常都采用相对标高，本例中门厅处的底面标高为±0.000。

5. 了解房屋的构造及配件类型、数量及其位置

在平面图中常采用图例表示房屋的构造及配件，“国标”规定了各种常用构造及配件图例，见表 9-5 所示。

在平面图中，门窗采用专门的代号标注，其中门的代号为 M，窗的代号为 C，代号后面用数字表示它们的编号，如 M1、M2…，C1、C1…。一般每个工程的门窗标号、名称、尺寸、数量及其所选标准图集的编号等内容，在首页图上的门窗表中列出，如附图 1 所示。

6. 了解其他细部（如楼梯、墙洞和各种卫生器具等）的配置和位置情况

该综合楼有两部楼梯，分别在定位轴线⑥～⑦、⑪～⑫之间。厕所在定位轴线①～③之间，分里外两间，有 4 个蹲式大便器和一个洗手盆。

7. 了解房屋外部的设施

房屋外部有散水、台阶，具体尺寸见图中所注。

8. 了解房屋的朝向及剖面图的剖切位置、索引符号等

底层平面图右上角有指北针，表明房屋的朝向。底层平面图还画出剖面图的剖切位置 1—1，以便与剖面图对照查阅。

各层平面图的主要区别是：从内部看，首先各层楼梯图例不同，其次各层标高也不同；从外部看，底层平面图上画出室外的台阶、散水、指北针等，而楼层平面图只表示下一层的雨篷、遮阳板等。

四、建筑平面图的绘制

(1) 画定位轴线，如图 9-10 所示；

(2) 画墙、柱轮廓线，画门窗洞位置，如图 9-11 所示；

(3) 画楼梯、阳台等细部；

(4) 检查无误后，擦去多余图线，按要求加深；

图 9-10 画定位轴线

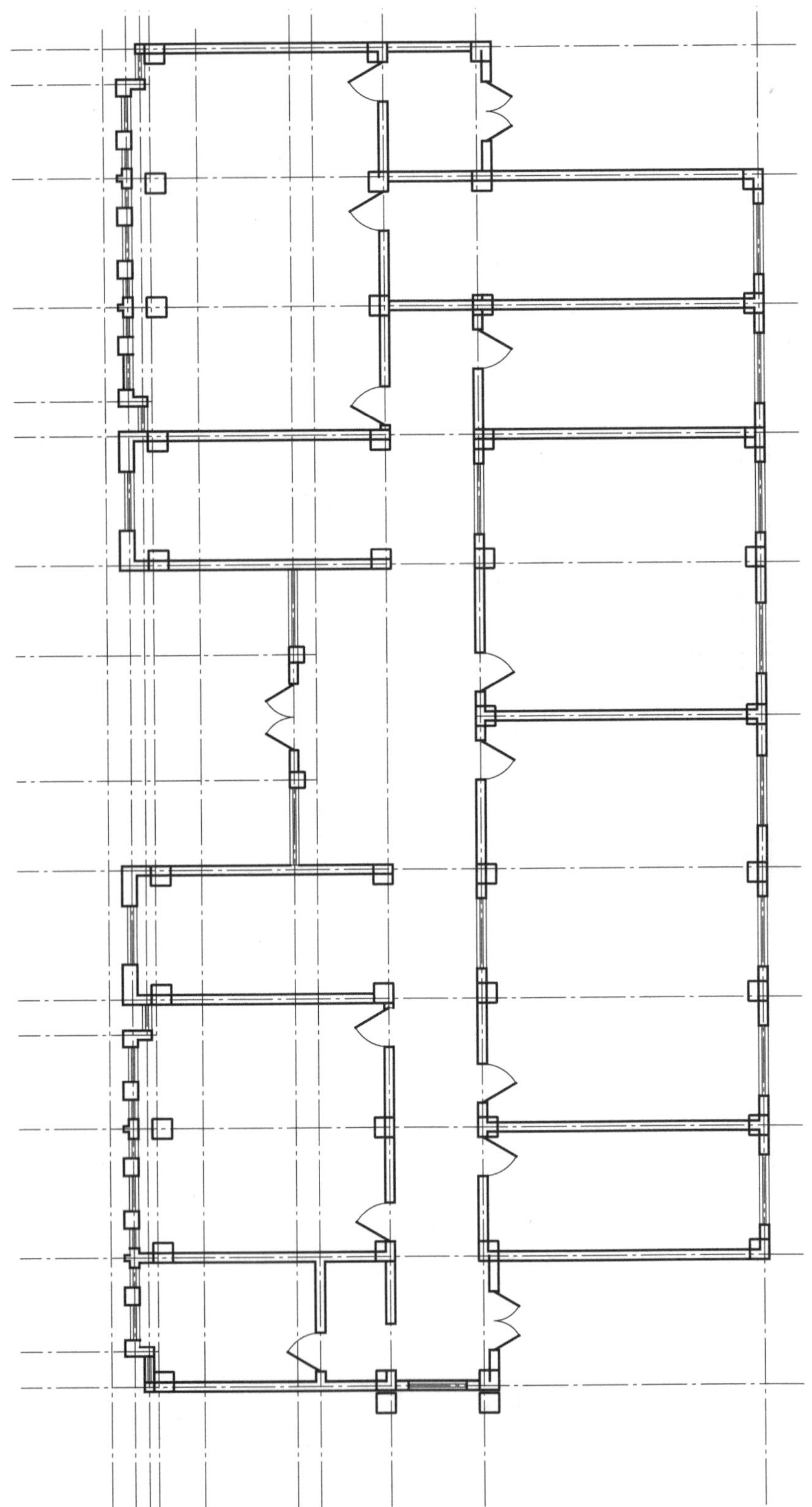

图 9-11 画墙身、柱的轮廓及门窗洞位置

(5) 标注轴线、尺寸、门窗编号、图名、比例及文字说明。

最终结果如图 9-9 所示。

第四节 建 筑 立 面 图

一、建筑立面图的形成

在与房屋立面平行的投影面上所作出的房屋正投影图，称为建筑立面图，简称立面图。

立面图有三种命名方式：

(1) 按房屋的朝向来命名，如南立面图、北立面图、东立面图、西立面图。

(2) 按立面图中首尾定位轴线编号来命名，如①～⑩立面图、⑩～①立面图、Ⓐ～Ⓓ立面图、Ⓓ～Ⓐ立面图。

(3) 按房屋立面的主次来命名，如正立面图、背立面图、左侧立面图、右侧立面图。

建筑立面图主要反映了房屋的外貌、各部分配件的形状、相互关系以及立面装修做法等，它是施工的重要图样。

二、建筑立面图的图示内容和方法

(一) 图示内容

(1) 立面图应标明建筑物两端轴线的编号；

(2) 立面图应表明建筑物外部形状，门窗、台阶、雨篷、阳台、雨水管、水箱等的位置，外墙的留洞应标注尺寸与标高（宽×高×深及关系尺寸）；

(3) 平面图上表示不出的窗的编号，应在立面图上标注。平、剖面图未能表示出来的屋顶、檐口、女儿墙、窗台等处的标高，应在立面图上分别标注，还应用标高表示出建筑物的总高度（屋檐或屋顶）、各楼层高度、室内外地坪标高以及烟囱高度等；

(4) 应表明建筑外墙所用材料及饰面的分格。

(二) 图示方法

1. 比例

平面图常用 1∶50、1∶100、1∶200 等比例进行绘制。

2. 图线

立面图中地坪线用特粗线表示，房屋的外轮廓线用粗实线表示，房屋的构配件（如窗台、窗套、阳台、雨篷、遮阳板）的轮廓线用中实线表示，门窗扇、勒脚、雨水管、栏杆、墙面分隔线，及有关说明的引出线、尺寸线、尺寸界线和标高均用细实线表示。

3. 尺寸标注

立面图不标注水平方向的尺寸，只画出最左、最右两端的定位轴线。立面图上应标出室外地坪、室内地面、勒脚、窗台、门窗顶及檐口处的标高，并沿高度方向注写各部分高度尺寸。通常用文字说明各部分的装饰做法。

三、建筑立面图的识读

现以某中学综合楼北立面图为例，如图 9-12 所示，说明立面图的识读。

1. 了解图名、比例及有关的文字说明

从图名或轴线的编号可知，该图是表示房屋北向的立面图（或⑰～①立面图），比例 1∶100。

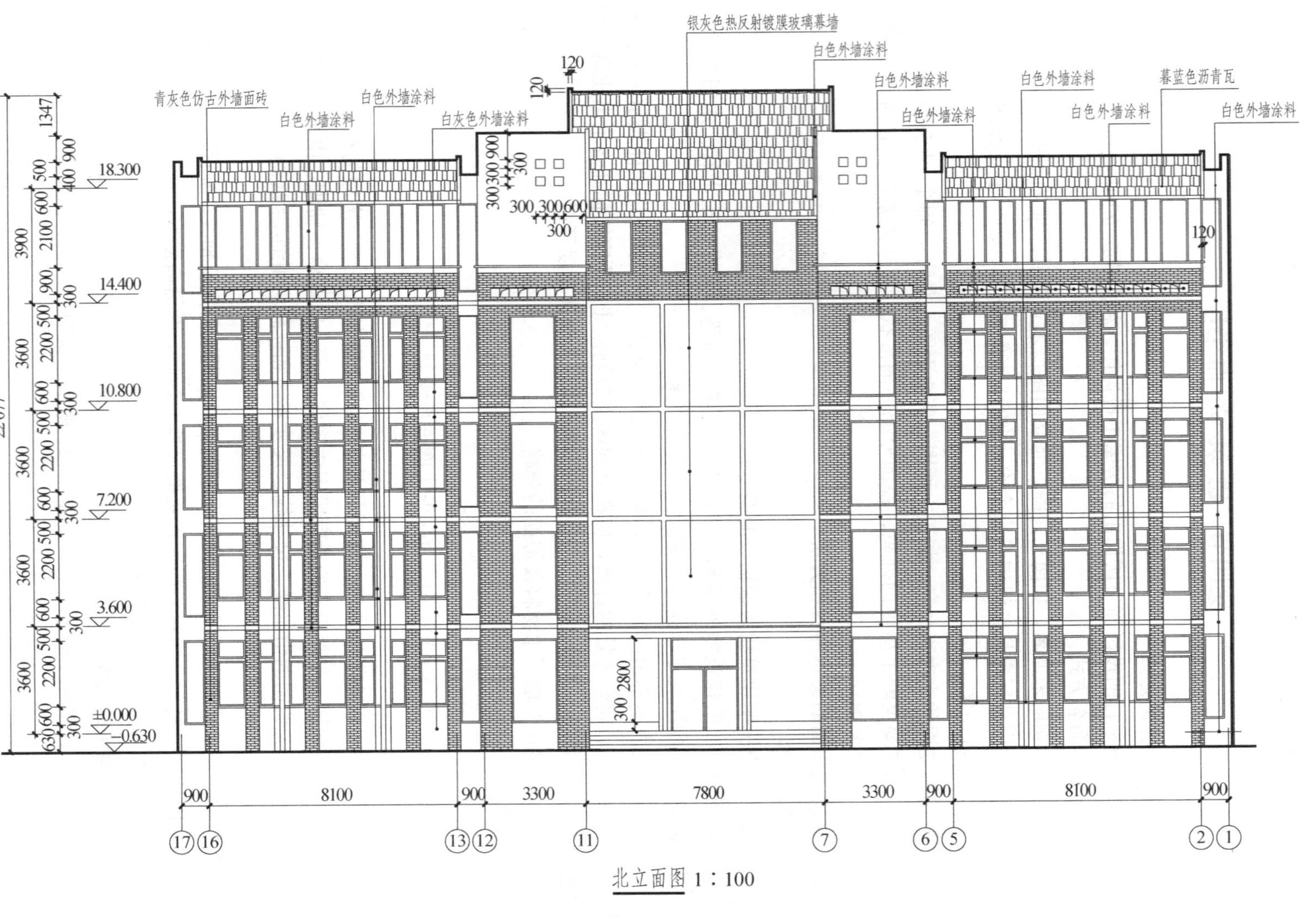

图 9-12 建筑立面图

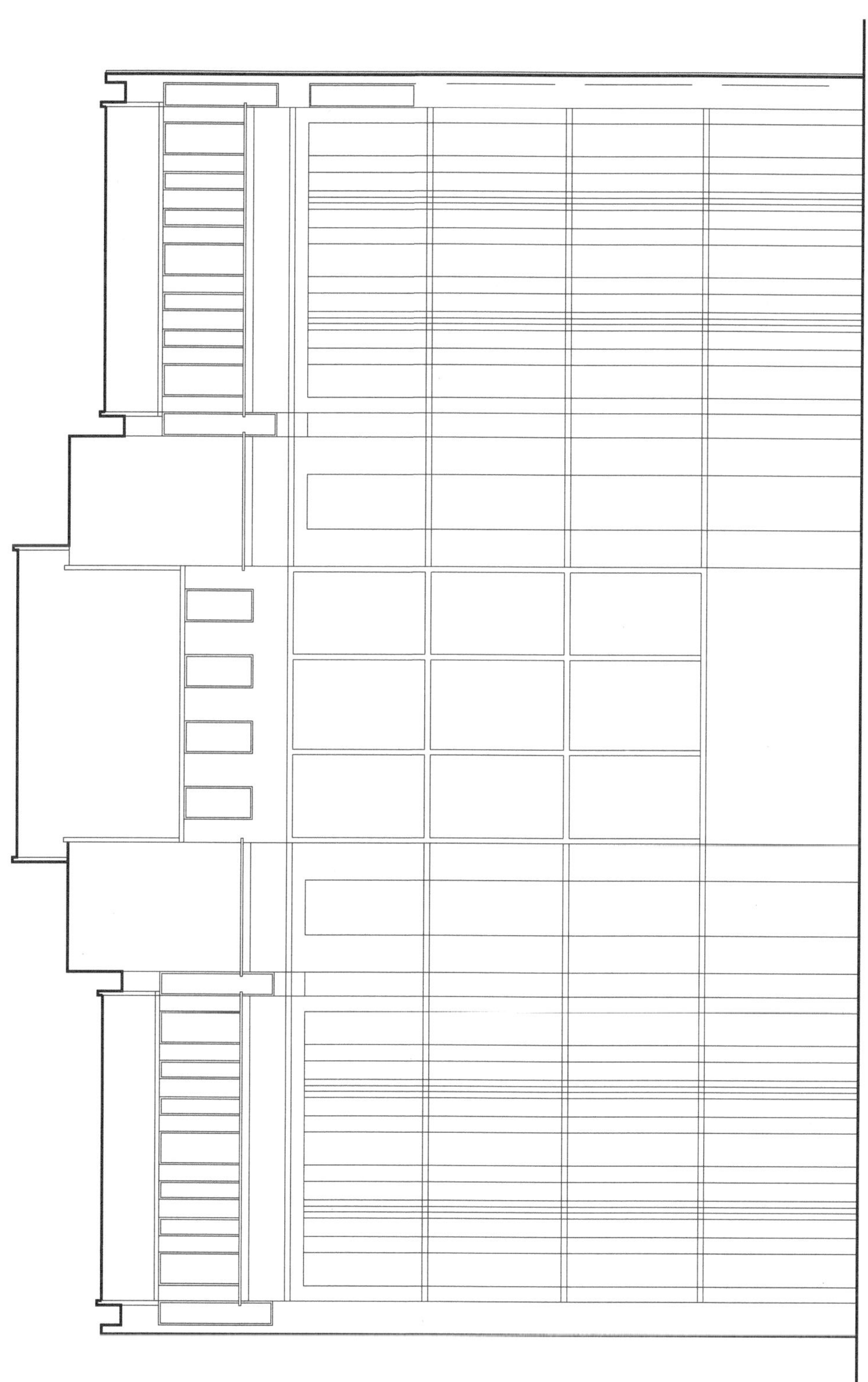

图9-13 绘立面图步骤一

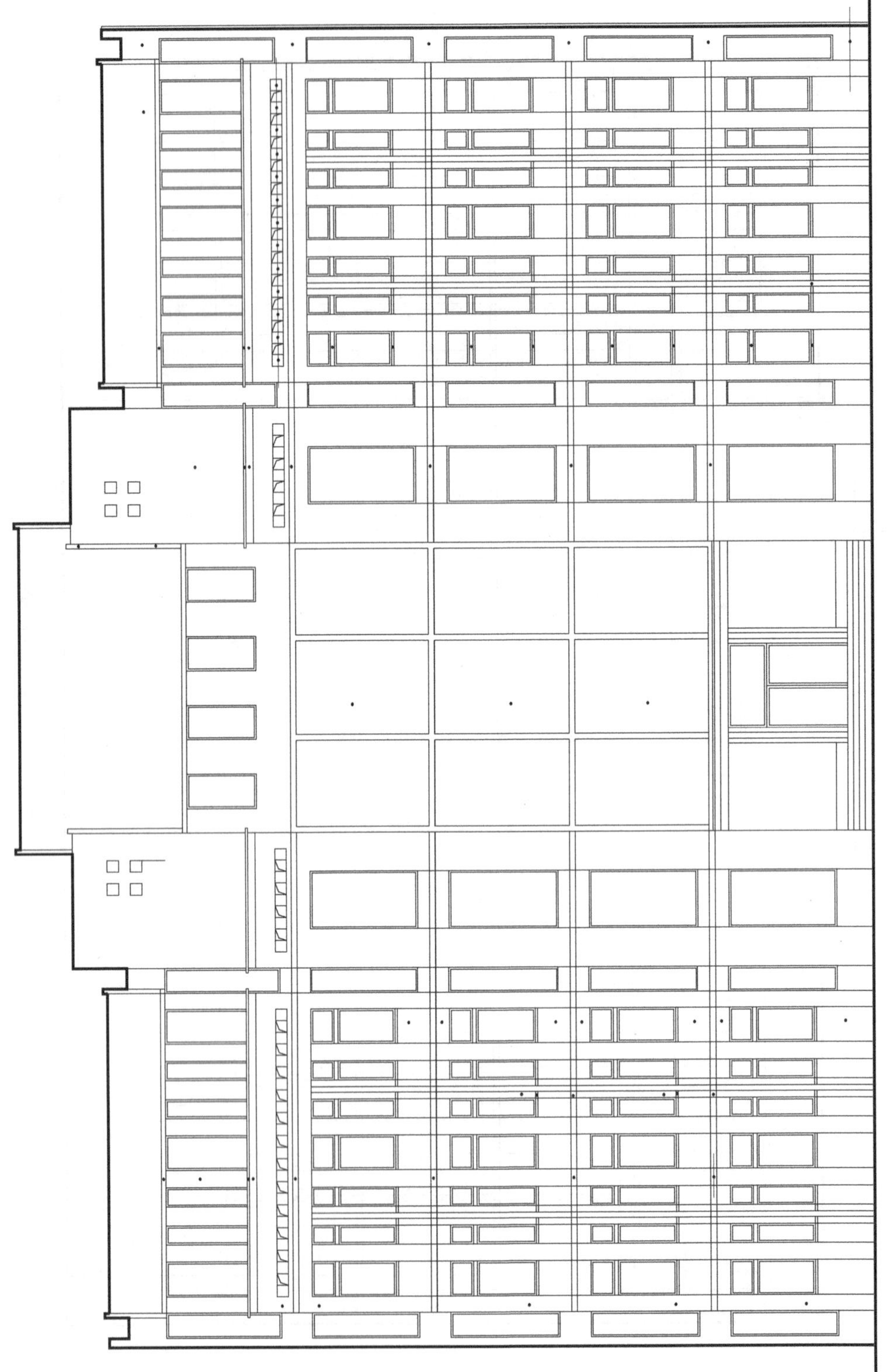

图 9-14 绘立面图步骤二

2. 对照平面图核对立面图上的有关内容

对照平面图上的指北针或定位轴线编号，可知北立面图的右端轴线编号为①、左端为⑰，与建筑平面图相对应。

3. 了解房屋的外貌特征

该房屋的主要出入口在房屋的中部，墙表面安装雨水管。

4. 核实房屋的竖向标高及尺寸

立面图中的尺寸，主要以标高的形式标注。一般标注室内外地坪、檐口、女儿墙、雨篷、门窗、台阶等处的标高。

5. 了解房屋外墙面的装修做法

如图 9-12 所示。

四、建筑立面图的绘制

(1) 画室外地坪线，外墙轮廓线，屋面线。根据层高、各部分标高和平面图门窗洞口尺寸，画出立面图中门窗洞、檐口，如图 9-13 所示。

(2) 画出门窗扇、墙面分格线，画出立面图中雨篷、雨水管等细部的外形轮廓，如图 9-14所示。

(3) 画出墙面装修图例，并按规定加深图线。两端画上首尾轴线及编号，并注写标高、图名、比例及有关说明。

完成后的立面图如图 9-12 所示。

第五节 建筑剖面图

一、建筑剖面图的形成

假想用一个或一个以上垂直于外墙轴线的铅垂剖切平面将房屋剖开，移去靠近观察者的部分，对剩余部分所作的止投影图，称为建筑剖面图，简称剖面图。

建筑剖面图主要反映房屋内部垂直方向的高度、分层情况、楼地面和屋顶的构造以及各构配件在垂直方向的相互关系等。它与平面图、立面图相配合，是建筑施工图的重要图样，是施工中的主要依据之一。

二、建筑剖面图的图示内容和图示方法

(一) 图示内容

(1) 要标注重要承重构件的定位轴线及编号。

(2) 要标注建筑物各部分高度，门窗、洞口高度、楼层间高度及总高度（室外地面至檐口或女儿墙顶）。有时，后两部分尺寸可不标注。

(3) 标高。底层地面标高（±0.000）；各层楼面、楼梯、平台标高；门窗洞口标高；屋面板、屋面檐口、女儿墙顶、高出屋面的水箱间、楼梯间、机房屋顶部标高；室外地面标高等。

(4) 表明建筑主要承重构件的相互关系，主要指梁、板、柱、墙的关系。

(5) 剖面图中不能详细表达的地方，应引出索引符号另画详图。

(二) 图示方法

1. 比例

建筑剖面图常选用比平面图、立面图较大的比例绘制，常用比例 1∶50、1∶100 等。

2. 图线及定位轴线

室内外地坪线用粗实线表示；剖切到的墙身、楼板、屋面板、楼梯段、楼梯平台等的轮廓线用粗实线表示；未剖到的可见轮廓线用中粗线表示；门、窗扇及其分格线，水斗及雨水管用细实线表示。定位轴线一般只画出两端的轴线及编号，以便与平面图对照。

3. 剖切位置及数量选择

剖切平面应选择通过门、窗洞口或楼梯间的位置，借此来表示门、窗洞的高度和在竖直方向的位置及构造以便施工。剖切数量视建筑物的复杂程度和实际情况而定，编号用阿拉伯数字（如1—1、2—2）或英文字母（A—A、B—B）命名。

4. 尺寸和标高

剖面图应标注垂直尺寸，一般注写三道：最外侧一道应注写室外地面以上的总尺寸；中间一道注写层高尺寸；里面一道注写门窗洞及洞间墙的高度尺寸。另外还应标注某些局部尺寸，如室内门窗洞、窗台的高度。

剖面图上应注写的标高包括室内外地面、各层楼面、楼梯平台、檐口或女儿墙顶面等处。

5. 楼地面构造

剖面图中一般用引出线指向所说明的部分，按其构造层次顺序，逐层用文字说明各层的构造做法。

6. 详图索引符号

剖面图中应注写需要画详图处的索引符号。

三、剖面图的识读

现以某中学综合楼1—1剖面图为例，如图9-15所示，说明剖面图的识读方法。

1. 了解图名、比例

由图9-15可知，该图为1—1剖面图，比例1∶100，与平面图和立面图相同。

2. 了解剖面图与平面图的对应关系

由图名和剖切符号与平面图上的剖切位置和轴线编号相对照，可知1—1剖面图的剖切位置在⑥～⑦轴之间的楼梯间处，剖切后向左投影。

3. 了解房屋的结构形式和内部构造

由图9-15仔细了解房屋的结构形式和内部构造。

4. 核实房屋的竖向标高及尺寸

在剖面图中画出了主要承重墙的轴线、编号以及轴线间的间距尺寸。在外侧竖向注出了房屋主要部位，即室内外地坪、楼层、楼梯、檐口或女儿墙等处的标高及高度方向的尺寸。

5. 了解索引详图所在的位置和编号

索引详图所在的位置和编号如图9-15所示。

四、建筑剖面图的绘制

（1）画定位轴线、室内外地坪线、各层楼面线和屋面线，并画出墙身，如图9-16所示。

（2）画楼梯、确定门窗位置及细部，如图9-17所示。

（3）经检查无误后，擦去多余线条。按规定线型加深图线，标注标高尺寸和其他尺寸，并书写图名、比例及有关的文字说明。

完成后的剖面图如图9-15所示。

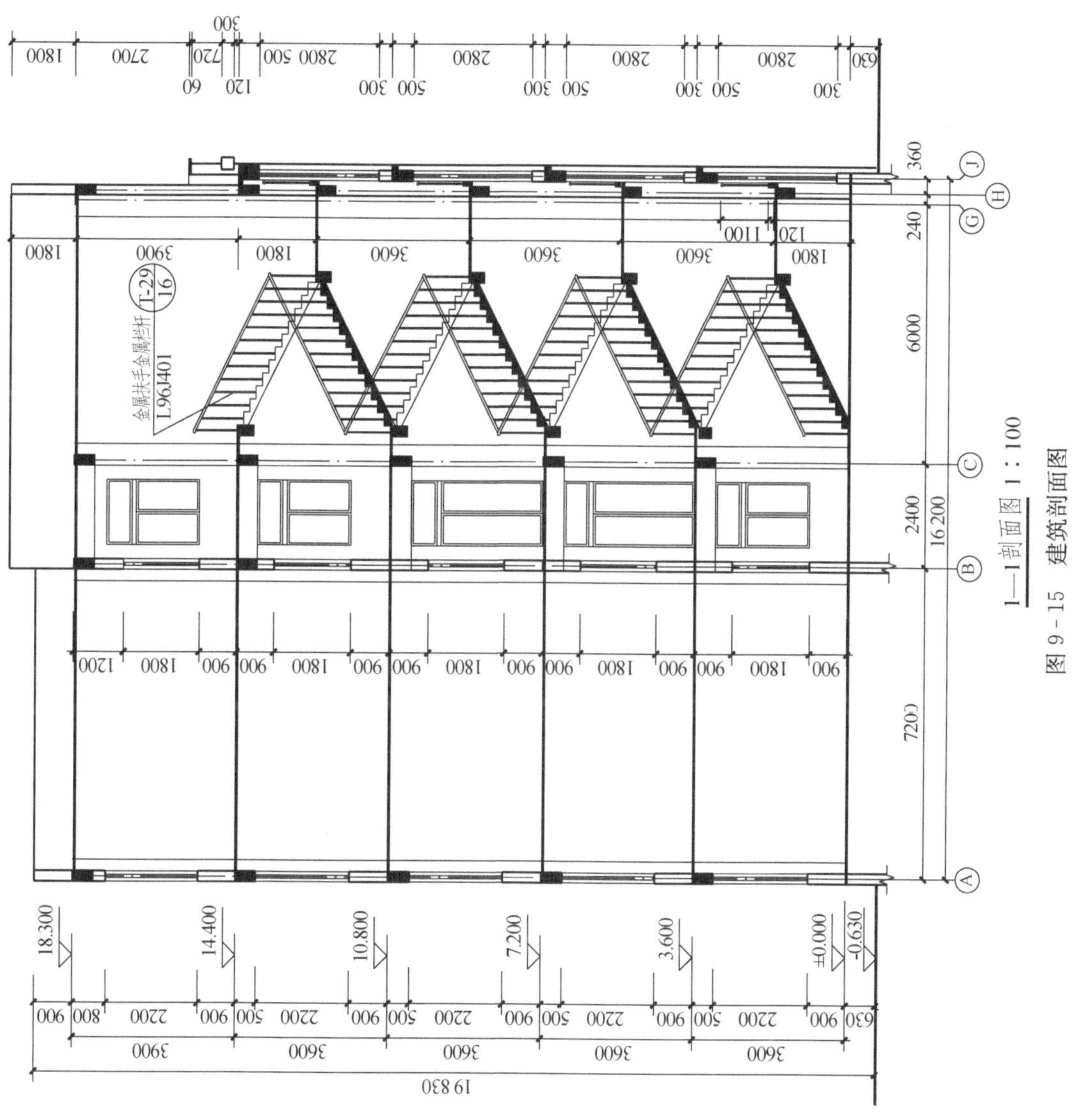

1—1剖面图 1：100

图 9-15 建筑剖面图

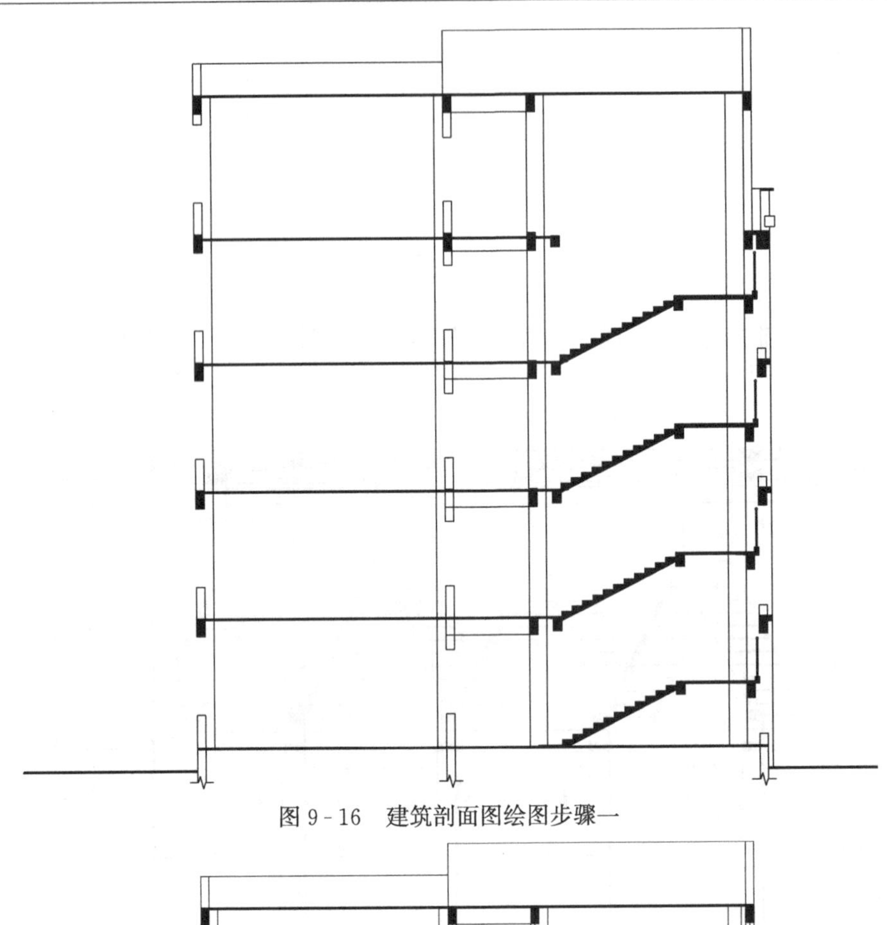

图 9-16 建筑剖面图绘图步骤一

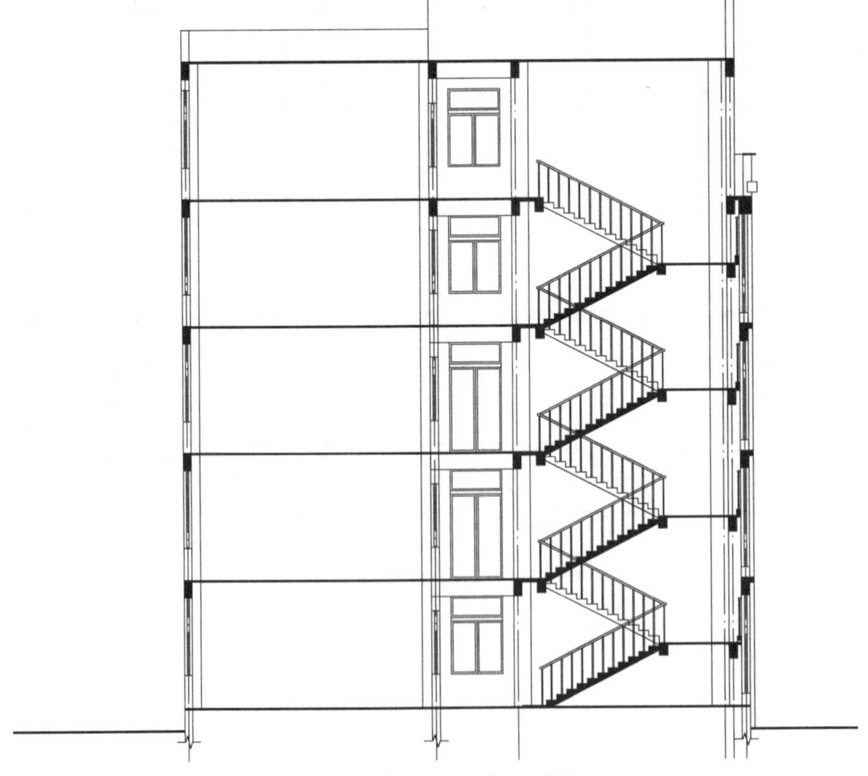

图 9-17 建筑剖面图绘图步骤二

第十章　给水排水施工图

学习目标：

- 掌握给水排水施工图的有关规定。
- 掌握给水排水施工图的识读方法。

给水排水施工图一般分为室内给水排水施工图和室外给水排水施工图。

第一节　室内给水排水施工图

室内给水排水施工图是表示房屋中卫生器具、给水排水管道及附件的布置、类型、大小以及与房屋的相对位置和安装方式的工程图。它主要包括室内给水排水平面图、系统轴测图、安装详图、施工说明等。

一、室内给水排水施工图的图示特点

(1) 室内给水排水施工图中的平面图、详图等都是用正投影法绘制的，系统图是用斜轴测投影法绘制的。

(2) 室内给水排水工程施工图中（详图除外），各种卫生器具、管件、附件及闸门等，均采用统一图例来表示，常用图例见表10-1。

表10-1　　室内给水排水工程施工图中的常用图例

名　称	图　例	说　明	名　称	图　例	说　明
管　道		用于一张图上，只有一种管道	存水弯		
	——J—— ——P——	用汉语拼音字头表示管道类别	检查口		
		用线型区分管道类别	清扫口		左为平面 右为系统
交叉管		管道交叉不连接，在下方和后方的管道应断开	通气帽		左为成品 右为铅丝球
管道连接		左为三通 右为四通	圆形地漏		左为平面 右为系统
管道立管	JL　JL	J：管道类别 L：立管	截止阀		左为DN≥50 右为DN<50
管道固定支架			闸　阀		
多孔管			止回阀		

续表

名 称	图 例	说 明	名 称	图 例	说 明
放水龙头			污水池		
室内单出口消火栓		左为平面 右为系统	盥洗槽		
室内双出口消火栓		左为平面 右为系统	小便槽		
自动喷淋头	下喷	左为平面 右为系统	小便器		
淋浴喷头			大便器		左为蹲式 右为坐式
水 表			延时自闭阀		
立式洗脸盆			柔性防水套 管		
浴 盆			可曲挠接头		

(3) 给水排水管道一般采用单线、以粗线绘制，而表示房屋的墙体、楼梯、门窗等及有关设备均采用细线绘制。

(4) 不同直径的管道，以相同线宽的线条表示，管道坡度无需按比例画出（画成水平即可），管径和坡度均用数字注明。

(5) 靠墙铺设的管道，不必按比例准确表示出管道与墙面的微小距离，图中只需略有距离即可。即使暗装管道亦与明装管道一样画在墙外，只需说明哪些部分要求暗装。

(6) 当在同一位置布置有几根不同高度的管道时，若严格按正投影来画，平面图就会重叠在一起，这时可画成平行排列。

(7) 有关管道的连接配件均属规格统一的定型工业产品，在图中均不予画出。

二、室内给水排水施工图的图示内容和图示方法

（一）室内给水排水施工平面图

1. 图示内容

室内给水排水施工平面图主要表明建筑物内给水排水管道及用水设备、附件等的平面布置情况。图示内容主要包括：

(1) 室内用水设备的类型、数量及平面位置；

(2) 室内给水系统和排水系统中各个干管、立管、支管的平面位置、走向、立管编号和管道的安装方式（明装或暗装）；

(3) 管道附件如阀门、消火栓、地漏、清扫口等的平面位置。

(4) 给水引入管、水表节点和污水排出管、检查井的平面位置和走向，与室外给水、排水管网的连接（底层平面图）情况。

（5）给水排水管道及设备安装的预留洞、预埋件、管沟等方面对土建施工的要求等。

2. 图示方法

（1）给水排水平面图的比例。

给水排水施工平面图的比例一般采用与建筑平面图相同的比例，常用 1∶100，必要时也可采用 1∶50、1∶200、1∶150 等。

（2）给水排水平面图的数量。

多层建筑的室内给水排水平面图，原则上应分层绘制。对于管道系统和用水设备布置相同的楼层平面可以绘制一个平面图——标准层给水排水平面图，但一层平面图必须单独画出。当屋顶设有水箱及管道时，还应画出屋顶给水排水平面图，如果管道布置不复杂时，可在标准层平面图中用双点画线画出水箱的位置。

一层给水排水工程平面图应画出整幢房屋的建筑平面图，其余各层可仅画出布置有管道和用水设备的局部建筑平面图。

（3）室内给水排水平面图中的房屋平面图。

在室内给水排水平面图中的房屋平面图，仅作为管道及用水设备等各组成部分平面布置和定位的基准，因此仅需画出房屋的墙、柱、门窗、楼梯、台阶等主要部分，其余细部可省略，房屋平面图的图线均用细实线绘制。

（4）室内给水排水平面图中的用水设备。

用水设备中的洗脸盆、大便器、小便器等都是工业产品，不必详细表示，可按规定图例画出；而对于现场浇筑的用水设备，其详图由建筑专业绘制，在给水排水平面图中仅画出其主要轮廓即可。

用水设备的图线采用中实线绘制。

（5）室内给水排水平面图中给水排水管道。

1）室内给水排水平面图是水平剖切房屋后的水平正投影图。平面图的各种管道不论在楼面（地面）之上或之下，都不考虑其可见性。即每层平面图中的管道均以连接该层用水设备的管路为准，而不是以楼层地面为分界。如属本层使用、但安装在下层空间的排水管道，均绘于本层平面图上。

2）一般将给水系统和排水系统绘制于同一平面图上，这对于设计和施工以及识读都比较方便。

3）由于管道连接一般均采用连接配件，往往另有安装详图，平面图中的管道连接均为简略表示，具有示意性。

4）给水排水管线采用粗线绘制。一般给水管道采用粗实线、排水管道采用粗虚线、雨水管道采用粗点画线绘制。

（6）给水排水工程平面图中给水系统和排水系统的编号。

1）在给水排水工程中，一般给水管道用字母“J”表示；污水管及排水管用字母“W”、“P”表示；雨水管道用字母“Y”表示。

2）当建筑物的给水引入管和污水排出管的数量多于一个时，在一层管道平面图中，各种管道要按系统进行编号。系统的划分：给水系统以每一个引入管为一个给水系统，排水系统以每一排出管为一排水系统。给水系统和排水系统的编号见图 10－1，在直径约为 12mm 的圆圈内，过圆心画一水平线，线上面标注管道种类，如给水系统写“给”或汉语拼音字母

"J"、排水系统写"排"或汉语拼音字母"P"；线下面标注编号，用阿拉伯数字书写。

3）建筑物内垂直楼层的立管，其数量多于一个时，也用拼音字母和阿拉伯数字为管道立管编号，如图 10-2 所示。"WL-1"为 1 号污水立管。

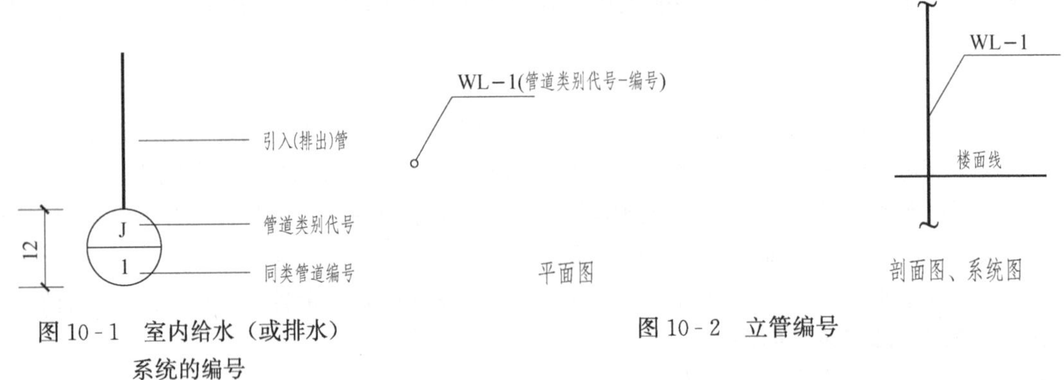

图 10-1 室内给水（或排水）系统的编号

图 10-2 立管编号

（7）尺寸标注。

1）房屋平面尺寸只需标注墙或柱的定位轴线间的尺寸，以及室外地面整平标高和各层楼的地面标高。室内应标注相对标高。

2）卫生器具和管道一般都是沿墙或靠柱设置的，不必标注定位尺寸（一般在施工说明中写出），必要时，以墙面或柱面为基准标注尺寸。卫生器具的规格可注在引出线上，或在施工说明中说明。

3）管道的管径、坡度和标高均标注在管道的系统图中，在平面图中不必标出。

4）管道长度尺寸用比例尺从图中量出近似尺寸，在安装时则以实测尺寸为准，所以在管道平面图中也不标注管道的长度尺寸。

（二）室内给水排水系统图的图示内容和图示方法

1. 图示内容

室内给水排水系统图是给水排水工程图中的主要图纸，它分为给水系统图和排水系统图，分别表示给水管道系统和排水管道系统的空间走向、各管段的管径、标高、排水管道的坡度，以及各种附件在管道上的位置等。

2. 图示方法

（1）轴向选择。

室内给水排水系统图一般采用 45°正面斜轴测投影法绘制。*OX* 轴处于水平方向，*OY* 轴一般与水平线呈 45°（也可以呈 30°或 60°），*OZ* 轴处于铅垂方向。三个轴向伸缩系数均为 1。

（2）比例。

1）室内给水排水系统图一般采用与平面图相同的比例，当系统比较复杂时也可以放大比例。

2）当采用与平面图相同的比例时，*OX*、*OY* 轴向尺寸可直接从平面图上量取，*OZ* 轴向的尺寸可依层高和设备安装高度量取。

（3）室内给水排水系统图的数量。

室内给水排水系统图的数量是按给水引入管和污水排出管的数量而定，各管道系统图一般应按系统分别绘制，即每一个给水引入管或污水排出管都对应着一个系统图。每一个管道系统图的编号都应与平面图中的系统编号相一致，系统的编号如图 10-1 所示。

（4）室内给水排水系统图中的管道。

1）系统图中管道的画法与平面图中一样，给水管道用粗实线表示，排水管道用粗虚线表示；给水、排水管道上的附件（如闸阀、水龙头、检查口等）用图例表示。排水系统图中应画出接卫生器具的存水弯。用水设备不画。

2）当空间交叉管道在图中相交时，在相交处将被挡在后面或下面的管道断开。

3）当各层管道布置相同时，不必层层重复画出，只需在管道省略折断处标注“同某层”即可。各管道连接的画法具有示意性。

4）当管道过于集中，无法表达清楚时，可将某些管段断开，移至别处画出，在断开处给以明确标记。

5）系统图中立管的编号如图 10-2 所示。

（5）室内给水排水系统图中墙和楼层地面的画法。

在管道系统图中还应画出被管道穿过的墙、柱、地面、楼面和屋面，它们一般用细实线画出，其表示方法如图 10-2 所示。

（6）尺寸标注。

1）管径。

系统图中所有管段均需标注管径，当连续几段管段的管径相同时，可仅标注两端管段的管径，中间管段管径可省略不用标注。

管径的单位：毫米（mm）。

管径的表示方法：

①水煤气输送钢管（镀锌、非镀锌）、铸铁管等管材，管径宜以公称直径 DN 表示（如 DN15、DN50 等）；

②钢筋混凝土管（或混凝土管）、陶土管、耐酸陶瓷管、缸瓦管等管材，管径应以内径 d 表示（如 $d230$、$d380$ 等）；

③焊接钢管（直缝或螺旋缝）、无缝钢管、铜管、不锈钢管等管材，管径应以外径 $D\times$ 壁厚表示（如 $D108\times4$、$D159\times4.5$ 等）；

④塑料管材，管径宜按产品标准的方法表示。

给水排水管道一般均用公称直径“DN”表示。对于不同管材的管道，当设计中均用公称直径表示管径时，应有公称直径 DN 与相应产品规格对照表。

管径在图纸上一般标注在以下位置：

①管径变径处；

②水平管道标注在管道的上方；斜管道标注在管道的斜上方；立管到标注在管道的左侧，如图 10-3 所示。当管径无法按上述位置标注时，可另找适当位置标注。多根管线的管径可用引出线进行标注，如图 10-4 所示。

2）标高。

①室内管道系统图中标注的标高是相对标高；

②给水管道系统图中给水横管的标高均标注管中心标高，一般要注出横管、阀门、水龙头和水箱各部位的标高。此外，还要标注室内地面、室外地面、各层楼面和屋面的标高；

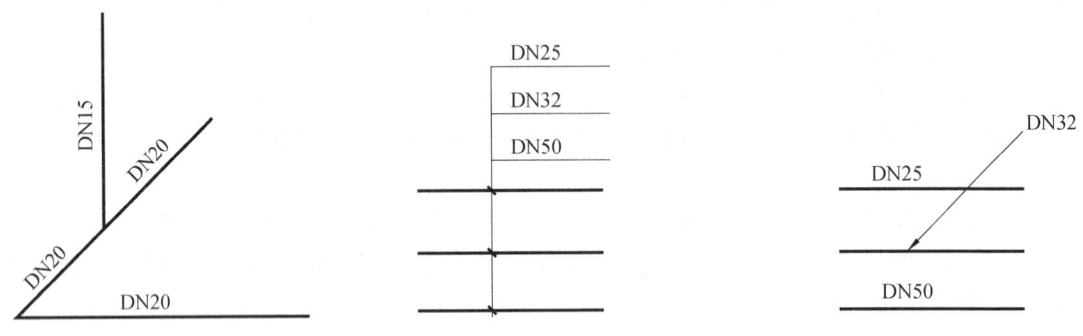

图 10-3　管径标注位置　　图 10-4　多根管线管径标注位置

③排水管道系统图中排水横管标注的是管内底标高，也可标注管中心标高，但要注明。排水横管的标高由卫生器具的安装高度所决定，所以只标注排水横管起点的标高。另外，还要标注室内地面、室外地面、各层楼面和屋面、立管管顶、检查口的标高。标高的标注如图 10-5 所示。

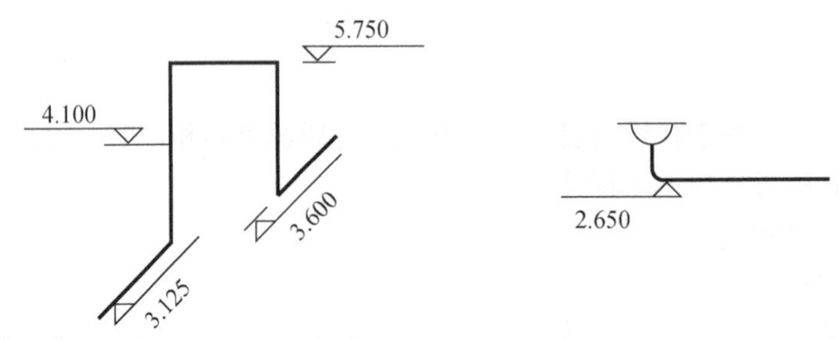

图 10-5　系统图中管道标高标注法

3）管道坡度。

凡有坡度的横管都要标注出其坡度。管道的坡度及坡向表示管道的倾斜的程度和坡度方向。标注坡度时，在坡度数字下，应加注坡度的符号。坡度符号的箭头一般指向下坡方向，如图 10-6 所示。

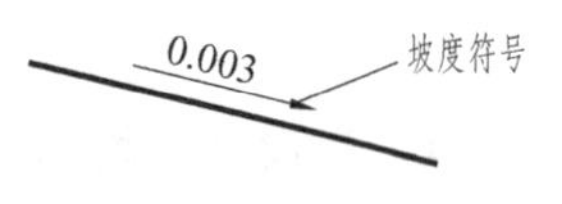

图 10-6　坡度及坡向表示方法

一般室内给水横管没有坡度，室内排水横管有坡度。

（7）图例。

平面图和系统图应列出统一的图例，其大小要与平面图中的图例大小相同。

三、室内给水排水施工图的识读

室内给水排水施工图中的平面图和系统图是相辅相依、互相补充的，共同表达屋内各种用水设备和各种管道以及管道上各种附件的空间位置、走向。在读图时要按照给水和排水的各个系统把这两种图纸联系起来互相对照，反复阅读，才能看懂图纸所表达的内容。

现以某中学综合楼的给水排水平面图、给水管道系统图、排水管道系统图、消火栓系统图为例，介绍识读室内给水排水施工图的一般方法，如图 10-7、图 10-8、图 10-9 所示。

识读给水排水施工图时要看图纸目录，了解设计说明，在此基础上将平面图与系统图联系起来对照阅读。

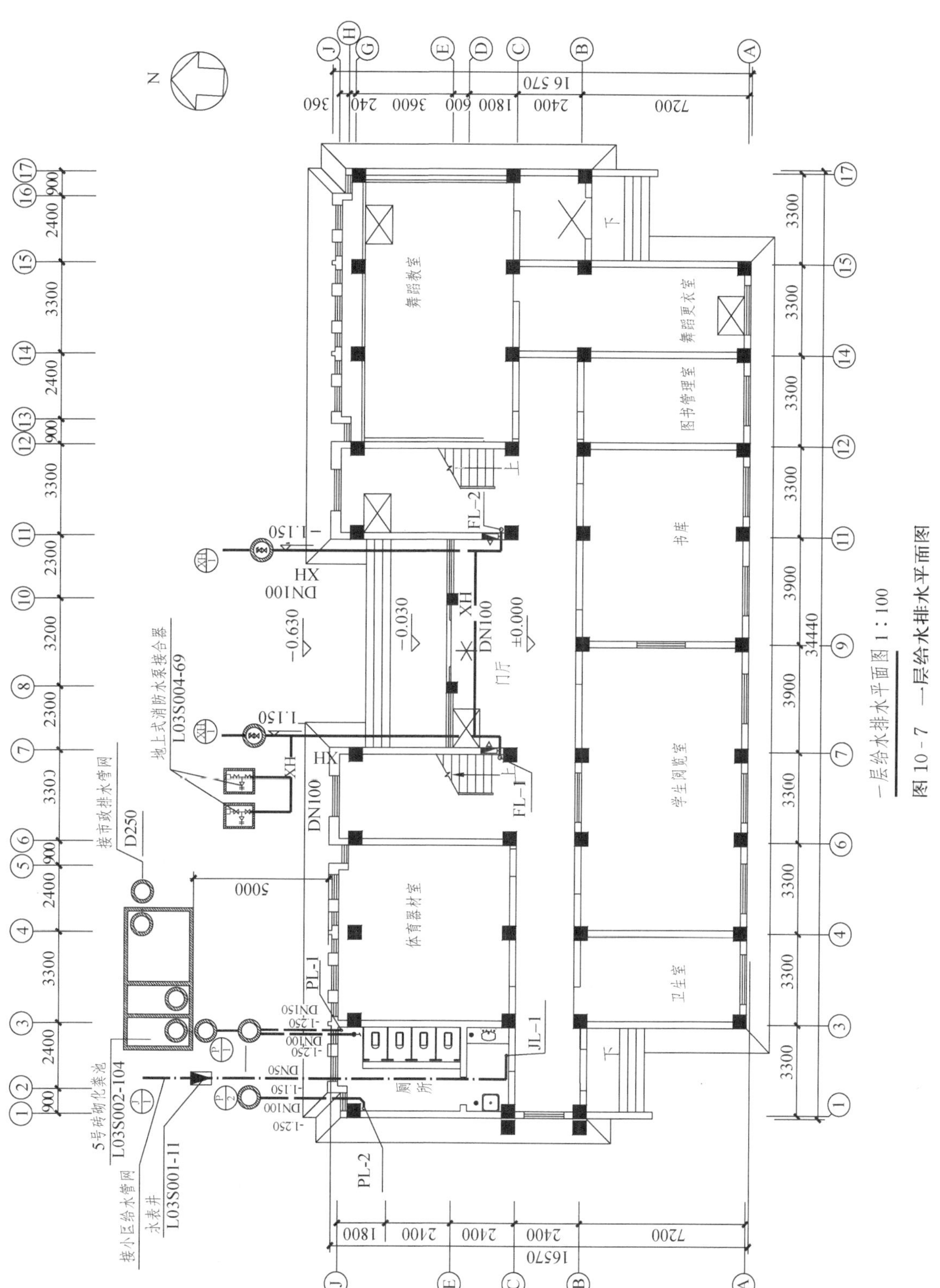

一层给水排水平面图　1：100

图 10-7　一层给水排水平面图

图 例 表

图例	名称	图集号	图例	名称	图集号
	洗脸盆	L03S003-12		止回阀	
	蹲便器	L03S003-20		闸 阀	
	立式小便器	L03S003-29		铜球阀	
	拖布池	L03S003-74（Ⅰ）		消火栓	L03S004-15
	化验盆	L03S003-53		灭火器	
	DN75(100)圆型地漏	L03S002-56(54-55)		给水管	
	水表	L03S001-15		排水管	
	清扫口	L03S002-60	—XH—	消火栓水管	
	水表井	L03S001-10			

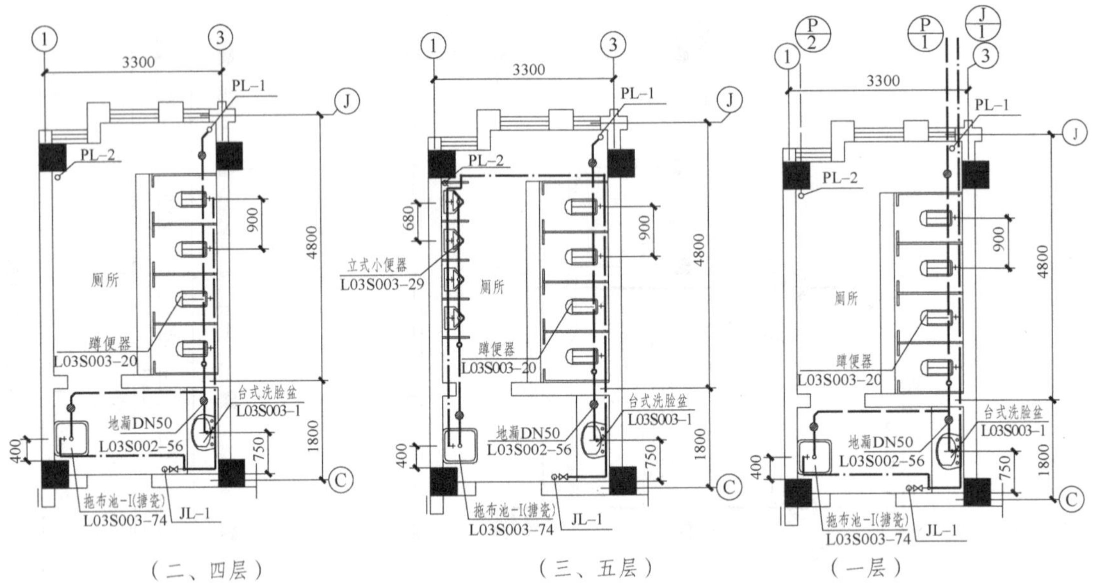

卫生间给排水大样图 1：50

图 10-8 各层卫生间平面大样图

（一）室内给水排水平面图的识读

室内给水排水平面图是给水排水施工图中最基本和最重要的图纸，它主要表明建筑物内给水排水管道及用水设备的平面布置情况。在识读平面图时应该掌握的内容如下：

（1）查明各层用水设备的类型、数量、布置的具体位置，地面和各层楼面的标高。

各种用水设备通常是用图例画出来的，它只能说明设备的类型，而不能具体表示各部分尺寸及构造。因此识读时必须结合详图或技术资料，搞清楚这些设备的构造接管方式和尺寸。

通过对图 10-7、图 10-8 给水排水管道平面图的识读可知，卫生间在定位轴线①～③之间，每层卫生间有蹲式大便器 4 套、洗脸盆 1 个、拖布池 1 个、地面有地漏。另外三层、五层卫生间还有小便器 4 个。每层楼梯间均设有一组消火栓。用水设备位置、间距在图 10-8 中都有详细的标注，并且在图 10-8 中对用水设备都标注了标准图集号，以便查阅。

（2）通过系统的编号弄清室内有几个给水系统、排水系统、消防系统，如图 10-9、图 10-10 所示。

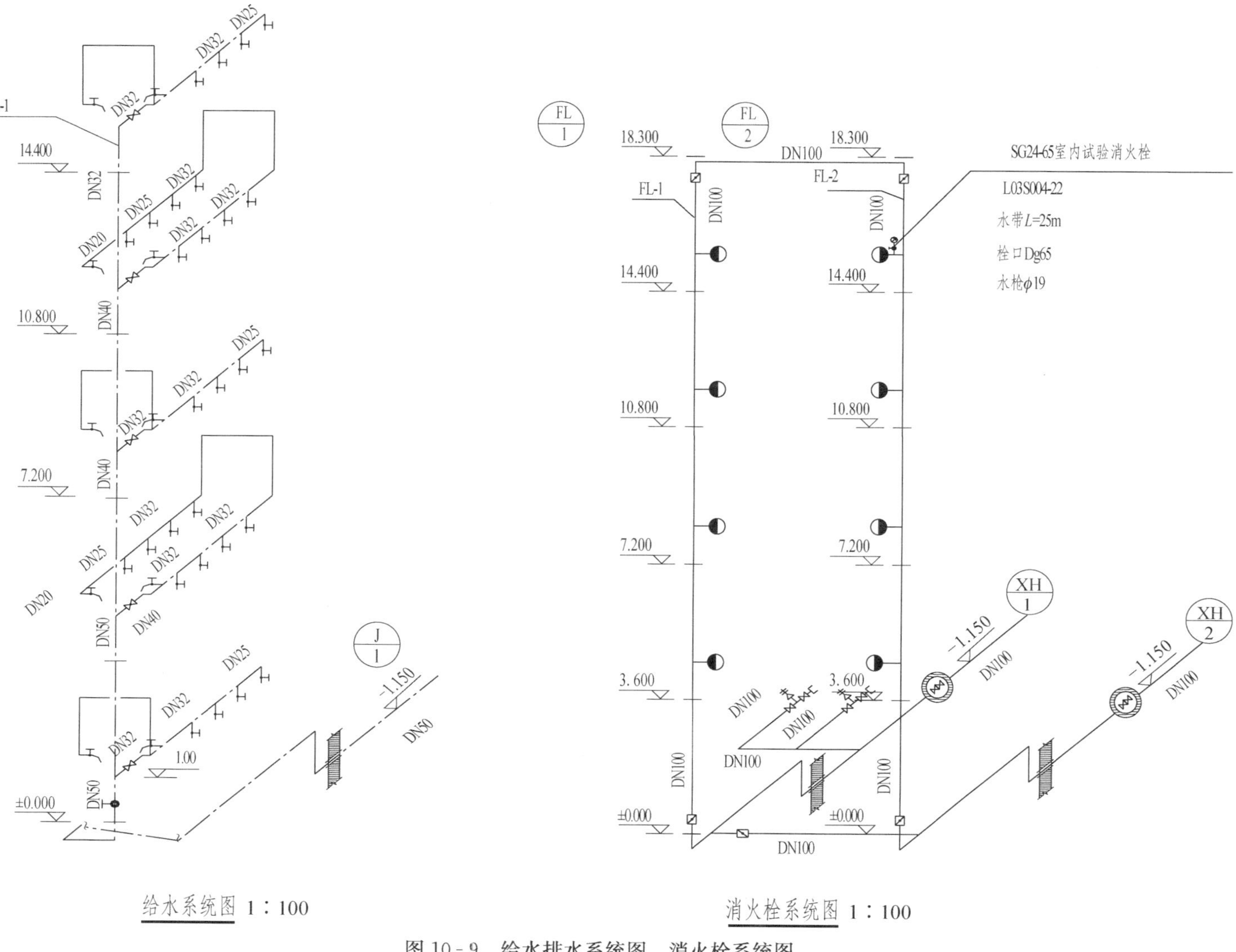

图 10-9　给水排水系统图、消火栓系统图

铸铁通气帽，出屋面0.6米
L03S002-63（余同）
18.300
PL-1
14.400
10.800
7.200
3.600
±0.000
-1.250
P
1
-1.250
P
1-1
18.3000
PL-2
14.4000
10.800
7.200
3.600
±0.000
-1.25
P
2
排水系统图 1：100

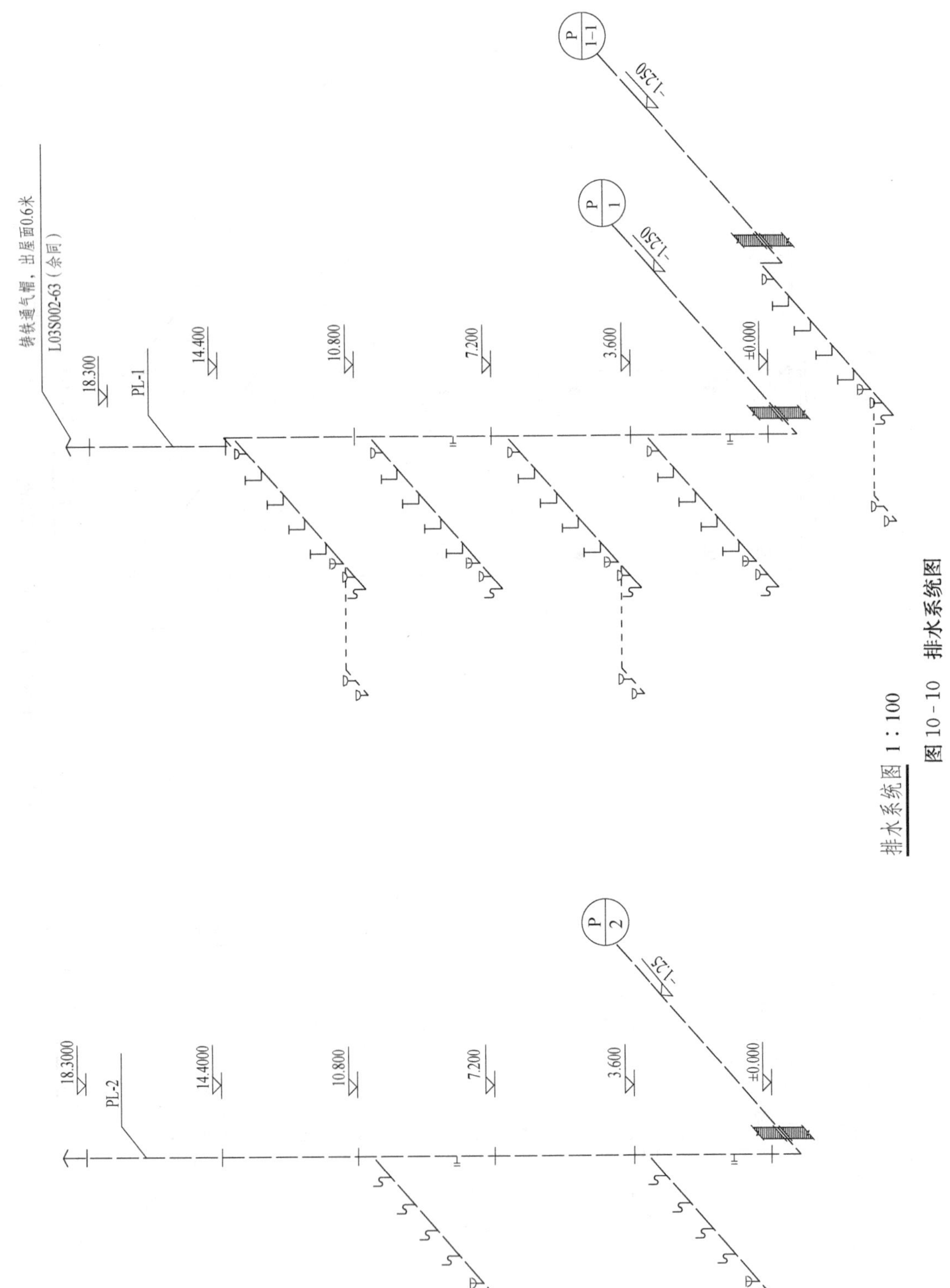

图 10-10 排水系统图

通过图 10 - 7 可知，该综合楼有 1 个给水系统(J/1)，3 个排水系统(P/1)、(P/1-1)、(P/2)，2 个消防系统(XH/1)、(XH/2)。消防 2 个系统之间有连接管。

(3) 弄清楚给水引入管、污水排出管、消防系统进水管的平面位置、走向、定位尺寸、管径、坡度、与室外给水排水管网的连接形式、管径等。

给水引入管通常自用水量最大或不允许间断供水的地方引入，这样可使大口径管道最短、供水可靠。给水引入管上一般都装设阀门，阀门如果设在室外阀门井内，在平面图上就能完整的表示出来，这时要查明阀门的型号及距建筑物的距离。

污水排出管与室外排水总管的连接是通过检查井来实现的，要了解排水管的长度，即外墙至检查井之间的距离。

本例中给水管道用粗点画线表示，给水引入管上安装水表井（标准图集号为 L03S001），管径为 DN50、室外标高为－1.150。从图 10 - 8 可知，给水引入管从靠近定位轴线为③的墙体、穿过定位轴线为Ⓙ的墙体进入室内。

本例中排水管道用粗虚线表示。排水系统(P/1)收集二层以上大便器、洗脸盆排放的污水，同时收集二层、四层拖布池的污水，从靠近定位轴线③的墙体、穿过定位轴线为Ⓙ的墙体将污水排出室外送入化粪池，其管径为 DN150、标高为－1.250。一层大便器、洗脸盆、拖布池的污水通过(P/1-1)系统单独排出，其管径为 DN100、标高为－1.250。排水系统(P/2)收集三层、五层的小便器、拖布池的污水，从靠近定位轴线①的墙体、穿过定位轴线为Ⓙ的墙体将污水排出室外送入化粪池，其管径为 DN100、标高为－1.250。

本例中的消防管道采用粗实线表示。2 根进户管分别从靠近定位轴线⑦和⑪的墙体进入室内，接在楼梯间的消火栓，在室内呈环状。其管径为 DN100、标高为－1.150。

(4) 查明室内给水和排水管道的干管、立管、支管的平面位置与走向、管径尺寸及立管编号。

从平面图上可以清楚地查明管路是明装还是暗装，以确定施工方法。平面图上的管线虽然是示意性的，但还有一定的比例，因此估算材料可以结合详图，用比例尺度量进行计算。

当每个系统内立管数量较少时，仅在给水引入管或污水排出管处进行系统编号。只有当立管较多时，才在每个立管旁边进行编号，立管编号如图 10 - 2 所示。本例中有给水立管有 1 个（JL—1）、有排水立管有 2 个（PL—1、PL—2）、有消防立管有 2 个（FL—1、FL—2）。

(5) 在给水管道上设置水表时，必须查明水表的型号、安装位置以及水表前后阀门设置情况。

（二）管道系统图的识读

管道系统图主要表明管道系统的空间走向，识读时应按给水系统、排水系统、消防系统分别识读，在同系统中应按系统编号依次识读。

1. 给水系统

查明给水管道系统的具体走向，干管的敷设形式，管径尺寸及其变化情况，阀门的设置，引入管、干管、几个支管的标高等。

识读室内给水系统时应根据给水管道系统的编号，从给水引入管开始按照水的流向，顺序进行。即从给水引入管经水表节点、水平干管、立管、横支管直至用水设备。

2. 排水系统

查明排水管道系统的具体走向，管路分支情况、管径尺寸与横管坡度，管路标高、存水弯形式、清通设备等的设置情况等。

识读室内排水系统是根据排水管道系统的编号，从卫生器具开始按照水的流向，顺序进行。即从卫生器具开始经存水弯、水平横支管、立管、排出管直至检查井。

在施工图中，对于某些常见的管道器材、设备等细部的位置、尺寸和构造要求，往往是不加说明的，而是遵循专业设计规范、施工操作规程等标准进行施工，读图时欲了解其详细做法，需参照有关标准图和安装详图。

四、室内给水排水工程详图

以上所介绍的室内给水排水管道平面图、系统图中，都只是显示了管道系统的布置情况，至于用水设备的安装、管道连接等尚需绘制能提供施工的安装详图。

详图要求详尽、具体、明确、视图完整、尺寸齐全、材料规格注写清楚，并附必要说明。

室内给水排水工程经常碰到的主要设备是卫生器具。一般常用的卫生器具及设备安装详图，可直接套用给水排水国家标准图集或有关详图图集，无需自行绘制。选用标准图时只需在图例或说明中注明所采用图集编号即可。现对洗脸盆和大便器作简单的介绍，其余卫生器具的安装详图可查阅《给水排水标准图集》（S 342）。

（一）洗脸盆

洗脸盆大多用上釉陶瓷制成，形状有长方形、半圆形及三角形等。按架设方式分为墙架式和柱脚式两种。按安装形式分为单独安装和成组安装，成组安装的洗脸盆不得超过 6 个，其中心距一般为 700mm。

给水管可以明装或暗装，水龙头一般安装在盆体上，但也有的安装在盆体的上空，此时水龙头标高应距地面 1.0m。

洗脸盆的安装高度为 0.8m，单独安装时洗脸盆的排水管管径为 32mm，成组安装时洗脸盆的排水管管径为 50mm，存水弯可采用 S 式或 P 式，成组安装的排水管上统一使用的存水弯必须带清扫口。

图 10 - 11 是单只墙架式洗脸盆安装图。洗脸盆的安装高度为 0.8m，图中存水弯分别画出了 S 式和 P 式的安装位置。

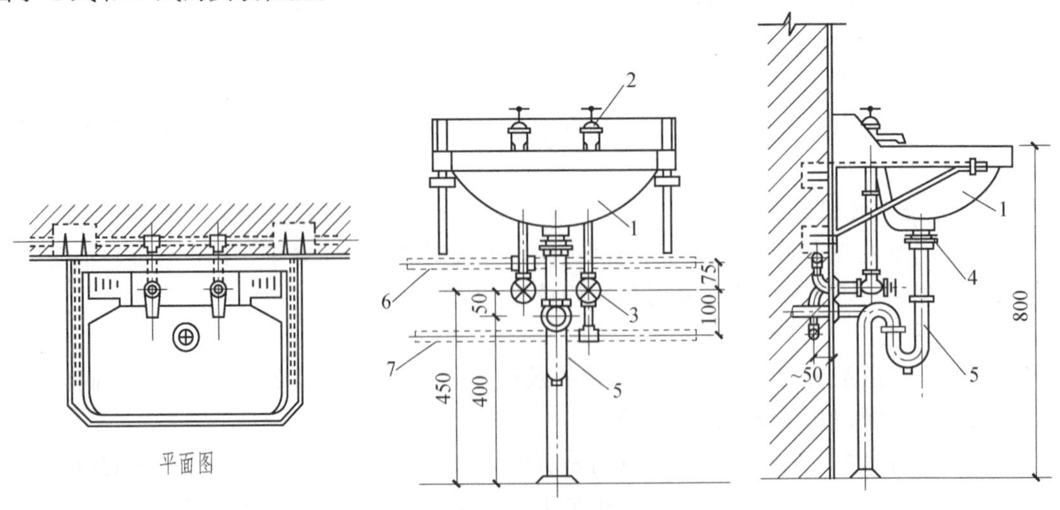

图 10 - 11 洗脸盆安装详图

1—洗脸盆；2—DN15 水龙头；3—DN15 角形截止阀；4—DN32 排水栓；5—DN32 存水弯；6—热水关；7—冷水管

（二）大便器

大便器有坐式和蹲式两种。坐式大便器的本身构造包括存水弯，按存水弯所在的位置和形式，可分为里 S、外 S、高 P 和低 P 式坐式大便器。坐式大便器的冲洗设备主要是低位水箱，有的也用高位水箱和闭式冲洗阀。此外，还有一种带水箱的坐式大便器，即坐箱式大便器，水箱与大便器连为一体。

蹲式大便器本身构造不带存水弯，安装时需另设存水弯。存水弯有 S 式和 P 式两种，P 式存水弯常用于楼层，以缩短横管的吊装敷设高度。蹲式大便器的冲洗设备常用的是高位水箱，但也有设低位水箱的。

图 10-12 是低水箱坐式大便器安装图。

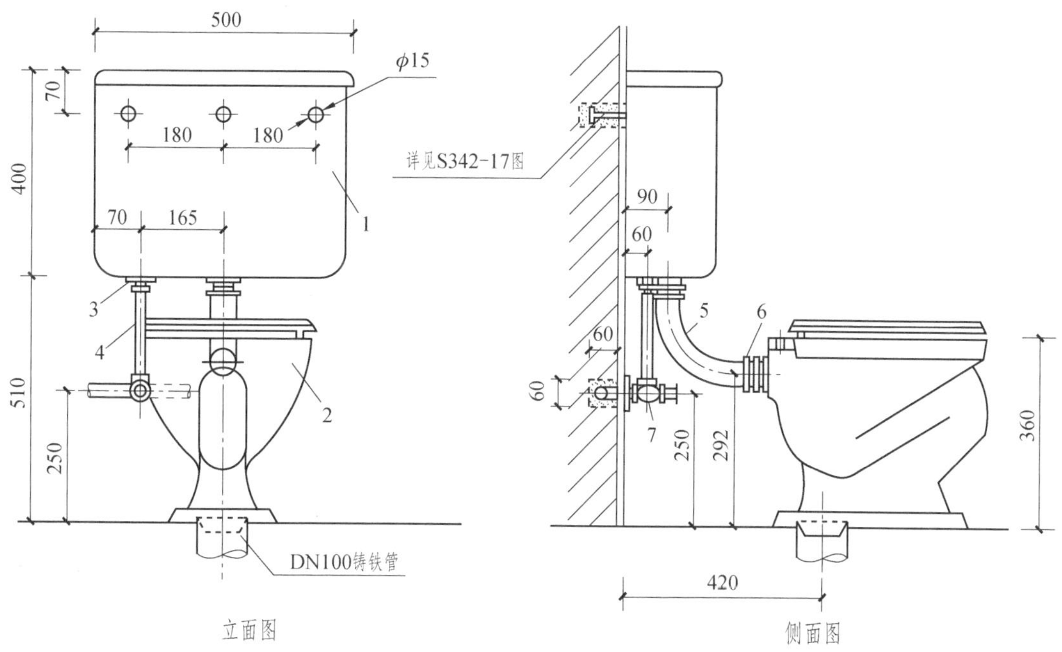

图 10-12　低水箱坐式大便器的安装详图

1—5 号的位水箱；2—3 号坐式大便器；3—DN15 浮球阀配件；4—DN15 进水管；5—DN50 冲洗管及配件；6—DN50 锁紧螺母；7—DN15 角式截止阀

五、室内给水排水施工图的画法

（一）管道平面图的画法

（1）画出房屋的平面图和用水设备的平面图（方法见建筑平面图的画法）；

（2）画出给水管道的立管；

（3）画出给水管道的引入管，再按水流方向画出横支管和管道附件，并连接到用水设备；

（4）画出排水管道的立管；

（5）画出排水管道的排入管，再按水流的逆向画出排水管道的横支管和管道附件，并连接到用水设备；

（6）标注尺寸和标高。

（二）管道系统图的画法

（1）画出立管；

（2）画出立管所穿过的底面、楼面和屋面的断面；

（3）画出横贯；

（4）画出管道上的附件；

（5）注写各管段的公称直径、标高、坡度等。

第二节 室外给水排水管道施工图

室外给水排水管道施工图主要表示室外管道的平面及高程的布置情况。

室外给水排水施工图表示的范围比较广，可表示一幢建筑物外部的给水排水工程，也可表示一个厂区（建筑小区）或一个城市的给水排水工程。其内容包括给水排水管道平面图、纵断面图和有关的安装详图。

一、室外给水排水管道施工图的图示内容和图示方法

1. 图示内容

室外给水排水平面图是以建筑总平面的主要内容为基础，表明城区或厂区、街坊内的给水排水管道平面布置情况的图纸，一般包括以下内容：

（1）室外给水排水管道平面图中所包含的建筑总平面图的内容。

建筑总平面图应表明城区的地形情况，建筑物、道路、绿化等的平面布置及标高情况等。

（2）室外给水排水管道平面图中的管道及其附属设施。

1）室外给水排水管道平面图表明给水排水管道的平面布置、管径、管道长度、坡度、水流流向等。

2）在室外给水管道上要表示阀门井、消火栓等的平面布置及数量；在室外排水管道上要表明检查井、雨水口、污水出水口等附属构筑物的平面布置及数量。它们一般都用图例表示。

2. 图示方法

（1）建筑总平面图中建筑物的外轮廓线用中实线画，其余的地物、地貌、道路等均用细实线画。

（2）一般情况下，在室外给水排水平面图上，给水管道用粗实线表示，排水管道用粗虚线表示，雨水管道用粗点画线表示。也可用管道代号（汉语拼音字母）表示，给水管道“J”、污水管道“W”“P”、雨水管道“Y”等。

（3）室外给水排水管道平面图上的管道（指单线）即是管道的中心线，管道在平面图上的定位即是指到管道中心的距离。

（4）标注尺寸。

1）标高：室外给水排水平面图标注的标高一般为绝对标高，并精确到小数点后两位数。

2）室外给水管道在平面图上应标注管道的直径、长度和管道节点编号。管道节点编号的顺序是从干管到支管再到用户。

3）室外排水管道在平面图上应标注检查井的编号（或桩号）及管道的直径、长度、坡

度、水流流向和与检查井相连的各管道的管内底标高。排水检查井的编号顺序是从上游到下游，先支管后干管。检查井的桩号指检查井至排水管道某一起点的水平距离，它表示检查井之间的距离和室外排水管道的长度。工程上排水检查井桩号的表示方式为 X＋XXX.XX，“＋”前的数字代表公里数，“＋”后的数字为米数（至小数点后两位数），如 1＋200.00 表示检查井到管道某起点的距离为 1 公里 200 米。

与某一检查井相连的各管道管内底标高标注及排水管管径、坡度、检查井桩号的标注如图 10－13 所示。

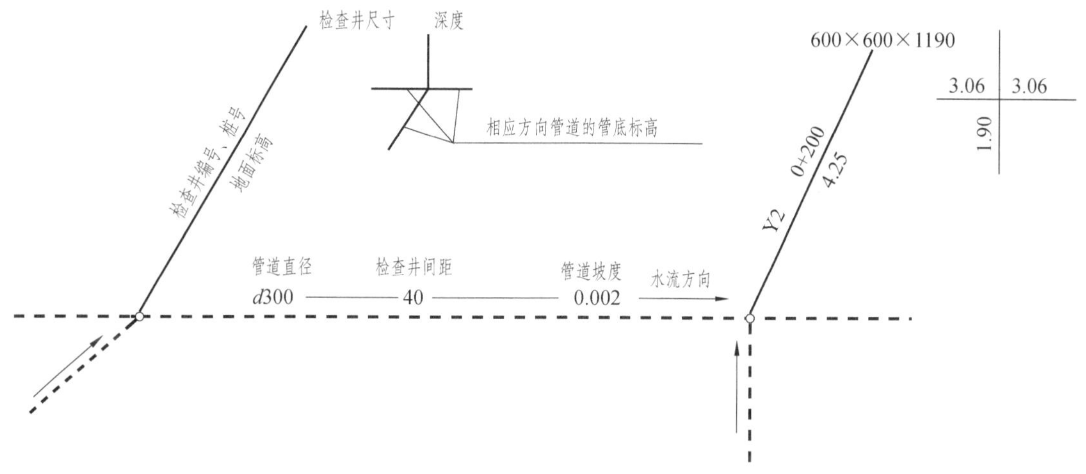

图 10－13 排水管道、检查井标注

4）室外给水排水平面图上应注明各类管道的坐标或定位尺寸。

①用坐标时：标注管道的转弯点（井）等处坐标，构筑物标注中心或两对角处坐标；

②用控制尺寸时：以建筑物外墙或轴线、或道路中心线为定位尺寸基线。

二、室外给水排水管道纵断面图的图示内容和图示方法

（一）图示内容

由于地下管道种类繁多，布置复杂，因此在工程中要按管道的种类分别绘制每一条街道的管道平面图和纵断面图，以显示路面的起伏、管道的埋深、坡度、管道交接等情况。

管道的纵断面图是沿管道长度方向、经过管道的轴线铅垂剖开后的断面图，有图样和资料两部分组成。

（二）图示方法

1. 图样部分

（1）给水管道由于是压力管道，标注的是管中心标高，因此在纵断面图上给水管道用单线表示管道轴线的位置；而排水管线是重力流，要标注管内底标高，因此在纵断面图上排水管线绘制双线以表示排水管道直径、管内底标高及检查井内上下游水位连接的方式。

（2）接入检查井的排水支管，按管径及其管内底标高画出其横断面并标注其管内底标高。

（3）图样中水平方向表示管道的长度，垂直方向表示管道的直径。由于管道长度方向比直径方向大得多，因此绘制纵断面图时，纵横向可采用不同的比例。横向比例，城市（或居住区）为 1∶5000 或 1∶1000，街道庭院为 1∶1000 或 1∶2000；纵向比例为 1∶100 或 1∶200。

(4) 图样中原有的地面线用不规则的细实线表示，设计地面线用比较规则的中粗实线表示，管道用粗实线表示。

(5) 在排水管道纵断面图中，应画出检查井。一般用两根竖线表示检查井，竖线上连地面，下接管顶。给水管道中的阀门井不必画出。

(6) 与管道交叉的其他管道，按管径、管内底标高以及与其相近检查井的平面距离画出其横断面，注写出管道类型、管内底标高和平面距离。

2. 资料部分

管道纵断面图的资料标在图样的下方，并与图样对应，如图 10-14 所示。具体内容如下：

(1) 编号：在编号栏内，对于排水管道，对正图形部分的检查井位置填写检查井编号或桩号；对于给水管道，对正图形部分的节点位置填写节点编号。

(2) 平面距离：相邻检查井或节点的中心距离。

(3) 管径及坡度：填写排水两检查井或给水两节点之间的管径和坡度，当若干个检查井或节点之间的管道直径和坡度相同时可合并。

(4) 设计管内底标高：排水管道的设计管内底标高是指检查井进、出口处管道的内底标高。如两者相同，只须填写一个标高；否则，应在该栏纵线两侧分别填写进、出口处管道的内底标高。

(5) 设计路面标高：设计路面标高是指检查井井盖处的地面标高。

三、室外给水排水管道施工图的识读

(一) 室外给水排水管道平面图的识读

(1) 查明给水排水管道的平面布置与走向。

通常给水管道用粗实线表示，排水管道用粗虚线表示，排水检查井用直径 2～3mm 的小圆圈表示。给水管道的走向是从大管径到小管径通向建筑物的；排水管道的走向则是从建筑物出来到检查井，各检查井之间从高标高到低标高，管径从小到大。

(2) 室外给水管道要查明调节构筑物及消火栓、管道节点、阀门井的具体位置。

当管路上有泵站、水塔以及其他调节构筑物时，要查明这些构筑物的位置，管道进出的方向。

(3) 室外排水管道识读时，要特别注意检查井进出管的标高。

当没有标注标高时，可用坡度计算出管道的相对标高。当排水管道有局部污水处理构筑物时，还要查明这些构筑物的位置，进出管的管径、距离、坡度等，必要时应查看有关的详图，进一步搞清构筑物的构造以及构筑物上的配管情况。

(4) 要了解给水排水管道的埋深及管径。

管道标高标注的一般是绝对标高，识读时要搞清地面的自然标高，以便计算管道的埋设深度。

(二) 室外给水排水管道纵断面图的识读

室外给水排水管道纵断面图应将图样部分和资料部分结合起来识读，并与管道平面图相对照。识读时应掌握的主要内容是：

(1) 查明管道、检查井的纵断面情况。有关数据均列在图样下面的表格中。据此可查明管道的埋深、管道的直径、管内底标高、管道的坡度及地面标高等。

(2) 了解与其他管道的交叉情况及相对位置。

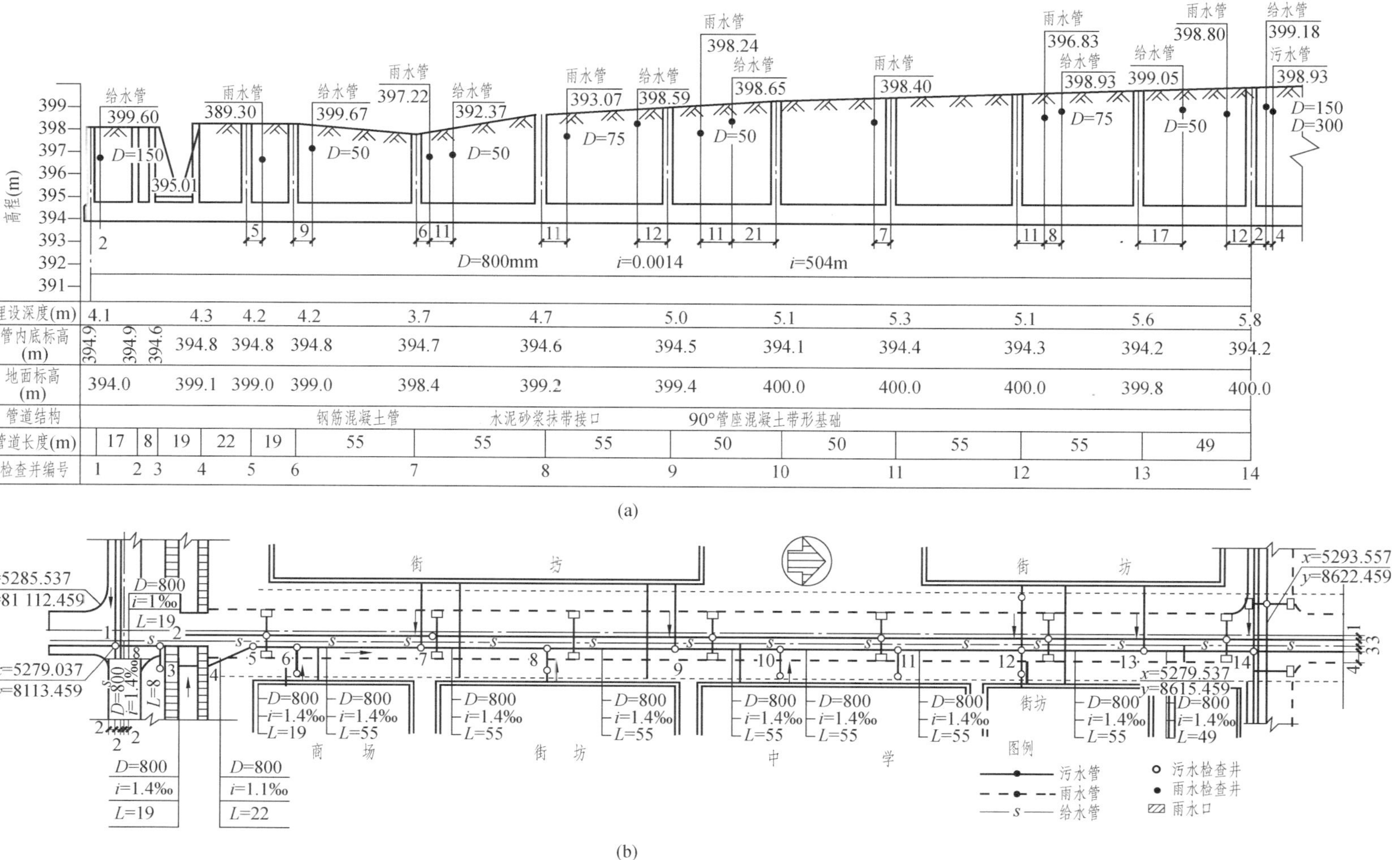

图10-14　室外给水排水管道平面图及排水管道纵断面图

图 10 - 14 是室外给水排水管道平面图和排水管道的纵断面图。从中可以了解该排水管道平面位置、埋深、管道内底标高、与检查井连接情况及在道路上与给水管和雨水管交叉时埋设情况。

四、详图

室外给水排水管道的详图有两类。一类为节点详图，表示室外给水管道相交点、转弯点等管配件的连接情况。节点详图可不按比例绘制，但节点平面的位置应与室外管道平面图相对应；另一类是构筑物的构造详图，如阀门井、检查井、雨水口等附属构筑物的详图。有关构筑物的构造详图有统一的标准图，无需另绘。

现以排水管道上检查井标准图为例说明如何识读详图。

图 10 - 15 是井内径为 1000mm 的砖砌圆形检查井，适用于 $d200$～$d600$ 管径的雨水管

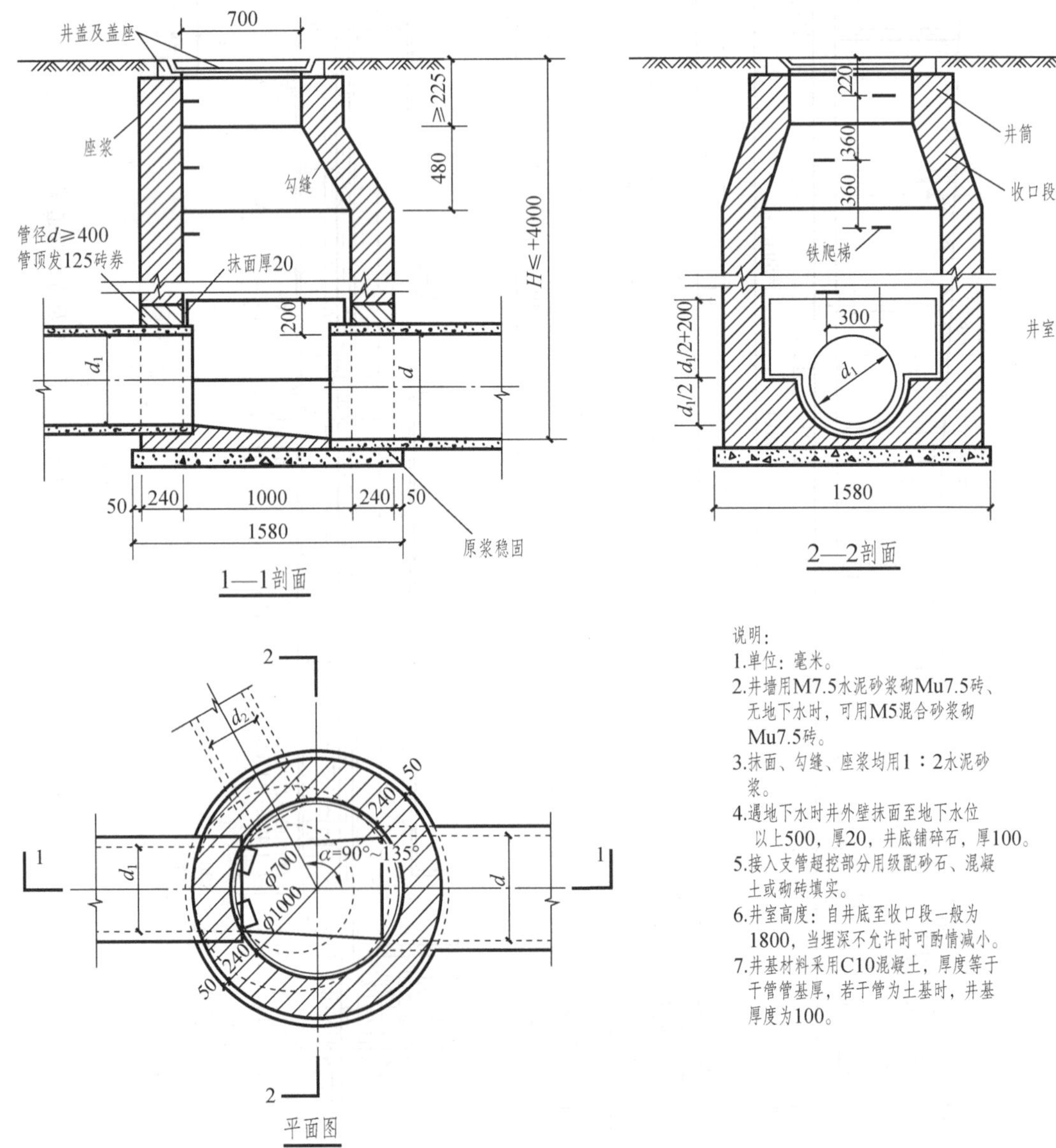

图 10 - 15 砖砌圆形检查井标准图

道。平面图中表示了检查井进水干管 d_1、进水支管 d_2、出水干管 d 平面位置，检查井内径为 1000mm，井盖采用的是直径 700mm 铸铁制品；1—1 剖面图表示检查井基础直径 1580mm，采用 C10 素混凝土，管上 200mm 以下用 1∶2 水泥砂浆抹面，厚度为 20mm；2—2 剖面图主要反映了三个问题：①井底流水槽为管径的二分之一（即图中的 $d_1/2$）；②铁爬梯的宽度和高度；③井筒高度不能小于 225mm。

第十一章　采暖工程施工图

学习目标：

- 掌握采暖施工图的有关规定。
- 掌握采暖施工图的识读方法。

采暖施工图一般分为室内采暖施工图和室外采暖施工图。

第一节　室内采暖施工图

室内采暖施工图是表示室内采暖设备、采暖管道及附件的平面位置、空间走向和安装方式的工程图。它主要包括室内采暖平面图、系统轴测图、安装详图等。

一、室内采暖施工图的图示特点

(1) 采暖工程中有大量的管道，这些管道细而长，而且管道截面多变，因此图示方法上很难完全用正投影的方法按比例画出。所以，一般采用“国标”中规定的各种图例来表示管道的种类和管道系统，并配以文字来注明管道的规格。室内采暖施工图常用图例见表11-1。

表11-1　室内采暖施工图中的常用图例

序号	名　称	图　例	序号	名　称	图　例
1	热水干管		15	压力表	
2	回水干管		16	止回阀	
3	蒸汽干管		17	截止阀	
4	冷凝水回水干管		18	膨胀管	
5	自来水管		19	循环管	
6	热水供给管		20	集气罐	
7	管道固定支架		21	柱式散热器	
8	方形伸缩器		22	管道下行	
9	阀　门		23	泄水阀	
10	管道上行		24	放气阀	
11	回水立管		25	管沟集水井	
12	供水（汽）立管		26	疏水器	
13	离心水泵		27	温度计	
14	散热器跑风门				

(2) 采暖管道系统中设备及附属装置较多，如散热器、阀门等，这些都是工业制成品，无需单独制造。所以，在图样中不必画出它们的形状，只要采用“国标”中规定的图例符

号，画出其示意图就可以了。

(3) 采暖管道的敷设和安装离不开房屋建筑图。画图时必须将与采暖管道系统有关的房屋建筑图或结构图一并画出，以表明管道与设备在房屋中的位置。

(4) 采暖系统管道纵横交错，在平面图上难以表明它们本身的空间走向，为了说明管道空间走向和相对位置，通常采用正面斜轴测投影画出管道的系统图。这种有立体感的管道系统图是采暖工程图中必不可少的重要图样之一。

(5) 采暖工程图的基本图纸，通常在其图纸的一角，列出图例符号，目的是为了看图方便。

二、室内采暖施工图的图示内容和图示方法

(一) 室内采暖平面图

1. 图示内容

室内采暖平面图主要表示采暖管道、附件及散热设备在建筑平面上的布置情况，是施工图中的主要图样，包括底层采暖平面图、楼层采暖平面图、顶层采暖平面图。其主要内容包括：

(1) 散热器的平面位置、规格、数量及安装方式（明装或暗装）；

(2) 室内采暖管道系统中的干管、立管、支管的平面位置、走向，立管编号和管道的安装方式（明装或暗装）；

(3) 采暖干管上的阀门、固定支架、补偿器等构配件的平面位置；

(4) 在采暖系统上有关设备，如膨胀水箱、集气罐（热水采暖）、疏水器（蒸汽采暖）的平面位置、规格型号，以及这些设备与连接管道的平面布置；

(5) 热媒入口及入口地沟的情况。

(6) 在平面图上还要表明管道及设备安装预留洞、预埋件、管沟等方面对土建施工的要求等。

2. 图示方法

(1) 室内采暖平面图的比例。

室内采暖平面图的比例一般采用与建筑平面图相同的比例，常用 1∶100，必要时也可采用 1∶50、1∶200 等。

(2) 室内采暖系统的编号。

建筑工程中同时有采暖、通风等 2 个及 2 个以上的不同系统时，应进行系统编号。系统的编号如图 11-1 (a) 所示，当一个系统出现分支时，可采用图 11-1 (b) 的形式编号。系统代号由大写拉丁字母表示（系统代号见表 11-2），顺序号由阿拉伯数字表示。系统编号宜标注在系统总管处。

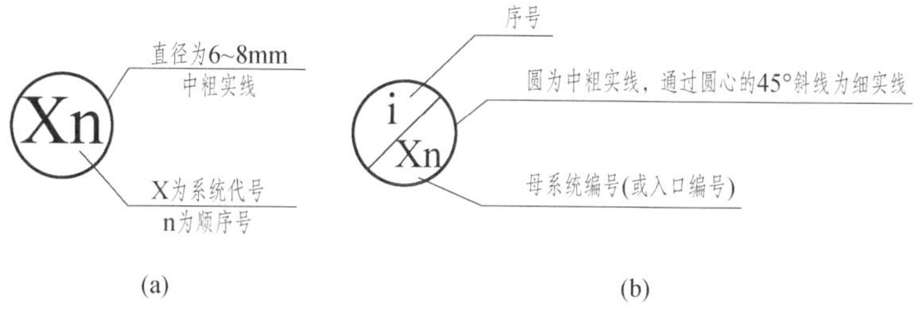

图 11-1 系统编号

表 11-2　　系　统　代　号

序号	字母代号	系统名称	序号	字母代号	系统名称
1	N	（室内）采暖系统	9	X	新风系统
2	L	制冷系统	10	H	回风系统
3	R	热力系统	11	P	排风系统
4	K	空调系统	12	JS	加压送风系统
5	T	通风系统	13	PY	排烟系统
6	J	净化系统	14	P（Y）	排风兼排烟系统
7	C	除尘系统	15	RS	人防送风系统
8	S	送风系统	06	RP	人防排风系统

竖向布置的垂直管道系统，应标注立管的编号，如图 11-2（a）所示。在不致引起误解时，可只标注序号，如图 11-2（b）所示，但应与建筑图的定位轴线编号有明显区别。

（3）室内采暖平面图的数量。

多层建筑的室内采暖平面图原则上应分层绘制。对于管道系统和散热设备布置相同的楼层平面可以绘制一个平面图——标准层室内采暖平面图，但底层和顶层平面图必须单独画出。

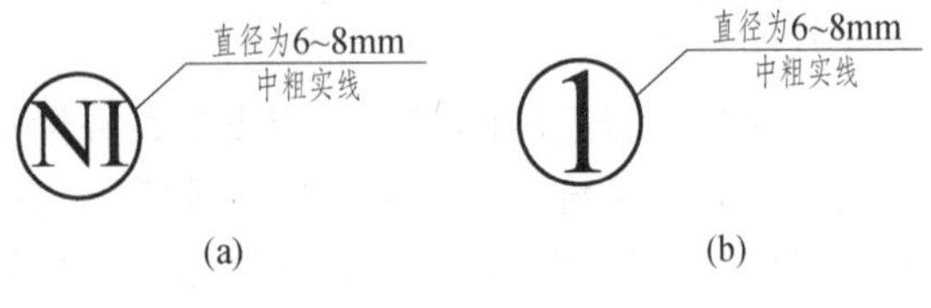

图 11-2　采暖立管的编号

（4）室内采暖平面图中的房屋平面图。

在室内采暖平面图中的房屋平面图，仅作为管道及散热设备等各组成部分平面布置和定位的基准，因此仅需画出房屋的墙、柱、门窗、楼梯等主要部分，房屋的细部和门窗代号等均可省略，同时，房屋平面图的图线均用细实线绘制。

（5）散热器。

散热器等主要设备及部件都是工业产品，不必详细表示，可按规定图例画出。图线采用中、细线绘制。

（6）室内采暖平面图。

室内采暖平面图按正投影法绘制。各种采暖管道不论在楼层地面之上或之下，都不考虑其可见性问题，仍按管道的类型以规定线型和图例画出。管道系统一律用单线绘制。

平面图中采暖管道与散热器连接的图示方法见表 11-3。

表 11-3　　管道与散热器连接的图示方法

系统型式	楼　层	平　面　图	系　统　图
双管上分式	顶　层	DN50　i=0.003　10　③　10	③　DN50　10　10

续表

系统型式	楼　层	平　面　图	系　统　图
双管上分式	中间层	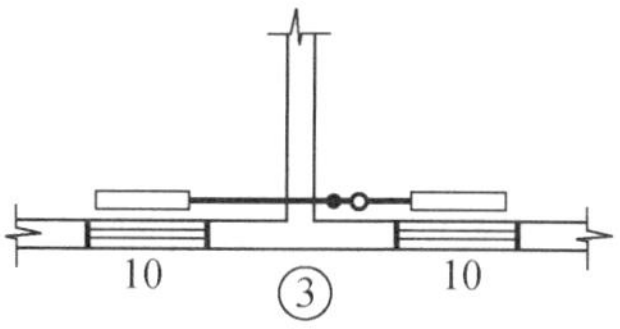 10　③　10	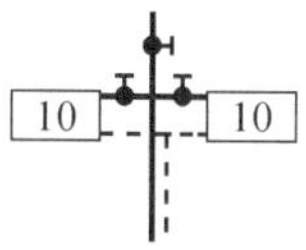 10　10
	底　层	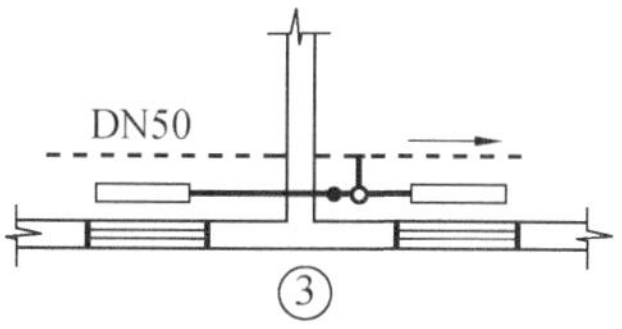 DN50　③	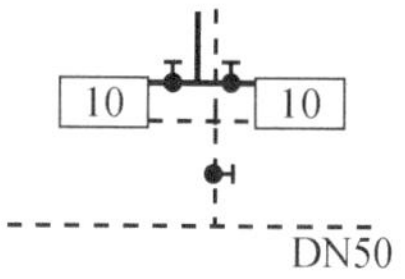 10　10　DN50
单管垂直式	顶　层	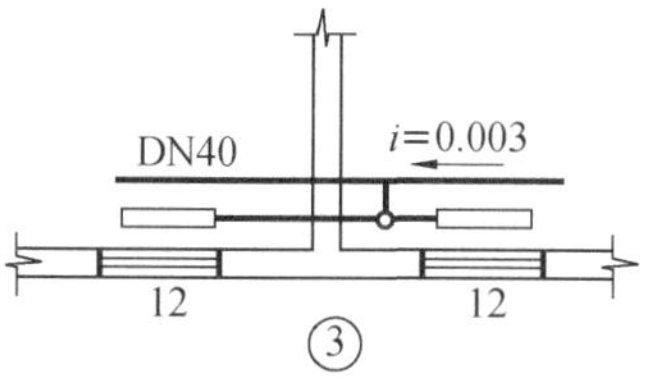 DN40　i=0.003　12　③　12	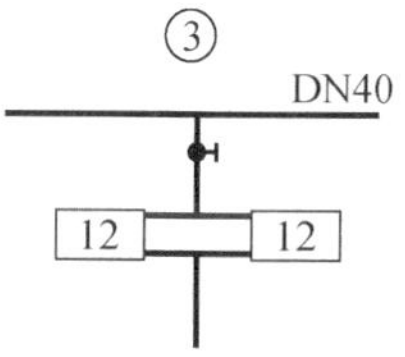 ③　DN40　12　12
	中间层	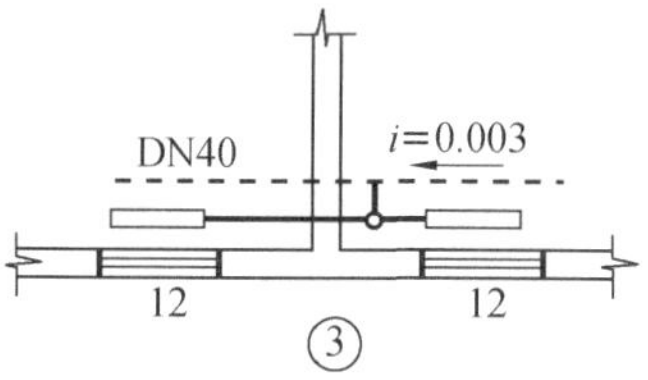 DN40　i=0.003　12　③　12	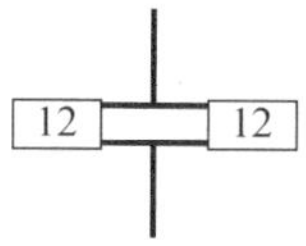 12　12
	底　层	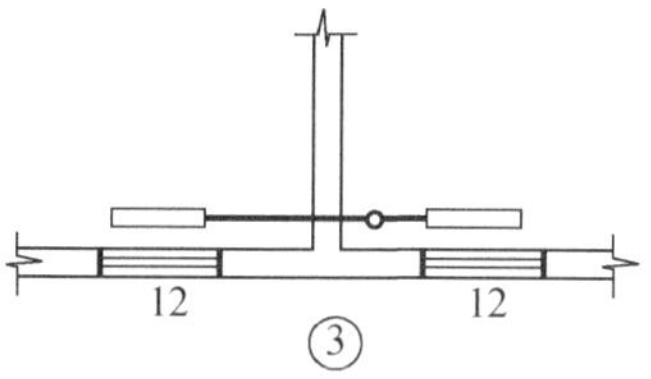 12　③　12	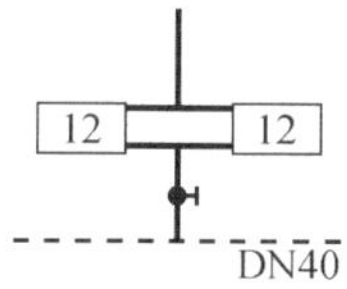 12　12　DN40

(7) 尺寸标注。

1) 房屋的平面尺寸一般只需在底层平面图中注出定位轴线间的尺寸。另外需标注室外地面整平标高和各楼层地面标高；

2) 设备和管道一般都是沿墙或靠柱设置的，不必标注定位尺寸。必要时，以墙面或柱面为基准标注尺寸；

3) 管道的管径、坡度和标高均标注在管道的系统图中，在平面图中不必标出。管道长度尺寸用比例尺从图中量出近似尺寸，在安装时则以实测尺寸为准，所以在管道平面图中也不标注管道的长度尺寸；

4) 采暖入口的定位尺寸由管中心至所相邻墙面或轴线的距离确定；

5) 散热器要标注其规格和数量，通常标在窗口或散热器附近。

（二）室内采暖系统图的图示内容和图示方法

1. 图示内容

采暖系统图是在采暖平面图的基础上，根据各层采暖平面中管道及设备的平面位置和竖向标高，采用正面斜轴测法绘制出来的。它表明从热媒入口至出口的采暖管道、散热设备、主要附件的空间位置及相互关系。采暖系统图中注有管径、标高、坡度、立管编号、系统编号以及各种设备、部件在管道中的位置。把系统图与平面图对照起来可了解整个室内采暖系统的全貌。

2. 图示方法

（1）轴向选择。

室内给水排水系统图一般采用 45°正面斜轴测投影法绘制。*OX* 轴处于水平方向，*OY* 轴一般与水平线呈 45°（也可以呈 30°或 60°），*OZ* 轴处于铅垂方向。三个轴向伸缩系数均为 1。采暖系统图的轴向与平面图轴向一致，即 *OX* 轴与平面图的长度方向一致，*OY* 轴与平面图的宽度方向一致。

（2）比例。

1）系统图一般采用与相对应平面图相同的比例，当系统比较复杂时也可以放大比例；

2）当采用与平面图相同的比例时，*OX*、*OY* 轴向尺寸可直接从平面图上量取，*OZ* 轴向的尺寸可依层高和设备安装高度量取。

（3）室内采暖系统图中的管道系统。

1）系统图中管道的画法与平面图中一样，供热管道用粗实线表示，回水管道用粗虚线表示；设备及部件用图例表示，以中、细线绘制；

2）采暖系统图中管道系统的编号应与底层平面图中的系统编号一致；

3）采暖系统图应按管道系统编号分别绘制，这样可避免过多的管道重叠和交叉；

4）当空间交叉管道在图中相交时，在相交处将被挡在后面或下面的管线断开；位于同一平面上的两交叉管段，在相交处，弯折回水管段，如图 11-3 所示；

5）当管到过于集中，无法表达清楚时，可将某些管段断开，移至别处画出，在断开处给以明确标记，如图 11-4 所示；

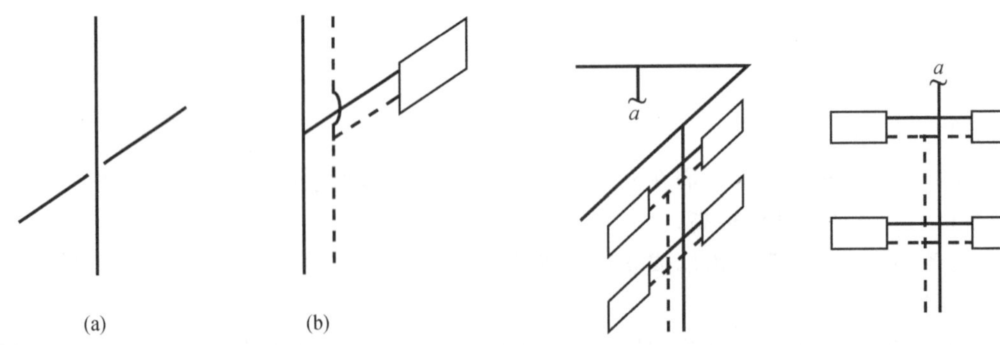

图 11-3　系统图中的局部画法　　图 11-4　系统图中重叠、密集处的引出画法

6）具有坡度的水平横管无需按比例画出其坡度，一律画成与 0*X* 轴或 0*Y* 轴平行的线段，但应注明其坡度或另加说明。

（4）尺寸标注。

1）管径：系统图中所有管段均需标注管径，当连续几段管段的管径相同时，可仅标注两端管段的管径，中间管段管径可省略不用标注。焊接钢管应用公称直径“DN”表示，如DN15；无缝钢管应用“外径×壁厚”，如$D114\times5$。管径的单位：毫米（mm）；

2）坡度：凡横管均须标注或说明其坡度；

3）标高：系统图中的标高是以底层室内底面为±0.000的相对标高，采暖管道标注管中心标高。除标注管道及设备的标高外，尚需标注室内、外地面及各层楼面的标高；

4）图例：平面图和系统图应采用统一的图例。

三、室内采暖施工图的识读

识读室内采暖施工图须先熟悉图纸目录，了解设计说明，在此基础上将平面图和系统图联系起来对照识读。

现以某中学综合楼中一层室内采暖平面图（图11-5）、采暖系统图（图11-6）为例（整套图纸见附图中采暖平面图），说明室内采暖施工图的识读方法。

（一）室内采暖平面图的识读

（1）通过室内采暖平面图对房屋平面布置情况进行了解。

该综合楼总长34.44m，总宽16.57m。一层有体育器材室、书库和学生阅览室、舞蹈教室。

（2）掌握散热器的布置情况。

本例散热器全部在房间靠窗户的一侧，靠墙布置。散热器的片数都标注在靠近散热器图例的窗户边上，如一层学生阅览室每个散热器的片数均为16、书库每个散热器的片数均为15等。

（3）了解热力入口情况和室内采暖系统的布置形式。

热媒干管入口在综合楼的北面，在定位轴线⑪和⑫之间穿过定位轴线为Ⓙ的墙体进入室内。采暖的供水干管和回水干管都布置在一层，所以室内采暖系统采用的是双管下供下回式采暖系统。

（4）通过立管的编号查清系统立管的数量和布置位置。

本例中采暖供水立管和回水立管各有22根，全部沿外墙靠近散热器布置。

（5）在平面图上还要查明管道及设备安装的预留孔洞、预埋件、管沟等方面对土建施工的要求。

（二）室内采暖系统图的识读

（1）了解采暖管道的空间走向、干管位置、标高、管径、坡度等。

要了解采暖管道的空间走向要将平面图和系统图结合起来进行识读。看系统图时应沿着热媒的流向进行看图。

（2）了解散热器的数量。

（3）注意查清其他部件和设备在管道系统中的位置、规格及尺寸。凡注明规格的，都要与平面图和材料表等进行核对。

四、详图

采暖平面图和系统图所用的比例较小，管道及设备、部件都用图例表示，它们本身的构造及安装情况在平面图中不能表达清楚。因此，必须用较大的比例画出其构造和安装详图，以便于施工。详图常用的比例为1∶5、1∶10、1∶20等。

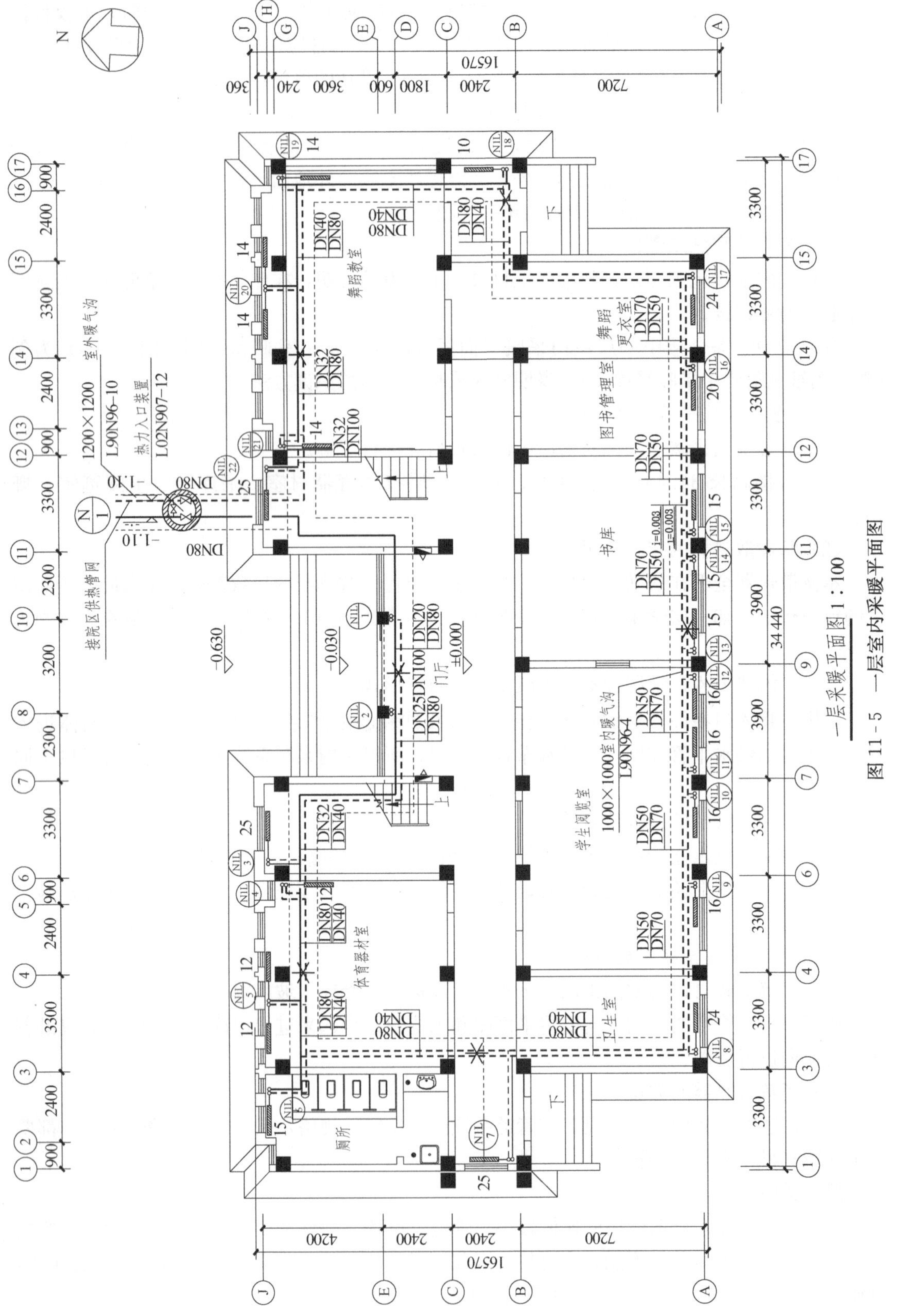

图 11-5 一层室内采暖平面图

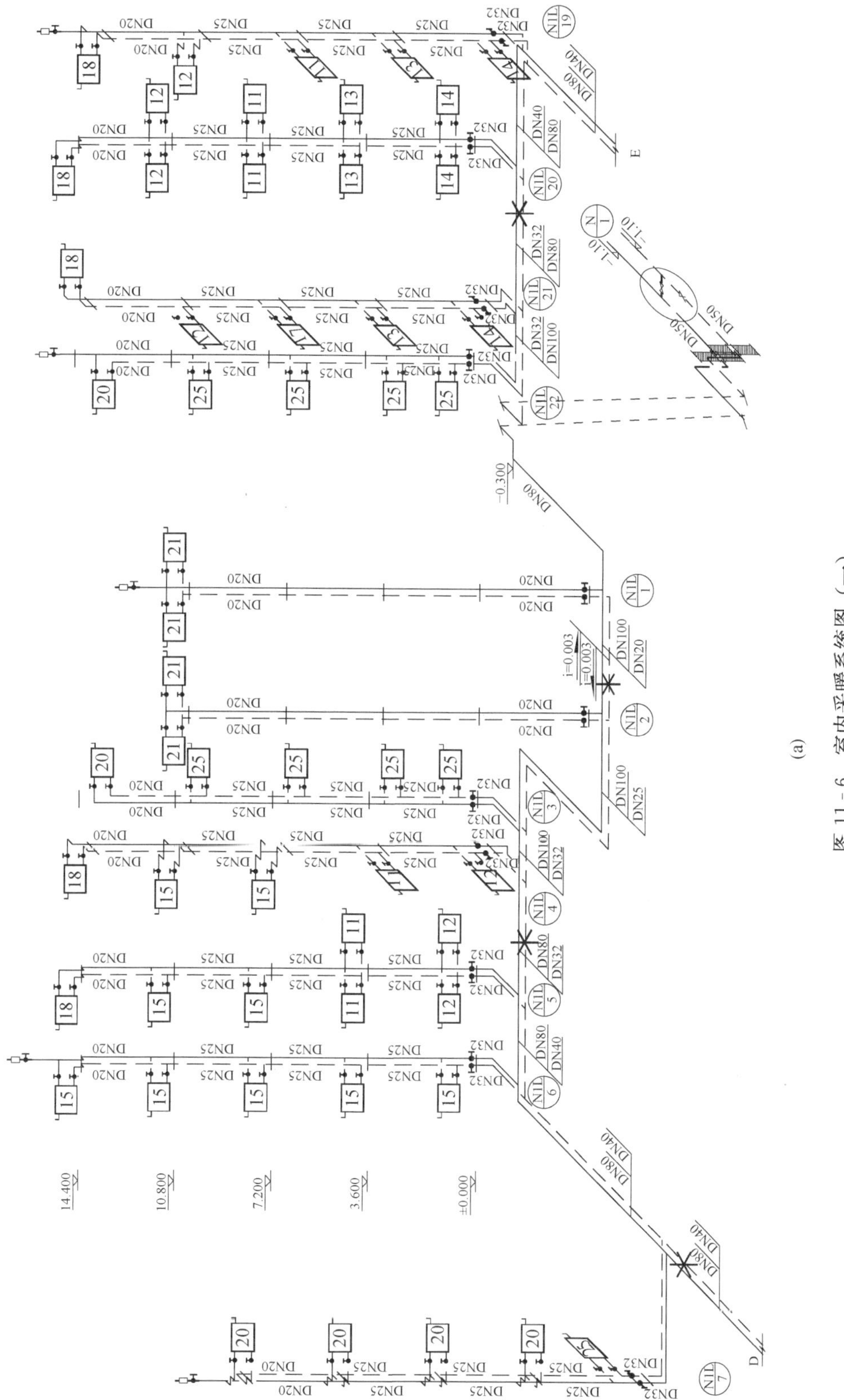

(a)

图 11-6 室内采暖系统图（一）

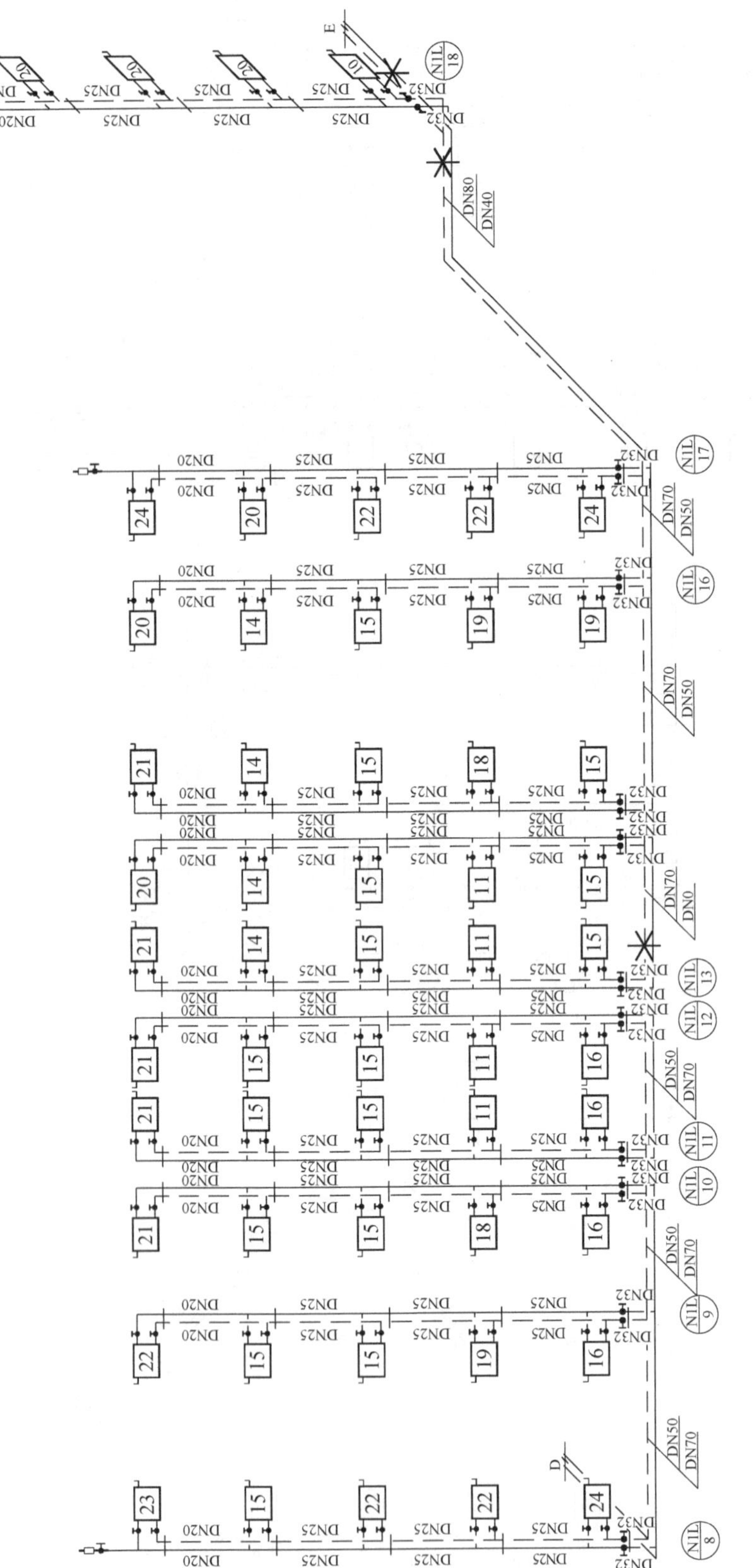

(b)

图 11-6 室内采暖系统图（二）

图 11-7 是柱形散热器的安装详图。

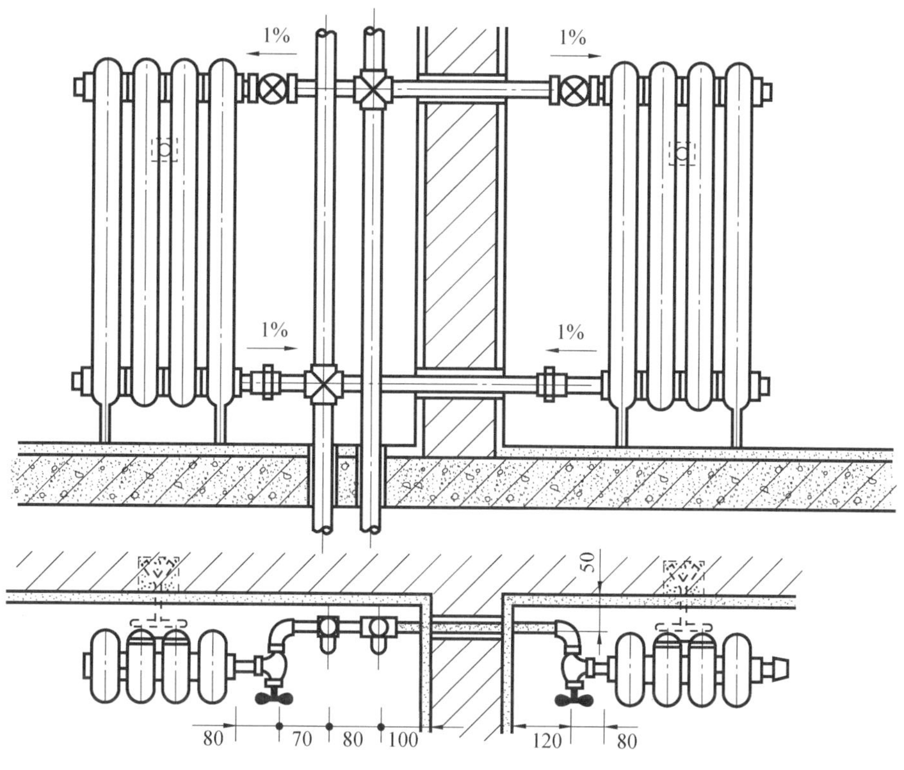

图 11-7　热水散热器的安装详图

第二节　室外采暖施工图

室外采暖管道施工图主要表示室外采暖管道的平面及高程的布置情况。其施工图主要包括室外采暖管道平面图、纵断面图及横断面图和有关的安装详图。

一、室外采暖管道施工图的图示内容和图示方法

1. 图示内容

室外采暖管道平面图是以建筑总平面的主要内容为基础，表明城区或厂区、街坊内的采暖管道平面布置情况的图纸，一般包括以下内容：

(1) 室外采暖管道平面图中所包含的建筑总平面图的内容。

建筑总平面图应表明城区的地形状况，建筑物、道路、绿化等的平面布置及标高状况等。

(2) 室外采暖管道平面图中的管道及其附属设施。

1) 室外采暖管道有蒸汽管道和凝结水管道，或供水管道和回水管道；

2) 在平面图上要标明补偿器、排水和放气装置、阀门等辅助设施的布置情况；

3) 要注明管道的节点及纵、横断面的编号，以便按照这些编号查找有关图纸。

2. 图示方法

(1) 建筑总平面图中建筑物的外轮廓线用中实线画，其余的地物、地貌、道路等均用细

实线画。

(2) 一般情况下，在室外采暖平面图上，供热管道用粗实线表示，回水管道用粗虚线表示。

(3) 室外采暖管道平面图上的管道（指单线）即是管道的中心线，管道在平面图上的定位即是指到管道中心的距离。

(4) 标注尺寸。

1) 标高：室外采暖平面图标注的标高一般为绝对标高，并精确到小数点后两位数。

2) 室外采暖平面图上应注明各类管道的坐标或定位尺寸。

①用坐标时：标注管道的转弯点（井）等处坐标，构筑物标注中心或两对角处坐标；

②用控制尺寸时：以建筑物外墙或轴线、或道路中心线为定位尺寸基线。

二、室外采暖管道纵断面图的图示内容和图示方法

（一）图示内容

由于地下管道种类繁多，布置复杂，因此在工程中要按管道的种类分别绘制每一条街道的管道平面图和纵断面图，以显示路面的起伏、管道的埋深、坡度、管道交接等情况。

管道的纵断面图是沿管道长度方向、经过管道的轴线铅垂剖开后的断面图，有图样和资料两部分组成。

（二）图示方法

1. 图样部分

(1) 图样中水平方向表示管道的长度，垂直方向表示管道的直径。由于管道长度方向比直径方向大得多，因此绘制纵断面图时，纵横向可采用不同的比例。横向比例，城市（或居住区）为1∶5000或1∶1000，街道庭院为1∶1000或1∶2000；纵向比例为1∶100或1∶200。

(2) 图样中原有的地面线用不规则的细实线表示，设计地面线用比较规则的中粗实线表示，管道用粗实线表示。

(3) 在管道纵断面图中，应画出检查室。一般用两根竖线表示，竖线上连地面，下接管道。

(4) 与管道交叉的其他管道，按管径、管内底标高以及与其相近检查井的平面距离画出其横断面，注写出管道类型、管内底标高和平面距离。

2. 资料部分

管道纵断面图的资料标在图样的下方，并与图样对应，如图11-9所示。具体内容应包括节点编号，地面标高，管底标高，管道的直径、坡度、长度，固定支座的推力，检查室底标高等。

三、室外采暖管道工程图的识读

以图11-8和图11-9为例说明室外采暖管道识读。

（一）室外采暖管道平面图的识读

(1) 查明室外采暖管道的名称、用途、平面位置、管道直径和连接方式。

从图11-8可以看出供热管道和回水管道平行布置。从检查室3到检查室4，此段管道距离为73.00m、直径为426mm、壁厚为8mm。从检查室4到检查室5，此段管道距离为119m、直径为325mm、壁厚为7mm。图11-8上的尺寸以热水管道为准；管道的平面布

置：检查室 3 固定支架的坐标为 X=54219.42m、Y=32469.70m，第一个转弯处的坐标为 X=54354.40m、Y=32457.80m。

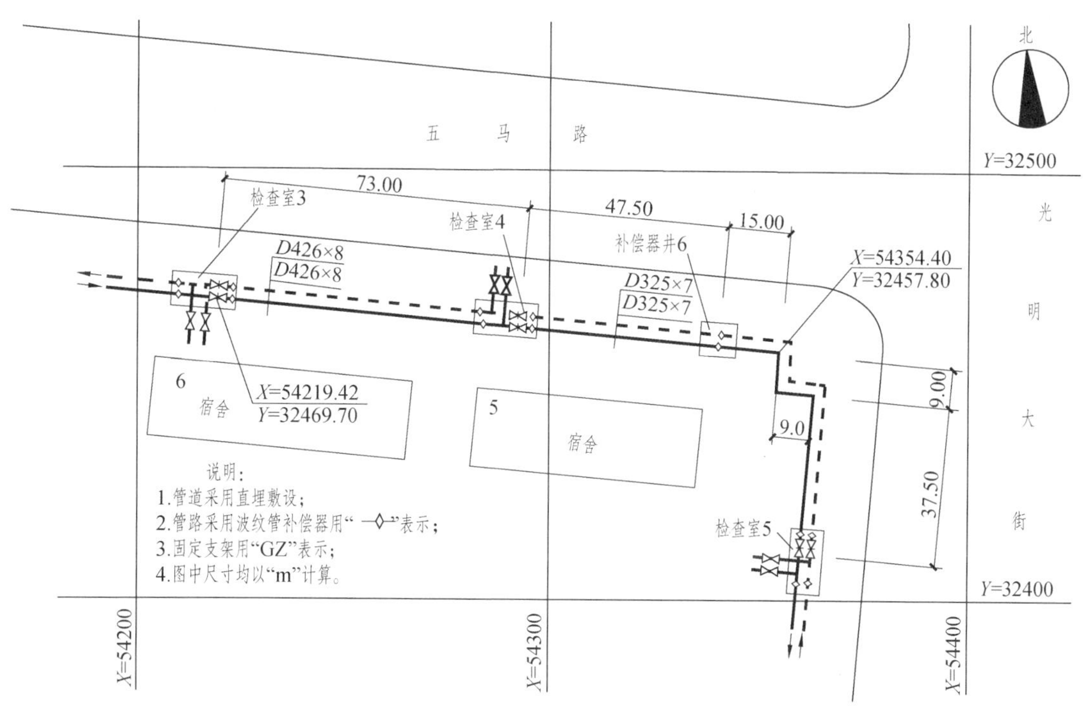

图 11-8 室外小区供热管道平面图

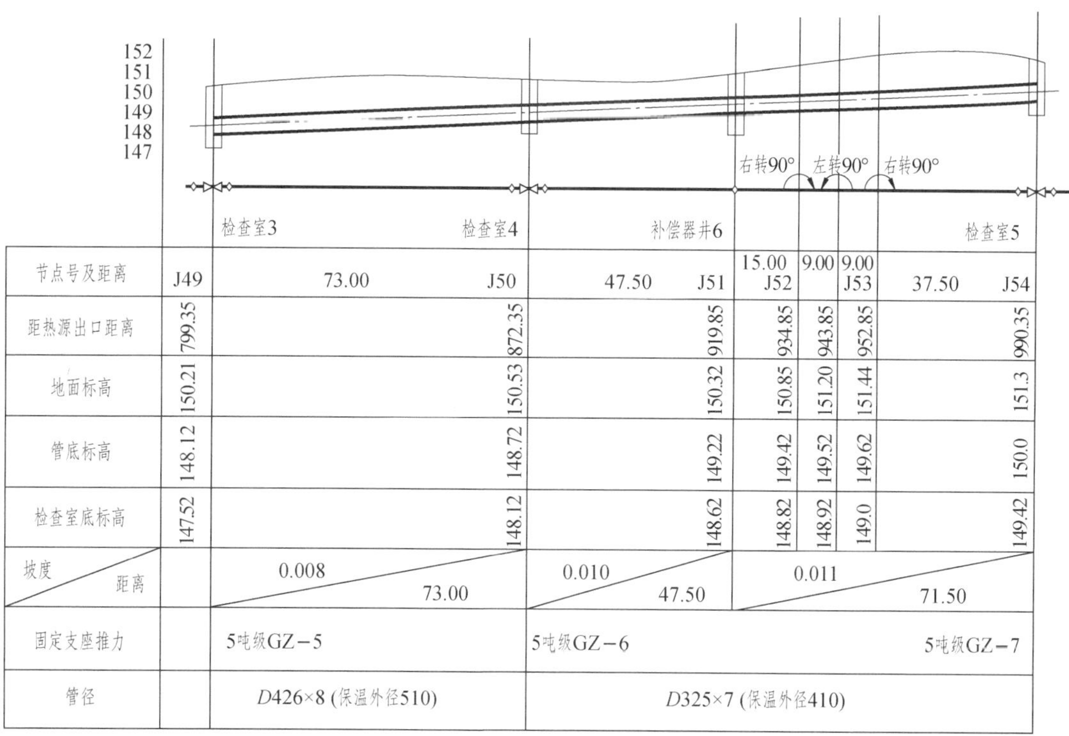

节点号及距离	J49	73.00 J50	47.50 J51	15.00 J52	9.00	9.00 J53	37.50 J54
距热源出口距离	799.35	872.35	919.85	934.85	943.85	952.85	990.35
地面标高	150.21	150.53	150.32	150.85	151.20	151.44	151.3
管底标高	148.12	148.72	149.22	149.42	149.52	149.62	150.0
检查室底标高	147.52	148.12	148.62	148.82	148.92	149.0	149.42
坡度/距离		0.008 / 73.00	0.010 / 47.50				0.011 / 71.50
固定支座推力	5吨级GZ−5	5吨级GZ−6					5吨级GZ−7
管径	D426×8 (保温外径510)		D325×7 (保温外径410)				

图 11-9 室外小区供热管道纵断面图

（2）了解管道敷设情况、辅助设备布置情况。

从设计说明知道采暖管道采用直埋敷设检查室内设有波纹管补偿器，固定支架等。固定支架用“GZ”表示，长度单位为m。

（二）室外采暖管道纵断面图的识读

图11-9为室外供热管道纵断面图。从检查室3开始：节点为J49，地面标高为150.21m，管底标高为148.12m，检查室底标高为147.52m，距热源出口距离为799.35m。其余检查室识读同检查室3。

从图11-9中还可以查出管道的坡度、管径、壁厚、保温外径、固定支座的推力、标高等。

第二篇　用 AutoCAD 绘制建筑图

第十二章　AutoCAD 绘图基础

学习目标：

• 学会安装和启动 AutoCAD。

• 熟悉 AutoCAD 的用户界面。

• 学会 AutoCAD 的基本操作。

• 用 AutoCAD 绘制简单的几何图形。

AutoCAD 是美国 Autodesk 公司研制开发的一种计算机辅助绘图（Computer Aided Drawing）软件。在学习 AutoCAD 绘制建筑图方法之前，本章首先讲 AutoCAD 的一些基本命令和操作。

第一节　AutoCAD 安装、启动及用户界面简介

一、安装 AutoCAD

由于 AutoCAD 提供了一个安装向导，用户可以方便的根据该向导的操作提示逐步进行安装。

在 Windows 操作系统下，应用软件的安装过程大致相同，即首先在 Windows 操作系统的“开始”菜单中选择“运行”，然后运行 AutoCAD 光盘上的 setup. exe 程序，并按要求回答各种提问。这里只简单介绍一下其中需要注意的一些细节问题。

（1）在要求输入序列号和光盘 CD 号的对话框中必须输入正确的序列号和光盘 CD 号。如果是正版软件，每一份软件拷贝都有不同的序列号和光盘 CD 号。

（2）在安装过程中 AutoCAD 会让你选择安装的方式和路径，一共有 4 种不同的安装方式：典型安装、精简安装、自定义安装和完全安装。每一样安装都有详细的说明，在这里做一点简单的说明。

典型安装：安装用户最常用的程序功能，建议大多数用户采用。

精简安装：安装所需的最少功能，一般作为工程设计人员使用，99%以上的功能都可以实现。不过现在用户的硬盘通常都非常大，没有必要节省这百十兆的硬盘空间。

自定义安装：用户可以选择需要安装的应用程序功能及其安装位置，这个选型适合对 AutoCAD 很熟悉的用户，也比较适合于单位的电脑系统管理员安装和管理 AutoCAD 软件。

完全安装：如果 AutoCAD 的所有功能程序都安装上，则可以得到 AutoCAD 的最佳性能。

提示：AutoCAD 中文版的默认安装路径通常是 C：\ program Files \ AutoCAD。用户完全可以根据需要指定其他的安装目录，AutoCAD 的使用不会受到任何影响。

二、启动 AutoCAD

成功的安装了 AutoCAD 以后，系统会在桌面上创建 AutoCAD 的快捷图标，并在程序文件夹中创建 AutoCAD 程序组。

启动 AutoCAD 软件的方法很多，在 Windows 系统下最简便的方法是在桌面上双击代表 AutoCAD 软件的快捷图标。

如果从【开始】菜单中启动 AutoCAD，可选择【开始】→【程序】→【AutoCAD】命令。

三、AutoCAD 用户界面

启动 AutoCAD 以后，即进入了 AutoCAD 绘图工作界面。AutoCAD 窗口各部分的名称如图 12-1 所示。

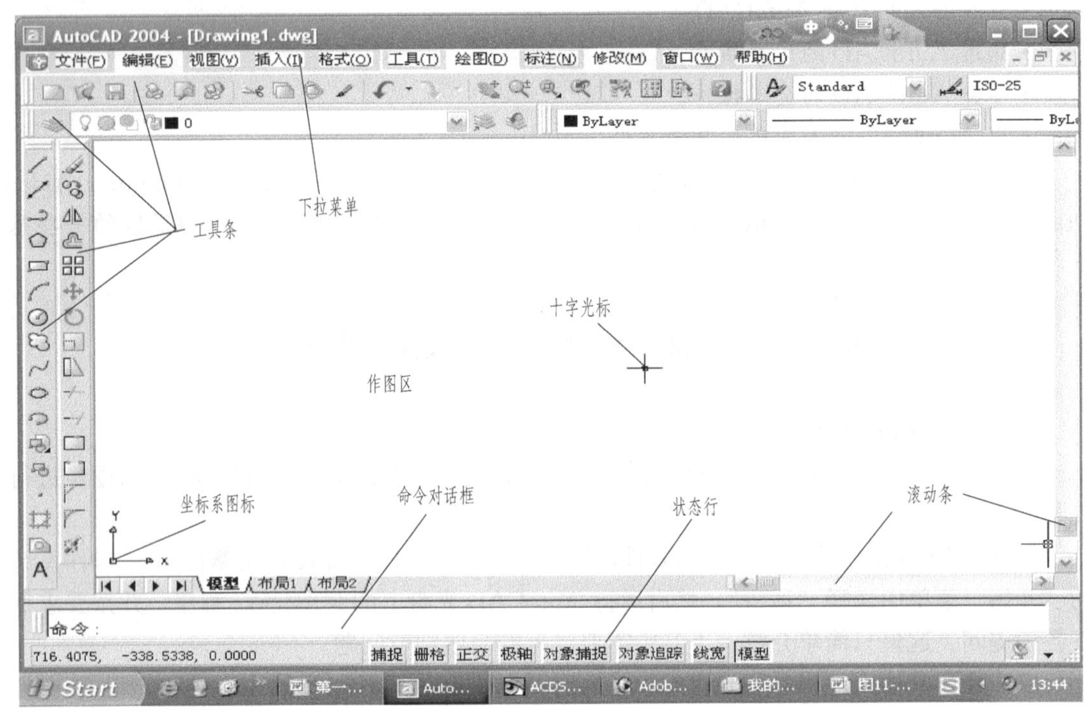

图 12-1　AutoCAD 用户界面

（一）下拉菜单

下拉菜单是一系列命令的列表。

执行下拉菜单命令的方法是：单击菜单栏中的选项，打开下拉菜单，再单击其中要执行的命令。与其他 Windows 应用程序一样，在 AutoCAD 菜单项右边有小三角形的，表示此命令后面还有子菜单；菜单命令右边有省略号的，表示当执行此菜单命令后，将显示一个对话框。

（二）工具条

如图 12-1 所示，AutoCAD 在水平和垂直两个方向各显示两排按钮，每一排按钮称为一个工具条。显示哪些工具条，用户可以根据作图的需要进行设置。AutoCAD 自动显示的工具条是最常用也是最重要的，用户一般不要改变它们。

每一命令按钮代表 AutoCAD 的一条命令，只要移动鼠标指向某一按钮，单击鼠标，就执行该按钮对应的命令。移动鼠标指向某一按钮后，稍停片刻，系统会显示与该按钮对应的命令名称，并在屏幕下边的状态行上显示该命令的功能介绍。

（三）作图区

屏幕最大的空白区域就是作图区。绘图区域其实是无限大的，用户可以通过视图中的相关命令缩放、平移改变视图区的大小和位置。

绘图区域左下角显示的是USC坐标（用户坐标系），如图12-2所示。USC坐标可以帮助确定所要绘制图形的方向。该图标由两个箭头组成，分别标有“X”和“Y”，代表当前图形的*X*、*Y*轴方向。

（四）十字光标

作图区内的两条正交十字线叫十字光标。移动鼠标或按键盘上的箭头键都可以改变十字光标的位置，十字光标的交点代表当前点的位置。十字光标上的小方框被称为拾取框，用于选择图形中的对象，如图12-3所示。

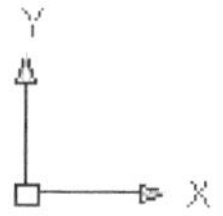

Y
X

图12-2　USC坐标

十字线
拾取框

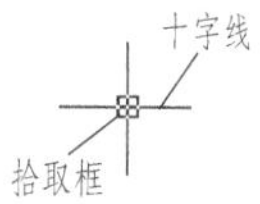

图12-3　十字光标

（五）命令对话区

在绘图区下面是一个可以输入命令的区域，称之为命令窗口，默认为三行，如图12-4所示。执行命令后，在此显示该命令的提示，提示用户下一步该做什么。

命令：
命令：_u 没有操作可放弃
命令：

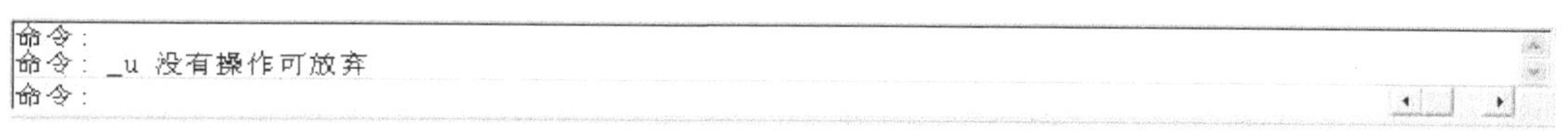

图12-4　命令窗口

在命令行中直接输入命令的英文名称即可激活命令，比如画直线可以输入“line”或者直线命令的别名“L”，则直线命令就被激活了。

因为需要记忆命令的名称，所以初学者对命令行都多少有几分恐惧，不太愿意和它打交道。但是命令行本身很重要，它除了可以激活命令外，还是AutoCAD软件中唯一一处可以进行人机交互的地方，就是说输入命令后，用户一步一步进行选项的确定和参数的输入，都是通过命令行来提示和完成的，而且在命令行区域中还可以修改系统变量。所以初学者一定要把目光多投向命令行区域。随着使用AutoCAD软件时间的增加，很多命令自然就会记住，在命令行里面得心应手地快速输入应用了。

如果想查看命令行中已经运行过命令的历史，可以按键盘上的功能键F_2进行切换。

（六）状态行

在命令行下面还有一个容易被人忽视的窄条叫状态栏。它不仅显示屏幕上光标所处位置的坐标，而且还显示AutoCAD各种模式的当前设置状态，如图12-5所示。

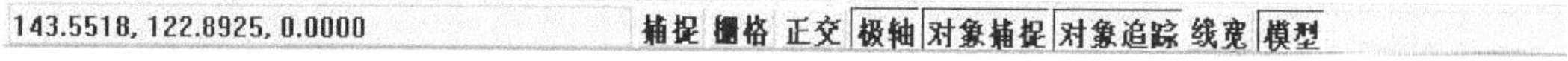

143.5518, 122.8925, 0.0000
捕捉 栅格 正交 极轴 对象捕捉 对象追踪 线宽 模型

图12-5　状态栏

状态栏左侧的数字是当前光标所在位置的*X*、*Y*、*Z*坐标，右侧的一排按钮是调整不同

绘图方式的，单击鼠标左键使其凹下就调用了该按钮对应的功能。我们后面再详细介绍。

通过上面的介绍可以看出，在 AutoCAD 软件中有多种方法激活一个特定的命令，这些方法的优劣如表 12-1 所示。

表 12-1　　激活命令不同方法比较

名　称	优　点	缺　点
下拉菜单	命令比较全，不用记忆，系统性强	效率低
工具栏	形象，直观，效率高	不　全
命令行窗口	效率高，全，人机交互操作（3行）	需要记忆

第二节　AutoCAD 基本操作

AutoCAD 是标准的 Windows 程序，那么 Windows 系统的许多标准的操作方式也是适用 AutoCAD 的。但是作为图形设计软件，在操作方式上也就有它自己一些特殊的地方。在这节中，将要介绍 AutoCAD 的基本操作方法。

一、命令输入方式

AutoCAD 的命令有 4 种基本的输入方法：鼠标输入、键盘输入、菜单输入和按钮输入。

（一）鼠标输入

在绘图区中当光标呈小方块时，可以用鼠标左键选取实体。当选择一个绘图命令后，光标将呈十字形，这时可以在屏幕绘图区按下鼠标左键，相当于输入该点的坐标。当光标移动到绘图区以外的地方时，光标会变成一个箭头，这时可以用鼠标左键选取命令、移动滑块、选择命令指示区中的文字等。

鼠标右键在不同的区域单击时，可以弹出不同的快捷菜单，如图 12-6 所示。在绘图中，合理地使用快捷菜单可以加快绘图的速度。

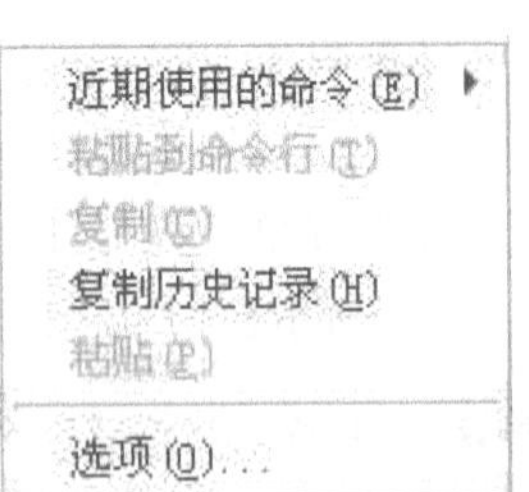

命令窗口

Shift+鼠标右键

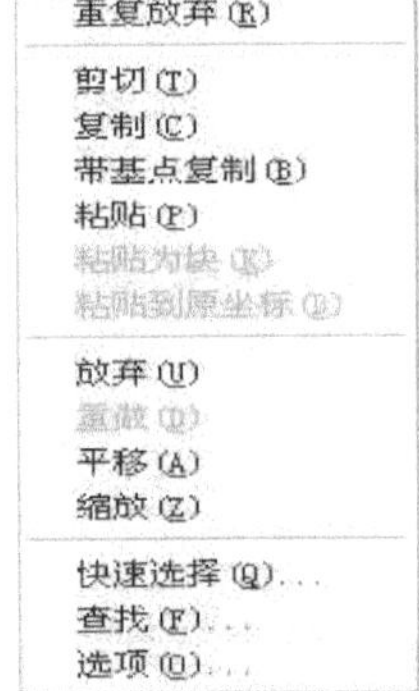

绘图区

图 12-6　不同的快捷菜单

（二）键盘输入

AutoCAD 中所有的命令都可以通过键盘输入来完成（字母不分大小写），而且大部分的命令都和以前版本的 AutoCAD 兼容。

键盘输入命令可以在命令窗口的【命令:】提示符下进行，如图 12-7 所示。

图 12-7　命令窗口

部分键盘命令在输入时可以采用简捷命令，例如“line”（直线）可以只输入“L”，而用户也可以自己定义简捷命令。

（三）按钮输入

用鼠标在对应工具栏上的按钮上单击就可以输入该按钮对应的命令。

（四）菜单输入

通过鼠标左键在主菜单中单击下拉菜单，再移动到相应的菜单上选择对应的命令。如果有下一级子菜单，则移动到菜单条后略停顿，自动弹出下一级子菜单，移动光标到对应的命令上单击即可。

为了讲述方便，对于不同的输入方式，本书采用的叙述方式如下：

(1) 键盘的输入：在【命令:】提示符后输入“某个命令”，然后回车即可。

(2) 按钮输入：在【工具栏名称】栏上，单击按钮“图标”。

(3) 菜单输入：在【某个菜单】，选择【某个命令】选项。

二、透明命令

透明命令是指在执行一个命令的同时还可执行另外一个命令。例如，在绘制一条直线时，希望缩放视图，则可以透明地激活【缩放】命令。也可以在执行一个命令时，修改绘图工具的设置，如【捕捉】。在其他命令正处于激活状态时执行的命令被称之为透明命令。

AutoCAD 正在执行一个命令时，从工具栏或下拉菜单中调用一个新命令，AutoCAD 将自动透明地执行新的命令。如果该命令不能被透明地执行，AutoCAD 将终止处于激活状态的命令转而执行新调用的命令。

如果要在命令行中透明地执行命令，可以在命令名前加一撇号：“’”。当透明地执行一个命令时，在命令提示中，AutoCAD 用两个右尖括号“＞＞”来表示透明的执行命令。例如，在绘制直线时想要修改捕捉间距，可按下列提示输入命令：

命令:line＜回车＞

指定第一点或[放弃(U)]:’snap

≫指定捕捉间距或[开(ON)/关(off)/纵横向间距(A)/旋转(R)/样式(S)/类型(T)]＜10.00＞:

正在恢复执行“line”命令。

指定第一点或[放弃(U)]:

三、重复调用命令

AutoCAD 可以重复调用刚刚使用过的命令，而无需重新选择该命令。按空格键或回车键，或是单击鼠标右键弹出快捷菜单，在菜单的顶部可以选择需要重复执行的命令，该命令是刚刚使用过的命令。

在【命令:】提示符后输入命令时，可以在要调用的命令名（如 line 或 Arc 等）前键入 Multiple，以便无限次重复执行该命令，要终止该命令的执行，可以按 Esc 键。

四、撤消、重做命令

（一）撤消命令

AutoCAD 可以记忆所有执行过的命令和所做的修改。如果要改变主意或是修改错误，可以撤消或是倒退上一步或前几步操作。还可以在进行倒退操作后恢复上一步操作。

应用下列方法之一，可以撤消大多数最近执行的命令：

（1）工具栏：在【标准】工具栏中，单击【放弃】按钮。

（2）下拉菜单栏：从 编辑(E) 菜单栏中，选择 放弃(U) Ctrl+Z 选项。

（3）命令行：输入“U”<回车>。

（4）按组合快捷键 Ctrl+Z。

（5）在绘图去单击右键，从快捷菜单中选择 放弃(U) 选项。

（6）在【命令:】提示符下，输入 Undo，然后在命令行中输入要撤消的步骤数，最后按回车键。例如，要倒退最后的三步操作，应键入“3”。

如果错误地删除了一个或多个对象，可以用 Oops 命令将它们恢复到图形中。

（二）重做

要恢复一步操作，可以使用以下任意一种方法：

（1）工具栏：在【标准】工具栏中，选择【重做】按钮。

（2）下拉菜单栏：从【编辑】菜单栏，选择【重做】选项。

（3）命令行：输入 Redo，然后按回车键。

（4）按组合快捷键 Ctrl+Y。

（5）在绘图区单击鼠标右键，从快捷菜单中选择【重做】选项。

注意：Redo 命令只能恢复最后一次执行 U 或 Undo 命令撤消的操作。要恢复某些操作，必须在执行 U 或 Undo 命令后立即执行 Redo 命令。

五、功能键

AutoCAD 中定义了不少的功能键。熟悉功能键，可以简化操作。表 12-2 列出了常用的功能键。

表 12-2 功能键定义

功能键	功能键定义	功能键	功能键定义
F1	AutoCAD 帮助主体	F7	切换栅格显示
F2	切换文本/图形屏幕	F8	切换正交模式
F3	对象捕捉打开/关闭	F9	切换光标捕捉模式
F4	切换数字化模板	F10	切换极坐标模式
F5	切换等轴侧面模式	F11	切换对象捕捉追踪
F6	切换坐标显示		

六、特殊字符的输入

AutoCAD 提供的控制码，均有两个百分号（%%）和一个字母组成。输入这些控制码后，屏幕上不会立即显示它们所代表的特殊符号，只有在回车之后，控制码才会变成相应的特殊字符。

常见特殊符号的输入方法见表 12-3。

表 12-3　特殊符号的输入方法

输入方法	输　入　结　果	输入方法	输　入　结　果
%%D	标注符号“度”(°)	%%C	标注直径（Φ）
%%%	百分数符号（%）	%%P	标注正负号（±）
%%O	打开或关闭文字上画线功能	%%U	打开或关闭文字下画线功能

注意：%%O、%%U 是两个切换开关，在文本中第一次输入此符号，表明打开上画线或下画线，第二次输入此符号，表明关闭上画线或下画线。

七、保存图形文件和打开文件

用户在绘图过程中，应定期保存所绘制的图形。这样可以确保万一意外故障发生时，不致丢失重要的信息。

（一）换名存盘

换名存盘就是将显示在屏幕上的图形在存盘时另起一个名字。AutoCAD 对文件名没有特殊要求，可以使用汉字、字母、数字符号，最多可有 127 个汉字或 255 个字符。但是为了以后调用方便，用户要在存盘时给图形起一个通俗易懂的命字，最好使图形能代表图形的内容。操作方法如下：

（1）在文件(F)下拉菜单栏中，选择另存为(A)...命令，弹出图形另存为对话框，如图 12-8 所示。

（2）在文件名 Drawing1.dwg 中输入文件名。此方框称为文本框，“文件名”是文本框的名称，其中的 Drawing. dwg 是 AutocAD 为图形文件起的默认文件名。

（3）单击保存(S)按钮，退出对话框，完成操作。

（二）原名存盘

原名存盘，就是以现用的文件名存盘。可以使用以下 4 种方法存盘。

（1）工具栏：在【标准】工具栏中，单击【保存】按钮。

（2）下拉菜单栏：从文件(F)下拉菜单中，选择保存(S)　Ctrl+S 选项。

（3）命令行：输入“save”<回车>。

（4）组合快捷键 Ctrl+S。

如果是第一次执行存盘命令，要存盘的图形仍然用 AutoCAD 给定的默认文件名“Drawing. dwg”（文件名显示在屏幕的左上角），此时执行存盘命令实际执行的是换名存盘命令，AutoCAD 弹出的是图 12-8 所示的图形另存为对话框，用户可以按上述方法进行换名存盘。

（三）打开图形文件

已经存盘的文件，可以将其打开重新显示在屏幕上，查看其内容，继续没有完成的部分，打印输出。

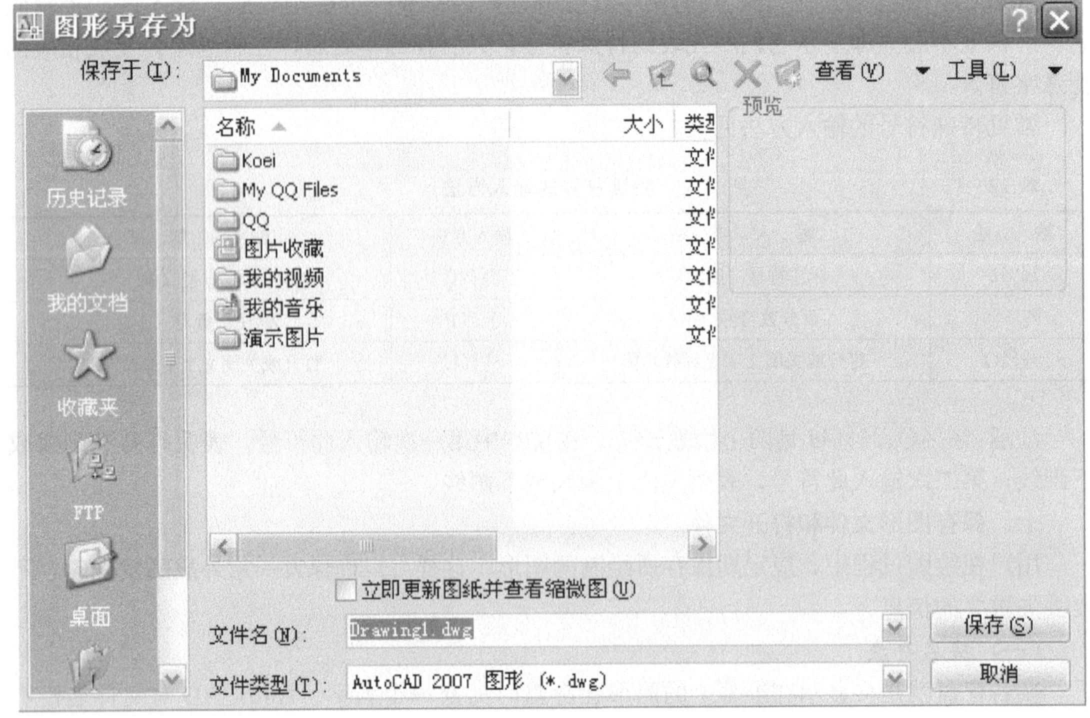

图 12-8 【图形另存为】对话框

打开文件通常有如下 3 种方式：

（1）工具栏：在【标准】工具栏上单击【打开】按钮。

（2）下拉菜单栏：在文件(F)菜单栏，选择打开(O)... Ctrl+O选项。

（3）命令行：输入“Open”<回车>。

在执行上述命令后，弹出如图 12-9 所示的选择文件对话框。

在选择文件对话框中列出了目录和文件类型为“dwg”的 AutoCAD 的图形文件。如果要选择其他子目录中的文件，可以采用标准的文件窗口管理技术。单击搜索(I): My Documents 编辑框右边的下拉箭头，可以在任意路径中选择需要打开的文件。

单击在该对话框的右下角 打开(O) 的下拉箭头，可以选择打开图形的方式，如图 12-10 所示。

如果选择以只读方式打开(R)选项打开图形文件，则在文件被修改后是不能存盘的。如果需要存盘，则可以选择另存为(A)...命名保存该文件的副本。

如果选择【局部打开】选项，则可以仅仅选择打开图形的某一部分。

八、退出 AutoCAD

正确退出绘图作业是一个良好的习惯。否则它将始终占用系统资源，影响其他程序的运行。如果不正常关机，还可能导致数据丢失或系统被破坏。

一种退出的方法是从文件(F)下拉菜单栏中选择退出(X)命令；另一种是使用 Quit 命令退出 AutoCAD；还可以使用 Close 命令退出绘图作业，但 AtoCAD 没有关闭。

注意：使用 Quit 命令时要特别小心，因为 Quit 命令不保存任何修改过的内容，便退出 AutoCAD。

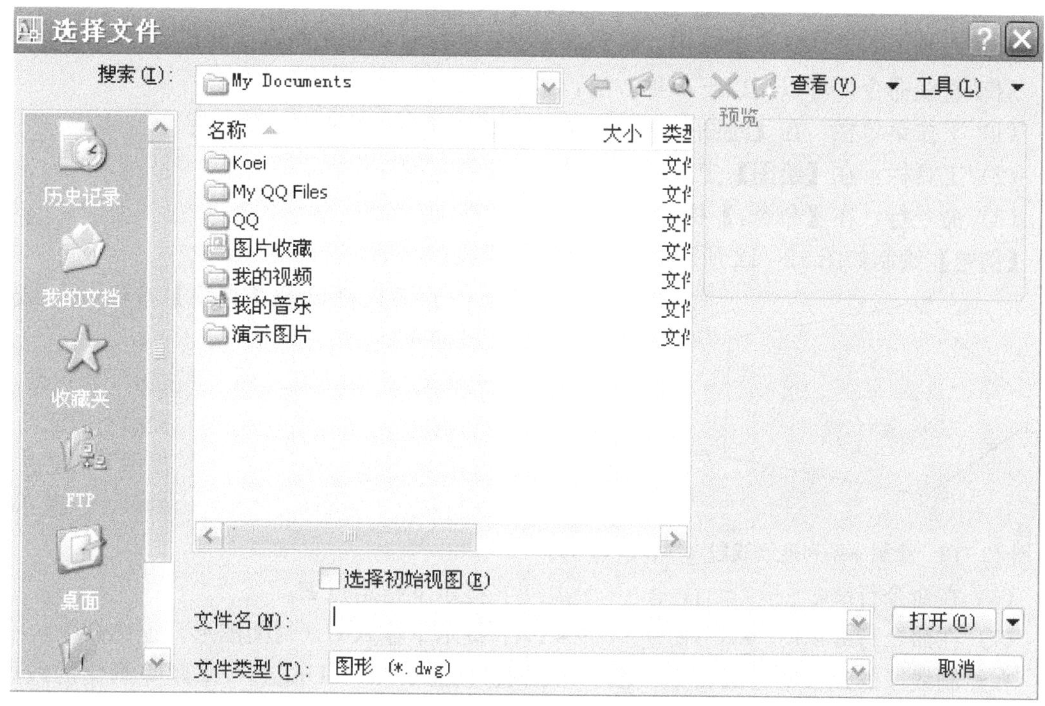

图 12-9　【选择文件】对话框

如果图形编辑后还没有存盘，AutoCAD 将显示如图 12-11 所示的警告框，其中提供了 3 个选项供用户退出时选择，默认为【是】按钮。

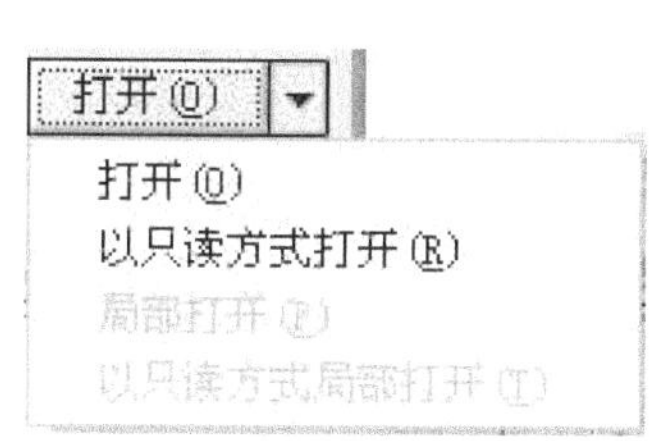

图 12-10　打开图形的方式

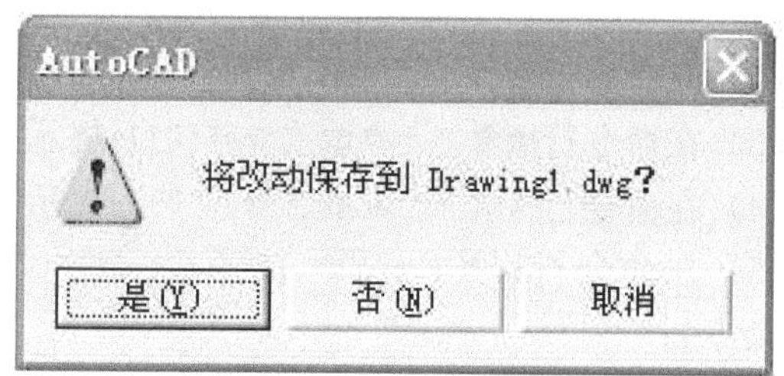

图 12-11　AutoCAD 警告框

第三节　用 AutoCAD 绘制基本几何图形

平面图形（包括建筑图形）都是由点、直线、圆、圆弧以及一些复杂的曲线（如椭圆、样条曲线等）组成。本节将从直线、点开始学习使用 AutoCAD 绘制几何图形，同时将介绍一些常用的配合绘图命令使用的辅助绘图设置。只要熟练掌握了绘制几何图形的方法和技巧，就能准确、高效的绘制图形。

一、绘制直线

直线是图形中最常见、最简单的实体。绘制直线的基本命令是 line，一次可画一条线段，也可连续画多条线（其中每一条线段都彼此相互独立）。

直线段是由起点和终点来确定，可以通过鼠标或键盘来决定起点或终点。

启动直线命令，可以用以下 3 种方法：

（1）下拉菜单栏：在【绘图】下拉菜单栏，选择【直线】选项直线(L)；

（2）工具栏：在【绘图】工具栏单击【直线】按钮；

（3）命令行：在【命令:】提示符后输入“line”或“L”，然后回车。

【例题】绘制如图 12－12 所示的一系列连续线段。

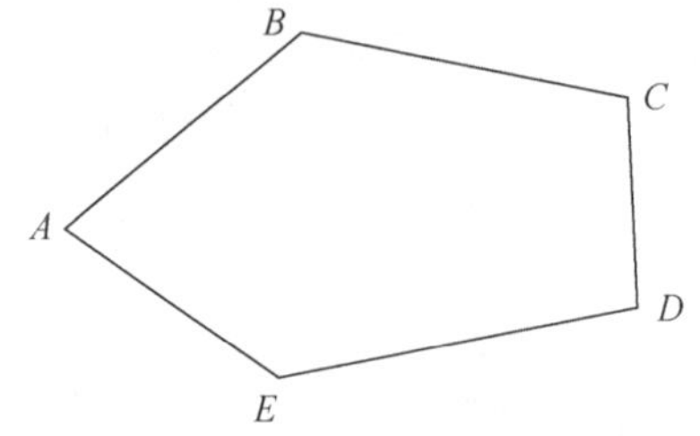

图 12－12 绘制一系列连续线段

（1）在【绘图】工具栏单击【直线】按钮，或在命令行中输入 L＜回车＞；

（2）在命令行命令：_line 指定第一点提示下指定点 A；

（3）在命令行指定下一点或［放弃(U)］:提示下指定点 B；

（4）在命令行指定下一点或［放弃(U)］:提示下指定点 C；

（5）在命令行指定下一点或［闭合(C)/放弃(U)］:提示下指定点 D；

（6）在命令行指定下一点或［闭合(C)/放弃(U)］:提示下指定点 E；

（7）在命令行指定下一点或［闭合(C)/放弃(U)］:提示下输入 C（封闭图形，退出命令）。

在绘制线段的过程中会画错某一段，可以通过键入“U（Undo）”来删除画错的线段，并不用退出 Line 命令。重复执行“U”命令，可以删除每次绘制的上一条直线线段。

绘制了两条以上的直线线段后，可以键入“C（Close）”（代表【闭合】选项），创建了一条首尾相连的直线线段并结束直线命令。用户也可以单击鼠标右键，在快捷菜单中选择【确定】结束直线命令，或者直接按回车键也可以结束绘制直线命令。

（1）在【绘图】工具栏单击【直线】按钮，或在命令行中输入 L＜回车＞；

（2）在命令行命令：_line 指定第一点提示下指定点 A；

（3）在命令行指定下一点或［放弃(U)］:提示下指定点 B；

（4）在命令行指定下一点或［放弃(U)］:提示下指定点 C；

（5）在命令行指定下一点或［闭合(C)/放弃(U)］:提示下输入 U（取消 BC 段，并不退出 Line 命令）；

（6）在命令行指定下一点或［放弃(U)］:提示下重新指定点 C；

（7）在命令行指定下一点或［闭合(C)/放弃(U)］:提示下指定点 E；

（8）在命令行指定下一点或［闭合(C)/放弃(U)］:提示下输入 C（封闭图形，退出命令）。

（一）利用坐标输入定位直线

在 AutoCAD 的二维绘图中可以通过键盘输入坐标来绘制定位直线。键盘输入坐标的常用方法有四种：绝对直角坐标系、相对直角坐标系、绝对极坐标系、相对极坐标系。

1. 坐标系

（1）直角坐标系。

直角坐标系有三个坐标轴：X 轴、Y 轴、Z 轴。因此图形空间中每一点对应一组 X、Y、Z 值。在 AutoCAD 中，直角坐标系又分为世界坐标系（WCS）和用户坐标系（UCS）。世界坐标系（WCS）是 AutoCAD 系统自定的。为了绘图的需要，我们可以自定义一个原点和坐标轴方向均与 WCS 不同的可移动用户坐标系（UCS）。

自定义用户坐标系（UCS）步骤如下：

1）在命令行输入命令 UCS<回车>；

2）在命令行 输入选项 [新建(N)/移动(M)/正交(G)/上一个(P)/恢复(R)/保存(S)/删除(D)/应用(A)/?/世界(W)] <世界>: 提示符后输入“N”<回车>；

3）在命令行 指定新 UCS 的原点或 [Z 轴(ZA)/三点(3)/对象(OB)/面(F)/视图(V)/X/Y/Z] <0,0,0>: 提示符后输入“10，0，0”<回车>。

输入的“10，0，0”表示把坐标原点移到（10，0，0）点（注意：新坐标总是在世界坐标系中的坐标值）。这样我们就定义了一个新的用户坐标系。

通常，在 AutoCAD 中开始创建新图形时，将自动使用世界坐标系（WCS）。世界坐标系 X 轴是水平的、Y 轴是垂直的、Z 轴则垂直于 XY 平面。

（2）极坐标系。

极坐标系是使用距离和角度定位点。输入某一点的极坐标值时，必须给出从原点或前一点到该点的距离，以及它与当前坐标的 XY 平面所成的角度。

2. 利用坐标绘制直线

（1）绝对直角坐标系。

当绘制诸如直线等几何图形时，最简单、最基本的坐标形式是绝对直角坐标系。绝对直角坐标的格式为：(X，Y，Z)。但在二维图形中，Z 坐标可以省略，如“4，3”通常指点的坐标为（4，3，0）。绝对直角坐标系如图 12 - 13 所示。

图 12 - 14 表示的是矩形用绝对直角坐标表示的几何意义，最新版本的 AutoCAD 中已不用绝对直角坐标，而是用相对直角坐标。

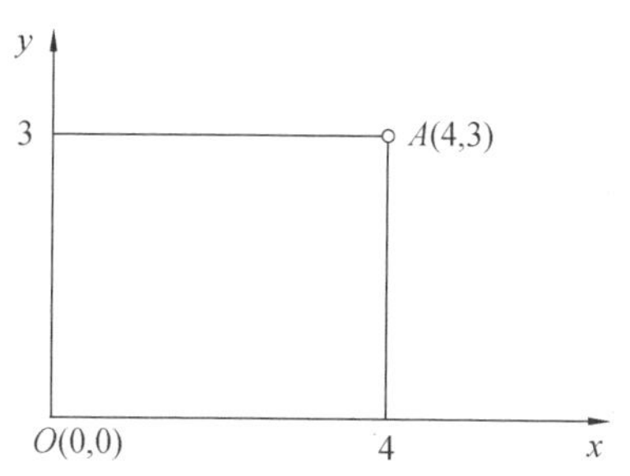

图 12 - 13　绝对直角坐标系

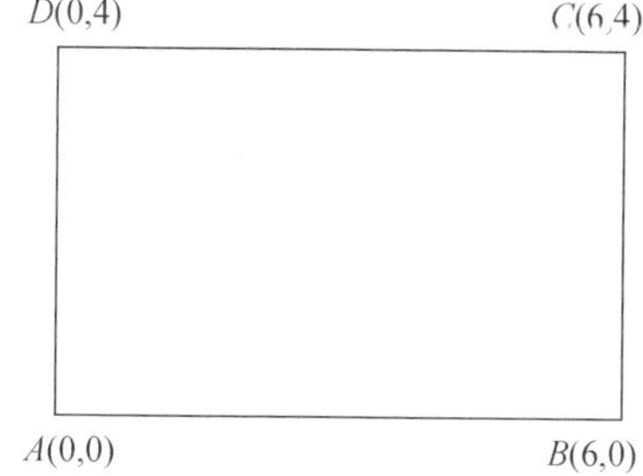

图 12 - 14　矩形顶点的绝对直角坐标

（2）相对直角坐标系。

绝对直角坐标系方便易学，但是有一个最大的问题，图形中的尺寸一般不是都相对于一点（坐标原点）给定的，往往是给出一种相对尺寸。为此就需要有一种能够提供相对于某一参照进行精确定位的坐标输入方法。

从图 12 - 15 中可以看出，A 点是已知坐标或者位置确定的点，B 点和 A 点的关系已知：B 点相对于 A 点向右（X 轴正方向）偏移 5 个单位，B 点相对于 A 点向上（Y 轴正方向）偏移 4 个单位，则 B 点的相对坐标在 AutoCAD 中表示为@5，4，其中@符号为 Shift 键和数字键的组合键。

下面以直线命令为例说明相对直角坐标系的使用，如图 12－16 所示。

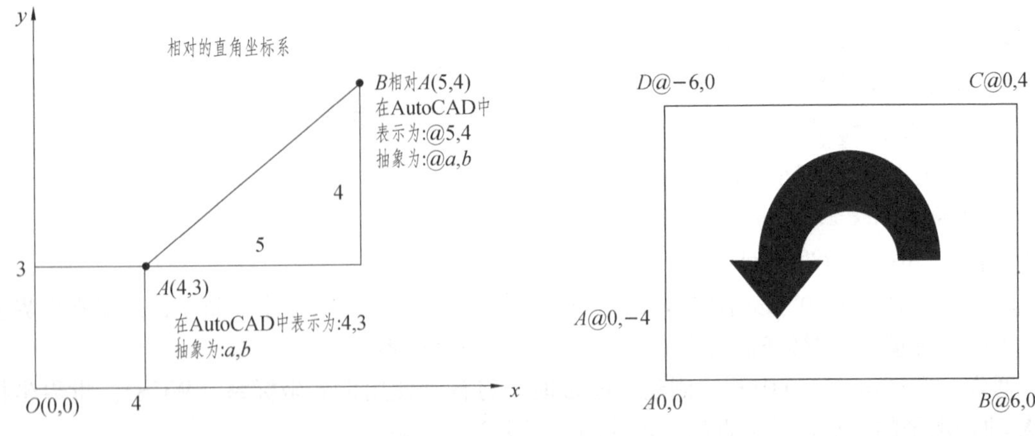

图 12－15　相对直角坐标系　　图 12－16　矩形顶点的相对直角坐标系

1）在【绘图】工具栏单击【直线】按钮；或在命令提示符后输入“L”<回车>；

2）在命令行 命令：_line 指定第一点 提示符后输入“0，0”（确定 A 点）<回车>；

3）在命令行 指定下一点或 [放弃(U)]: 提示符后输入“@6，0”（确定 B 点）<回车>；

4）在命令行 指定下一点或 [放弃(U)]: 提示符后输入“@0，4”（确定 C 点）<回车>；

5）在命令行 指定下一点或 [闭合(C)/放弃(U)]: 提示符后输入“@－6，0”（确定 D 点）<回车>；

6）在命令行 指定下一点或 [闭合(C)/放弃(U)]: 提示符后输入“C”<回车>或者“@0，－4”（回到 A 点）<回车>。

注意：新版本的 AutoCAD 直接输入点的坐标“6，0”也表示相对坐标“@6，0”。

如果计算机屏幕上没有正确显示出该矩形，用户可以检查以下几点：

1）是否激活直线命令？

2）是否正确的输入了坐标，例如“6，4”，这里的严格是指连续输入数字“6”、“逗号”、数字“4”，中间不允许有任何其他的空格、符号、句号等。

3）是否在英文输入状态下输入坐标。因为中英文输入法里面的标点符号是不同的，英文为半角，而中文为全角，所以输入中文的逗号“，”。

4）是否用显示命令调整图形到合适的大小，因为刚创建的图形相对于图形窗口往往太大或太小，用户看不见图形，所以需要单击工具栏的【范围】缩放按钮，然后单击工具栏的【实时缩放】按钮调整图形到合适的大小和位置，或者在命令行输入“zoom”<回车>，在命令行 [全部(A)/中心点(C)/动态(D)/范围(E)/上一个(P)/比例(S)/窗口(W)] <实时>: 提示下输入“A”<回车>，即可在绘图区显示所画的图形。

（3）绝对极坐标。

有些含有圆弧、圆周和角度的情况，用直角坐标系很不方便，也不准确。为此软件 AutoCAD提供了极坐标的输入方式，它的定义如图 12－17 所示。

在平面上定义极坐标，与直角坐标系有很大的不同，O（0，0）点不再是原点，而是极点。X 轴为极轴，没有了 Y 轴。此时平面上任意一点 A 是这样定义的：A 点和极点 O 之间的距离称之为极径，极轴 X 向 OA 向量逆时针转角度数称为极角。

所以图 12－17 中 A 点的极坐标值为 A（5，30°），在 AutoCAD 中表示为 5＜30，注意，此时 30 后面没有表示度数的符号“°”。极轴理论上是非负数，但在 AutoCAD 中也可以输入一个负数，例如－5＜30，它表示极径是 5，极角是 30＋180＝210 度。

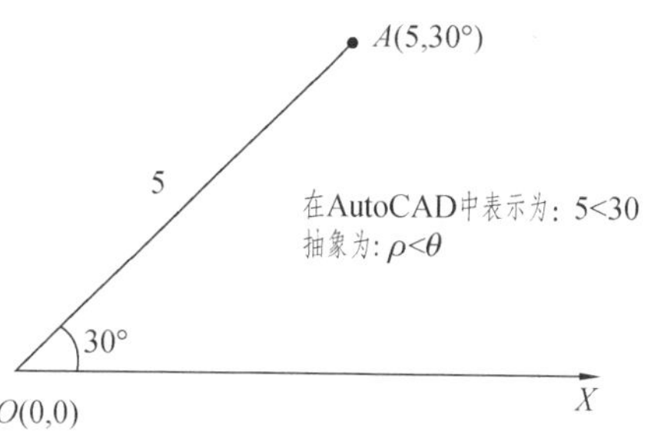

图 12－17　绝对极坐标系

注意：

1）极坐标值数对的分隔符是小于号“＜”，和前面类似也要求在英文状态下输入。

2）输入度数后面没有度数符号，当 AutoCAD 读取到小于号“＜”后，自动知道输入的是极坐标值，小于号后面的数值单位为度，不需要用户再键入特殊符号了。

（4）相对极坐标系。

实际设计绘图中，应用绝对极坐标机会很少，所以也引入了相对极坐标系的概念。

从图 12－18 中可以看出，A 点是已知坐标或者位置已定的点，B 相对 A 点间距为 6 个单位，B 点相对于 A 点仰角为 45°，则 B 点相对极坐标在 AutoCAD 中表示为“@6＜45”。

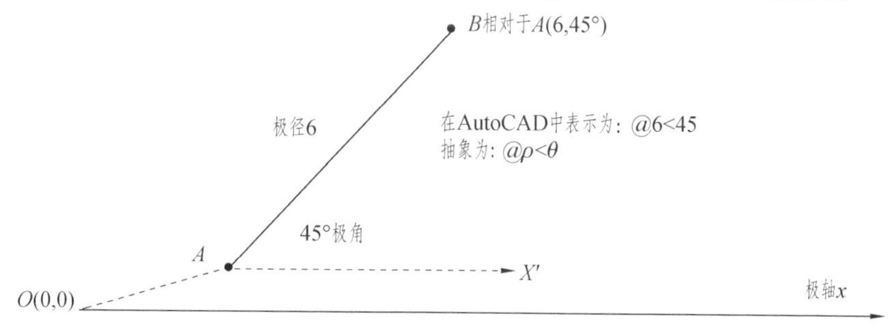

图 12－18　相对极坐标系

下面以直线命令为例说明相对极坐标系的使用，如图 12－19 所示：

1）在【绘图】工具栏单击【直线】按钮，或在命令提示符后输入“L”＜回车＞；

2）在命令行 命令：_line 指定第一点 提示符后输入“0，0”（确定 A 点）＜回车＞；

3）在命令行 指定下一点或［放弃(U)］: 提示符后输入“@6＜0”（确定 B 点）＜回车＞；

4）在命令行 指定下一点或［放弃(U)］: 提示符后输入“@4＜90”（确定 C 点）＜回车＞；

5）在命令行 指定下一点或［闭合(C)/放弃(U)］: 提示符后输入“@6＜180”（确定 D 点）＜回车＞，或者“@－6＜0”＜回车＞；

6）在命令行 指定下一点或［闭合(C)/放弃(U)］: 提示符后输入“C”＜回车＞，或者“@4＜－90”＜回车＞。

坐标系概念和应用是 AutoCAD 初学者遇到的第一个重点，用户应熟练地掌握这四种坐标系的概念和输入方式。

前面介绍了利用坐标绘制直线的各种方法，显得比较繁琐。实际上在某些特定情况下可以不必按部就班的这么做，而用一些更加简捷方便的坐标输入方式。

（二）利用正交绘制直线

AutoCAD 提供了与绘图人员的丁字尺类似的绘图和编辑工具。利用正交绘制直线，首

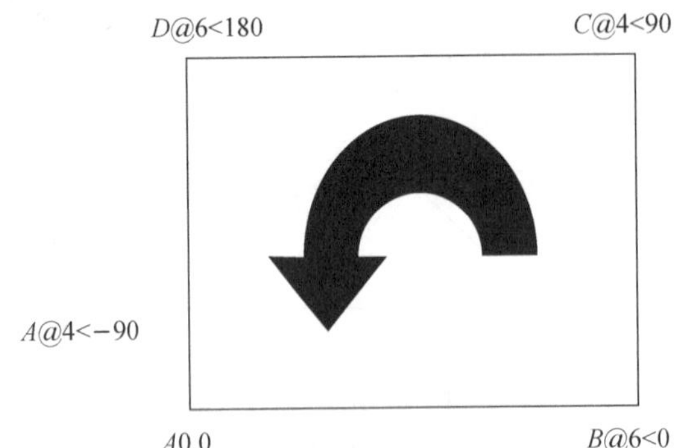

图 12-19　矩形顶点相对极坐标系

先激活状态行中的正交，如图 12-20 所示。正交按下，表示正交模式打开。打开或关闭正交模式的快捷键为“F8”。

在正交模式打开的状态下绘制的直线都与坐标轴平行，直线的方向由光标的位置决定，输入距离值确定直线长度。这种方法特别适合绘制水平线和垂直线，图 12-21 是利用正交使用方向距离模式绘制直线的一个例子。

（1）激活状态行中的正交；

（2）命令：“L”＜回车＞；

捕捉 栅格 正交 极轴 对象捕捉 对象追踪 线宽 模型

图 12-20　正交模式打开的状态

（3）在命令行LINE 指定第一点:提示下，指定绘图起点 A＜回车＞；

（4）在命令行指定下一点或 [放弃(U)]:提示下，输入“100”（将光标移到 A 点右边并输入 100，确定 B 点）＜回车＞；

（5）在命令行指定下一点或 [放弃(U)]:提示下，输入“50”（将光标移到下边并输入 50，确定 C 点）＜回车＞；

（6）在命令行指定下一点或 [闭合(C)/放弃(U)]:提示下，输入“40”（将光标移到右边并输入 40，确定 D 点）＜回车＞；

（7）在命令行指定下一点或 [闭合(C)/放弃(U)]:“50”提示下，输入（将光标移到下边并输入 50，确定 E 点）＜回车＞；

（8）在命令行指定下一点或 [闭合(C)/放弃(U)]:提示下，输入“180”（将光标移到左边并输入 180，确定 F 点）＜回车＞；

（9）在命令行指定下一点或 [闭合(C)/放弃(U)]:提示下，输入“C”（封闭图形，退出命令）＜回车＞。

（三）用混合坐标绘制直线

图 12-22 是以直角坐标开始，然后改为极坐标，又改为相对直角坐标，同时还兼有其他方法绘制直线。

（1）命令：“L”＜回车＞；

（2）在命令行LINE 指定第一点:提示下，输入“200，200”（绘制 A 点）＜回车＞；

（3）在命令行指定下一点或 [放弃(U)]:提示下，输入“@100＜45”（用相对极坐标方式定位 B 点）＜回车＞；

（4）在命令行指定下一点或 [放弃(U)]:提示下，输入“80”（利用正交绘制线段 BC）＜回车＞；

（5）在命令行指定下一点或 [闭合(C)/放弃(U)]:提示下，输入“@0，−100”（用相对直角坐标方式定位 D 点）＜回车＞；

（6）在命令行指定下一点或 [闭合(C)/放弃(U)]:提示下，输入“90”（利用正交绘制线段

DE）＜回车＞；

（7）在命令行指定下一点或 [闭合(C)/放弃(U)]: 提示下，输入“C”（封闭）＜回车＞。

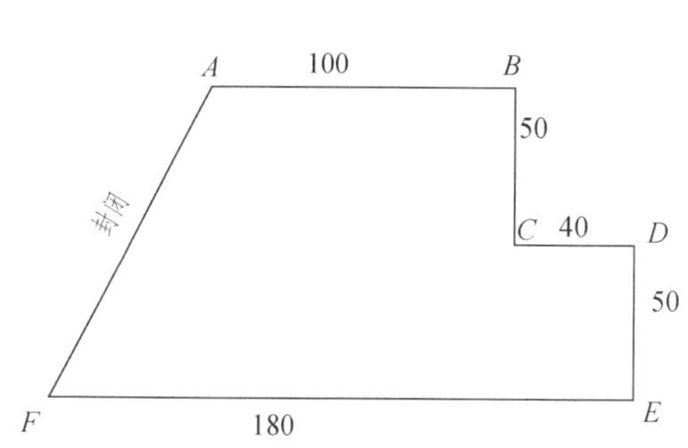

图 12-21　利用正交使用方向距离模式绘制直线

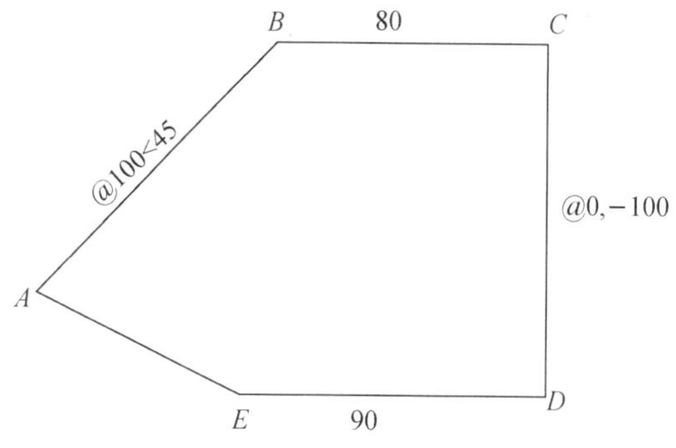

图 12-22　利用混合坐标绘制直线

二、绘制点

在 AutoCAD 中，点可以作为实体，用户可以像创建直线、圆和圆弧一样创建点。

在 AutoCAD 中画点命令是 Point。启动点命令有如下 3 种方法：

（1）下拉菜单：在绘图(D)菜单栏，选择 点(O) 选项。

（2）工具栏：在【绘图】工具栏单击 · 按钮。

（3）命令行：输入“Point”或“Po”＜回车＞。

在执行上述操作后，AutoCAD 打开如图 12-23 所示的级联菜单，可以从中选择一种方法绘制点。

在图 12-23 中列出了四种点的操作方法，具体操作方法如下：

（1）在命令行中，输入“Point”＜回车＞。

（2）在命令行指定点: 提示符后，输入点坐标值或者在绘图窗口中单击鼠标左键，即可完成点的绘制。

（一）设置点样式

默认状态下点的样式就是图形窗口中的一个小圆点，不便于显示，为了使它有更好的可见性，可以修改点的式样：

（1）下拉菜单：在格式(O) 菜单栏，选择 点样式(P)... 选项。

（2）命令行：输入“DDPtype”＜回车＞。

启动该命令，弹出一个对话框，如图 12-24 所示。

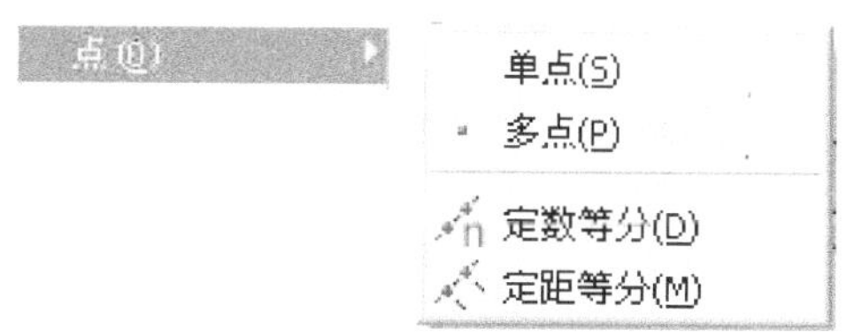

图 12-23　【点】的级联菜单

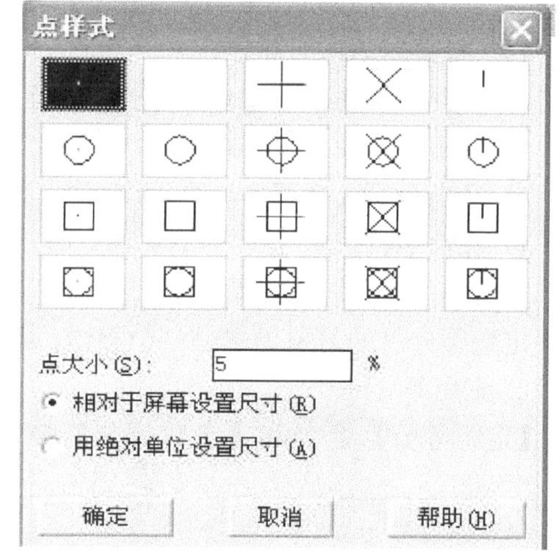

图 12-24　【点样式】对话框

在点样式对话框选择点的样式，设定点的大小后，单击确定按钮即可确定点的样式。

在点样式对话框下面有一个点大小(S):文本框和两个单选按钮。文本框中输入的数值决定点的大小，单选按钮则决定了点大小的控制方法：

（1）相对于屏幕设置尺寸(R)：选择此选项，则点的大小保持相对于屏幕大小的尺寸，具体大小由点大小(S):文本框中的数值决定。

（2）用绝对单位设置尺寸(A)：选择此选项，则点的大小按图形单位的设置来计量，具体大小由点大小(S):文本框中的数值决定。

（二）定数等分和定距等分

直接绘制点的情况比较少，更多的应用是选取【定数等分】和【定距等分】的方法绘制点，见图 12 - 23。

1. 定数等分

定数等分(D)命令不能编辑对象，但是可以将对象划分为任意数目的等长段以便编辑。下面，举例说明如何应用定数等分(D)命令。

【例题】 将一条直线三等分。

具体操作如下：

（1）在屏幕上画一条直线。

1）在命令行：输入“L”<回车>；

2）在命令行LINE 指定第一点:提示下，用光标在屏幕上拾取一点 A 作为直线的起点；

3）在命令行指定下一点或 [放弃(U)]:提示下，用光标在屏幕另一处拾取一点 B 作为直线的终点；

4）在命令行指定下一点或 [放弃(U)]:提示下，按回车键，结束画线。

（2）选择点的样式。

1）打开格式(O)下拉菜单；

2）单击点样式(P)...命令，打开点样式对话框；

3）在第二排第四行类型框中单击，选择该类型；

4）单击确定按钮，关闭点样式对话框。

（3）将直线 AB 三等分。

1）打开绘图(D)下拉菜单，把光标移至点(O)命令；

2）单击子菜单中的定数等分(D)命令；

3）在命令行选择要定数等分的对象:提示下，用选择框选取已画好的直线 AB；

4）在命令行输入线段数目或 [块(B)]:提示下，输入“3”<回车>。

完成操作后，屏幕如图 12 - 25 所示。

定数等分后的对象仍然是一个整体，等分点仅仅起标记的作用以便编辑。

2. 定距等分

【定距等分】命令和【定数等分】命令相似。【定数等分】命令按指定的等分数目沿线段等分对象，而【定距等分】命令则按指定的等分间距沿线段等分对象。其具体操作步骤与【定数等分】命令相

图 12 - 25 将直线定数等分

似，这里不再详述。

三、绘制正多边形

由多条线（3 条以上）段组成的封闭图形即多边形。在 AutoCAD 中用 Polygon 命令绘制正多边形。

在 AutoCAD 中可以通过以下 3 种命令启动 Polygon 命令：

（1）工具栏：在【绘图】工具栏单击【正多边形】按钮；

（2）下拉菜单：在绘图(D)菜单栏，选择正多边形(Y)选项；

（3）命令行：输入“Polygon”或“Pol”<回车>。

（一）用内接法绘制正多边形

这是绘制正多边形的第一种方法。假想有一个圆，要绘制的正多边形内接于其中，即正多边形的每一个顶点都落在这个圆周上。操作完毕后，圆本身并不画出来。这种画法须提供正多边形的三个参数：一是边数；二是外接圆半径，即正多边形中心到每个顶点的距离；三是正多边形中心点。

用内接法绘制正多边形的具体操作步骤如下：

（1）单击【绘图】工具栏上【正多边形】按钮；

（2）在命令行_polygon 输入边的数目 <6>: 提示下，输入想要绘制的正多边形的边数，例如“5”，然后<回车>；

（3）在命令行指定正多边形的中心点或 [边(E)]: 提示下，输入正多边形的中心点的坐标值，然后<回车>，或者单击鼠标左键，在绘图区中指定中心点的位置；

（4）在命令行输入选项 [内接于圆(I)/外切于圆(C)] <I>: 提示下，输入“I”，然后<回车>；

（5）在命令行指定圆的半径: 提示下，输入正多边形内接圆的半径，然后<回车>，或者在绘图区中单击鼠标左键确定一点，该点与中心点的距离决定圆的半径。

（二）用外接法绘制正多边形

假想有一个圆，正多边形与之外接其中，即正多边形的各边均在假想圆之外，且各边都与假想圆相切。这种画法须提供正多边形的三个参数：一是边数；二是内切圆半径；三是内切圆圆心。

用外接法绘制正多边形的具体操作步骤如下：

（1）单击【绘图】工具栏【正多边形】按钮；

（2）在命令行_polygon 输入边的数目 <6>: 提示下，输入想要绘制的正多边形的边数，例如“5”，然后<回车>；

（3）在命令行指定正多边形的中心点或 [边(E)]: 提示下，输入正多边形的中心点的坐标值，然后<回车>，或者单击鼠标左键，在绘图区中指定中心点的位置；

（4）在命令行输入选项 [内接于圆(I)/外切于圆(C)] <I>: 提示下，输入“C”，然后<回车>；

（5）在命令行指定圆的半径: 提示下，输入正多边形外接圆的半径，然后<回车>，或者在绘图区中单击鼠标左键确定一点，该点与中心点的距离决定圆的半径。

相对于同样半径，采用内接法或外接法绘制正多边形，将得到不同的结果。

（三）用边长绘制正多边形

这种方法须提供两个参数：正多边形的边长和边数。如果要画一个多边形，使其一角通过某一点，则适合采用这种方式。如果正多边形的边长是已知的，用这种方式非常方便。

用边长绘制正多边形的具体操作步骤如下：

(1) 单击【绘图】工具栏上【正多边形】按钮；

(2) 在命令行_polygon 输入边的数目 <6>: 提示下，输入想要绘制的正多边形的边数，例如“5”，然后<回车>；

(3) 在命令行指定正多边形的中心点或 [边(E)]: 提示下，输入“E”然后<回车>；

(4) 在命令行指定边的第一个端点: 提示下，输入正多边形一个角点的坐标值，然后<回车>，或者在绘图区单击鼠标左键，确定角点的位置；

(5) 在命令行指定边的第二个端点: 提示下，输入与 (4) 中定义的角点在同一条边上的另外一个角点，然后<回车>，或者在绘图区中单击鼠标左键确定角点的位置。

【例题】 用内接圆法画一个正六边形（内接圆的半径为 40）。

(1) 单击工具栏上【新建】按钮，如果当前图形未存盘，将出现 AutoCAD 对话框，用户可选择存盘与否；

(2) 单击【绘图】工具栏上【正多边形】按钮；

(3) AutoCAD 给出如下操作提示：

_polygon 输入边的数目 <6>: 输入“6”<回车>；

指定正多边形的中心点或 [边(E)]: 在绘图区中部选择一点<回车>；

输入选项 [内接于圆(I)/外切于圆(C)] <I>: 输入“I”<回车>；

指定圆的半径: 40<回车>；

(4) 结果如图 12-26 所示。

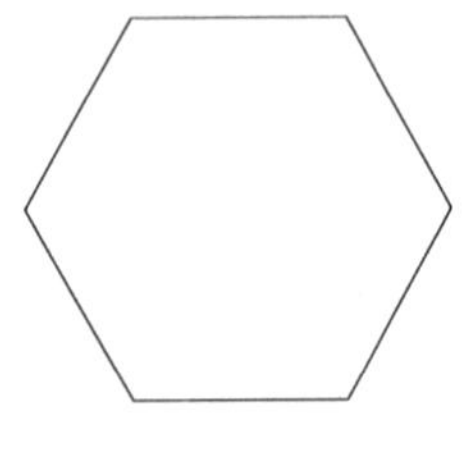

图 12-26 用内接法画正多边形

四、绘制矩形

AutoCAD 提供的绘制矩形命令是 Rectangle。启动该命令后，只须先后确定矩形的两个对角点便可绘出。对角点的确定，可以通过十字光标直接在屏幕上点取，也可输入坐标。对角点的选择没有顺序，即用户可以从左到右选取，也可从右到左选取。

启动 Rectangle 命令有如下 3 种方法：

(1) 工具栏：在【绘图】工具栏单击【矩形】按钮；

(2) 下拉菜单：在绘图(D) 菜单栏，选择矩形(G) 选项；

(3) 命令行：输入“Rectangle”或“REC”<回车>。

（一）绘制矩形

绘制矩形的操作很简单，具体操作步骤如下：

(1) 使用以上 3 种方式中的任意一种方式选择 Rectangle 命令；

(2) 单击鼠标左键，在绘图区确定第一个角点的位置，或者在命令行中输入第一个角点的坐标值；

(3) 单击鼠标左键，在绘图区确定第二个角点的位置，或者在命令行中输入第二个角点的坐标值。

矩形就绘制完成，如图 12-27 所示。

如果需要绘制指定长度和宽度的矩形，可以按如下步骤操作：

(1) 在【绘图】工具栏单击【矩形】按钮□；

(2) 在命令行指定第一个角点或 [倒角(C)/标高(E)/圆角(F)/厚度(T)/宽度(W)]：提示下，单击鼠标左键，在绘图区确定第一个角点的位置，或者在命令行中输入第一个角点的坐标值<回车>；

(3) 在命令行指定另一个角点或 [面积(A)/尺寸(D)/旋转(R)]：提示下，输入“D”<回车>；

(4) 在命令行指定矩形的长度 <10.0000>提示下，输入矩形长度“100”<回车>；

(5) 在命令行指定矩形的宽度 <10.0000>：提示下，输入矩形宽度“50”<回车>；

(6) 在命令行指定另一个角点或 [面积(A)/尺寸(D)/旋转(R)]：提示下，在绘图区中单击鼠标左键，确定矩形相对于第一个角点的方向。

以上操作结果如图 12-28 所示。

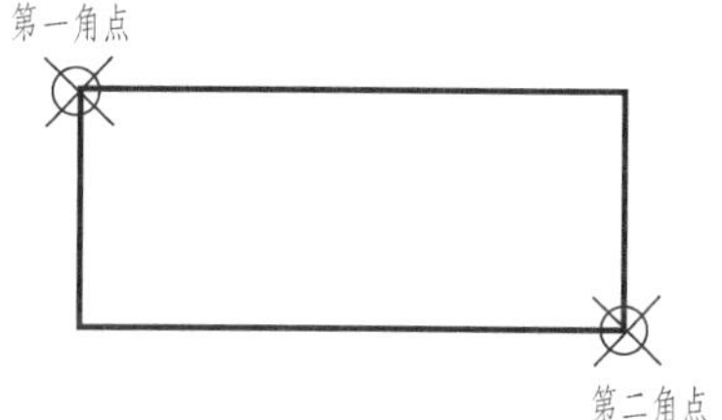

图 12-27　指定两对角点绘制矩形

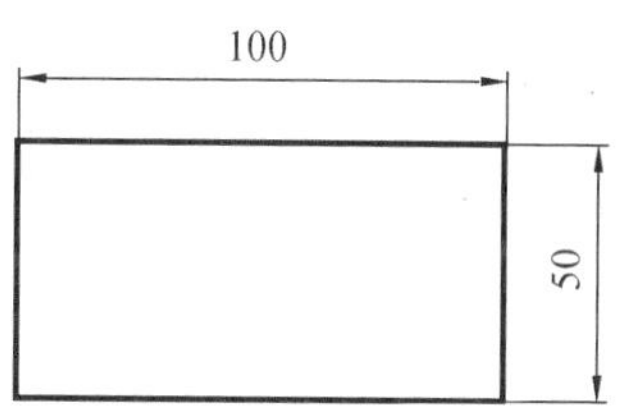

图 12-28　指定尺寸绘制矩形

在启动绘制【矩形】按钮□命令后，AutoCAD 在命令行给出如下操作提示：

指定第一个角点或 [倒角(C)/标高(E)/圆角(F)/厚度(T)/宽度(W)]：。

前面介绍的绘制矩形的方法是根据指定第一个角点，既确定矩形的第一对角点。下面介绍一下其他各选项的使用。

(二) 绘制倒角矩形

倒角是指用斜线切角，绘制倒角矩形是指对所绘制的矩形的每个角进行斜切。绘制倒角矩形时，AutoCAD 将提示要求给出倒角的第一距离和第二距离。

绘制倒角矩形的具体操作步骤：

(1) 在【绘图】工具栏单击【矩形】按钮□；

(2) 指定第一个角点或 [倒角(C)/标高(E)/圆角(F)/厚度(T)/宽度(W)]：命令行的提示符后，输入“C”<回车>；

(3) 在命令行指定矩形的第一个倒角距离 <0.0000>：提示下，输入第一个倒角距离“8”<回车>；

(4) 在命令行指定矩形的第二个倒角距离 <5.0000>：提示下，输入第二个倒角距离“8”<回车>；

(5) 单击鼠标左键，在绘图区确定第一个角点的位置，或者在命令行中输入第一个角点的坐标值<回车>；

(6) 单击鼠标左键，在绘图区确定第二个角点的位置，或者在命令行中输入第二个角点的坐标值“@100，50”<回车>。

倒角矩形绘制完成。如果输入的两个倒角距离值相等，即产生类似图 12-29 (a) 中结

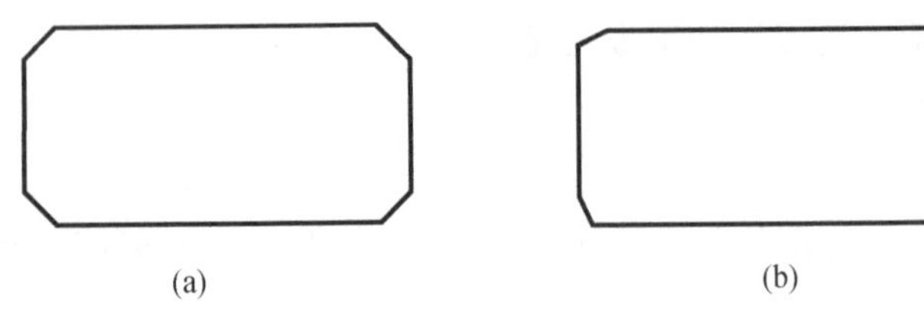

(a) (b)

图 12-29 倒角矩形

(a) 倒角距离相等的倒角矩形；(b) 倒角距离不相等的倒角矩形

果；如果输入的两个倒角距离值不相等，即产生类似图 12-29（b）中结果。

图 12-29（a）中的倒角矩形的参数：长度＝100，宽度＝50，第一个倒角距离＝8，第二个倒角距离＝8；右图的倒角矩形的参数：长度＝100，宽度＝50，第一个倒角距离＝8，第二个倒角距离＝3。

（三）绘制圆角矩形

圆角是指用圆弧线切角，绘制圆角矩形是指对所绘制的矩形的每个角用圆弧线切角。绘制圆角矩形时，AutoCAD 将提示要求给出圆角半径。

绘制圆角矩形的具体操作步骤：

（1）在【绘图】工具栏单击【矩形】按钮；

（2）指定第一个角点或 [倒角(C)/标高(E)/圆角(F)/厚度(T)/宽度(W)]: 命令行的提示下输入“F”＜回车＞；

（3）在命令行指定矩形的圆角半径 <8.0000>: 提示下输入圆角半径＜回车＞；

（4）单击鼠标左键，在绘图区确定第一个角点的位置，或者在命令行中输入第一个角点的坐标值＜回车＞；

（5）单击鼠标左键，在绘图区确定第二个角点的位置，或者在命令行中输入第二个角点的坐标值＜回车＞。

圆角矩形绘制完成，如图 12-30 所示。

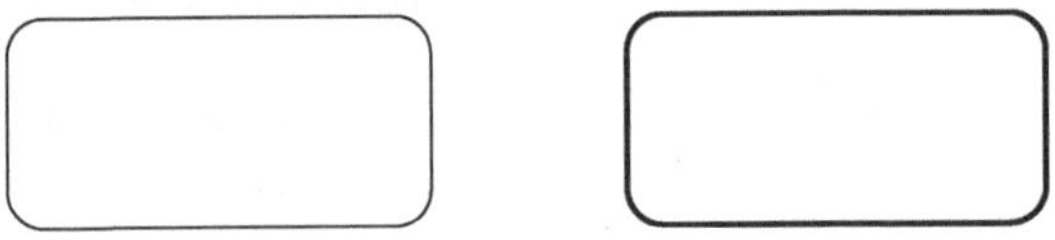

线宽=1 线宽=2

图 12-30 圆角矩形

（四）设制矩形的线宽

【宽度】选项允许你指定所绘制图形的线宽。

具体操作步骤如下：

（1）在【绘图】工具栏单击【矩形】按钮；

（2）指定第一个角点或 [倒角(C)/标高(E)/圆角(F)/厚度(T)/宽度(W)]: 命令行提示下，输入“W”＜回车＞；

（3）在命令行指定矩形的线宽 <2.0000>: 提示下，输入矩形线宽值＜回车＞；

（4）单击鼠标左键，在绘图区确定第一个角点的位置，或者在命令行中输入第一个角点的坐标值＜回车＞；

（5）单击鼠标左键，在绘图区确定第二个角点的位置，或者在命令行中输入第二个角点的坐标值＜回车＞；

不同线宽的矩形绘制完成，如图 12-30 所示。

五、绘制圆

圆是建筑图中常见的基本图形，在 AutoCAD 中提供了 5 种画圆方式。这些方式是根据圆心、半径、直径和圆上的点等参数来控制的。

在 AutoCAD 中绘制圆的基本命令是 Circie。用户可以通过以下 3 方法启动 Circie 命令：

（1）工具栏：在【绘图】工具栏中单击【圆】按钮；

(2) 下拉菜单：在 绘图(D) 菜单栏，选择 圆(C) ▸ 选项，弹出如图 12-31 所示的级联菜单，可以从中选择一种绘制圆的方法；

(3) 命令行：输入“circle”或“C”<回车>。

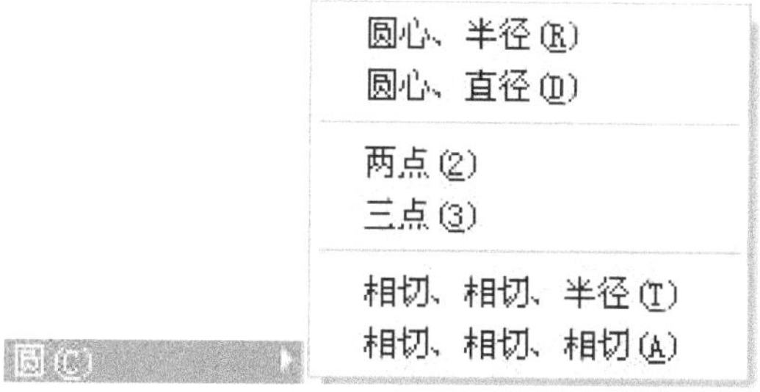

圆心、半径(R)
圆心、直径(D)
两点(2)
三点(3)
相切、相切、半径(T)
相切、相切、相切(A)
圆(C) ▸

图 12-31 绘图菜单栏中圆的级联菜单

(一) 圆心、半径方式

这是一种基于圆心和半径绘制圆的方式，是 AutoCAD 中默认的绘制圆的方法，要求用户输入圆心的坐标和半径值。

具体操作步骤如下：

(1) 打开 绘图(D) 菜单，单击 圆(C) ▸ 命令中的 圆心、半径(R) 子命令；或单击【绘图】工具栏中【圆】按钮⊙；

(2) 启动画圆命令后，AutoCAD 给出如下操作提示：

在命令行 _circle 指定圆的圆心或 [三点(3P)/两点(2P)/相切、相切、半径(T)]: 提示下，确定圆心<回车>；

在绘图区单击鼠标左键，确定圆心位置；或者在命令行中输入坐标值，可以精确的定义圆心的位置；

(3) 在命令行指定圆的半径或 [直径(D)]: 提示下，输入半径值<回车>。

在绘图区单击鼠标左键指定一点，此点与圆心的距离决定圆的半径；或者在命令行中输入半径值，可以精确的定义圆半径。

操作的结果如图 12-32 所示。

(二) 圆心、直径方式

这是一种基于圆心和直径绘制圆的方式，要求用户输入圆心的坐标和直径值。

操作步骤如下：

(1) 打开 绘图(D) 菜单，单击 圆(C) ▸ 命令中的 圆心、直径(D) 子命令；

(2) 在命令行 _circle 指定圆的圆心或 [三点(3P)/两点(2P)/相切、相切、半径(T)]: 提示下，确定圆心<回车>；

在绘图区单击鼠标左键，可以确定圆心位置；或者在命令行中输入坐标值，可以精确的定义圆心的位置；

(3) 在命令行指定圆的半径或 [直径(D)]: 提示下，输入“D”<回车>；

(4) 在命令行指定圆的直径 <115.9331>: 提示下，输入直径值<回车>。

在绘图区单击鼠标左键指定一点，此点与圆心的距离决定圆的直径。或者在命令行中输入直径值，可以精确的定义圆直径。

操作的结果如图 12-33 所示。

(三) 两点方式

如果知道了圆的任意一条直径的两个端点的坐标而不知道圆心的坐标，那么两点方式绘制圆就很有用。绘制时，输入确定的两点位置坐标来确定圆，确定的两点为圆直径的端点。

操作步骤如下：

(1) 打开 绘图(D) 菜单，单击 圆(C) ▸ 命令中的 两点(2) 子命令；

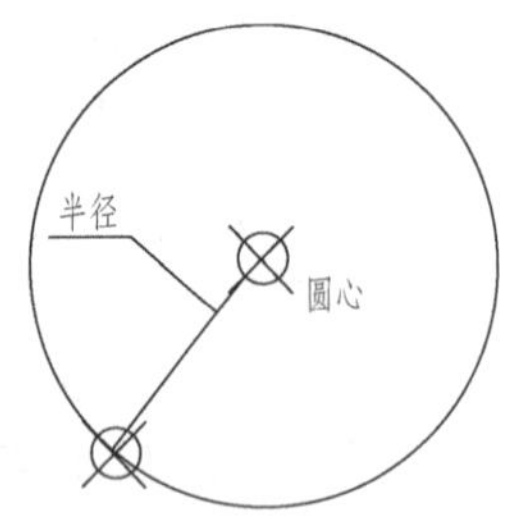

图 12-32 用圆心半径方式画圆

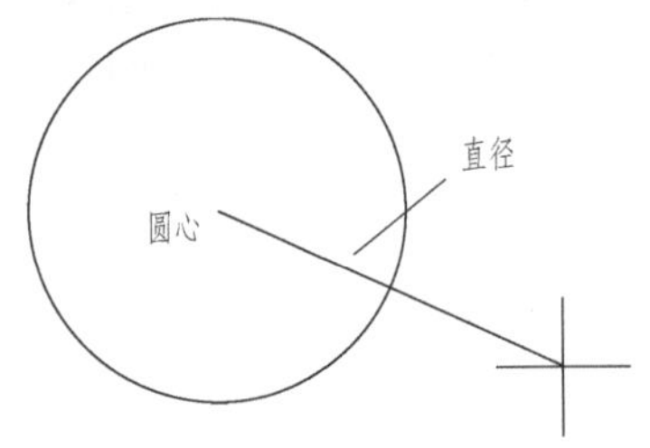

图 12-33 用圆心、直径方式画圆

(2) 在命令行指定圆直径的第一个端点：提示下，确定直径上的第一端点<回车>；

在绘图区单击鼠标左键指定一点，或者在命令行中输入坐标值确定一点；

(3) 在命令行指定圆直径的第二个端点：提示下，确定直径上的第二端点<回车>。

在绘图区单击鼠标左键指定另一点，或者在命令行中输入另一点坐标值确定该点。

这样，将以两点之间的连线作为圆的直径绘制一个圆，如图 12-34 所示。

(四) 三点方式

如果知道了一个圆上 3 个或者 3 个以上的点，那么输入任意三点就可以绘制出一个圆来。

具体操作步骤如下：

(1) 打开绘图(D)菜单，单击圆(C)命令中的三点(3)子命令；

(2) 在绘图区单击鼠标左键，确定第一个点的位置，或者在命令行中输入第一个点的坐标值，也可以确定第一个点的位置；

(3) 在绘图区单击鼠标左键，确定第二个点的位置，或者在命令行中输入直径上第二个点的坐标值；

(4) 在绘图区单击鼠标左键，确定第三个点的位置，或者在命令行中输入直径上第三个点的坐标值。

绘制的圆，如图 12-35 所示。

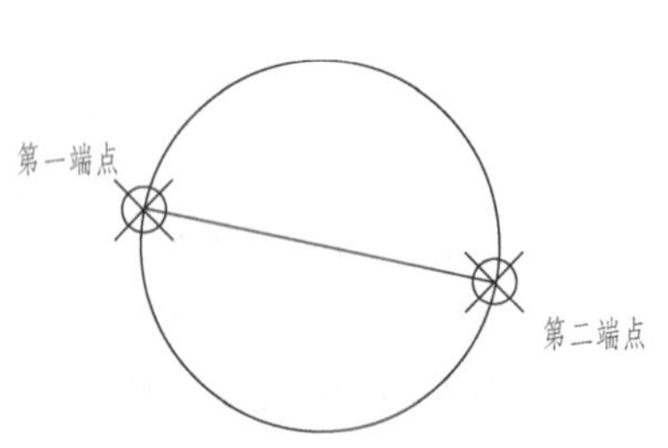

图 12-34 用两点画圆

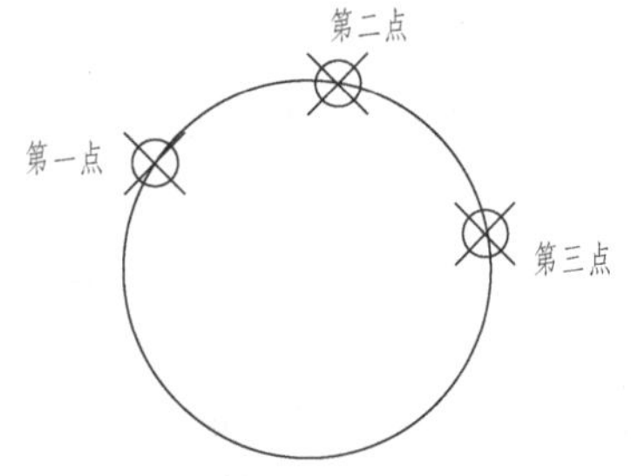

图 12-35 用三点画圆

(五) 相切、相切、半径方式画圆

当需要画两个实体的公切圆时才可用这种方法。该方式要求用户确定和公切圆相切的两个实体以及公切圆半径大小。

具体操作步骤如下：

(1) 打开绘图(D)菜单，单击圆(C)命令中的相切、相切、半径(T)子命令；

（2）在命令行指定对象与圆的第一个切点：提示下，选定第一目标实体<回车>；

（3）在命令行指定对象与圆的第一个切点：提示下，选定第二目标实体<回车>；

（4）在命令行指定圆的半径 <40.0000>：提示下，输入公切圆半径值，或者使用鼠标在绘图区任意两点单击，两点之间的距离将作为公切圆半径值，<回车>。

以上操作结果如图 12 - 36 所示。选择【绘图】→【圆】→【相切、相切、半径】命令，然后选择两条直线，指定需要绘制的圆的半径值，AutoCAD 会自动生成一个与圆弧以及直线都相切，并且半径为指定值的圆。

应用相切、相切、半径方式绘制圆时要注意：

（1）用户在选择第一、第二目标实体时，用户可以选择圆、弧或直线（包括矩形边、多边形边），但不能选择椭圆和样条曲线。

（2）捕捉相切对象不同的位置，导致最终切点有可能不同，最终导致相切关系的不同（内切或者外切）。

（3）输入圆的半径要合适，如果半径和捕捉两切点关系不能满足生成圆的关系，则有可能不能创建出圆对象。

（六）相切、相切、相切方式

当需要画三个实体的公切圆时才可用这种方法。该方式要求用户确定这 3 个对象与公切圆的切点。

具体操作步骤如下：

（1）打开绘图(D)菜单，单击圆(C)命令中的相切、相切、相切(A)子命令；

（2）选择 3 个对象。

这时，AutoCAD 会自动生成与选择的 3 个对象都相切的圆。

图 12 - 37 为用相切、相切、相切绘制的圆。

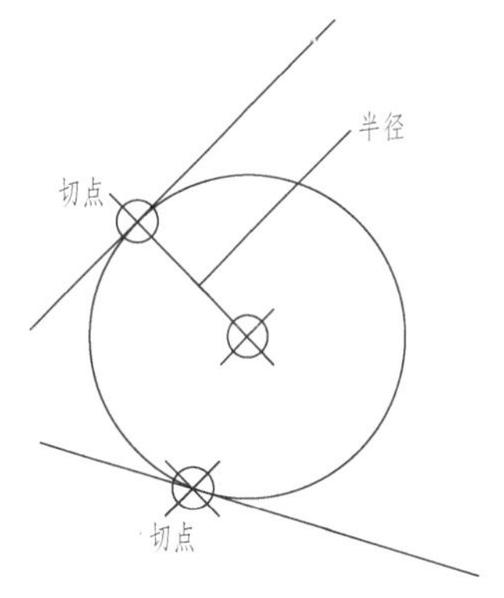

图 12 - 36　用相切、相切、半径画圆

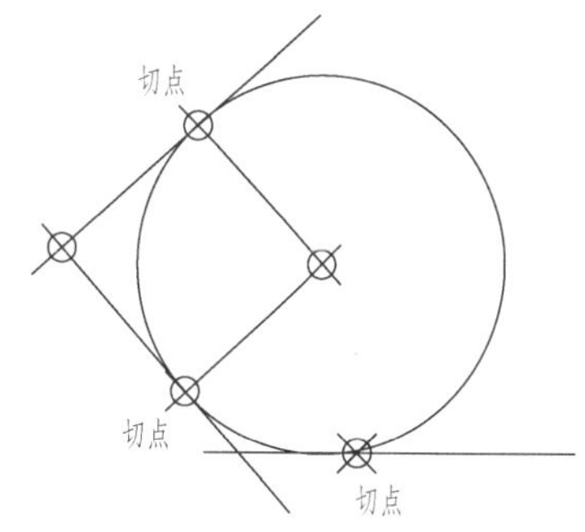

图 12 - 37　相切、相切、相切绘制的圆

六、绘制圆弧

曲线构成在建筑设计中随处可见，在 AutoCAD 中提供了 11 种画圆弧的方式。这些方式是根据起点、方向、中点、弧角、终点和弧长等控制点来确定的。

在 AutoCAD 中绘制圆的基本命令是 Arc。用户可以通过以下 3 方法启动 Arc 命令：

（1）工具栏：在【绘图】工具栏中单击【圆弧】按钮；

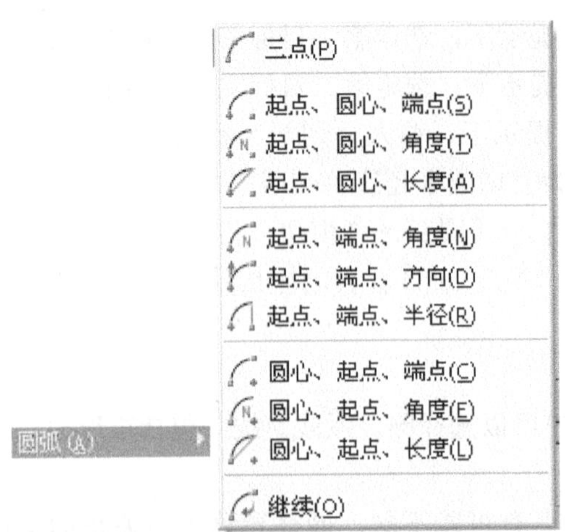

图 12-38 【绘图】菜单栏中【圆弧】子菜单

(2) 下拉菜单：在绘图(D)菜单栏，选择圆弧(A)选项，弹出如图 12-38 所示的级联菜单，可以从中选择一种绘制圆弧的方法；

(3) 命令行："Arc" 或 "A" ＜回车＞。

(一) 三点方式

三点画圆弧方式，要求用户输入圆弧的起点、第二点和终点。第二点可以是圆弧上任意一点，这是 AutoCAD 默认的方式。圆弧的方向以起点和终点的方向确定，输入终点时，可采用拖动方式将圆弧拖至所需的位置。

具体操作步骤如下：

(1) 打开绘图(D)菜单，单击圆弧(A)命令中的三点(P)子命令，或单击【绘图】工具栏【圆弧】按钮；

(2) 在命令行_arc 指定圆弧的起点或 [圆心(C)]: 提示下，确定圆弧起点；

在绘图区单击鼠标左键，确定圆弧的起点，或者在命令行中输入起点的坐标值＜回车＞；

(3) 在命令行指定圆弧的第二个点或 [圆心(C)/端点(E)]: 提示下，确定第二点；

在绘图区单击鼠标左键，确定第二个点的位置，或者在命令行中输入第二个点的坐标值＜回车＞；

(4) 在命令行指定圆弧的端点: 提示下，确定终点。

在绘图区单击鼠标左键，确定圆弧终点的位置。或者在命令行中输入圆弧终点的坐标值＜回车＞。

这时，AutoCAD 将生成一条以指定的起点和终点为端点，并且通过第二点的圆弧，如图 12-39 所示。

(二) 起点、圆心、端点方式

当知道了圆弧的起点、圆心、端点，就可以选择起点、圆心、端点方式绘制圆弧。

具体操作步骤如下：

(1) 打开绘图(D)菜单，单击圆弧(A)命令中的起点、圆心、端点(S)子命令；

(2) 在绘图区单击鼠标左键，确定圆弧起点的位置，或者在命令行中输入起点的坐标值＜回车＞；

(3) 在绘图区单击鼠标左键，确定圆心的位置，或者在命令行中输入圆心的坐标值＜回车＞；

(4) 在绘图区单击鼠标左键，确定圆弧终点的位置，或者在命令行中输入圆弧终点的坐标值＜回车＞。

注意：或许圆弧的终点并没有落在所输入的终点上，这是因为终点只是用来决定最后形成圆弧的夹角，而圆弧半径是由起点和中心点决定的。

以上操作结果如图 12-40 所示。

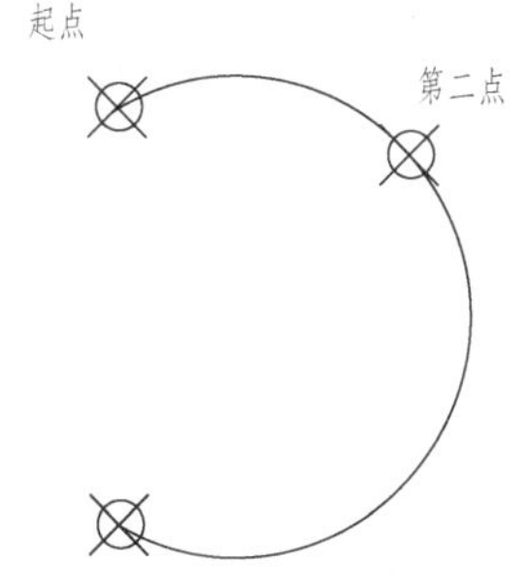

图 12-39　起点、第二点、终点绘制的圆弧

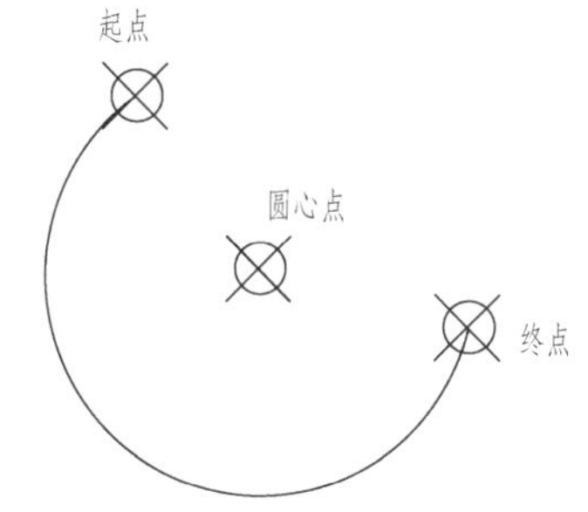

图 12-40　起点、圆心点、终点绘制的圆弧

（三）起点、圆心、角度方式

在做场地规划设计的道路设计和设施布局时，常常遇到要根据长度和角度画圆弧。此时采用起点、圆心、角度方式绘制圆弧，是一个好的选择。

具体操作步骤如下：

(1) 打开 绘图(D) 菜单，单击 圆弧(A) 命令中的 起点、圆心、角度(T) 子命令；

(2) 在绘图区单击鼠标左键，确定圆弧起点的位置，或者在命令行中输入起点的坐标值＜回车＞；

(3) 在绘图区单击鼠标左键，确定圆心的位置，或者在命令行中输入圆心的坐标值＜回车＞；起点和圆心确定后，两点之间的距离就是圆弧的半径；

(4) 在命令行 指定圆弧的端点或 [角度(A)/弦长(L)]: _a 指定包含角: 提示下，输入角度值＜回车＞。

如果输入的是正值，程序将按逆时针的方向绘制圆弧；如果输入的是负值，程序将按顺时针的方向绘制圆弧。

输入正值或负值产生的不同结果，如图 12-41 所示。

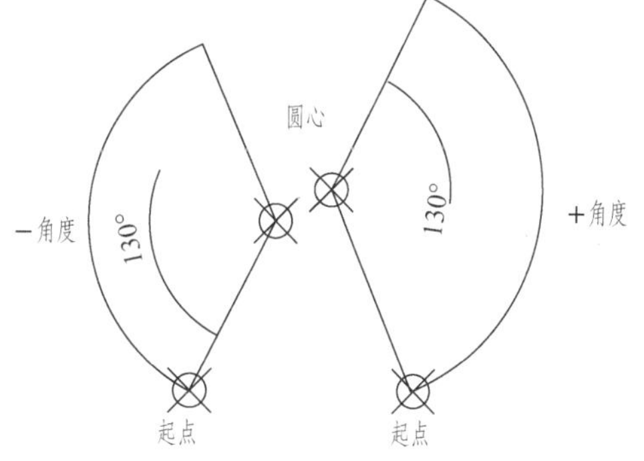

图 12-41　起点、圆心点、角度绘制的圆弧

（四）起点、圆心、长度方式

弦是连接圆弧的起点和终点的一条直线段，在一些详图和道路图中常常需要用到指定了弦长的圆弧。

要绘制指定了弦长的圆弧，可以选择起点、圆心、长度方式绘制圆弧。这里的“长度”是指弦长。

具体操作步骤如下：

(1) 打开 绘图(D) 菜单，单击 圆弧(A) 命令中的 起点、圆心、长度(A) 子命令；

(2) 在命令行 _arc 指定圆弧的起点或 [圆心(C)]: 提示下，确定圆弧的起点；

(3) 在 指定圆弧的第二个点或 [圆心(C)/端点(E)]: _c 指定圆弧的圆心: 提示下，确定弧圆心点；

起点和圆心确定后，两点之间的距离就是圆弧的半径；

(4) 在命令行 指定圆弧的端点或 [角度(A)/弦长(L)]: _l 指定弦长: 提示下，输入长度值。

如果输入的是正值，将得到弦长最短的圆弧；如果输入的是负值，将得到弦长最长的圆弧。

输入正值或负值产生的不同结果，如图 12 - 42 所示。

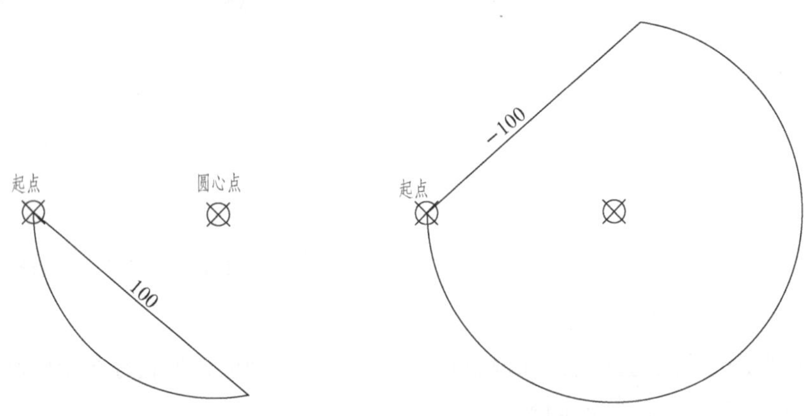

图 12 - 42 起点、圆心点、长度绘制的圆弧

以上介绍的 4 种绘制圆弧的方式是比较常用，特别是起点、圆心、端点方式是绘制圆弧是最常用的，另外 7 种绘制圆弧的方式是比较少用，这里不再讲述。

七、绘制椭圆

椭圆是一种特殊的圆，它与圆的差别是其圆周上的点到中心的距离是变化的。在 AutoCAD 的绘图中，椭圆的形状由中心、长轴和短轴 3 个参数来描述。

绘制椭圆的命令为 Ellipse。要启动该命令可通过以下 3 种方式：

图 12 - 43 【绘图】菜单栏中【椭圆】子菜单

(1) 工具栏：在【绘图】工具栏中单击【椭圆】按钮；

(2) 下拉菜单：在 绘图(D) 菜单栏，选择 椭圆(E) 选项，弹出如图 12 - 43 所示的级联菜单，列出 3 中绘制椭圆的方法，可以从中选择一种方法绘制圆；

(3) 命令行：输入“Ellipse”或“EL”<回车>。

在学习绘制椭圆之前，需要先了解一下椭圆的构成要素，任何一个椭圆都由一条长轴、一条短轴以及一个中心点构成。

(一) 通过定义两轴绘制椭圆

用户可以通过定义椭圆一条轴的两个端点以及另外一条轴的半径来绘制椭圆，这是 AutoCAD 默认的绘制椭圆的方法。

具体操作步骤如下：

(1) 单击【绘图】工具栏上的【椭圆】按钮，启动绘制椭圆命令；

(2) 在命令行指定椭圆的轴端点或 [圆弧(A)/中心点(C)]: 提示下，在绘图区单击鼠标左键，确定其中一条轴的“端点 1”的位置，或者在命令行中输入“端点 1”的坐标值<回车>；

(3) 在命令行指定轴的另一个端点: 提示下，在绘图区单击鼠标左键，确定该轴的另一个“端点 2”的位置，或者在命令行中输入“端点 2”的坐标值<回车>。1、2 连线的长度，就是这条轴的长度；

提示：端点 1、2 同时决定了椭圆的方向。

(4) 在命令行指定另一条半轴长度或 [旋转(R)]: 提示下，确定第二根轴线的“端点 3”。

以上操作结果如图 12 - 44 所示。

(二) 通过定义中心点和两轴端点绘制椭圆

椭圆中心点确定后椭圆位置便随之确定。此时，只须再为两轴各定义一个端点，便可确定椭圆形状。

具体操作步骤如下：

(1) 单击【绘图】工具栏上的【椭圆】按钮，启动绘制椭圆命令；

(2) 在命令行指定椭圆的轴端点或 [圆弧(A)/中心点(C)]: 提示下，输入“C” <回车>；

(3) 在命令行指定椭圆的中心点: 提示下，确定中心点；

(4) 在命令行指定轴的端点: 提示下，确定第一根轴“端点 1”的位置；

(5) 在命令行指定另一条半轴长度或 [旋转(R)]: 提示下，确定第二根轴“端点 2”的位置。

以上操作结果如图 12 - 45 所示。

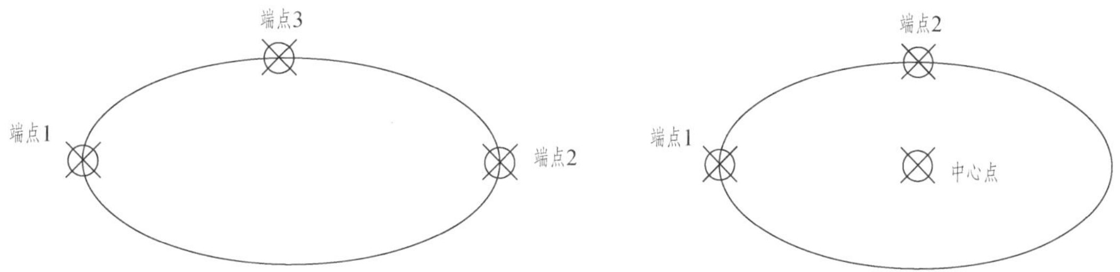

图 12 - 44　通过定义两轴绘制椭圆　　图 12 - 45　通过定义中心和两轴端点绘制椭圆

(三) 通过定义长轴以及椭圆转角绘制椭圆

这种方式的步骤是：首先定义出椭圆长轴的两端点，然后再确定椭圆绕该轴的旋转角度从而确定椭圆的位置及形状。椭圆的形状最终由其绕长轴的旋转角度决定。若旋转角度 0°，则将要画出一个圆；若旋转角度 45°将成为一个从视点看去呈 45°的椭圆。旋转角度的最大值为 89.4°，若大于此角，椭圆看上去像一条直线。图 12 - 46 表明了椭圆旋转角度的不同而变化的情况。

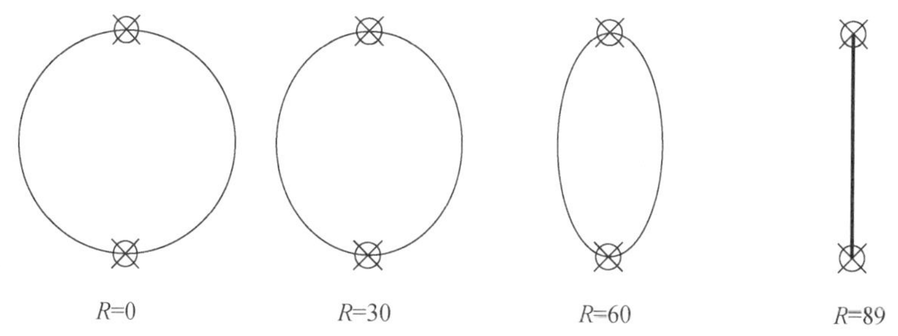

图 12 - 46　通过定义长轴和旋转角度绘制椭圆

注意：该图中，各椭圆长轴都是相同的。

具体操作步骤如下：

(1) 打开绘图(D)菜单，单击椭圆(E)命令中的轴、端点(E)子命令；

(2) 在命令行指定椭圆的轴端点或 [圆弧(A)/中心点(C)]：提示下，确定椭圆第一根轴的第一个“端点 1”的位置；

(3) 在命令行指定轴的另一个端点：提示下，确定该轴的另外一个端点位置；

(4) 在命令行指定另一条半轴长度或 [旋转(R)]：提示下，输入“R”＜回车＞；

(5) 在命令行指定绕长轴旋转的角度：提示下，输入旋转角度＜回车＞。

输入不同的角度画出不同的椭圆，以上操作结果如图 12-46 所示。

八、绘制圆环

圆环有内径、外径和中心点 3 个参数。如果内径为“0”，则圆环就成了一个实心圆，如图 12-47 所示。

AutoCAD 提供了绘制圆环的命令“Donut”。绘制圆环时，用户只需指定内径和外径，便可连续取圆心绘制多个圆环。

用户可以通过以下 2 种方式启动“Donut”命令：

(1) 下拉菜单：在绘图(D)菜单栏，选择圆环(D)选项；

(2) 命令行：“Donut”或“DO”＜回车＞。

绘制圆环的步骤如下：

(1) 在命令行中输入“Donut”＜回车＞；

(2) 在命令行指定圆环的内径 <80.0000>：提示下，输入圆环内径＜回车＞；

(3) 在命令行指定圆环的外径 <100.0000>：提示下，输入圆环外径＜回车＞；

(4) 在命令行指定圆环的中心点或 <退出>：提示下，输入圆环中心点坐标＜回车＞，或者在绘图区单击鼠标左键，确定中心点的位置。

圆环绘制完成。

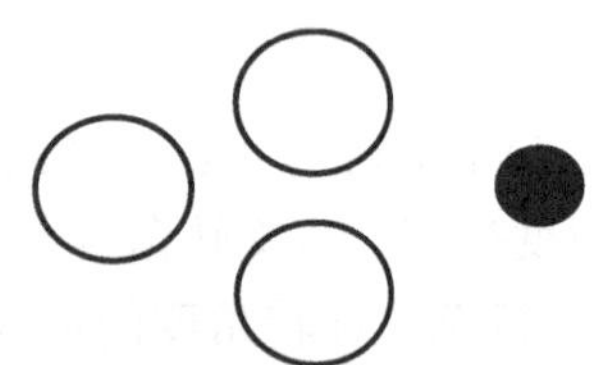

图 12-47　绘制一系列圆环和实心圆

这时，命令行中仍然有指定圆环的中心点或 <退出>：提示下，继续指定圆环的中心点，可以绘制出一系列内径、外径相同，但是位置不同的圆环，如图 12-47 所示。按回车键，可以退出圆环的绘制。

九、绘制多段线

多段线是由多个直线段和圆弧相连而成的单一的对象。多段线是 AutoCAD 绘图中比较常用的一种实体，它为用户提供了方便快捷的绘图方式。通过绘制多段线可以得到一个由若干直线和圆弧连接而成的折线或曲线，并且无论这条多段线包含多少条直线或弧，整条多段线都是一个实体，可以统一对其进行编辑。另外多段线中各段线条还可以有不同的线宽，这对于制图非常有利。

多段线具有如下的优点：

(1) 一个多段线可以按一个整体进行处理；

(2) 选取多段线时仅拾取多段线中任意一段；

(3) 多段线有线宽的属性，而且每段都可以有首尾宽度不同的线宽；

(4) 多段线的长度和封闭的面积可以查询；

(5) 和同等外形的直线和圆弧相比，多段线的数据结构更加优化，占有较小的内存和硬盘空间；

(6) 多段线是生成三维实体过程中一个重要的步骤。

AutoCAD 中，绘制多段线的命令是 Pline。启动 Pline 命令有如下 3 种方式：

(1) 工具栏：在【绘图】工具栏中单击【多段线】按钮；

(2) 下拉菜单：在绘图(D)菜单栏，选择多段线(P)选项；

(3) 命令行："Pline" 或 "PL" <回车>。

启动 Pline 命令后，AutoCAD 在命令行中给出如下操作提示：

指定起点：要求用户确定多段线的起点；

之后，命令行出现一组操作选项，提示如下：

指定下一个点或 [圆弧(A)/半宽(H)/长度(L)/放弃(U)/宽度(W)]:

下面分别介绍这些选项。

(一) 多段线的各个参数选项

1. 圆弧 (A) 选项

在命令行中输入"A"并回车，可以画圆弧。选择该选项后，又会出现一组命令选项：

指定圆弧的端点或
[角度(A)/圆心(CE)/方向(D)/半宽(H)/直线(L)/半径(R)/第二个点(S)/放弃(U)/宽度(W)]:

在该提示下，可以直接确定圆弧终点，拖动十字光标，屏幕上会出现预显线条。选项序列中各项意义如下：

(1) 角度 (A)：选该项用于指定圆弧的内含角；

(2) 圆心 (CE)：为圆弧指定圆心；

(3) 方向 (D)：取消直线与弧的相切设置，改变圆弧的起始方向；

(4) 直线 (L)：返回绘制直线方式；

(5) 半径 (R)：指定圆弧半径；

(6) 第二个点 (S)：指定三点画弧。

其他各项与 Pline 命令下的同名选项相同，以后再介绍。

2. 半宽 (H) 选项

在命令行中输入"H"并回车，可执行该命令。该选项的作用是指定多段线的半宽值，即线宽的一半。AutoCAD 允许分别设置多段线线段的首尾宽度值，并且每一个多段线线段宽度值可以不一样。

3. 长度 (L) 选项

在命令行中输入"L"并回车，可执行该命令。该选项的作用是当绘制直线多段线时，定义直线多段线的长度。

4. 闭合 (CLose) 选项

在命令行中输入"C"并回车，可执行该命令。该选项的作用是自动将多段线闭合，即将选定的最后一点与多段线起点重合，并结束命令。

当多段线的宽度大于 0 时，若想绘制闭合的多段线，一定要用【闭合】选项，才能使其完全封闭。否则，即使起点和终点重合，也会出现缺口，如图 12-48 所示。

5. 放弃（U）选项

在命令行中输入“U”并回车，可执行该命令。该选项的作用是用于取消刚刚绘制的一段多段线线段。

6. 宽度（W）选项

在命令行中输入“W”并回车，可执行该命令。该选项的作用是用于设置多段线的宽度值，与【半宽】选相类似。

（二）绘制多段线

【例题】 画图 12-49 所示的多段线。

绘制如图 12-49 所示的复杂多段线的步骤如下：

（1）在【绘图】工具栏上单击【多段线】按钮；

（2）点击屏幕底部状态栏上的正交按钮，转换为正交方式。

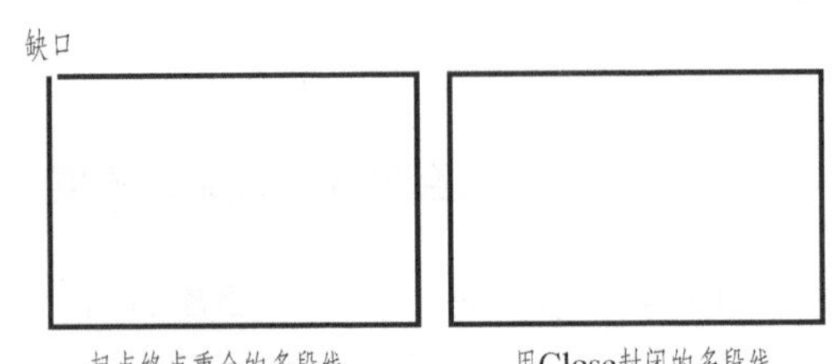

图 12-48 用【闭合】选项封闭的多段线和有缺口的多段线

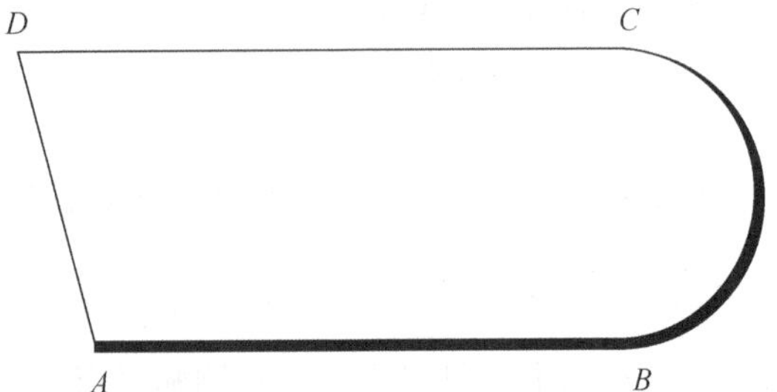

图 12-49 用【多段线】命令绘制多段线

1. 画直线 AB，线宽为“3”

（1）AutoCAD 在命令行给出如下操作提示：

指定起点：用十字光标在绘图区内任意拾取一点“A”，作为多段线起点；

（2）在命令行 指定下一个点或 [圆弧(A)/半宽(H)/长度(L)/放弃(U)/宽度(W)]: 提示下，输入“W”<回车>；

（3）在命令行 指定起点宽度 <0.0000>: 提示下，输入“3”<回车>；

（4）在命令行 指定端点宽度 <3.0000>: 提示下，输入“3”<回车>；

（5）在命令行 指定下一点或 [圆弧(A)/闭合(C)/半宽(H)/长度(L)/放弃(U)/宽度(W)]: 提示下，用十字光标在绘图区内任意拾取一点，画出直线 AB；

2. 画圆弧 BC，圆弧起端宽度为“3”，终端宽度为“0”

（1）在命令行 指定下一点或 [圆弧(A)/闭合(C)/半宽(H)/长度(L)/放弃(U)/宽度(W)]: 提示下，输入“A”<回车>；

（2）在命令行 [角度(A)/圆心(CE)/闭合(CL)/方向(D)/半宽(H)/直线(L)/半径(R)/第二个点(S)/放弃(U)/宽度(W)] 提示下，输入“W”<回车>；

（3）在命令行 指定起点宽度 <3.0000>: 提示下，输入“3”<回车>；

（4）在命令行 指定端点宽度 <3.0000>: 0 提示下，输入“0”<回车>；

（5）在命令行 [角度(A)/圆心(CE)/闭合(CL)/方向(D)/半宽(H)/直线(L)/半径(R)/第二个点(S)/放弃(U)/宽度(W)]: 提示下，输入“@100<90”<回车>，画出圆弧 BC；

3. 画直线 *CD*，宽度为“0”

(1) 在命令行[角度(A)/圆心(CE)/闭合(CL)/方向(D)/半宽(H)/直线(L)/半径(R)/第二个点(S)/放弃(U)/宽度(W)]:提示下，输入“L”＜回车＞；

(2) 在命令行指定下一点或 [圆弧(A)/闭合(C)/半宽(H)/长度(L)/放弃(U)/宽度(W)]:提示下，输入@200＜180＜回车＞，画出直线 *CD*；

(3) 在指定下一点或 [圆弧(A)/闭合(C)/半宽(H)/长度(L)/放弃(U)/宽度(W)]:提示下，输入“C”＜回车＞；

操作结束后得到如图 12-49 所示的图形。

十、绘制多线

有些行业的工程图纸中，大量存在一系列平行线组成的对象，如建筑图中的墙体、市政建设中的管道和道路等。如果用户一条一条的绘制这些平行线，相当麻烦。特别在拐角的地方，图形编辑的工作量很大，为此 AutoCAD 软件提供了多线对象。

Mline（多线）命令允许你一次绘制 16 条平行线，每条线被记录为多线的一个元素。每一条多线都基于一个预定义的多线式样，该多线决定了多线中元素的数量，以及颜色、线性和间距等，每一样式都有唯一的名称。绘制多线的方法和绘制直线的方法相似：指定一个起点和端点。与直线不同的是一条多线可以有一条或多条平行线线段组成，并且整条多线是一个单一对象，标准的 AutoCAD 编辑命令将影响整个多线，从这一点上来说多线由与多段线相似。

启动多线命令可以通过以下 2 种方法：

(1) 下拉菜单：在绘图(D)菜单栏，选择多线(M)选项；

(2) 命令行：输入“Mline”或“ML”＜回车＞。

(一) 绘制多线

绘制多线的具体操作步骤如下：

(1) 在命令行输入“Ml”，然后回车，或者选择【绘图】菜单栏中【多线】；

(2) 在命令行指定起点或 [对正(J)/比例(S)/样式(ST)]:提示下，确定多线起点的位置；

(3) 在命令行指定下一点:提示下，确定第二点的位置；

(4) 重复 (3) 步骤，依次确定多线各个转点的位置；

(5) 按回车键，结束命令。

依照上述命令绘出的墙体如图 12-50 所示。

在执行“Mline”命令之后，在命令行给出如下操作提示：

指定起点或 [对正(J)/比例(S)/样式(ST)]:下面分别介绍这些选项。

1. 对正 (J) 选项

在命令行中输入“J”＜回车＞，可以确定多线的对正类型。选择该选项后，又会出现一组命令选项。

输入对正类型 [上(T)/无(Z)/下(B)] <上>:，可以从中选择一种对正类型。不同的对正类型如图 12-51 所示。

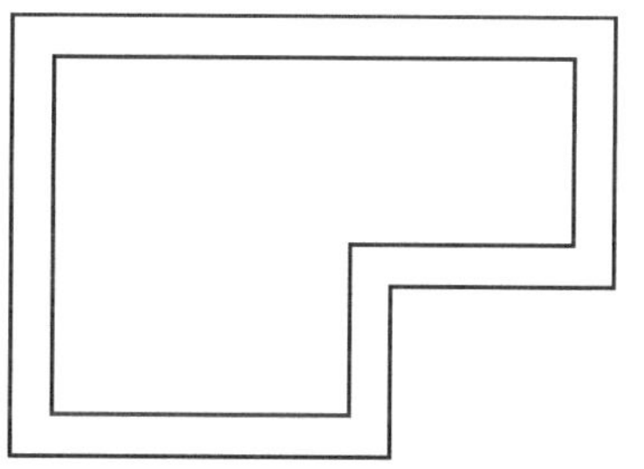

图 12-50　多线绘制的墙体

2. 比例 (S) 选项

在执行“Mline”命令之后，在命令行中输入“S”＜回车＞，在命令输入多线比例 <50.00>:提示符后面输入比例因子，可以确定多线比例因子，如图 12 - 52 所示。

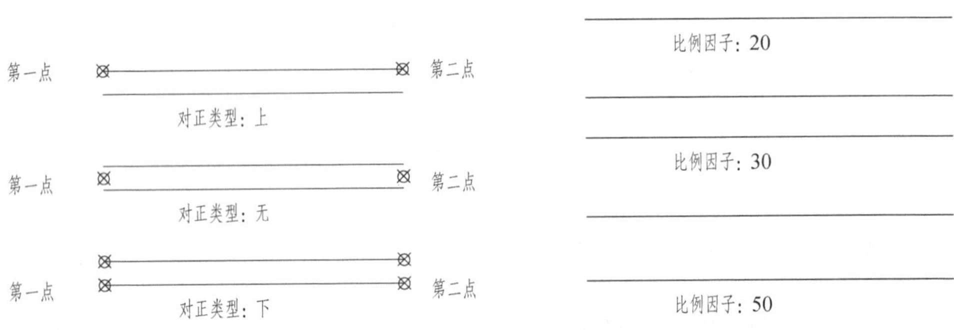

图 12 - 51 不同的对正类型

图 12 - 52 不同的比例因子

（二）设置多线样式

在使用“Mline”命令之前，必须创建所需的多线样式。

（1）在下拉菜单 格式(O) 中选择 多线样式(M)... 命令，弹出 多线样式 对话框，单击 新建(N)... 按钮，弹出 创建新的多线样式 对话框，如图 12 - 53 所示；

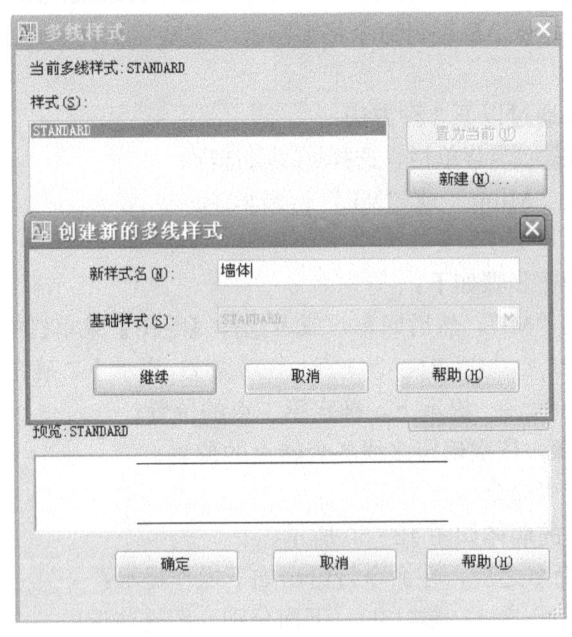

图 12 - 53 【多线样式】对话框

（2）在 新样式名(N)： 后的文本框内输入“墙体”，如图 12 - 53 所示；

（3）单击 继续 按钮，弹出 新建多线样式:墙体 对话框，如图 12 - 54 所示；

（4）在 新建多线样式:墙体 对话框中，填写墙体的宽度。例如墙体的宽度是 240mm，则在 图元(E) 选项区，填写偏移“120”、“—120”，如图 12 - 54 所示；

（5）在其中可以设置多线的显示特性，如封口形式和填充颜色等。用户可以自己逐一实践。按 确定 按钮完成【多线样式】的设置。

十一、绘制样条曲线

样条曲线是由一组点定义的光滑曲线。

启动样条曲线命令可以通过以下 3 种方法：

(1) 工具栏：在【绘图】工具栏中单击【样条曲线】按钮～；

(2) 下拉菜单：在 绘图(D) 下拉菜单栏，选择 样条曲线(S) 选项；

(3) 命令行：输入“Spline”或“SPL”<回车>。

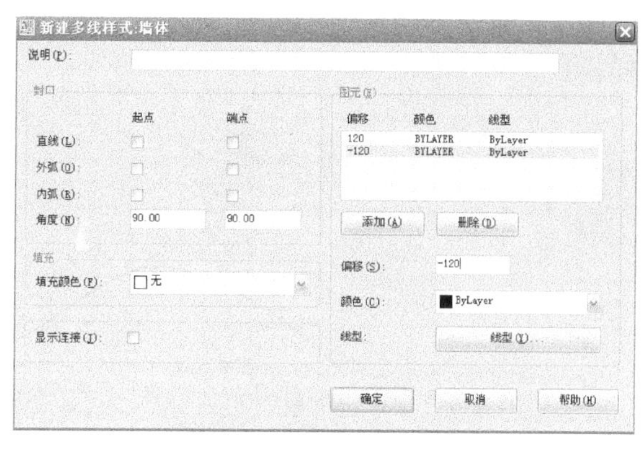

图 12-54　新建【多线样式】

要绘制一条样条曲线，如图 12-55 所示，从 A 点开始，通过 B、C 点，最后到达 D 点，通过指定点 E 指定切线方向，操作如下：

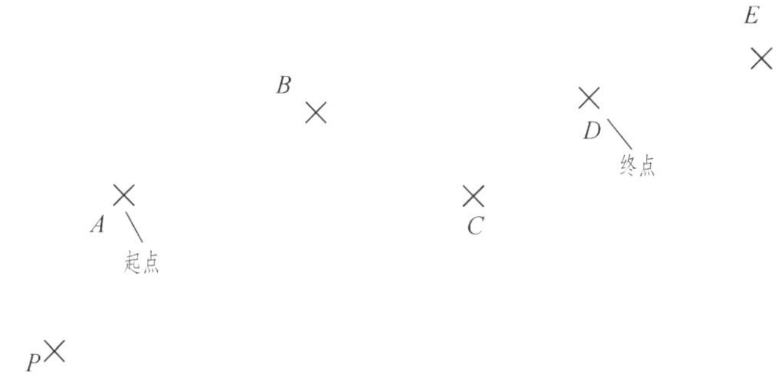

图 12-55　绘制从 A 点到 D 点的样条曲线

(1) 在【绘图】工具栏中单击【样条曲线】按钮～，或在命令行：输入“SPL”<回车>；

(2) 在命令行 指定第一个点或 [对象(O)]: 提示下，指定第一个控制点 A；

(3) 在命令行 指定下一点: 提示下，指定第二个控制点 B；

在指定第二个控制点后，AutoCAD 将绘制一段样条曲线，并从第二控制点到当前光标位置延伸出一条橡皮筋线。

(4) 在命令行 指定下一点或 [闭合(C)/拟合公差(F)] <起点切向>: 提示下，指定第三个控制点 C；

(5) 在命令行 指定下一点或 [闭合(C)/拟合公差(F)] <起点切向>: 提示下，指定第四个控制点 D<回车>，得到如图 12-56 所示的图样。

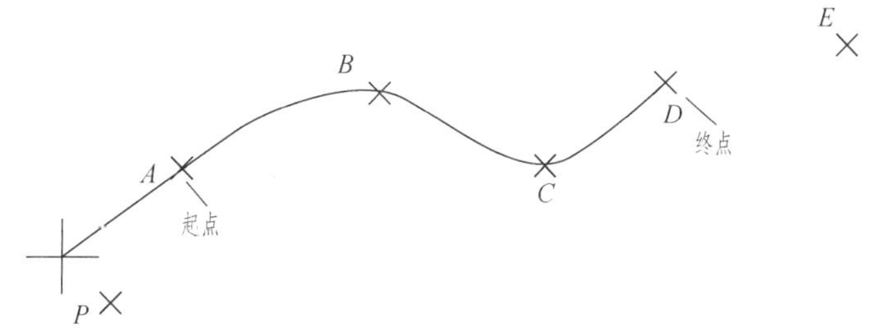

图 12-56　绘制样条曲线 (1)

(6) 在命令行指定起点切向：提示下，指向 P 点＜回车＞，得到如图 12－57 所示的图样；

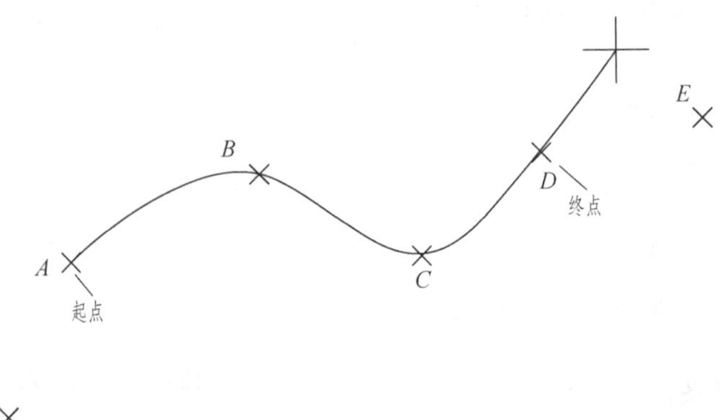

图 12－57　绘制样条曲线（2）

(7) 在命令行指定端点切向：提示下，指向 E 点＜回车＞，得到如图 12－58 所示的图样；

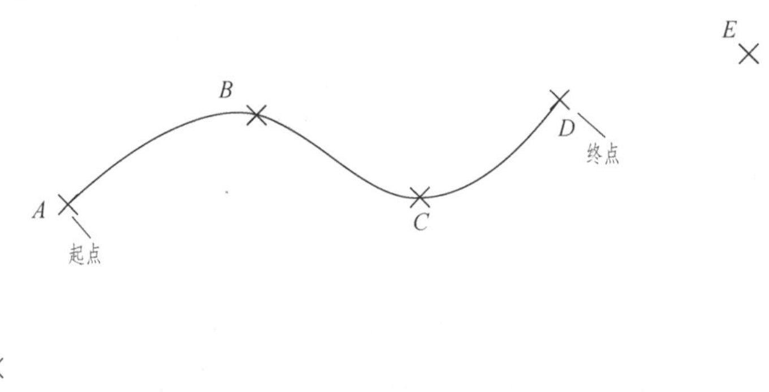

图 12－58　绘制样条曲线（3）

十二、实例：绘制路灯

在本节中，我们将以绘制一个在公园、小区等场所常见的路灯为例，加深对如何使用 AutoCAD 绘制几何图形的理解。

(一) 绘制底座

(1) 在【绘图】工具栏中单击【直线】按钮，或在命令行输入“L”＜回车＞；

(2) 在命令行中输入直线的起点坐标“90，200”＜回车＞，终点坐标为“@0，－5”＜回车＞，绘制一条直线；

(3) 使用同样方法再绘制 5 条直线，这 5 条直线的起点、终点坐标分别是：

起点“110，200”，终点“@0，－5”；

起点“50，175”，终点“@0，－5”；

起点“70，175”，终点“@0，－5”；

起点“130，175”，终点“@0，－5”；

起点“150，175”，终点“@0，－5”。

绘制得到的 6 条直线如图 12－59 所示，共分 3 组，相邻的两条直线为一组；

（4）分别将每相邻的两条直线的下端用直线相连，底座绘制完成，如图 12 - 60 所示。

图 12 - 59　绘制 6 条直线

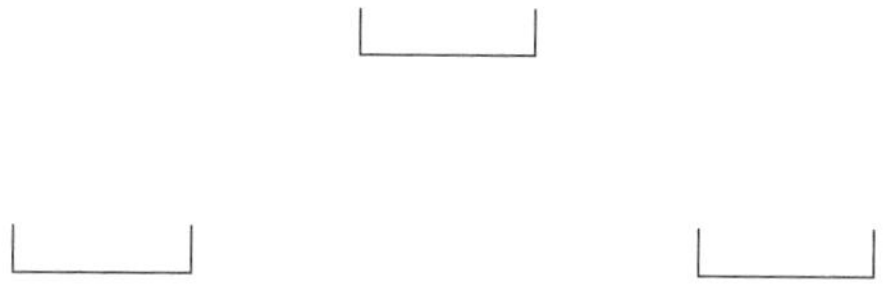

图 12 - 60　绘制完成底座

（二）绘制灯罩

本例中，灯罩用圆来表示。

（1）选择【绘图】｜【圆】｜【三点】命令，分别指定圆周上 3 点的坐标为“90，200”、“@20，0”、“@－10，45”绘制一个灯罩；

（2）选择【绘图】｜【圆】｜【三点】命令，分别指定圆周上 3 点的坐标为“@50，175”、“@20，0”、“@－10，35”绘制另一个灯罩；

（3）选择【绘图】｜【圆】｜【三点】命令，分别指定圆周上 3 点的坐标为“130，175”、“@20，0”、“@－10，35”绘制第 3 个灯罩。

绘制的灯罩如图 12 - 61 所示。

（三）绘制托架和电杆

本例中，托架用圆角矩形来表示。

（1）单击【绘图】工具栏的【矩形】按钮，启动“矩形”命令；

（2）在命令行 指定第一个角点或 [倒角(C)/标高(E)/圆角(F)/厚度(T)/宽度(W)] 提示符后，输入“F”，然后回车，绘制一个圆角矩形；

（3）在命令行 指定矩形的圆角半径 <0.0000>: 提示符后，输入“5”，然后回车，指定圆角矩形的圆角半径为“5”；

（4）在命令行 指定第一个角点或 [倒角(C)/标高(E)/圆角(F)/厚度(T)/宽度(W)] 提示符后，输入“40，160”，然后回车，指定圆角矩形的左下角点；

（5）在命令行 指定另一个角点或 [尺寸(D)]: 提示符后，输入“120，10”，然后回车，指定圆角矩形的右下角点；

绘制托架之后的效果如图 12 - 62 所示。

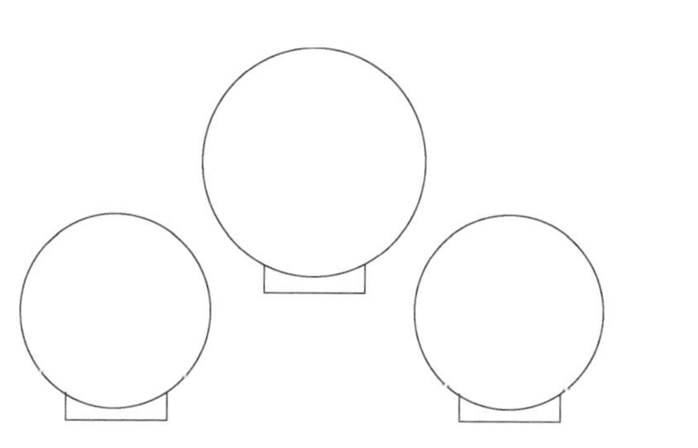

图 12 - 61　绘制灯罩

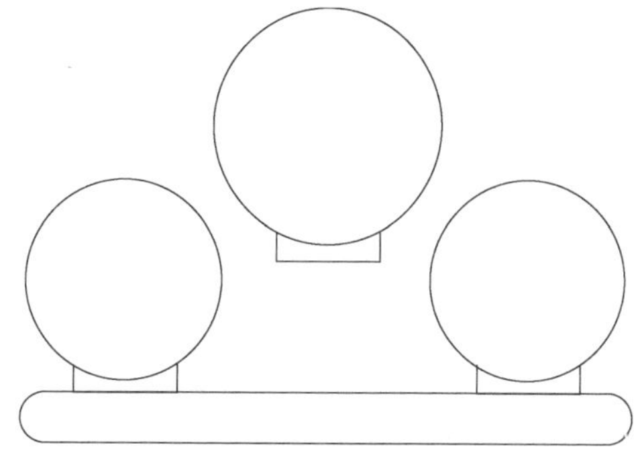

图 12 - 62　绘制托架

（6）单击【绘图】工具栏中【直线】按钮，绘制电杆。

绘制电杆之后得到的最终效果图，如图 12 - 63 所示。

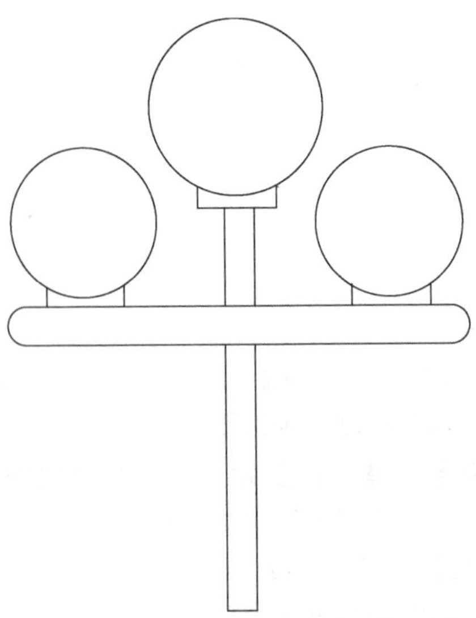

图 12 - 63 路灯的最终效果图

第十三章 编辑图形对象

学习目标：

• 学会如何编辑图形。

AutoCAD的绘图优势不仅在于其强大的作图功能，更在于强大的编辑功能。通过各种编辑命令，可以方便快捷的修改已有图形和迅速高效的构建新图形。

第一节 选择图形

快速选中图形对象，是AutoCAD编辑图形的基础。选中对象后对象的边界轮廓线将呈虚线显示。

一、拾取框选择图形

在AutoCAD中如果先执行编辑命令再选择对象，鼠标将变成一个正方形小框，这个小框就是拾取框。移动拾取框到需要选择的对象上，单击鼠标左键，既可选择对象，如图13-1所示。

二、窗口选择和交叉选择

在AutoCAD中，单个对象的选择使用拾取框是很方便的。如果需要选择一个区域内的多个对象，则可以使用窗口选择方式和交叉选择方式。这是两个利用矩形选择框选择对象的方式，但有所不同。

图13-1 用拾取框选择图形

（一）窗口选择方式

使用窗口选择方式的具体操作步骤如下：

（1）在绘图区左上角单击鼠标左键，确定矩形选择框的左上角的顶点；

（2）向右下角移动鼠标，绘图区中将出现一个实线矩形，如图13-2所示；

（3）将鼠标移动到合适位置，单击左键确定矩形选择框右下角的顶点，则全部内容包括在矩形选择框内的对象被选中。在图13-2所示的矩形选择框中，三角形和圆被选中，而正六边形没有被选中，如图13-3所示。

注意：只有对象全部包括在矩形选择框中，才会被选中。

（二）交叉选择方式

使用交叉选择方式的具体操作步骤如下：

（1）在绘图区右下角单击鼠标左键，确定矩形选择框的右下角的顶点；

（2）向左上角移动鼠标，绘图区中将出现一个虚线矩形，如图13-4所示；

（3）将鼠标移动到合适位置，单击左键确定矩形选择框左上角的顶点，则所有包括在矩形选择框内的对象以及选择框穿过的对象都将被选中。在上图所示的矩形选择框中，正六边形、三角形和圆都被选中，如图 13 - 5 所示。

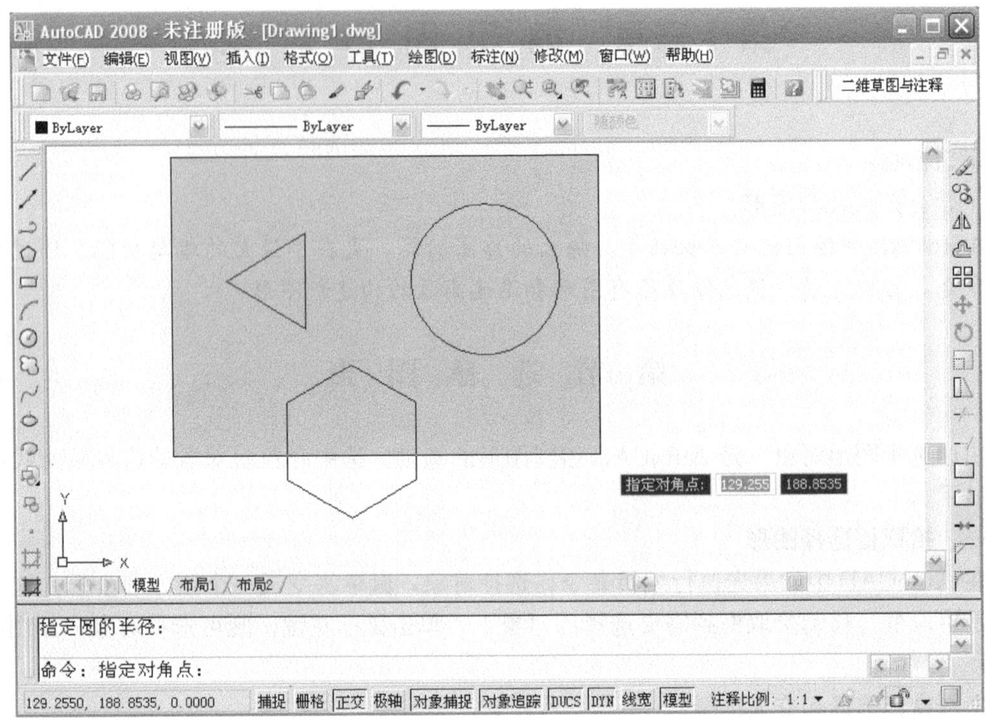

图 13 - 2 窗口选择方式

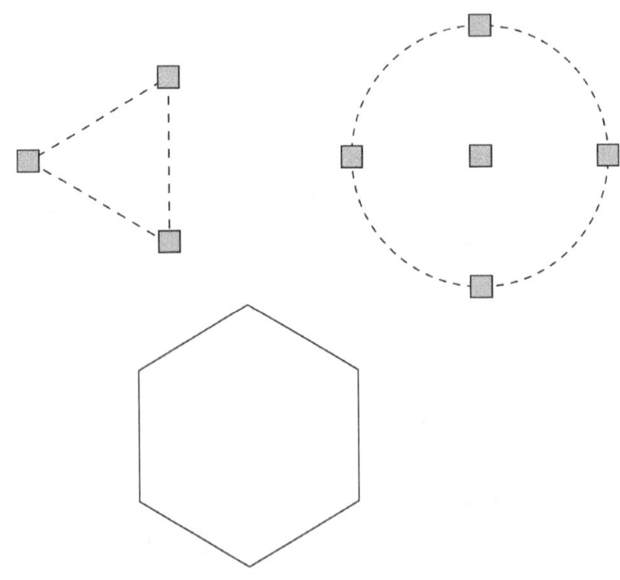

图 13 - 3 【窗口选择】选中的对象

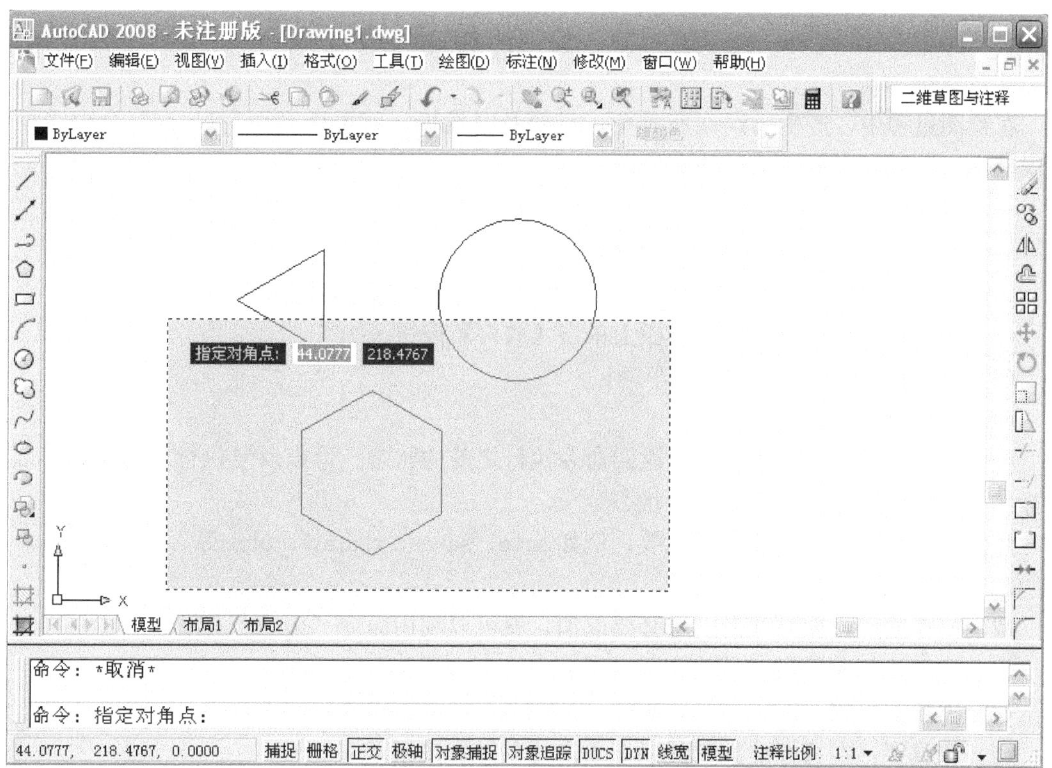

图 13-4 用交叉方式选择图形

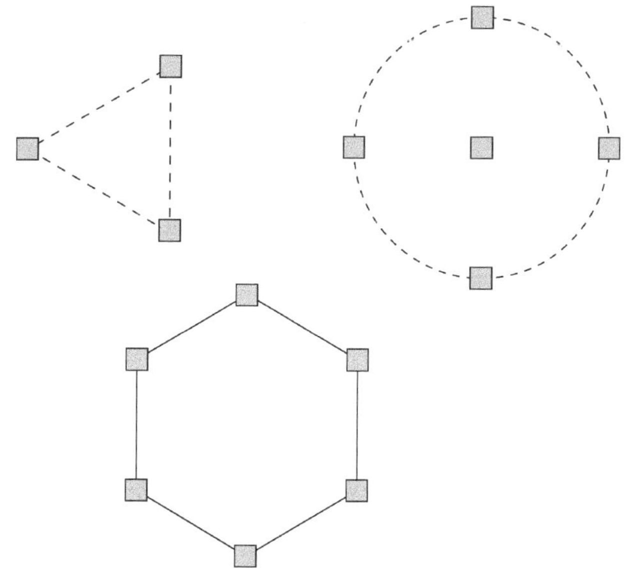

图 13-5 【交叉选择】选中的对象

第二节 放弃和重做

在绘图过程中，产生错误在所难免，只要及时发现，就可以利用“Undo”命令来取消错误操作。也可以恢复撤消过的命令操作。

一、放弃

启动“Undo”命令的方式有以下 4 种：

(1) 下拉菜单栏：在编辑(E)菜单栏，选择放弃(U) Ctrl+Z选项；

(2) 工具栏：在【标准】工具栏上单击【放弃】按钮；

(3) 命令行：输入“U”＜回车＞；

(4) 快捷键：Ctrl＋Z。

该命令可以取消上一个命令，返回命令执行之前的状态。可以反复执行，不断放弃以前的操作，直到返回本次作图的最初状态。

注意：放弃命令对部分命令无效，例如 save、saves、redraw、plot 等。

二、重做

取消操作之后，如果觉得没有必要取消，就可以利用命令“Redo”重做。

启动“Redo”命令的方式有以下 4 种：

(1) 下拉菜单栏：在编辑(E)菜单栏，选择重做(R) Ctrl+Y选项；

(2) 工具栏：在【标准】工具栏上单击【重做】按钮；

(3) 命令行：输入“Redo”＜回车＞；

(4) 快捷键：Ctrl＋Y。

该命令用于恢复最近一次删除的实体，而且仅限于最近一次。

执行命令后，最近一次删除的实体会重新出现。

第三节 删除和恢复

一、删除

在建筑图的绘制过程中，为了绘图的需要，会创建一些辅助线，而这些辅助线最终是不需要的。AutoCAD 提供了“Erase”命令删除辅助线或者不需要的图形对象，用户可以通过以下 3 种方式启动“Erase”命令。

启动“Erase”命令的方式有以下 3 种：

(1) 下拉菜单栏：在修改(M)菜单栏，选择删除(E)选项；

(2) 工具栏：在【修改】工具栏上单击【删除】按钮；

(3) 命令行：输入“Erase”＜回车＞或者输入“E”＜回车＞。

在命令行反复出现选择对象：提示，可以不断选择实体，直到回车结束。

二、恢复

使用“Oops”命令可以恢复最近删除的选择集。Oops 命令与 Undo 命令相比的优点在于：如果在删除了一些对象后又进行了一些其他的操作，用 Oops 命令代替 Undo 命令恢复被删除的对象，可以不用倒退其他的修改操作。

要执行 Oops 命令，在命令行中输入“Oops”＜回车＞即可。

第四节　复　　制

在需要画出重复出现、形状相同或相似的图形时，可以利用图形复制功能，进行一次或多次复制，避免绘图中的重复劳动。

复制图形对象的基本命令是“Copy”。启动“Copy”命令的方式有以下 3 种：

（1）下拉菜单栏：在 编辑(E) 菜单栏，选择 复制(C)　Ctrl+C 选项；

（2）工具栏：在【修改】工具栏上单击【复制】按钮；

（3）命令行：输入“Copy”＜回车＞或“Cp”＜回车＞。

复制对象的方法有在图形内复制和通过剪贴板复制两种。

一、在图形内复制

复制对象是指将图形从一个位置复制到另一个位置，具体操作步骤如下：

（1）在命令行中输入“Copy”＜回车＞，或点击在【修改】工具栏上单击【复制】按钮，启动 Copy 命令；

（2）在命令行 选择对象： 提示符下，选择要复制的对象＜回车＞；

如图 13-6（a）中用拾取框拾取矩形，并按回车键；

（3）在命令行 指定基点或 [位移(D)/模式(O)] <位移>: 提示符下，用鼠标在任意位置点选一点，如图 13-6 中（b）；

（4）在命令行 指定位移的第二点或 <用第一点作位移>: 提示符下，指定位移的第二点，如图 13-6 中（c）；

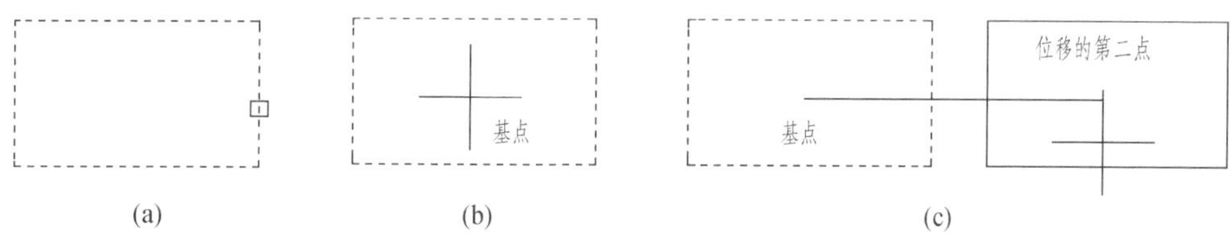

图 13-6　复制的操作步骤

（5）以上操作可以重复复制，完成后按回车键，AutoCAD 将以基点和第二位移点为参照复制图形对象，如图 13-7 所示。

如果复制的图形有尺寸要求，如图 13-8 所示，可按如下操作：

（1）点击在【修改】工具栏上单击【复制】按钮，启动 Copy 命令；

（2）在命令行 选择对象： 提示符下，选择要复制的对象“矩形”＜回车＞；

（3）在命令行 指定基点或 [位移(D)/模式(O)] <位移>: 提示符下，其默认状态为 <位移>:，直接回车；

（4）在命令行 指定位移 <0.0000, 0.0000, 0.0000>: 提示符下，输入“300，0”＜回车＞。

完成图如图 13-8 所示。

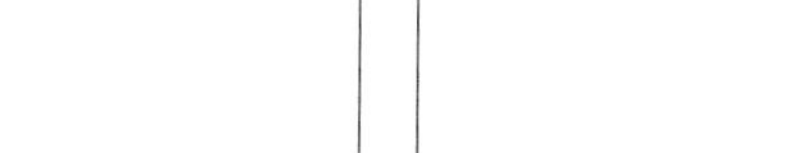

图 13-7　复制后的图形

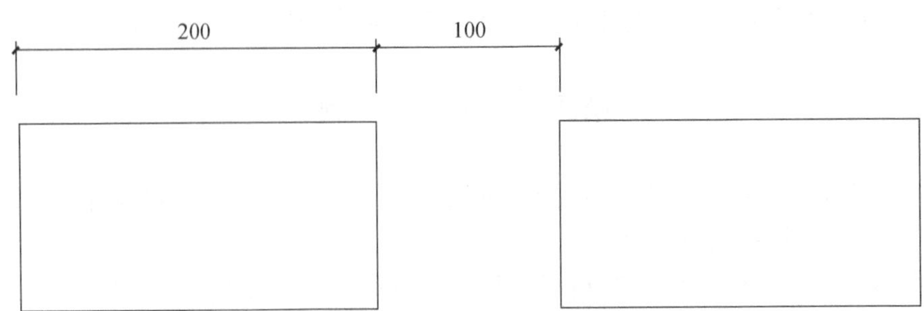

图 13-8　根据尺寸要求复制矩形

二、复制到剪贴板

使用 Windows 剪贴板可以从一个图形到另一个图形之间、从图纸空间到模型空间之间，或者在 AutoCAD 程序与其他程序之间进行复制对象。

(一) 复制到剪切板，同时删除原来图形

具体步骤如下：

(1) 使用鼠标选择要复制的对象；

(2) 从编辑(E)菜单中选择剪切(T)　Ctrl+X选项，或者按 Ctrl+X 组合键。

(二) 复制到剪切板，同时保留原来图形

具体步骤如下：

(1) 使用鼠标选择要复制的对象；

(2) 从编辑(E)菜单中选择复制(C)　Ctrl+C选项，或者按 Ctrl+C 组合键。

粘贴对象的操作步骤如下：

(1) 从编辑(E)菜单中选择粘贴(P)　Ctrl+V选项，或者按 Ctrl+V 组合键；

(2) 在粘贴板上的当前对象被粘贴到图形中。

第五节　镜　　像

在制图中，图形对象经常需要翻转或绘制对称图形，此类操作可使用 AutoCAD 提供的镜像图形功能完成。

镜像图形的基本命令是“Mirror”。启动“Mirror”命令的方式有以下 3 种：

(1) 下拉菜单栏：在修改(M)菜单栏，选择镜像(I)选项；

(2) 工具栏：在【修改】工具栏上单击【镜像】按钮；

(3) 命令行：输入“Mirror”<回车>或者输入“Mi”<回车>。

绘制两个对称三角形，可先绘制一个三角形再做镜像，如图 13-9 所示。具体步骤如下：

(1) 在【修改】工具栏上单击【镜像】按钮，启动 Mirror 命令；

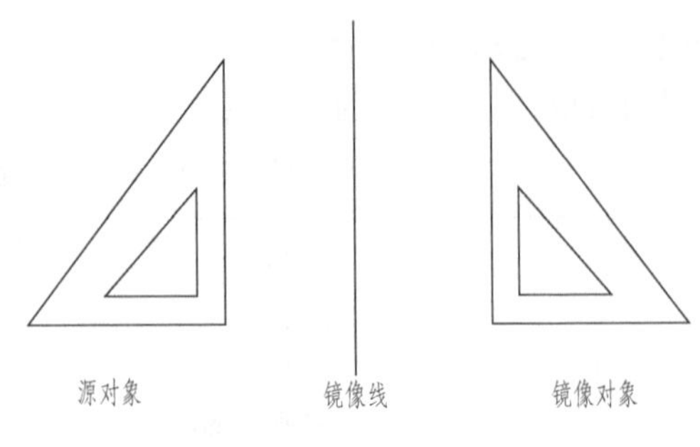

图 13-9　使用镜像命令所得效果图

（2）在命令行选择对象：提示下，选择要镜像的对象<回车>；

（3）在命令行指定镜像线的第一点：提示下，指定镜像线的第一点；

（4）在命令行指定镜像线的第一点：指定镜像线的第二点：提示下，指定镜像线的第二点；

（5）在命令行中出现提示：是否删除源对象？[是(Y)/否(N)] <N>：如果不需要删除源对象，在命令行中输入“N”<回车>；要删除源对象输入“Y”<回车>。

第六节　偏　　移

偏移是创建一个与选定对象类似的新对象，并把它放在距选定对象有一定距离的位置。偏移产生的对象位置与原图形对象平行。

偏移的基本命令是“Offset”。启动“Offset”命令的方式有以下3种方式：

（1）下拉菜单栏：在修改(M)菜单栏，选择偏移(S)选项；

（2）工具栏：在【修改】工具栏上单击【偏移】按钮；

（3）命令行：输入“Offset”或“O”<回车>。

偏移的方法有指定距离偏移和通过定点偏移两种。

一、指定距离偏移

（1）在命令行中输入“Offset”<回车>，或单击【偏移】按钮，启动Offset命令；

（2）在命令行指定偏移距离或 [通过(T)] <1.0000>：提示下，输入需要偏移的距离值<回车>；

（3）在命令行选择要偏移的对象或 <退出>：提示下，选择需要偏移的对象<回车>；

（4）在命令行指定点以确定偏移所在一侧：提示下，通过鼠标指定图形要偏移的方向。

这时，从绘图区中可以看到，选择的对象已经偏移。命令行中继续出现选择偏移对象的提示，可以继续选择需要偏移的对象，直到按回车键结束命令。

二、通过定点偏移

（1）在命令行中输入“Offset”<回车>，或单击【偏移】按钮，启动Offset命令；

（2）在命令行指定偏移距离或 [通过(T)] <1.0000>：提示下，输入“T”<回车>；

（3）在命令行选择要偏移的对象或 <退出>：提示下，选择需要偏移的对象<回车>；

（4）在命令行指定通过点：提示下，指定偏移对象要通过的点。

图13-10所示就是利用左边的图形执行“Offset”命令向内偏移，得到一个偏移图形，然后利用偏移图形继续偏移，最终得到右图所示的结果。

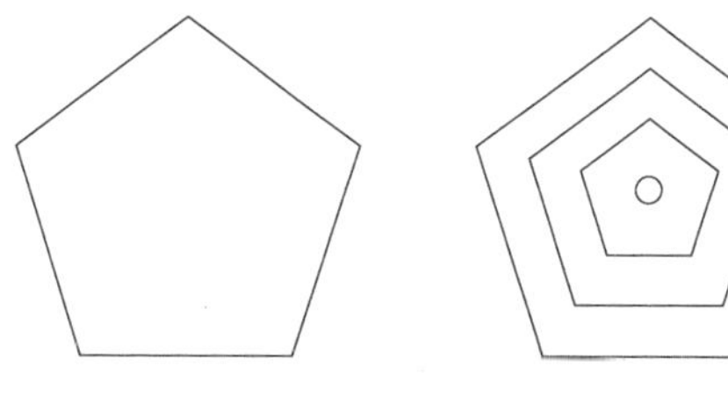

图13-10　偏移图形对象

第七节 阵 列

AutoCAD提供了“Array”命令阵列对象，用户可以通过以下3种方式启动“Array”命令：

(1) 下拉菜单栏：在修改(M)菜单栏，选择阵列(A)...选项；

(2) 工具栏：在【修改】工具栏上单击【阵列】按钮；

(3) 命令行：输入“Array”＜回车＞；或者输入“AR”＜回车＞。

阵列有矩形整列和环形阵列。

一、矩形阵列

对于图13-11所示的三角形，进行矩形阵列。

图13-11 三角形

矩形阵列的具体操作步骤如下：

(1) 在命令行中输入“Array”＜回车＞，或单击【阵列】按钮，启动Array命令，选择矩形阵列(R)选项，弹出阵列对话框，如图13-12所示。

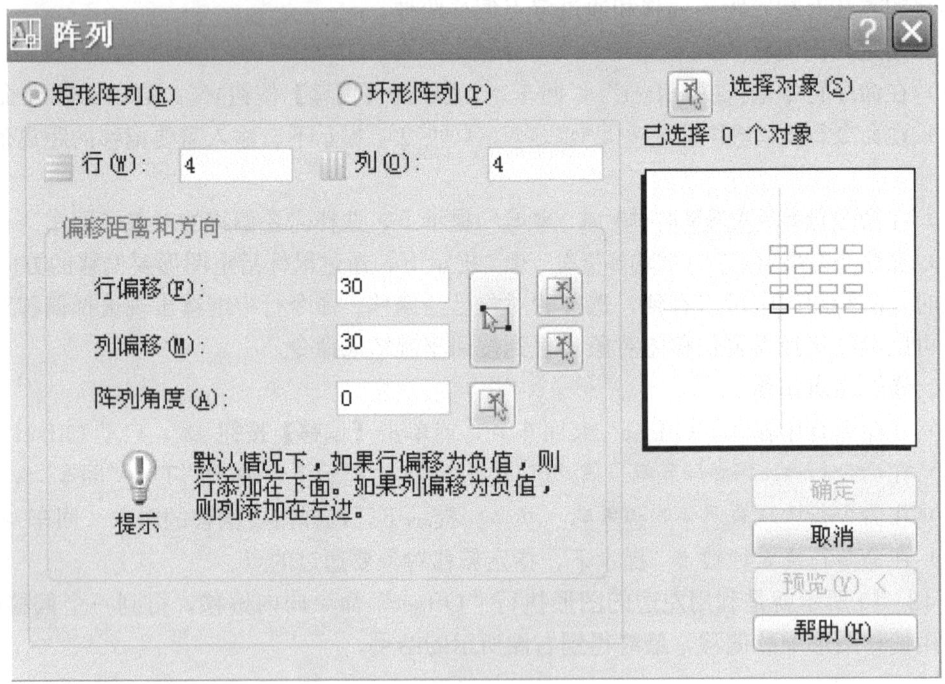

图13-12 【矩形阵列】对话框

1) 在行(W): 4 框中输入阵列的行数“4”；

2) 在列(O): 4 框中输入阵列的列数“4”；

3) 在行偏移(F): 30 框中输入阵列的行距“30”；

4) 在列偏移(M): 30 框中输入阵列的列距“30”；

5) 在阵列角度(A): 0 框中输入阵列的倾斜角度“0”。

注意：在矩形阵列中，行距为“正”将向上阵列，为“负”则向下阵列；列距为“正”

将向右阵列，为“负”则向左阵列。

（2）单击【阵列】对话框右上方选择对象(S)按钮，此时对话框暂时消失，待用户选定要阵列的对象“三角形”后按回车键，该对话框重新又出现。

（3）单击预览(V)<按钮，预览阵列效果，这时会出现如图13-13所示对话框，如果满意阵列效果，单击对话框中的【接受】按钮；如果不满意，单击【修改】按钮返回【阵列】对话框继续设置；单击【取消】按钮，可以取消阵列。

图13-13　预览阵列效果对话框

（4）单击确定按钮即可完成操作，如图13-14所示。

图13-14所示就是矩形阵列效果。设置参数：行偏移=30，列偏移=30，阵列角度=0°。

二、环形阵列

对图13-15所示图形中的“三角形”沿“圆形”进行环形阵列。

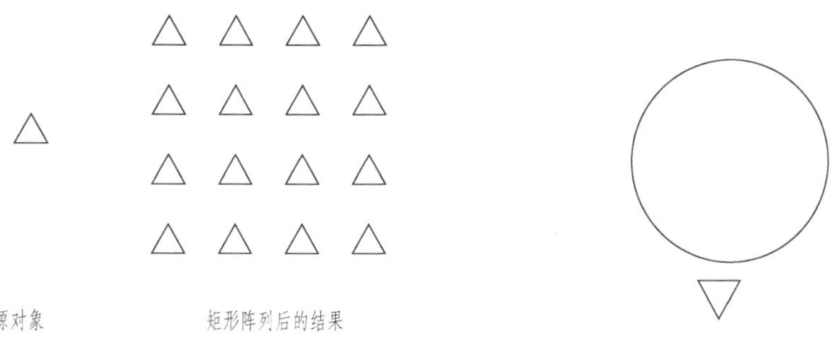

图13-14　矩形阵列图形对象　　图13-15　圆与三角形

环形阵列的具体操作步骤如下：

（1）在命令行中输入“Array”<回车>，或单击【阵列】按钮，启动Array命令，选择环形阵列(P)选项，弹出阵列对话框，如图13-16所示。

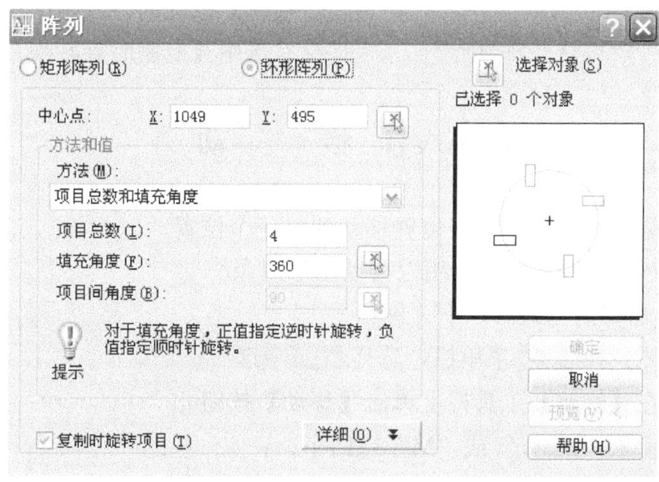

图13-16　【环形阵列】对话框

（2）在中心点: X: 331 Y: 158 框中分别输入图中“圆”的圆心 X 和 Y 坐标，也可以单击该栏右边的按钮，从图上拾取圆的圆心。

（3）在方法(M): 项目总数和填充角度框中选择阵列的界定方式，共有 3 种：

1）“阵列项目数量和阵列角度”是指定阵列的项数与阵列的包含角度；

2）“阵列项目数量和项目间角度”是指定阵列的项数与相邻两项之间的角度；

3）“阵列角度和项目间角度”是指定阵列的包含角度与相邻两项之间的角度。

不论选择哪种方式，都需要在下面 3 个框中的两个里面输入相应的数值。

1）在项目总数(I): 4 框中输入阵列的项数“4”；

2）在填充角度(F): 360 框中输入阵列的包含角度“360”；

3）在项目间角度(B): 90 框中输入相邻两项之间的角度。

注意：在环形阵列中，阵列项数包含原有对象本身；阵列包含角度为“正”，将按逆时针方向阵列；为“负”则按顺时针方向阵列。

（4）下方的复制时旋转项目(T)选项用于决定阵列的对象是否旋转以保持向心。选中表示是；不选表示否。

（5）单击【阵列】对话框右上方选择对象按钮，选择需要的阵列的图形对象“三角形”。此时对话框暂时消失，待用户选定后回车时重新又出现。

（6）单击预览(V) <按钮，预览阵列效果，这时会出现如图 13 - 13 所示对话框，如果满意阵列效果，单击对话框中的【接受】按钮；如果不满意，单击【修改】按钮返回【阵列】对话框继续设置；单击【取消】按钮，可以取消阵列。

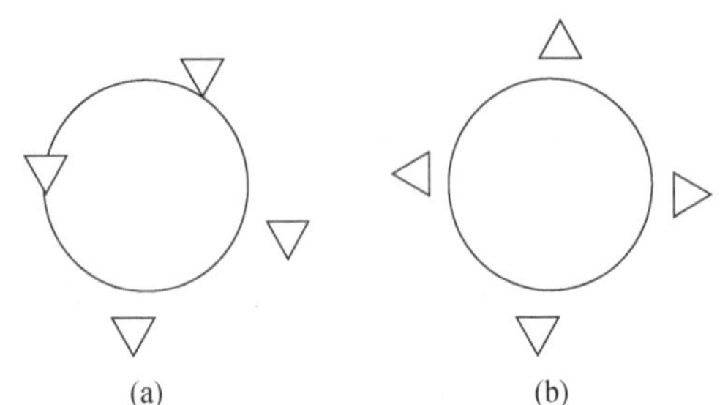

图 13 - 17 【环形阵列】的阵列效果

（7）单击确定按钮即可完成操作，如图 13 - 17 所示。

图 13 - 17 中（b）所示的是选中【复制时旋转项目】选项的效果，图 13 - 17（a）所示的是没有选中【复制时旋转项目】选项的效果。

第八节 移 动

移动图形对象是指将对象从一个位置移动到另一个位置。

AutoCAD 提供了“Move”命令用以移动图形对象。

启动“Move”命令的方式有以下 3 种：

（1）下拉菜单栏：在修改(M)菜单栏，选择移动(V)选项；

（2）工具栏：在【修改】工具栏上单击【移动】按钮；

（3）命令行：输入“Move”或“M”<回车>；

移动对象的具体操作步骤如下：

（1）在命令行中输入“Move”，启动 Move 命令；

(2) 在命令行选择对象：提示下，选择要移动的对象<回车>；

(3) 在命令行指定基点或 [位移(D)] <位移>：提示下，指定基点；

(4) 在命令行指定位移的第二点或 <用第一点作位移>：提示下指定位移的第二点。

完成操作之后，AutoCAD 将以基点和位移的第二点为参照，移动对象，如图 13-18 所示。

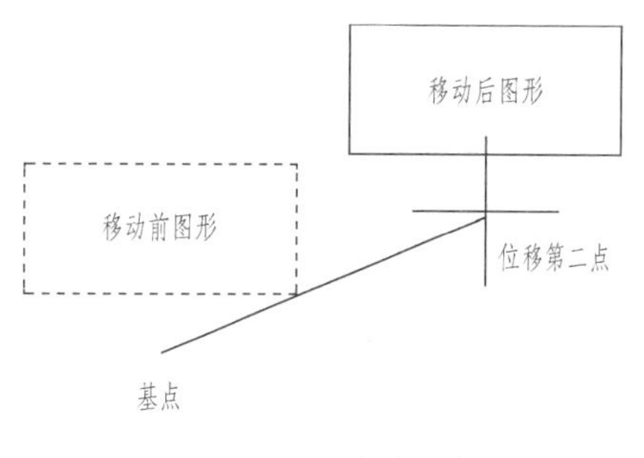

图 13-18 移动对象

第九节 旋 转

可以根据指定的旋转角度或者相对于一个基准参照角度旋转对象。在旋转对象时，它们的大小保持不变。

AutoCAD 提供了“Rotate”命令用以旋转图形对象。启动“Rotate”命令的方式有以下 3 种：

(1) 下拉菜单栏：在修改(M)菜单栏，选择旋转(R)选项；

(2) 工具栏：在【修改】工具栏上单击【旋转】按钮；

(3) 命令行：输入“Rotate”或“RO”<回车>。

该命令用于旋转已有对象，旋转对象的具体操作步骤如下：

(1) 在命令行中输入“Rotate”，启动 Rotate 命令；

(2) 在命令行选择对象：提示下，选择要旋转的对象<回车>；

(3) 在命令行指定基点：提示下，指定旋转的基点，即圆心；

(4) 在命令行指定旋转角度或 [参照(R)]：提示符后，输入需要旋转的角度，或者使用鼠标在绘图区中确定一点，此点与基点的连线与水平方向的交角，就是旋转的角度。

以上操作如图 13-19 所示。

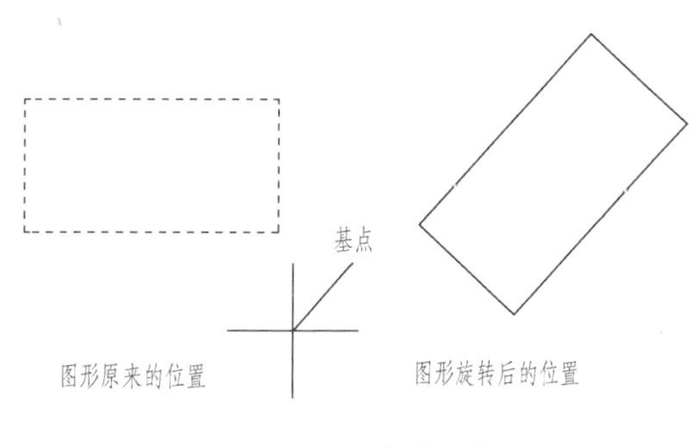

图 13-19 旋转对象

第十节 比 例 缩 放

在建筑图的绘制过程中，经常需要按比例缩放图形对象，例如将细部结构放大、调整对象以适合图纸大小等。

AutoCAD 提供了“Scale”命令用以比例缩放图形对象。

启动“Scale”命令的方式有以下 3 种：

(1) 下拉菜单栏：在修改(M)菜单栏，选择缩放(L)选项；

(2) 工具栏：在【修改】工具栏上单击【缩放】按钮；

(3) 命令行：输入“Scale”或“SC”<回车>。

比例缩放有两种方式：【比例因子】、【参照】，用户可以根据需要选择。

一、比例因子缩放

比例因子缩放方式就是指定一个对象的缩放倍数，具体操作步骤如下：

（1）在命令行中输入“Scale”，启动 Scale 命令；

（2）在命令行选择对象：提示下，选择要缩放的对象＜回车＞；

（3）在命令行指定基点：提示下，指定缩放的基点；

（4）在命令行指定比例因子或 [复制(C)/参照(R)] <1.0000>:提示下，输入需要缩放的倍数＜回车＞。

要放大图形比例因子大于 1，缩小图形比例因子小于 1。

二、参照缩放

参照缩放方式就是允许对象按照绝对长度而非相对长度进行缩放，可以省略计算比例因子的麻烦。下面以长度为“100”的矩形缩放成长度为“150”的矩形为例，介绍一下参照缩放的具体操作步骤：

（1）在命令行中输入“Scale”，启动 Scale 命令；

（2）在命令行选择对象：提示下，选择要缩放的对象“矩形”＜回车＞；

（3）在命令行指定基点：提示下，用鼠标指定缩放的基点；

（4）在命令行指定比例因子或 [复制(C)/参照(R)] <1.0000>:提示下，输入“R”＜回车＞；

（5）在命令行指定参照长度 <1>:提示下，输入“100”＜回车＞；

（6）在命令行指定新长度：提示下，输入“150”＜回车＞。

以上操作如图 13-20 所示。

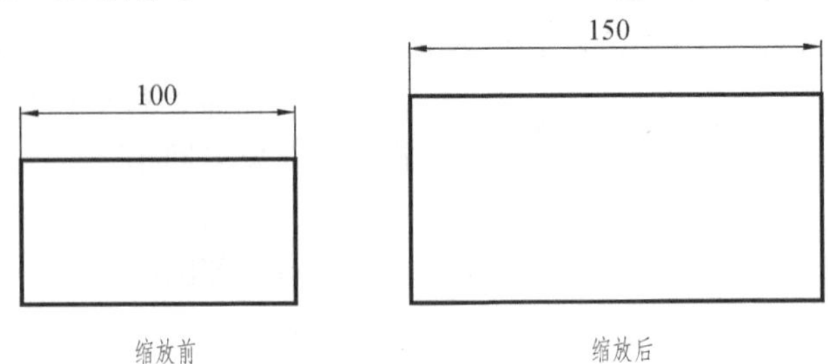

图 13-20　参照缩放

第十一节　拉　　伸

AutoCAD 允许用户拉长或缩短图形对象。在拉伸对象时，必须通过使用交叉选择方式选择对象。然后既可以指定位移距离，也可以指定一个基准点和位移点。

拉伸时，穿过交叉窗口边界的对象将被拉伸，位于窗口之内的对象仅被移动。

AutoCAD 提供拉伸的基本命令是“Stretch”命令。

启动“Rotate”命令的方式有以下 3 种：

（1）下拉菜单栏：在修改(M)菜单栏，选择拉伸(H)选项；

（2）工具栏：在【修改】工具栏上单击【拉伸】按钮；

（3）命令行：输入“Stretch”或“ST”＜回车＞。

拉伸对象的具体操作步骤如下：

（1）在命令行中输入“Stretch”，启动 Stretch 命令；

(2) 在命令行出现如图 13-21 中的提示，说明要用交叉选择方式选择需要拉伸的对象。在命令行选择对象：提示下，用交叉窗口选择要拉伸图形<回车>；

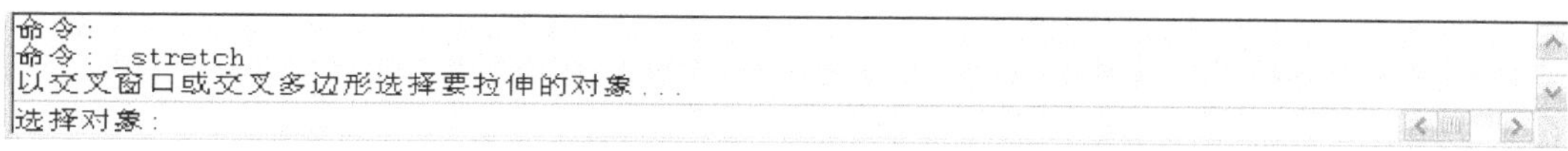
命令:
命令: _stretch
以交叉窗口或交叉多边形选择要拉伸的对象...
选择对象:

图 13-21 命令行提示

(3) 在命令行指定基点或 [位移(D)] <位移>:提示下，输入拉伸基点；

(4) 在命令行指定位移的第二个点或 <用第一个点作位移>:提示下，指定位移点。

以上操作如图 13-22 所示。矩形穿过交叉窗口边界，被拉伸；圆位于交叉窗口之内，被移动。

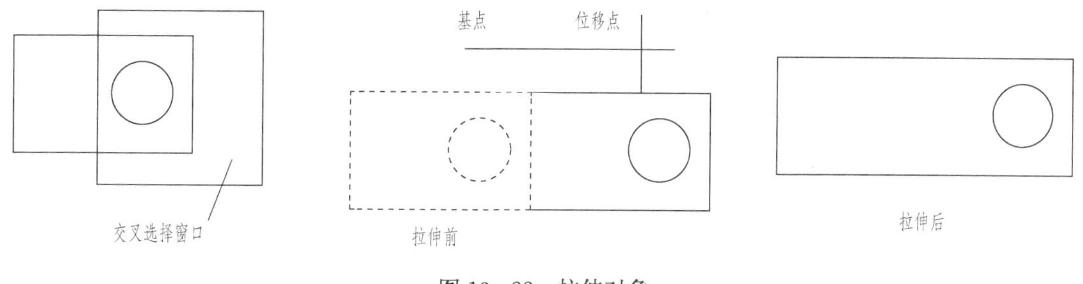

图 13-22 拉伸对象

上图所示的拉伸过程中的位移点是水平移动，如果沿着某一角度移动，还可以改变矩形内角的大小，将矩形拉伸成平行四边形。

第十二节 拉 长

“拉长”命令与“拉伸”命令相似。“拉伸”命令用于改变封闭多边形的长度，例如矩形、多边形等；而“拉长”命令用于编辑直线、圆弧等。

AutoCAD 提供拉长的基本命令是“Lengthen”命令。

启动“Lengthen”命令的方式有以下 3 种：

(1) 下拉菜单栏：在修改(M)菜单栏，选择拉长(G)选项；

(2) 工具栏：在【修改】工具栏上单击【拉长】按钮；

(3) 命令行：输入“Lengthen”或“LEN”<回车>。

拉长对象的具体操作步骤如下：

(1) 在命令行中输入“Lengthen”，启动拉长命令；

(2) 在命令行中出现选择对象或 [增量(DE)/百分数(P)/全部(T)/动态(DY)]:提示符。

直接选择要拉伸的对象，在命令行出现要【拉长】直线的当前长度，然后从下面几种方式中选择拉长直线的方式：

选择【增量 (DE)】：指定对象拉长的长度。正值为拉长，负值为缩短。例如直线当前长度为“100”，要拉长到“120”，则【增量 (DE)】为“20”；

选择【百分数 (P)】：指定对象拉长到当前长度的百分数。例如直线当前长度为

“100”，要拉长到“120”，则为【百分数（P）】“120”；

选择【全部（T）】：指定对象拉长之后的总长；

选择【动态（DY）】：利用鼠标动态确定拉长对象的长度；

（3）选定上述拉长的操作方式之后，在命令行中输入相应的数值，然后按回车键，或者在绘图区中利用鼠标拉长对象。

提示：拉长圆弧时，还可以指定使用角度方式拉长。

应用“Lengthen”命令的图形对象都有两个端点。应用“Lengthen”命令时，AutoCAD 将延长距对象选取点较近的一点。

第十三节　修剪和延伸

设计绘图时，常常需要把对象多余的部分去除，或者长度不够的对象延伸到某个边界，此时就需要修剪和延伸命令。

一、修剪

对象绘制之后，可以利用“Trim”命令修剪对象。

启动“Trim”命令的方式有以下 3 种：

（1）下拉菜单栏：在 修改(M) 菜单栏，选择 修剪(T) 命令；

（2）在工具栏：在【修改】工具栏上单击【修剪】按钮；

（3）命令行：输入“Trim”或“TR”＜回车＞。

修剪对象的具体操作步骤如下：

（1）在命令行中输入“Trim”，启动 Trim 命令；

（2）在命令行出现图 13 - 23 所示的提示，说明先要选择修剪边界。选择图 13 - 24 中的圆弧作为修剪边界的对象＜回车＞；

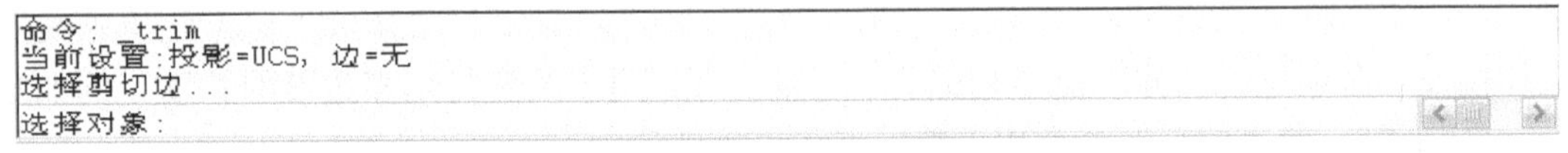

图 13 - 23　命令行提示

（3）在命令行 选择要修剪的对象，按住 Shift 键选择要延伸的对象，或 [投影(P)/边(E)/放弃(U)]: 提示下，选择一个要修剪的对象。注意：所选点应在需要修剪的那一端；

（4）选择另一个要修剪的对象继续修剪，或按回车键结束命令。

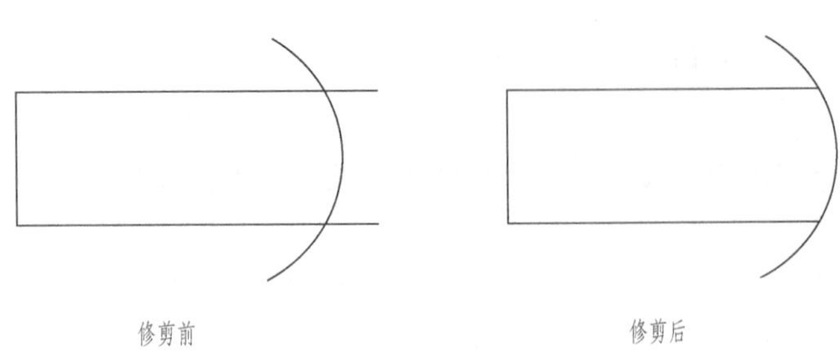

图 13 - 24　修剪对象

以上操作结果如图 13 - 24 所示。选择圆弧作为修剪边界，连续点选直线在圆弧外的部分，圆弧外侧的多余的线被修剪掉。

注意：选择完“修剪边界”的对象后的＜回车＞很重要，它告诉计算机＜回车＞前的对象是修剪边界，＜回车＞后的对象是修剪的对象。

如果选择了多个修剪边界，被修剪的对象将在它所碰到的第一个修剪边界处修剪；如果在两个修剪边界之间的部分拾取一点，被修剪的对象在两个修剪边界之间的部分将被删除。

二、延伸图形

与“Trim”命令相反，AutoCAD提供了“Extend”命令可以延伸对象，以便使对象延伸至由其他对象定义的边界处。此外，还可以将对象延伸到与一个隐含的边界（延长线）处相交。

启动“Extend”命令的方式有以下3种：

(1) 下拉菜单栏：在修改(M)菜单栏，选择延伸(D)选项；

(2) 工具栏：在【修改】工具栏上单击【延伸】按钮；

(3) 命令行：输入“Extend”或“EX”<回车>。

延伸对象的具体操作步骤如下：

(1) 在命令行中输入“Extend”，启动Extend命令；

(2) 选择作为延伸边界的对象（如图13-25中的圆弧）<回车>；

(3) 选择一个要延伸的对象；

(4) 选择另一个要延伸的对象，以此类推，直至按回车键结束命令。

以上操作结果如图13-25所示。选择圆弧作为延伸边界，连续点选4条直线，延伸后将得到图13-25中右图的结果。

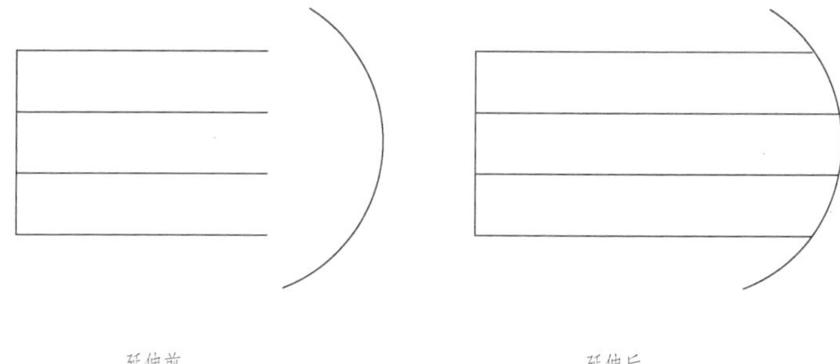

图13-25　延伸对象

注意：如果选择了多个边界，一个对象仅被拉长到距离它最近的边界。通过再次选择该对象，可以将该对象继续延伸到下一个边界；如果对象可以沿多个方向延伸，AutoCAD将沿着最近选择对象的点的方向延伸对象。

第十四节　打　断　图　形

设计绘图时常常需要把某个对象部分删除或把对象分解为两部分，此时需要应用打断“Break”命令。

启动“Break”命令的方式有以下3种：

(1) 下拉菜单栏：在修改(M)菜单栏，选择打断(K)选项；

(2) 工具栏：在【修改】工具栏上单击【打断】按钮；

(3) 命令行：输入“Break”或“BR”<回车>。

将对象断开如图13-26所示。具体操作步骤如下：

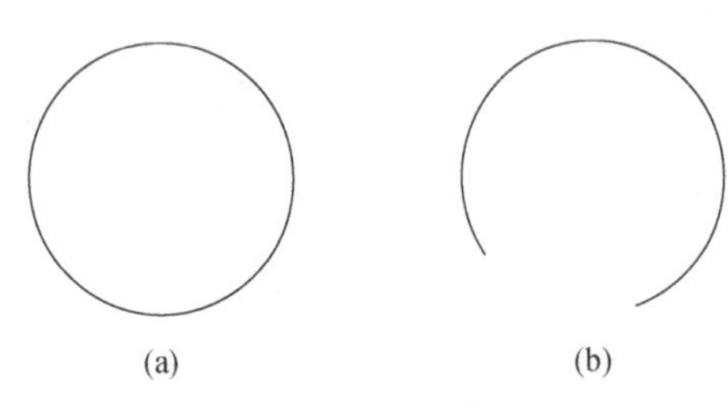

图 13-26　打断前后的对比图
(a) 断开前；(b) 断开后

(1) 在【修改】工具栏上单击【打断】按钮；

(2) 在命令行选择对象：提示下，点选要断开的对象；

(3) 在命令行指定第二个打断点或 [第一点(F)]：提示下：

如果点选对象上的第二个点，将会删除上一步所选点与第二点之间的一段；

如果选择 F，则可在命令行提示下，重新输入两点并删除两点之间的一段。

注意：断开圆或圆弧时，应使第二点在第一点的逆时针方向。

第十五节　倒 角 和 圆 角

在学习矩形的绘制时，已经介绍了倒角矩形和圆角矩形的绘制方法。除了这些，建筑图的绘制过程中还经常会对多边形、交叉线等绘制倒角和圆角。AutoCAD 分别提供了“Chamfer”和“Fillet”命令绘制倒角和圆角。

一、倒角

对于任意两条相交于一点，或者可以相交于一点的直线，都可以使用“Chamfer”命令绘制倒角。

启动“Chamfer”命令的方式有以下 3 种：

(1) 下拉菜单栏：在修改(M)菜单栏，选择倒角(C)选项；

(2) 工具栏：在【修改】工具栏上单击【倒角】按钮；

(3) 命令行：输入“Chamfer”或“CHA”<回车>。

该命令可以把两个不平行的线型对象用切角连接，如图 13-27 所示。

具体操作步骤如下：

(1) 在命令行中输入“Chamfer”<回车>，启动倒角命令；

(2) 在命令行选择第一条直线或 [多段线(P)/距离(D)/角度(A)/修剪(T)/方法(M)]：提示下，输入“D”<回车>，设定倒角距；

(3) 在命令行指定第一个倒角距离 <10.0000>：提示下，输入第一条线上的倒角距；

(4) 在命令行指定第二个倒角距离 <20.0000>：提示下，输入第二条线上的倒角距；

(5) 在命令行选择第一条直线或 [多段线(P)/距离(D)/角度(A)/修剪(T)/方法(M)]：提示下，选择要绘制倒角的第一条直线，注意取点位置应在需要保留的一端；

(6) 在命令行选择第二条直线：提示下，选择要绘制倒角的第二条直线，注意取点位置应在需要保留的一端。

在第 (1) 步中选 T 或 P，作用与圆角命令相同；

在第 (1) 步中选 A，将以指定一个角度和一段距离的方法来倒角；

图 13-27　使用倒角命令的对比图
(a) 倒角前；(b) 倒角后

在第（1）步中选 M，可在 D 和 A 之间选择一种倒角方法；

倒角命令只能对直线、射线、构造线和多段线倒角。

以上操作结果如图 13－27 所示。

二、圆角

“Fillet”命令与“Chamfer”命令类似，可将两条直线连接成一个转角，或将两条线、圆弧、圆通过一个圆角平滑的连接在一起。

启动“Fillet”命令的方式有以下 3 种：

（1）下拉菜单栏：在修改(M)菜单栏，选择圆角(F)选项；

（2）工具栏：在【修改】工具栏上单击【圆角】按钮；

（3）命令行：输入“Fillet”或“F”＜回车＞。

如图 13－28 所示，将两条直线用圆弧平滑连接。具体操作步骤如下：

（1）在命令行中输入“Fillet”，启动圆角命令；

（2）在命令行选择第一个对象或 [多段线(P)/半径(R)/修剪(T)]:提示符后，输入“R”＜回车＞；

（3）在命令行指定圆角半径 <10.0000>:提示符后，输入圆角半径；

（4）在命令行选择第一个对象或 [多段线(P)/半径(R)/修剪(T)]:提示下，选择要绘制圆角的第一条直线，注意取点位置应在需要保留的一端；

（5）在命令行选择第一个对象或 [多段线(P)/半径(R)/修剪(T)]:提示下，选择要绘制圆角的第二条直线，注意取点位置应在需要保留的一端，将会按设定的半径圆角。

以上操作结果如图 13－28 所示。

在第（1）步中选 T，可以设定修剪模式。默认状态为“修剪”将会在圆角的同时修剪多余的线段；另可设为“不修剪”，将不修剪多余的线段。

在第（1）步中选 P，用于选择多段线，将使其所有折点按设定的半径圆角。

如果圆角半径为 0，将用直角连接；如果圆角半径太大，超出对象范围，将会提示无法圆角；如果选择两条平行线，将用半角连接。

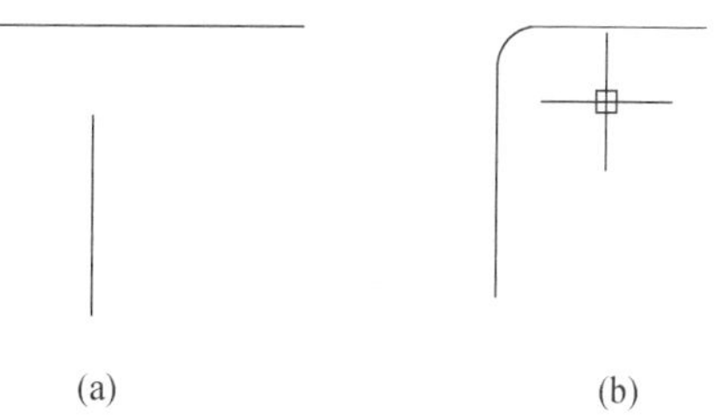

图 13－28　使用倒角命令的对比图
（a）倒角前；（b）倒角后

第十六节　分　解　对　象

利用“Explode”命令，可以将复杂的对象（如块、标注、实体或多段线）分解成较为简单的对象单独编辑。

启动“Explode”命令的方式有以下 3 种：

（1）下拉菜单栏：在修改(M)菜单栏，选择分解(X)选项；

（2）工具栏：在【修改】工具栏上单击【分解】按钮；

（3）命令行：输入“Explode”或“X”＜回车＞。

分解对象的具体操作步骤如下：

（1）在命令行中输入“Explode”，启动分解命令；

（2）选择需要分解的对象，按回车键。

第十四章　精确绘制建筑图

学习目标：

- 草图设置。
- 捕捉和格栅。
- 对象捕捉。
- 查询命令。

在实际绘图中，用鼠标定位虽然方便快捷，但精确度不高，绘制图形极不准确，远远不能满足工程制图的要求。AutoCAD提供了一些绘图的辅助工具，如栅格和捕捉、对象捕捉等来帮助用户精确定位。

自动捕捉设置有如下3种方法：

(1) 下拉菜单栏：从工具(T)下拉菜单中，选择草图设置(F)...选项；

(2) 命令行：输入“Osnap”＜回车＞；

(3) 按下F3键。

在草图设置对话框中，有捕捉和栅格、极轴追踪、对象捕捉、动态输入，如图14-1所示。

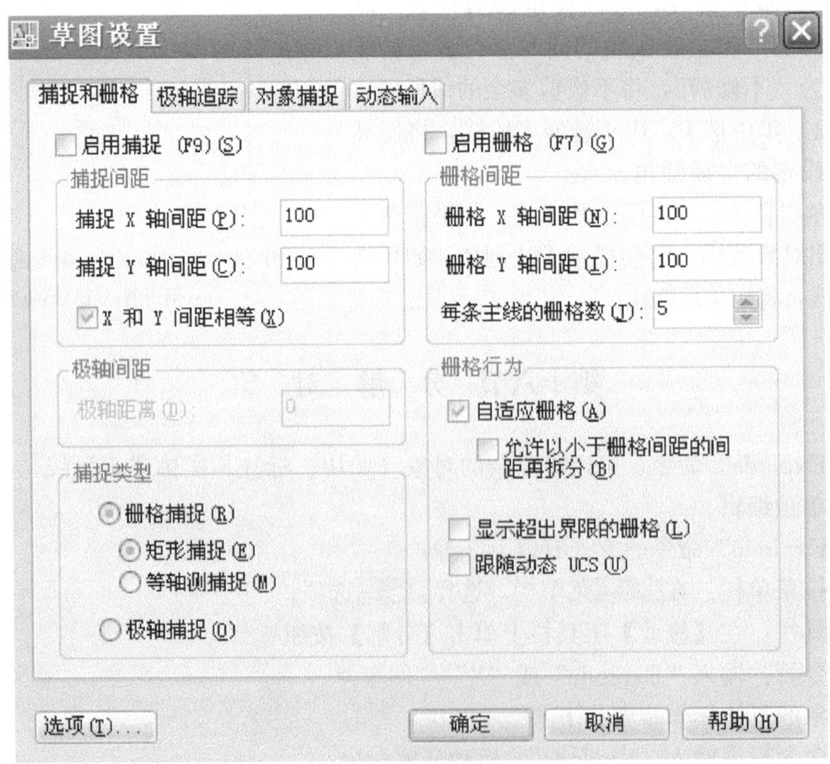

图14-1 【草图设置】对话框

第一节　捕捉和格栅

AutoCAD 的【格栅和捕捉】设置是精确绘图的有效工具。【格栅】是在屏幕上显示的点的图案，但是不能打印输出；【捕捉】可以限制十字光标按预定定义的间距移动。

一、启用捕捉

启用【捕捉】功能的具体步骤如下：

(1) 从 工具(T) 下拉菜单中，选择 草图设置(F)... 选项，打开 草图设置(F)... 对话框，然后选择 捕捉和栅格 选项卡；

(2) 在 捕捉 选项区，设置 捕捉 X 轴间距(P): 和 捕捉 Y 轴间距(C): 的值均为“100”，然后选中 启用捕捉 (F9)(S) 复选框，如图 14-1 所示；

(3) 单击 确定 按钮，结束命令并返回到绘图状态。

如果垂直和水平分布的捕捉点间距相同，按 Tab 键。

也可以通过单击状态栏上的 捕捉 按钮控制捕捉的开与关，或按 F9 键。

二、启用栅格

栅格是一种可见的位置参考图标，由一系列排列规则的点组成，它类似于方格纸，有助于定位。当捕捉和栅格配合使用时，对于提高绘图精度有重要作用。图 14-2 为打开栅格状态时的绘图区。

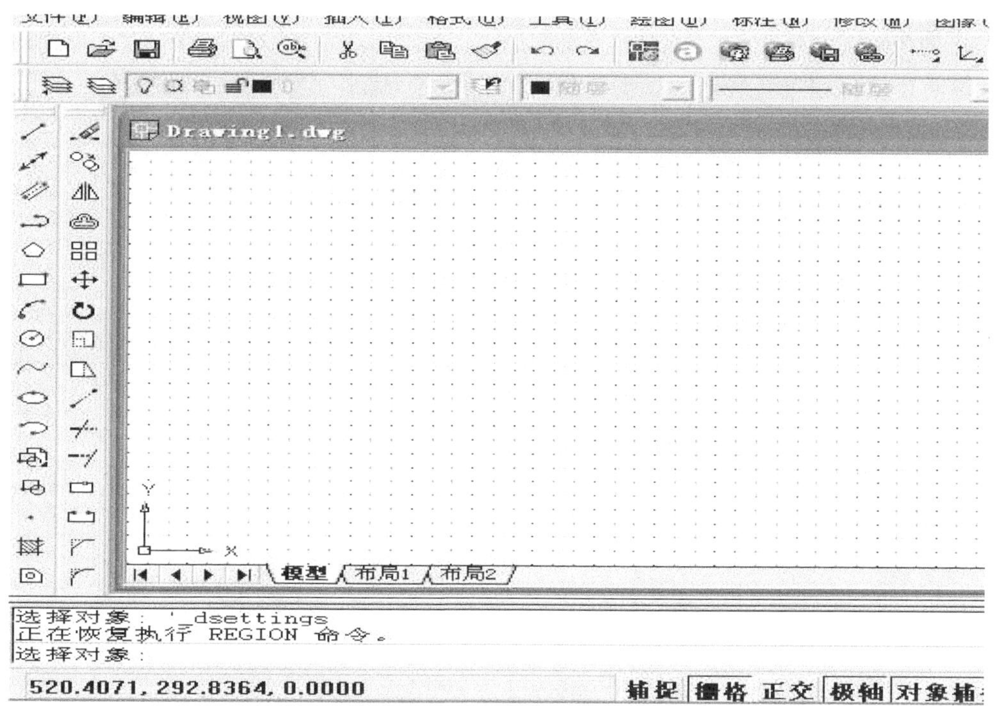

图 14-2　显示格栅

启用格栅功能的具体步骤如下：

(1) 从 工具(T) 下拉菜单中，选择 草图设置(F)... 选项，打开 草图设置(F)... 对话框，然后选

择 捕捉和栅格 选项卡；

(2) 在 栅格 选项区，设置 栅格 X 轴间距(N): 和 栅格 Y 轴间距(I): 的值均为“100”，然后选中 ☑ 启用栅格 (F7)(G) 复选框，如图 14-1 所示；

(3) 单击 确定 按钮，结束命令并返回到绘图状态。

注意：栅格只显示在绘图界限范围之内，它只是一种辅助定位图形，不是图形文件的组成部分，不能被打印输出。

通常，捕捉和栅格是配合使用的，即捕捉和栅格的 X 和 Y 轴间隔分别对应，这样就能保证鼠标拾取到精确的位置。

第二节 对 象 捕 捉

在手工绘图中，各种特征点（如直线的端点、中心点、圆心点等）的确定都是依靠绘图工具和目测的方法确定，因而不可避免的存在误差，图纸越大误差也越大。在 AutoCAD 中利用对象捕捉来控制精确度，误差便降得极低甚至几乎没有。

在 AutoCAD 中，对象捕捉的含义就是当光标靠近捕捉对象时，自动将光标移动到捕捉对象上，这样可以很方便地绘制精确的图形。

一、启用对象捕捉

在 草图设置(F)... 对话框中，选择其中的 对象捕捉 选项卡，可以选择需要捕捉的点，如图 14-3 所示。

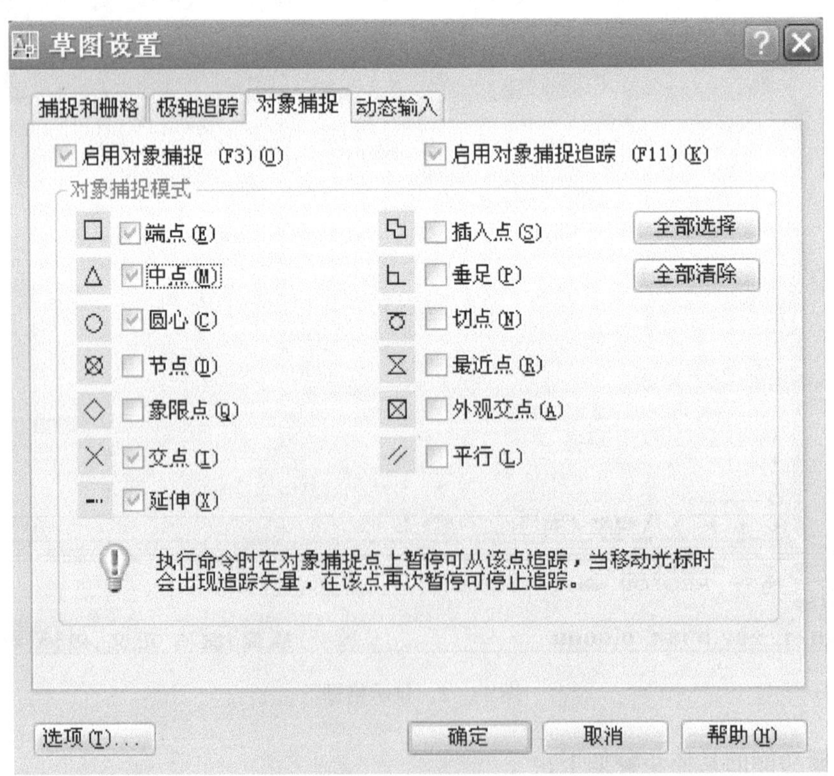

图 14-3 【草图设置】对话框中的【对象捕捉】选项卡

在草图设置对话框的上部，有一个☑启用对象捕捉（F3）(O)选项，必须选中才能运行自动对象捕捉。在对话框的左下角，有一个选项(T)...按钮，单击可以打开选项(T)...对话框进行其他各项对象捕捉设置。

正常状态下，绘图区的光标是正中带有拾取框的十字光标。在绘制图形时，光标上拾取框消失，仅显示十字光标。当自动捕捉靶框设置为显示时，十字光标就会出现一个自动捕捉靶框。当光标移近对象所设置捕捉方式位置（如端点、中间点）时，就会在相应位置显示标记，标记的形状见图 14－3 中对象捕捉模式中规定的几何图形，例如中点△ ☑中点(M)的标记是“三角形”、圆心○ ☑圆心(C)的标记是“圆”。

如果光标没有出现靶框，可以如下操作：

（1）从工具(T)下拉菜单栏，选择选项(N)...选项，单击选项(N)...按钮，弹出选项对话框，然后单击草图选项卡，弹出如图 14－4 所示的选项卡；

（2）在【草图】选项卡中的自动捕捉设置选项区中，选中☑显示自动捕捉靶框(D)选项；

（3）单击确定按钮，绘图时十字光标就会出现一个自动捕捉靶框。靶框的大小可以设置，如图 14－4 所示。

注意：只要启动自动捕捉功能，即使没有显示自动捕捉靶框，也可以捕捉对象。

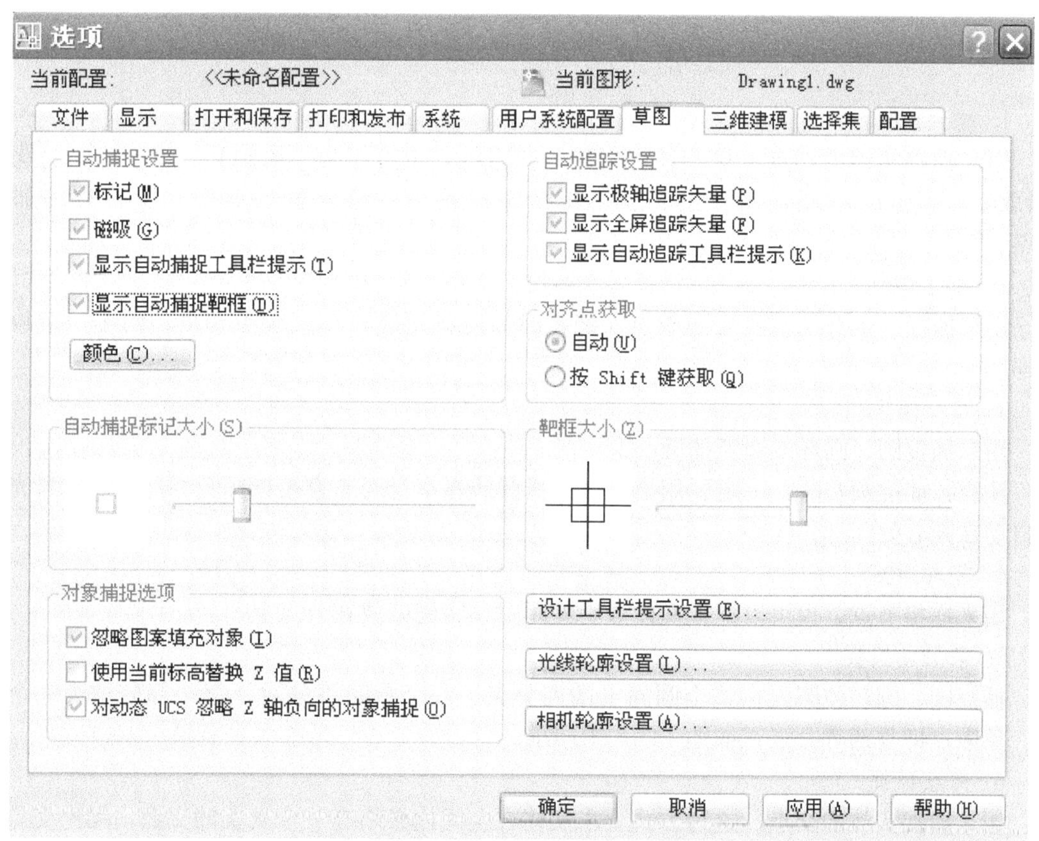

图 14－4 【选项】中【草图】选项卡

二、捕捉点类型

在 AutoCAD 所提供的目标捕捉功能，均是对绘图中控制点的捕捉而言的。共有 13 种对象捕捉方式，其中常用的有 7 种，如图 14-5 所示，分别介绍如下。

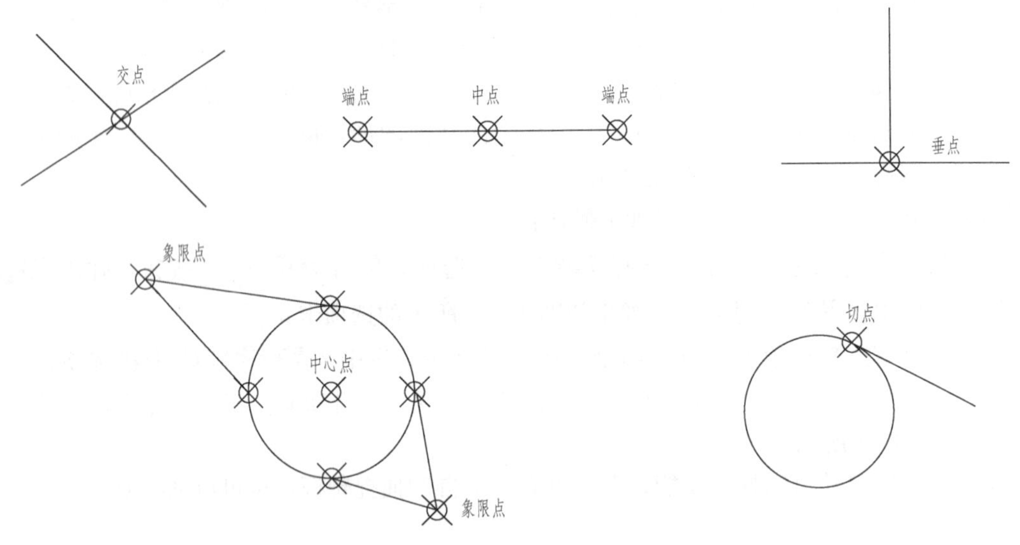

图 14-5　7 种常用的对象捕捉方式

1. 端点捕捉

用来捕捉实体的端点，该实体可以是一段直线，也可以是一段圆弧。捕捉时，将靶区（拾取框）移至所需端点所在的一侧，单击左键便可。靶区总是捕捉它所靠近的那个端点。

2. 中心捕捉

用来捕捉一条直线或圆弧的中点。捕捉时只需将靶区放在直线上即可，而不一定放在中部。

3. 圆心捕捉

用来捕捉圆、圆环或圆弧的圆心。

注意：捕捉圆心时，一定要用拾取框选择圆或弧本身而非直接选择圆心部位，此时光标便自动在圆心处闪烁。

4. 节点捕捉

用来捕捉节点，也可以捕捉实体点。使用时须将靶区放在节点上。

5. 象限点捕捉

捕捉圆、圆环或圆弧在整个圆周上的四分点。一个圆四等分后，每一部分称为一个象限，象限点即是四等分点，如图 14-5 中所示。

6. 交点捕捉

用来捕捉实体的交点。这种方式要求实体在空间内必须有一个真实的交点，无论交点目前是否存在，只要延长之后相交于一点即可。捕捉交点时，交点必须位于靶区内。

7. 插入点捕捉

用来捕捉一个图块或文本的插入点。对于文本来说即是其定位点。

8. 垂足捕捉

该方式在一条直线、圆弧或圆上捕捉一个点，从当前已选定的点到该捕捉点的连线与所选择的实体垂直。

9. 切点捕捉

在圆或圆弧上捕捉一点，使这一点和已确定的另外一点连线与实体相切。

10. 最近点捕捉

此方式用来捕捉直线、弧或其他用来捕捉离靶区中心最近的点。

11. 延伸交点

用来捕捉两个实体延伸之后的交点，该交点在图上并不存在，而仅仅是同方向上延伸后得到的交点。

12. 平行点捕捉

捕捉一点，使已知点与该点的连线与一条直线平行。

三、自动跟踪

所谓自动跟踪功能，就是 AutoCAD 可以自动跟踪记忆同一命令操作中光标所经过的捕捉点，从而以其中某一捕捉点的 X 或 Y 坐标控制用户所需要选择的定位点。在实际绘图中，自动跟踪功能是很有用的。

自动跟踪功能设置如下：

自动跟踪功能在工具(T)下拉菜单栏，选择草图设置(F)... 命令，打开草图设置(F)... 对话框，选择其中对象捕捉选项卡，在该选项卡右上角有一个☑启用对象捕捉追踪 (F11)(K) 复选框，选择该复选框，即可执行自动跟踪功能。

第三节　查　询　命　令

AutoCAD 提供的查询命令功能十分强大，不仅可以查询两点之间的距离、闭合图形的面积、实体的特性，还可以查询系统状态、图形的编辑时间等。

选择【工具】/【查询】命令，将弹出如图 14-6 所示的级联菜单，从中可以选择需要查询的内容。

一、查询距离

选择【工具】/【查询】/【距离】命令，可以查询两点之间的距离和角度等。按 F_2 键可以在 AutoCAD 文本窗口中查看结果，如图 14-7 所示。

二、查询面积

选择【工具】/【查询】/【面积】命令，可以查询封闭图形的面积和周长。在选择了查询【面积】的命令后，命令行中出现提示符：

指定第一个角点或 [对象(O)/加(A)/减(S)]:

对于需要查询的不同区域，可以选择不同的方法。

1. 指定角点

对于求图 14-8 所示阴影部分的面积，使用【指定角点】方式比较方便，顺次指定角点 A、M、H、N、C、D，可以求得阴影面积。

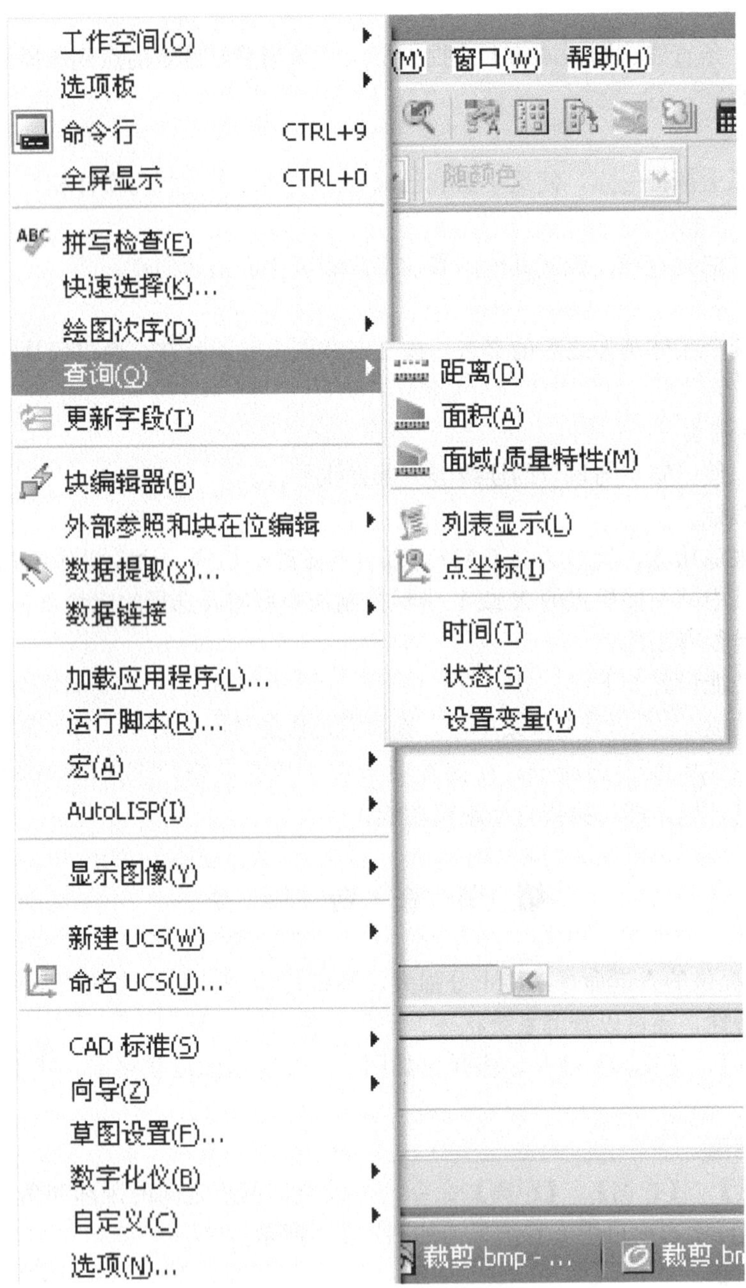

图 14-6 【工具】/【查询】级联菜单

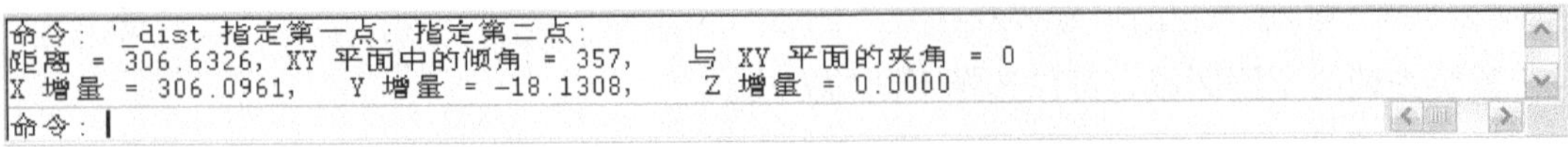

```
命令: '_dist 指定第一点: 指定第二点:
距离 = 306.6326, XY 平面中的倾角 = 357,   与 XY 平面的夹角 = 0
X 增量 = 306.0961,   Y 增量 = -18.1308,   Z 增量 = 0.0000
命令:
```

图 14-7 查询距离

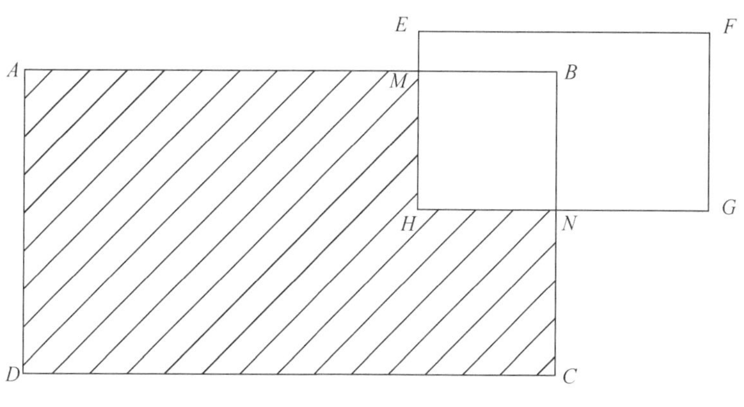

图 14-8 【指定角点】求面积

2. 指定对象

对于类似图 14-9 所示的单独的规则和不规则封闭图形，使用【指定对象】方式求面积最简洁。

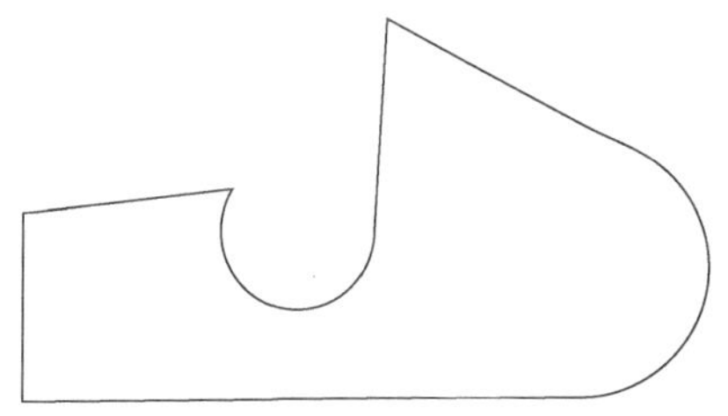

图 14-9 不规则图形

(1) 在命令行 指定第一个角点或 [对象(O)/加(A)/减(S)]: 提示符后输入“O”＜回车＞；

(2) 选择图 14-9 所示的图形。

即可在命令行中查到图 14-9 所示图形的面积和周长，如图 14-10 所示。

指定第一个角点或 [对象(O)/加(A)/减(S)]: o
选择对象:
面积 = 17191.8779, 周长 = 708.9971
命令:

图 14-10 不规则图形的面积和周长

3. “加”模式

选择两个以上的对象，将其面积相加。

对于求如图 14-11 所示的阴影部分的面积，可以使用“加”模式。

(1) 在命令行 指定第一个角点或 [对象(O)/加(A)/减(S)]: 提示符后输入“A”＜回车＞；

(2) 在命令行 指定第一个角点或 [对象(O)/加(A)/减(S)]: 提示下依次选择“*A*、*M*、*H*、*N*、*C*、*D*”＜回车＞，得到图形 *AMHNCD* 的面积为 25 945.515 6、周长为 726.650 5，如图 14-12 所示。

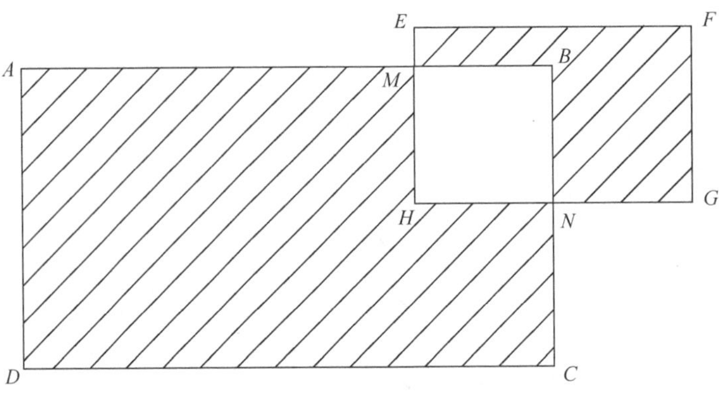

图 14 - 11 使用“加”模式求阴影部分的面积和周长

```
指定下一个角点或按 ENTER 键全选 (加模式):
面积 = 25945.5156, 周长 = 726.6505
总面积 = 25945.5156
指定第一个角点或 [对象(O)/减(S)]:
```

图 14 - 12 图形的面积和周长

(3) 在命令行`指定第一个角点或 [对象(O)/减(S)]:`提示下依次选择“E、F、G、N、B、M”＜回车＞，得到图形 $EFGNBM$ 的面积为 13 607.913 0、周长 544.394 6。阴影部分的总面积为 39 553.428 6，如图 14 - 13 所示。

```
指定下一个角点或按 ENTER 键全选 (加模式):
面积 = 13607.9130, 周长 = 544.3946
总面积 = 39553.4286
指定第一个角点或 [对象(O)/减(S)]:
```

图 14 - 13 阴影部分总面积

4. “减”模式

选择两个以上的对象，将其面积相减。

其操作步骤在命令行`指定第一个角点或 [对象(O)/加(A)/减(S)]:`提示符后输入“S”＜回车＞后，其余步骤同“加”模式。

第十五章　图案填充、尺寸标注和文本标注

学习目标：

- 图案填充。
- 尺寸标注。
- 文本标注。

第一节　图　案　填　充

绘制建筑图纸时，经常需要把某种图案填充到某一指定区域表示各种材料或从图纸中将该区域区别开，这些图案就叫做“图案填充”。在建筑制图中，剖面图中需要画出图例以表示建筑材料。

AutoCAD 中图案填充的基本命令是“BHatch”，用户可以使用以下 3 种方式对图案进行图案填充：

(1) 工具栏：在【绘图】工具栏单击【图案填充】按钮；

(2) 下拉菜单栏：在绘图(D)菜单栏，选择图案填充(H)...选项；

(3) 命令行：输入“Bhatch”或“BH”<回车>。

执行以上命令方式中的任何一种，AutoCAD 将打开图案填充和渐变色对话框，如图 15 - 1 所示。

下面将分别介绍该对话框的各个部分。

一、图案填充

单击图案填充和渐变色对话框中图案填充按钮，打开图案填充选项卡，如图15 -1 所示。

(一) 图案类型

在使用填充图案时，首先需要确定要使用的填充图案的类型。

在类型(Y): 预定义 下拉列表中，可以选择填充类型，共有【预定义】、【用户定义】、【自定义】3 种填充类型。在选择填充类型后，就可以从图案(P): ANSI31 下拉列表中选择所需填充的图案。在图案(P): ANSI31 下拉列表中显示的都是填充图案的名称，用户并不知道该填充图案的具体情况。另一种比较直观的选择图案的方法是单击图案(P): ANGLE ... 后面的...按钮或者单击样例: 的图标，可以打开填充图案选项板，如图 15 - 2 所示。在选项板中，可以直观选择要填充的图案。

(二) 图案特性

填充图案选定之后，还可以设置角度、比例等相关特性来控制填充图案的外观。

1. 图案角度

利用 角度(G): 0 下拉列表框，用户可以设置填充图案相对于当前 UCS 坐标 X 轴

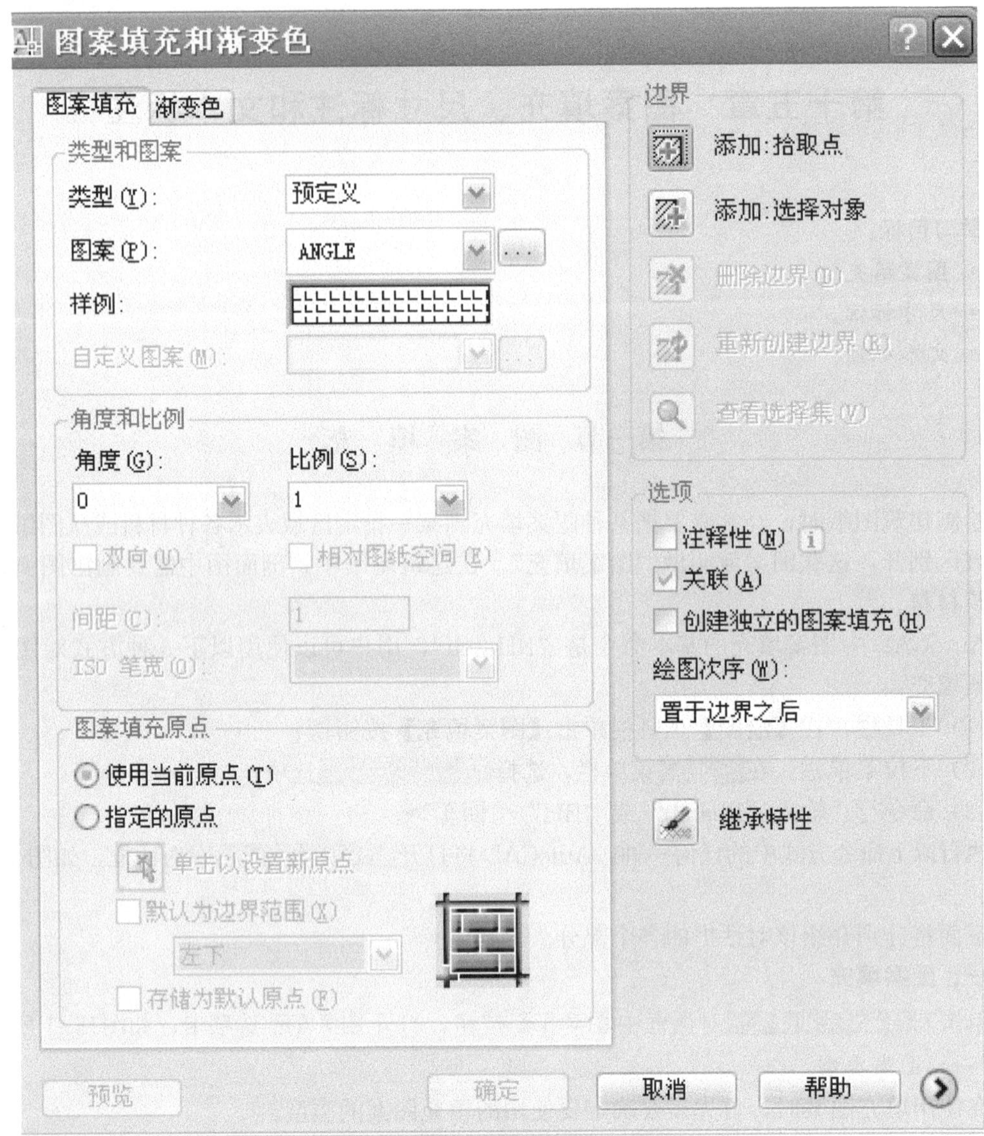

图 15-1 【边界图案填充】对话框中【图案填充】选项

的旋转角度。图 15-3 是用户定义【图案填充】时，在不同的角度值时填充得到的效果。

2. 图案比例

利用 比例(S): 1 下拉列表框，用户可以设置系统预定义或定制填充图案的填充比例，默认值为 1。

二、边界

在 AutoCAD 中，边界就是直接由图形实体组成的封闭区域。图案填充实际上就是在由边界围成的区域内填充图案。因此，边界对图案填充至关重要。

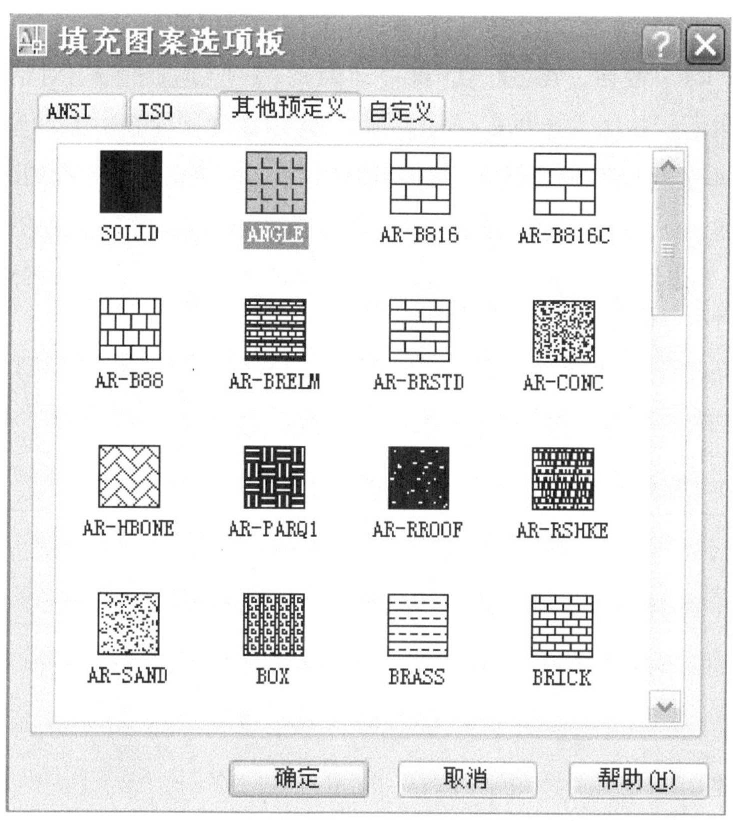

图 15-2 【填充图案选项板】

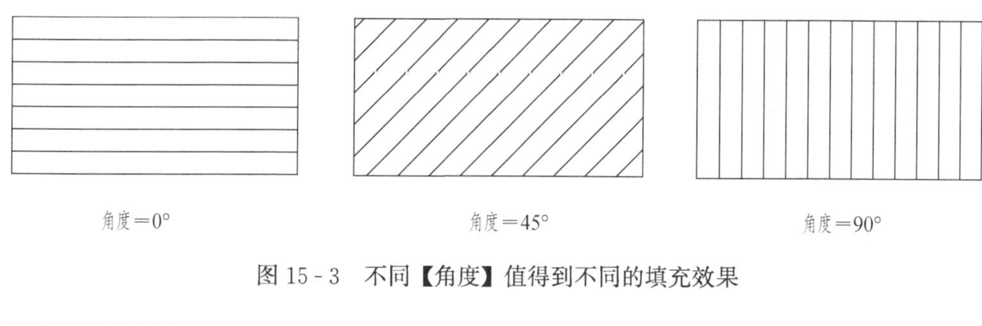

图 15-3　不同【角度】值得到不同的填充效果

图 15-4　不同【比例】值得到不同的填充效果

AutoCAD 提供了 添加:拾取点 和 添加:选择对象 ，方便用户进行边界定义。所谓 添加:拾取点 就是指在要填充的封闭区域内任意点击一点， 添加:选择对象 就是选择要填充的封闭图形，AutoCAD 将自动搜索到包含该点的封闭区域边界。

单击 添加:拾取点 按钮，AutoCAD 将自动隐藏图案填充和渐变色对话框，在命令行拾取内部点或 [选择对象(S)/删除边界(B)]：的提示下，在需要【图案填充】的封闭图形内确定一个内点，按回车键返回图案填充和渐变色对话框，单击 确定 按钮完成图案填充。

图 15 - 5 中的（a）、（b）、（c）分别表明用 添加:拾取点 进行图案填充的操作过程。在图 15 -5（a）圆和正五边形之外的矩形内拾取一点；AutoCAD 分析判断包含内点的边界，如图 15 -5 中的（b）所示；最终图样填充结果如图 15 - 5（c）所示。

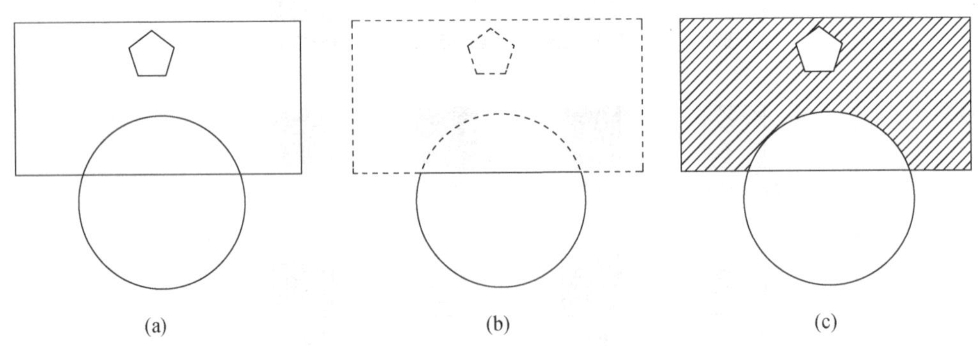

图 15 - 5 拾取内点的操作过程

三、继承特性

AutoCAD 允许用户利用当前图形文件中已有的区域填充图样来设置新的图案，即新图案继承原图样的特征参数，包括图样名称、旋转角度、填充比例、间隔距离、填充比例、ISO 笔宽等。这对于绘制复杂图形中多个相同类别的图形区域十分有利。例如，建筑工程中，一般要求同一房屋的墙体在不同视图中的剖面线（即填充图案）要间隔相同，方向一致。采用该功能就能方便的保证这种要求。

单击图案填充和渐变色对话框中 继承特性 按钮，AutoCAD 将隐藏该对话框返回主界面，并将十字光标换成如图 15 - 6 所示的图标，同时在命令行给出选择图案填充对象：提示，要求用户选择填充图案。

选择完毕后，屏幕上出现图 15 - 7 所示的图标。

图 15 - 6 继承填充图案特性的图标

图 15 - 7 拾取内部点的图标

在要填充的图形内部点击一点，按回车键 AutoCAD 将自动返回图案填充和渐变色对话框，单击 确定 按钮完成图案填充的继承特性。

【例题】 填充图案，绘制如图 15 - 8 所示的图形。

（1）单击【绘图】工具栏上的【图案填充】按钮，打开图案填充和渐变色对话框；

（2）在该对话框中，选择 ANSI 选项卡中 ANSI31 图样，单击 确定 按钮；

(3) 单击 添加:拾取点 按钮，当命令行出现拾取内部点或 [选择对象(S)/删除边界(B)]：提示时，在六边形内部任意位置单击鼠标左键，拾取一点，在按回车键；

(4) 在图案填充和渐变色对话框中，单击预览(W)按钮；

(5) 按回车键，返回图案填充和渐变色对话框；

(6) 单击确定按钮；

(7) 单击鼠标右键，在弹出的快捷菜单中单击重复图案填充(R)命令，再次启动 Hatch 命令；

(8) 单击 继承特性 按钮，选择六边形内已完成的填充图样，然后在上部和下部的月牙形小区域内分别拾取一点（即单击鼠标左建），按回车键，返回对话框；

(9) 单击确定按钮。

操作完毕后，将得到如图 15-8 所示的图形。

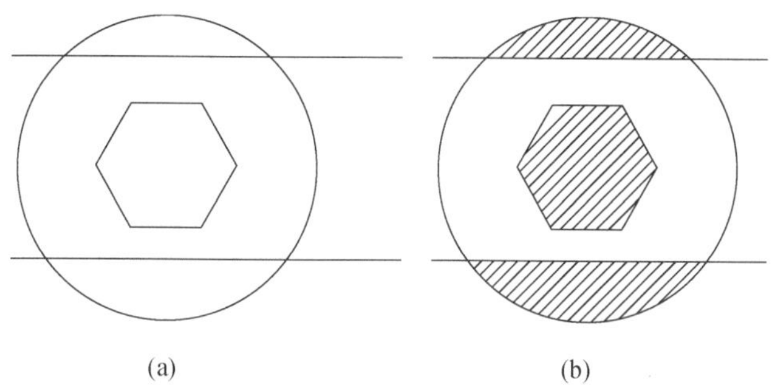

(a)　(b)

图 15-8　图案填充图形

(a) 图案填充前的图形；(b) 图案填充后的图形

第二节　尺　寸　标　注

几何图形绘制好后，要把其精确尺寸表达出来，就需要进行标注。能够准确、规范而快速进行标注，是工程设计和计算机辅助设计绘图中十分重要的内容。

AutoCAD 提供了 4 种基本的标注类型：线性标注、半径标注、角度标注和坐标标注。标注可以是水平、垂直、对齐、旋转、坐标、基线或连续标注。

一、创建标注样式

绘制不同的图纸，需要应用不同的标注样式。在同一张图纸中，则需要尽量使用同一种标注样式。这样，可以保证图形实体上的各个尺寸标注风格一致。

AutoCAD 提供的创建和设置尺寸标注的基本命令是“Dimstyle”，用户可以通过以下 2 种方式启动“Dimstyle”命令：

(1) 下拉菜单栏：在格式(O)或者在标注(N)菜单栏，选择标注样式(D)...选项。

(2) 在命令行：输入“Dimstyle”或“D”<回车>。

创建标注样式的步骤如下：

(1) 启动 Dimstyle 命令后，将打开标注样式管理器对话框，如图 15-9 所示。

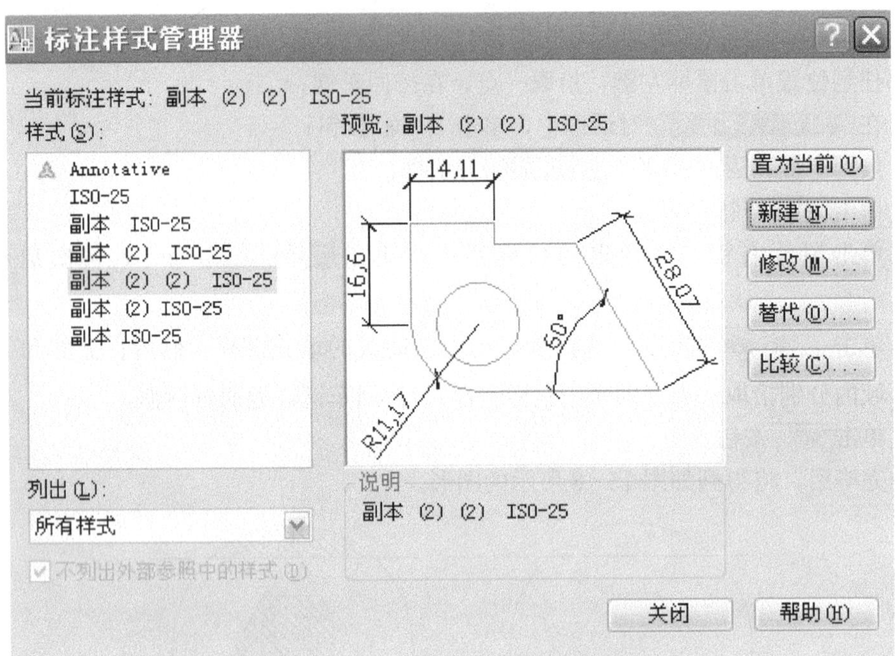

图 15-9 【标注样式管理器】对话框

（2）在标注样式管理器对话框中单击新建(N)...按钮，可以打开如图 15-10 所示的创建新标注样式对话框。

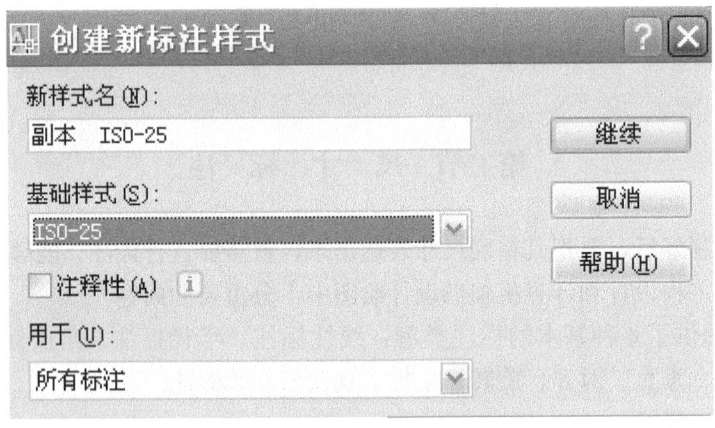

图 15-10 【创建新标注样式】对话框

（3）在创建新标注样式对话框中的新样式名(N)：副本 ISO-25 编辑框中输入新样式名。

（4）在基础样式(S)：ISO-25 下拉列表中，选择与需要创建的新样式最相近的已有样式作为新样式的基础样式，这样可以节约大量的时间和精力。如果没有创建样式，将以标准样式 ISO-25 为基础创建新样式。

(5) 在用于(U): 所有标注 下拉列表中，指出要使用新样式的标注类型，缺省设置为“所有标注”。

(6) 选择 继续 按钮打开如图 15-11 所示的 新建标注样式: 副本 ISO-25 对话框。

新建标注样式: 副本 ISO-25
线
符号和箭头
文字
调整
主单位
换算单位
公差
尺寸线
颜色(C):
ByBlock
线型(L):
ByBlock
线宽(G):
ByBlock
超出标记(N):
0
基线间距(A):
3.75
隐藏:
尺寸线 1(M)
尺寸线 2(D)
14,11
16,6
28,07
60°
R11,17
尺寸界线
颜色(R):
ByBlock
尺寸界线 1 的线型(I):
ByBlock
尺寸界线 2 的线型(T):
ByBlock
线宽(W):
ByBlock
隐藏:
尺寸界线 1(1)
尺寸界线 2(2)
超出尺寸线(X):
1.25
起点偏移量(F):
0.625
固定长度的尺寸界线(O)
长度(E):
确定
取消
帮助(H)

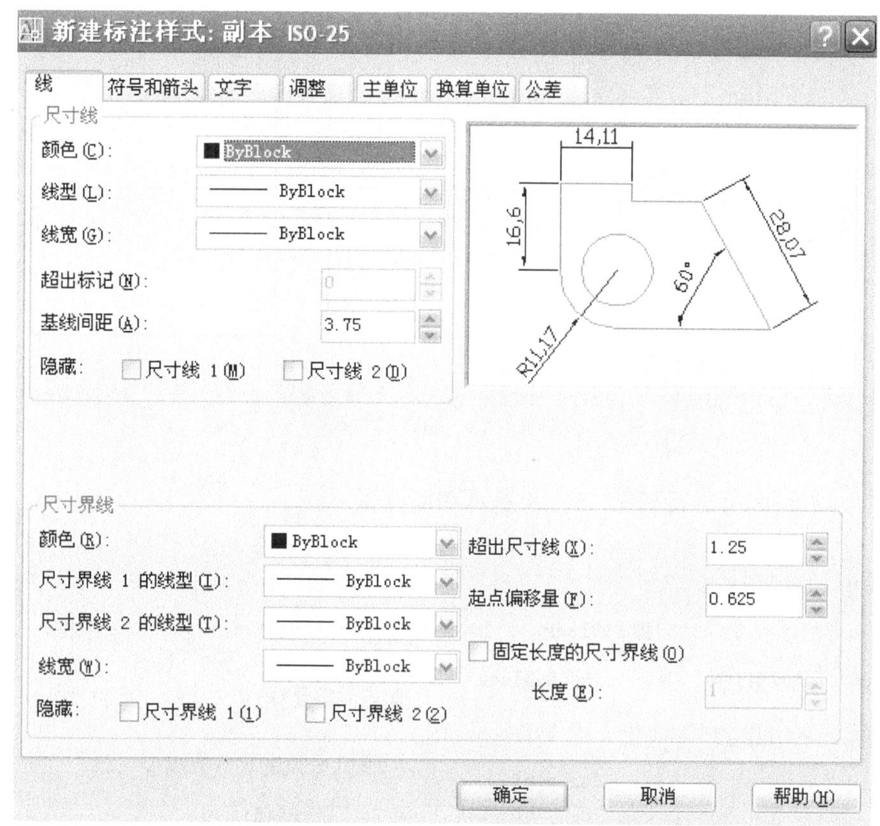

图 15-11 【新建标注样式】对话框

(7) 在 线 选项区进行尺寸线、尺寸界线的设置：

1) 在尺寸线区可进行如图 15-12 所示功能设置。

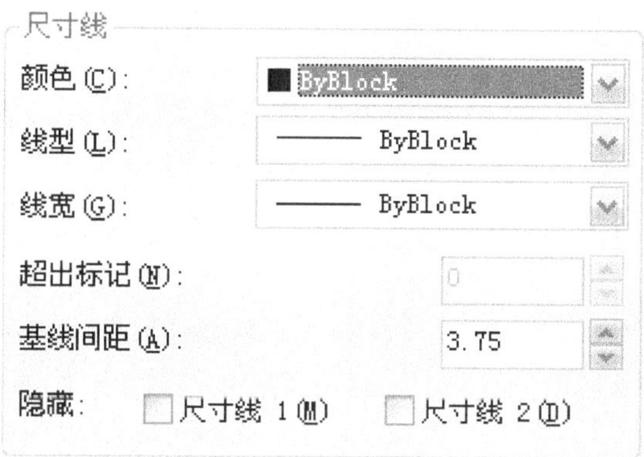

尺寸线
颜色(C):
ByBlock
线型(L):
ByBlock
线宽(G):
ByBlock
超出标记(N):
0
基线间距(A):
3.75
隐藏:
尺寸线 1(M)
尺寸线 2(D)

图 15-12 【尺寸线】选项区

其中的 基线间距(A): 3.75 编辑框用于设置基线标注时尺寸线之间的间距；隐藏: 尺寸线 1(M) 尺寸线 2 框用于隐藏尺寸线。选中【尺寸线 1】隐藏第一条尺寸线，选中【尺寸线 2】隐藏第二条尺寸线，同时选中可以隐藏两条尺寸线，如图 15-13 所示；

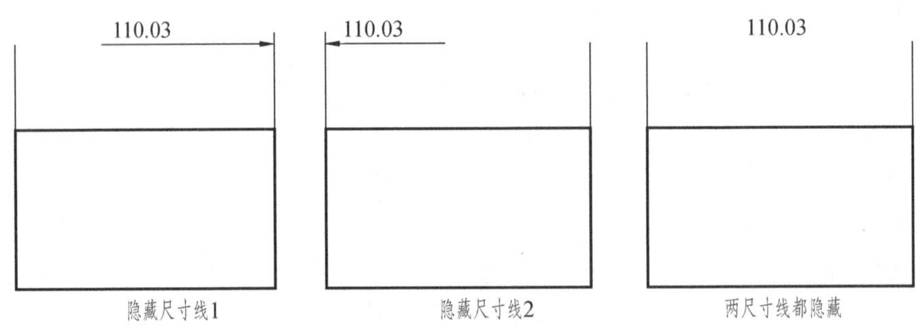

图 15-13　隐藏尺寸线

2）在 尺寸界线 区可进行如图 15-14 所示功能设置。

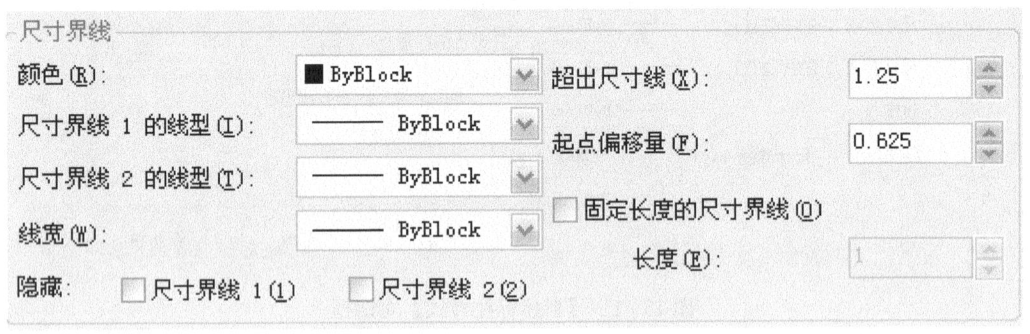

图 15-14　【尺寸界线】选项区

其中的 超出尺寸线(X): 1.25 编辑框，用于设置尺寸界线超出尺寸线的尺寸，具体尺寸在建筑制图标准中有规定，如图 15-15 所示；起点偏移量(F): 0.625 编辑框，用于控制尺寸界线到图形的距离，如图 15-16 所示。

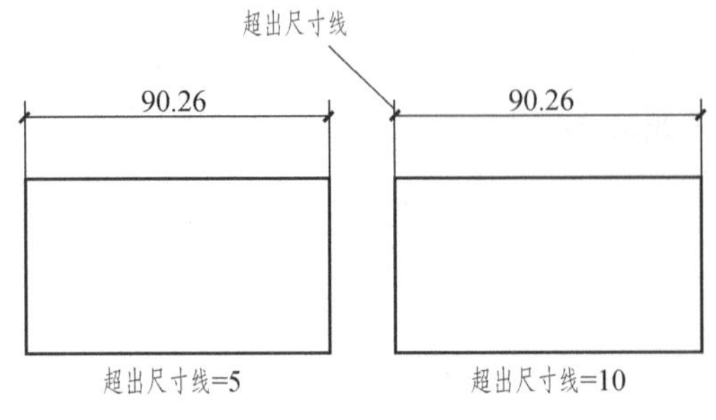

图 15-15　设置【超出尺寸线】

隐藏: 尺寸界线 1(1) 尺寸界线 2(2) 编辑框，用于隐藏尺寸界线。选中【尺寸界线 1】隐藏第一条尺寸界线，选中【尺寸界线 2】隐藏第二条尺寸界线，同时选中可以隐藏两条尺寸界线，如图 15-17 所示；

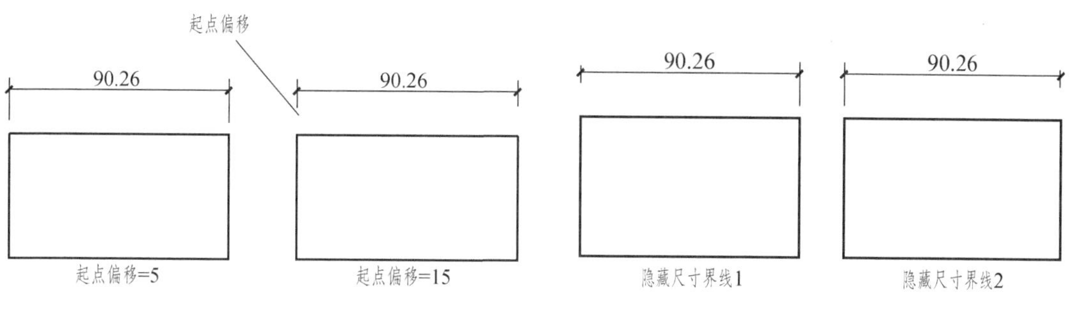

图 15 - 16　设置【起点偏移】　　图 15 - 17　隐藏尺寸界线

（8）在 符号和箭头 选项区进行如图 15 - 18 所示的功能设置。

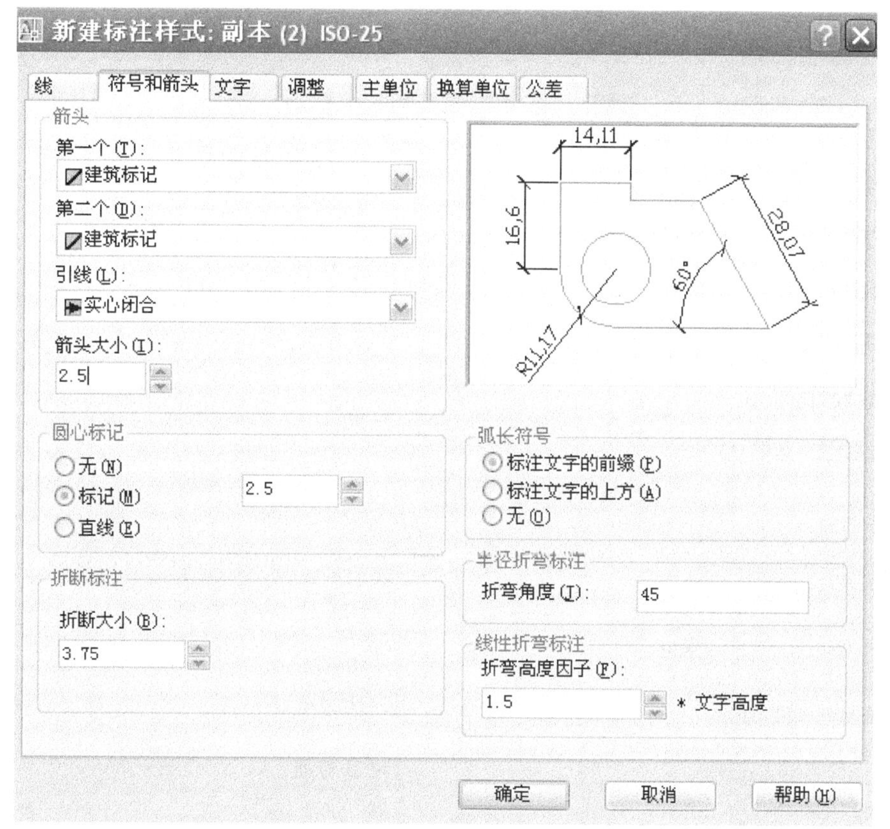

图 15 - 18　【符号和箭头】设置

1）在 箭头 区设置起止点的样式、尺寸。

和 下拉列表，用来设置尺寸标注起止点的类型。当改变第一个起止点的类型时，第二个起止点将自动改变同第一个起止点相匹配。如果需要使尺寸线上的两个起止点不一样，则在改变第一个的类型后，接着改变第二个的类型，可以得到的效果，如图 15 - 19 所示；

2）圆心标记 的作用是控制圆心标记的类型和大小，如图 15 - 20 所示；

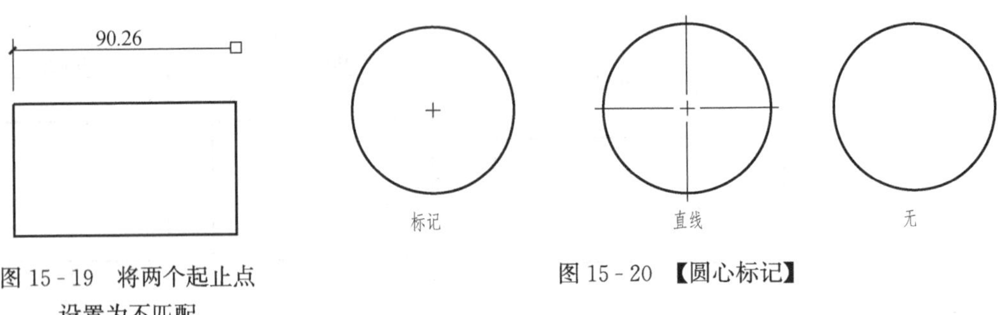

图 15 - 19　将两个起止点设置为不匹配

图 15 - 20　【圆心标记】

(9) 在 文字 选项区进行如图 15 - 21 所示的功能设置。

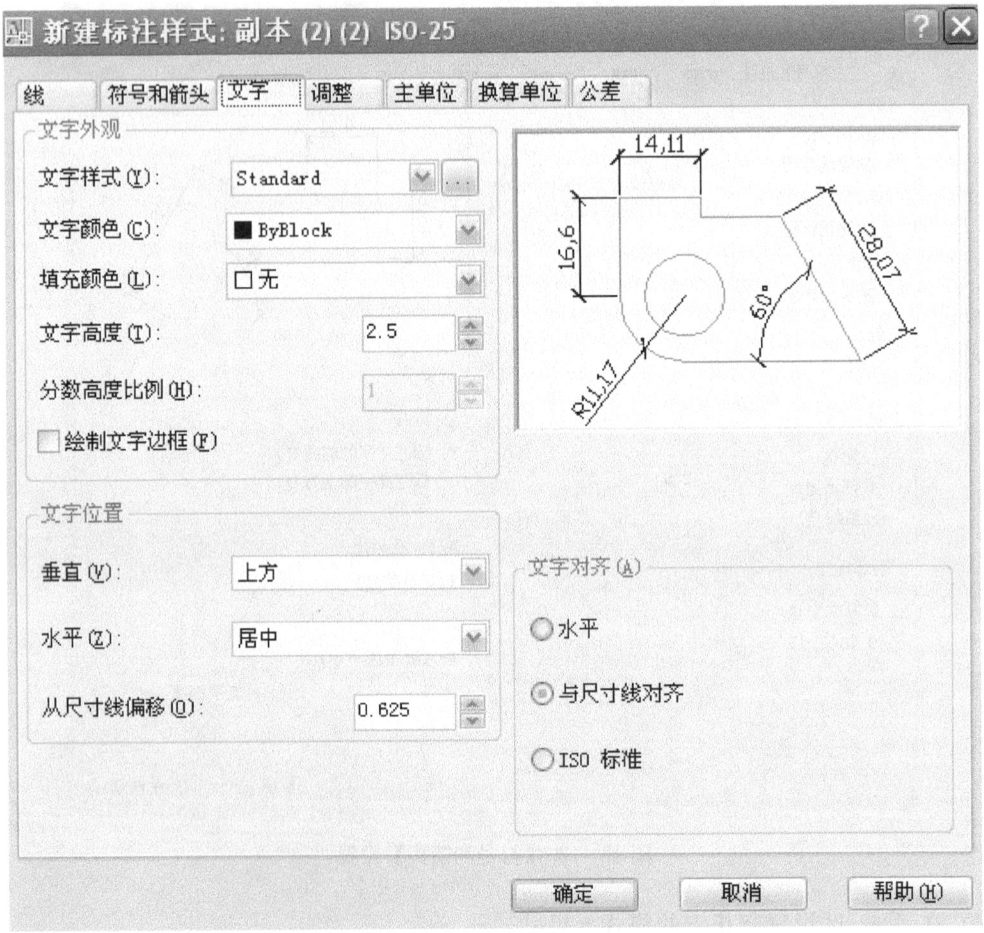

图 15 - 21　【文字】设置

1) 文字外观 选项区：用于设置文字的样式、颜色、高度、分数高度比例，以及是否绘制文字边框等；

其中的 文字样式(Y): Standard ，用于显示和设置当前标注文字的样式。可以从下拉列表中选择一种样式，也可以单击下拉列表右边的按钮 ，打开 文字样式 对话框。在该对话框内关闭 使用大字体(U)，就可以创建或者修改标注文字样式，如图 15-22 所示；

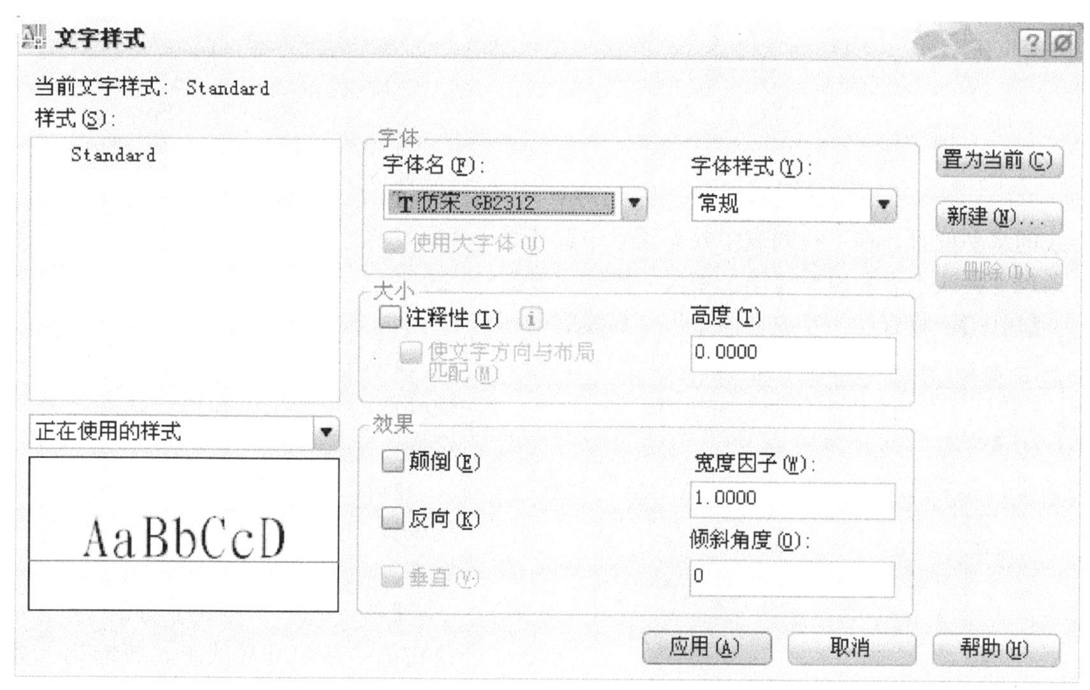

图 15-22　【文字样式】对话框

2） 文字位置 选项区：主要作用是设置文字的垂直位置、水平位置以及从尺寸线偏移的距离。

①在 垂直(V): 上方 下拉列表中共有【置中】、【上方】、【外部】以及【JIS】4 个选项。

【置中】：将标注文字放在尺寸线的两部分中间，如图 15-23 所示；

【上方】：将标注文字放在尺寸线上方，如图 15-24 所示；

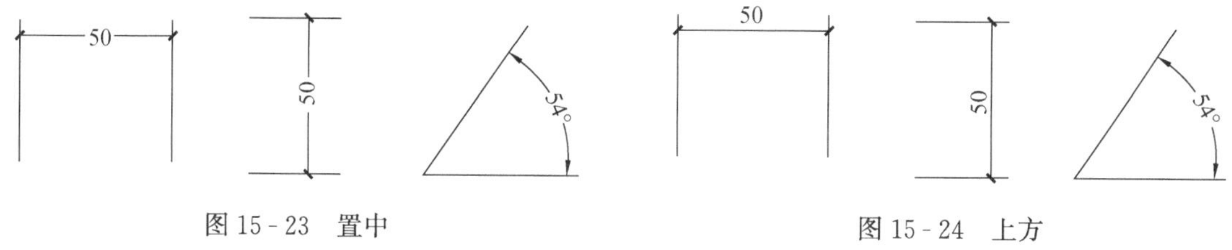

图 15-23　置中　　　图 15-24　上方

【外部】：将标注文字放在尺寸线上远离定义点的一边，如图 15-25 所示；

【JIS】：标注文字的放置复合 JIS（日本工业标准），即总是把文字放在尺寸线上方，而不考虑标注文字是否与尺寸线平行，如图 15-26 所示。

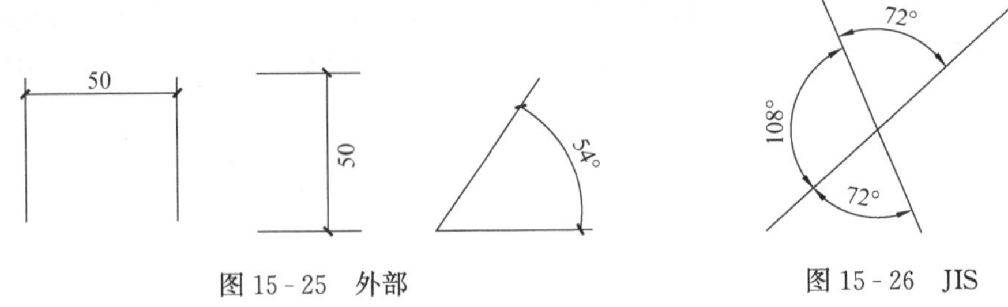

图 15-25 外部　　图 15-26 JIS

②水平(Z): 居中 用于控制标注文字在尺寸线方向上相对于尺寸界线的水平位置，在下拉列表中共有【居中】、【第一条尺寸界线】、【第二条尺寸界线】、【第一条尺寸界线上方】以及【第二条尺寸界线上方】5 个选项。

【居中】：将标注文字放在两条尺寸界线的中间；

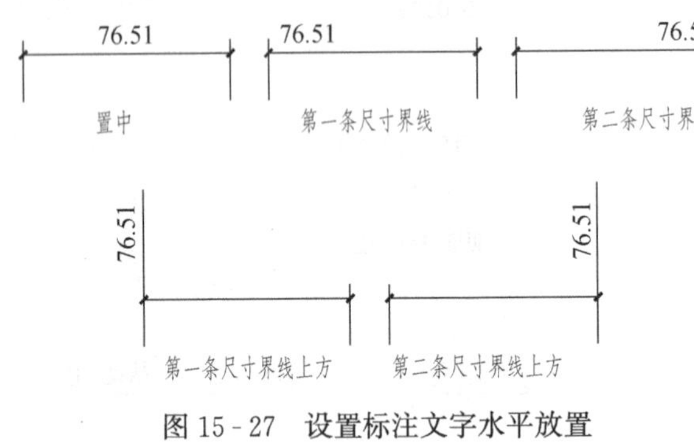

图 15-27 设置标注文字水平放置

【第一条尺寸界线】：文本沿尺寸线放置，并且左边和第一条尺寸界线对齐；

【第二条尺寸界线】：文本沿尺寸线放置，并且右边和第二条尺寸界线对齐；

【第一条尺寸界线上方】：将文本放在第一条尺寸界线上，或沿第一条尺寸界线放置；

【第二条尺寸界线上方】：将文本放在第二条尺寸界线上，或沿第二条尺寸界线放置；

3) 从尺寸线偏移(O): 0.625 用于设置标注文字与尺寸线的距离，如图 15-28 所示；

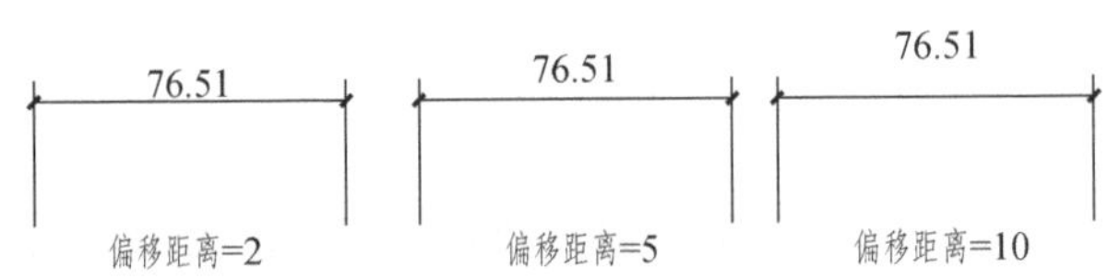

图 15-28 设置【从尺寸线偏移】

4) 文字对齐(A) 主要作用是控制标注文字是保持水平还是与尺寸线平行。

○水平：该选项用于沿 X 轴水平放置文字，不考虑尺寸线的角度，如图 15-29 所示；

◉与尺寸线对齐：该选项用于将标注文字与尺寸线对齐；

○ISO 标准：当文字在尺寸线内时，文字与尺寸线对齐；当文字在尺寸线外时，文字水平排列，如图 15-29 所示；

(10) 在 调整 选项区进行如图 15-30 所示的功能设置。

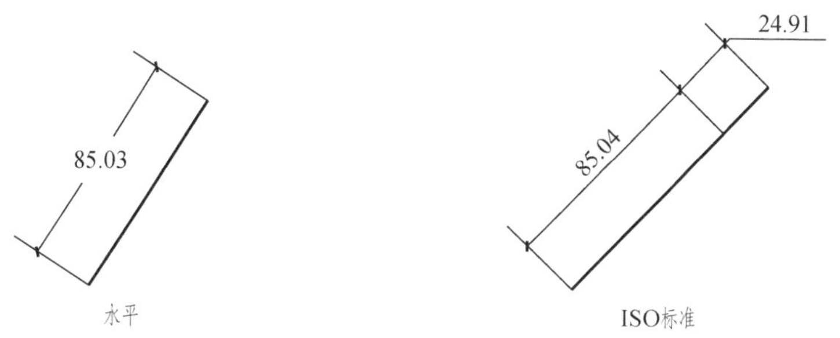

图 15 - 29　标注文字的对齐方式

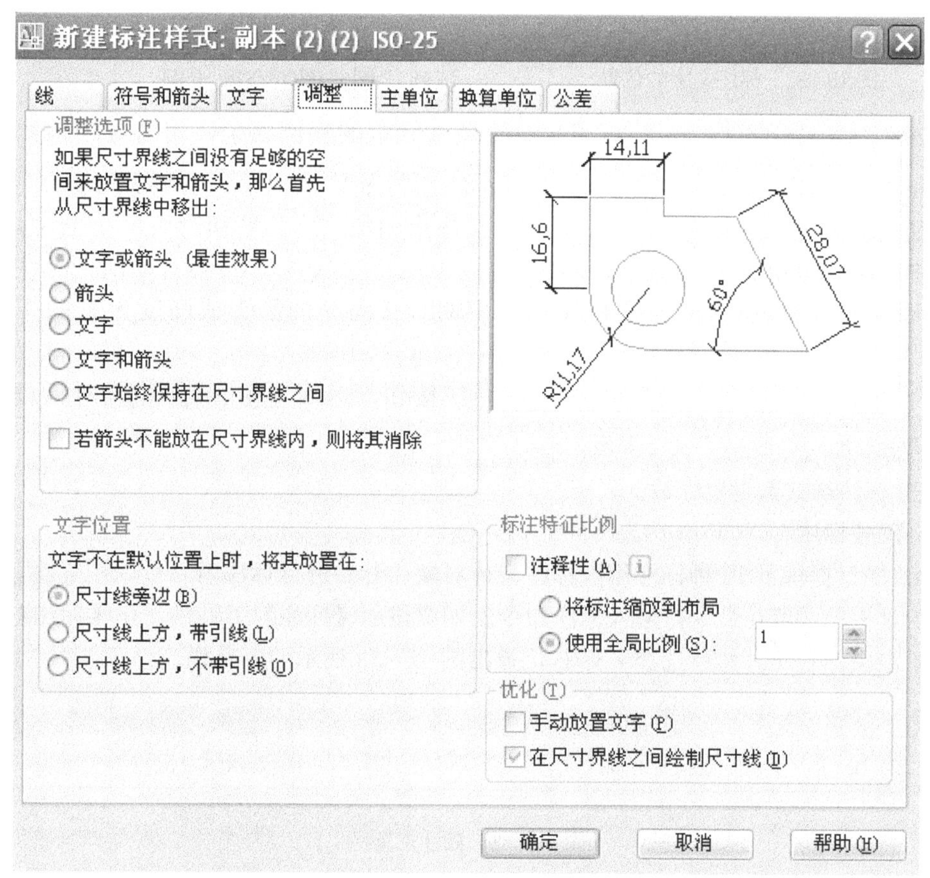

图 15 - 30　【调整】设置

1） 调整选项 (F) 主要作用是根据尺寸界线之间的空间控制标注文字和箭头的放置位置，其缺省设置为 文字或箭头，取最佳效果 。当两条尺寸界线之间的距离足够大时，AutoCAD 总是把文字和箭头放在尺寸界线之间。否则，AutoCAD 将按该选项区的选择移动文字或箭头，如图 15 - 31 所示；

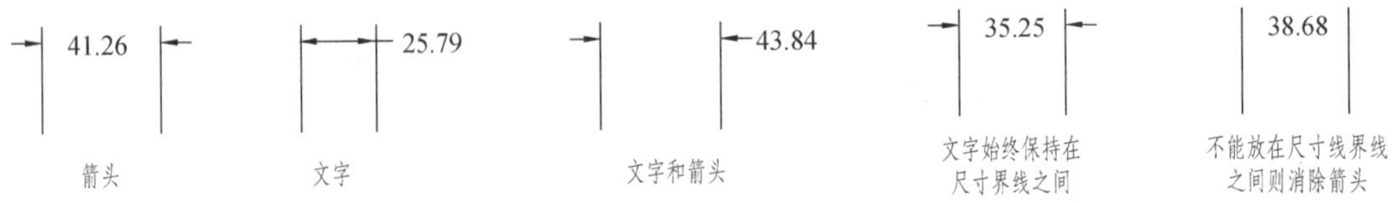

图 15 - 31 标注文字和箭头在尺寸界线间的放置

2) 文字位置 区的主要作用是供用户设置标注文字的位置。标注文字的默认位置是位于两尺寸界线之间，当文字无法放置在缺省位置时，可通过此处选择设置标注文字的放置位置，如图 15 - 32 所示；

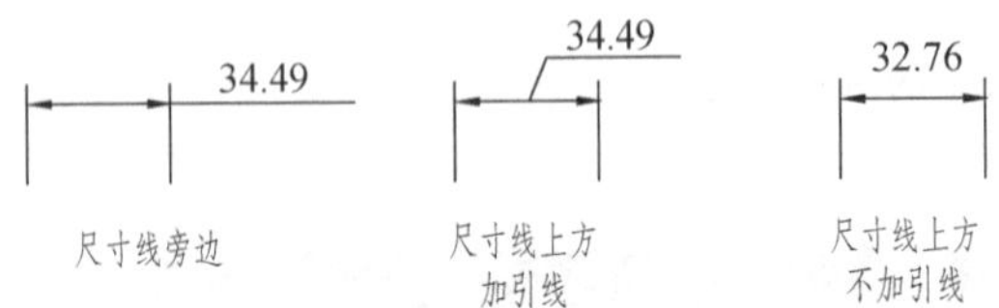

图 15 - 32 标注文字的位置

3) 标注特征比例 区的主要作用是设置全局标注比例或图纸空间比例。

使用全局比例(S): 1 用于设置尺寸元素的比例因子，使之与当前图形的比例因子相符。例如，在一个准备按 1∶2 缩小输出的图形中（图形比例因子为 2)，如果箭头尺寸和文字高度都定义为 2.5，且要求输出图形中的文字高度和箭头尺寸也为 2.5，那么，用户必须将该值设为 2。这样一来，在标注尺寸时 AutoCAD 会自动地把标注文字和箭头放大到 5。而当用户用绘图仪输出该图时，长为 5 的箭头或高度为 5 的文字又减为 2.5；

(11) 当各项设置完成后，单击 确定 按钮，返回 标注样式管理器 对话框，单击 置为当前(U) 按钮，单击 关闭 按钮。

【尺寸标注样式】设置完成。

二、尺寸标注

AutoCAD 提供了 11 种标注用以标注设计对象。开始进行标注时，可以用 标注(N) 下拉菜单栏或工具栏，或者在命令行输入标注命令。如要显示【标注】工具栏，在【标注】工具栏空白处单击鼠标右键，然后选择 ✔标注，弹出图 15 - 33 所示的工具栏。

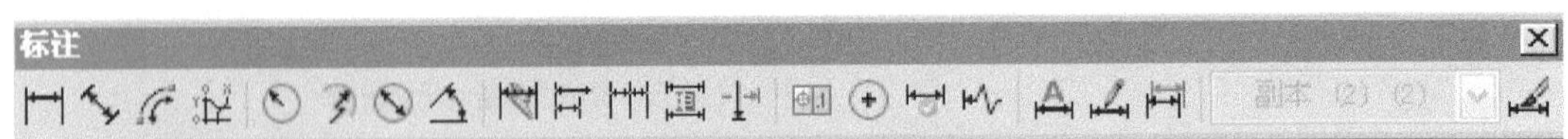

图 15 - 33 标注工具栏

(一) 线性标注

AutoCAD 提供的标注水平、垂直、旋转尺寸的基本命令是“Dimlinear”，用户可以通过以下 3 种方式启动“Dimlinear”命令：

(1) 下拉菜单栏：在 标注(N) 菜单栏，选择 线性(L) 选项；

(2) 工具栏：在【标注】工具栏上单击【线性】按钮 ⊢⊣；

(3) 命令行：输入“Dimlinear”或“DLM”＜回车＞。

线性标注有两种执行方式：

（1）通过捕捉两个点的具体位置进行线性标注，具体步骤如下：

1）在 标注(N) 菜单栏，选择 线性(L) 选项；

2）在命令行 指定第一条尺寸界线原点或 <选择对象>: 提示下，对象捕捉确定第一点 A；

3）在命令行 指定第二条尺寸界线原点: 提示下，对象捕捉确定第二点 B；

4）在命令行 [多行文字(M)/文字(T)/角度(A)/水平(H)/垂直(V)/旋转(R)] 提示下，通过移动光标确定标注的最终位置。

标注好的最终效果如图 15-34 所示。

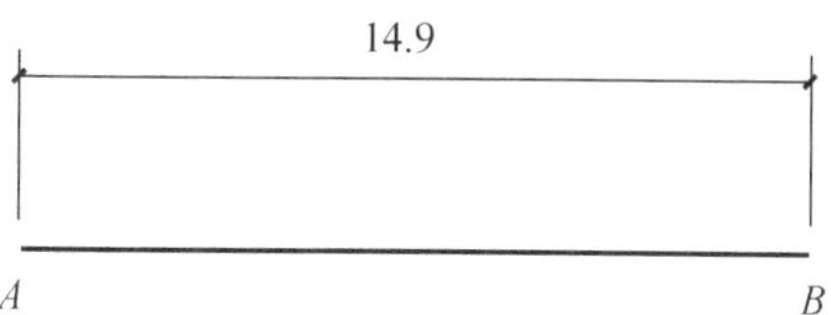

图 15-34　捕捉两点具体位置进行线性标注

（2）通过选择对象进行线性标注，具体步骤如下：

1）命令行输入"Dimlinear"＜回车＞；

2）在命令行 指定第一条尺寸界线原点或 <选择对象>: 提示下，＜回车＞，默认＜选择对象＞选项；

3）在命令行 选择标注对象: 提示下，选择 AB 直线；

4）在命令行 指定尺寸线位置或 [多行文字(M)/文字(T)/角度(A)/水平(H)/垂直(V)/旋转(R)]: 提示下，通过移动光标确定标注的最终位置。

（二）对齐标注

在绘制建筑图时，经常需要标注斜线，如斜坡、屋顶等，这就需要应用【对齐标注】。

AutoCAD 提供的【对齐标注】基本命令是"Dimaligned"，用户可以通过以下 3 种方式启动"Dimligned"命令：

（1）下拉菜单栏：在 标注(N) 菜单栏，选择 对齐(G) 选项；

（2）工具栏：在【标注】工具栏上单击【对齐标注】按钮；

（3）命令行：输入"Dimaligned"或"Dal"＜回车＞。

和线性标注类似，对齐标注也有两种执行方式：

（1）通过捕捉两个点的具体位置，进行线性标注；

（2）通过选择对象进行线性标注。

不同之处在于【对齐标注】可以标注有倾斜角度的对象距离，而【线性标注】只能标注水平和垂直距离。

标注好的最终效果如图 15-35 所示。

（三）标注半径尺寸

AutoCAD 提供的【标注半径尺寸】基本命令是"Dimradius"，用户可以通过以下 3 种方式启动"Dimradius"命令：

（1）下拉菜单栏：在 标注(N) 菜单栏，选择 半径(R) 选项；

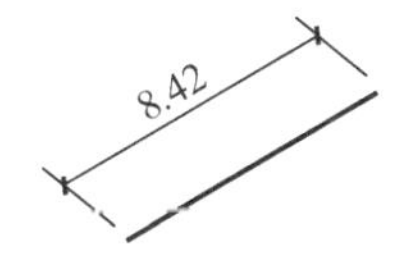

图 15-35　对齐尺寸标注

（2）工具栏：在【标注】工具栏上单击【半径标注】按钮；

（3）命令行：输入"Dimradius"或"DRA"＜回车＞。

标注半径尺寸的具体操作步骤如下：

（1）在 标注(N) 菜单栏，选择 半径(R) 选项，或单击【半径标

注】按钮；

（2）在命令行选择圆弧或圆提示下，选择要标注的圆或圆弧；

（3）在命令行指定尺寸线位置或 [多行文字(M)/文字(T)/角度(A)]: 提示下，移动光标确定半径标注的位置。

半径尺寸标注如图 15－36 所示。

（四）标注直径尺寸

AutoCAD 提供的【标注直径尺寸】基本命令是“Dimdiameter”，用户可以通过以下 3 种方式启动“Dimdiameter”命令：

（1）下拉菜单栏：在标注(N)菜单栏，选择直径(D)选项；

（2）工具栏：在【标注】工具栏上单击【直径标注】按钮；

（3）命令行：输入“Dimdiameter”或“DDI”＜回车＞。

标注直径尺寸的具体操作步骤如下：

（1）在标注(N)菜单栏，选择直径(D)选项；或单击【直径标注】按钮；

（2）在命令行选择圆弧或圆提示下，选择一个要标注的圆或圆弧；

（3）在命令行指定尺寸线位置或 [多行文字(M)/文字(T)/角度(A)]: 提示符后，移动光标确定直径标注的位置。

直径尺寸标注如图 15－37 所示。

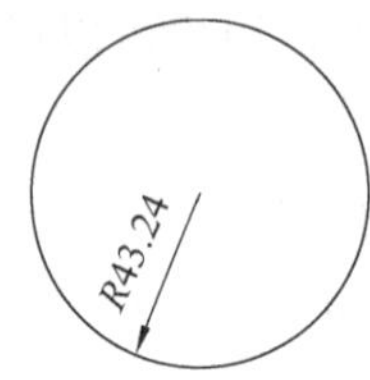

图 15－36 半径标注

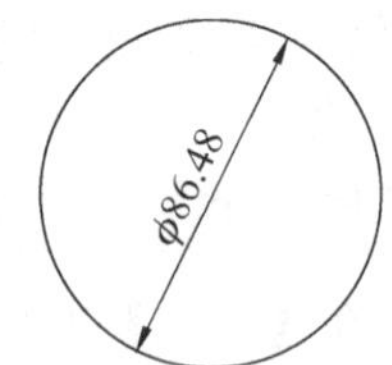

图 15－37 直径标注

（五）标注角度尺寸

AutoCAD 提供的【标注角度尺寸】基本命令是“Dimangular”，用户可以通过以下 3 种方式启动“Dimangular”命令：

（1）下拉菜单栏：在标注(N)菜单栏，选择角度(A)选项；

（2）工具栏：在【标注】工具栏上单击【角度标注】按钮；

（3）命令行：输入“Dimangular”或“DAN”＜回车＞。

标注角度有多种方法和情况：

1. 一般直线角的标注（图 15－38）

（1）在标注(N)菜单栏，选择角度(A)选项；

（2）在命令行选择圆弧、圆、直线或 <指定顶点>提示下拾取角的一个边；

（3）在命令行选择第二条直线: 提示下拾取角的另外一个边；

（4）在命令行指定标注弧线位置或 [多行文字(M)/文字(T)/角度(A)]: 提示下，移动光标确定角度标注的位置；

（5）在命令行显示标注文字 =51。

通过移动光标可以指定该角度的对顶角和外角的角度标注，如图 15-38 所示。

2. 大于 180°角的标注（图 15-40）

（1）在标注(N)菜单栏，选择角度(A)选项；

（2）在命令行选择圆弧、圆、直线或 <指定顶点>:提示下，直接<回车>确认默认选项［指定顶点］；

（3）在命令行指定角的顶点:提示下，对象捕捉角的顶点；

（4）在命令行指定角的第一个端点:提示下，对象捕捉角一条边的另外一个顶点；

（5）在命令行指定角的第二个端点:提示下，对象捕捉角另外一边的另外一个顶点；

（6）在命令行指定标注弧线位置或 [多行文字(M)/文字(T)/角度(A)]:提示下，移动光标确定角度标注的位置；

（7）在命令行显示标注文字 =309。

角度标注如图 15-40 所示。

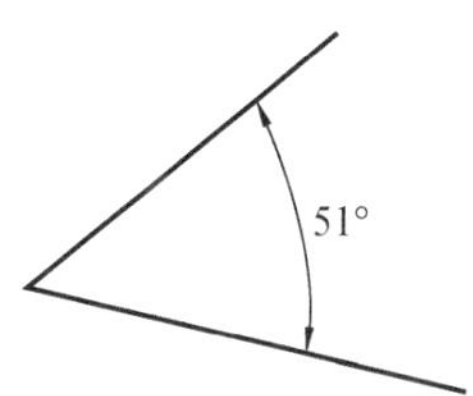

图 15-38　一般直线角标注

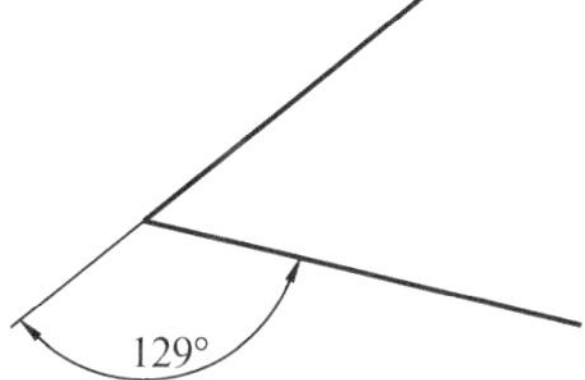

图 15-39　外角的角度标注

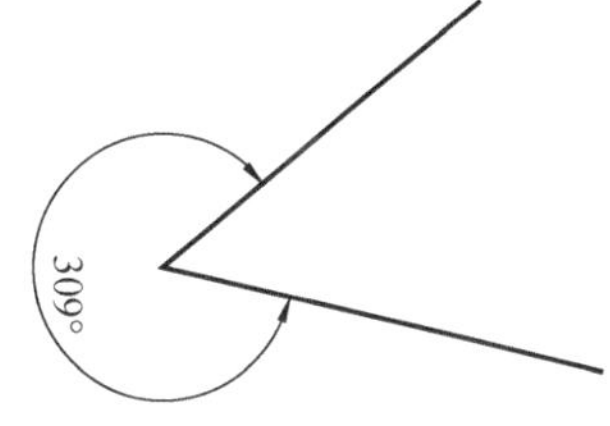

图 15-40　大于 180°的角度标注

（六）基线标注

基线标注是自同一基线处的多个标注。AutoCAD 提供的【基线标注】基本命令是“Dimbaseline”，用户可以通过以下 3 种方式启动“Dimordinate”命令：

（1）下拉菜单栏：在标注(N)菜单栏，选择基线(B)选项。

（2）工具栏：在【标注】工具栏上单击【基线标注】按钮。

（3）命令行：输入“Dimbaseline”或“DBS”<回车>。

要进行基线标注，必须先进行一个线性标注或角度标注作为基准标注。AutoCAD 将从基准标注的第一个尺寸界线处开始进行基线标注。

基线标注的具体操作步骤如下：

（1）先进行一个线性标注或角度标注作为基准标注。

（2）在标注(N)菜单栏，选择基线(B)选项；AutoCAD 使用基准标注的第一条尺寸界线作为起点。

（3）在命令行指定第二条尺寸界线原点或 [放弃(U)/选择(S)] <选择>:提示下，对象捕捉尺寸界线点 B。

AutoCAD 将第二个标注放置在基准标注之上，距离是在【修改标注样式：ISO-25】对话框中的【直线和箭头】选项卡中指定的基线间距（请参见设置直线和箭头格式）。

（4）在命令行显示标注文字 =100。

（5）在命令行指定第二条尺寸界线原点或 [放弃(U)/选择(S)] <选择>:提示下，对象捕捉尺寸界线点 C。

(6) 在命令行显示标注文字 =150。

(7) 在命令行指定第二条尺寸界线原点或 [放弃(U)/选择(S)] <选择>:提示下，<回车>结束命令。

基线标注如图 15-41 所示。

(七) 连续标注

连续标注就是首尾相连的多个标注。AutoCAD 提供的【连续标注】基本命令是“Dimcontinue”，用户可以通过以下 3 种方式启动“Dimcontinue”命令：

(1) 下拉菜单栏：在标注(N)菜单栏，选择连续(C)选项；

(2) 工具栏：在【标注】工具栏上单击【连续标注】按钮 ；

(3) 命令行：输入“Dimcontinue”或“DCO”<回车>。

与基线标注类似，连续标注也需要先进行一个线性标注，然后激活连续标注命令。连续标注的具体操作步骤如下：

(1) 先进行一个线性标注或角度标注作为基准标注；

(2) 在标注(N)菜单栏，选择连续(C)选项；

AutoCAD 使用基准标注的第二条尺寸界线作为原点。

(3) 在命令行指定第二条尺寸界线原点或 [放弃(U)/选择(S)] <选择>:提示下，对象捕捉尺寸界线点 B；

(4) 在命令行显示标注文字 =50；

(5) 在命令行指定第二条尺寸界线原点或 [放弃(U)/选择(S)] <选择>:提示下，对象捕捉尺寸界线点 C；

(6) 在命令行显示标注文字 =50；

(7) 在命令行指定第二条尺寸界线原点或 [放弃(U)/选择(S)] <选择>:提示下，<回车>结束命令。

连续标注如图 15-42 所示。

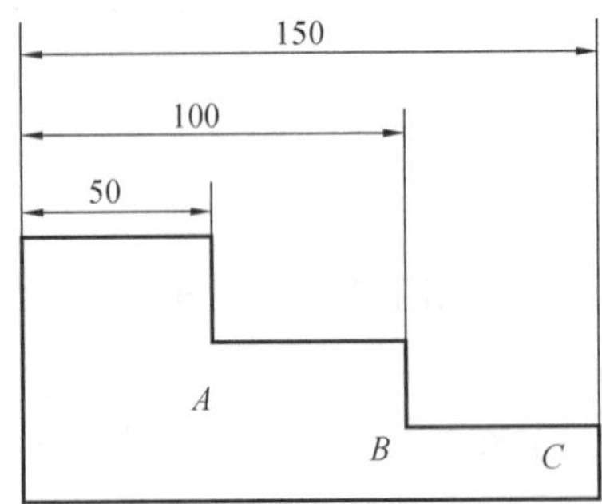

图 15-41 基线标注

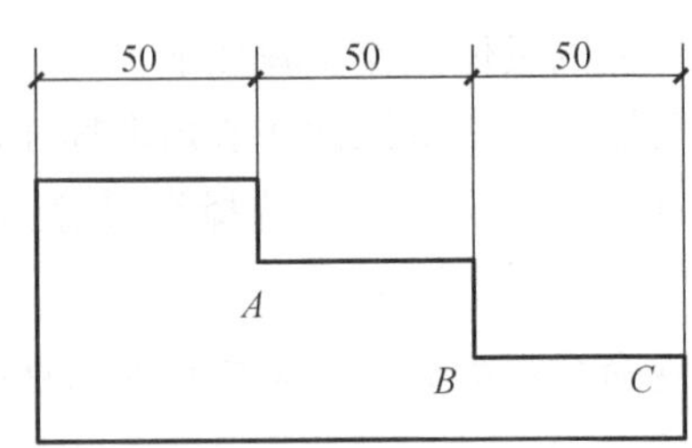

图 15-42 连续标注

(八) 快速标注

可以使用【快速标注】来一次标注多个对象，【快速标注】是前面介绍基本标注的一个集成。AutoCAD 提供的【快速标注】基本命令是“Qdim”，用户可以通过以下 3 种方式启动

“Qdim”命令：

(1) 下拉菜单：在标注(N)菜单栏，选择快速标注(Q)选项；

(2) 工具栏：在【标注】工具栏上单击【快速标注】按钮；

(3) 命令行：输入“Qdim”<回车>。

启动“Qdim”命令后，AutoCAD提示选择需要标注的对象，可以选择单个对象，也可以选择多个相邻或相近的对象。快速标注的具体操作步骤如下：

(1) 在标注(N)菜单栏，选择快速标注(Q)选项；

(2) 在命令行选择要标注的几何图形：提示下，选择所有要标注的对象；

(3) 在命令行选择要标注的几何图形：提示下，<回车>确认；

(4) 在命令行显示以下提示：指定尺寸线位置或 [连续(C)/并列(S)/基线(B)/坐标(O)/半径(R)/直径(D)/基准点(P)/编辑(E)]<连续>：。

现将命令行提示符中的各项介绍如下：

1) 连续（C）：创建一系列连续标注；

2) 并联（S）：创建一系列并列标注；

3) 基线（B）：创建一系列基线标注；

4) 坐标（O）：创建一系列坐标标注；

5) 半径（R）：如果选择的对象是原或圆弧，将创建一系列半径标注；

6) 直径（D）：如果选择的对象是原或圆弧，将创建一系列直径标注；

7) 基准点（P）：为基线和坐标标注设置的基准点；

8) 编辑（E）：编辑一系列标注，可以在现有标注中添加或删除点。

例如要同时标注图15-43所示的两个圆的半径，可首先在标注(N)菜单栏，选择快速标注(Q)选项，然后分别单击这两个圆。单击鼠标右键结束对象选取，在命令行输入“R”按回车键表示标注半径。接下来将光标移至适当位置并单击，其结果如图15-44所示。

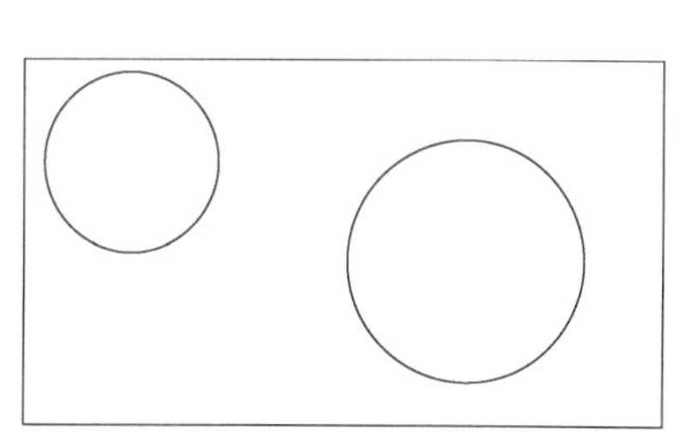

图15-43 统一标注两个圆的半径

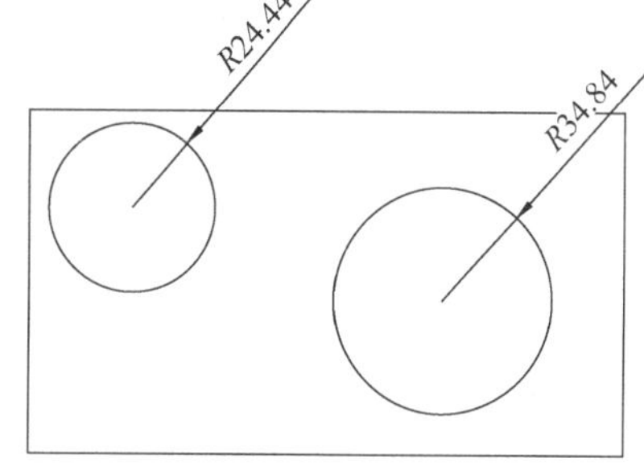

图15-44 半径标注结果

三、编辑标注

标注完毕后，用户或许要对标注做一些改动，这时，就要用到AutoCAD中编辑标注的各种命令。

(一) 利用Dimedit命令编辑标注

启动“Dimedit”命令的方法有2种：

(1) 工具栏：在【标注】工具栏上单击【编辑标注】按钮；

(2) 命令行：输入“Dimedit”＜回车＞。

将鼠标放置在工具栏的空白处，单击鼠标右键，在出现的菜单栏中选中【标注】，在屏幕上出现【标注】工具栏，如图 15-45 所示。

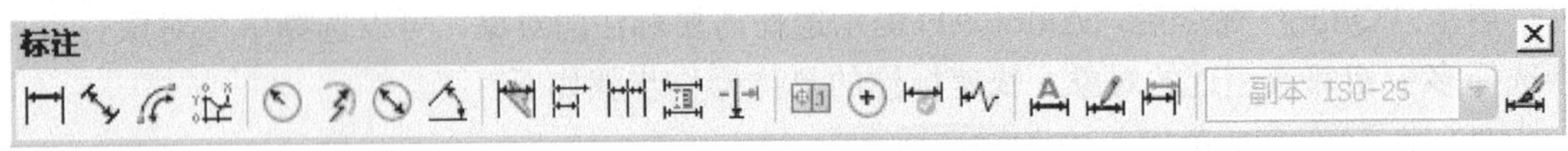

图 15-45 【标注】工具栏

启动“Dimedit”命令后，AutoCAD 在命令行中出现提示符：输入标注编辑类型 [默认(H)/新建(N)/旋转(R)/倾斜(O)] <默认>:，下面分别介绍各项的意义：

(1) 默认（H）：将旋转标注文字移回默认位置；

(2) 新建（N）：打开文字格式修改标注文字；

(3) 旋转（R）：旋转标注文字，如图 15-46 所示；

(4) 倾斜（O）：调整线性标注尺寸界线的倾斜角度，如图 15-47 所示；

提示：默认状态下，AutoCAD 创建尺寸线与尺寸界限互相垂直的线性标注。

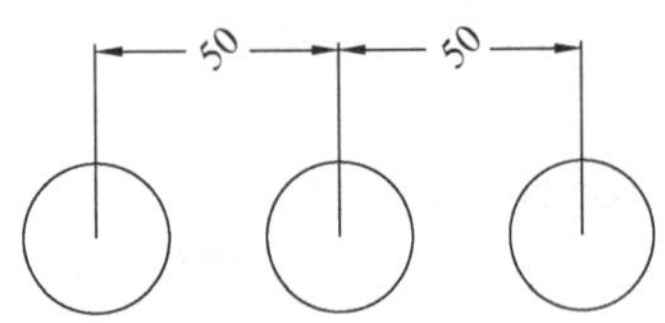

图 15-46 旋转标注文字

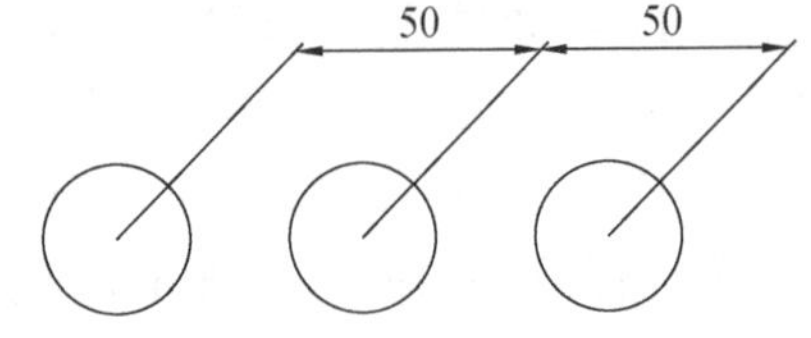

图 15-47 倾斜尺寸界限

(二) 利用 Dimtedit 命令设置编辑文字

启动“Dimtedit”命令的方法有 3 种：

(1) 下拉菜单：在标注(N)菜单栏，选择对齐文字(X)选项；

(2) 工具栏：在【标注】工具栏上单击【对齐文字】按钮；

(3) 命令行：输入“Dimtedit”＜回车＞。

启动“Dimtedit”命令后，AutoCAD 在命令行中首先出现提示符选择标注:，用鼠标单击要编辑的文字，接着命令行出现提示符：

指定标注文字的新位置或 [左(L)/右(R)/中心(C)/默认(H)/角度(A)]:。

下面分别介绍各项的意义：

(1) 指定标注文字的新位置：使用鼠标拖动更新标注文字的位置；

提示：要确定文字显示在尺寸线的上方、下方还是中间，可以在【新建/修改/替代标注样式】对话框中的【文字】选项中设置。

(2) 左：沿尺寸线靠左对齐标注文字；

(3) 右：沿尺寸线靠右对齐标注文字；

(4) 中心：将标注文字放在尺寸线的中间，以上 3 种方式如图 15-48 所示；

（5）默认：将标注文字移回默认位置；

（6）角度：修改标注文字的角度。

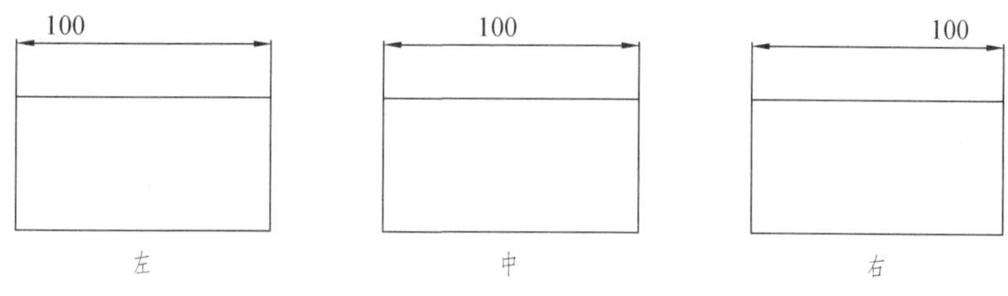

图 15-48　设置文字位置

第三节　文　本　标　注

建筑图纸中不仅有图形，也有文本，如工程说明、附注等。AutoCAD 提供了创建和编辑单行文本和多行文本的功能。

按照建筑制图国家标准，在建筑图样中汉字要写成仿宋字，字体高度分为 20mm、14mm、10mm、7mm、5mm、3.5mm、2.5mm 共 7 种，如果文字采用斜体字字体，文字要向右倾斜，与水平方向约成 75°角。

AutoCAD 提供了一个【文字样式】命令，用来设置文字的字体、字高、宽度比例、倾斜角度等文字特性。为了达到国家制图标准的要求，输入文字以前首先要定义文字的样式，或调用已经设置好的文字样式。

AutoCAD 提供的默认样式名称为 Standard（标准），用户可以修改此样式中的一些选项，也可以创建新样式。

例如，我们要求定义一个符合国家制图标准的文字新样式，并用该样式输入图 15-49 所示的文字。

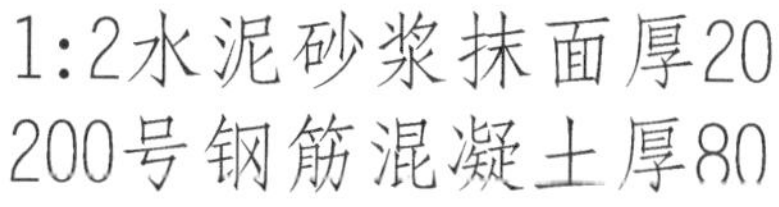

1:2水泥砂浆抹面厚20
200号钢筋混凝土厚80

图 15-49　利用自定义样式输入文字

一、定义文字的样式

AutoCAD 中，定义【文字样式】命令为“Style”。启动“Style”命令的方法有 2 种：

（1）下拉菜单：在 格式(O) 菜单栏，选择 文字样式(S)... 选项；

（2）命令行：输入“Style”或“ST”<回车>。

具体操作步骤如下：

（1）在下拉菜单 格式(O) 栏，选择 文字样式(S)... 选项，或在命令行输入“ST”<回车>，启动“Style”命令后，AutoCAD 在屏幕上出现如图 15-50 所示 文字样式 对话框；

（2）从  字体名(F): 仿宋_GB2312 下拉列表中，选择【仿宋_GB2312】（单击下拉列表右面的，再单击【仿宋_GB2312】）；

（3）从 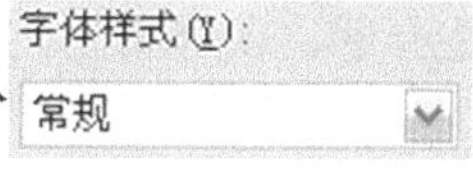 字体样式(Y): 常规 下拉列表中，选择【常规】；

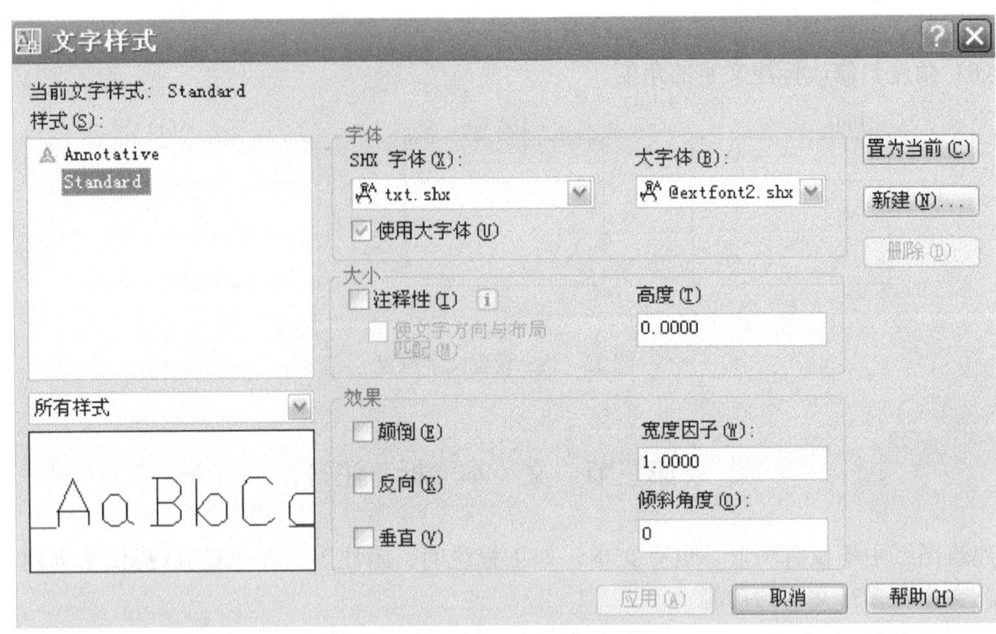

图 15-50　【文字样式】对话框

(4) 在 高度(T)：0.0000 文本框中输入文本高度。根据文本高度是否为“0”分为 2 种情况：

1) 文本高度为“0”时，每次调用输入文本时，都要确定文本高度；

2) 文本高度不为“0”时，输入文本时采用此处设置的文本高度，不用再输入文本高度。

本例保留文本高度默认值“0”不变。

请读者朋友注意观察 

区，随时查看设置效果；

(5) 在 宽度比例(W)：1.0000 文本框输入宽度比例，因为仿宋体本身的高宽比已经符合国家制图标准，本例保持默认值“1”不变；

(6) 在 倾斜角度(O)：0 文本框输入文本倾斜角度；此值大于“0”，文本向右倾斜；小于“0”，文本向左倾斜。按照国家制图标准要求如果采用斜体字，在文本框应输入“75”，本例采用默认值“0”不变；

(7) 单击 应用(A) 按钮；

(8) 单击 关闭(C) 按钮，退出对话框，完成设置。

注意：使新样式为当前样式以后，在屏幕上用前一个样式输入的文字也改变为新样式。

二、使用定义的文字样式，输入汉字

(1) 单击 绘图(D) 菜单栏中 文字(X) 选项，选择 单行文字(S)；

(2) 在命令行 指定文字的起点或 [对正(J)/样式(S)]: 提示下，在屏幕适当位置单击，作为输入文本的起点；

（3）在命令行 指定高度 <2.5000>: 10 提示下，输入文字高度“10”＜回车＞；

（4）在命令行 指定文字的旋转角度 <0>: 提示下＜回车＞，水平书写；

（5）在命令行 输入文字: 后输入“水泥砂浆抹面厚 20”＜回车＞；

（6）在命令行 输入文字: 后输入“200 号混凝土厚 80”＜回车＞；

（7）在命令行 输入文字: 提示下＜回车＞。

完成图 15-49 的要求。

三、修改已经输入的文本

对于已经输入的文字，调用文字编辑命令进行修改。

例如，将上例输入的“200 号混凝土厚 80”中的“80”改为“100”。

（1）单击 修改(M) 菜单栏中 对象(O) 选项，选择 文字(T) 中的 编辑(E)... 命令；

（2）在命令行 选择注释对象或 [放弃(U)]: 提示下，单击“200 号钢筋混凝土厚 80”行，屏幕上显示对话框，如图 15-51 所示；

（3）在对话框中删除“80”，输入“100”按回车键。

现在屏幕上的“200 号钢筋混凝土厚 80”已经修改为“200 号钢筋混凝土厚 100”；

（4）按回车键，结束修改。

200号钢筋混凝土厚80

图 15-51　屏幕显示内容

四、输入多行文本

多行文本是与单行文本相比较而言，如果选择【单行文本】的命令输入几行文本，AutoCAD 将用户输入的每一行文本作为一个对象来处理；如果选择【多行文本】命令输入几行文本，AutoCAD 将用户输入的全部文本作为一个对象来处理。

（1）单击 绘图(D) 菜单栏中 文字(X) 选项，选择 多行文字(M)...，在命令行 指定第一角点: 提示下，在屏幕适当位置单击鼠标左键，确定第一角点；

（2）在命令行 指定对角点或 [高度(H)/对正(J)/行距(L)/旋转(R)/样式(S)/宽度(W)]: 提示下，在屏幕适当位置单击鼠标左键，确定对角点。此时，屏幕上出现如图 15-52 所示的对话框。

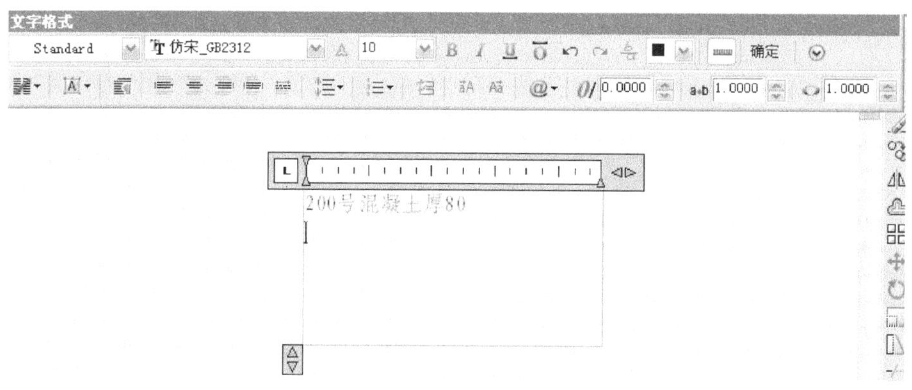

图 15-52　屏幕显示对话框

用户将利用此对话框输入和编辑文字；

(3) 单击 确定 按钮返回，完成文字输入。

五、编辑多行文字

编辑多行文字和编辑单行文字使用相同的命令，但执行编辑命令以后，弹出的对话框不同，编辑多行文字将弹出如图 15 - 52 所示的对话框，供用户编辑文字使用。

第十六章　AutoCAD 绘制建筑图的准备

学习目标：

- 设置线性、线宽和颜色。
- 设置绘图单位和精度。
- 设置绘图界限。
- 建立图层。
- 创建图块。

由于建筑图形千差万别，每个人使用 AutoCAD 的方式不可能一样，所以绘图时具体的操作顺序和方法也不尽相同。但是要做到高效绘制，绘图的总体流程是差不多的。

绘制建筑图的准备工作包括以下几个基本步骤：设置线性、绘图单位、绘图界限、图层等。

第一节　制定 AutoCAD 绘图的环境

在开始绘制一张工程图时，需要确定所绘制图形的大小、采用的比例，同时还要确定所绘图形使用的尺寸标注单位（英尺、英寸、米、毫米等）和所要求的数字精度。

一、设置绘图界限

图形界限代表图形的一个不可见的边框。使用图形界限设置可以确保在按指定比例、在指定大小的图纸上打印图形时，所创建的图形不会超出图纸的范围，以适应指定纸张的尺寸。设置绘图界限就是标明用户的工作区域和图纸边界。

在 AutoCAD 中，用以下 2 种方法可以设置绘图边界：

(1) 下拉菜单栏：打开 格式(O) 菜单，单击 图形界限(A) 选项；

(2) 命令行：输入 Limits＜回车＞。

执行 Limits 命令后，在命令行出现如下提示：

(1) 指定左下角点或 [开(ON)/关(OFF)] <0.0000,0.0000>:。

提示设置图形界限左下角的位置，默认值为（0，0）。直接回车表示接受默认值，也可以输入新值。

(2) 指定右上角点 <420.0000,297.0000>: 。

同样可以直接回车接受其默认值或输入一个新坐标值以确定绘图界限的右上角位置。

图纸的大小一般不能随意指定，应按国家制图标准中图幅的大小确定。图幅大小见表 1-1。

虽然可以用 Limits 命令来控制绘图区域，但现在大多数 AutoCAD 不用此命令来控制，而是在模型空间按照所设计对象真实尺寸绘制出来，在打印时再考虑图幅的大小。

二、设置绘图单位和精度

AutoCAD 的图形单位在默认状态下为十进制单位，可以根据具体工作需要设置单位类型和数据精度。

绘图单位可按下列 2 种方式设定：

(1) 下拉菜单栏：打开 格式(O) 菜单，单击 单位(U)... 选项；

(2) 命令行：输入 DDUnits<回车>。

打开 格式(O) 菜单，单击 单位(U)... 选项，可以弹出 图形单位 对话框，如图 16-1 所示。

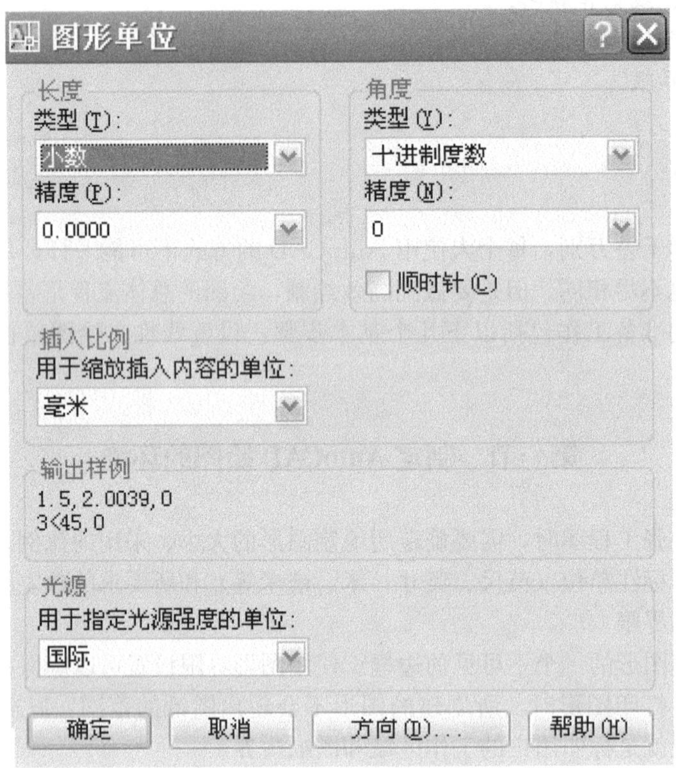

图 16-1 【图形单位】对话框

【长度】单位的缺省设置为：类型(T): 为“小数”、精度(P): 为小数点后取 4 位。此外【长度】单位的类型(T): 还可以设置下面几种单位类型，如图 16-2 所示：

(1) 分数：小数部分用分数表示；

(2) 工程：数值单位为英尺、英寸，英寸用小数表示；

(3) 建筑：数值单位为英尺、英寸，英寸用分数表示；

(4) 科学：单位用指数的形式表示。

【角度】单位的缺省设置为：类型(T): 为“十进制度数”、精度(P): 为 0。此外【角度】单位的类型(T): 还可以设置下面几种单位类型，如图 16-3 所示：

(1) 十进制角度：默认单位，如 90°、180°等；

(2) 度/分/秒：按 60 进制划分，如 37°28′16″；

(3) 梯度角度：按分级方式显示角度，整图为 400 级；

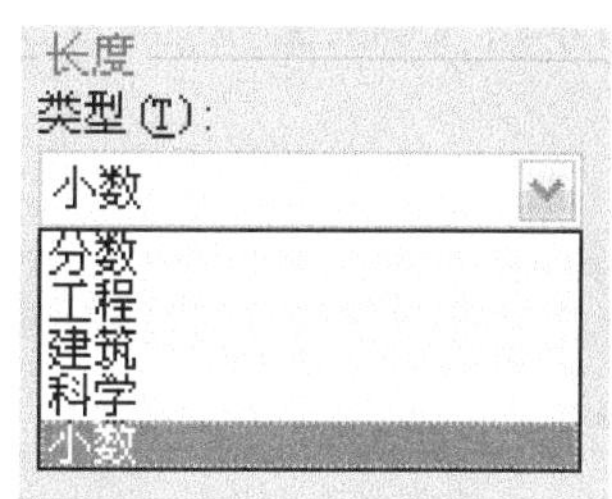

图 16-2　长度单位类型的设置

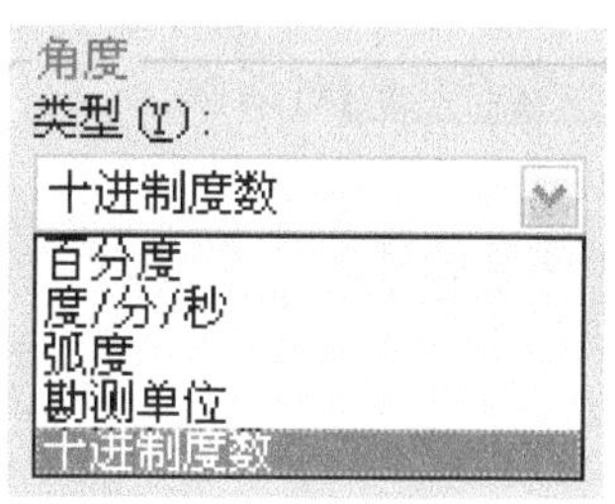

图 16-3　角度单位类型的设置

(4) 弧度：180°为 π，即 3.14 个弧度；

(5) 勘测单位：角度从北线开始测量，如 N27°28′16″E 表示东北方向。

单位类型设定完毕之后，还应根据需要进行精度设置。AutoCAD 提供的最大精度为小数点后 8 位，如图 16-1 中的精度(P): 下拉列表框。

在 图形单位 对话框下部有一个 方向(D)... 按钮，单击它打开 方向控制 对话框，如图 16-4 所示。用户可在该对话框内规定角度测量的起始位置。系统默认状态是水平向右为角度的起始位置。

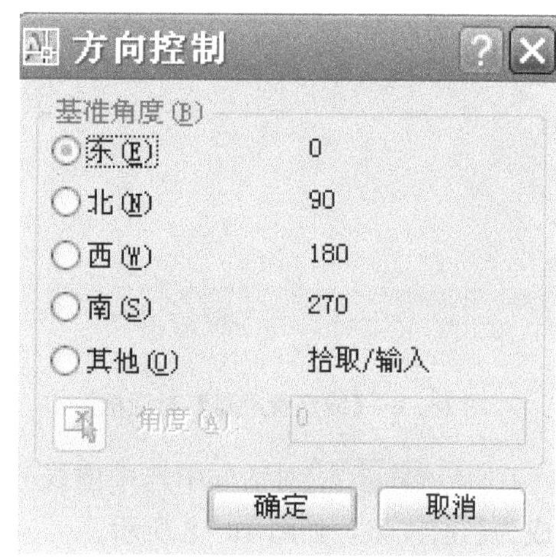

图 16-4 【方向控制】对话框

第二节　设置线型、线宽和颜色

一、设置线性

在工程图中，组成图形往往不可能是单一的线型。一幅图中有粗线、细线、点画线、虚线等，它们都有不同的含义，用来强调图形的不同部分。例如，在一幅建筑工程图中粗实线表示可见轮廓线，点画线表示中心线等。

线型可按如下 3 种方式设定：

(1) 下拉菜单栏：在 格式(O) 菜单栏，选择 线型(N)... 选项；

(2) 工具栏：在【对象特性】工具栏中的 ——— 随层 下拉列表中选择；

(3) 命令行：输入“Linetype” <回车>。

在【对象特性】工具栏中 ——— 随层 下拉列表中对应图标如图 16-5 所示，从下拉表中单击【其他】，弹出 线型管理器 对话框如图 16-6 所示。

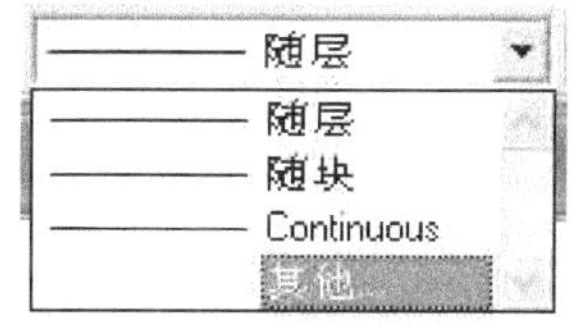

图 16-5　线型下拉列表

当前图形文件中有三种线型：随层、随块和 Continuous（实线）。为了使用其他线型，单击 线型管理器 对话框中 加载(L)... 按钮，弹出 加载或重载线型 对话框，如图 16-7 所示。在其中选择要加载的线型，如虚线 dashed 线型，然后单击【确定】按钮，则该线型被加载到线型管理器对话框。

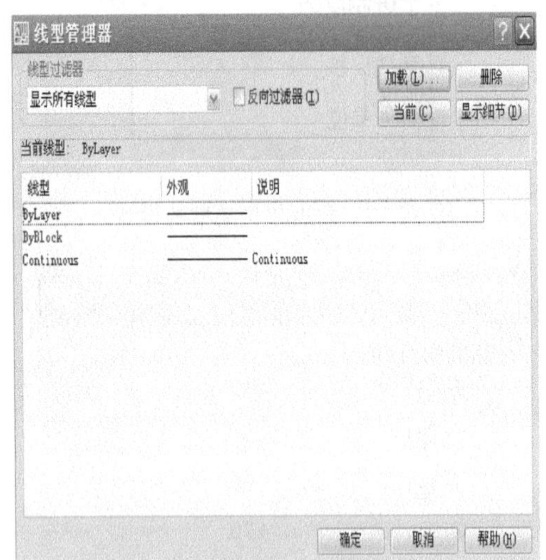

图 16 - 6 【线型管理器】对话框

图 16 - 7 【加载和重载线型】对话框

在线型管理器对话框中选中虚线 dashed 线型，然后单击【确定】按钮，虚线就被加载成为当前线型，如图 16 - 8 所示。

图 16 - 8 加载虚线为当前线型

此时创建的对象的线型就是虚线，如图 16 - 9 所示的虚线圆。

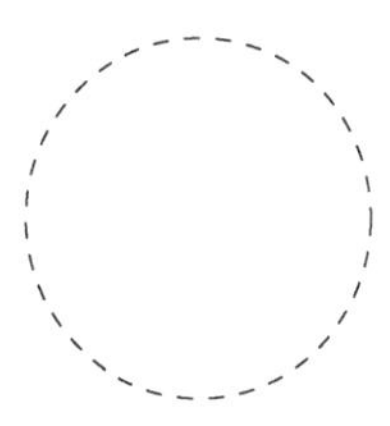
图 16 - 9　虚线圆

如果此时没有显示出虚线型，则是由于虚线型的比例因子不合适，需要进行调整。单击【线型管理器】对话框中 显示细节(D) 按钮，在 全局比例因子(G): 或者 当前对象缩放比例(O): 中调节比例大小，直到正确显示出虚线型为止，如图 16 - 10 所示。

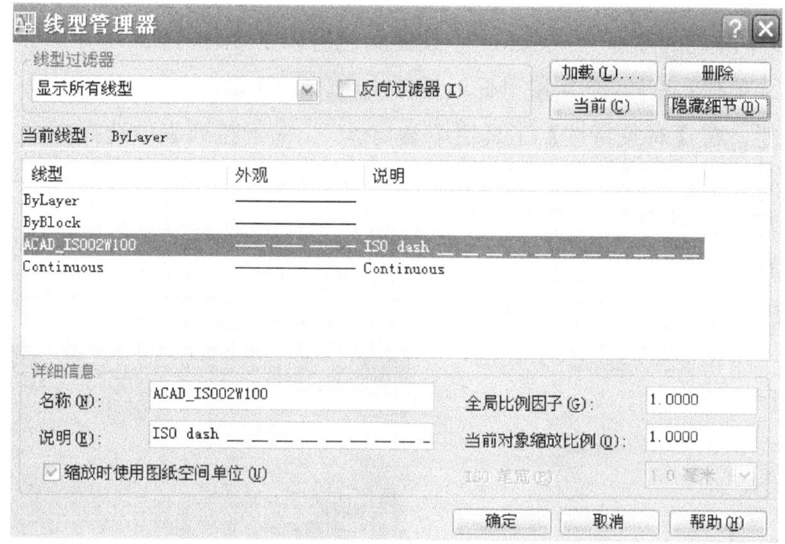

图 16 - 10　调节线型比例大小

二、设定线宽

线宽可按下列 3 种方式设定：

(1) 下拉菜单栏：在 格式(O) 菜单栏，选择 线宽(W)...；

(2) 工具栏：在【对象特性】工具栏的 随层 下拉列表中选择；

(3) 命令行：在命令行输入 “Lineweight” 或 “Lweight” <回车>。

启动 “Lineweight” 命令后，弹出【线宽设置】对话框，如图 16 - 11 所示。

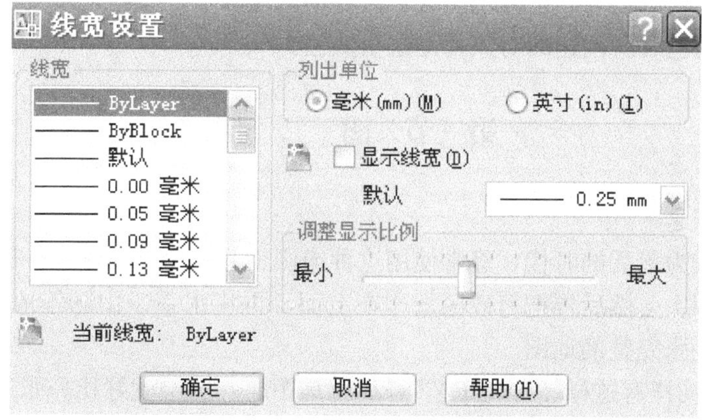

图 16 - 11　【线宽设置】对话框

在【线宽设置】对话框中可以选定线宽，指定线宽单位并调节线宽的显示比例，然后单击【确定】按钮，此时创建的对象就是指定的线宽了。

三、设定颜色

颜色的合理使用可以在绘制工程图时，充分体现设计效果，便于绘图时区分不同物体类型，同时有利于图形的管理。

设定图线的颜色有两种思路，直接指定颜色和设定颜色成【随层】、【随块】，或者使用图层来管理颜色。这里先介绍直接设定颜色，利用图层来管理将在图层一节中介绍。

AutoCAD 中颜色的命令为“Color”，设定颜色有以下 3 种方法：

（1）下拉菜单栏：在格式(O)菜单栏，选择颜色(C)...选项；

（2）工具栏：在【对象特性】工具栏中■随层下拉列表中选择；

（3）命令行：输入“Color”＜回车＞。

在【对象特性】工具栏中■随层下拉列表对应图标如图 16-12 所示。从下拉列表中单击选择颜色...，弹出选择颜色对话框，如图 16-13 所示。

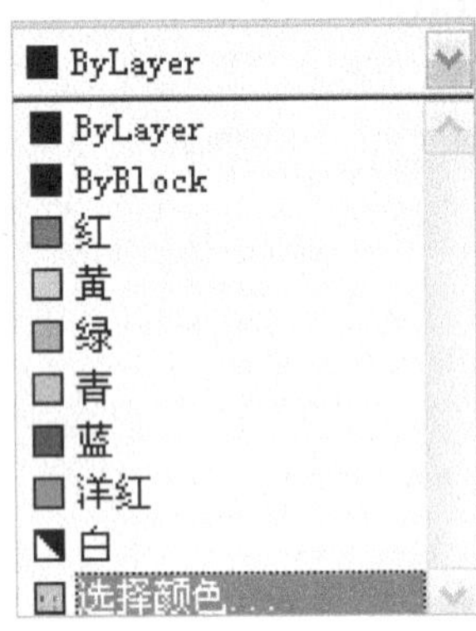

图 16-12　颜色下拉列表

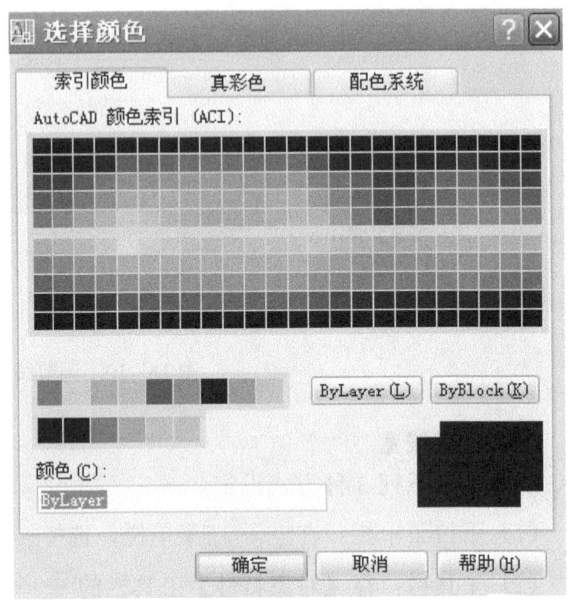

图 16-13　【选择颜色】对话框

在该对话框中，单击某一个颜色图块，然后单击【确定】按钮，就可以指定该颜色为当前色。设定好当前色后所创建的对象就是这个颜色。

第三节　图　　层

一、图层的概念

在印刷技术较为落后的时代，经常使用这种印刷工艺。为了印制某一区域的地图，先将底图印制在一张图上，然后再把行政区划印在上面，再将水系、山脉等地形图印制在上面。这样，便得到了一张完整的地图。

AutoCAD 中同样有这样一种“工艺”，那就是图层。图层就好比一张透明的纸，可以在不同的层上绘制不同的对象，可以通过一个或多个图层看到下面其他图层上绘制的对象。这些透明纸层叠起来，就构成了最终的图形。而每个图层可以很方便的进行单独的控制（打开/关闭、冻结/解冻、上锁/解锁、打印/不打印）。

二、建立新图层

AutoCAD 允许用户创建任意多的图层，每一图层可以设置其属性，例如线性、颜色、线宽等。有了图层的概念，就可以把相关的图形对象放在同一层上，图形的组织和编辑就更为方便。

（一）图层名

要建立新图层，首先要知道图层的命名原则。给图层命名应遵循如下原则：①不同的图层要用不同的名字，以便区别和调用；②用户可以使用长达 255 个字符作为图层名称，这些字符包括字母、数字。一般情况下，图层名称应简单易记，与图中对象的实际意义有关。例如，在建筑图中可以将给水布置作为一层，命名为“Geishui”，或者直接命名为汉字名称“给水”。

（二）创建新图层

创建图层，需要启动图层特性管理器。启动方式有如下 3 种：

（1）下拉菜单栏：在格式(O)菜单栏，选择图层(L)...选项，弹出图层特性管理器对话框；

（2）工具栏：在【对象特性】工具栏上单击【图层】按钮；

（3）命令行：输入“Layer”或“La”＜回车＞。

启动“Layer”命令后，弹出图层特性管理器对话框，如图 16－14 所示。在该对话框中，可以修改与图层有关的颜色、线型、线宽、打开或关闭图层、重新命名图层或选择其他图层作为当前层等。

图 16－14　【图层特性管理器】对话框

要创建一个新图层，可按下列步骤进行：

(1) 在【对象特性】工具栏上单击【图层】按钮，弹出如图 16－14 所示的图层特性管理器对话框；

(2) 在该对话框中，单击新建图层按钮，AutoCAD 将创建一个新图层，系统默认的名称为“图层 1”。将默认“图层 1”修改为“窗户”，然后按回车键，如图 16－14 中所示的窗户；

(3) 单击每个图层的颜色方框，可以弹出选择颜色对话框，在该对话框上可以进行该图层颜色的设置，如图层窗户上的“红色”即为该图层上的颜色；

(4) 单击每个图层的对应的线型名称，可以弹出线型管理器对话框，在该对话框上可以进行线型的设置，如单击图层窗户上的“线型 Continuous”即可设置该图层上的线型；

(5) 单击每个图层的对应的线宽项，可以弹出线宽设置对话框，在该对话框上可以进行线宽的设置，如单击图层窗户上的“——默认”即可设置该图层上的线宽。

这样，指定了名称、颜色、线型和线宽的图层【窗户】就创建好了；

(6) 单击 应用(A) 按钮，再单击 确定 按钮，结束命令并返回到绘图状态。

在不同图层上绘制的图形所显示的颜色、线型和线宽是与该图层相关联的。前面介绍的颜色、线型和线宽的设置是单独进行修改的方法。

作为一名合格的 AutoCAD 绘图人员，通常不会频繁的单独对颜色、线型和线宽进行修改，一般都通过图层来进行综合管理。

三、创建当前层

AutoCAD 提供了一个默认图层：“0 层”，如果用户没有选择图层，AutoCAD 自动将“0 层”作为当前层，图形画在“0 层”上。如果希望绘制的图形在图层“窗户”上，需要把该层设置为当前层。

双击图层“窗户”，或者选中该图层、然后单击图层特性管理器对话框中按钮，图层“窗户”就成了当前层。

此时绘制的线条就被创建到了图层“窗户”上，并且具有该图层的颜色、线性和线宽等特性。

现在我们已经知道了两种给对象赋予不同属性的方法：

(1) 直接修改当前属性，如颜色、线性和线宽等，然后创建对象，则此时被创建的对象就具有事先设定好的属性。可以表示为【属性】→【对象】，如图 16－15 所示。

图 16－15 图形为白色

（2）通过给图层赋予不同属性，然后在该图层上创建对象，而对象的各种属性依赖于图层的属性，称之为随层（ByLayer）。表示为【属性】→【图层】→（通过随层）【对象】，如图 16 - 16 所示。

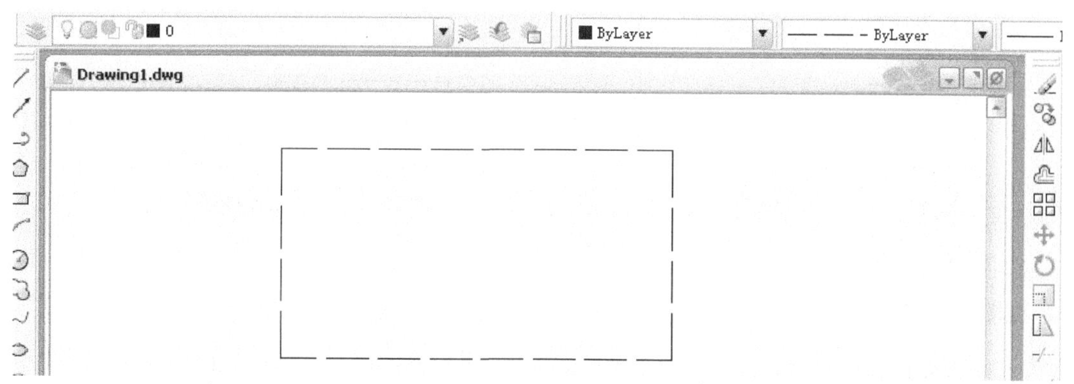

图 16 - 16 图形为随层颜色

仔细观察，可以发现虽然显示的图形外观完全一样，但是属性设置的方式是截然不同的。因为第二种方法虽然看起来麻烦一些，但是所有对象的属性都是通过图层来控制的，在以后的单独控制和修改操作中要更方便一些，所以推荐用户使用【图层】的方法来给对象赋予属性。

四、图层的控制和应用

图层创建好了之后，就可以分门别类在上面设计绘图了，如图 16 - 17 是一个绘制好了的图形，由矩形和圆形组成。矩形和圆形分别在两个图层上。

在绘制过程中和设计结束后，用户往往希望对单独图层进行控制，最常见的控制是打开/关闭、冻结/解冻、上锁/解锁、打印/不打印等。

（一）打开/关闭

在图层下拉列表（圆形）或者“图层特性管理器”对话框中，单击某图层对应的灯泡符号，就可以控制该图层的打开/关闭状态，如图 16 - 18 所示。

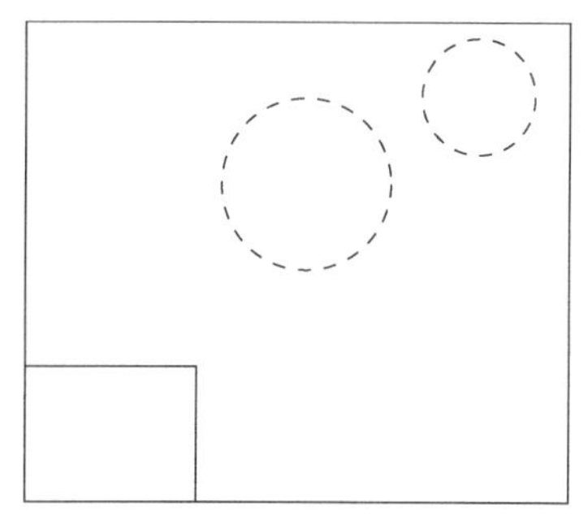

图 16 - 17 绘制好的图形

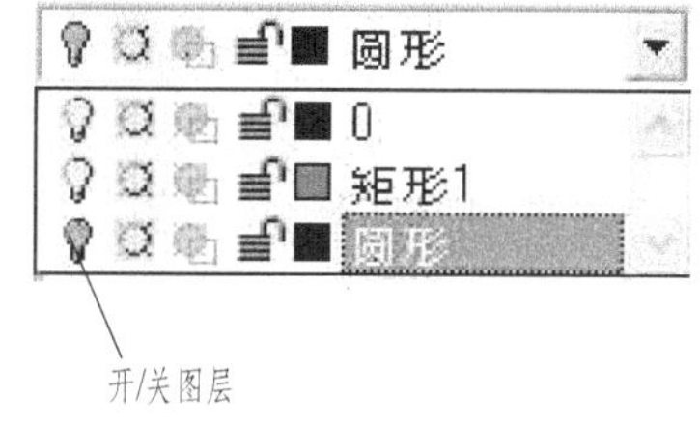

图 16 - 18 图层打开/关闭

灯泡亮说明该图层打开，灯泡关闭说明图层关闭。

图 16 - 19 和图 16 - 20 是打开和关闭“圆形”图层的图形显示对比。

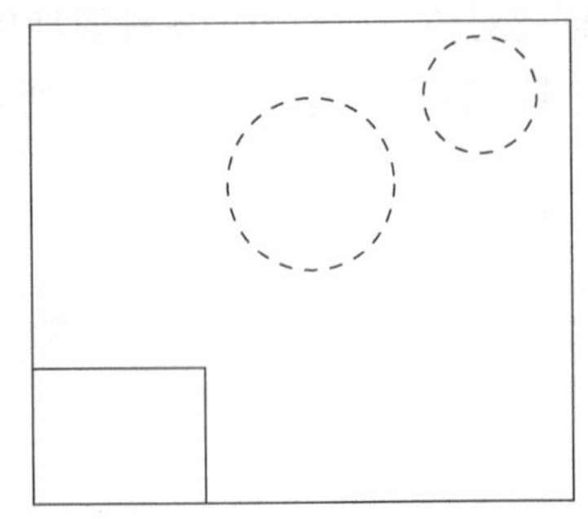
图 16 - 19　打开“圆形”图层

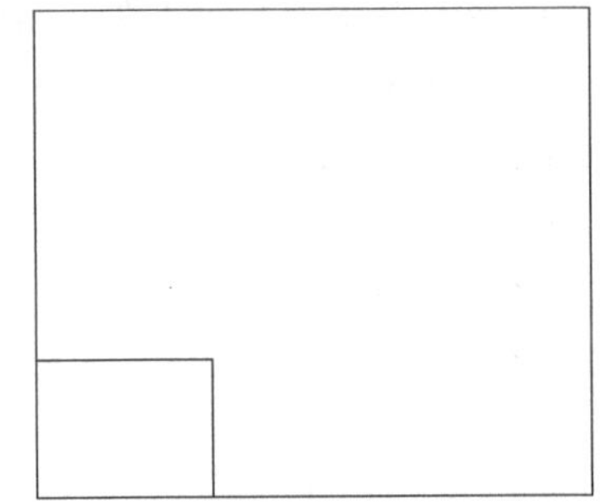
图 16 - 20　关闭“圆形”图层

（二）冻结/解冻

在图层下拉列表或者图层特性管理器对话框中，单击某图层对应的小太阳符号和小雪花符号可以控制该图层的冻结/解冻状态。小太阳符号说明该图层在所有视口中解冻；小雪花符号表明该图层在所有视口中冻结。加方块小太阳说明该图层在当前视口中解冻；加方块小雪花表明该图层在当前视口中冻结，如图 16 - 21 所示。

图 16 - 21　控制图层冻结/解冻状态

图 16 - 22 和图 16 - 23 是冻结和解冻“圆形”图层的图形显示对比。

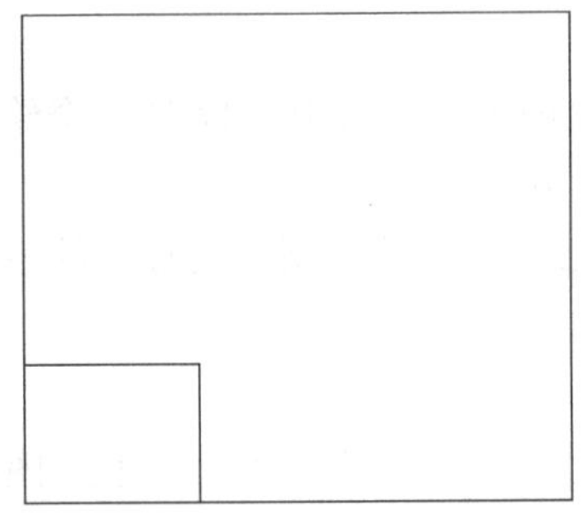
图 16 - 22　冻结“圆形”图层

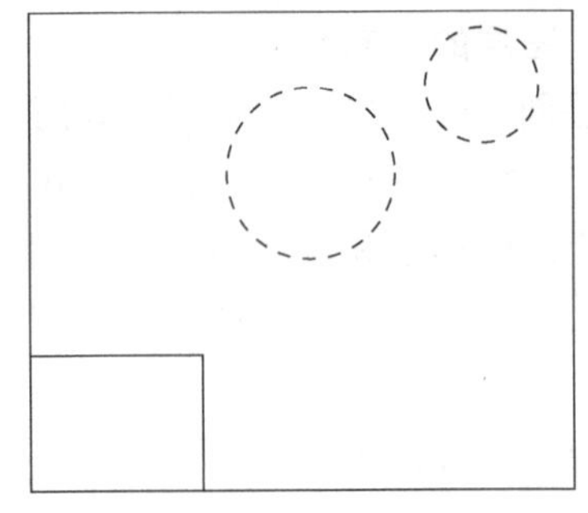
图 16 - 23　解冻“圆形”图层

可以看出，打开/关闭图层和解冻/冻结图层看起来好像功能一样。当其关闭或者冻结某图层时，该图层上的图形对象都不能显示出来，也不能打印出来。但它们的本质是不同的。与关闭图层不同的是，冻结图层后，在重新生成对象时将不考虑该层上的实体，所以刷新速度快，而关闭图层后，刷新仍然要重新计算该层上的对象。用户如果在可见和不可见状态之间频繁切换，多采用【打开/关闭】设置，而长时间不用看到该图层，选择【冻结】状态运行，效率更高一些。

（三）上锁/解锁

在图层下拉列表或者图层特性管理器对话框中，单击某图层的挂锁符号和，可以控制图层是否锁定。缺省状态是所有的图层是解锁的，点击挂锁，开口的锁变成了封闭的锁，表明该图层被锁定。

锁定某一图层以后，就不能选择该图层上的图形对象，更不能对其进行编辑修改，但该层上的所有对象都是可见的。如果只想查看图层信息而不希望编辑图层中的对象，应选用图层锁定。

（四）打印/不打印

在图层特性管理器对话框中，单击某图层的打印机符号，就可以控制该图层的打印/不打印状态。关闭了图层的打印，该图层上的对象仍然会显示出来。关闭图层打印只对图形中的可见图形（图层是打开的并且是解冻的）有效。如果图层设为打印但该图层在当前图形中是冻结的或关闭的，则 AutoCAD 不打印该图层。

当发现图形被创建到不希望创建的图层时，可以方便的改变该对象所属的图层，方法是首先选中对象，然后从图层下拉菜单中单击希望对象所在的图层即可。

第四节　图 块 与 属 性

在制图过程中，经常需要使用相同的图形，如果每次总是从头画起，必然花费很多的精力和时间。为此 AutoCAD 引入了【图块】的概念，用户可以把任何多次使用的图形符号或整个视图定义为【图块】。

在 AutoCAD 中使用【图块】主要有以下优点。

1. 用来创建图形库

在不同的专业领域，设计时常常会遇到一些重复出现的对象，如建筑设计的标高、门窗，机械设计的螺栓、螺母等。如果将这些图形定义成【图块】，并分类保存在硬盘上，就形成了专业图形库。当需要使用某个图形时，可以将对应的【图块】插入图纸中，从而避免了大量的重复工作，提高了绘图的速度和质量。

2. 节省存储空间

在图纸中每绘制一个对象，AutoCAD 都会保存该对象的特征参数，如图层、位置、线型、颜色等，这样，每绘制一个对象，都会增加图形文件的大小。比如，一个标高符号，由多条线段组成，在硬盘上要占据一定的存储空间。如果图纸中有几十个甚至上百个标高符号，则需要占据大量的存储空间。

如果将标高符号定义为【图块】，在绘制标高符号时插入【图块】，不仅可以方便快捷的绘制图纸。而且，对标高符号的每次插入，AutoCAD 仅仅需要记住它的块名、位置、比例因子、旋转角度等参数，避免了 AutoCAD 重复保存标高符号的特征参数，从而节省了存储空间。

图纸中同一图块插入的次数越多，这一优点越明显。

3. 便于修改图形

使用【图块】还可以便于图形的修改。在文件中修改一个已经定义并使用的【图块】，则所有已经插入的块都会产生相应的修改。

4. 可以加入属性

有些常用的【图块】虽然相似，但是需要根据实际情况确定不同的技术参数。例如，建筑图纸中的标高，所有的标高符号都是一样的，但是标高数值基本上是不相同的。AutoCAD 允许用户为【图块】建立属性，即加入文本信息。这些信息可以在每次插入的时候设置，还可以控制将其显示和不显示。这样，就可以在插入标高符号时设置不同的标高数值。

一、创建图块

每个【图块】包括图块名、一个或多个对象、用于插入图块的基点坐标值和所有相关的属性数据等。要定义一个【图块】，首先需要在绘图区中绘制出组成【图块】的各个对象。AutoCAD 提供的定义【图块】的基本命令是“Block”，用户可以通过一下 3 种方法启动“Block”命令：

（1）下拉菜单栏：在绘图(D)菜单栏，选择块(K)选项，单击创建(M)...；

（2）工具栏：在【绘图】工具栏上单击【创建块】按钮；

（3）命令行：输入“Block”或“B”<回车>。

用“Block”命令制作【图块】的方法如下：

（1）执行“Block”命令，系统弹出如图 16 - 24 所示块定义对话框；

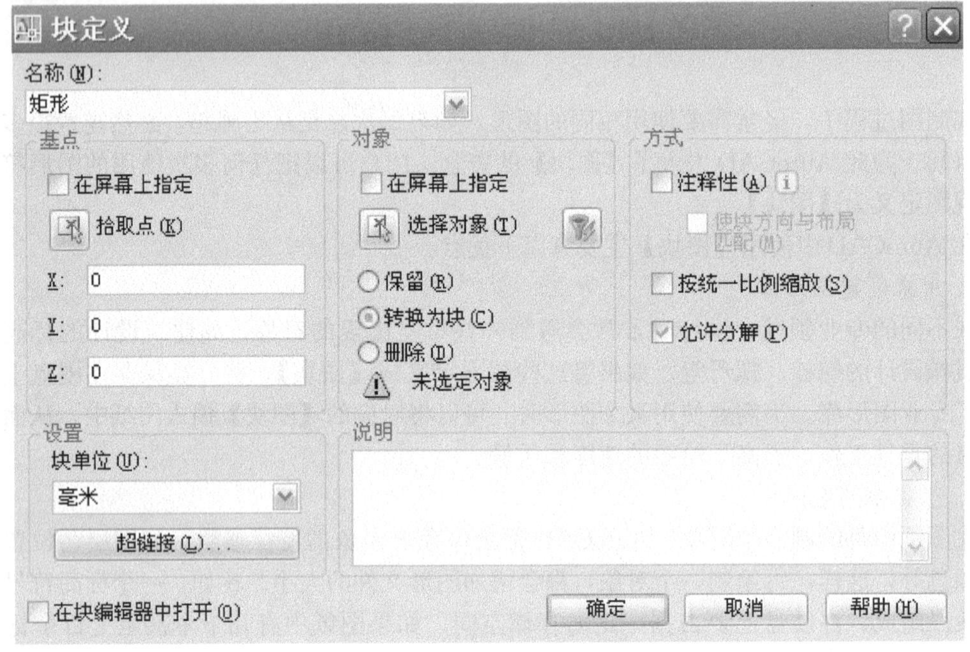

图 16 - 24 【块定义】对话框

在该对话框中，可以对需要定义的【图块】进行不同的设置：

1）名称(A)：该栏用于为新建【图块】输入名称。在其输入框右边的下拉列表中，将列出当前图形中已经定义的图块名。在同一图形文件中，不能定义两个相同名称的图块，如果用户输入的图块名是列表中已有的图块名，则在单击确定按钮时，系统将提示已定义该图块，并询问是否需要重新定义它。

2）基点：该栏用于设置所定义【图块】的插入点。用户可以通过单击拾取点(K)按钮在绘图区选取。基点的选取要考虑画图的方便，例如，将标高符号“三角形”定义为【图块】时，基点最好选择在“三角形”的顶点，以便于插入该图块。

3）对象：该栏要求用户选择要作为【图块】的实体。单击选择对象(T)左侧的按钮，即可在图形区中选取要定义为【图块】的对象。确定所选对象后，按回车键即可再次回到该对话框。在 对象 区有三个单选项，点取不同选项，具有不同意义：

保留(R)：建立图块后，保留所选对象；

转换为块(C)：建立图块后，所选对象转为图块；

删除(D)：建立图块后，删除所选对象。

当绘图区域中不存在图像时，则在该部分中出现如图16-23所示的带惊叹号“!”的黄色三角，以提示当前图像中没有实体。

4）设置：在该项 块单位(U): 毫米 可以为图块设置不同的单位。这样，当从AutoCAD的设计中心中拖曳图块时，可以在不同单位设置中进行缩放。

5）超级链接(L)：单击【超级链接】按钮，AutoCAD打开 插入超链接 对话框，用户可以在该对话框中选择文字与定义的【图块】链接。

6）设置好所有参数后，单击 确定 按钮，退出对话框，【图块】就建立好了。

二、图块的保存

按照上述方式定义的【图块】，只能在图块所在的当前文件中使用，而不能被其他图形文件引用。如果需要在其他的文件中引用定义的【图块】，则必须将【图块】存盘，使其成为公共【图块】。

AutoCAD提供的保存【图块】的基本命令是“WBlock”，启动“WBlock”命令方法如下：

命令行：输入“Wblock”或“W”<回车>。

启动“WBlock”命令后，AutoCAD将打开如图16-25所示的 写块 对话框。

（一）源

源 选项区的作用是指定将要作为【图块】保存的对象。在该选项区中有3个选项，表示AutoCAD可以通过三种方式来建立图块：

（1）块(B)：从该下拉列表中可以选择已定义的图块进行保存，将其保存为公共图块。由于定义的图块已经设置了基点和组成图块的对象，如果选择这一选项，则不必再定义 基点 和 对象 选项区的选项；

（2）整个图形(E)：该选项将会把整个图形作为一个【图块】保存；

（3）对象(O)：该选项可以在

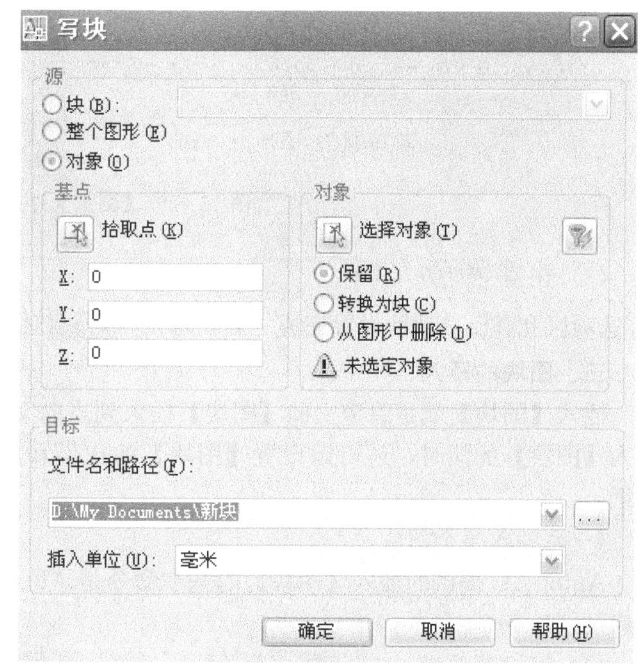

图16-25 【写块】对话框

图形文件中选择对象定义为【图块】，再进行存盘操作。

如果用户在以上 3 个选项区中选择⊙对象(O)，则基点选项区和对象选项区被激活，可以在其中设置图块的基点、组成图块的对象以及是否保留对象。具体操作步骤前面已经介绍，这里不再赘述。

(二) 目标

在目标选项区中，可以设置【图块】存盘之后的文件名、路径以及插入单位。

(1) 文件名和路径(F)：在该文本框中输入将要作为【图块】存盘之后文件的文件名；

(2) 单击 D:\My Documents\矩形 ... 下拉列表右边的按钮...，将要打开如图 16 - 26 所示的浏览文件夹对话框，从中可以选择保存【图块】的路径；

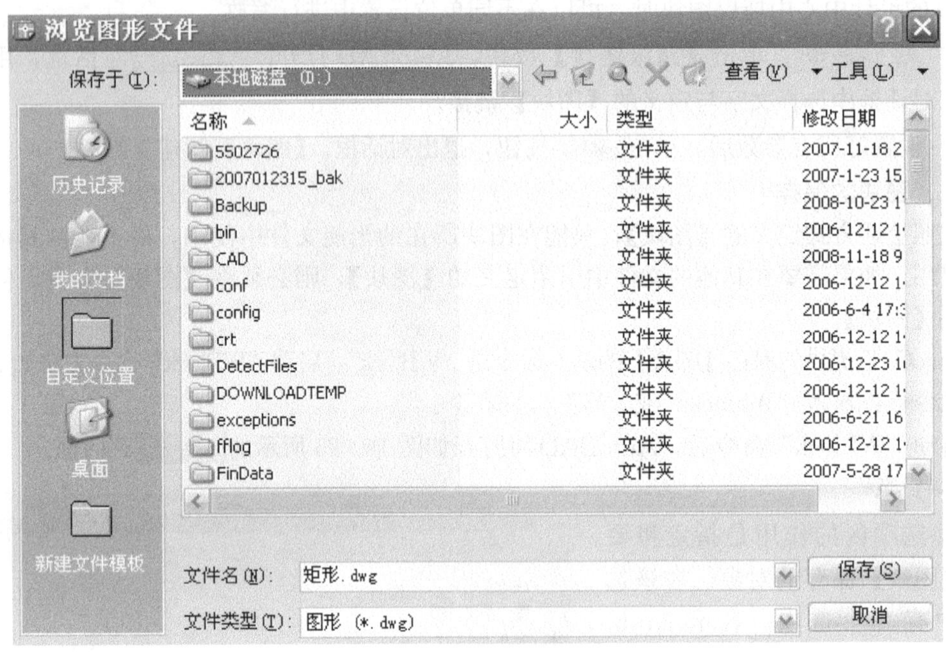

图 16 - 26 【浏览文件夹】

(3) 在插入单位(U): 毫米 设置【图块】的插入单位。在源选项区和目标选项区设置完成之后，单击写块对话框中确定按钮，就可以保存图块。

三、图块的插入

插入【图块】就是将定义的【图块】插入到当前文件中，从而达到重复利用的目的。在插入【图块】的同时，还可以设置【图块】的比例和旋转角度，用以适应不同绘图比例的图纸。

(一) 插入单个图块

AutoCAD 提供的插入【图块】的基本命令是"Insert"命令，用户可以通过以下 3 种方式启动"Insert"命令：

(1) 下拉菜单栏：在插入(I)菜单栏，选择块(B)...选项；

(2) 工具栏：在【绘图】工具栏单击【块】按钮；

（3）命令行：输入“Insert”或“I”＜回车＞。

启动“Insert”命令后，AutoCAD 将打开如图 16-27 所示的插入对话框，在其中可以设置插入【图块】的缩放比例、插入点和旋转角度等。

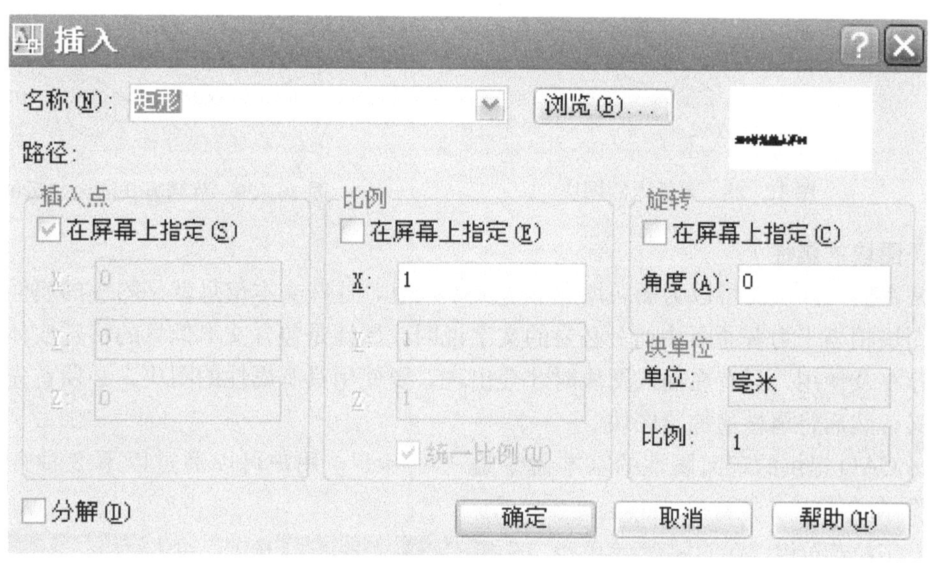

图 16-27　【插入】对话框

设置完成之后，单击 确定 按钮，就可以将选定的【图块】按照设置的基点位置、缩放比例、旋转角度等参数插入到当前文件中。

（二）插入阵列图块

除了应用“Insert”命令一次插入单个图块之外，AutoCAD 还提供了“MInsert”命令，可以将图块按照指定的格式实现阵列方式插入。

“MInsert”命令的具体操作如下：

（1）在命令行：输入 MInsert＜回车＞；

（2）在命令行输入块名或 [?]提示符后输入需要插入的图块名称，按回车键，或者输入“?”＜回车＞，查询图块的名称；

（3）在命令行出现指定插入点或 [基点(B)/比例(S)/旋转(R)]：提示下，在图形区点取一点作为插入点；

（4）在命令行指定插入点或 [基点(B)/比例(S)/旋转(R)]：指定比例因子 <1>：提示下输入比例因子，默认值为“1”＜回车＞；

（5）在命令行指定旋转角度 <0>：提示下，指定图块的旋转角度＜回车＞；

（6）在命令行输入行数 (---) <1>：提示下，输入阵列的行数“3”＜回车＞；

（7）在命令行输入列数 (|||) <1>：提示下，输入阵列的列数“4”＜回车＞。

如果输入的行数、列数均大于 1，则 AutoCAD 在命令行提示：

输入行间距或指定单位单元 (---)：，输入阵列的行间距“50”＜回车＞；

指定列间距 (|||):，输入阵列的列间距“50”＜回车＞。

得到如图 16-29 所示的效果。

图 16-28 为要阵列插入的【图块】，指定行数为“3”，列为“4”，行间距为“50”，列间距为“50”。

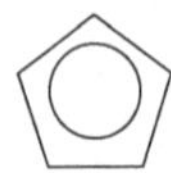

图 16-28　要插入的图块

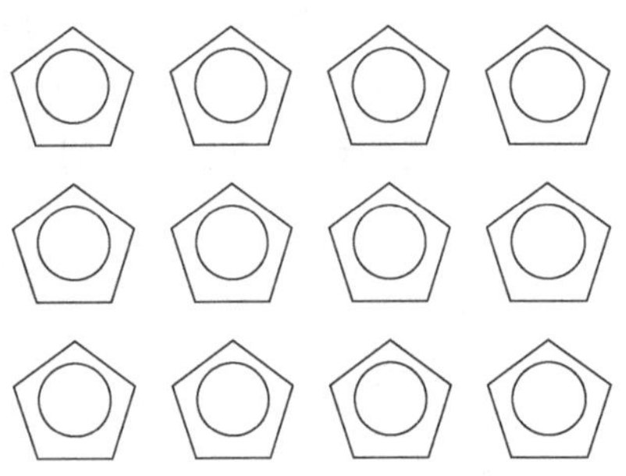

图 16-29　阵列方式插入之后的图块

四、图块的属性

通常在插入图块时可以为图块增加一些文本信息，这些文本信息就是图块的属性，具有属性的图块相当于为普通图块加上必要的文字说明。属性是包含文本信息的特殊实体，它不能独立存在及使用，只有在插入图块时才会出现。要使用具有属性的图块，必须首先对属性进行定义，然后将属性追加给图块。

AutoCAD 提供的定义属性的基本命令是“Attdef”，用户可以通过以下 2 种方式启动“Attdef”命令：

（1）下拉菜单栏：在 绘图(D) 菜单栏，选择 块(K) 选项，单击 定义属性(D)...；

（2）命令行：输入“Attdef”＜回车＞。

启动“Attdef”命令后，AutoCAD 会打开 属性定义 对话框，如图 16-30 所示。在该对话框内完成图块属性的定义。

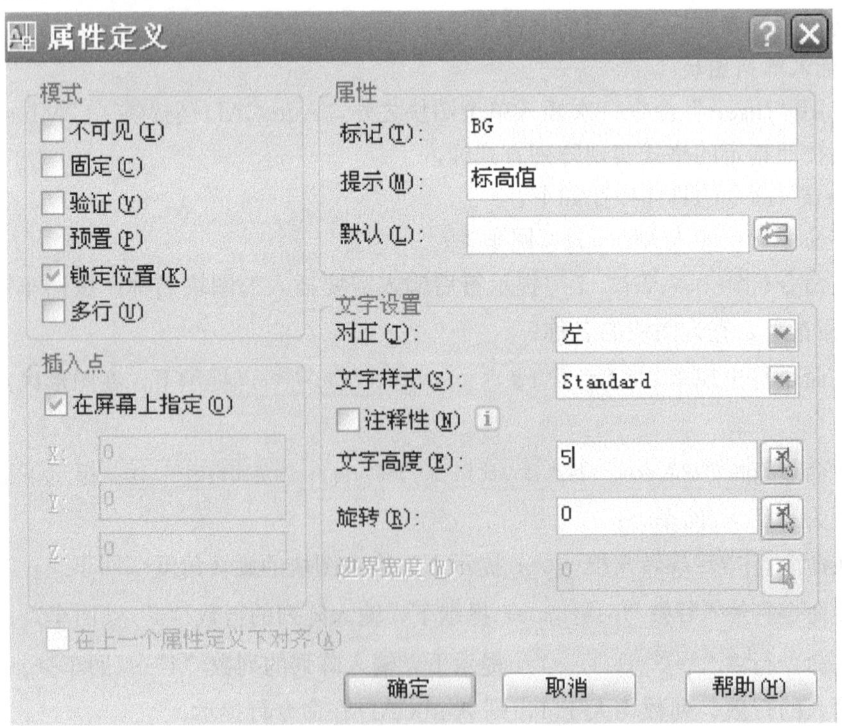

图 16-30　【块属性定义】对话框

下面我们以标高属性的定义为例，说明定义【图块属性】的方法。

图 16 - 31 为标高符号，我们将其转换为【图块】，并进行【属性定义】。

将标高符号转换为图块，并对其定义属性，则可以在每次插入标高符号时设置不同的标高值。

要使用图块的属性，首先要定义属性。

定义【标高图块的属性】按下列方法进行：

（1）在 绘图(D) 下拉菜单中的 块(K) 选项，执行 定义属性(D)... 命令，打开 属性定义 对话框，在该对话框 属性 选项区中的 标记(T): 文本框中输入“BG”，在 提示(M): 文本框中输入“标高值”，在 文字选项 选项区中的 高度(H) < 文本框中输入“5”，如图 16 - 30 所示；

（2）单击 确定 按钮，关闭 属性定义 对话框，在标高符号上方合适位置确定属性的插入点，得到如图 16 - 32 所示的结果；

图 16 - 31　标高符号　　　　图 16 - 32　定义属性

（3）创建【标高图块】。

1）单击【绘图】工具栏中【创建块】的按钮，打开【块定义】对话框。在该对话框上进行【标高图块】的 名称(A): （标高）、基点 （选择标高符号三角形下顶点作为“图块”的基点）、选择对象(T) （选择标高符号三角形和所定义的属性）等内容的设置；

2）单击 确定 按钮，【标高图块】的创建就完成了；

（4）插入【标高图块】。

1）单击【绘图】工具栏中的【插入块】按钮，AutoCAD 将打开如图 16 - 33 所示的 插入 对话框；

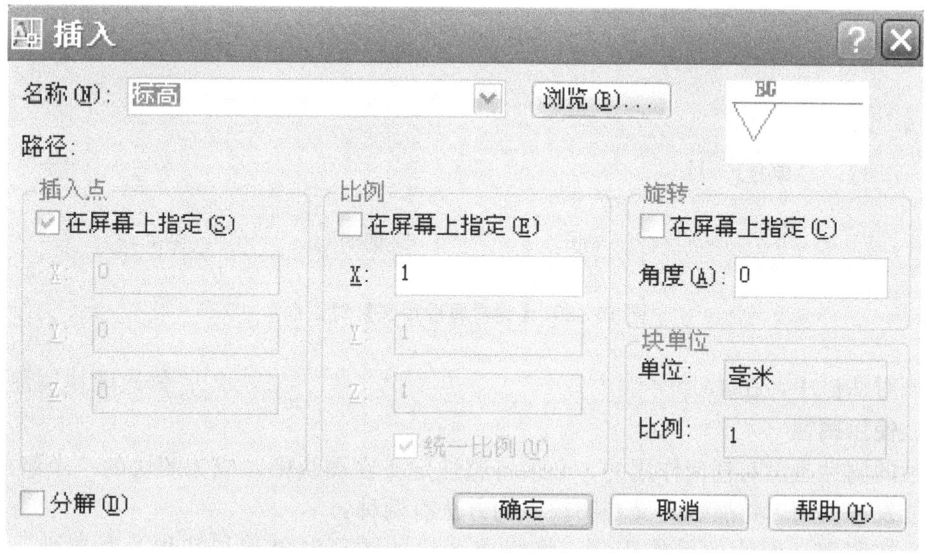

图 16 - 33　【插入】对话框

2）单击名称(N): 标高 文本框右边的箭头，从下拉列表中选择刚创建的【标高】块，单击 确定 按钮；

3）在命令行指定插入点或 [基点(B)/比例(S)/旋转(R)]: 提示下，指定室内地面上一点作为标高符号的插入点；

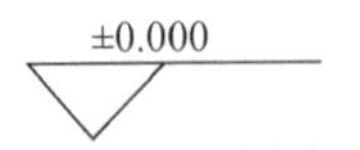

图 16-34 室内地面标高

4）在命令行标高值: 提示下，输入“%%P0.000”（指定室内地面的标高值为±0.000），<回车>。

标注室内地面标高的图形如图 16-34 所示。

五、修改图块属性

图块属性定义之后，如果用户认为属性的定义不合适，在将属性赋予图块之前，可以通过“DDEdit”命令即“特性”对话框对属性的标志、提示及初始值等进行修改。用户可以通过以下 3 种方式启动“DDEdit”命令：

(1) 下拉菜单栏：在 修改(M) 菜单栏，选择 对象(O) 选项，单击 文字(T) 中 属性(A) 命令；

(2) 命令行：输入“DDEdit” <回车>；

(3) 命令行：输入“ED” <回车>。

启动“DDEdit”命令并选择需要修改的属性后，AutoCAD 将打开 增强属性编辑器 对话框，如图 16-35 所示。

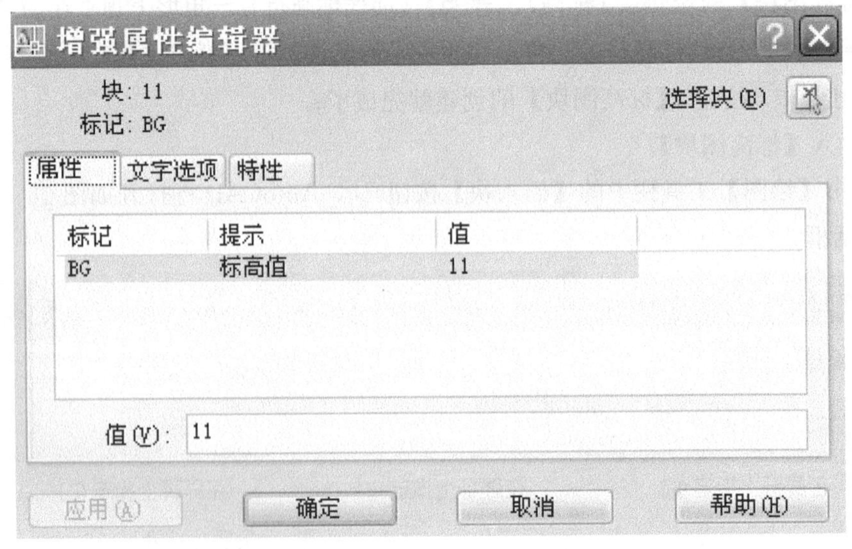

图 16-35 【编辑属性定义】对话框

在该对话框中，在值(V): 11 修改图块属性。

六、使用属性

单独的属性是没有任何作用的，必须将属性定义在图块中，成为图块的一个组成对象，属性才能发挥作用。将属性定义在图块中的方法有两种：

(1) 按照定义图块的操作步骤，将组成图块的图形对象和与其相关联属性一起定义成块；

（2）按照定义图块的操作步骤，将已有的图块和与其相关联属性当做两个图块的对象重新定义成块；

定义包含属性的图块之后，就可以利用图块快速绘制有文字差别的同类图形。如图 16-36 中所示的标高符号，在每次插入图块的时候都可以设置不同的标高值。

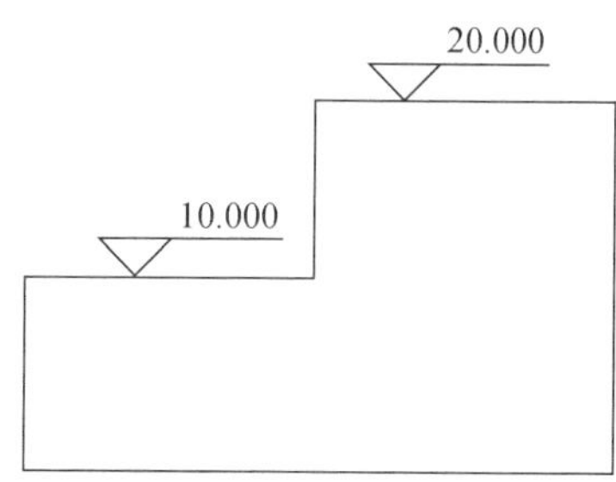

图 16-36　插入包含属性的块

第十七章　绘制建筑图范例

学习目标：

- 掌握用 AutoCAD 绘制建筑图的技巧。
- 掌握用 AutoCAD 编辑建筑图形。
- 掌握用 AutoCAD 修改建筑图形。
- 掌握用 AutoCAD 进行图案填充。
- 掌握用 AutoCAD 进行尺寸标注。
- 掌握用 AutoCAD 进行文本标注。
- 掌握创建图层。
- 掌握创建图块。

我们希望通过本章的学习，掌握 AutoCAD 的绘图技巧，能熟练的使用 AutoCAD 绘制建筑图。

第一节　绘制窗户立面图

通过如图 17 - 1 例题的讲解，学会应用 AutoCAD 如下的主要功能：

(1) 设置图层、绘图界限；

(2) RECTANG：画“矩形”的命令；

(3) LINE：画“直线”的命令；

(4) FROM：“对象捕捉”的目标捕捉命令；

(5) MIRROR：“镜像”复制功能；

(6) DIMLINEAR：“线性标注”命令；

(7) DIMCONTINUE：“连续标注”命令；

(8) DIMBASELINE：“基线标注”命令。

一、设置 AutoCAD 绘图环境

设置绘图环境包括以下几个基本步骤：设置绘图单位、设置绘图界限、设置图层。

(一) 设置绘图单位

AutoCAD 的图形单位在默认状态下为十进制单位，可以根据具体工作需要设置单位类型和数据精度。

(1) 打开 格式(O) 菜单，单击 单位(U)... 命令，打开【图形单位】对话框；

(2) 在该对话框中设置【单位】为“mm”，【精度】为“0”；

(3) 单击 确定 按钮，结束命令并返回到绘图状态。

至此，绘图单位的设置完成。本例中的窗户长为181mm，宽为181mm，采用1∶1的比例绘制。

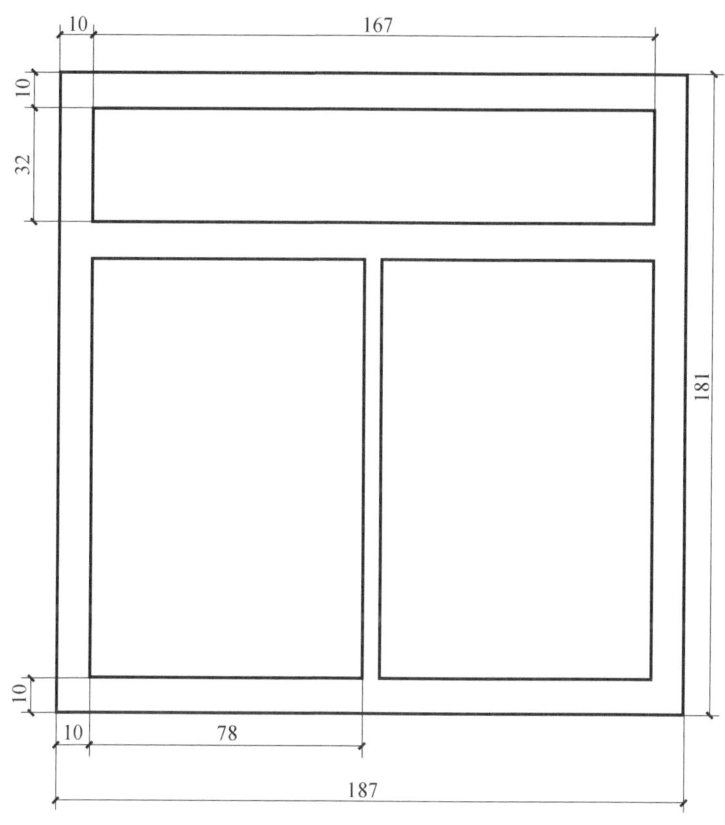

图 17-1　窗户立面图

（二）设置图形界限

对于 AutoCAD 而言，无论是使用真实尺寸绘图，还是使用比例尺寸绘图，都是为了使图纸更加规范和便于检查，都有必要设置图形界限。

本例中，窗户长为 181mm，宽为 181mm，考虑到尺寸标注和文本标注所需占用空间，我们可以设置图形界限的宽度和长度都为 250mm。

(1) 在命令行输入 Limits，并回车，或在【格式】菜单栏，选择【图形界限】命令。

(2) 执行 Limits 命令后，在命令行出现如下提示：

```
指定左下角点或 [开(ON)/关(OFF)] <0.0000,0.0000>:
```

。

提示设置图形界限左下角的位置，默认值为（0，0），用户可回车接受默认值，或输入新值，或在绘图区域的左下角单击鼠标左健，确定图形界限的左下角点。

本例接受默认值（0，0）回车。

(3) AutoCAD 继续提示用户设置绘图界限右上角的位置，输入“250，250”然后回车。

(4) 输入“Zoom”命令，再输入“A”，然后回车，如图 17-2 所示。

至此，图形界限的设置完成。

（三）设置图层

对于本例这样一个简单的图形而言，在绘制的时候没有必要设置图层。但是为了完整的讲解如何在 AutoCAD 中设置绘图环境，将其分为 2 个图层：窗户、尺寸标注。

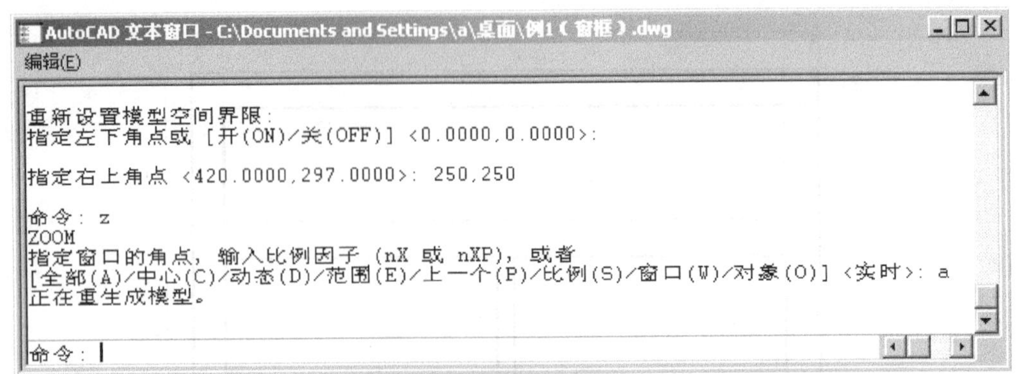

图 17-2　图形界限设置

(1) 选择 格式(O) 菜单，单击 图层(L)... 命令，打开 图层特性管理器 对话框，如图 17-3 所示；

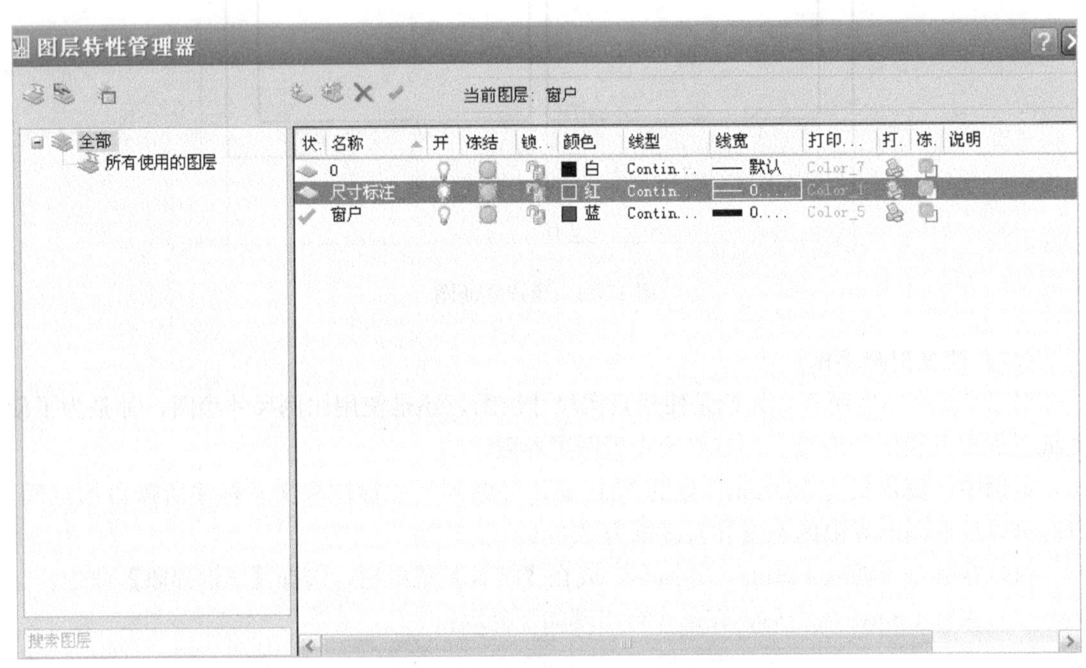

图 17-3　【图层特性管理器】对话框

在该对话框中可以看到“0”图层，“0”图层是系统默认的图层。

(2) 在该对话框中，进行【窗户】、【尺寸标注】图层的建立。

将新建图层命名为“窗户”，颜色更改为“蓝色”，线宽设置为“0.3 毫米”，线性型置为“Continuous”；使用同样的方法，新建“尺寸标注”图层，并设置颜色为“红色”，线宽设置为“0.15 毫米”，线型设置为“Continuous”，如图 17-3 所示。

(3) 单击 确定 按钮，结束命令并返回到绘图状态。

至此，整个绘图环境的设置完成。

二、绘制窗户

(1) 选中“窗户”图层，将其设置为当前层。

(2) 画 181×181 的矩形。

单击 绘图(D) 工具栏上的 矩形(G) 按钮，在屏幕空白处单击鼠标左键，用相对坐标的方式，在命令行输入“@181，181”，按“回车”键确定，如图 17-4 所示。

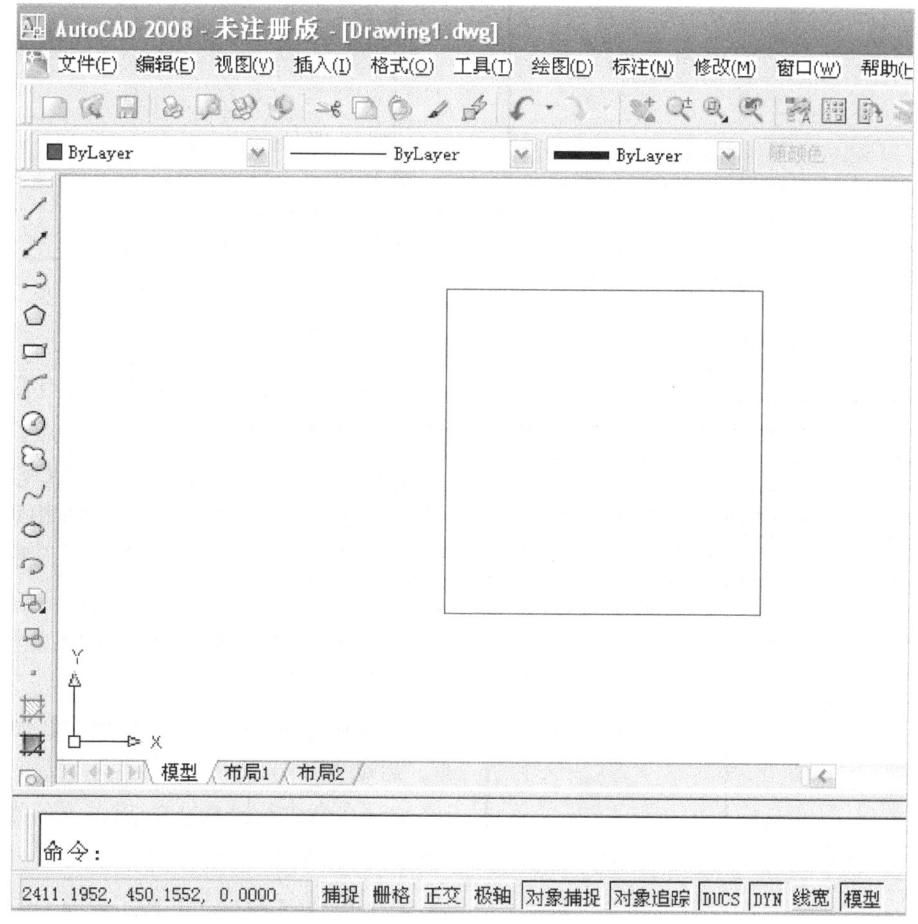

图 17-4　绘制 181×181 的矩形

(3) 画 162×32 的矩形。

1) 单击“状态行”工具栏上的 对象捕捉 按钮，再单击 绘图(D) 工具栏上的 直线(L) 按钮，在命令行 命令: _line 指定第一点: 提示下选择矩形左上角“*A*”点，在命令行 指定下一点或 [放弃(U)]: 提示符后输入“@10，－10” <回车>，画出直线 *AB*，确定 *B* 点，如图 17-5 所示。

2) 单击 绘图(D) 工具栏上的 矩形(G) 按钮，在命令行 指定第一个角点或 [倒角(C)/标高(E)/圆角(F)/厚度(T)/宽度(W)]: 提示下，捕捉 *B* 点，在命令行 指定另一个角点或 [尺寸(D)]: 提示符后输入“@162，－32”，按“回车”键确定，并删除直线 *AB*，得到图 17-6 所示图形。

图 17-5　绘制直线 AB

图 17-6　绘制 162×32 的矩形

（4）画 119×76 的矩形。

图 17-7　绘制 119×76 的矩形

同操作步骤（3）一样，使用 对象捕捉 命令，先画直线 CD：捕捉到“C”点，在命令行先输入“@10，10”画直线 CD；再画矩形：捕捉到“D”点，在命令行按相对坐标的方法输入矩形尺寸“@76，119”，删除直线 CD，得到如图 17-7 所示的图形。

（5）利用镜像命令绘出右侧的矩形。

1）启动 对象捕捉 命令。

2）点击工具栏上的【镜像】命令按钮，启动 Mirror 命令。

3）在命令行 选择对象： 提示下，选择左侧的矩形<回车>。

4）在命令行 指定镜像线的第一点： 提示下，捕捉窗框外框中点 E。

5）在命令行 指定镜像线的第一点：指定镜像线的第二点： 提示下，捕捉窗框外框中点 F 为镜像轴。

6）在命令行中 是否删除源对象？［是(Y)/否(N)］<N>： 提示下，如果不需要删除源对象，在命令行中输入“N”<回车>；要删除源对象输入“Y”<回车>。

本例输入“N”<回车>，完成窗户的绘制，如图 17-8 所示。

三、标注尺寸

设置“尺寸标注”图层为当前图层。

（一）设置尺寸标注样式

在 格式(O) 菜单栏，选择 标注样式(D)... 选项，创建【新标注样式】。在 新建标注样式 对话框中，按照“建筑制图国家标准”的有关规定进行“尺寸线”、“尺寸界线”、“起止点”、“文字”等项的设置。

（二）标注尺寸

（1）单击 标注(N) 工具栏上的 线性(L) 按钮，捕捉到左上角交点“A”后，按鼠标左键确定，再捕捉第二点“B”，向上拖动，在图形外单击鼠标左键，确定尺寸线的位置，如图17-9所示。

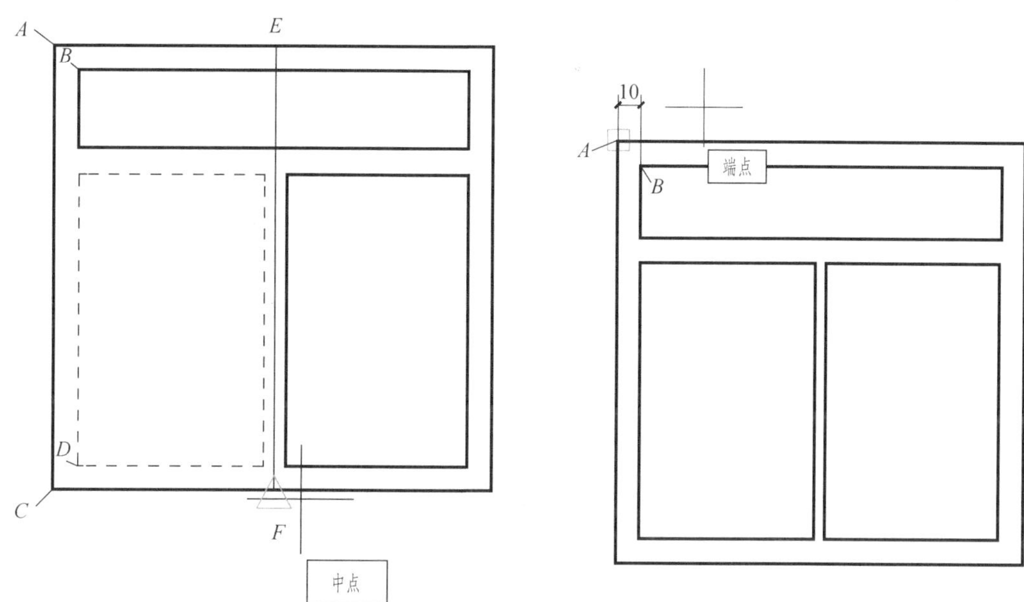

图17-8 镜像右侧矩形

图17-9 捕捉A、B点

提示：调用尺寸标注工具条。只要把鼠标移到任一工具栏空白处，按右键，出现如图17-10所示的快捷菜单，凡是在前面有“√”的项，说明当前该项工具栏已被打开，单击

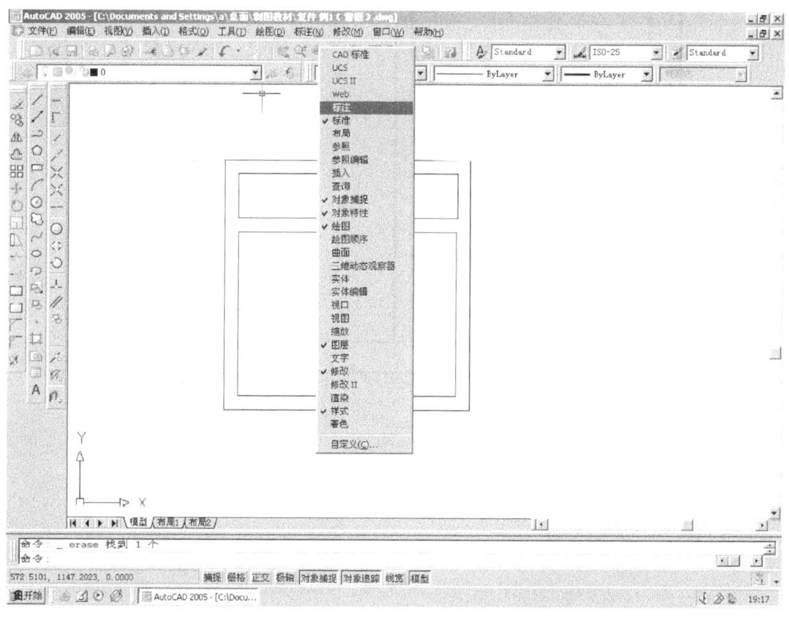

图17-10 调用尺寸标注工具条

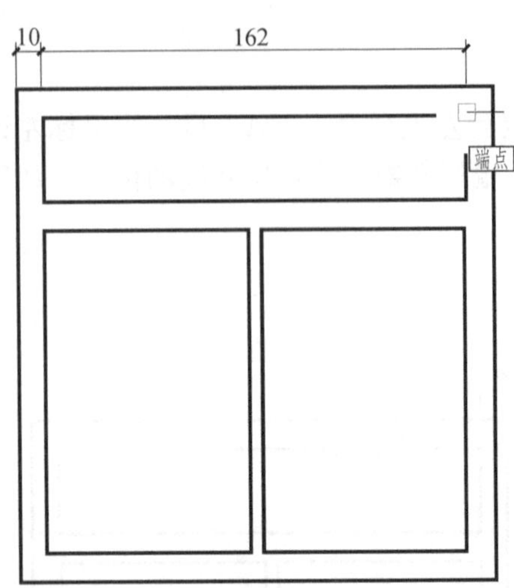

图 17 - 11 用“连续标注”法标尺寸“162”

“标注”，出现尺寸标注的工具栏。

(2) 单击 标注(N) 工具栏上的 连续(C) 按钮，此时，尺寸标注的起点就是刚标好的尺寸“10”的“*B*”点，向右拖动鼠标，捕捉到内框的端点按左键确定，得到“162”的尺寸，按“回车”确定，如图 17 - 11 所示。

(3) 同样方法，标出其他的有关尺寸，如图 17 - 12 所示。

(4) 水平总长“181”尺寸的标注方法。单击【标注】工具栏上的【基线标注】按钮，输入“S”选择基准线，用鼠标选择框选择尺寸“10”的左尺寸界线，向右拖动鼠标，捕捉到外框右下角的点，单击左键确定。然后按“回车”键，得到“181”的总长尺寸，如图 17 - 13 所示。

提示：一般在进行“连续标注”和“基线标注”时，系统所默认的起点是上次所标的尺寸线，如果不是你所要的起点，必须要重新选择，此时只须用“S”选项即可。

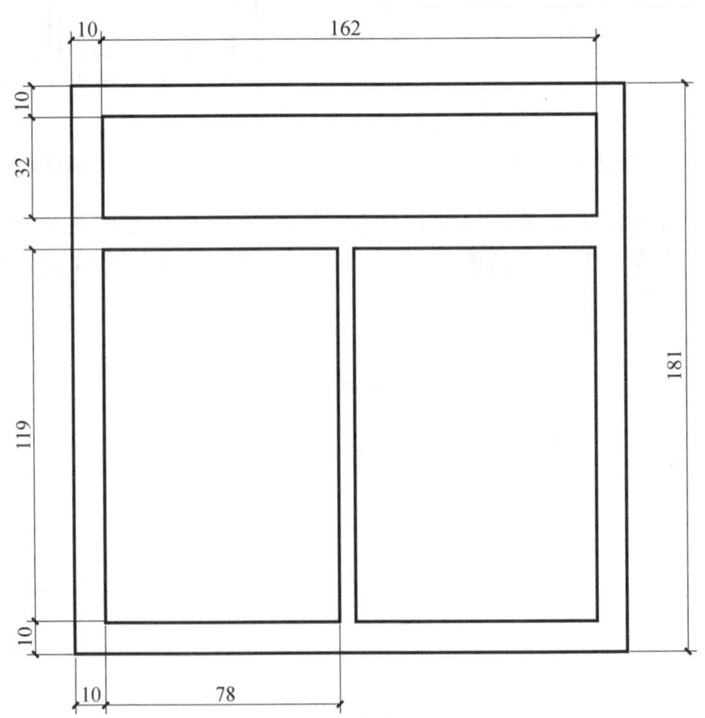

图 17 - 12 标注出其余尺寸

【练习】 用矩形等命令画出图 17 - 14 所示的窗框图形。

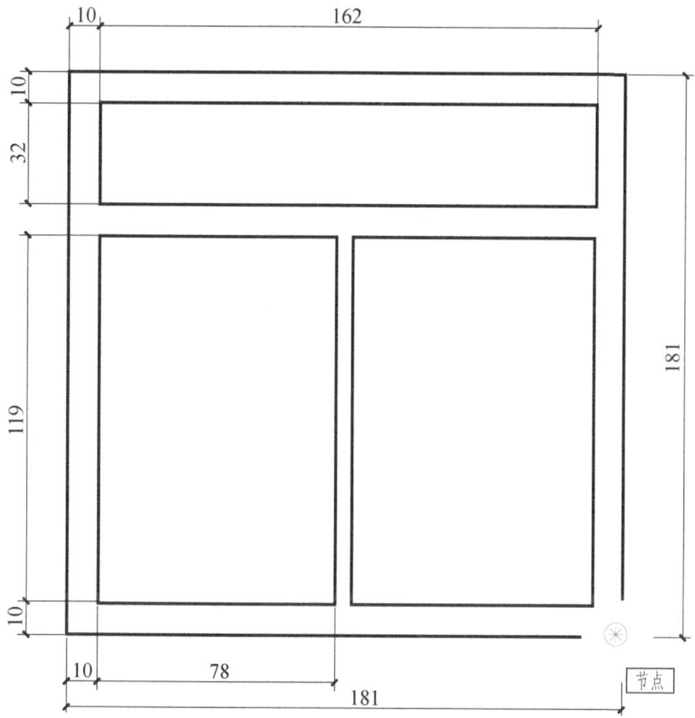

图 17-13　用“基线标注”法标注水平尺寸“181”

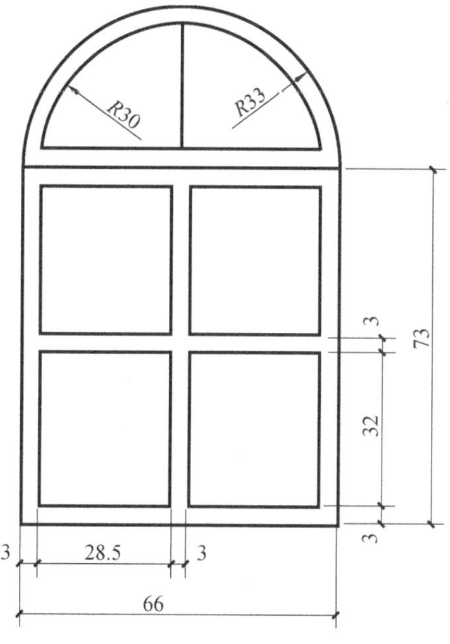

图 17-14　窗户立面图

第二节 绘制体育场平面图

通过图 17 - 15 实例的讲解，学会应用 AutoCAD 的如下主要功能：

(1) RECTANG：画带圆角的矩形；

(2) LINE：画线命令；

(3) OFFSET：偏移命令；

(4) Trim：修剪命令；

(5) CIRCLE：画圆命令；

(6) MIRROR：镜像复制功能。

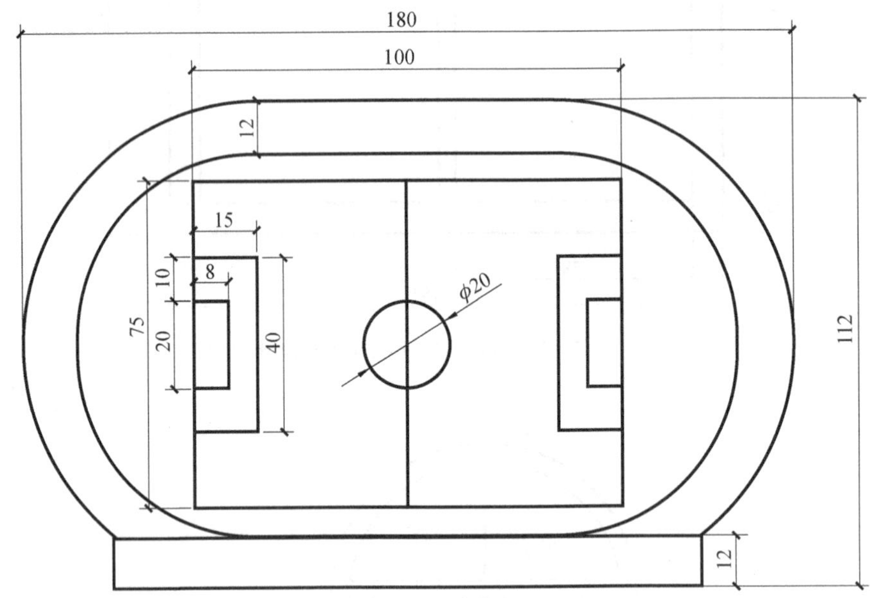

图 17 - 15 体育场平面图

一、设置绘图环境

(一) 设置图层

设置如表 17 - 1 所示图层。

表 17 - 1 图 层 设 置

名 称	颜 色	线 型	线 宽
0	白色	Continuous	0.30
尺寸	白色	Continuous	0.15

(二) 设置绘图界限

(1) 在命令行输入 "Limits" 命令，按 "回车" 键。

(2) 设置绘图区域左下角为 "0，0"，右上角输入 "220，150"，按 "回车" 键。

(3) 输入 "Zoom" 命令，再输入 "A"，按 "回车" 键。

二、绘制操场跑道

（一）外圈跑道

利用“圆角”命令画矩形，步骤如下：

（1）设置“0”层为当前图层。

（2）单击工具栏上的“矩形”按钮，在命令行的提示下输入“F”，然后按“回车”键。

（3）在命令行输入圆角半径“50”，然后按“回车”键。

（4）在屏幕左上角任意选一点，然后用相对坐标的方式，输入“@180，－112”，然后按“回车”键。

（二）内圈跑道

利用【偏移】命令来绘制，具体步骤如下：

（1）点击工具栏上的“偏移”按钮，在命令行 指定偏移距离或 [通过(T)] <1.0000>: 提示符后输入“12”作为偏移距离，然后按“回车”键。

（2）在命令行 选择要偏移的对象或 <退出>: 提示下，选择外圈跑道作为偏移的对象，再在圈内单击鼠标左键，指定偏移方向，然后按“回车”键，得到如图 17－16 所示的图形。

三、看台的绘制

（1）打开状态行中【正交】、【对象捕捉】、【对象追踪】功能，以内圈底边直线部分左端点为线的起点向左画水平线，直画到与外圈相交为止。

（2）以直线与外圈的交点为起点，向下画长为“12”的直线（利用正交画直线，在命令行输入“12”然后回车），然后向右连到外圈底边上。

（3）单击工具栏上【镜像】按钮，进行复制另外一半，如图 17－17 所示。

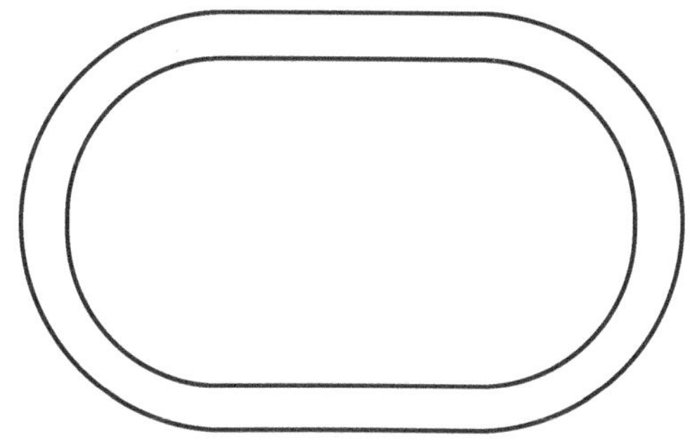

图 17－16　绘制内、外圈跑道

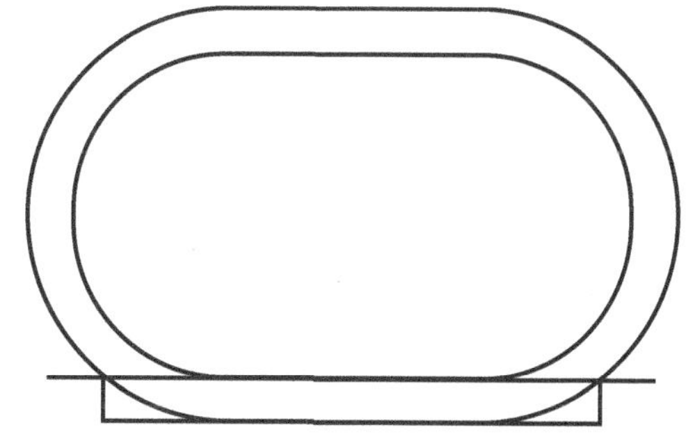

图 17－17　绘制看台（1）

（4）利用“Trim”命令修剪对象。

1）在【修改】工具栏上单击【修剪】按钮，启动 Trim 命令。

2）在命令行出现图 17－18 提示，说明先要选择修剪边界。选择作为修剪边界的对象＜回车＞。

```
命令: _trim
当前设置:投影=UCS, 边=无
选择剪切边...
选择对象:
```

图 17－18　命令行提示

3）在命令行 选择要修剪的对象, 按住 Shift 键选择要延伸的对象, 或 [投影(P)/边(E)/放弃(U)]:

提示下，选择一个要修剪的对象。注意，所选点应在需要修剪的那一端。

4）选择另一个要修剪的对象继续修剪，或按回车键结束命令。

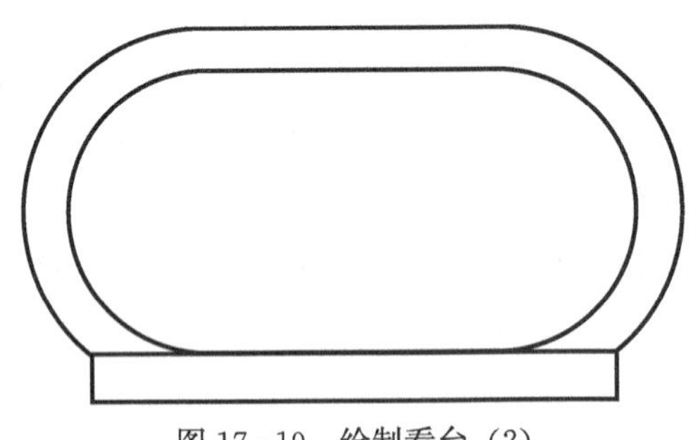

图 17-19　绘制看台（2）

注意：选择完“修剪边界”的对象后，＜回车＞很重要，它告诉计算机＜回车＞前的对象是修剪边界，＜回车＞后的对象是修剪的对象。

如果选择了多个修剪边界，被修剪的对象将与它所碰到的第一个修剪边界处修剪；如果在两个修剪边界之间的部分拾取一点，被修剪的对象在两个修剪边界之间的部分将被删除。

修剪结果如图 17-19 所示。

四、足球场绘制

（1）单击【绘图】工具栏上【矩形】按钮，利用“捕捉对象”命令以操场中心为第一角点，输入“@－50，37.5”，然后按“回车”键，画出一个矩形。再以该矩形左上角点为重新画矩形的第一角点，在命令行提示指定另一角点时，再输入“@100，－75”，按“回车”键，完成足球场绘制，如图 17-20 所示。

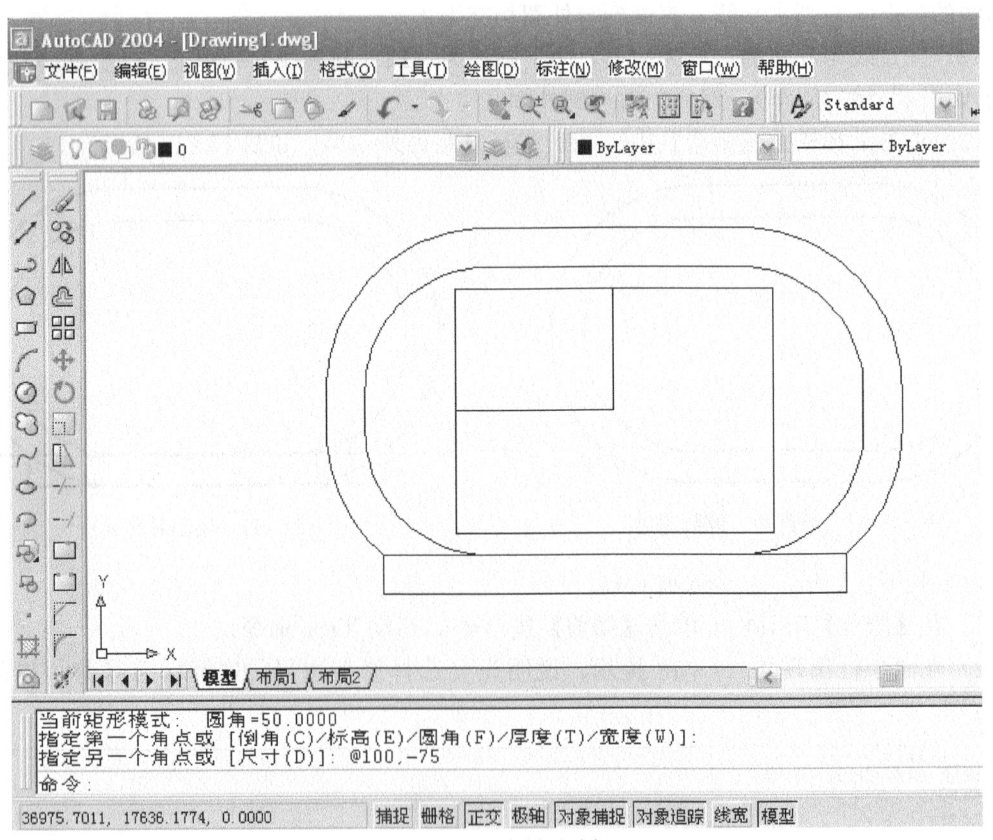

图 17-20　绘制足球场

提示：操场中心点的捕捉，只须在打开状态栏上的“对象捕捉”和“对象追踪”的情况下，先把鼠标放到顶边中点，然后向下移动鼠标，此时会出现一条铅垂的虚线，如图 17-21 所示。然后再把鼠标移到左边圆弧的中点上，出现中点提示符，然后再向右拖动鼠标，会出现一条水平的虚线，当把鼠标移至交点处，按左键确定，就捕捉到了中心，如图 17-22 所示。

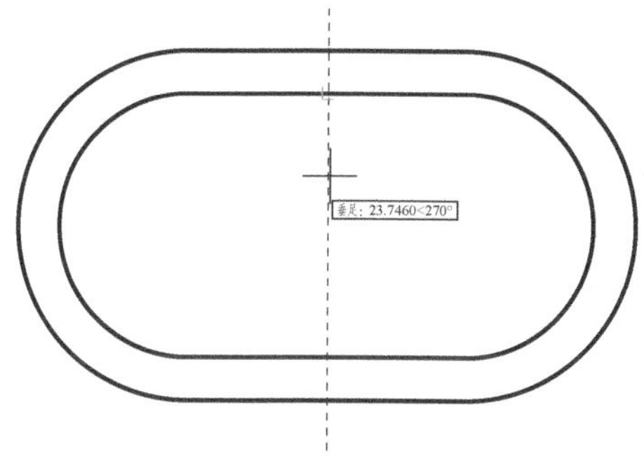

图 17-21　捕捉铅垂方向中点

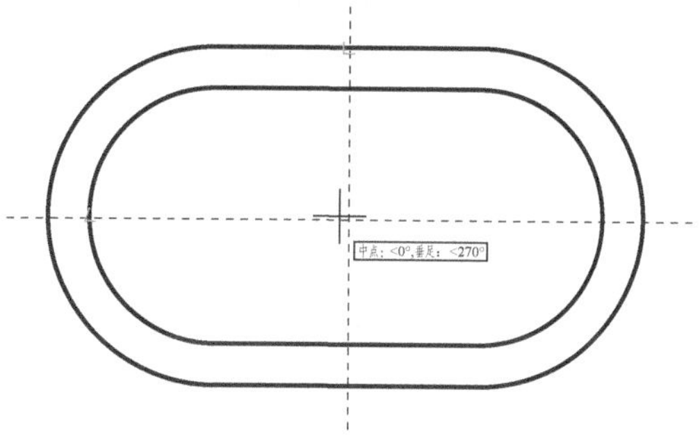

图 17-22　捕捉水平方向中点

（2）删除画的第一个矩形。

（3）然后画足球场的中线，用中点捕捉的方式，画出操场中线。

（4）单击工具栏上“圆”的命令，以中线中点为圆心，输入半径“10”，画出中间的圆。

（5）再根据给定的尺寸，利用正交画线命令作出足球场的底边图线，单击工具栏上的“镜像”命令，完成另一侧的图形，如图 17-23 所示。

五、标注尺寸

设置“尺寸”图层为当前图层。

（一）设置标注样式

按照前面设置标注样式。

（二）开始标注尺寸

（1）单击“线性尺寸”按钮，捕捉到操场的外圈左边圆弧的中点后单击，指定线性尺寸标注的起点。

（2）捕捉另一侧的中点，指定线性尺寸的终点。

（3）向上拖动鼠标到适当位置单击，完成总长 180 的标注，如图 17-24 所示。

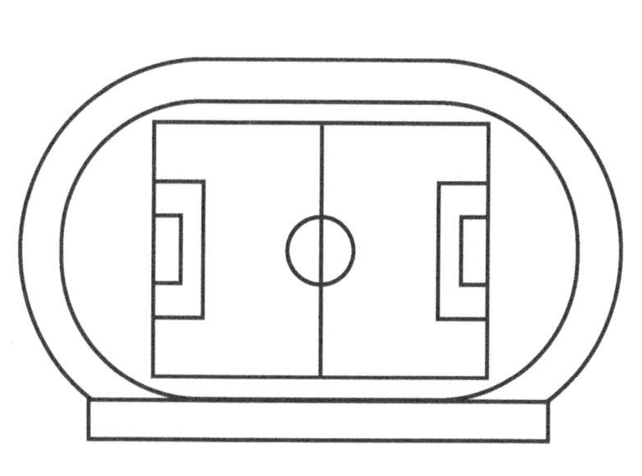

图 17-23　绘制足球场其余图形

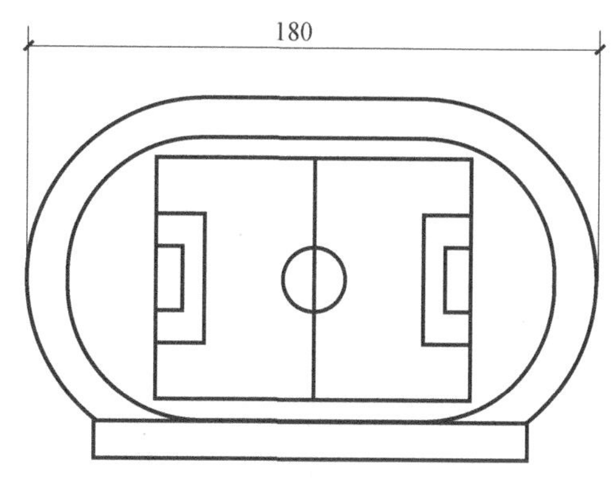

图 17-24　标注总长

（4）利用上述方法，标注全其他的尺寸，最后完成的图形如图 17-15 所示。

【练习】 用矩形等命令画出如图 17-25 所示的花格平面图。

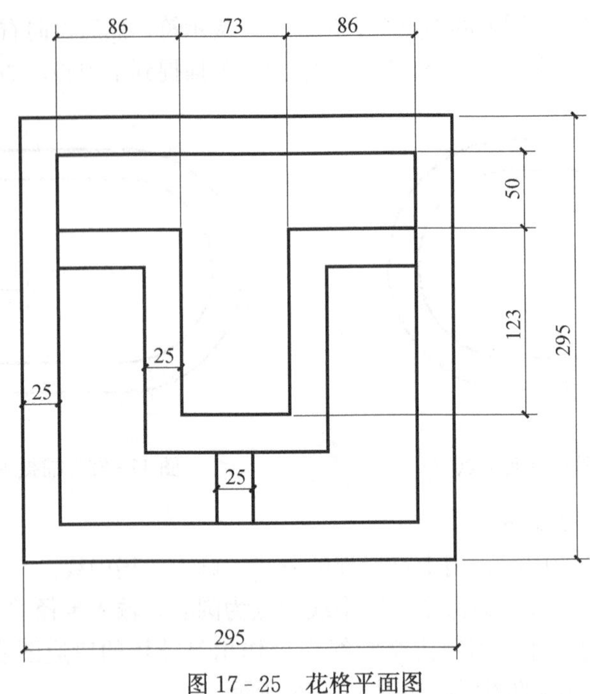

图 17-25　花格平面图

第三节　绘制坐便器平面图

通过图 17-26 所示例题的讲解，学会应用 AutoCAD 如下的主要功能：

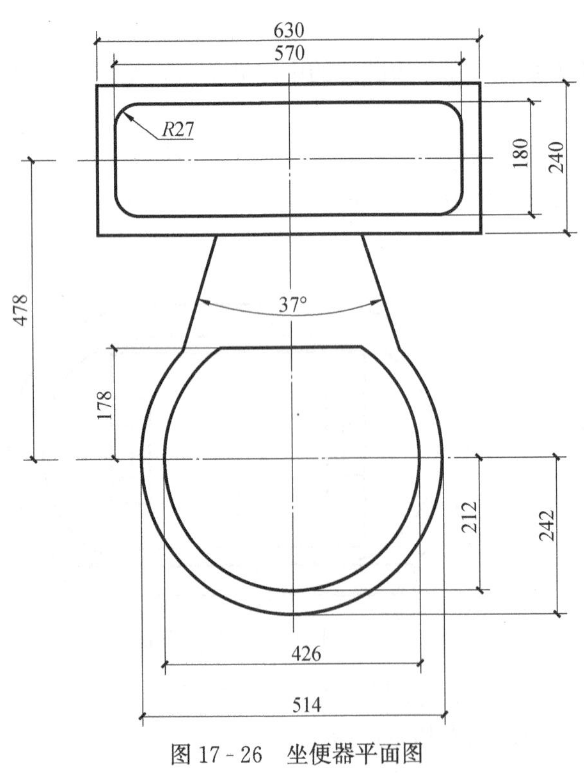

图 17-26　坐便器平面图

(1) RECTANG：画“矩形”的命令。

(2) ILLET：倒“圆角”命令。

(3) ELLIPSE：画“椭圆”的命令。

(4) FROM：“捕捉对象”命令。

(5) OFFSET：“偏移”拷贝命令。

(6) TRIM：“修剪”命令。

(7) XLINE：用“构造线”的命令，画出角度线。

(8) DIMLINREAR：“线性标注”命令。

(9) DIMBASELINE：“基线标注”命令。

(10) DIMANGULAR：“角度标注”命令。

一、设置绘图环境

（一）设置图层（表 17-2）

表 17-2　　图　层　设　置

名　称	颜　色	线　型	线　宽
0	白色	Continuous	0.30
尺寸	白色	Continuous	0.15
中心线	白色	Center	0.15

（二）放大绘图区域

（1）在输入“Limits”命令，按“回车”键。

（2）设置绘图区域左下角为“0，0”，右上角输入“@800，1000”，按“回车”键。

（3）输入“Zoom”命令，再输入“A”，按“回车”键。

（三）相关工具栏的调用

（1）参照前面的例子，把鼠标移到任一工具条上，然后按鼠标右键。

（2）点击“标注”、“对象捕捉”和“尺寸标注”，打开这三项工具条。

二、开始绘制图形

（一）绘制顶端的矩形

（1）单击【绘图】工具栏上的【矩形】按钮，在屏幕左上方，点击一点，确定矩形的左上角，然后用相对坐标的方式，输入“@630，－240”，按“回车”键，如图 17-27 所示。

（2）单击【修改】工具栏上的【偏移】按钮，输入“30”确定偏移距离，按“回车”键。

（3）用鼠标选择刚才画的矩形，作为偏移对象。然后在矩形内部点击一下，按“回车”键。完成内部矩形的绘制，如图 17-27 所示。

图 17-27　绘制内外矩形

（4）单击【修改】工具栏上的【圆角】按钮，在命令行输入“R”，按“回车”键或按鼠标右键。再在命令行输入“27”以指定圆角的半径，如图 17-28 所示。

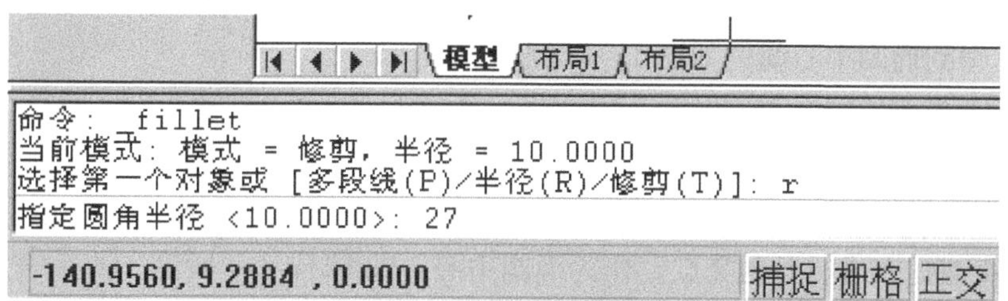

图 17-28　修改圆角半径

(5) 按“回车”键，鼠标变成选择对象的小方框，此时先在命令行输入“P”，告诉系统是采用多段线方式圆角，然后再选择内部的矩形，一次就完成倒圆角，如图 17 - 29 和图 17 - 30 所示。

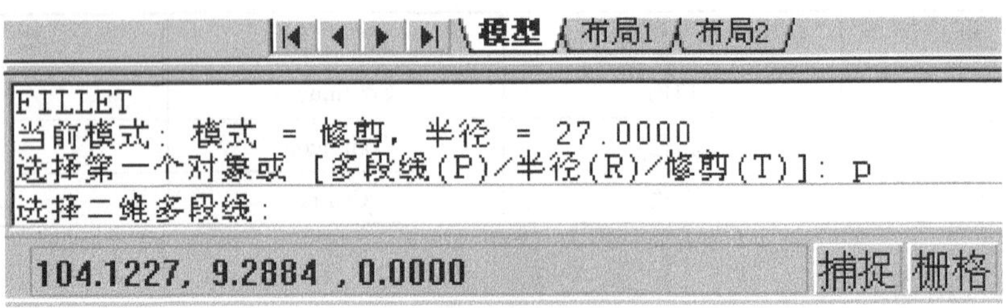

图 17 - 29 采用多段线方式圆角

图 17 - 30 完成矩形的圆角

(二) 中心线的绘制

(1) 点击【图层】控制按钮，把中心线层设为当前图层。

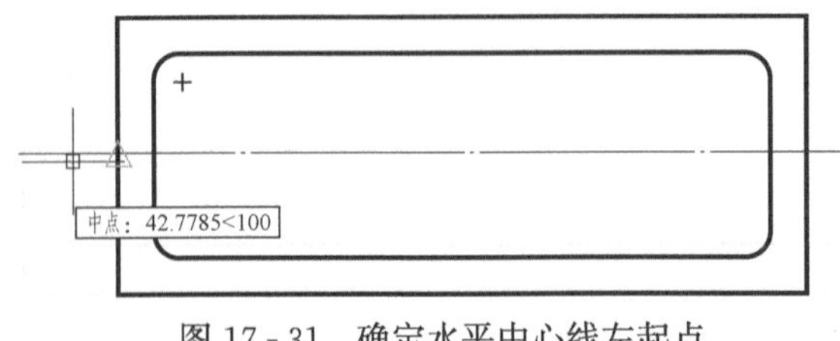

图 17 - 31 确定水平中心线左起点

(2) 单击【绘图】工具栏上的【直线】按钮，再打开【对象捕捉】和【对象追踪】两项作图辅助功能，单击刚画的矩形的左侧边中点向左的位置，然后向右拖出一条直线作为中心线，按“回车”键，如图 17 - 31 所示。

(3) 同理作出左右对称中心线，如图 17 - 32 所示。

(4) 单击【修改】工具栏上的【偏移】按钮，在命令行输入偏移距离“478”，按“回车”键。

(5) 选择刚才画的水平中心线，再在水平线的下方单击鼠标左键，以确定偏移方向，按“回车”键，得到椭圆中心线，如图 17 - 33 所示。

(三) 底部椭圆的绘制

(1) 单击【对象特性】工具栏上的【图层】按钮，把“0”层设为当前层。

(2) 单击【绘图】工具栏上的【椭圆】按钮，在命令行输入“C”，以中心方式绘制椭圆。用交点捕捉方式捕捉到交点，作为椭圆中心，如图 17 - 34 所示。

(3) 在命令行输入“@—257，0”作为椭圆长端的左端点，然后按“回车”键。再在命令行输入“242”按“回车”键完成椭圆的绘制，如图 17 - 35 所示。

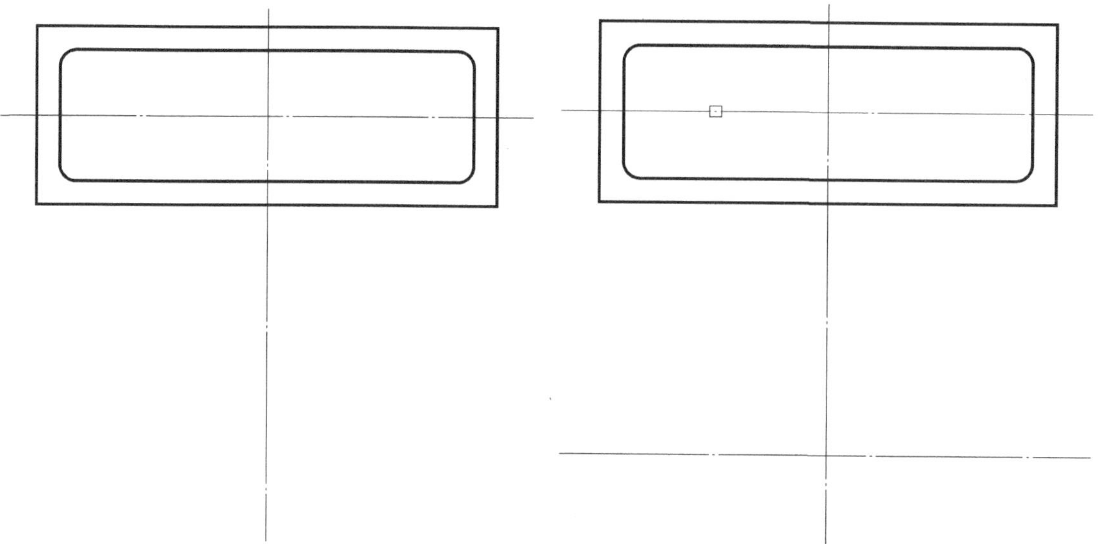

图 17-32　绘制中心线　　　　图 17-33　偏移复制出底部中心线

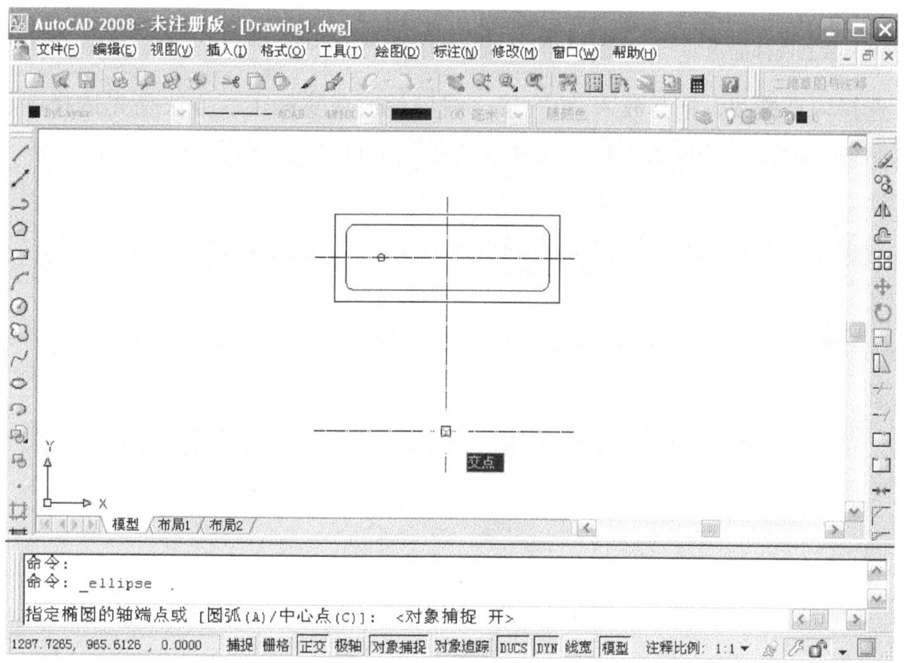

图 17-34　捕捉椭圆中心

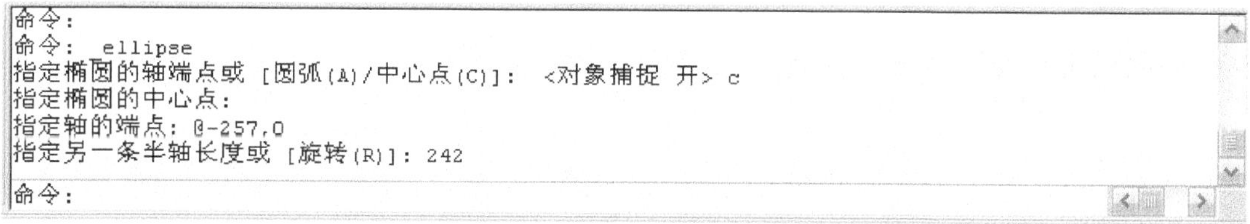

```
命令:
命令: _ellipse
指定椭圆的轴端点或 [圆弧(A)/中心点(C)]: <对象捕捉 开> c
指定椭圆的中心点:
指定轴的端点: @-257,0
指定另一条半轴长度或 [旋转(R)]: 242

命令:
```

图 17-35　确定椭圆长、短轴

（4）同样方法画出内部小的椭圆来，如图 17－36 所示。

（5）单击【修改】工具栏上的【偏移】按钮，在命令行输入“178”，选择椭圆水平中心线，向上点击鼠标左键，然后按“回车”键，得到如图 17－37 所示图形。

（6）单击【修改】工具栏上的【偏移】按钮，不作任何选择，先按“回车”键，把当前图上所有的线条都用作修剪的边界，然后把图形修剪成如图 17－38 的形状。

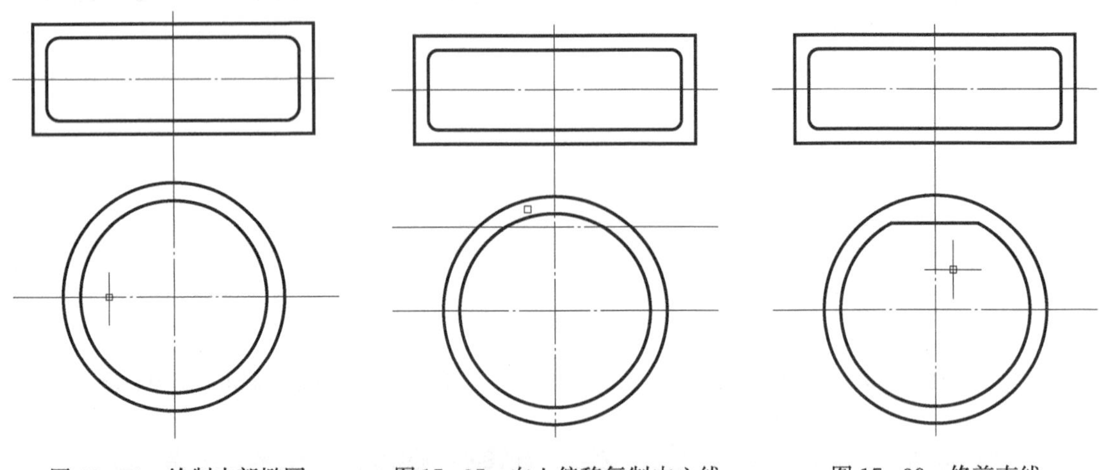

图 17－36　绘制内部椭圆　　图 17－37　向上偏移复制中心线　　图 17－38　修剪直线

（7）选择内部椭圆，把其放入“0”层。线型就改成实线了。方法是先选择图线，然后单击层控制窗口的“0”层，按两下“Esc”键即可，如图 17－39 所示。

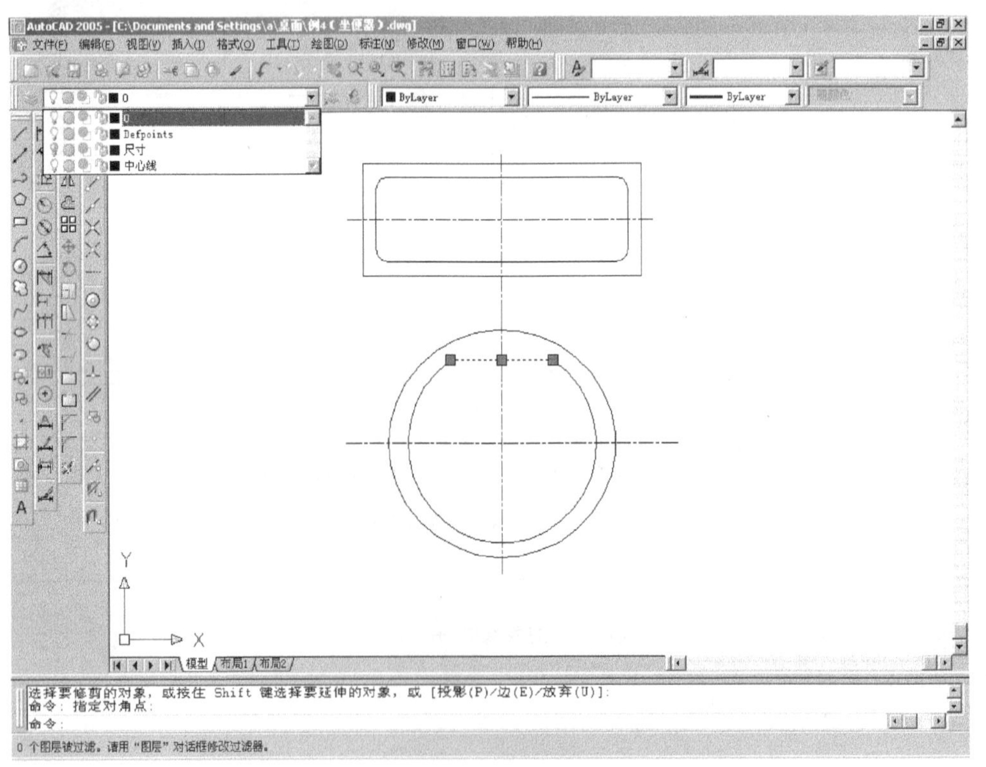

图 17－39　修改线型

(8) 单击【绘图】工具栏上的【构造线】按钮，在命令行输入“A”，按“回车”键，如图 17-40 所示。再输入“71.5”，再按“回车”键，单击“捕捉自”按钮，用鼠标捕捉到图中的铅垂中心线与矩形底边的交点，单击左键确定，然后再输入“@－120，0”，按“回车”键。命令执行过程如图 17-41 所示。

提示：这里的“71.5”是该线与水平线的角度。在 CAD 中默认的角度测量方向为，逆时针方向为正值。

(9) 单击【修改】工具栏上的【镜像】按钮，以中心线为镜像线，得到右侧角度线，再经过“修剪”命令，得到如图 17-42 所示的图形，完成图形的绘制。

三、标注尺寸

设置“尺寸”图层为当前图层。

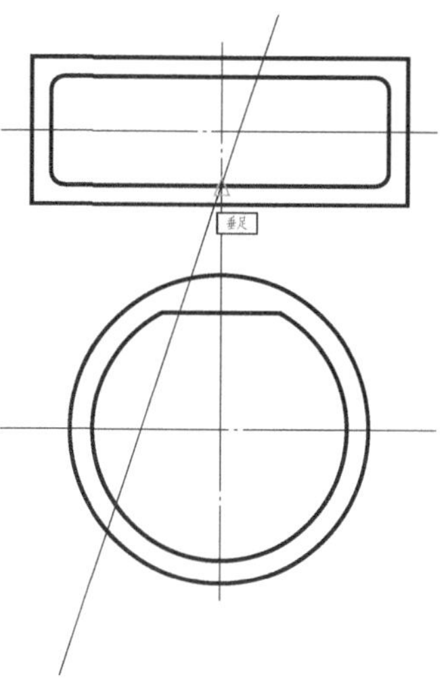
图 17-40　绘制构造线

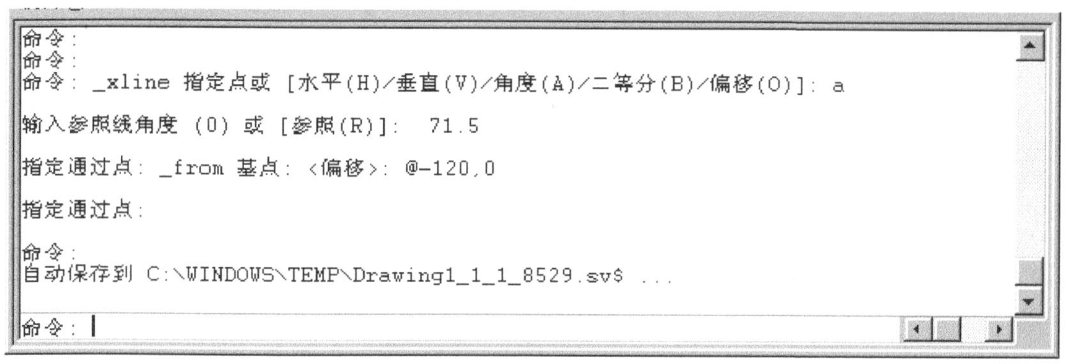

图 17-41　构造线命令执行过程

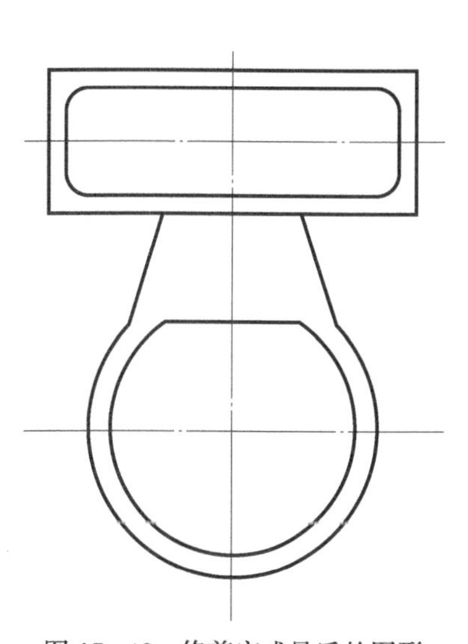
图 17-42　修剪完成最后的图形

（一）设置标注样式

在下拉菜单，在格式(O)菜单栏，选择标注样式(D)...选项；这时屏幕上弹出了标注样式管理器对话框，如图 17-43 所示。

(1) 单击新建(N)...按钮，弹出创建新标注样式对话框。

(2) 在新样式名(N)：文本框内输入“样式 1”。

(3) 单击继续按钮，弹出新建标注样式：对话框。

1) 在符号和箭头栏中，设置第一个(T)：和第二个(D)：都为“建筑标记”。

2) 在调整选项中设置使用全局比例(S)：为“10”。

3) 在文字选项中点击文字样式(Y)：后面的...按钮，出现文字样式对话框，在该对话框内设置SHX 字体(X)：为

“gbeitc. shx”，单击 应用(A) 按钮。

4）单击 关闭(C) 按钮，回到 新建标注样式 对话框，单击 确定 按钮，回到 标注样式管理器 对话框。

（4）单击 置为当前(U) 按钮，将新建标注样式指定为当前样式。

（5）单击 关闭 按钮，完成标注样式的设置。

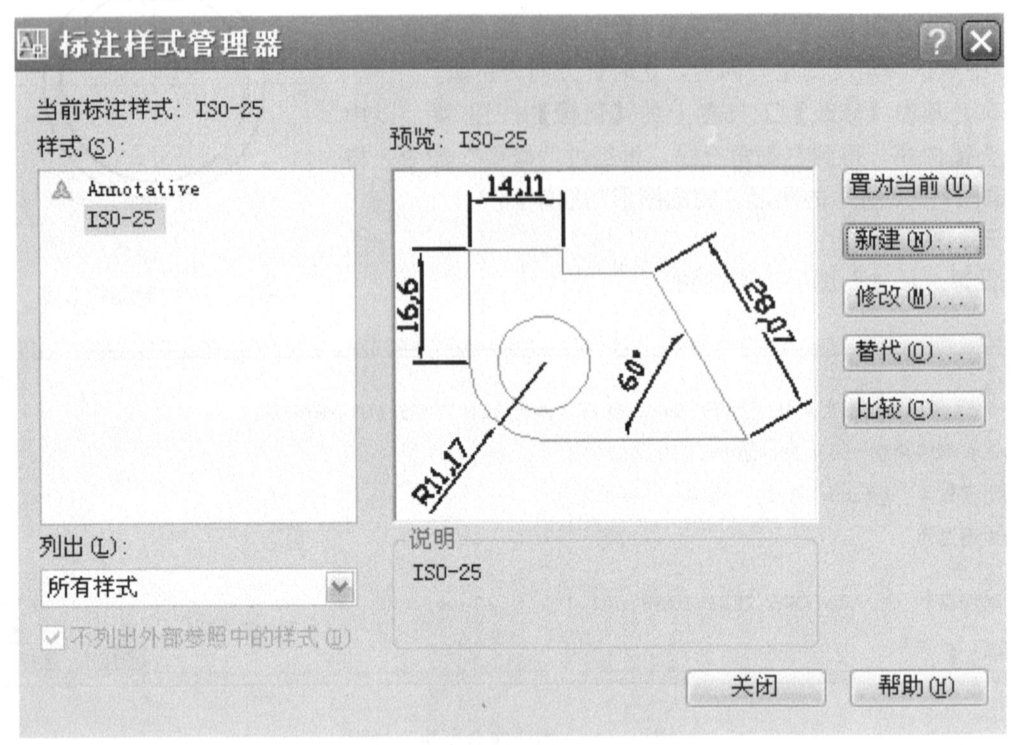

图 17-43 【标注样式管理器】对话框

（二）开始标注尺寸

（1）选择 标注(N) 菜单栏中 线性(L) 选项，参照前面的例子完成线性尺寸的标注。

（2）关于角度尺寸“37”的标注方法如下：单击 角度(A) 选项，在命令行的提示下分别选择左、右斜线作为两边，然后向下拖动鼠标到适当位置单击，完成尺寸“37°”的标注，如图 17-44 所示。

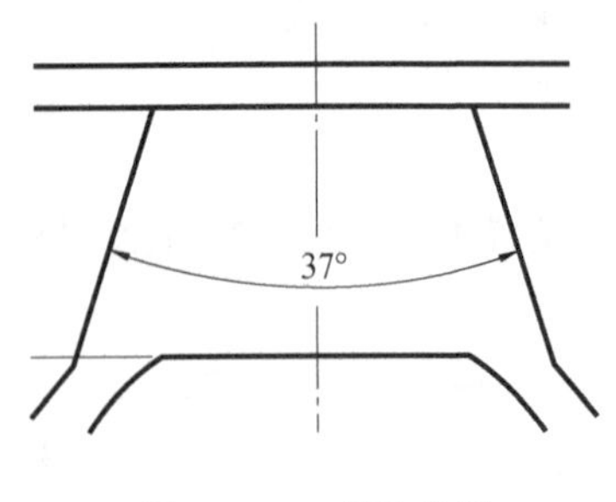

图 17-44 标注角度

（3）关于半径“*R*27”尺寸的标注，方法如下：单击“标注样式管理器”，选择“新建”，“基础样式（S）”选择框内选择“样式 1”，在“用于（U）”选择框内，选择“半径标注”，单击“继续”。在 新建标注样式 对话框内，将“箭头”设为“实心闭合”、“文字方向”设为“水平”，然后进行标注。设置过程如图 17-45 所示，标注效果如图 17-46 所示。

（4）利用上述方法，完成其他部分的线性尺寸的标注，

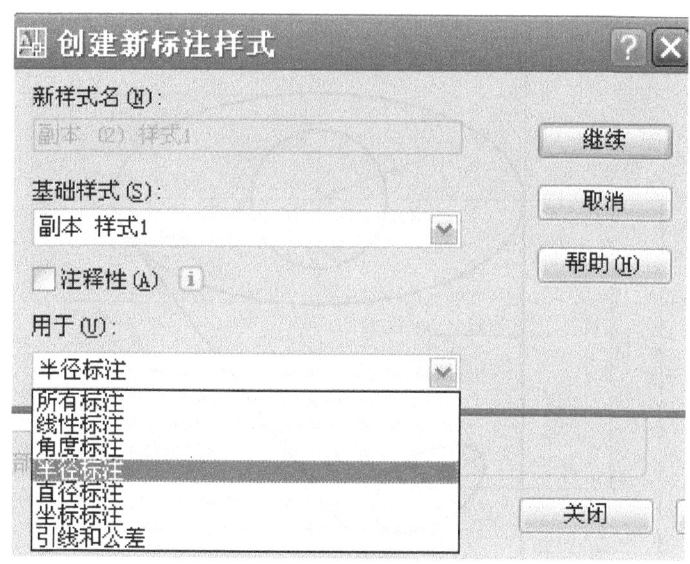

图 17-45　修改标注样式

最后再单击“线宽”，显示效果如图 17-47 所示。

(5) 最后单击“线宽”显示按钮，发现上方内框线宽没有改成细线，选中内框，点击“对象特性”工具栏上的“线宽”设置框，调整为“0.15”即可，最后效果如图 17-26 所示。

【练习】 用椭圆等命令画出如图17-48所示的图形。

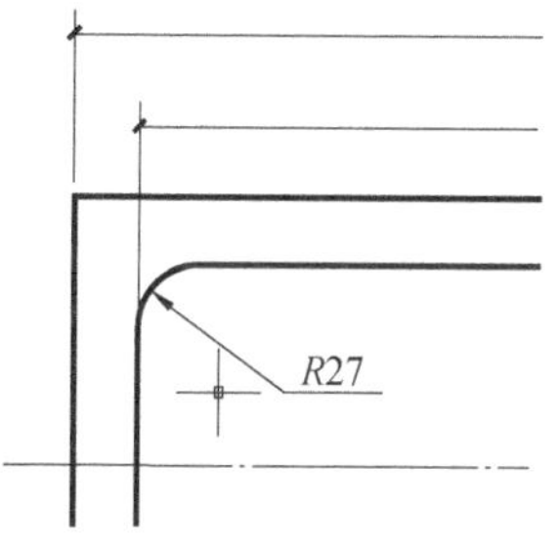

图 17-46　标注尺寸“*R*27”

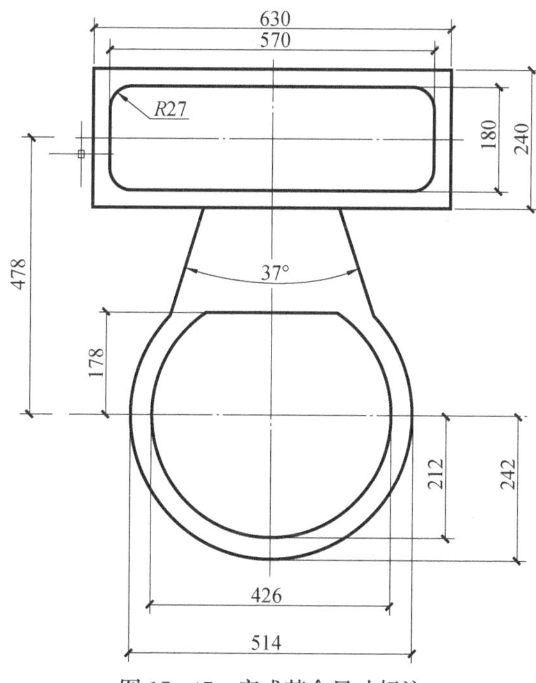

图 17-47　完成其余尺寸标注

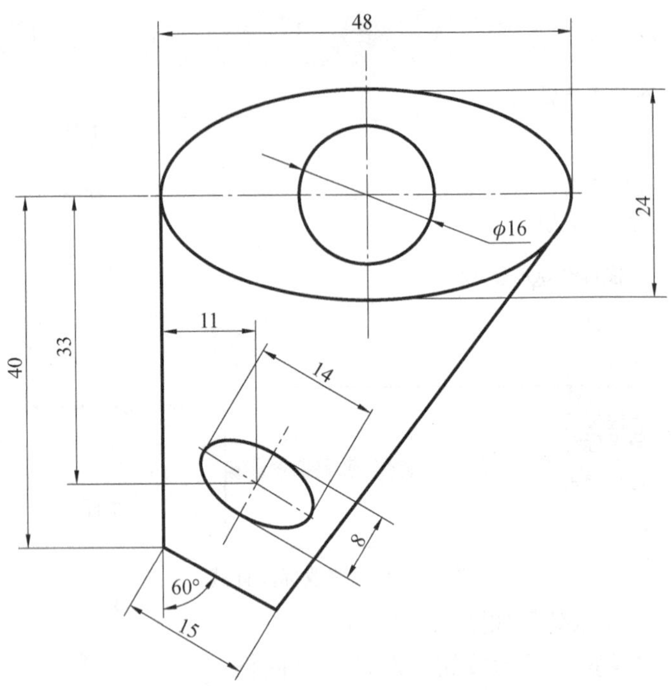

图 17-48　椭圆命令

第四节　绘制建筑总平面图

通过如图 17-49 所示例题的讲解，学会应用 AutoCAD 如下的主要功能：

(1) 设置图层、尺寸单位；

(2) RECTANG：画“矩形”的命令。

(3) LINE：画“直线”的命令。

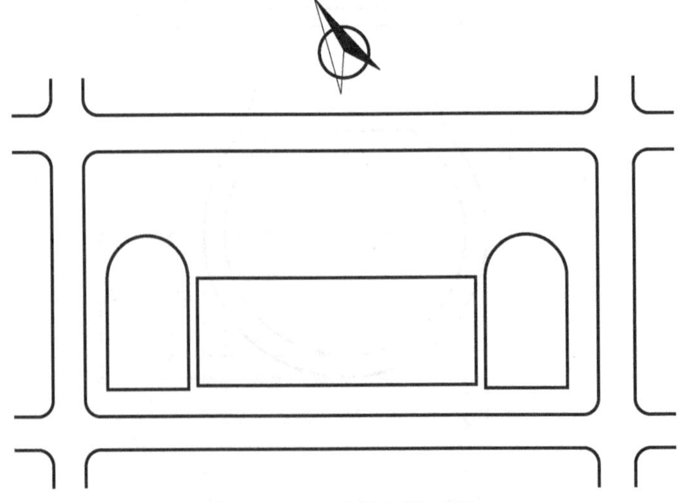

图 17-49　建筑总平面图

(4) MOVE：“移动”命令。

(5) Copy：“复制”命令。

(6) OFFSET：“偏移”命令。

(7) ERASE：“删除”命令。

(8) Trim：“修剪”命令。

(9) ARC：画“圆弧”命令。

(10) EXPLODE：“分解”命令。

(11) DONUT：画“圆环”命令。

(12) BHATCH：“图案填充”命令。

(13) ROTATE：“旋转”命令。

建筑总平面图是工程设计的重要内容。我们将绘制过程分为4个大步骤：设置绘图环境、绘制道路、绘制建筑物、绘制指北针。

在本例中，小区建筑物的四周都有道路环绕，左右道路中心线相距100m，前后道路中心线相距50m，道路宽度均为6m，绘图比例为1∶100。

一、设置绘图环境

(一) 设置图层

建立4个图层：道路、房屋、尺寸标注、指北针，并进行相关的尺寸、颜色设置，见表17-3。

表17-3 图层设置

图层名称	颜色	线型	线宽
0	白色	Continuous	0.30
道路	白色	Continuous	0.30
房屋	白色	Continuous	0.60
尺寸标注	白色	Continuous	0.15
指北针	黑色	Continuous	

(二) 设置绘图界限

(1) 在命令行输入“Limits”命令，按“回车”键，或点击菜单“格式”→“图形界限”，按“回车”键。

(2) 设置绘图区域左下角为“0，0”，右上角输入“1500，800”，按“回车”键。

(3) 输入“Zoom”命令，再输入“A”，按“回车”键。

(三) 设置绘图单位

按照前面所讲设置单位为“毫米”、“精度”为“0”。

二、绘制道路

(1) 设置“道路”为当前层。

(2) 单击【绘图】工具栏中的【直线】按钮，绘制一条长1200mm的水平线。

(3) 单击【绘图】工具栏中的【直线】按钮，以已绘制水平直线的左端点为端点，向下绘制一条长700mm的竖直直线。

(4) 移动竖直直线：

1) 在【修改】工具栏上单击【移动】按钮，或在命令行中输入“Move”，启动 Move 命令。

2) 在命令行选择对象：提示下，选择要移动的竖直直线＜回车＞。

3) 在命令行指定基点或位移：提示下，点击鼠标左键指定基点。

4) 在命令行指定基点或位移：指定位移的第二点或 <用第一点作位移>：提示下输入“@100，100”，然后按回车键，将其向右上方移动。

(5) 复制水平线和竖直线：

1) 单击【修改】工具栏中的【复制】按钮。

2) 在命令行选择对象：提示下，选择要复制的竖直直线＜回车＞。

3) 在命令行指定基点或 [位移(D)/模式(O)] <位移>：提示下，选择复制基点，或者用鼠标在任意位置点选一点。

4) 在命令行指定基点或 [位移(D)/模式(O)] <位移>：指定第二个点或 <使用第一个点作为位移>：提示下输入“@1000，0”，然后按“回车”键，将其向右复制；使用同样的方法，将水平直线向下复制，位移的第二点的坐标为“@0，−500”。

至此，得到的图形如图 17-50 所示。

(6) 单击【修改】工具栏中的【偏移】按钮，在命令行指定偏移距离或 [通过(T)/删除(E)/图层(L)] <478.0000>：提示下输入“30”，按“回车”键。然后选中竖直直线，分别在其左右两侧单击鼠标左键，将其分别向左、向右偏移 30mm。

(7) 使用同样的方法，将另一条竖直直线分别向左、向右偏移 30mm，将水平直线分别向上、向下偏移 30mm，得到的结果如图 17-51 所示。

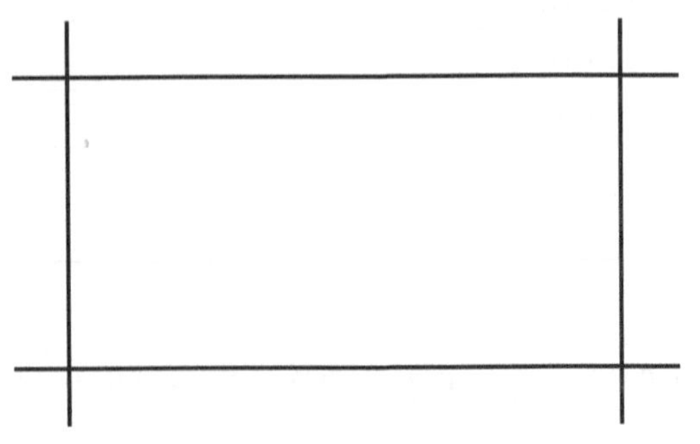

图 17-50　绘制、移动、复制水平线和垂直线

图 17-51　偏移直线

(8) 单击【修改】工具栏中的【删除】按钮，选中道路中心线，将其删除，如图 17-52所示。

(9) 单击【修改】工具栏中的【修剪】按钮，选中所有道路图形，将其相交部分修剪掉，如图 17-53 所示。

(10) 将道路交叉口圆角化：

1) 单击【修改】工具栏中的【圆角】按钮。

2) 在命令行选择第一个对象或 [放弃(U)/多段线(P)/半径(R)/修剪(T)/多个(M)]：提示下，输入“R”，按回车键。

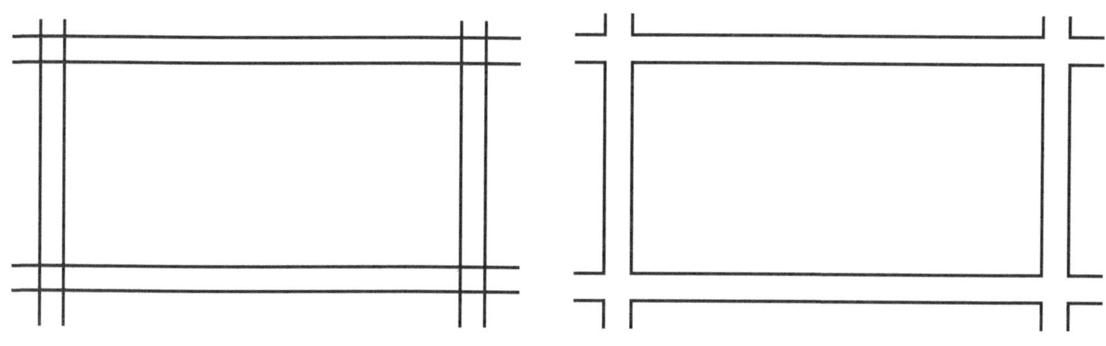

图 17-52　删除道路中心线　　图 17-53　修剪多余部分

3）在命令行 指定圆角半径 <0.0000>: 提示下，输入圆角半径为“30”，按回车键。

4）在命令行 选择第一个对象或 [放弃(U)/多段线(P)/半径(R)/修剪(T)/多个(M)]: 提示下，选择要绘制圆角的第一条直线。

5）在命令行 选择第二个对象，或按住 Shift 键选择要应用角点的对象: 提示下，选择要绘制圆角的第二条直线。

将道路图形的所有直角部分圆角化，如图 17-54 所示。

三、绘制建筑物

（1）设置“建筑物”为当前层。

（2）单击【绘图】工具栏中的【矩形】按钮，在道路范围内选择矩形的左下角点，再在命令行 指定另一个角点或 [面积(A)/尺寸(D)/旋转(R)]: 提示下输入“@150，200”，按回车键，如图 17-55 所示。

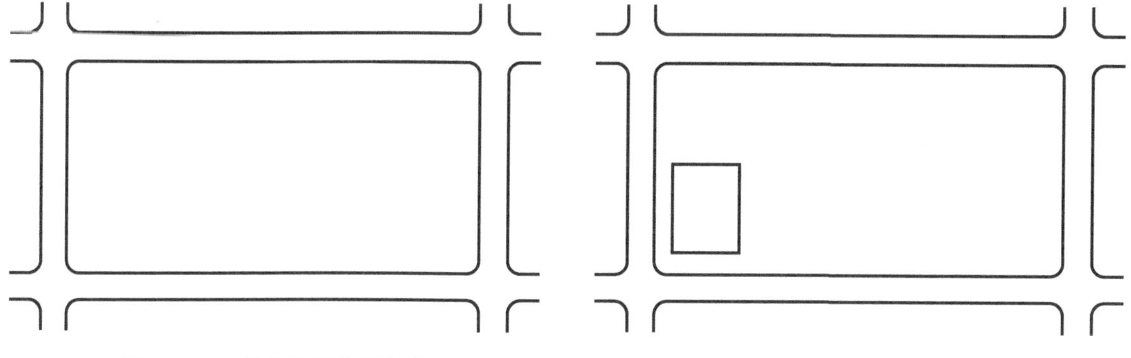

图 17-54　将直角部分圆角化　　图 17-55　绘制矩形

（3）在 绘图(D) 下拉菜单中，单击 圆弧(A)，选择 起点、圆心、端点(S) 命令，以矩形的右上角点为起点、矩形上边的中心点为圆心、左上角点为端点，绘制一段圆弧。

注意：起点、圆心、端点按逆时针方向选择。

（4）单击【修改】工具栏中的【分解】按钮，将矩形分解。然后单击【修改】工具栏中的【删除】按钮，将矩形的上边删除。这样就得到了小区内的第一栋建筑物，如图 17-56 所示。

（5）单击【修改】工具栏中的【复制】按钮，选中绘制的第一栋建筑物，将其向右复制。这样就得到了小区内的第二栋建筑物，如图 17 - 57 所示。

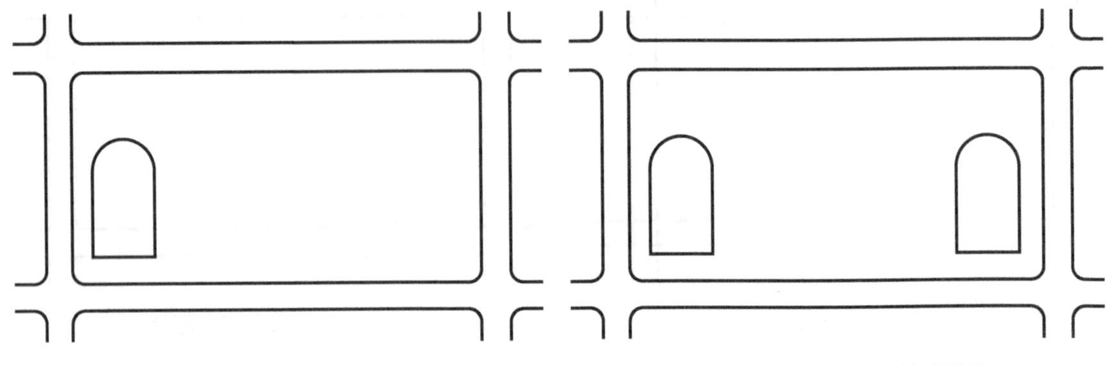

图 17 - 56 绘制第一栋房屋　　图 17 - 57 绘制第二栋建筑物

(6) 单击【绘图】工具栏中的【矩形】按钮，在已绘制的两栋建筑之间绘制一个矩形，得到第三栋建筑物，如图 17 - 58 所示。

至此，道路和建筑物绘制完成。

四、绘制指北针

(1) 设置“指北针”为当前层。

(2) 在 绘图(D) 下拉菜单中，选择 圆环(D)，在命令行 指定圆环的内径 <10.0000>: 提示下输入“80”，按回车键，在命令行 指定圆环的外径 <20.0000>: 提示下输入“100”，按回车键，绘制一个圆环，如图 17 - 59 所示。

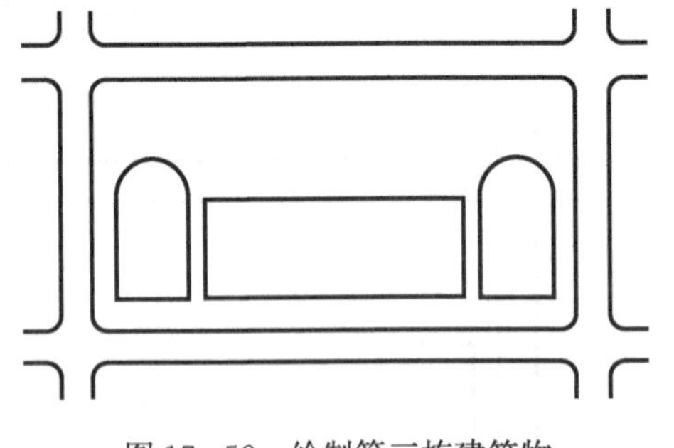

图 17 - 58 绘制第三栋建筑物

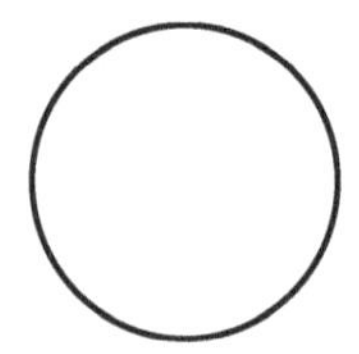

图 17 - 59 绘制圆环

(3) 单击【绘图】工具栏中的【直线】按钮，以圆环的圆心作为直线的起点，在命令行 指定下一点或 [放弃(U)]: @0,110 提示下输入“@0，110”按回车键。

按相同的方法再绘制一条起点为圆环的圆心，端点坐标为“@40，−60”的直线，然后将两条直线的端点连接起来，使之成为一个三角形，如图 17 - 60 所示。

(4) 单击【修改】工具栏中的【镜像】按钮，选中三角形的 3 条边，以三角形的竖直边作为镜像轴，将三角形镜像，并且不删除源对象，得到的结果如图 17 - 61 所示。

(5) 将图 17 - 61 所示图形中右边的三角形进行图案填充：

1) 工具栏：在【绘图】工具栏单击【图案填充】按钮，AutoCAD 将打开 图案填充和渐变色 对话框，如图 17 - 62 所示。

2) 单击 图案(P): 后面的 ... 的按钮出现 填充图案选项板 对话框，如图 17 - 63 所示。在

ANSI 选项区选择ANSI31图案，单击 确定 按钮，返回图案填充和渐变色界面。

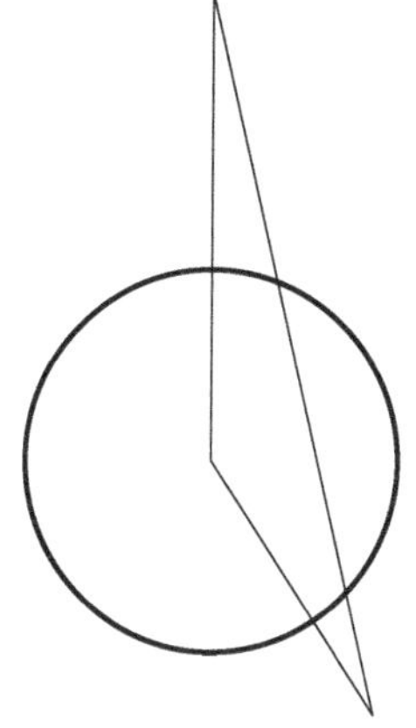

图17－60 绘制一个三角形

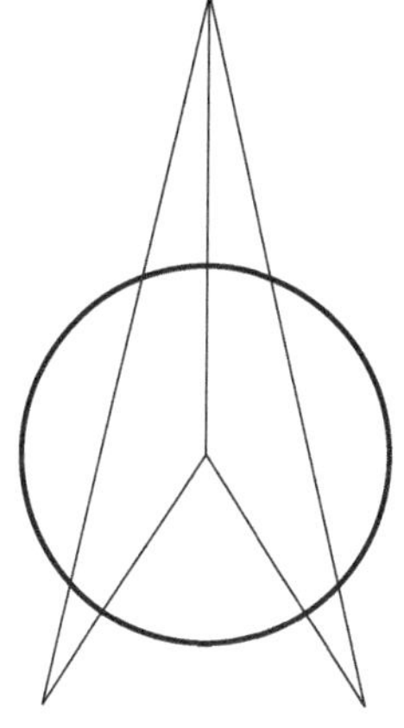

图 17－61 将三角形镜像

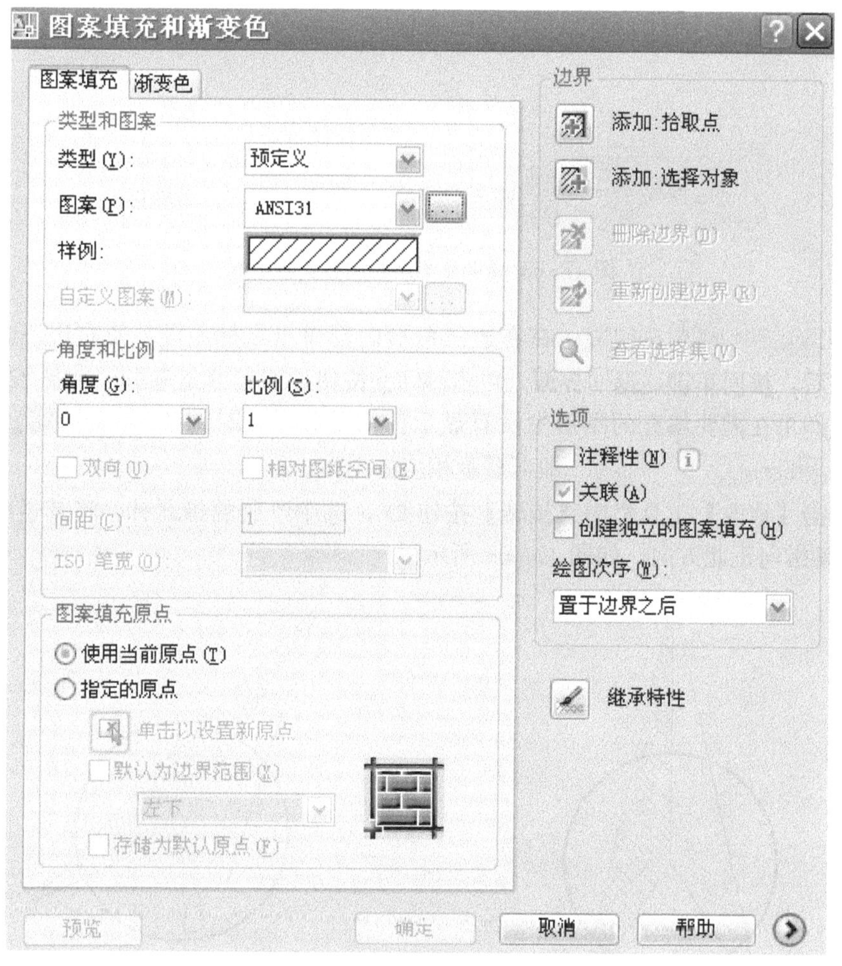

图 17－62 【图案填充】对话框

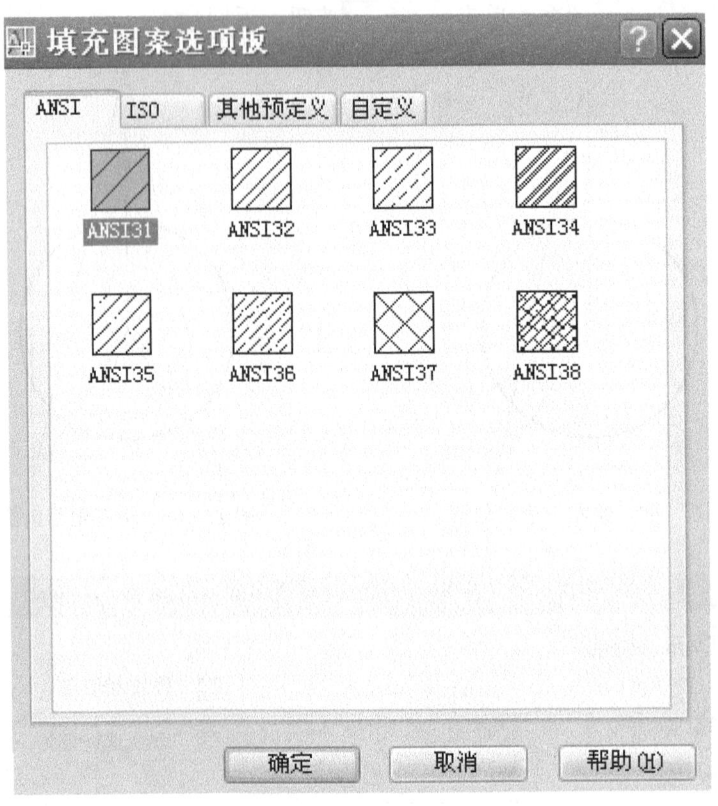

图 17 - 63 【填充图案控制板】对话框

3）单击 添加:拾取点 按钮，在右边三角形内部单击鼠标左键，使右边三角形边线全部变成虚线后，按回车键，返回界面，单击 确定 按钮，图案填充完毕，如图 17 - 64 所示。

提示：如果在需要填充的图形中没有显示任何图案，此时调整 图案填充和渐变色 对话框中的比例 比例(S): 1 ，即可显示相应的图案。

(6) 单击【修改】工具栏中【旋转】按钮，选中绘制的指北针，将其逆时针方向旋转 30°，使其指向正北方向，如图 17 - 65 所示。

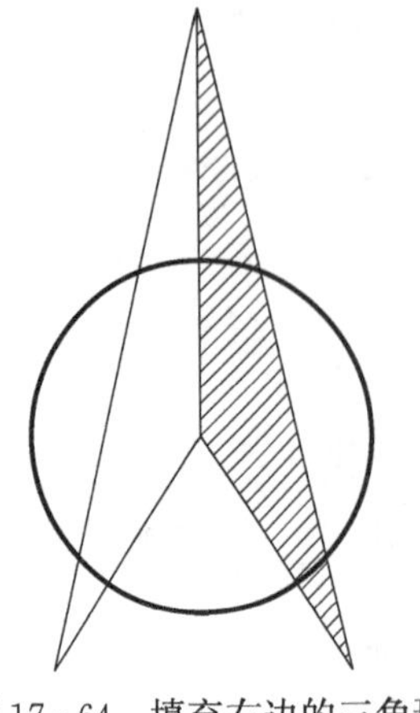

图 17 - 64 填充右边的三角形

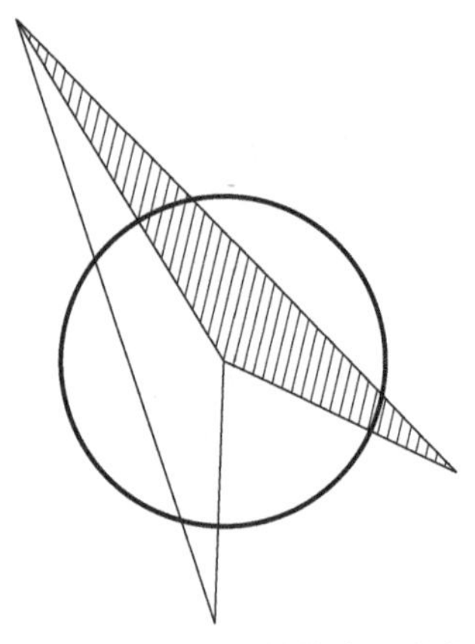

图 17 - 65 将指北针指向正北方向

(7) 将指北针移动到适当位置。

至此，建筑总平面布置图绘制完成，如图 17-66 所示。

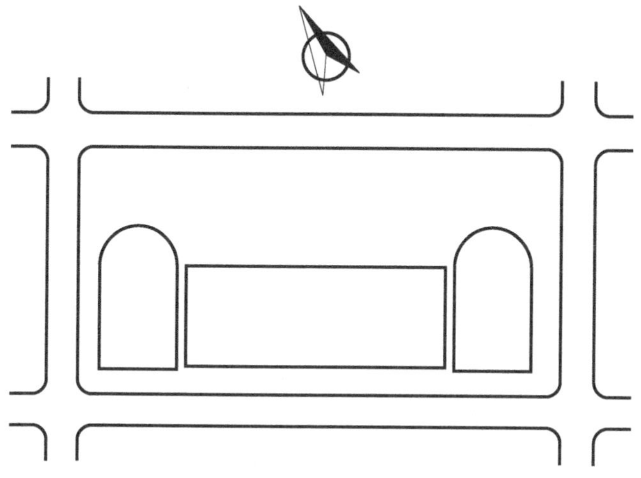

图 17-66 绘制完成的建筑总平面布置图

第五节 绘制管道穿过基础的大样图

通过图 17-67 的绘制，学会应用 AutoCAD 如下的主要功能：

(1) 设置页面、图层、尺寸单位；

(2) RECTANG：画“矩形”的命令；

(3) LINE：画“直线”的命令；

(4) MOVE：“移动”命令；

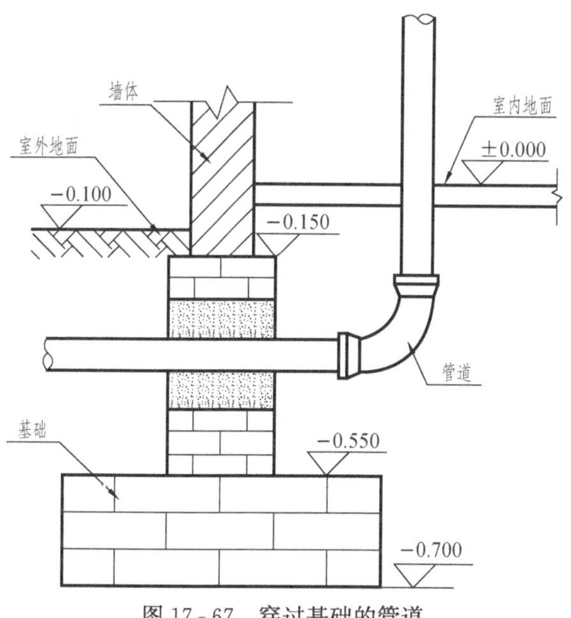

图 17-67 穿过基础的管道

(5) Copy：“复制”命令；

(6) OFFSET：“偏移”命令；

(7) ERASE：“删除”命令；

(8) Trim：“修剪”命令；

(9) ELLIPSE：画“椭圆”命令；

(10) EXPLODE：“分解”命令；

(11) ARRAY：“阵列”命令；

(12) BHATCH：“图案填充”命令；

(13) STRETCH：“拉伸”的命令；

(14) BLOCK：“块的定义”命令；

(15) WBLOCK：“块的保存”命令；

(16) ATTDEF：“定义块的属性”；

(17) INSERT：“单个块的插

入”命令；

（18）MINSERT：“多个块的插入”命令；

（19）“定义点的样式”；

（20）“定数等分”直线。

本节介绍的是穿过基础的管道的绘制，如图 17 - 67 所示。

在绘图之前，首先进行设置绘图页面和单位。在这里，我们需要绘制的图纸大小为“A3”。

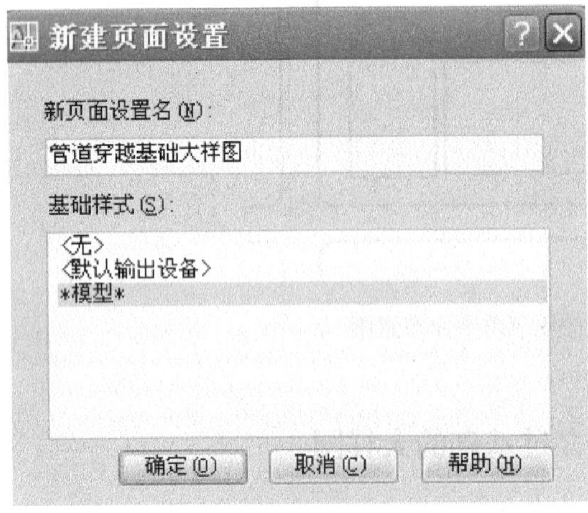

图 17 - 68 【新建页面设置】对话框

一、设置页面

（1）选择 文件(F) 下拉菜单中 页面设置管理器(G)... 命令，打开 页面设置管理器 对话框，单击 新建(N)... 按钮，打开 新建页面设置，如图 17 - 68 所示。

（2）新页面设置名(N): 输入“管道穿越基础大样图”，单击 确定(O) 按钮，打开 页面设置 - 模型 对话框，如图 17 - 69 所示。

（3）在该对话框中，图纸尺寸(Z) 选 ISO A3 (420.00 x 297.00 毫米)、“图纸单位”为“毫米”、设置 比例(S): 为“1∶1”、图形方向 选 ⊙横向(N)，如图 17 - 69 所示。

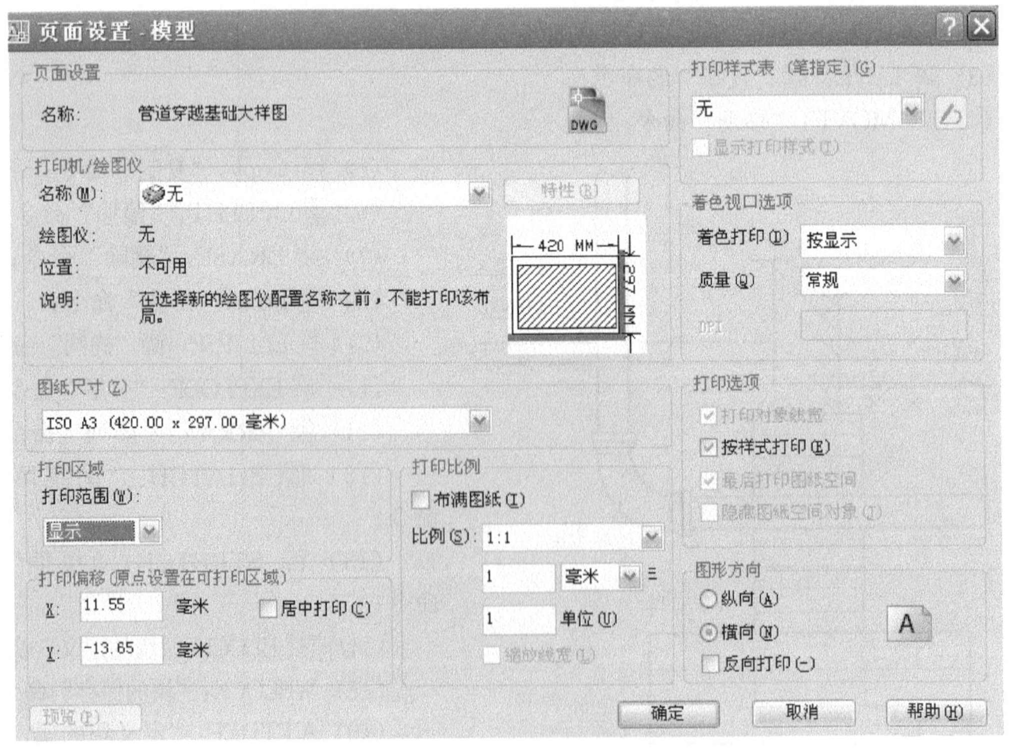

图 17 - 69 【页面设置-模型】对话框

(4) 设置完成后单击 确定 按钮。

二、设置单位

设置精度为“0.00”，单位为“毫米”。

三、创建图层

本例中需要创建的图层有基础、墙体和地面、管道、标注。

单击【对象特性】工具栏上的【图层】按钮，打开 图层特性管理器 对话框，单击 新建(N) 按钮，就可以根据需要设置不同图层、将不同的图层设置不同的线型、颜色、线宽等，如图17-70所示。

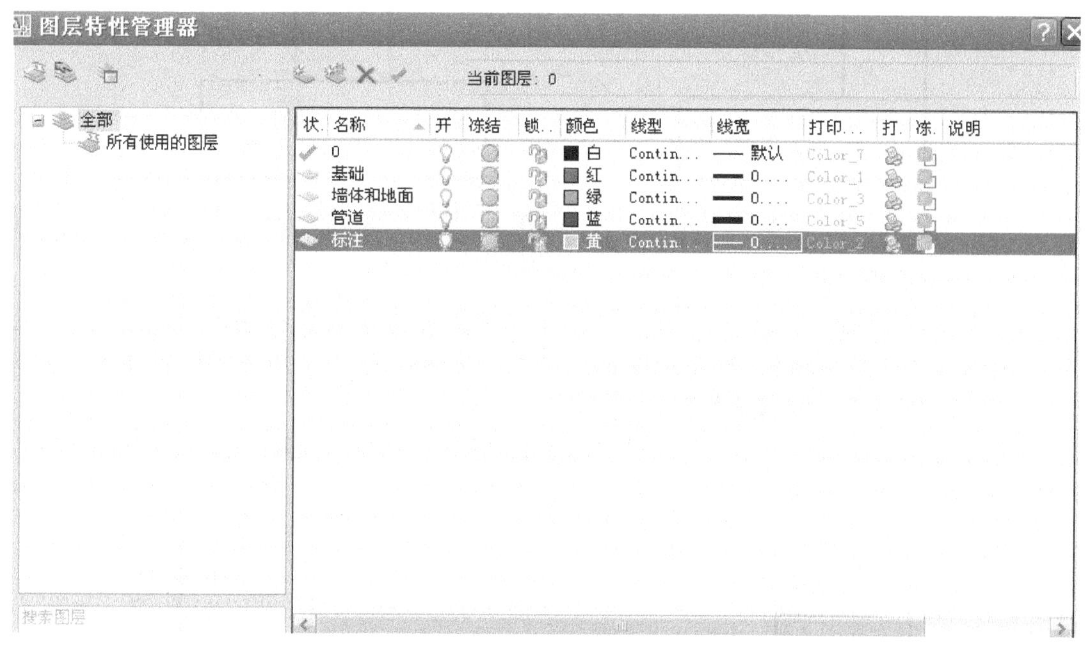

图17-70　新建所需的图层

四、绘制基础

选择“基础”图层，单击 图层特性管理器 对话框中的 当前(C) 按钮，将其置为当前图层。

(一) 绘制基础轮廓

(1) 先绘制一个长“600”、宽“200”的矩形：

1) 单击【绘图】工具栏中的【矩形】按钮。

2) 按照命令行 指定第一个角点或 [倒角(C)/标高(E)/圆角(F)/厚度(T)/宽度(W)]: 的提示下，在绘图区中任意位置单击鼠标左键，确定矩形的一个角点。

3) 在命令行 指定另一个角点或 [面积(A)/尺寸(D)/旋转(R)]: 提示下，输入“@600，200”，按“回车”键。

(2) 使用同样的方法，以已绘制的矩形的左上角点为第一个角点，绘制一个宽“200”、高“400”的矩形，如图17-71所示。

(3) 单击【修改】工具栏中的【移动】按钮，然后选中绘制的第二个矩形，按命令行提示进行如下操作：

1）选择对象：用鼠标选中绘制的第二个矩形，按“回车”键。

2）指定基点或位移：在绘图区中任意位置单击鼠标左健，确定位移的基点。

3）指定基点或位移：指定位移的第二点或〈用第一点作位移〉：在其提示下输入“@200，0”，指定位移的第二点，按“回车”键。

将第二个矩形移动之后得到的结果如图 17-72 所示，基础轮廓的绘制就完成了。

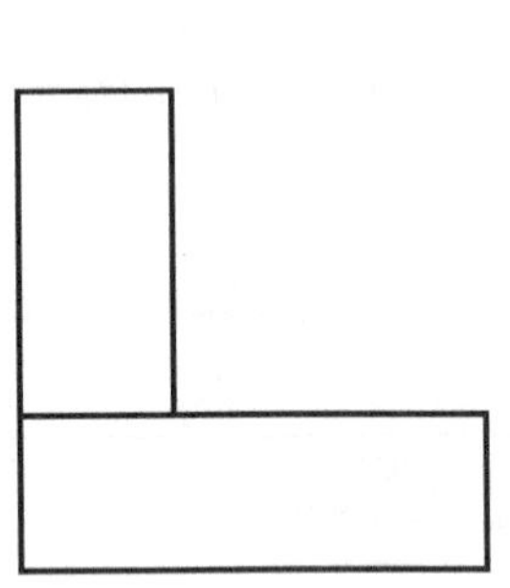

图 17-71 绘制两个矩形

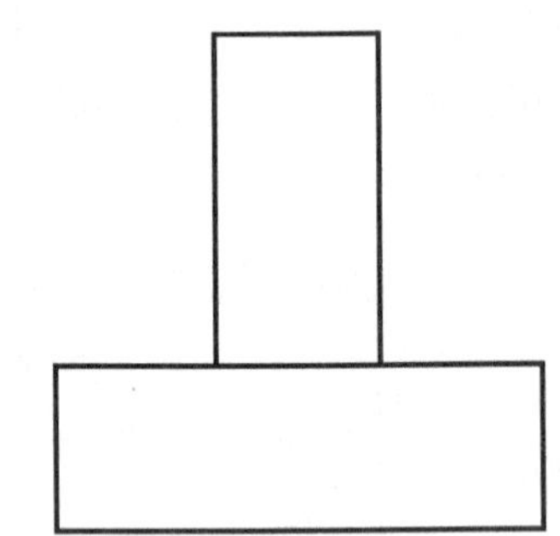

图 17-72 将第二个矩形向右移动 20

（二）绘制基础剖面

在绘制基础剖面时，我们可以采用【图案填充】的方法来表示基础轮廓的剖面。图 17-73所示的【图案填充】：填充图案选用“AR-B816”、上面“矩形”设置【比例】为“0.2”、下面“矩形”设置【比例】为“0.4”。

本例中，我们还可以采用另外一种方法绘制基础的剖面图，基础剖面效果如图 17-74 所示。

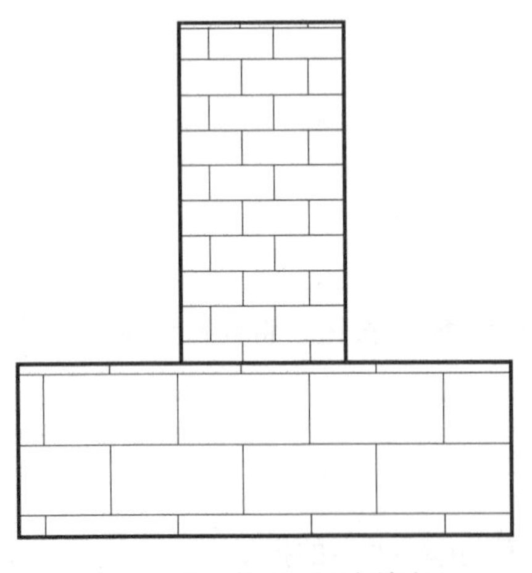

图 17-73 使用【图案填充】绘制的基础剖面

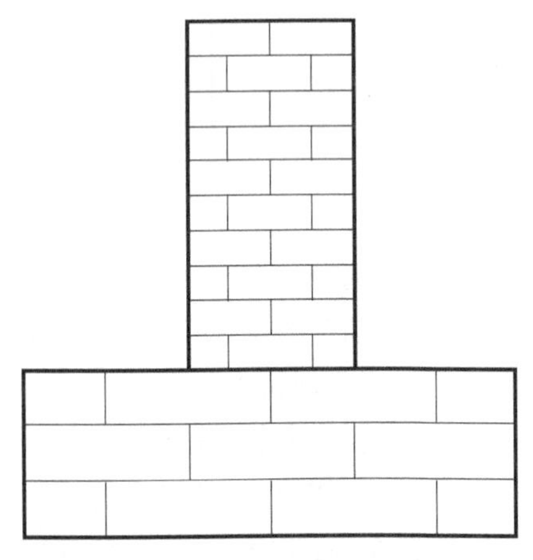

图 17-74 采用另外一种方法绘制基础的剖面图

1. 利用【阵列】命令绘制上面矩形的图例

（1）单击【修改】工具栏的【分解】拉钮，然后选中绘制的两个矩形，按回车键将其分解。矩形分解后不再是一个整体，而是作为 4 个对象的 4 条直线，用户可以单独对其中某一条直线进行编辑。

（2）选中分解之后最上边的一条水平线，单击【修改】工具栏中的【阵列】按钮，打开阵列对话框。首先选中该对话框中矩形阵列(R)的选项，在行(W):文本框中输入“10”，在列(O):文本框中输入“1”，在行偏移(F):文本框中输入“-40”，如图 17-75 所示。

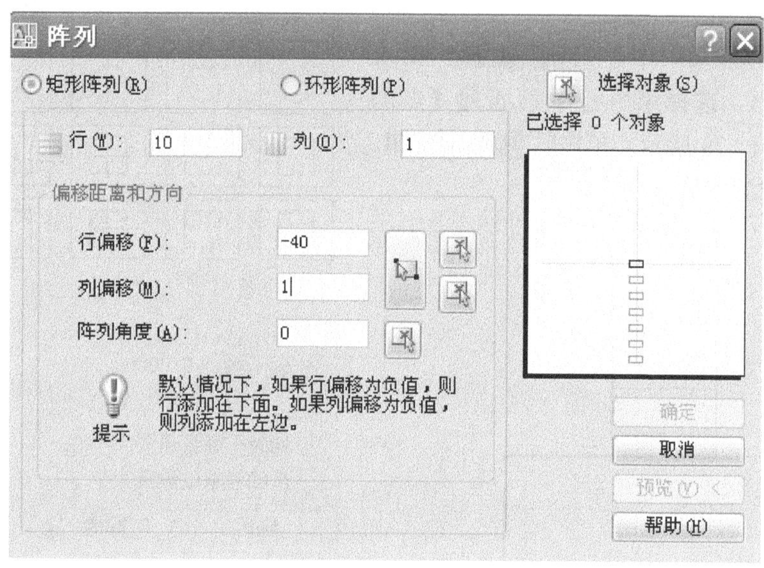

图 17-75 【阵列】对话框

（3）单击选择对象(S)按钮，选择上面矩形的最上边的边，按“回车”键，回到阵列界面，单击确定按钮，将直线进行阵列之后得到的效果如图 17-76 所示。

（4）使用同样的方法，阵列竖直直线。在矩形阵列(R)选项中，在列(O):文本框中输入“4”，在行(W):文本框中输入“1”，在列偏移(M):文本框中输入“50”，得到的效果如图 17-77 所示。

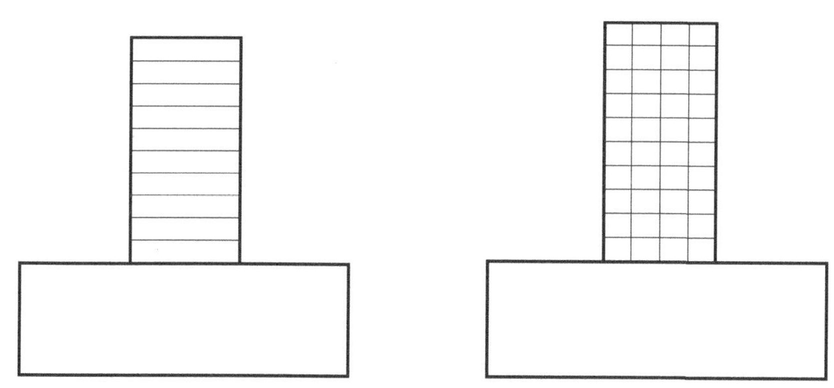

图 17-76 阵列水平直线　　图 17-77 阵列竖直直线

如果需要将阵列的对象向上偏移，则在行(W):文本框中输入正值，如果需要将阵列的对象向下偏移，则在行(W):文本框中输入负值；如果需要将阵列的对象向右偏移，则在列(O):文本框中输入正值，如果需要将阵列对象向左偏移，则在列(O):文本框中输入负值；

（5）单击【修改】工具栏中的【修剪】按钮，选中所有的水平直线，将竖直直线的多余部分剪切掉，剪切之后的基础如图 17-78 所示。

2. 利用【定数等分】、【阵列】、【修剪】等命令绘制下面矩形的图例

(1) 设置【点的样式】。

从 格式(O) 下拉菜单中单击 点样式(P)... ，出现 点样式 对话框，选择第一行中第四列【点的样式】，如图 17-79 所示。单击 确定 按钮，【点的样式】设置完成。

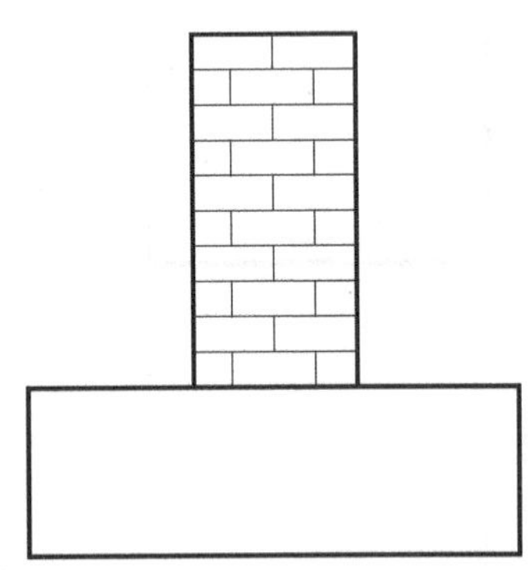

图 17-78 修剪直线的多余部分

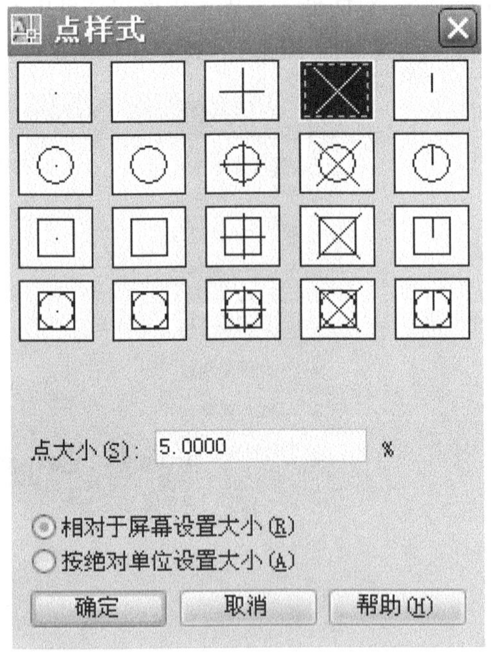

图 17-79 【点的样式】对话框

(2)【定数等分】竖直线和水平线:

1) 选择 绘图(D) 下拉菜单中 点(O) 中的 定数等分(D) 命令，如图 17-80 所示。

图 17-80 【定数等分】命令

2）在命令行选择要定数等分的对象：提示下，选择矩形左侧的竖直线，按“回车”键，如图 17-81 所示。

3）在命令行输入线段数目或 [块(B)]：提示下输入“3”，按“回车”键。

4）用同样的命令“6”等分矩形的水平线，如图 17-82 所示。

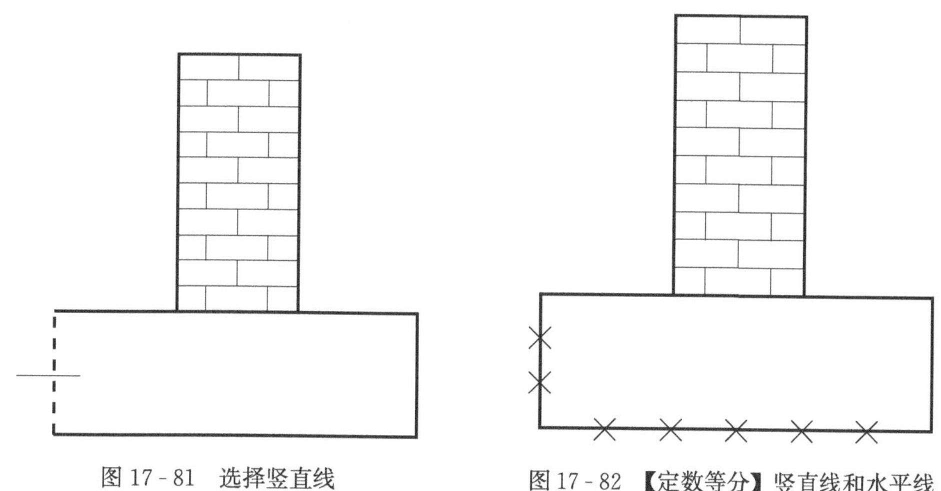

图 17-81 选择竖直线　　图 17-82 【定数等分】竖直线和水平线

(3) 利用【通过（T）】偏移直线：

1）单击工具栏【偏移】按钮，在命令行指定偏移距离或 [通过(T)/删除(E)/图层(L)] <通过>：提示下输入“T”，按“回车”键。

2）在命令行选择要偏移的对象，或 [退出(E)/放弃(U)] <退出>：提示下，选择要偏移的直线。

3）在命令行指定通过点或 [退出(E)/多个(M)/放弃(U)] <退出>：提示下，通过直线的等分点偏移直线，如图 17-83 所示。

4）【修剪】图形，并【删除】直线的等分点，最终效果图如图 17-84 所示。

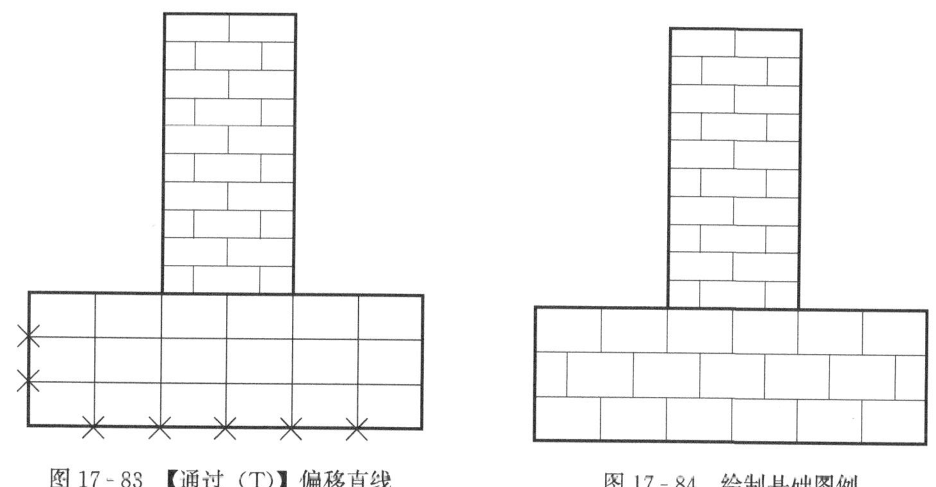

图 17-83 【通过（T）】偏移直线　　图 17-84 绘制基础图例

五、绘制墙体和地面

选择“墙体和地面”图层为当前图层。

（一）绘制墙体

（1）以基础的左上角点为端点，绘制一条长向上的竖直直线作为墙线。

（2）单击【修改】工具栏中的【移动】按钮，选中墙线，根据命令行指定基点或位移：的提示，在绘图区中任意位置单击鼠标左键确定位移的基点，在命令行指定位移的第二点或 <用第一点作位移>：提示符后输入“@40，0”，将其向右移动。

（3）单击【修改】工具栏中的【偏移】按钮，按命令行如下提示进行操作：

1）指定偏移距离或 [通过(T)/删除(E)/图层(L)] <通过>：，输入“120”（制定偏移距离为“120”），“回车”。

2）选择要偏移的对象，或 [退出(E)/放弃(U)] <退出>：，选择绘制的墙线作为偏移对象。

3）指定要偏移的那一侧上的点，或 [退出(E)/多个(M)/放弃(U)] <退出>：，在墙线的右侧单击鼠标左键。

4）选择要偏移的对象，或 [退出(E)/放弃(U)] <退出>：，按“回车”键退出命令。

绘制墙线之后的图形如图 17-85 所示。

（4）绘制墙体的折断线。在【绘图】工具栏中单击【直线】按钮，使用鼠标在绘图区任意位置单击确定直线的第一个端点，然后按命令行指定下一点或 [放弃(U)]：提示，依次指定下一个端点的坐标为“@100，0”、“@20，－30”、“@20，60”、“@20，－30”、“@100，0”，得到一条折断线。

（5）单击工具栏中的【移动】按钮，将间断线移动到墙线上合适位置。然后单击工具栏中的【修剪】按钮，修剪掉墙线的多余部分，如图 17-86 所示。

（6）绘制好墙体的轮廓线之后，选用“ANSI31”填充图案，设置【比例】为“10”对墙体轮廓进行图案填充，得到如图 17-87 所示的结果。

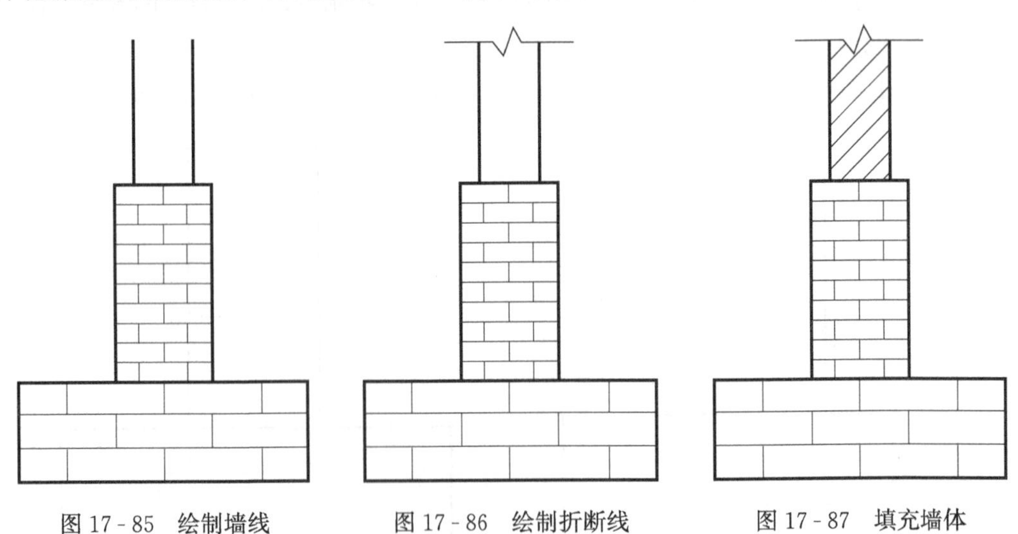

图 17-85 绘制墙线　　图 17-86 绘制折断线　　图 17-87 填充墙体

（二）绘制室内和室外地面线

（1）首先绘制室外地面线。以墙体的左下端点作为一个角点，指定另一个角点的坐标为“@－300，50”，绘制一个矩形，如图 17-88 所示。

（2）对刚绘制的矩形进行填充。选择填充图案为“EARTH”，设置【角度】为“45”，

【比例】为“10”对其进行图案填充，得到如图 17 - 89 所示的图形。

(3) 选中绘制的矩形，单击【修改】工具栏中的【分解】按钮将其分解，然后单击【修改】工具栏中的【删除】按钮，删除左、下两条边线。室外地面就绘制完成了，如图 17 - 90 所示。

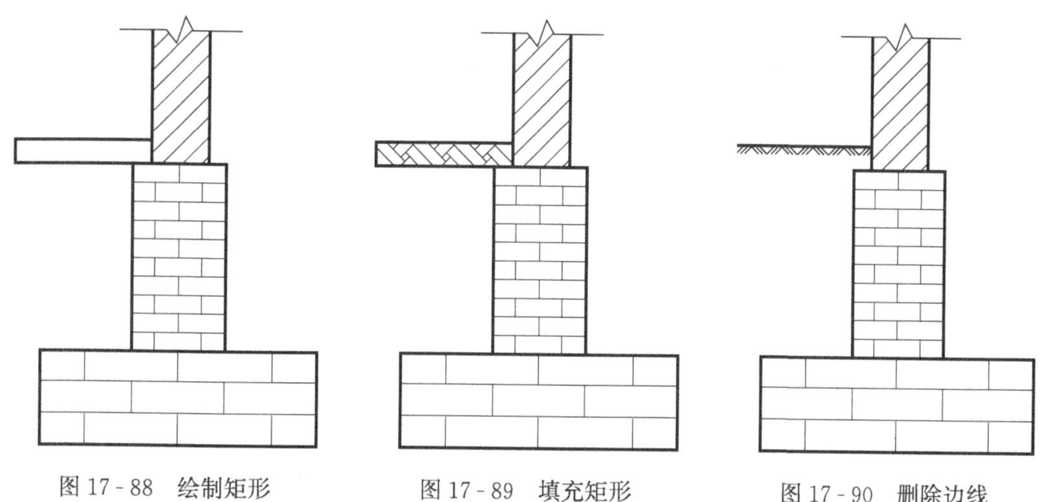

图 17 - 88　绘制矩形　　图 17 - 89　填充矩形　　图 17 - 90　删除边线

(4) 绘制室内地面线。室内地面的绘制方法和墙体轮廓线的绘制方法一样，也是由两条直线和一条间断线组成的，如图 17 - 91 所示。

六、绘制管道

1. 设置绘图环境

选择“管道”图层为当前图层。

2. 绘制管道

本例中要绘制的管道的直径为“60”。

(1) 在【绘图】工具栏中单击【直线】按钮，绘制如图 17 - 92 所示的直线。

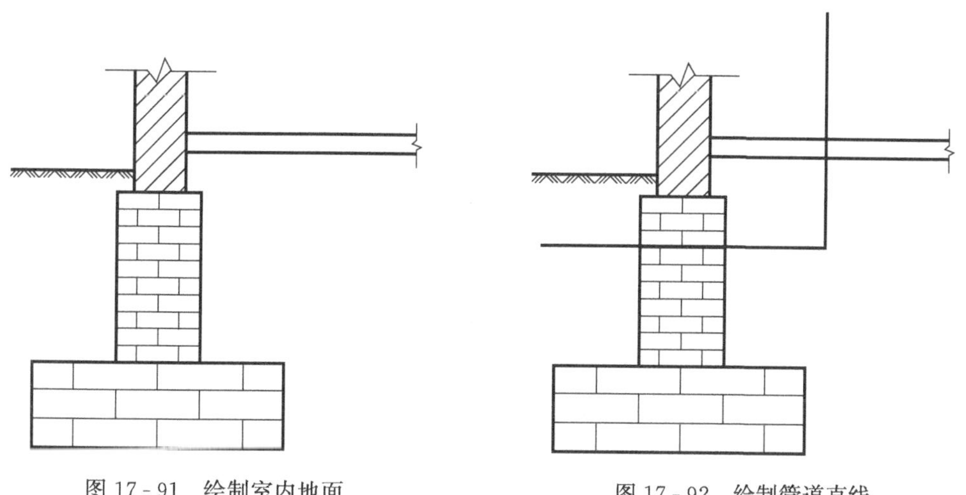

图 17 - 91　绘制室内地面　　图 17 - 92　绘制管道直线

(2) 偏移直线，偏移距离为“60”。直线偏移之后得到的图形如图 17 - 93 所示。

(3) 将两条直线进行圆角处理，圆角的半径值设置为“60”，使用同样的方法将偏移得到的两条直线进行圆角处理，圆角的半径值设置为“120”，处理后得到的图形如图 17 - 94 所示。

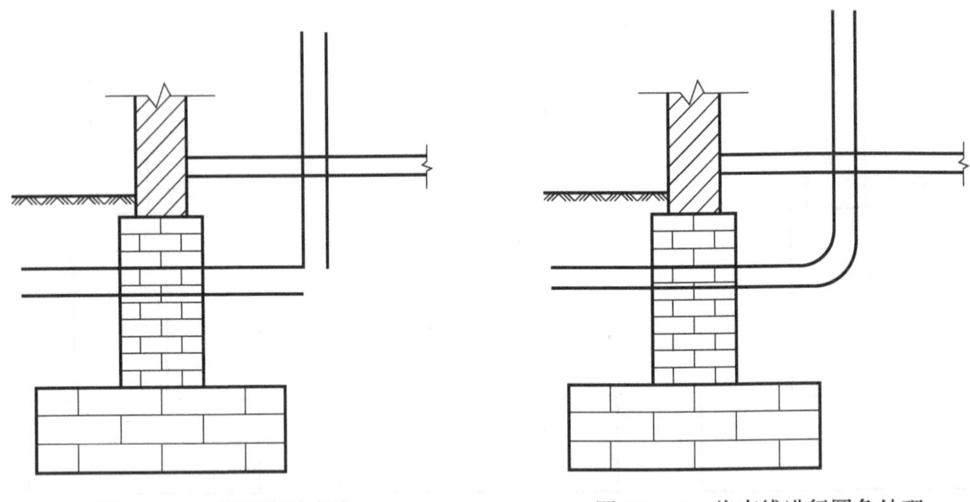

图 17 - 93 偏移管道直线

图 17 - 94 将直线进行圆角处理

(4) 绘制管道的折断线。与前面绘制的墙体和室内地面的折断线不同的是，圆柱形物体的折断线是由圆弧组成的。

首先在管道口处，绘制一条竖直直线，然后，单击【绘图】工具栏中的【椭圆】按钮 ，命令行将出现如下提示：

1) 指定椭圆的轴端点或 [圆弧(A)/中心点(C)]:，单击竖直直线的上端点作为椭圆长轴的一个端点。

2) 指定轴的另一个端点:，单击竖直直线的中点作为椭圆长轴的另一个端点。

3) 指定另一条半轴长度或 [旋转(R)]:，输入“R”，“回车”。

4) 指定绕长轴旋转的角度:，输入“60”(指定绕长轴旋转的角度为“60”)，“回车”。

使用同样的方法，以竖直直线的中点和下端点为椭圆长轴的两个端点，再绘制一个椭圆，得到的结果如图 17 - 95 所示。

5) 单击【修改】工具栏中的【修剪】按钮 ，修剪椭圆的多余部分，如图 17 - 96 所示。

6) 单击【修改】工具栏中的【删除】按钮 ，删除竖直直线，如图 17 - 97 所示。

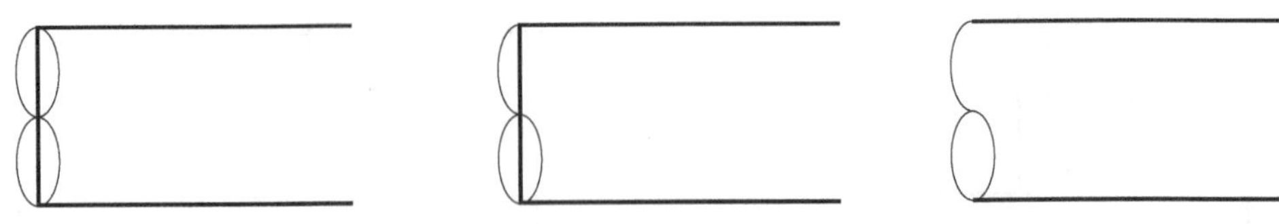

图 17 - 95 绘制直线和椭圆　图 17 - 96 修剪椭圆多余部分　图 17 - 97 删除竖直直线

使用同样的方法，绘制管道另外一端的折断线，如图 17 - 98 所示。

3. 绘制接头

(1) 以管道拐角处使用【圆角】处理得到的内、外弧的左端点为端点，分别绘制一条竖直直线和一条水平直线。然后，单击【修改】工具栏中的【偏移】按钮，执行偏移命令，偏移的距离分别为“15”、“25”，如图 17 - 99 所示。

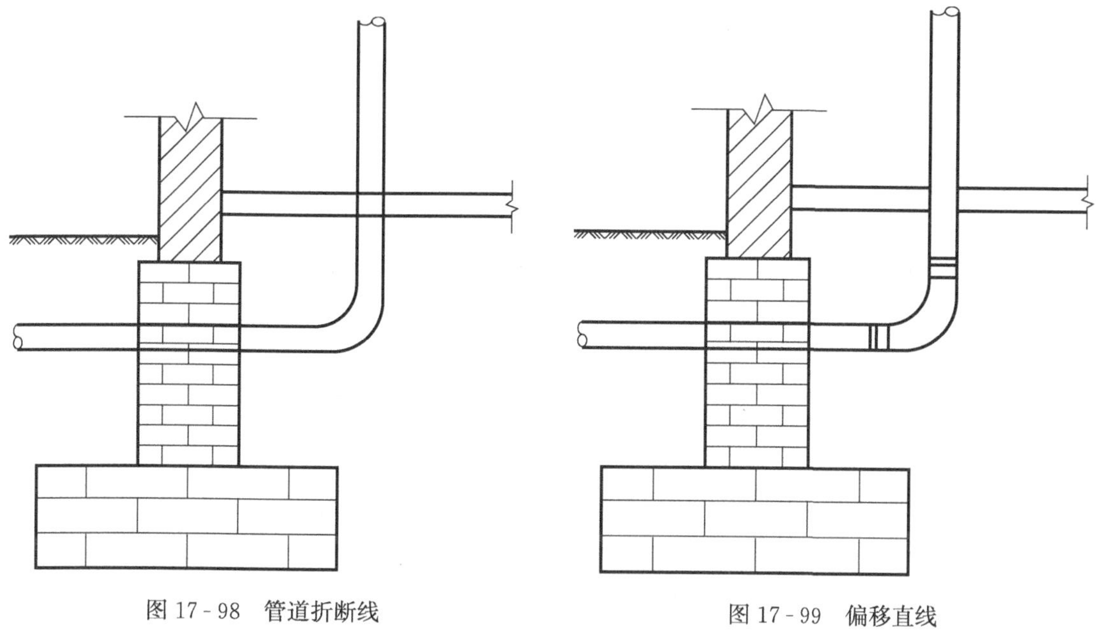

图 17 - 98　管道折断线　　图 17 - 99　偏移直线

(2) 单击【修改】工具栏中的【拉伸】按钮，命令行将出现如下提示：

1）在命令行选择对象：提示下，使用交叉窗口的方式，选中要拉长的直线，按“回车”键。

2）在命令行指定基点或位移：提示下，在任意位置单击鼠标左键，确定拉伸的基点。

3）在命令行指定位移的第二个点或 <用第一个点作位移>：提示下，输入“@0，10”（指定拉伸的第二点相对于第一点的坐标），“回车”。

拉伸直线的过程如图 17 - 100、图 17 - 101 所示。

注意：在使用［拉伸］命令时，必须使用［交叉窗口］选择方式。

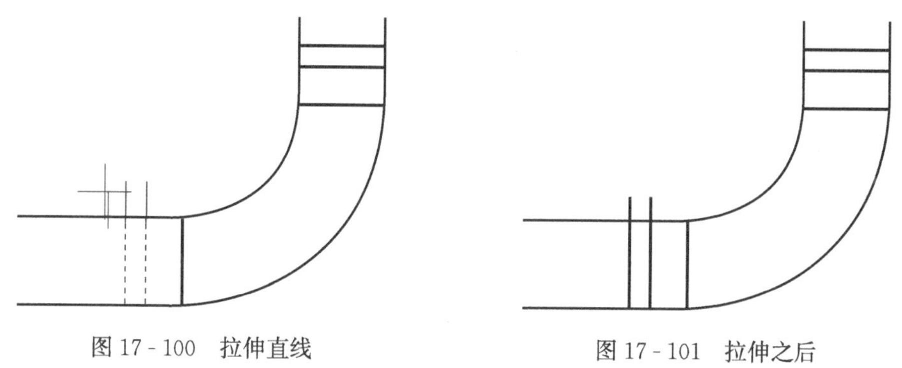

图 17 - 100　拉伸直线　　图 17 - 101　拉伸之后

(3) 使用同样的方法拉伸竖直直线的下半部分。然后，绘制直线连接竖直直线的各个端点，使之成为一个闭合图形，如图 17 - 102 所示。

(4) 使用同样的方法，绘制拐角处管道内、外弧另一个端点处的接头，如图 17 - 103

所示。

(5) 单击【修改】工具栏中的【修剪】按钮，修剪管道的多余部分。管道接头的绘制就完成了，得到的结果如图 17-104 所示。

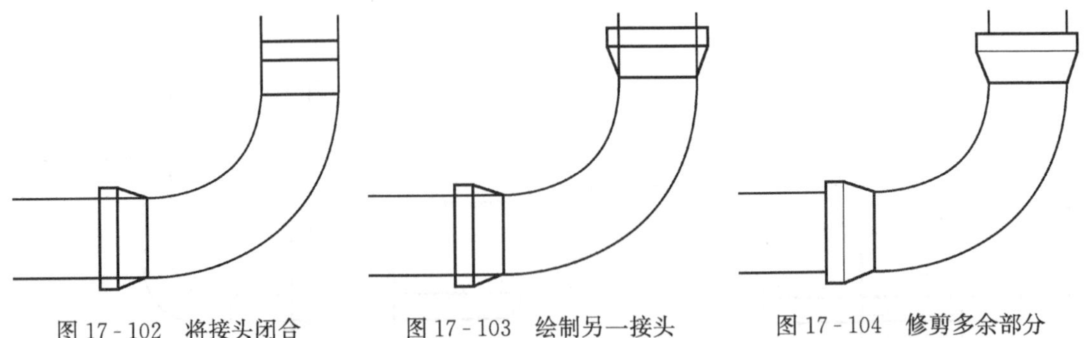

图 17-102 将接头闭合　　图 17-103 绘制另一接头　　图 17-104 修剪多余部分

4. 绘制管道穿过基础和室内地面的部分

通过以上的操作，得到的结果如图 17-105 所示。从图中可以看出，需要对管道穿过基础和室内地面的部分进行处理。

(1) 单击【修改】工具栏中的【删除】按钮，选择管道附近的剖面线，将其删除。单击【修剪】按钮，剪切掉表示室内地面的两条直线在管道内的部分，以及管道内的基础轮廓线，如图 17-106 所示。

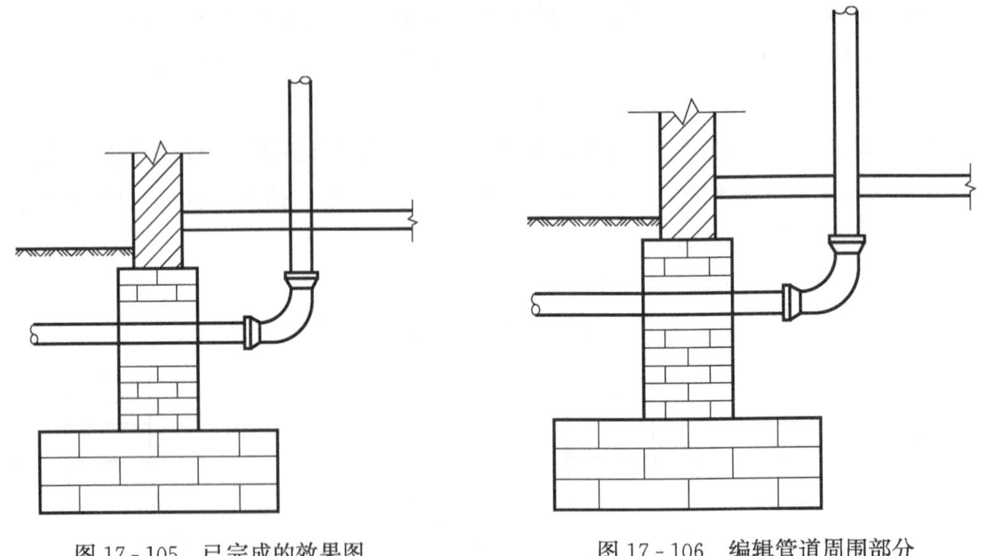

图 17-105 已完成的效果图　　图 17-106 编辑管道周围部分

(2) 安装好管道后，需要用水泥砂浆进行封口。本例中采用图案填充的方法表示灌注的水泥砂浆。

选用“AR-CONC”填充图案，设置【比例】为“0.2”，得到如图 17-107 所示的效果。

七、标注

1. 设置标注环境

选择“标注”图层为当前图层。

2. 标注标高

基础、墙体、室内和室外地面绘制完成之后，接下来是绘制标高进行标高标注。标高的绘制需要用到【图块】的知识。

（1）绘制标高符号：

单击【直线】按钮，以任意点作为直线的第一个端点，依次指定下一个端点的坐标为“@－100，0”、“@20，－20”、“@20，20”，得到如图 17 - 108 所示的图形。

（2）定义【标高图块的属性】：

1）选择 绘图(D) 下拉菜单中的 块(K) 选项，执行 定义属性(D)... 命令，打开 属性定义 对话框。在该对话框中 标记(T): 文本框中输入“BG”，在 提示(M): 文本框中输入“标高”，在 文字高度(E): 文本框中输入“20”，如图 17 - 109 所示。

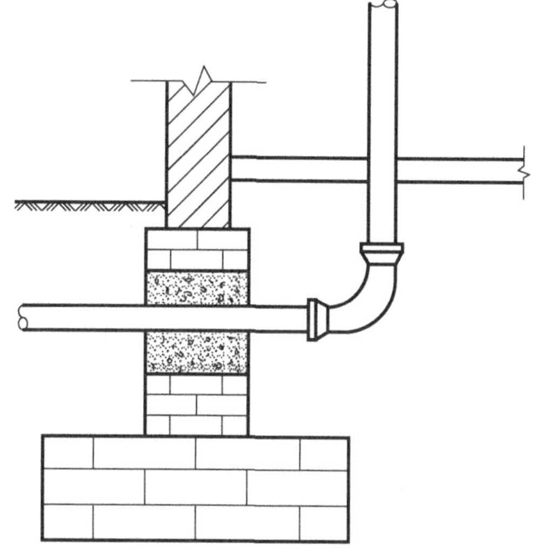

图 17 - 107　填充管道周围的基础

图 17 - 108　标高符号

2）单击 确定 按钮，在标高符号上单击，得到如图 17 - 110 所示的结果。

（3）创建【标高图块】：

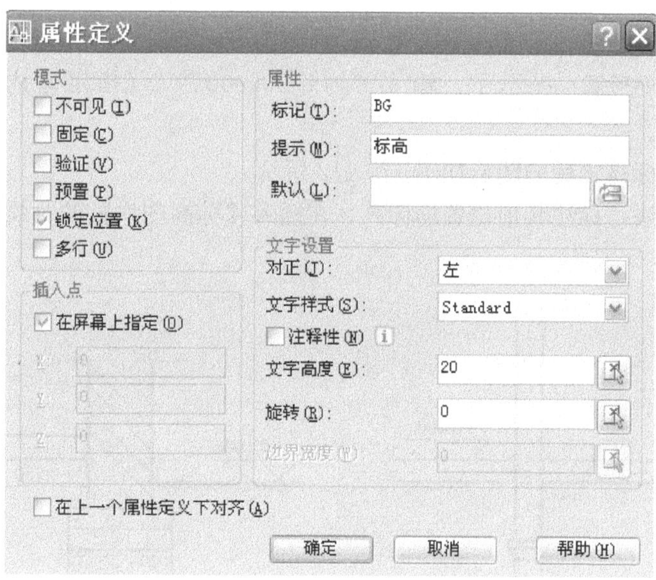

图 17 - 109　【属性定义】对话框

1）单击【绘图】工具栏中【创建块】的按钮，打开【块定义】对话框。在该对话框上进行【标高图块】的 名称(A): 、基点（选择标高符号三角形下顶点作为“图块”的基点）、选择对象(T) 等内容的设置。

2）单击 确定 按钮，【标高图块】的创建就完成了。

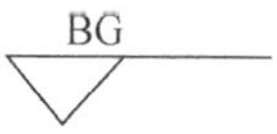

BG

图 17 - 110　定义属性

(4) 插入【标高图块】:

1) 单击【绘图】工具栏中的【插入块】按钮，AutoCAD 将打开如图 17-111 所示的插入对话框。

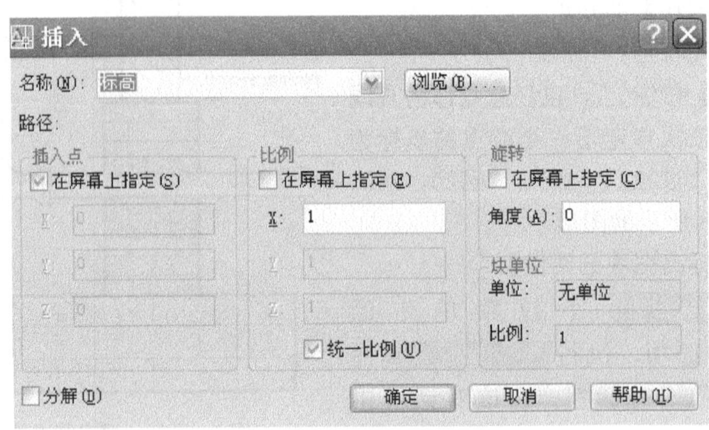

图 17-111　【插入】对话框

2) 单击名称(N): 标高文本框右边的箭头，从下拉列表中选择刚创建的【标高】块，单击确定按钮。

3) 在命令行指定插入点或 [基点(B)/比例(S)/旋转(R)]:提示下，指定室内地面上一点作为标高符号的插入点。

4) 在命令行标高值: 提示下，输入"%%P0.000"　(指定室内地面的标高值为±0.000)，"回车"。

标注室内地面标高之后的图形如图 17-112 所示。

使用同样的方法，标注其他位置的标高，在插入【标高图块】的时候输入其标高值，如图 17-113 所示。

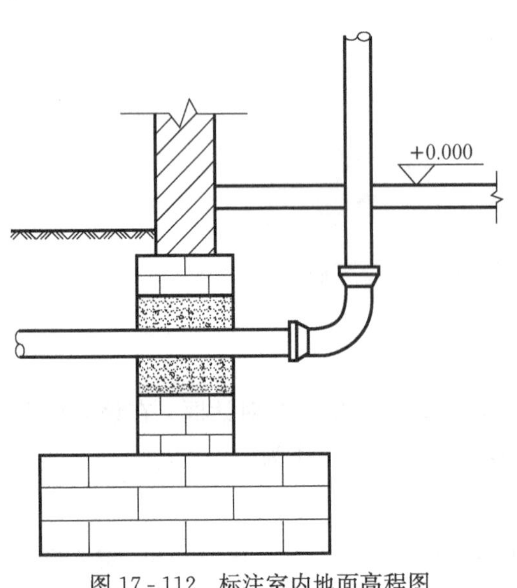

图 17-112　标注室内地面高程图

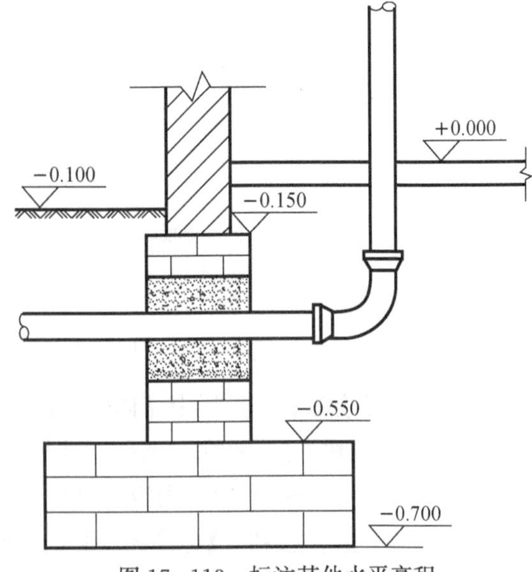

图 17-113　标注其他水平高程

3. 文字标注

（1）选择 格式(O) 下拉菜单中的 多重引线样式(I) 选项，这时，AutoCAD 将打开如图 17-114 所示 多重引线样式管理器 的对话框。

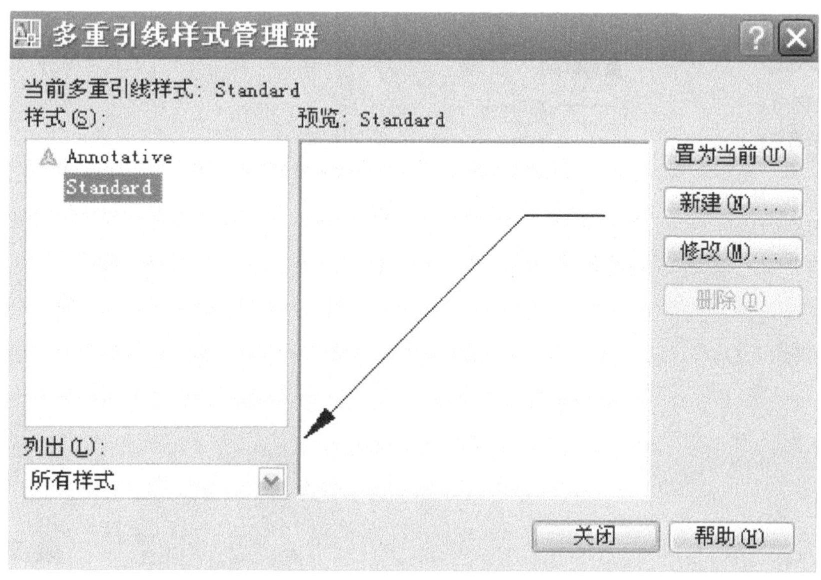

图 17-114 【引线设置】对话框

（2）单击 新建(N)... 按钮，打开 创建新多重引线样式，如图 17-115 所示。

（3）单击 继续(O) 按钮，打开 修改多重引线样式: 对话框，如图 17-116 所示。

（4）在 引线格式 选项中，【类型】选择“直线”、【箭头符号】选择“实心闭合”、【箭头大小】选择“15”，如图 17-116 所示。

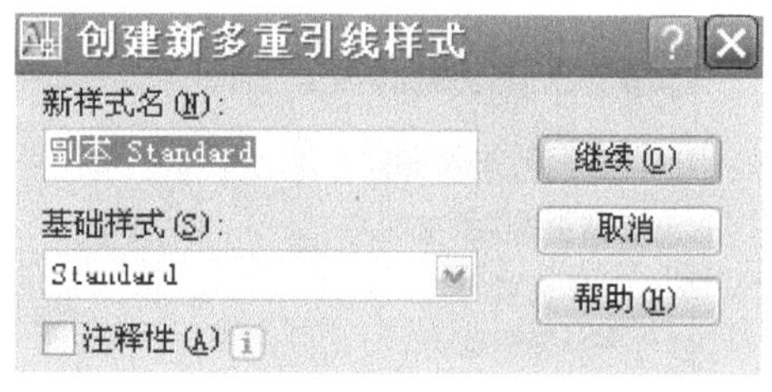

图 17-115 【创建引线样式】对话框

（5）在 内容 选项中，【文字角度】选择“保持水平”、【文字高度】选择“20”、【引线连接】选择“所有文字加下画线”，如图 17-117 所示。

（6）设置完成之后，单击 确定 按钮，返回 多重引线样式管理器，单击 置为当前(U) 按钮，单击 关闭 按钮，完成引线设置。

（7）从 标注(N) 下拉菜单选择 多重引线(E) 选项：

1）在命令行 指定引线箭头的位置或 [引线基线优先(L)/内容优先(C)/选项(O)] <选项>: 提示下，在基础内选择一点单击，指定引线箭头的位置。

2）在命令行 指定引线基线的位置: 提示下，选择引线基线的位置，输入“基础”（输入注释文字“基础”），单击【确定】按钮，完成“基础”的引线标注。

（8）使用同样的方法标注墙体、室内地面、室外地面以及管道。

最终的效果图如图 17-118 所示。

【练习】 绘制图 17-118 所示的基础大样图。

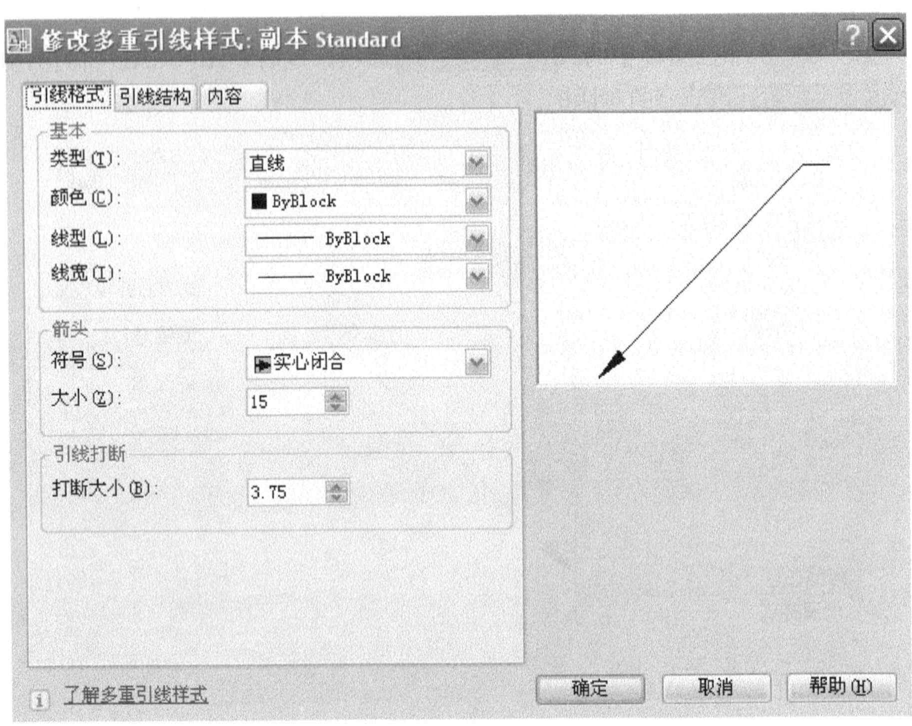

图 17-116 修改多重引线样式中【引线格式】选项

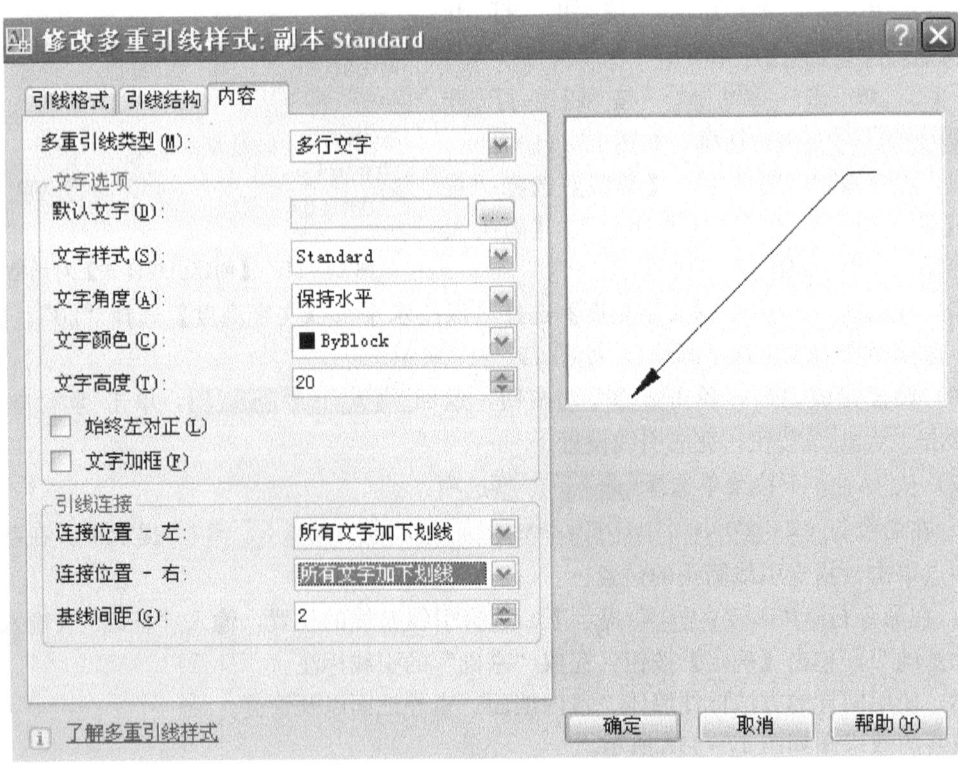

图 17-117 修改多重引线样式中【内容】选项

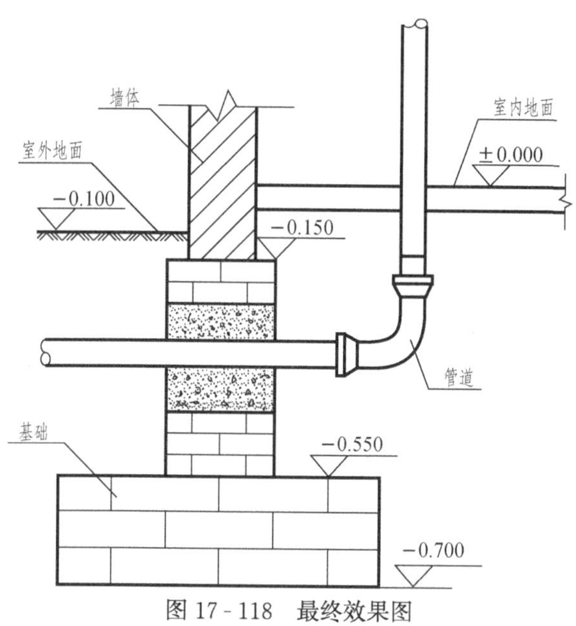

图 17 - 118 最终效果图

第六节 绘制建筑平面图

通过如图 17 - 119 所示例题的讲解，学会应用 AutoCAD 如下的主要功能：

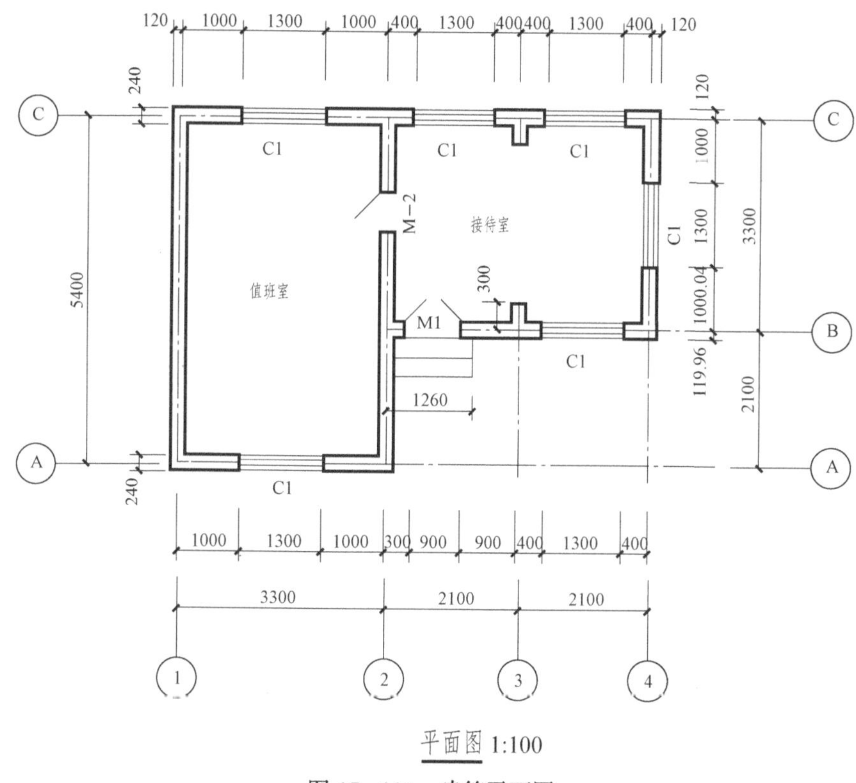

图 17 - 119 建筑平面图

(1) OFFSET：偏移拷贝命令。

(2) TRIM：修剪命令。

(3) DIMLINREAR：线性尺寸标注命令。

(4) DIMCONTINUE：连续尺寸标注命令。

(5) DIMBASELINE：基线尺寸标注命令。

(6) DTEXT：单行文本的输入命令。

(7) MTEXT：多行文本的输入命令。

(8) BLOCK：图块的制作命令。

(9) INSERT：图块的插入命令。

(10) ATTDEF：图块属性定义命令。

一、设置绘图环境

(一) 设置图层

如表 17 - 4 所示。

表 17 - 4 图层设置

图层名称	颜色	线型	线宽
0	白色	Continuous	0.30
尺寸	白色	Continuous	0.15
中心线	白色	Center	0.15
门	白色	Continuous	0.15
窗户	白色	Continuous	0.15
台阶	白色	Continuous	0.15

(二) 放大绘图区域

(1) 输入"Limits"命令，按"Enter"键。

(2) 设置绘图区域左下角为"0，0"，右上角输入"12000，9000"，按"Enter"键。

(3) 输入"Zoom"命令，再输入"A"，按"Enter"键。

(三) 相关工具栏的调用

(1) 参照前面的例子，把鼠标移到任一工具条上，然后单击鼠标右键；

(2) 单击"标注"、"对象捕捉"和"尺寸标注"，打开这三项工具条。

二、开始绘制图形

(一) 墙体轴线的绘制

(1) 先把中心线层设为当前层，开始画线，通过画线、偏移等命令，画出如图 17 - 120 所示的一系列轴线。

(2) 把"0"层设为当前层，继续通过【偏移】命令，把轴线各向两侧偏移"120"，再通过图线的修剪，结果如图 17 - 121 所示。

(3) 在不执行任何命令的情况下，用鼠标逐个把墙体线选中，然后单击图层选择框，选中"0"层，如图 17 - 122 所示。

(4) 按两下"回车"键，此时外墙便被放了"0"层，如图 17 - 123 所示。

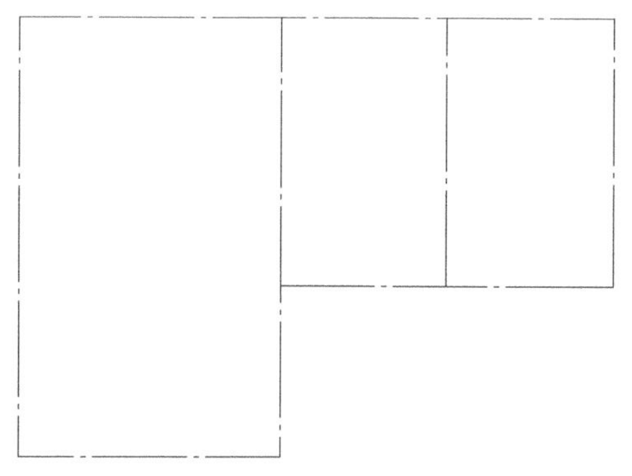

图 17-120　绘制墙体轴线

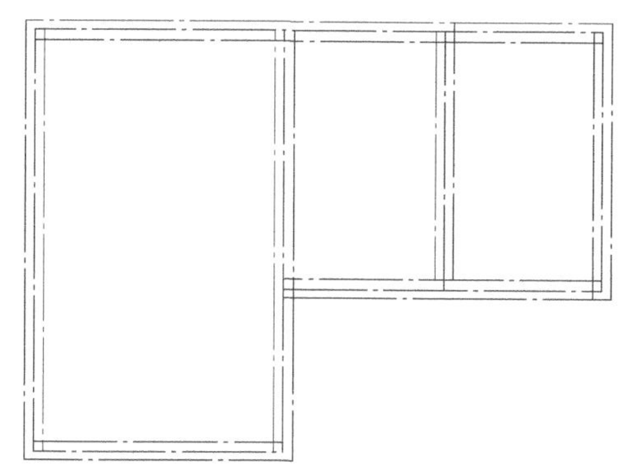

图 17-121　偏移得到墙体

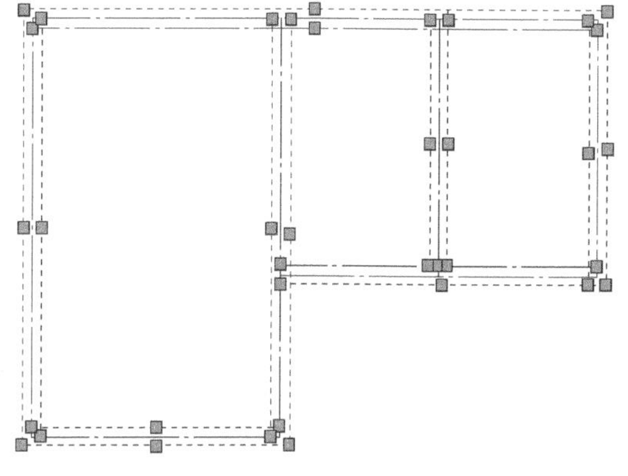

图 17-122　修改当前墙体线型

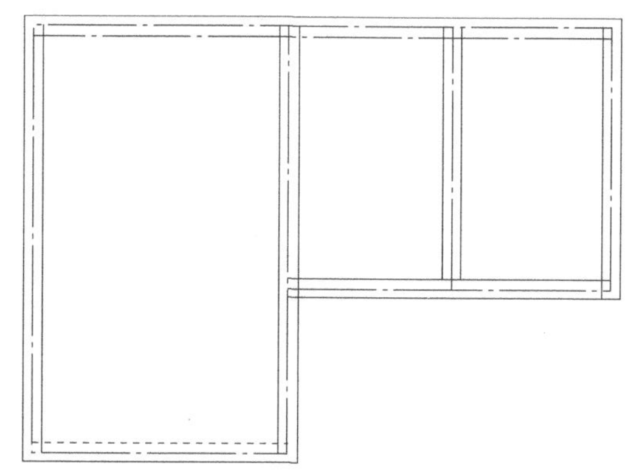

图 17-123　把外墙图线放入“0”层

(5) 根据给定的窗户和门的尺寸，再一次通过【偏移】命令，得到如图 17-124 所示的图形，为下一步窗户、门的修剪定下界限。

(6) 利用偏移所得图线作为边界，【修剪】墙体，得到如图 17-125 所示图形。

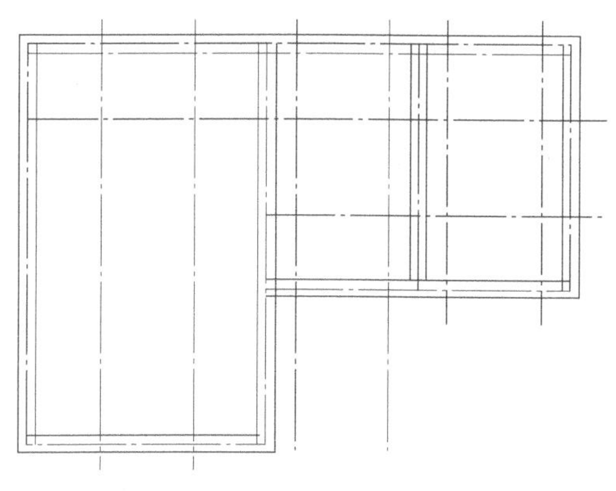

图 17-124　继续执行“偏移”命令

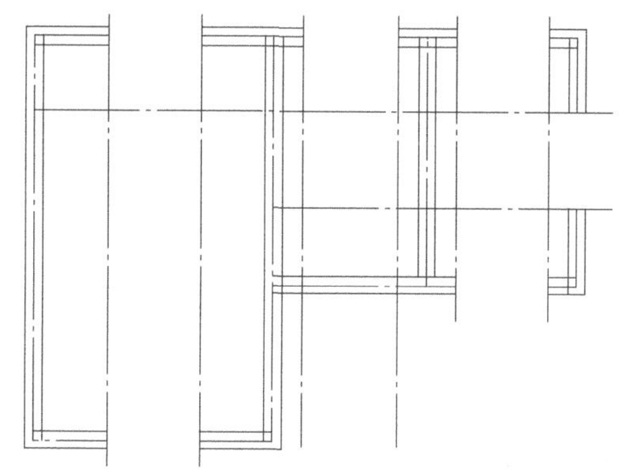

图 17-125　修剪墙体线

(7) 进一步【修剪】，得到如图 17-126 所示图形。

(二) 创建窗户图块

(1) 先把“窗户”图层设为当前图层。用画线命令，根据给定的尺寸，画出如图 17-127

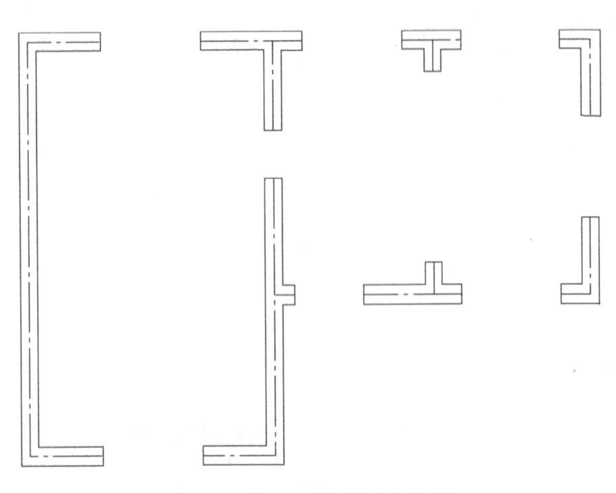
图 17 - 126　继续修剪墙体

所示的图形作为窗户。

（2）在命令行输入【Text】，按“回车”键；在命令行 指定文字的起点或 [对正(J)/样式(S)]: 提示下，在窗户下方任取一点，作为文字的起点；在命令行 指定高度 <2.5000>: 提示符后输入高度值“300”，按“回车”键；在命令行 指定文字的旋转角度 <0>: 提示符后输入“0”，按“回车”键；在命令行 输入文字: 提示符后输入“C1”，按两次“回车”键即可，如图 17 - 128 所示。

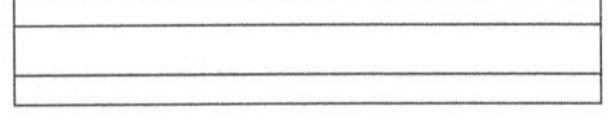
图 17 - 127　创建窗户图块

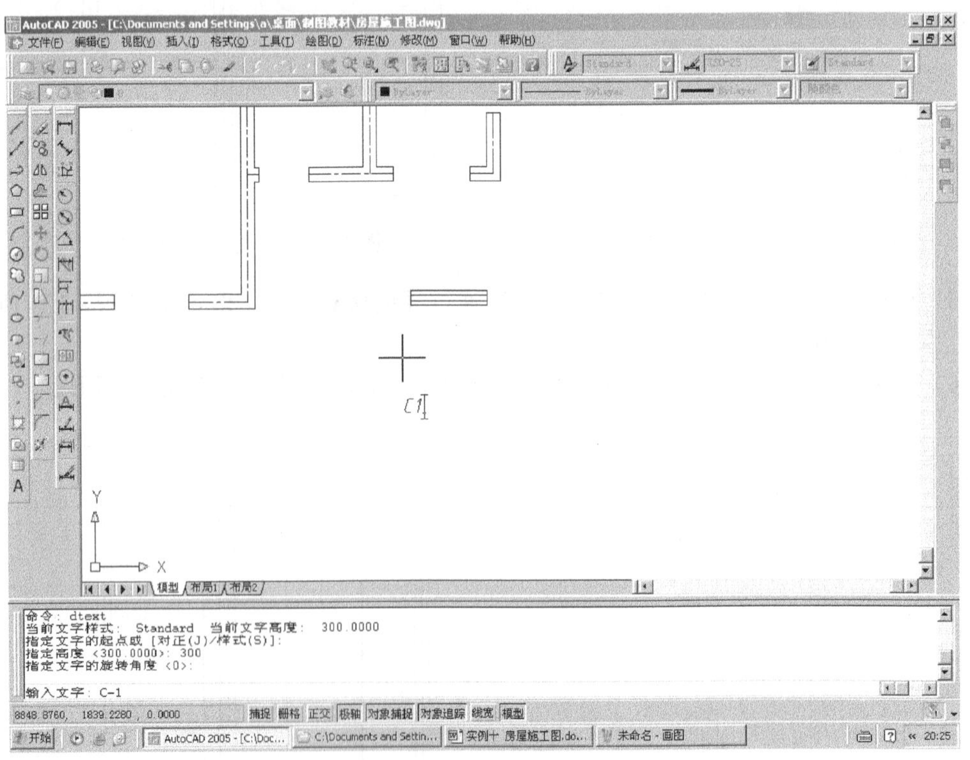

图 17 - 128　书写窗户名“C1”

（3）单击【绘图】工具栏上的【创建块】按钮，弹出 块定义 对话框，在 名称(A): C-1 栏内输入“C1”，把鼠标移至“拾取点”按钮 拾取点(K) 上单击，在图形中选择窗户左上角，作为基点。

提示：基点就是图块插入时的定位点，基点选择的好，将有利于图块在插入时的定位；

（4）此时块定义对话框再一次弹出，如图 17-129 所示，再把鼠标移至选择对象(T)按钮上单击，回到图形窗口，选择窗体和文字“C1”，按“回车”键。再次弹出块定义对话框，单击确定按钮，结束窗户图块定义。

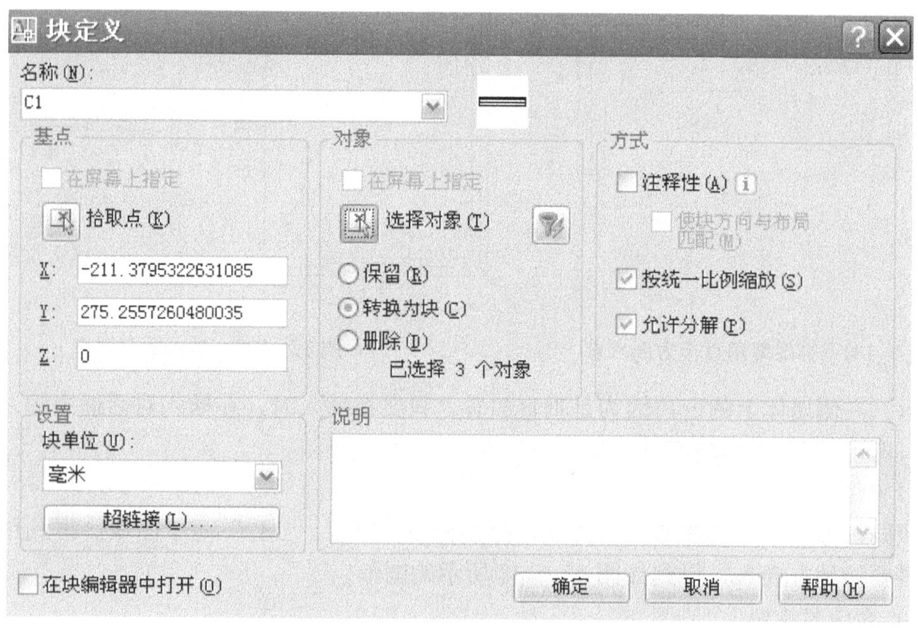

图 17-129 再次弹出【块定义】对话框

（5）单击【绘图】工具栏上的【插入块】按钮，弹出插入对话框，如图 17-130 所示，在名称选择框内选择所定义的图块名“C1”，按“确定”按钮。

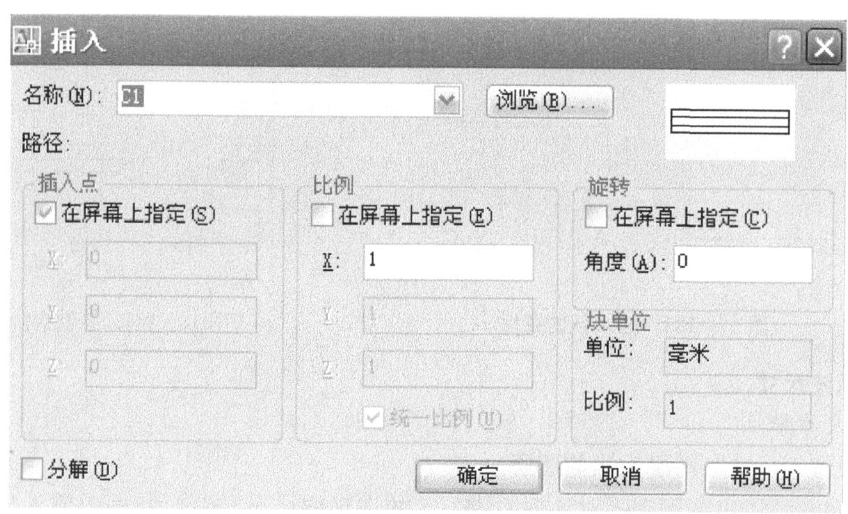

图 17-130 【插入】对话框

（6）捕捉相应的点作为窗户的插入点，如图 17-131 所示。

（7）参照同样方法，把其他的窗户也插入进来。最后得到如图 17-132 所示图形。

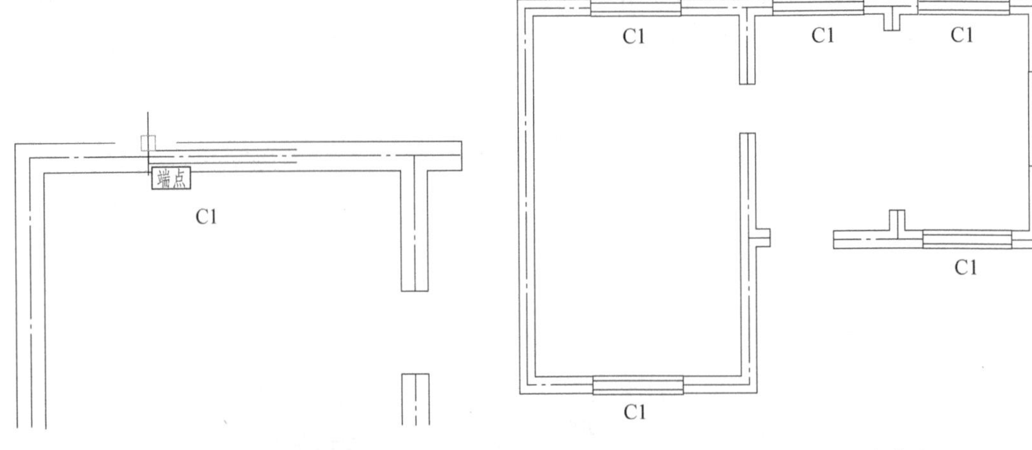

图 17-131　捕捉墙角点作为插入点　　　　图 17-132　插入所有窗户

提示：右侧墙体上的窗户因为是垂直放置，只要在插入时，在插入对话框中输入旋转角度“90”即可。在 CAD 中默认逆时针方向为正值。

(三) 创建门的图块

参照同样方法，用创建图块的方式，分别创建“M1”、“M2”两个图块。再利用插入方法，在需要的地方插入，得到如图 17-133 所示的图形。

(四) 台阶的绘制

将“台阶”图层作为当前层，用画线命令，画出台阶，如图 17-134 所示。

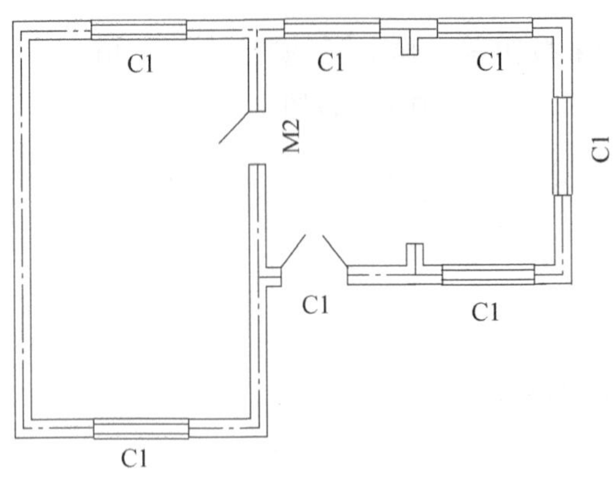

图 17-133　插入门的图块

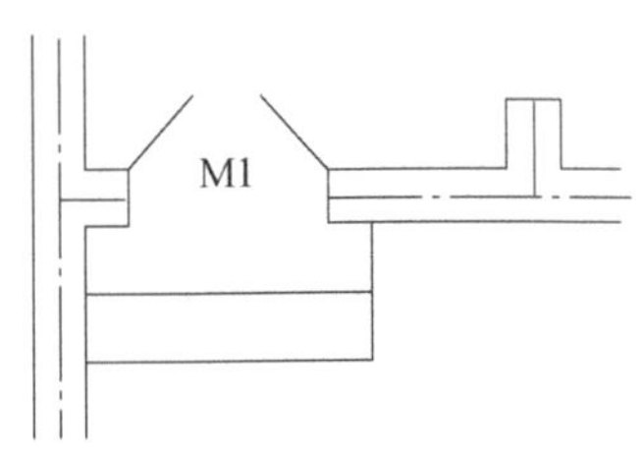

图 17-134　绘制台阶

三、标注尺寸

(一) 尺寸标注

(1) 设置“尺寸”图层为当前图层。

(2) 在 新建标注样式: 样式1 对话框中 线 的选项内，起点偏移量(F): 框内输入“5”，使尺寸界线和图形之间的距离加大些，如图 17-135 所示。

(3) 因为图形是采用的 1∶100 的缩小比例画的，所以在 新建标注样式: 样式1 对话框中点击 调整 按钮，得到如图 17-136 所示对话框。在该对话框 使用全局比例(S): 100 框中输入“100”，如图 17-136 所示。

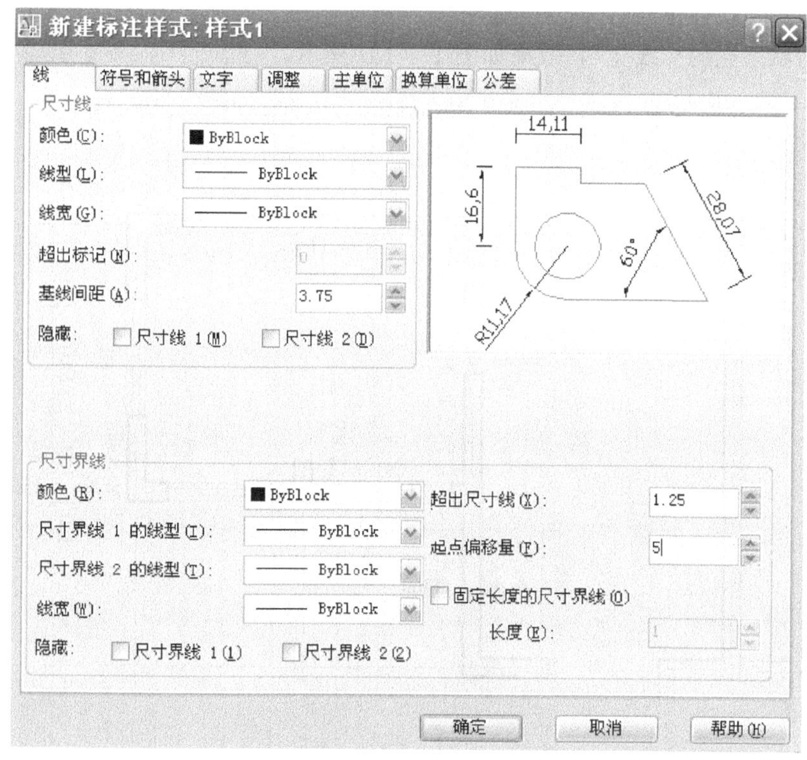

图 17-135　在【修改标注样式】对话框中设置“起点偏移量”

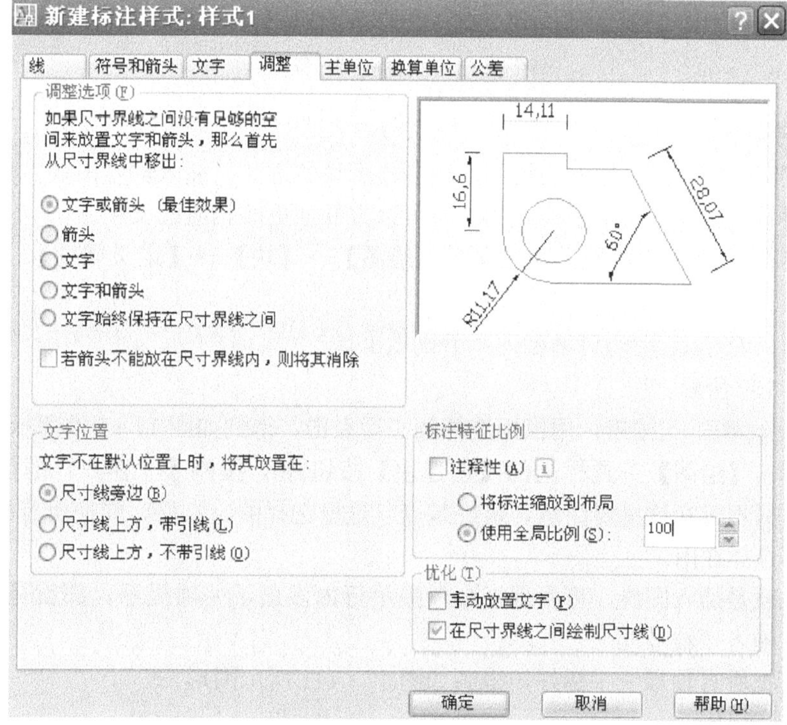

图 17-136　在【新建标注样式】对话框中调整比例

(4) 最后用“线性标注”、“连续标注”、“基线标注”等标注方法，完成图形的尺寸标注。最后点击状态栏的“线宽”，效果如图 17 - 137 所示。

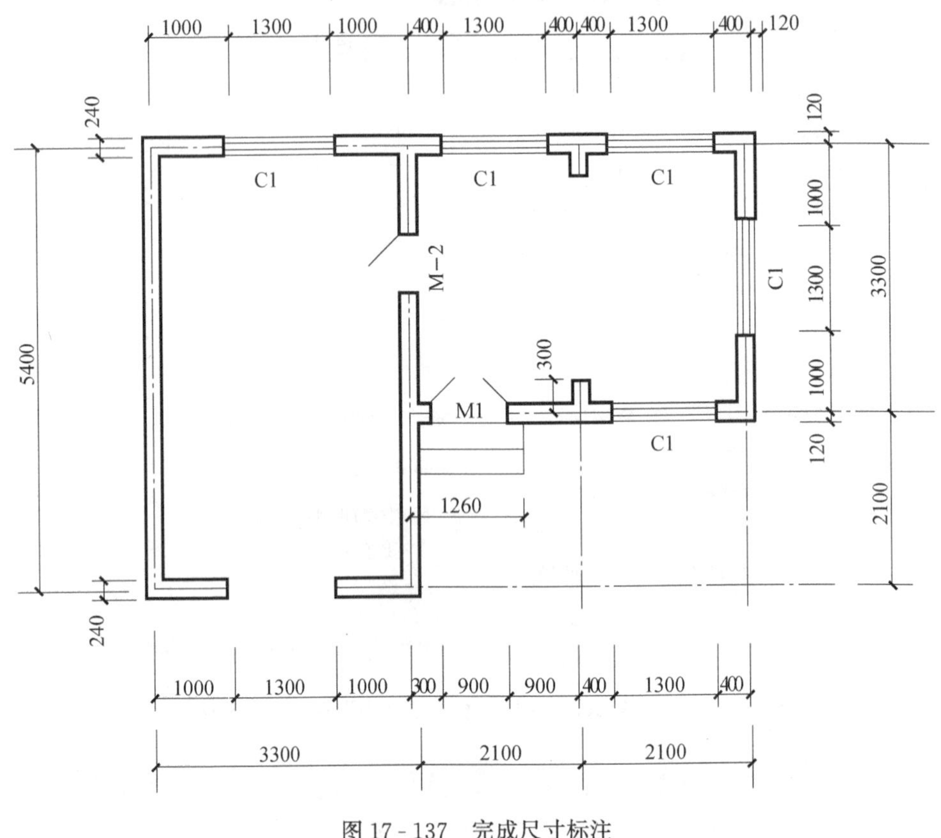

图 17 - 137 完成尺寸标注

(二) 轴号标注

同图块“窗户”、“门”的方法相同，用制作图块的方法，插入轴号图块。只不过在此还必须给图块附带上属性，以制于插入图块时可以方便地更改相应的文字。

(1) 画半径为“350”的圆，单击菜单【绘图】→【块】→【定义属性】，如图 17 - 138 所示。

(2) 在弹出的属性定义对话框内，分别填上标记(T):、提示(M):、文字高度(E):等处相关的内容，如图 17 - 139 所示。

(3) 单击确定按钮，用鼠标选择圆心后点击，得到如图 17 - 140 所示图形。

(4) 再单击【绘图】工具栏上的【创建块】按钮，按刚才“窗户”的创建图块的方法制作图块，只不过在这里要注意，定好基点（这里选择圆心）后，要把所有的图形（包括“标记 X”）都选择在内。

(5) 然后就是插入图块，将发现在命令提示行内多出了一项提示，那就是该块的属性，在这里会提示输入“轴号”。

(6) 接下把所有轴号一一标好，得到如图 17 - 141 所示图形。

(三) 文字注释

(1) 单击绘图(D)下拉菜单，选择文字(X)中的多行文字(M)...，在所绘制的平面图

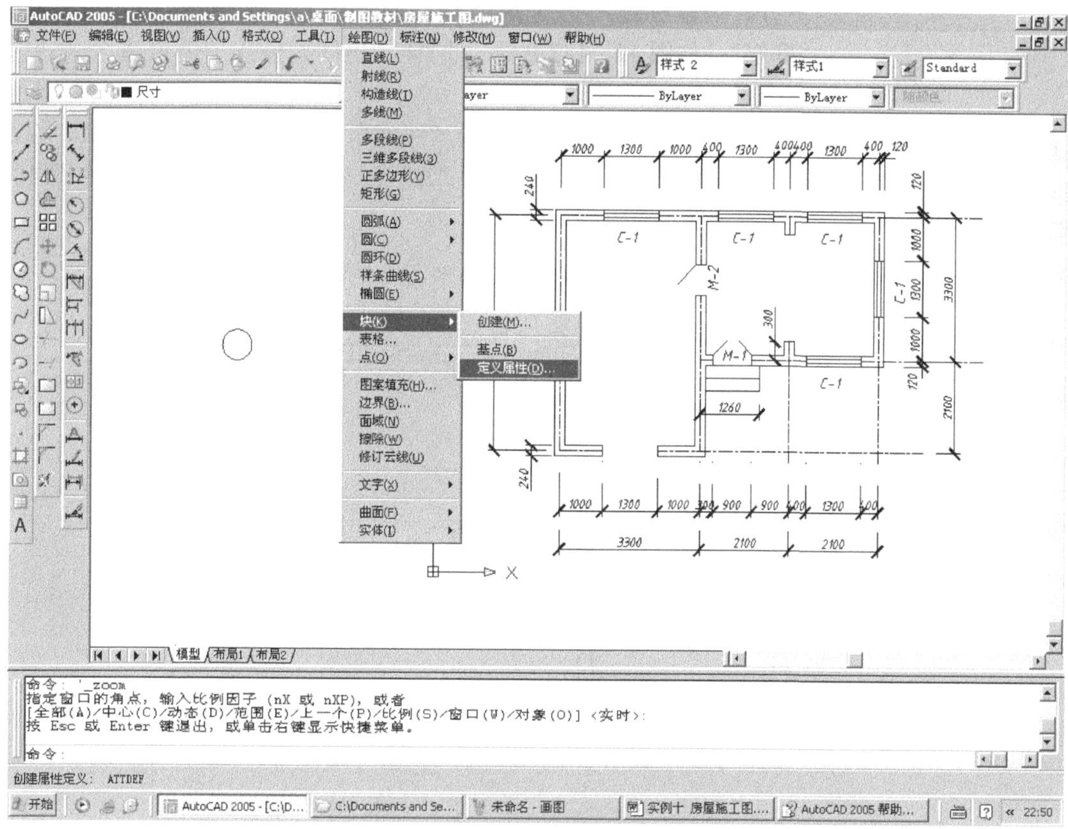

图 17-138　单击“定义属性”菜单

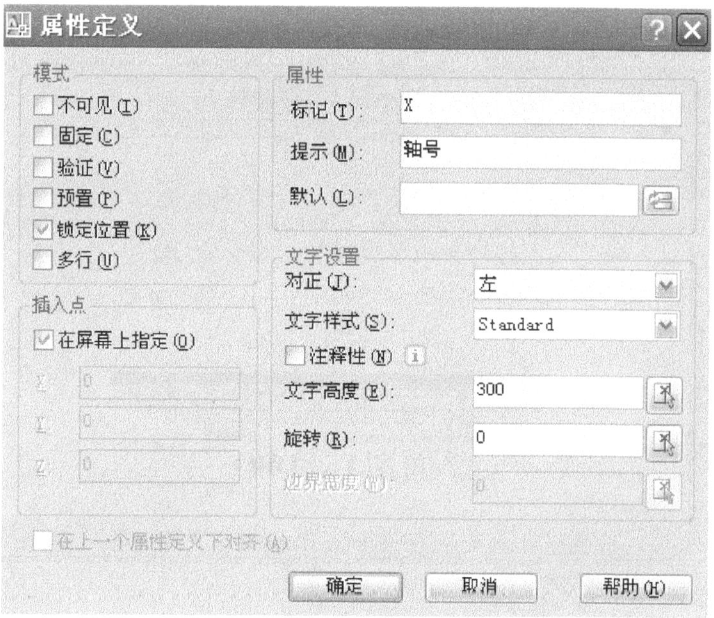

属性定义

模式
不可见(I)
固定(C)
验证(V)
预置(P)
锁定位置(K)
多行(U)

属性
标记(T)：X
提示(M)：轴号
默认(L)：

插入点
在屏幕上指定(O)
X：0
Y：0
Z：0

文字设置
对正(J)：左
文字样式(S)：Standard
注释性(N)
文字高度(E)：300
旋转(R)：0
边界宽度(W)：0

在上一个属性定义下对齐(A)

确定　取消　帮助(H)

图 17-139　【属性定义】对话框

下方，用鼠标拖出一个矩形框，在内输入“平面图 1∶100”点击“确定”，如图 17-142 所示。同样在房间内输入“值班室”、“接待室”。

图 17-140　选择圆心作为“标记”的插入点

（2）最后单击状态栏中的“线宽”，显示出线型的粗细来，在命令行输入“Z”回车，再输入“A”回车，完成作图，得到如图 17-103 所示图形。

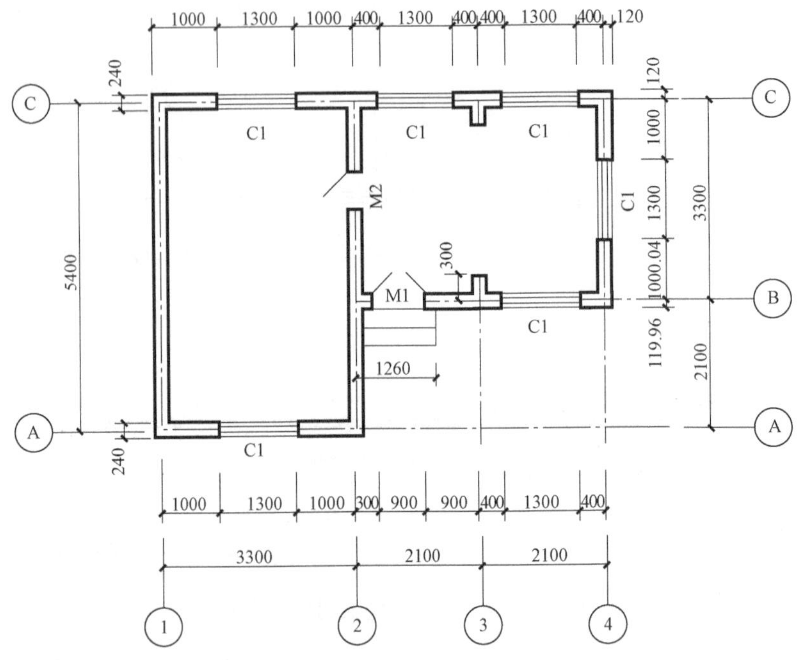

图 17-141　标注所有轴号

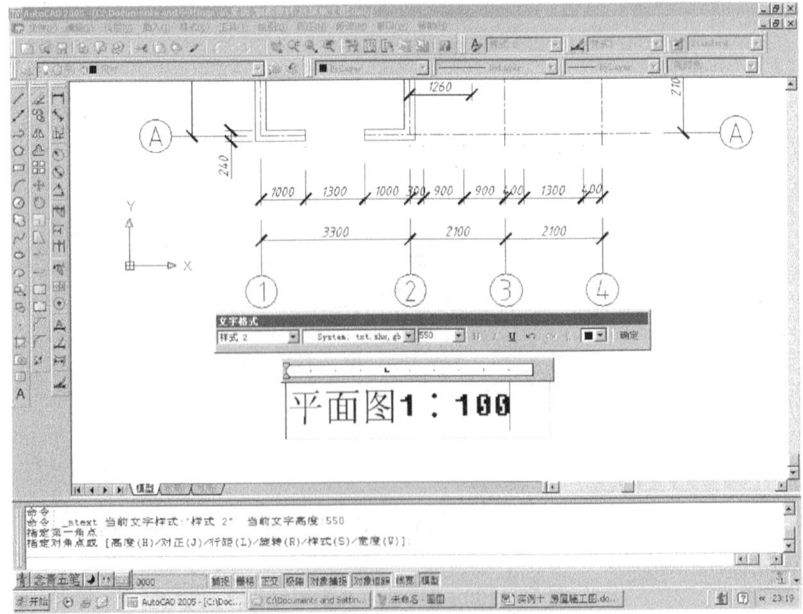

图 17-142　输入文本

【练习】 用“偏移”、“创建块”、“插入块”等命令抄画如图 17 - 143 所示平面图（比例 1∶100），画出指北针、标高、门窗编号、定位轴线编号。

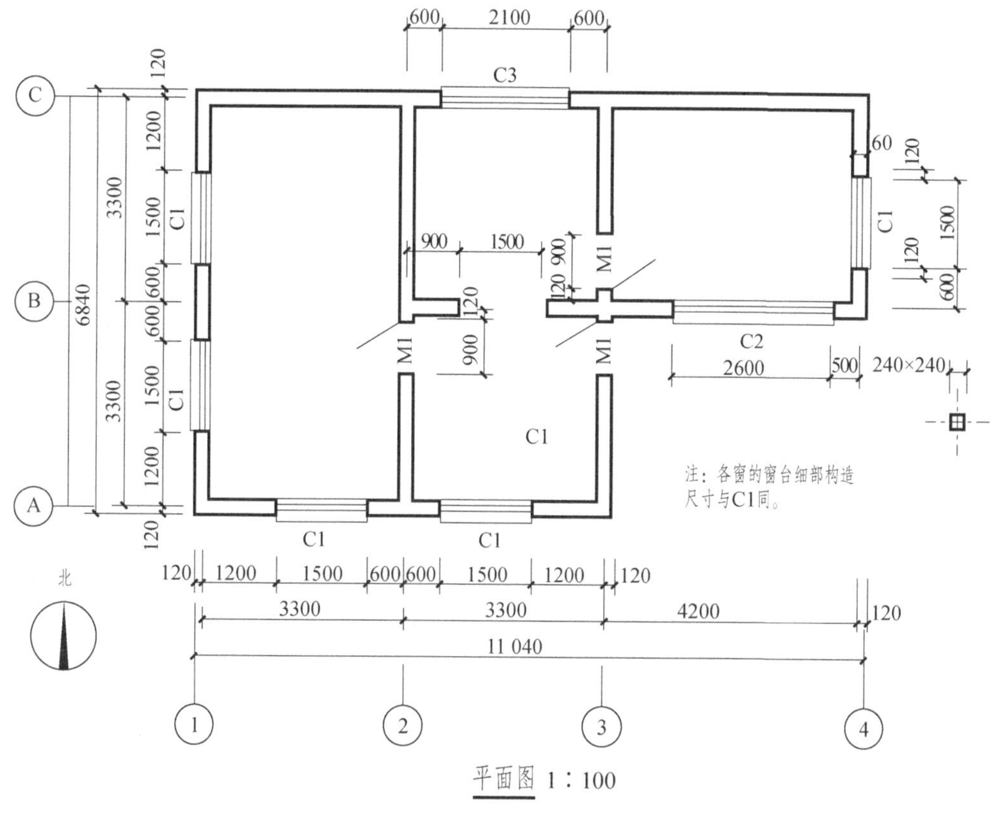

图 17 - 143 绘制建筑平面图

第七节 绘制建筑立面图

通过如图 17 - 144 所示例题的讲解，学会应用 AutoCAD 如下的主要功能：

（1）RECTANG：画“矩形”的命令；

（2）LINE：画“直线”的命令；

（3）BLOCK：“块的定义”命令；

（4）WBLOCK：“块的保存”命令；

（5）INSERT：“单个块的插入”命令；

（6）MINSERT：“多个块的插入”命令。

整个绘图过程分为 3 个步骤：定义图块、绘制房屋立面图轮廓、插入图块。

一、定义图块

定义块的基本操作步骤如下：

（1）在 AutoCAD 中，按照前面讲述的画矩形、直线的方法，用 1∶10 的比例绘制一个宽为 1.2m，高为 1.5m 的窗户，如图 17 - 144 所示。

（2）在【绘图】工具栏上单击【创建块】按钮，启动“Block”命令，将图17-144转换为“窗户”图块。

二、绘制房屋立面图轮廓

以1∶100的比例，绘制一幅高12m、宽9m、层数为4层、层高为3m的房屋立面图（侧面）轮廓，如图17-145所示。

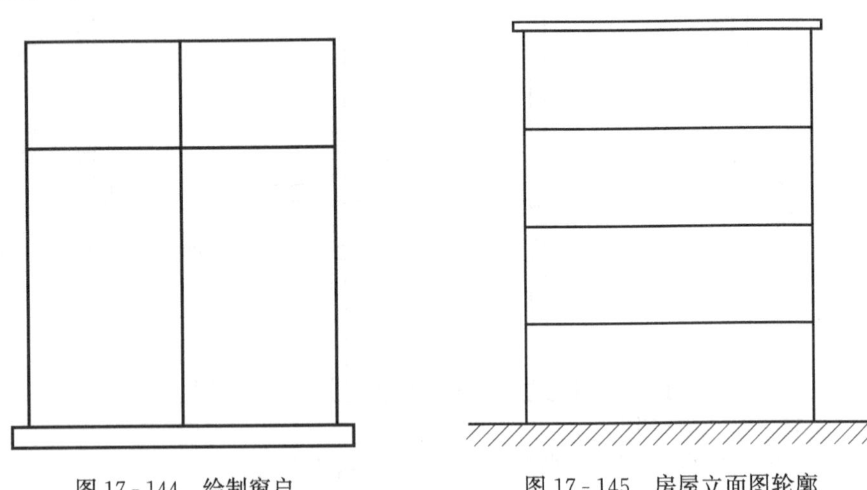

图17-144 绘制窗户　　图17-145 房屋立面图轮廓

房屋立面图具体绘制步骤，这里就不作详细介绍了。

三、插入图块

插入【多个块】。

“MInsert”命令的具体操作步骤如下：

（1）在命令行中输入“Minsert”，然后回车，启动Minsert命令。

（2）在命令行 输入块名或 [?] <窗户>: 提示下，输入“窗户”（需要插入的块的名称），然后按“回车”键。

（3）在命令行 指定插入点或 [基点(B)/比例(S)/X/Y/Z/旋转(R)]: 提示下，输入“S”，按“回车”键。

（4）在命令行 指定 XYZ 轴的比例因子 <1>: 提示下，输入“0.1”，按“回车”键。

由于房屋立面图轮廓是以1∶100的比例绘制的，而“窗户”块是以1∶10的比例绘制的，所以插入“窗户”块时，需要设置插入比例为“0.1”。

（5）在命令行 指定插入点或 [基点(B)/比例(S)/X/Y/Z/旋转(R)]: 提示下，在绘图区中任意一点单击鼠标左键，指定图块的插入点。

（6）在命令行 指定旋转角度 <0>: 提示下，输入“0”，按“回车”键。

（7）在命令行 输入行数 (---) <1>: 提示符后输入“4”，指定阵列的行数，按“回车”键。

（8）在命令行 输入列数 (|||) <1>: 提示符后输入“3”，指定阵列的列数，按“回车”键。

（9）在命令行 输入行间距或指定单位单元 (---): 提示符后输入“30”，指定行间距，按“回车”键。

（10）在命令行 指定列间距 (|||): 提示符后输入“30”，指定列间距，按“回车”键。

由于本例中横向相邻两窗户的水平间距为 3m，纵向相邻两窗户的垂直间距为也是 3m，因此插入“窗户”块时，按照 1∶100 的比例，行、列间距为 30。

完成以上操作之后得到的结果如图 17 - 146 所示。

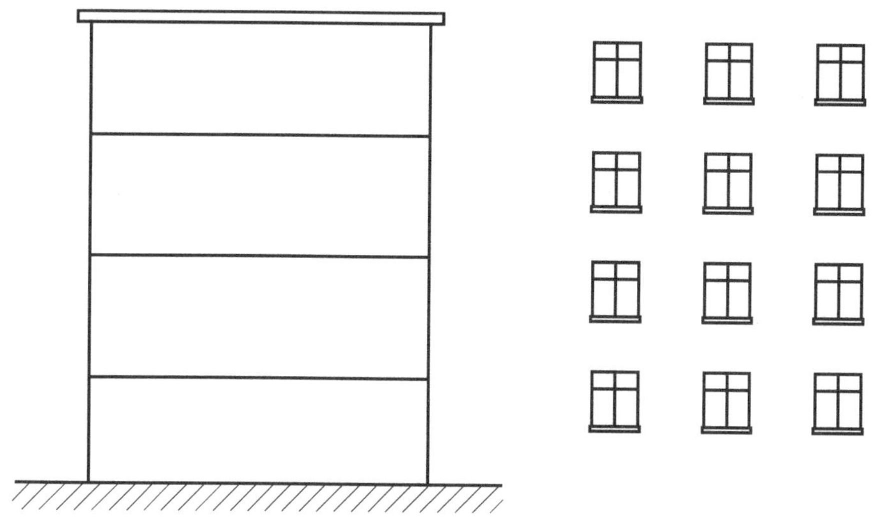

图 17 - 146 插入多个“窗户”块

(11) 单击【修改】工具栏中【移动】按钮，选中窗户，将其移动到合适位置。至此，房屋立面图就绘制完成了，最终效果如图 17 - 147 所示。

17 - 147 最终效果图

第八节 楼梯剖面图

通过如图 17 - 148 所示例题的讲解，学会应用 AutoCAD 如下的主要功能：

（1）OFFSET：“偏移”命令；

（2）TRIM：“修剪”命令；

（3）COPY：“复制”对象命令；

（4）MIRROR：“镜像”命令；

（5）DIMLINREAR：“线性标注”命令；

（6）DIMCONTINUE：“连续标注”命令；

（7）DIMBASELINE：“基线标注”命令；

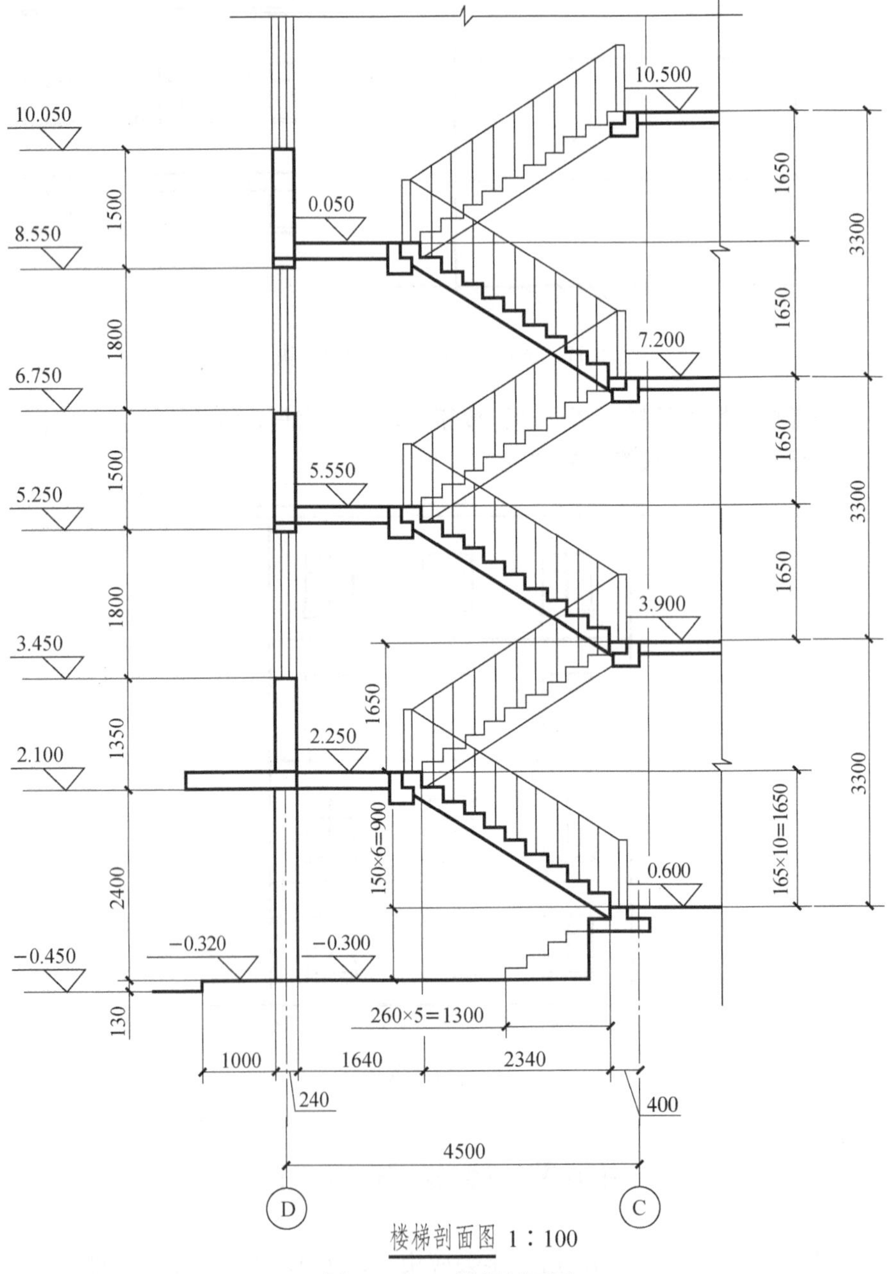

图 17 - 148　楼梯剖面图

(8) A MTEXT："多行文字"命令；
(9) BLOCK："创建块"命令；
(10) ATTDEF："图块属性定义"命令；
(11) INSERT："图块的插入"命令；
(12) LAYER："图层"的有关操作命令。

一、设置绘图环境

(一) 设置图层

如表 17-5 所示。

表 17-5 图 层 设 置

名 称	颜 色	线 型	线 宽
0	白 色	Comtinuous	0.30
尺 寸	白 色	Comtinuous	0.15
中心线	白 色	Center	0.15
细实线	白 色	Comtinuous	0.15

(二) 放大绘图区域

(1) 在输入"Limits"命令，按"Enter"键；
(2) 设置绘图区域左下解为"0，0"，右上角输入"10000，10000"，按"Enter"键；
(3) 输入"Zoom"命令，再输入"A"，按"Enter"键。

(三) 相关工具栏的调用

(1) 参照前面的例子，把鼠标移到任一工具条上，然后右键；
(2) 单击"标注"、"对象捕捉"和"尺寸标注"，打开这三项工具条。

二、开始绘制图形

(一) 楼梯和扶手的绘制

1. 单层楼梯和扶手的画法

(1) 按图中尺寸画出如下楼梯图形，如图 17-149 所示。

(2) 通过多次复制得到一层楼梯。多重复制方法如图 17-150 所示。再添画上其余部分，最后图形如图 17-151 所示。

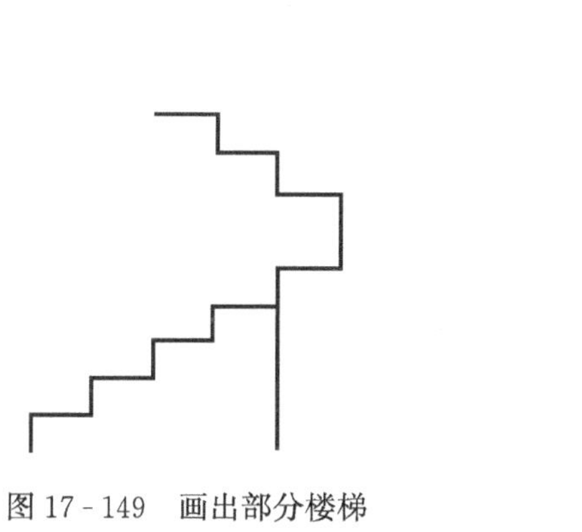

图 17-149 画出部分楼梯

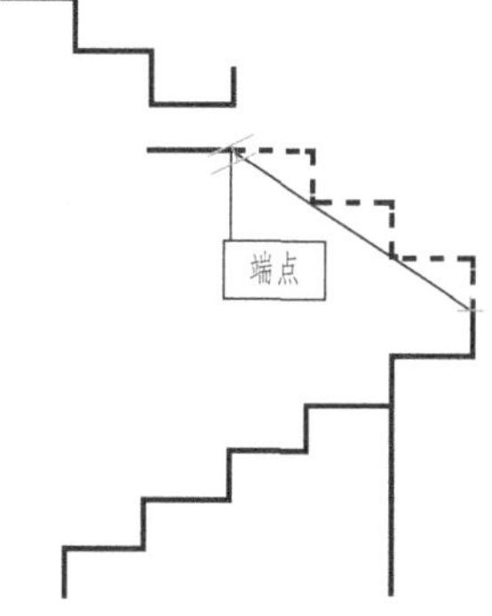

图 17-150 多重复制

提示：多次重复复制的时候，要注意基点选择。基点选择的合理，会提高作图的效率。

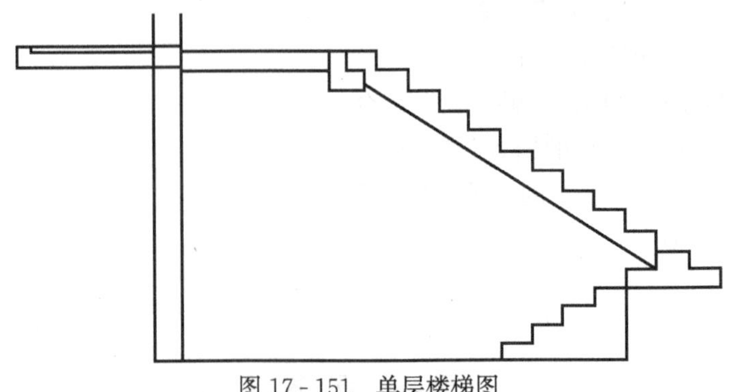

图 17-151 单层楼梯图

(3) 添画上扶手，复制方法同楼梯。完成后如图 17-152 所示。

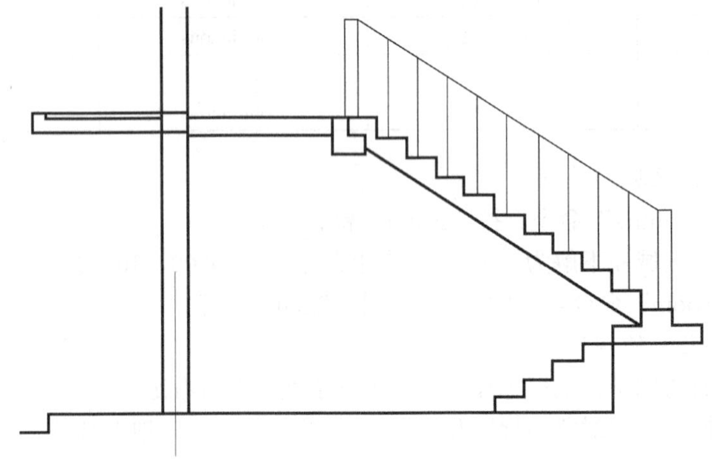

图 17-152 添加上扶手

2. 多层楼梯与扶手的画法

(1) 通过镜像命令，得到对称的另一半图形，如图 17-153 所示。

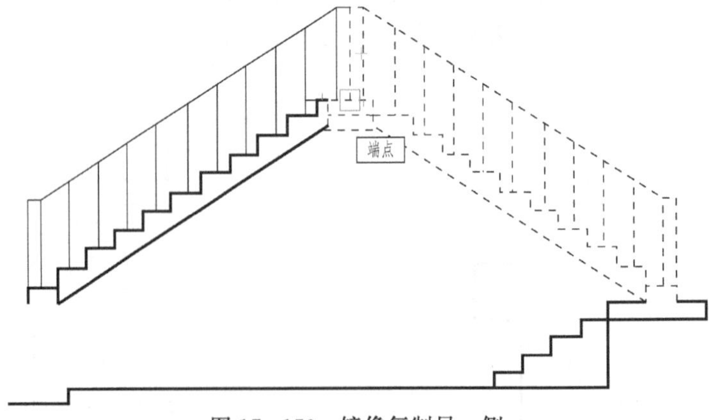

图 17-153 镜像复制另一侧

(2) 通过平移命令，得到如图 17-154 所示的一层图形。

(3) 用相同的方法，再把其他各层的楼梯复制好，再画上墙体和农户及其他相应的部位，得到如图 17-155 所示的图形。

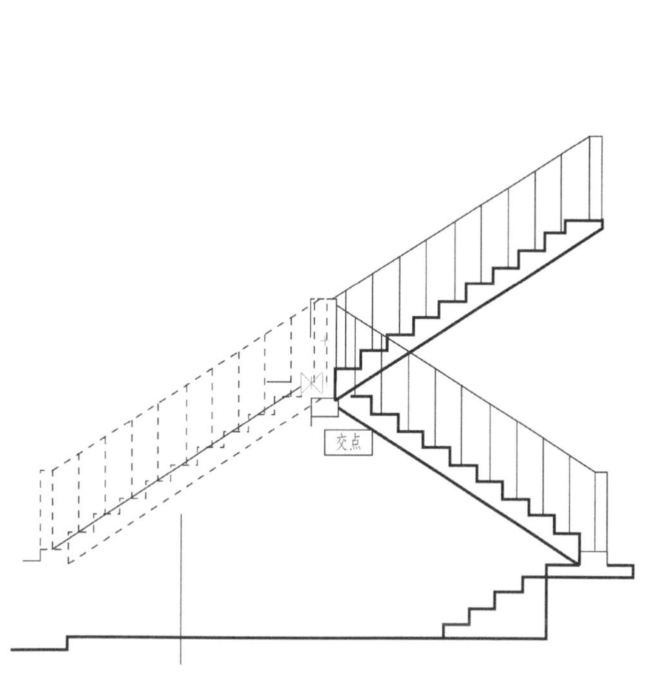

图 17 - 154　向上平移

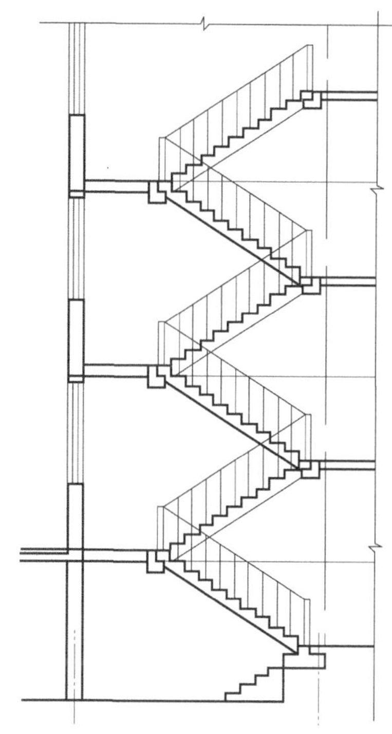

图 17 - 155　利用多重复制方法完成各层楼梯

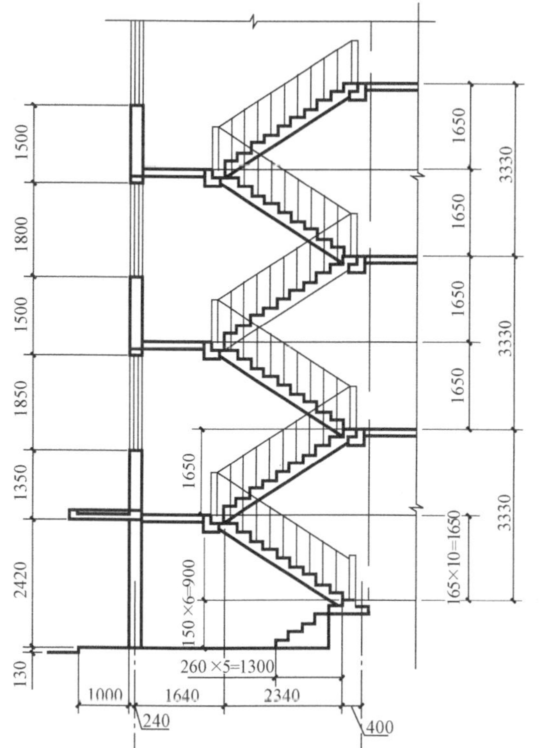

图 17 - 156　完成尺寸标注

三、标注尺寸

（1）参照前面的例子，用“线性标注”、“连续标注”等命令，把尺寸标注好，如图 17 - 156 所示。

提示：要注意“调整”选项中的“使用全局比例填 100”。

（2）标高和轴号的标注：

利用创建图块命令，并附带上相应的属性，绘制出下图的标高和轴号的图块，如图 17 - 157 所示。

然后给图形标上标高和轴号，再点击“线宽”按钮，最后得到如图 17 - 148 所示的图形。

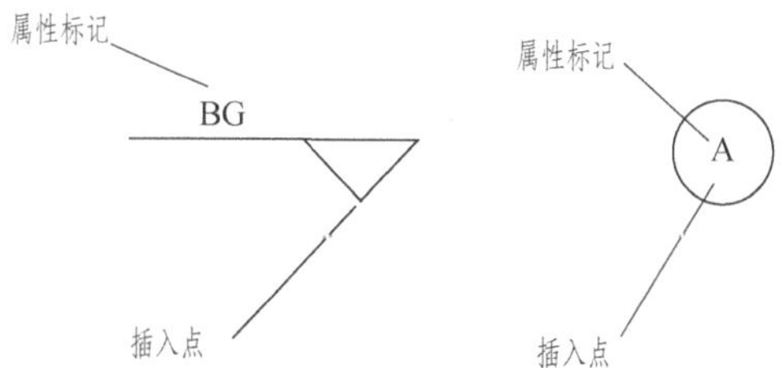

图 17 - 157　创建“标高”和“轴号”的图块

第九节 绘制室内给水排水平面图

通过如图 17 - 158 所示例题的讲解，学会应用 AutoCAD 如下主要功能：

(1) OFFSET：偏移拷贝命令；

(2) TRIM：修剪命令；

(3) DIMLINREAR：线性尺寸标注命令；

(4) DIMCONTINUE：连续尺寸标注命令；

(5) DIMBASELINE：基线尺寸标注命令；

(6) DTEXT：单行文本的输入命令；

(7) MTEXT：多行文本的输入命令；

(8) BLOCK：图块的制作命令；

(9) INSERT：图块的插入命令；

(10) ATTDEF：图块属性定义命令。

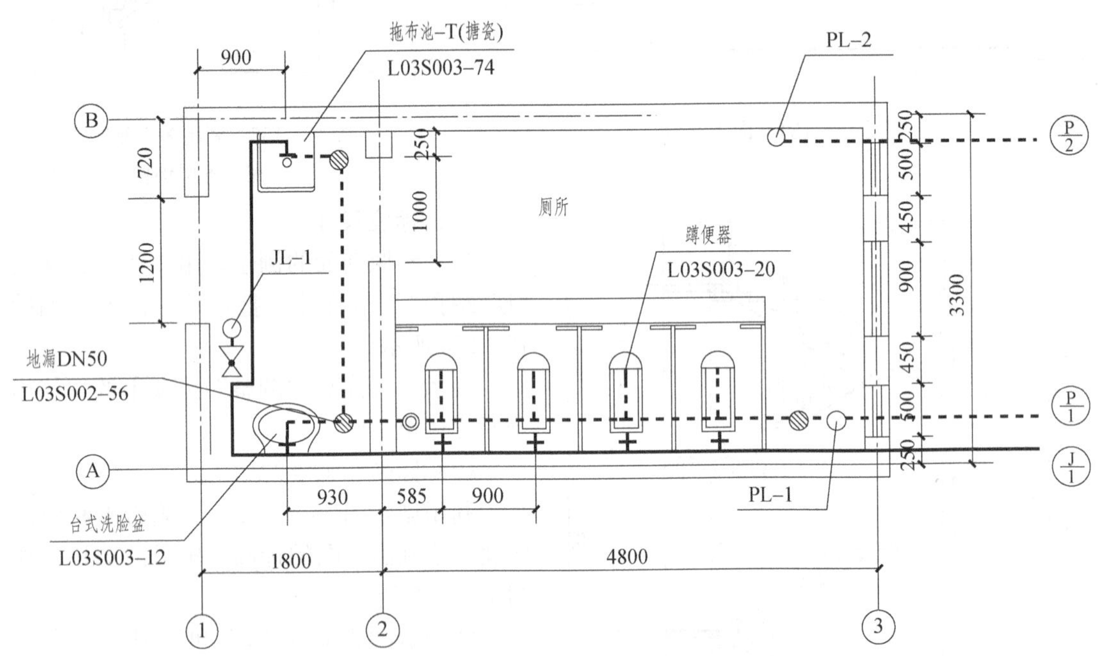

图 17 - 158 给水排水平面图

一、设置绘图环境

(一) 设置图层

如表 17-6 所示。

(二) 放大绘图区域

(1) 在输入“Limits”命令，按“回车”键；

(2) 设置绘图区域左下角为“0，0”，右上角输入“15 000，10 000”，按“回车”键；

(3) 输入“Zoom”命令，再输入“A”，按“回车”键。

表 17-6　　图层设置

图层名称	颜色	线型	线宽
0	白色	Continuous	0.30
尺寸标注	白色	实线	0.15
文字	白色	实线	0.15
中心线	白色	点画线	0.15
墙体及窗户	白色	实线	0.15
用水设备	白色	实线	0.20
给水管道	白色	实线	0.40
排水管道	白色	虚线	0.40

（三）相关工具栏的调用

（1）参照前面的例子，把鼠标移到任一工具条上，然后单击鼠标右键；

（2）单击“标注”、“对象捕捉”和“尺寸标注”，打开这三项工具条。

二、开始绘制图形

（一）墙体的绘制

1. 画定位轴线

（1）先把中心线层设为当前层，先画一条垂直线，长度为 4000mm，再利用偏移命令，偏移的距离分别为“1800”、“4800”，画出如图 17-159（a）所示的一系列轴线。

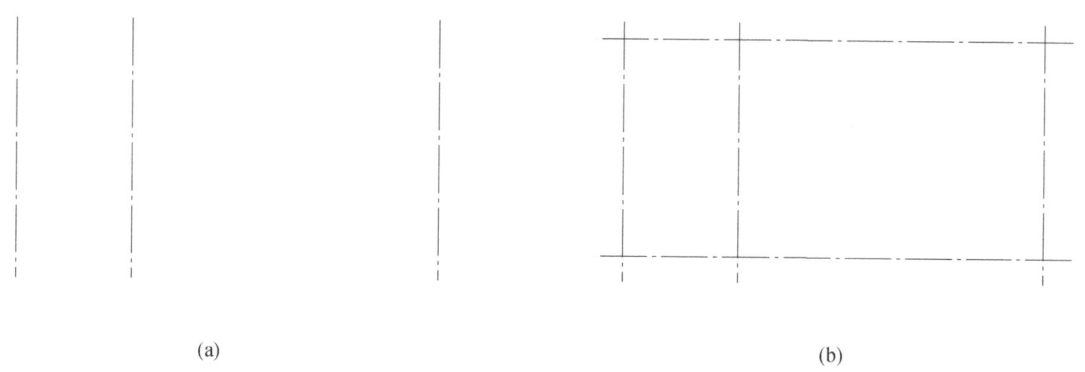

(a)　　(b)

图 17-159　绘制墙体轴线

（2）画水平直线 7500mm，再利用偏移命令偏移垂直线，偏移的距离为“3300”，如图 17-159（b）所示。

2. 画墙体

（1）通过【偏移】命令，把轴线各向两侧偏移“120”，再通过图线的修剪，得到结果如图 17-160 所示；

（2）在不执行任何命令的情况下，用鼠标逐个把墙体线选中，然后点击图层选择框，选中“墙体”层，如图 17-161 所示；

（3）按“回车”键两下，此时外墙便被放了“墙体及窗户”层，如图 17-162 所示；

（4）根据给定的窗户和门的尺寸，再一次通过【偏移】命令，为下一步窗户、门的修剪定下界限。利用偏移所得图线作为边界，【修剪】墙体，得到如图 17－163 所示图形。

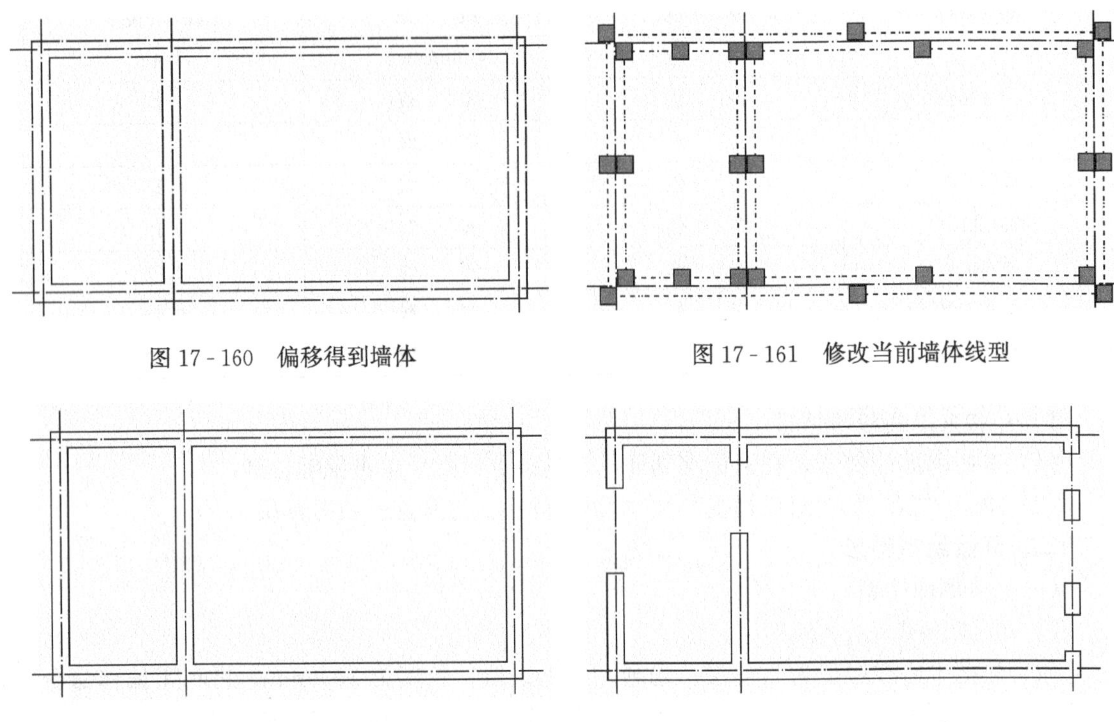

图 17－160　偏移得到墙体

图 17－161　修改当前墙体线型

图 17－162　把外墙图线放入“墙体及窗户”层

图 17－163　修剪墙体

（二）创建窗户图块

（1）把“墙体及窗户”图层设为当前图层。用画线命令，根据给定的尺寸，画出如图 17－164 所示的图形作为窗户，尺寸为“500×240”。

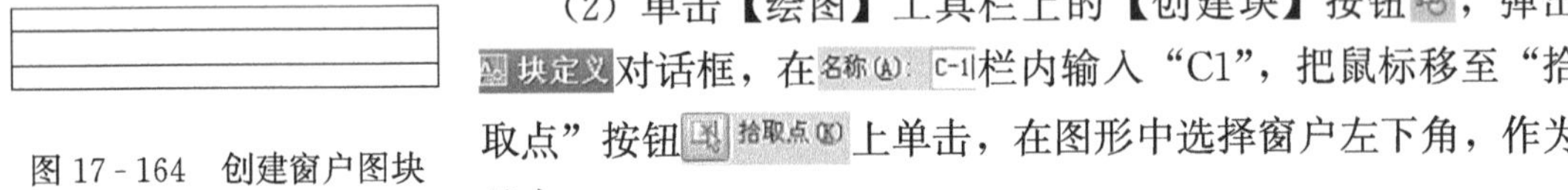

图 17－164　创建窗户图块

（2）单击【绘图】工具栏上的【创建块】按钮，弹出块定义对话框，在名称(A): C-1栏内输入“C1”，把鼠标移至“拾取点”按钮拾取点(K)上单击，在图形中选择窗户左下角，作为基点。

提示：基点就是图块插入时的定位点，基点选择的好，将有利于图块在插入时的定位。

（3）此时块定义对话框再一次弹出，如图 17－165 所示，再把鼠标移至选择对象(T)按钮上单击，回到图形窗口，选择窗体和文字“C1”，按“回车”键。再次弹出块定义对话框，单击确定按钮，结束窗户图块定义。

注意：在该对话框中，取消按统一比例缩放(S)前面的“√”，因为在图形中窗户的尺寸不同，两个窗户“500×240”，一个窗户“900×240”，插入图块时需要改变尺寸。

（4）单击【绘图】工具栏上的【插入块】按钮，弹出插入对话框，在名称(N): C1选择框内选择所定义的图块名“C1”，在旋转选项区角度(A): 90选“90”，按确定按钮。

（5）捕捉相应的点作为窗户的插入点，如图 17－166 所示。

（6）在插入“900×240”窗户时，因为图块的尺寸为“500×240”，所以在比例选项栏

图 17-165 再次弹出【块定义】对话框

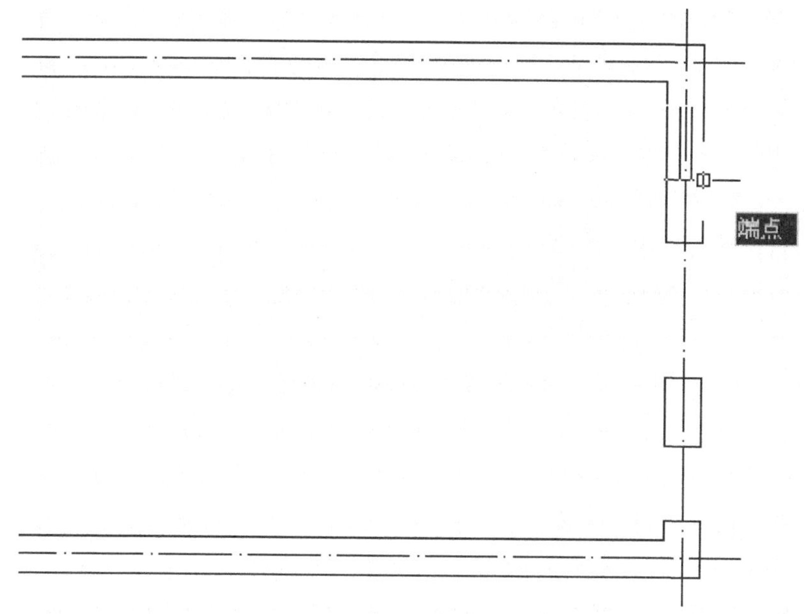

图 17-166 捕捉墙角点作为插入点

中：X: 1.8 设为“1.8”（因为 900/500=1.8）、Y: 1 设为“1”（因为都是厚“240”）、在 旋转 选项栏中 角度(A): 90 设为“90”，按 确定 按钮，如图 17-167 所示。

（7）最后得到如图 17-168 所示图形。

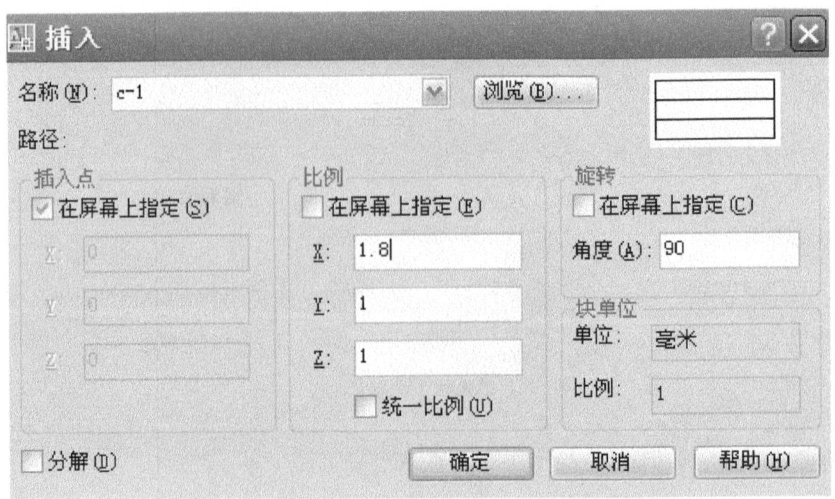

图 17-167 【插入】对话框

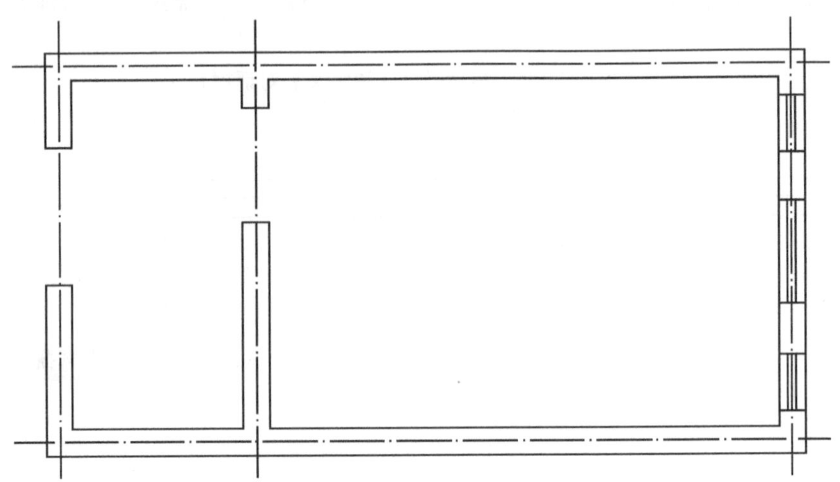

图 17-168 插入所有窗户

(三) 画用水设备

1. 画洗脸盆

(1) 将“用水设备”设为当前层;

(2) 画尺寸为“1560×600”的矩形;

(3) 画椭圆，长轴尺寸为“530”、短轴尺寸为“340”、圆心距矩形右下角的尺寸为“@-750，270”；向外偏移椭圆，偏移的距离为“50”，如图 17-169 所示；

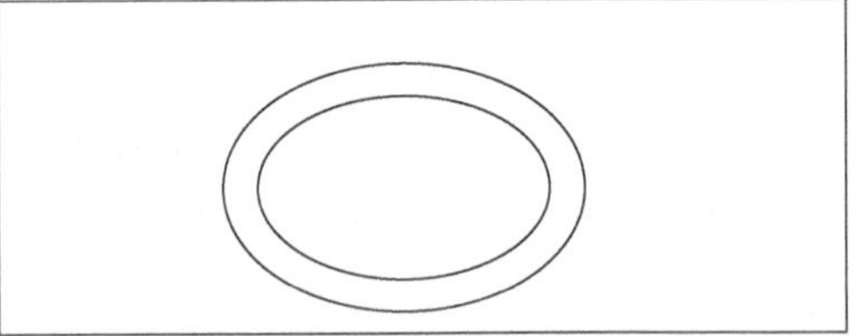

图 17-169 偏移后椭圆

(4) 以椭圆圆心为对称点，在距椭圆圆心下方 240mm 处画水平线，长 500mm。经过水平线的两个端点画两条构造线，与外椭圆相切，如图 17-170 所示；

(4) 修剪图形，如图 17-171 所示；

(5) 画出洗脸盆上给水管道接口和排水口（可以利用“镜像”和“偏移”命令，如图 17-172 所示）；

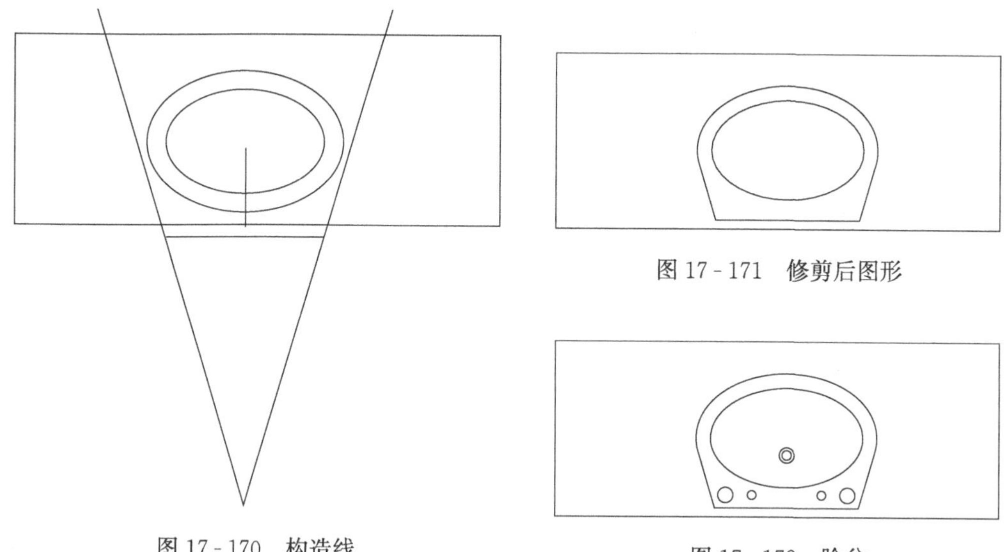

图 17-170　构造线

图 17-171　修剪后图形

图 17-172　脸盆

(6) 将图形移动到卫生间，如图 17-173 所示。

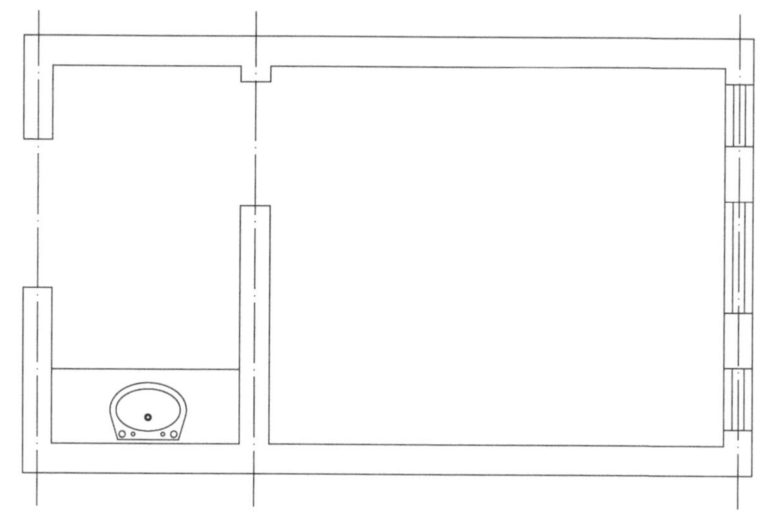

图 17-173　将脸盆移到卫生间

2. 画大便器

(1) 画矩形，尺寸“590×300”；将矩形向内偏移，偏移距离为“30”；将矩形下侧【倒角】，倒角距离为“20”，将内侧的矩形上侧【修剪】、【延伸】，如图 17-174 所示；

(2) 利用 起点、圆心、端点(S) 命令画圆弧，如图 17-175 所示；

(3) 利用【阵列】命令阵列大便器，“1”行、“4”列、“列偏移”距离为“900”，如图 17-176 所示；

(4) 画厕所隔断。首先在两个大便器的中间画出分隔线，然后根据尺寸，利用【偏移】(偏移距离为“50”)、【阵列】等命令进行画图；再画台阶，台阶宽度“250”，如图 17 - 177 所示；

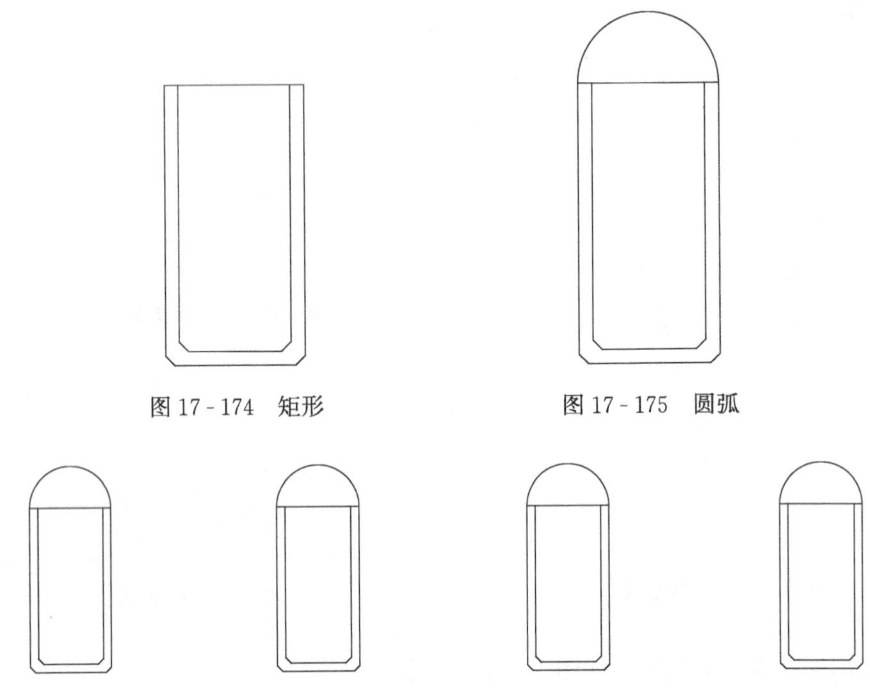

图 17 - 174　矩形

图 17 - 175　圆弧

图 17 - 176　【阵列】大便器

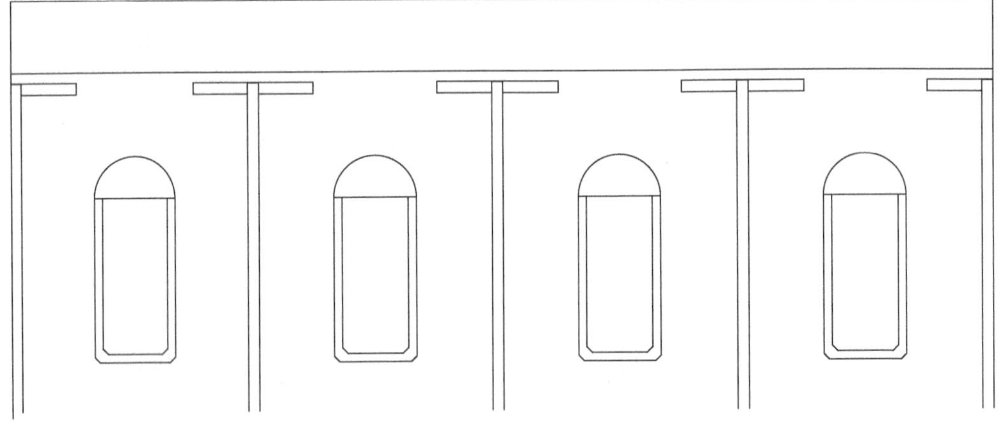

图 17 - 177　画大便器隔断

(5) 将画好的大便器移动到厕所间内，如图 17 - 178 所示。

3. 画污水池

圆角矩形，尺寸为“550×550”、圆角半径为“50”、向内偏移距离为“30”；画出台阶，尺寸为“250”，如图 17 - 179 所示。

(三) 画给水管道

1. 画给水立管

(1) 将图层“给水管道”设为当前层；

图 17-178 厕所间内大便器

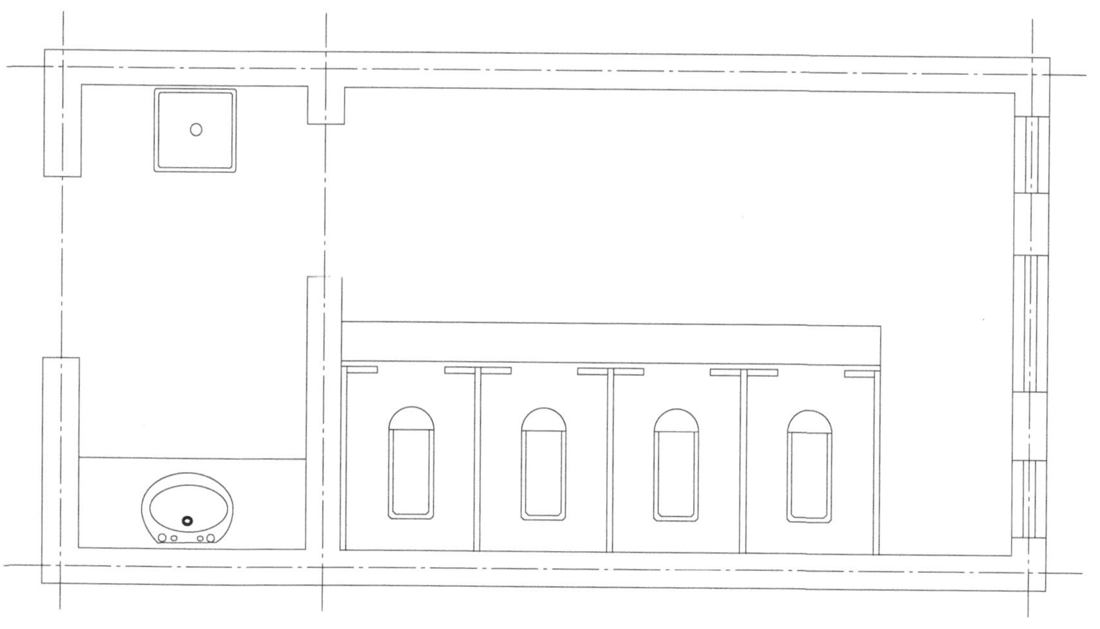

图 17-179 污水池

(2) 在靠近定位轴线为①的墙体画圆，表示“给水立管”，画阀门，画给水管道，如图 17-180 所示。

(四) 画排水管道

将用水设备设为当前层，画地漏（画圆，然后图案填充）、画清扫口；将排水管道设为当前层，画排水管道，如图 17-181 所示。

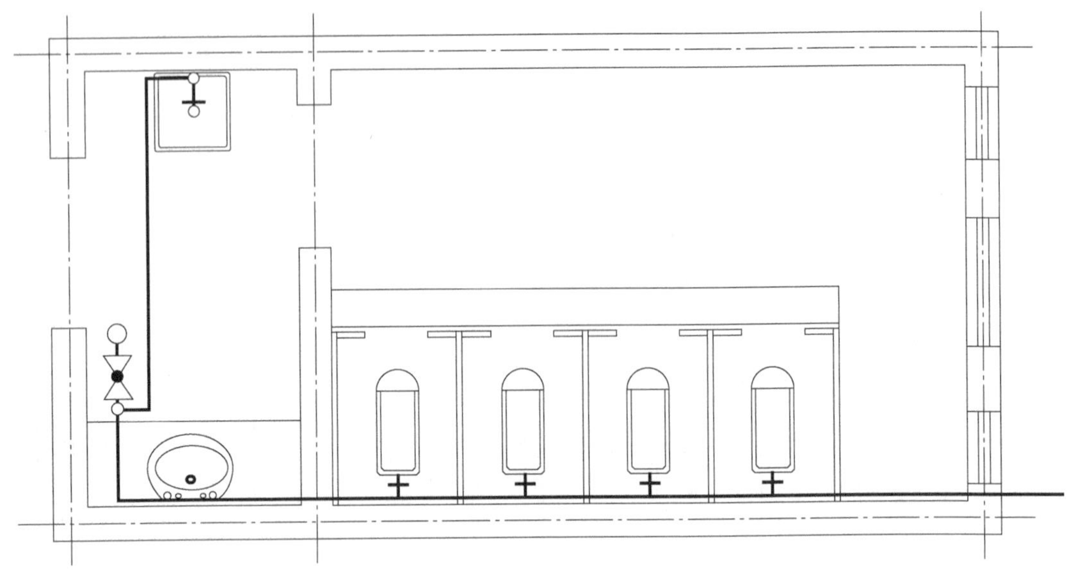

图 17 - 180 画给水管道图

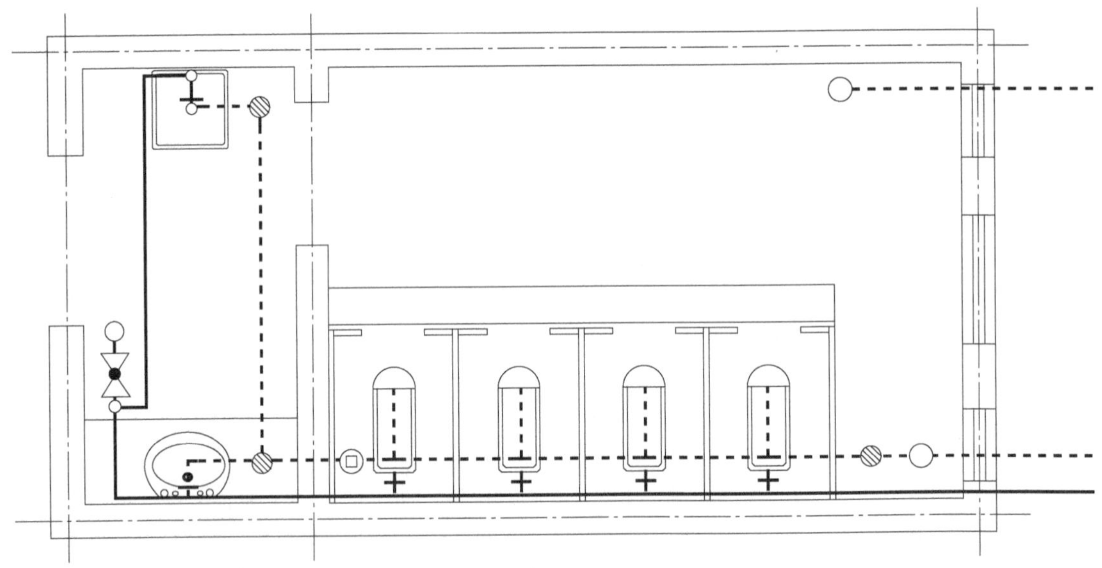

17 - 181 画排水管道

三、标注尺寸

(一) 尺寸标注

(1) 设置“尺寸”图层为当前图层；

(2) 在 新建标注样式: 样式1 对话框中 线 的选项内，起点偏移量(F): 框内输入“2”，使尺寸界线和图形之间的距离加大些；

(3) 因为图形是采用的 1∶50 的缩小比例画的，所以在 新建标注样式: 样式1 对话框中点击 调整 按钮，在该对话框中的 ◎使用全局比例(S): 50 框中输入“50”；

（4）最后用“线性标注”、“连续标注”、“基线标注”等标注方法，完成图形的尺寸标注。最后单击状态栏的“线宽”，效果如图 17-182 所示。

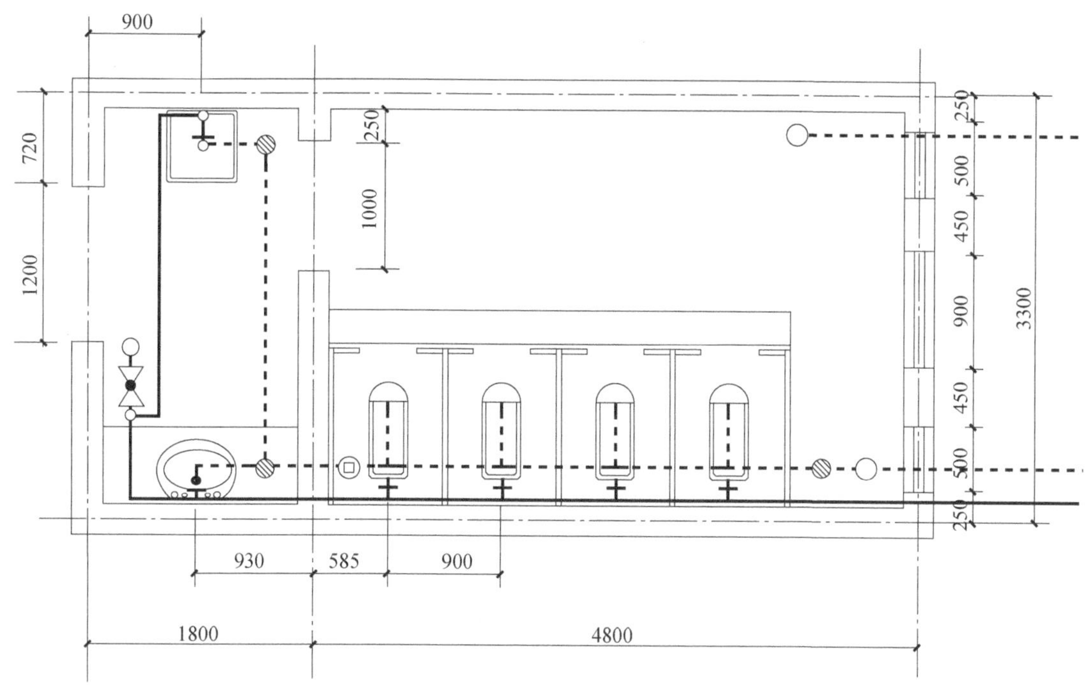

图 17-182　完成尺寸标注

（二）轴号标注

同图块“窗户”的方法相同，用制作图块的方法，插入轴号图块。不过在此还必须给图块附带上属性，以利于插入图块时可以方便地更改相应的文字。

（1）画半径为“350”的圆，单击菜单【绘图】→【块】→【定义属性】；

（2）在弹出属性定义的对话框内，分别填上标记(T):、提示(M):、文字高度(E):等处相关的内容，如图 17-183 所示；

（3）单击确定按钮，用鼠标选择圆心后单击，得到如图 17-184 所示图形；

（4）再单击【绘图】工具栏上的【创建块】按钮，按刚才“窗户”的创建图块的方法制作图块，不过在这里要注意，定好基点（我们选择圆心）后，要把所有的图形（包括“标记 X”）都选择在内；

（5）然后插入图块，会发现在命令提示行内多出了一项提示，那就是该块的属性，在这里会提示输入“轴号”；

（6）接下把所有轴号一一标好，得到如图 17-185 所示图形。

（三）文字注释

将“文字”设为当前层。

（1）单击绘图(D)下拉菜单，选择文字(X)中的多行文字(M)...，在所绘制的平面图下方，用鼠标拖出一个矩形框，在内输入“厕所”，单击“确定”，如图 17-186 所示。

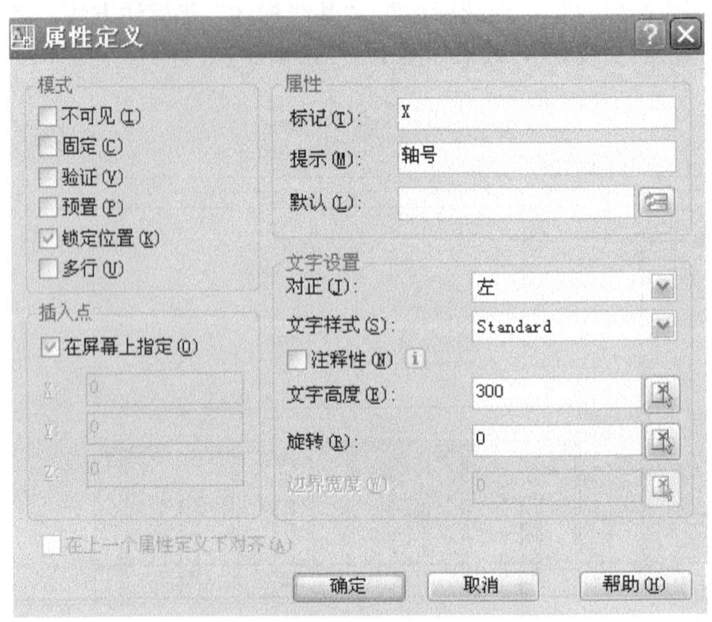

图 17-183　【属性定义】对话框

图 17-184　选择圆心作为“标记”的插入点

同样在房间内输入“地漏”、“拖布池”、“台式洗脸盆”、“蹲便器”等。

（2）最后点击状态栏中的“线宽”，显示出线型的粗细来，在命令行输入“Z”，“回车”，再输入“A”，“回车”，完成作图，得到如图 17-185 所示图形。

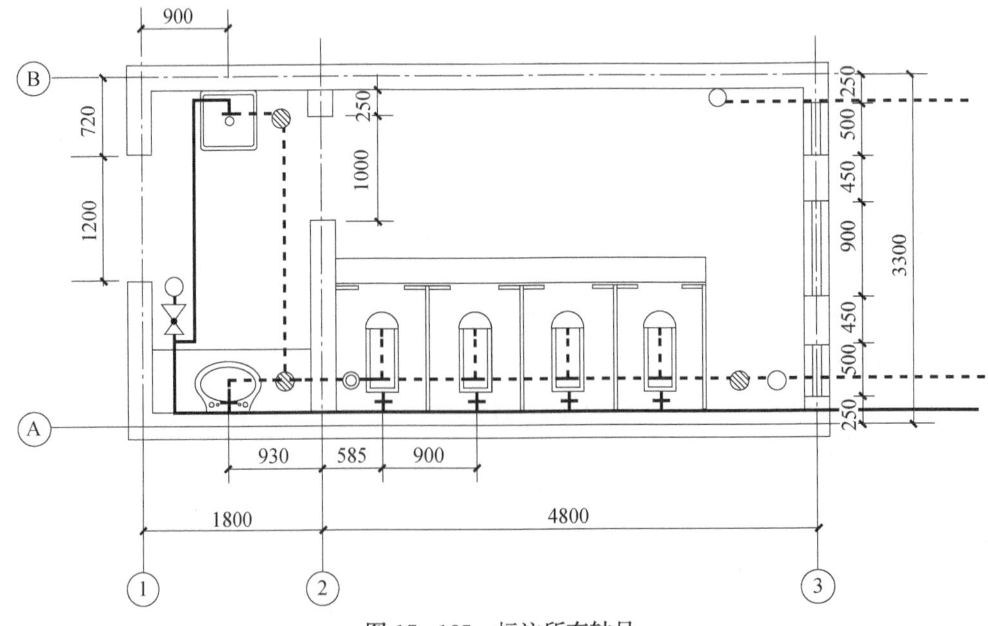

图 17-185　标注所有轴号

拖布池-J(搪瓷)
L03S003-74
PL-2
900
720
1200
250
1000
厕所
JL-1
蹲便器
L03S003-20
地漏DN50
L03S002-56
台式洗脸盆
L03S003-12
930
585
900
PL-1
1800
4800
250
500
450
900
450
500
250
3300

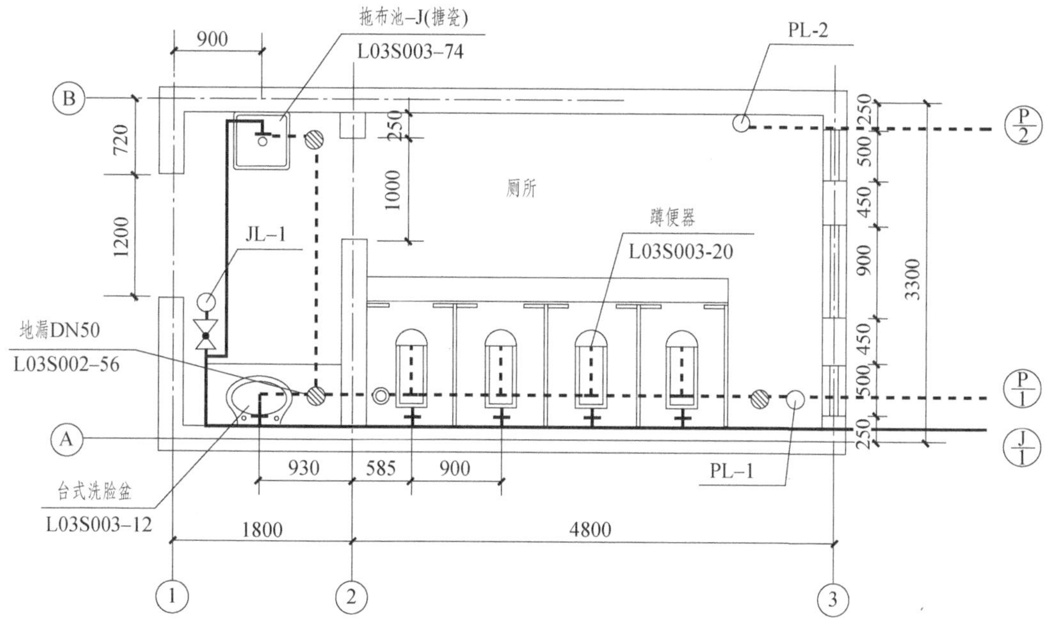

图 17-186　输入文本

附录 某学校综合楼施工图

一、附图说明

(1) 为使读者更好的识读房屋施工图，特选编某学校综合楼的施工图作为本书附图供读者练习识读详见附表1，附图1～附图22。

(2) 附图是一幢五层框架结构的综合楼，建筑面积为2850m^2。

(3) 附图中包括建筑施工图、给水排水施工图、采暖施工图。

(4) 部分做法及表示方法具有地区性，仅供参考。

(5) 在识读本图过程中，不可避免的会遇到各种专业技术方面的问题，有待于在今后的继续学习中逐步加以解决。

附表1 **图 纸 目 录**

序号	图别	图纸名称	序号	图别	图纸名称
1	建施-02	设计说明、门窗表、工程做法	12	建施-13	1—1剖面图
2	建施-03	建筑总平面图	13	设施-1	给水排水、采暖施工总说明
3	建施-04	一层建筑平面图	14	设施-2	一层给水排水平面图
4	建施-05	二层建筑平面图	15	设施-3	卫生间给水排水大样图
5	建施-06	三层建筑平面图	16	设施-4	给水、排水、消火栓系统图
6	建施-07	四层建筑平面图	17	设施-5	一层采暖平面图
7	建施-08	五层建筑平面图	18	设施-6	二层采暖平面图
8	建施-09	屋顶平面图	19	设施-7	三层采暖平面图
9	建施-10	南立面图	20	设施-8	四层采暖平面图
10	建施-11	北立面图	21	设施-9	五层设施平面图
11	建施-12	东、西立面图	22	设施-10	N/1采暖系统图

建筑做法说明

一、设计依据:

<一>规范

1.《民用建筑设计通则》(GB 5032–2005)
2.《建筑设计防火规范》[(GBJ 16–1987)2001年版]
3.《中小学校建筑设计规范》(GBJ 99–1986)
4.《公共建筑接能设计标准》(GB 50189–2005)

<二>文件

1. 济南市规划局《建设工程设计规划要求通知书》(济规管建字[2006])第66号
2. 甲方提供的设计任务书

二、工程概况:

1. 工程名称:某中学综合楼。
2. 建筑面积:3800平方米。
3. 建筑层数:五层。
4. 建筑类型:综合楼。
5. 屋面防水等级:Ⅱ级。
6. 建筑耐火等级:二级。
7. 结构类型:框架结构
8. 建筑使用年限:三类(50年)。

三、设计标高:

1. 本工程室内±0.000绝对高程25.5m。
2. 本工程标高以m为单位,其他尺寸以mm为单位。

四、施工注意事项:

<一>门窗:(详见门窗表)

1. 窗:窗选用80系列塑钢窗(颜色为白色),白色透明玻璃。
2. 塑钢窗的强度、抗风性、水密性、气密性、平整度等技术指标满足国家有关规定。
3. 门窗玻璃的选用应遵照《建筑玻璃应用技术规程》和《建筑安全玻璃管理规定》。
4. 玻璃幕墙的设计、制作、安装均应由有资质的专业公司承担。同时满足《玻璃幕墙工程技术规范》、《玻璃幕墙设计规范》、《关于确保玻璃幕墙质量与安全的通知》。

<二>墙体:

1. 墙体材料为加气混凝土。
2. 未注明的墙厚度均为240,除注明外,轴线均居中。
3. 外墙面装修级涂料及面砖镶贴,色彩详见立面标注。外墙装修样板由装修单位提供并经设计、施工。建设单位共同研究协商后再进行施工。

<三>屋面防水及保温:

1. 本工程的屋面防水等级为二级,防水层合理使用年限为十五年,做法为SBS卷材防水。
2. 屋面突出物、泛水处防水卷材应另增加一层附加层。

<四>防潮防水措施:

1. 墙身防潮(内掺5%绿化铁)。
   a. 所有墙体在-0.06m处抹防水砂浆20厚(水平防潮层)。
   b. 与土接触砖砌体双面抹1:2.5防水砂浆20厚(竖向防潮层)。
2. 外墙四周均设900mm宽水泥散水.

<五>油漆:

1. 一般外露铁件除锈后均刷一度防锈漆,两度调合漆。
2. 凡木构件与砌体接触部位均满涂防腐漆.

<六>其他:

1. 卫生间楼地面比相邻房间地面低30mm。
2. 室外台阶平台比室内地面低30mm。
3. 所有栏杆立杆间净距均不大于0.11m。

本工程面层作法采用山东省标准设计《建筑做法说明》(L96J002)

序号	分类	选用图号	名称	所在部位	备注
1	散水	散 1	混凝土水泥散水	一层外墙四周	
2	地面做法	地 29	磨光花岗石地面	楼梯间、门厅	花色大小与甲方协商确定
		地 34	彩色釉面地瓷砖地面	办公室、教室、实验室	花色大小与甲方协商确定
		地 45	无黏结复合木地板	舞蹈教室地面	花色与甲方协商确定
		地 26	铺地砖防潮地面	卫生间地面	花色大小与甲方协商确定
		地 6	细石混凝土地面	其他地面	
3	楼面做法	楼 21	彩色釉面地瓷砖楼面	办公室、教室、实验室	花色大小与甲方协商确定
		楼 29	大理石楼面	楼梯间	花色大小与甲方协商确定
		楼 42	活动地板楼面	微机、语言教室	
		楼 19	铺地砖防水楼面(去掉第二项)	卫生间楼面	花色大小与甲方协商确定
		楼 4	细石混凝土楼面	其他楼面	
4	踢脚做法	踢 9	地砖踢脚(加气混凝土墙)	办公室、教室、实验室	高 120
		踢 17	木踢脚(加气混凝土墙)	微机、语言教室	高 120
5	墙裙做法	裙 16	瓷砖墙裙	走廊、楼梯间	高1500mm
		裙 23	胶合板墙裙	舞蹈教室	高1500mm
6	内墙做法	内墙 8	混合砂浆抹面		
		内墙 33	瓷砖墙面	卫生间墙面	花色大小与甲方协商确定
7	外墙做法	外墙 34	贴面砖墙面		做法详见各立面标注
		外墙 25	涂料墙面		做法详见各立面标注
8	顶棚做法	棚 5	水泥砂浆顶棚	顶棚	
9	屋面做法	屋 12	油毡瓦屋面	屋面	做法详见各立面标注
		屋 28	卷材防水膨胀珍珠岩保温屋面	非上人屋面	
		屋 46	铺地砖保护层上人屋面	上人屋面	
10	油漆做法	油漆 4	木材面油漆(清漆)	木门	
		油漆 40	金属面油漆(调和漆)	栏杆、金属构件	

门 窗 表

类别	设计编号	洞口尺寸 宽	洞口尺寸 高	数量	图集号	图集编号	备注
门	M1	2800	3100	1			哑光不锈钢门现场制做
	M2	3000	3100	1			哑光不锈钢门现场制做
	M3	1500	2400	9	L92J601	仿 M1-471	
	M4	1500	2000	1	L92J601	仿 M1-465	
	M5	1000	2400	78	L92J601	仿 M2-203-d	
	M6	1200	2400	2	L92J601	仿 M2-391-d	
	M7	1500	2400	2	L92J601	M2-529-d	
	M8	1000	2400	4	L92J601	M2-204-d	
窗	C1	1500	2800	8			银灰色暗框热反射镀膜玻璃幕墙现场制做
	C2	900	2200	24			银灰色暗框热反射镀膜玻璃幕墙现场制做
	C3	660	2200	16			银灰色暗框热反射镀膜玻璃幕墙现场制做
	C4	500	2200	32			银灰色暗框热反射镀膜玻璃幕墙现场制做
	C5	1980	2800	2			哑光不锈钢门框12mm厚防爆玻璃现场制做
	C6	3000	3450	3			银灰色暗框热反射镀膜玻璃幕墙现场制做
	C7	1955	3450	6			银灰色暗框热反射镀膜玻璃幕墙现场制做
	C8	900	1800	4			银灰色暗框热反射镀膜玻璃幕墙现场制做
	C9	900	2400	6			银灰色暗框热反射镀膜玻璃幕墙现场制做
	C10	660	2400	4			银灰色暗框热反射镀膜玻璃幕墙现场制做
	C11	500	2400	8			银灰色暗框热反射镀膜玻璃幕墙现场制做
	C12	1200	2200	68			银灰色暗框热反射镀膜玻璃幕墙现场制做
	C13	1200	2200	60	L99J605	仿TC-85	
	C14	1800	2200	48	L99J605	仿TC-87	
	C15	1200	1500	33	L99J605	TC-22	
	C16	1800	1500	7	L99J605	TC-24	

SHANDONG TOWN PLANNING ARCHITECTURE DESIGN INSTITUIE		某中学综合楼	审定		设计阶段	施工图	工号	JS060803
		门窗表 建筑做法说明	院审		校对		图号	建施—02
资质证书编号			室(所)审		设计		日期	
注册师印章编号			项目负责人		绘图		第2张	共13张

附图 1 建筑做法说明及门窗表

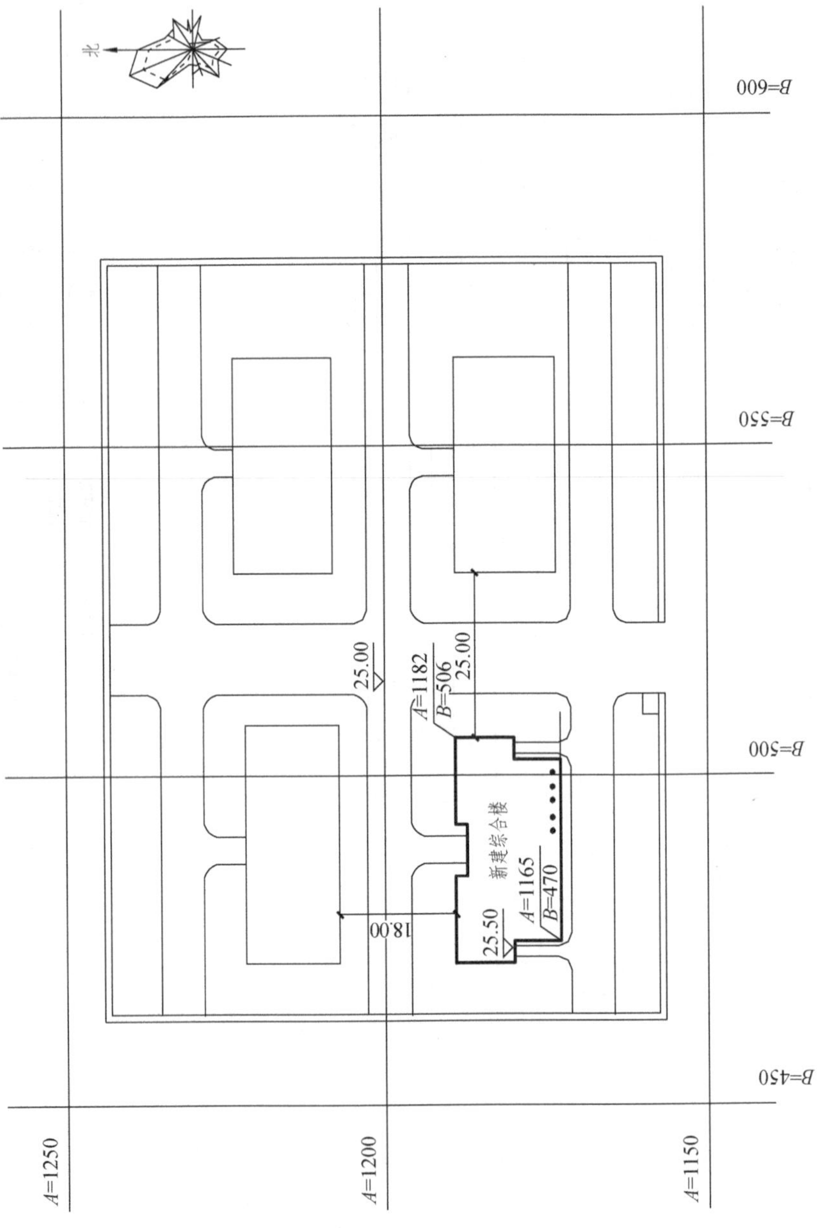

总平面图 1：500

附图2 建筑总平面图

一层建筑平面图　1∶100
塑料隔板大便间
L96J003
齿槽花岗石台阶
L03J004
厕所
体育器材室
门厅
舞蹈教室
卫生室
学生阅览室
书库
图书管理室
舞蹈更衣室
洞口高
2100mm
34440
16 570
N

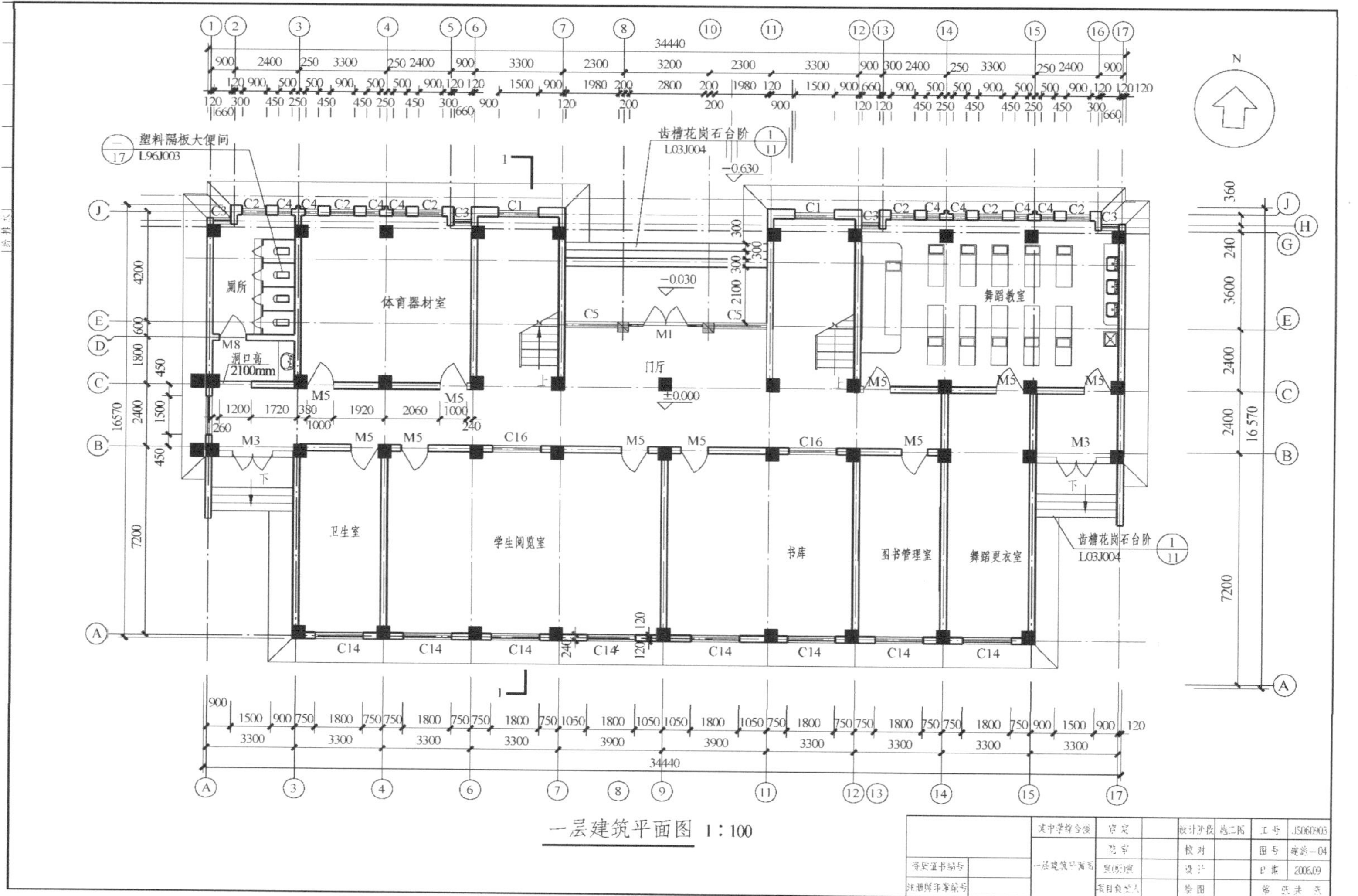

附图 3　一层建筑平面图

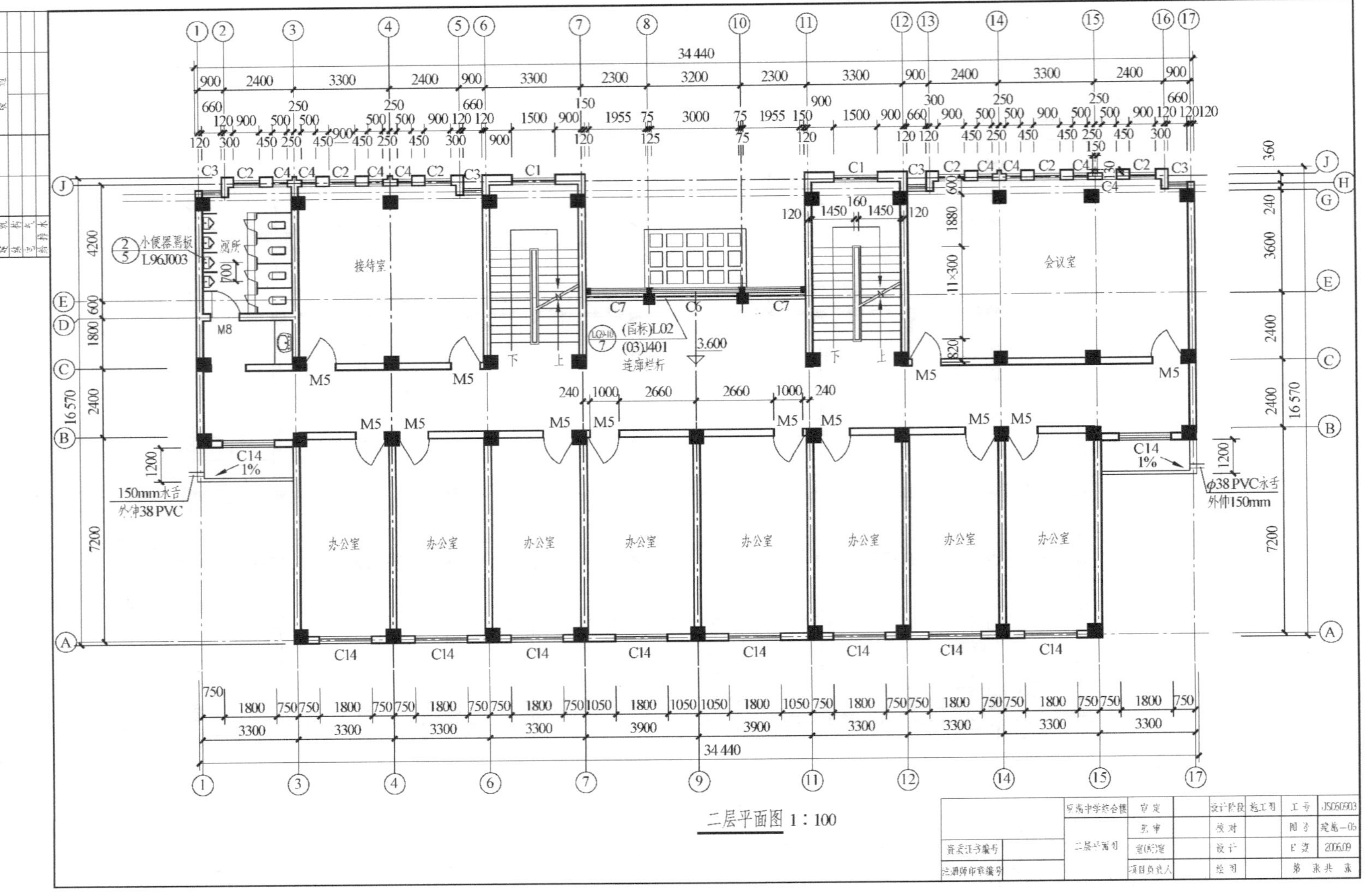

附图 4 二层建筑平面图

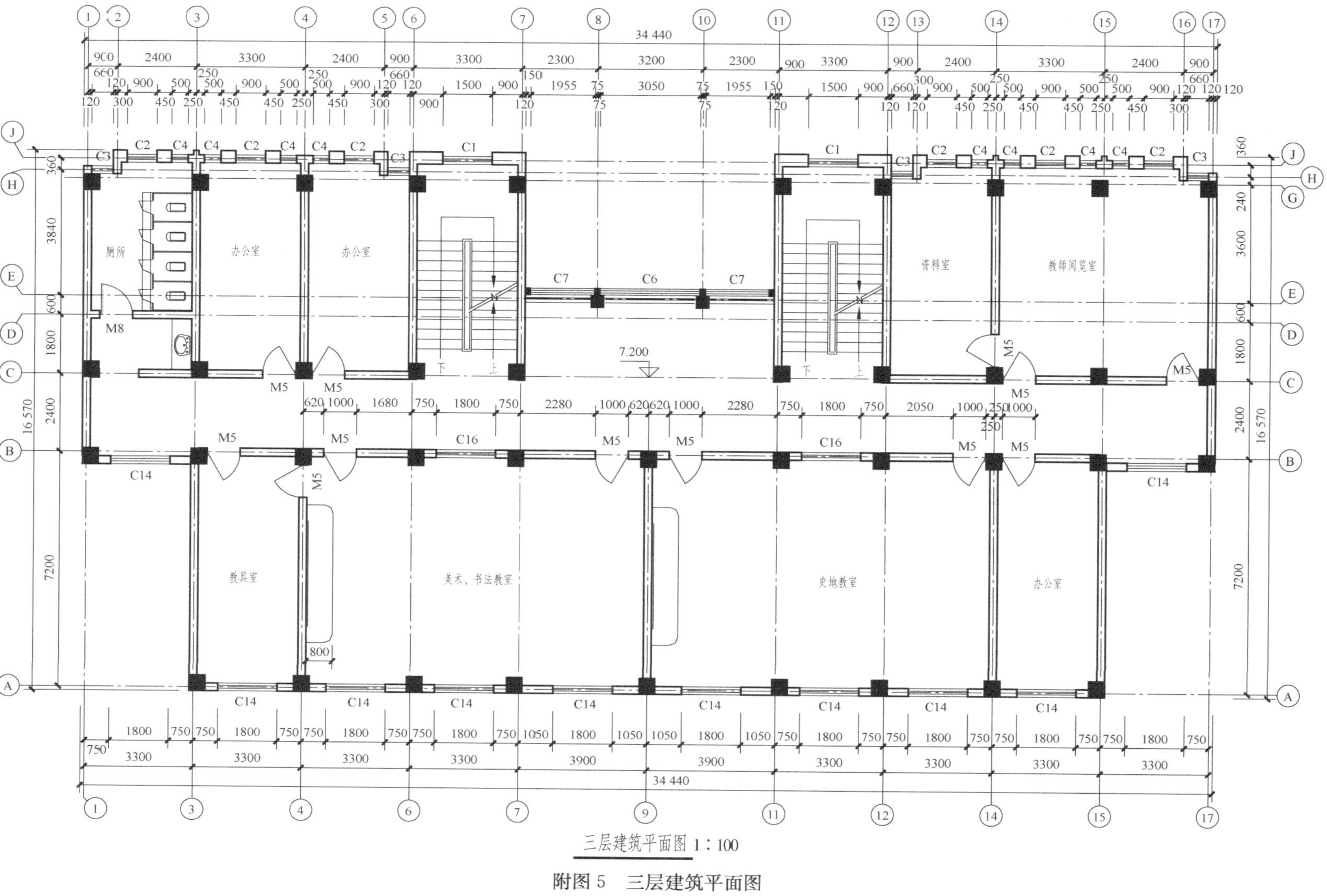

三层建筑平面图 1∶100

附图 5　三层建筑平面图

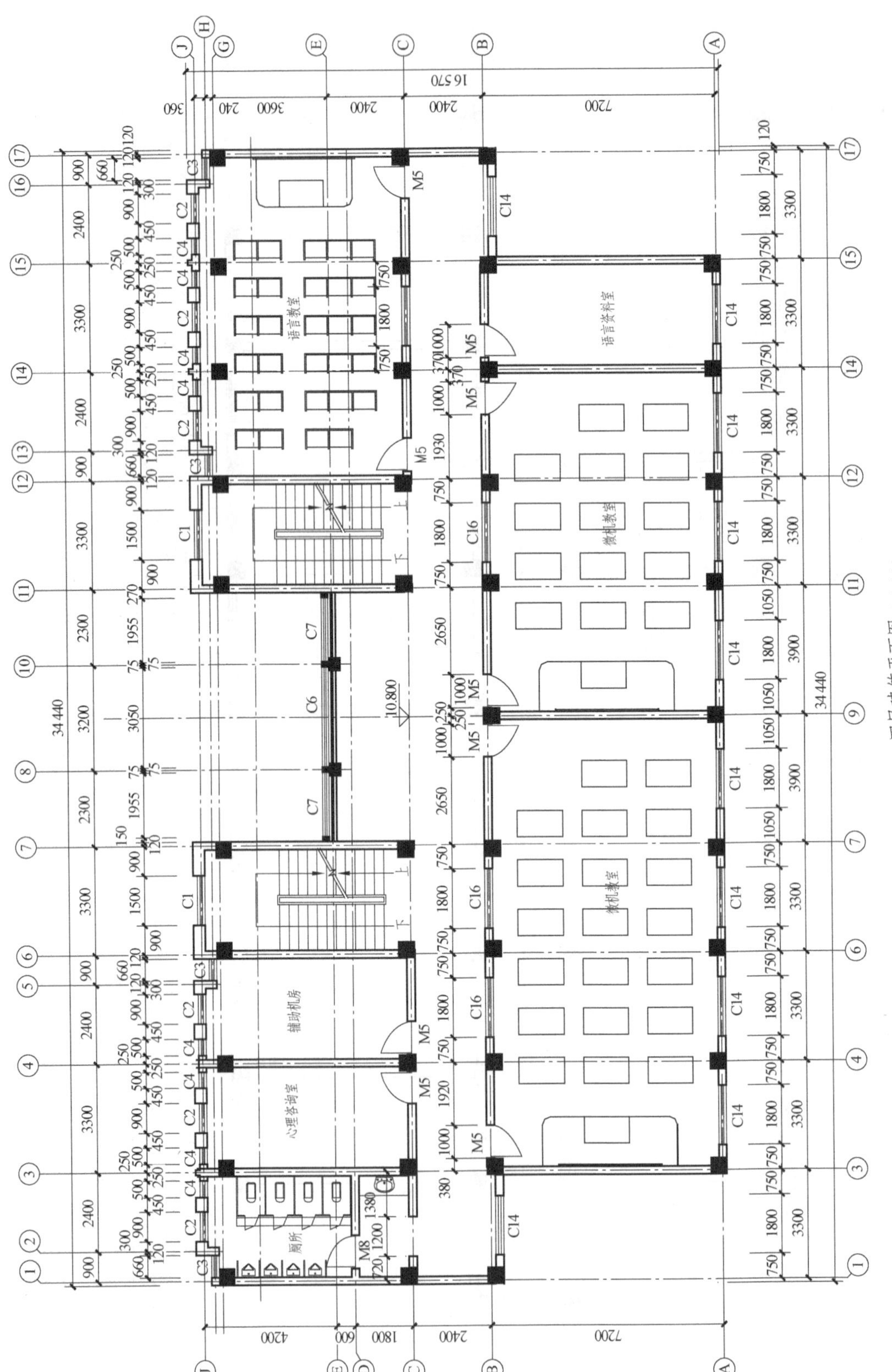

附图 6 四层建筑平面图

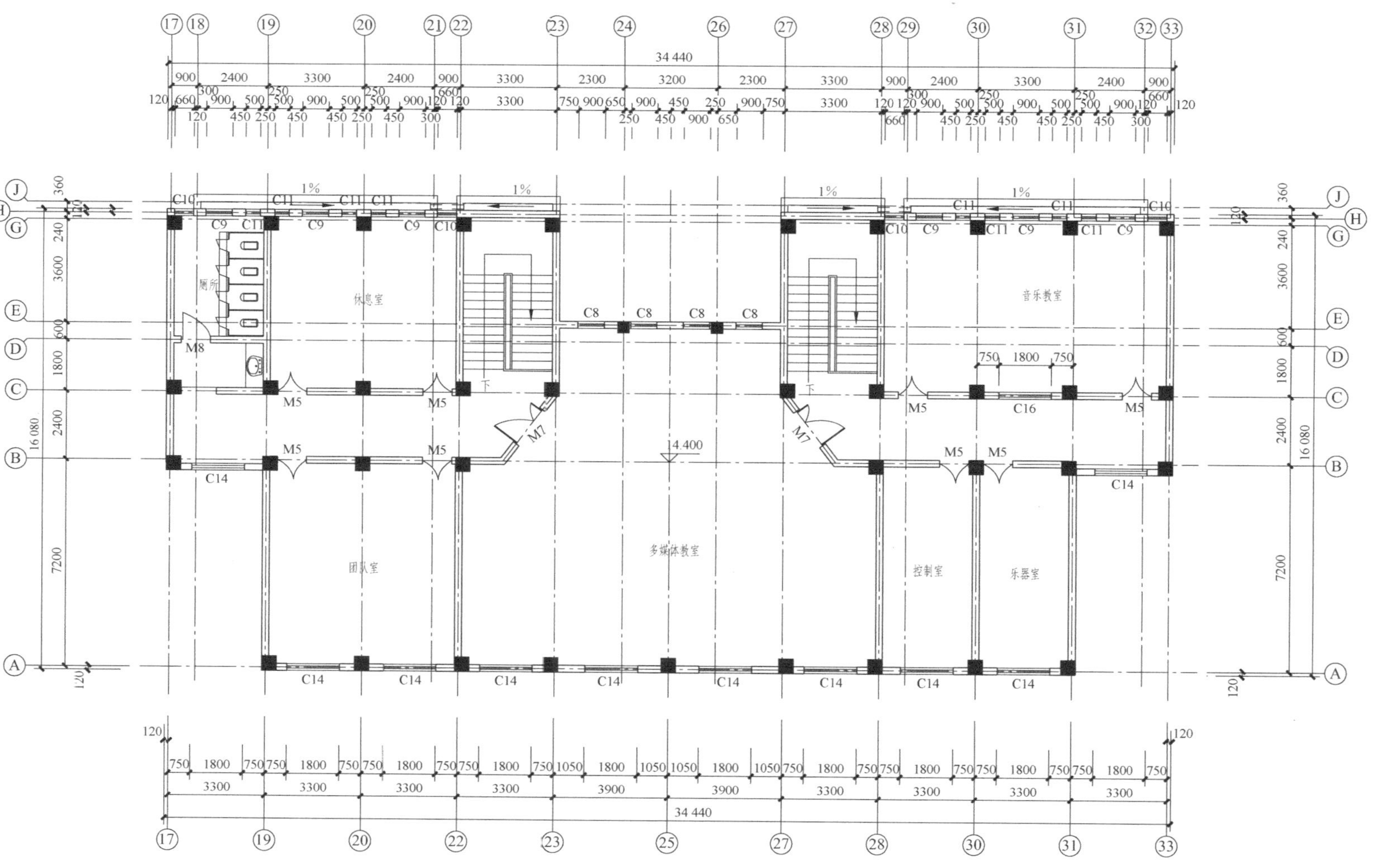

附图 7　五层建筑平面图

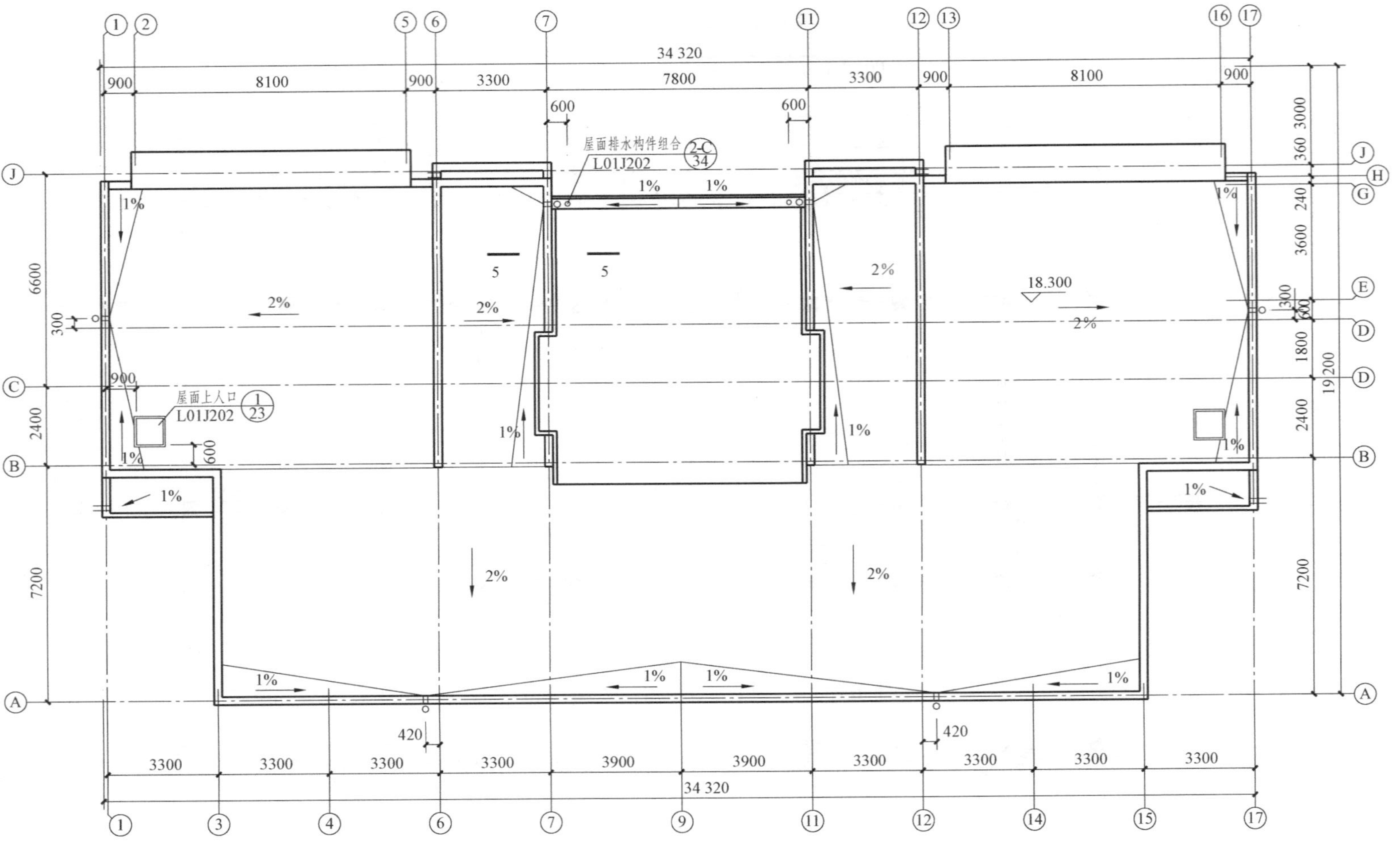

屋顶平面图 1:100

附图 8 屋顶平面图

南立面图 1∶100

附图 9　南立面图

银灰色热反射镀膜玻璃幕墙
白色外墙涂料
青灰色仿古外墙面砖
白灰色外墙涂料
暮蓝色沥青瓦
18.300
14.400
10.800
7.200
3.600
±0.000
-0.630
22 077
900
8100
3300
7800
2800
北立面图 1：100

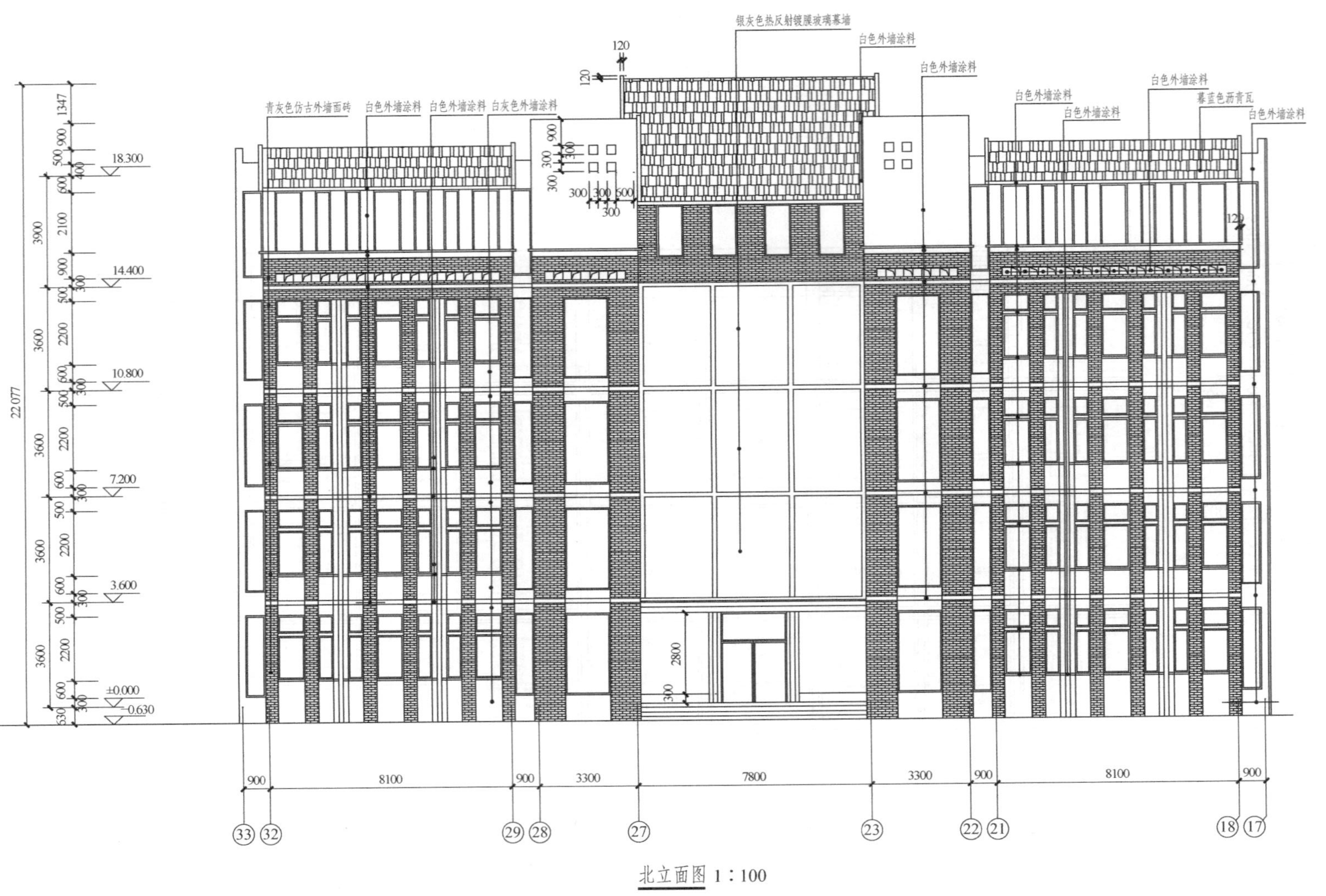

附图 10 北立面图

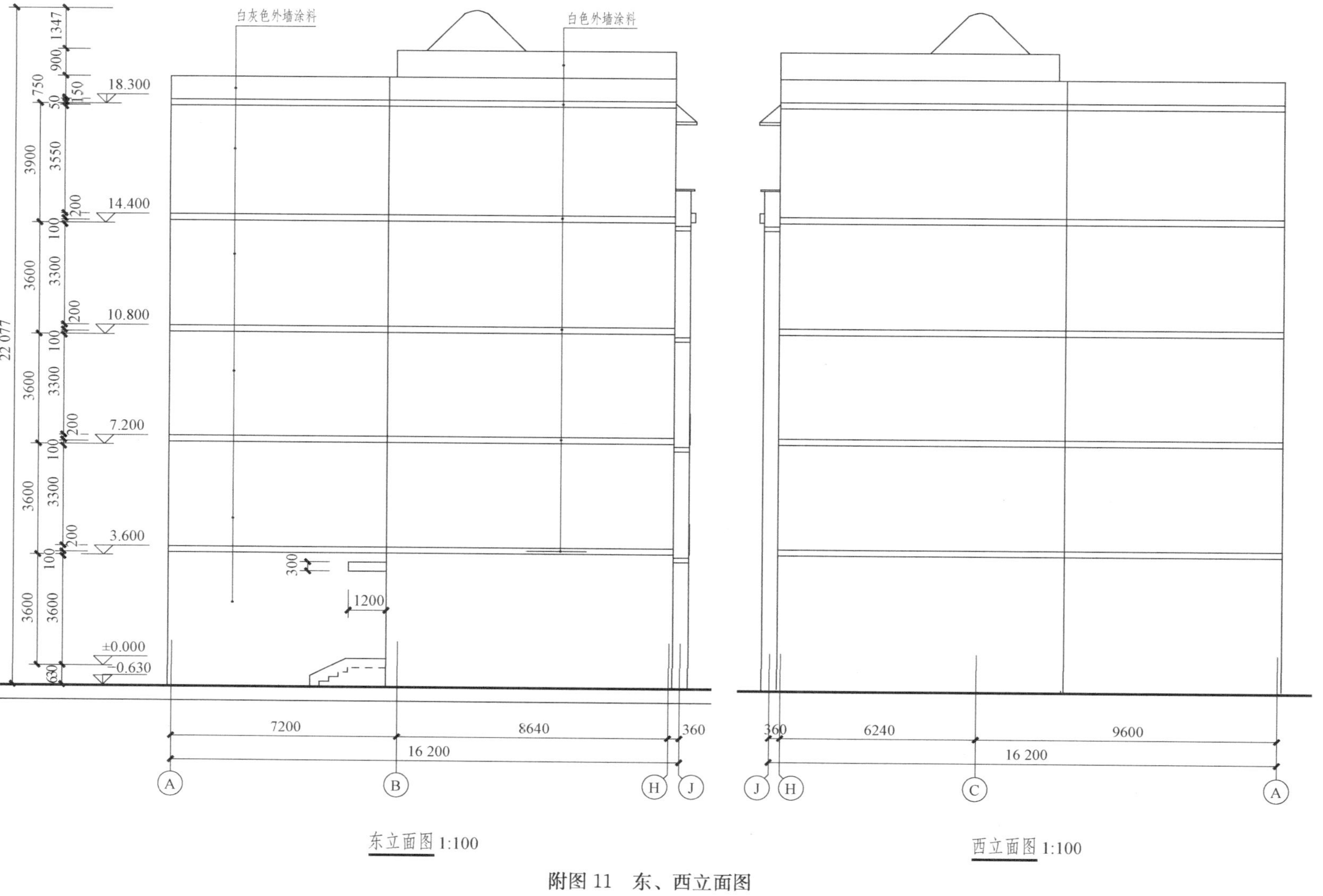

东立面图 1:100

西立面图 1:100

附图 11　东、西立面图

1—1剖面图 1：100
金属扶手金属栏杆
L96J401
T-29
16
18.300
14.400
10.800
7.200
3.600
±0.000
-0.630
19 830
16 200
7200
2400
6000
240
360
A
B
C
G
H
J

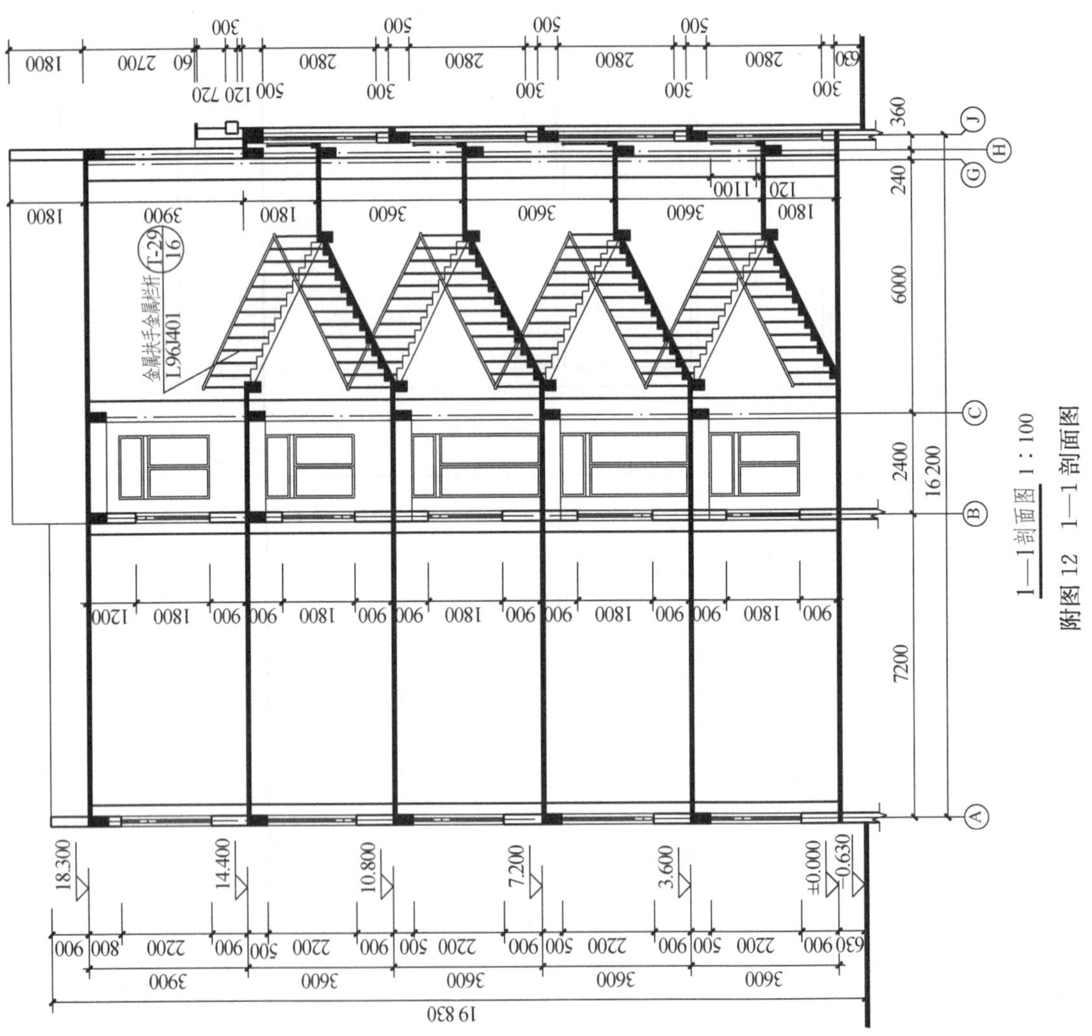

附图 12 1—1 剖面图

给水、排水、采暖设计施工总说明

一、工程概述

1. 本工程为某中学综合楼，五层。
2. 本设计建筑高度 18.30m，总建筑面积 3800m²。
3. 本设计为设施部分，包括给水、排水、采暖及消防四部分内容。

二、设计依据

本工程设计任务书　2006.08　《采暖通风与空气调节设计规范》GB 50019—2003
《建筑设计防火规范》　GBJ 16—87　2001 版　《建筑给水排水设计规范》　GB 50015—2003
《建筑灭火器配置设计规范》　GB 50140—2005 版　《室外给水设计规范》　GBJ 13—86　1997 版
《民用建筑热工设计规范》　GB 501796—1993　《室外排水设计规范》　GBJ 50015—2006 版
《民用建筑节能设计标准》　GBJ 14—S2—1998
《建筑给水聚丙烯（PP-R）管道工程技术规程》　DBJ14—BS11—2001

三、采暖设计施工部分

1. 设计参数：供暖室外计算温度－7℃，室内计算温度：

房间名称	教室	卫生间
室内计算温度	18℃	25℃

2. 设计施工部分：

(1) 供暖热媒采用 95/70℃热水，由校区锅炉房供应。

(2) 供暖热负荷为：$Q=304$kW，$P=40$kPa。

(3) 散热器选用柱翼 600 型内腔无砂铸铁散热器，其型号为 TZY2-5-8，标准散热量［T=64.5℃］为 134W/片，散热器挂装，每组散热器上安装 $\phi 8$ 手动跑风阀，系统最高点均设置 ZP88 自动排气阀。

(4) 采暖系统为下供下回双管同程式系统。

(5) 设计图中所注的管道安装标高，均以管中心为准。

(6) 采暖管采用热镀锌钢管，管径小于等于 DN32 者丝接，管径大于 DN32 者焊接，阀门采用铜截止阀。

(7) 采暖管设在暖气沟内的用岩棉套管保温，厚度 40mm，保温层外缠玻璃丝布。

(8) 管道上必须配置必要的支吊、托架，具体形式由安装单位根据现场实际情况确定，做法参见国标 95R417—1，管道上配置必要的支、吊、托架必须有减振措施。

(9) 冲洗：供暖系统安装竣工并经试压合格后，应对系统反复注水、排水，直至排出水中不含泥砂和铁屑等杂质，且水色不浑浊方为合格。

(10) 试压：施工完毕，整个系统应进行水压试验，工作压力为 0.40MPa，试验压力为 0.60MPa，10min 内压力降不大于 0.02MPa，降至工作压力后不渗、不漏。

(11) 调试：系统经试压和冲洗合格后，即可进行试运行和调试，调试的目的是使各环路的流量分配符合设计要求，各房间的温度与设计温度相一致或保持一定差值方为合格。

(12) 未尽事宜见《建筑给水排水及采暖工程施工质量验收规范》GB 50242—2002。

四、消防部分

1. 本设计消防部分为消火栓系统。消火栓系统设计流量为室内 10L/s，室外 20L/s，室外管网供水水压 0.50MPa。
2. 本建筑物灭火器配置按轻危险级配置，在一个消火栓箱体下部设置 2 具 3A 级 3kg 手提式磷酸铵盐干粉灭火器。
3. 消火栓系统采用 DN65 普通型消火栓，19mm 水枪一支，25m 长衬里麻质水龙带一条。
4. 消火栓系统采用热镀锌钢管，管径 DN≤100 为丝接，管径 DN>100 为法兰连接。
5. 消防水管穿楼板时设套管，套管规格为 DN＋100mm；穿承重墙基础应预留孔洞，洞口尺寸为 DN＋200mm。
6. 图中所注管道标高均指管道中心标高。
7. 管道敷设安装前应将管内污物清理干净，安装中严防焊渣等垃圾落入管内，对已安装好的管道，须包扎封口。在与室外给水管道连接前，必须将室外管道冲洗干净，方可连接，冲洗水量应达到消防时的最大秒流量。
8. 施工完毕，整个系统应进行静水压力试验，系统工作压力 0.40MPa，试验压力 0.6MPa，以 10 分钟内压降不大于 20kPa 为合格。
9. 本楼消防室外部分由院区消防系统统一考虑。

五、给水部分

1. 本工程设计生活用水量：生活用水量标准 30L/P·d　时变化系数 1.4。
最高日用水量 40.5m³，最高日最大时用水量 5.67m³/h。
2. 给水管网供水压力为 0.40MPa。
3. 埋地给水管道与立管均采用给水涂塑复合钢管，专用管件连接；
支管均采用 PP-R 管，热熔连接。PP-R 管材规格详见下表：

	公称压力 1.6MPa　工作压力 1.0MPa			
标注管径	DN15	DN20	DN25	DN32
PP-R 管径	S3.2 De20＊2.8	S3.2 De25＊3.5	S3.2 De32＊4.4	S3.2 De40＊5.5
标注管径	DN40	DN50		
PP-R 管径	S3.2 De50＊6.9	S3.2 De63＊8.6		

4. 给水引入管应有不小于 0.003 的坡度向室外给水管网或阀门井，管道标高均为管中心标高。
5. 管道穿墙处预留钢套管，套管比管道大两号。
6. 卫生洁具采用节水型　给水用水点阀门采用铜球阀。
7. 施工完毕，整个系统应进行压力试验，试验压力为：1.0MPa，以 10 分钟内压降不大于 20kPa 为合格。

六、排水部分

1. 设计生活排水量为 32.40m³/d。
2. 排水为伸顶通气管系统，排水体制设计为合流制，生活粪便污水经化粪池进行初级处理后排放。
3. 排水管采用排水 PVC 管，粘接。埋地及出屋面部分采用机制铸铁管，安装详见《建筑给水与排水设备安装图集》（L03S001—002）检查井以外排水管采用混凝土管，水泥砂浆接口。
4. 横管与横管或立管连接，宜采用 45°或 90°斜三（四）通，不得采用正三（四）通；排水立管不得不偏置时，宜采用乙字管或两个 45°弯头；立管与排出管连接，宜采用两个 45°弯头或弯曲半径不小于 4 倍管径的 90°弯头。若本地区为湿陷性黄土，室外排水管道做管道基础，详见 L03S002—33。
5. 图中所注管道标高均指管内底标高。
6. 水平排水管道均按标准坡度敷设。
7. 排水管道安装完毕均进行罐水试验，施工完毕再进行通水、通球试验。
8. 卫生洁具型号及安装：卫生器具安装详见省标 L03S001—4
9. 未尽事宜见《建筑给水排水及采暖工程施工质量验收规范》GB50242—2002。

附图 13　给水、排水、采暖施工总说明

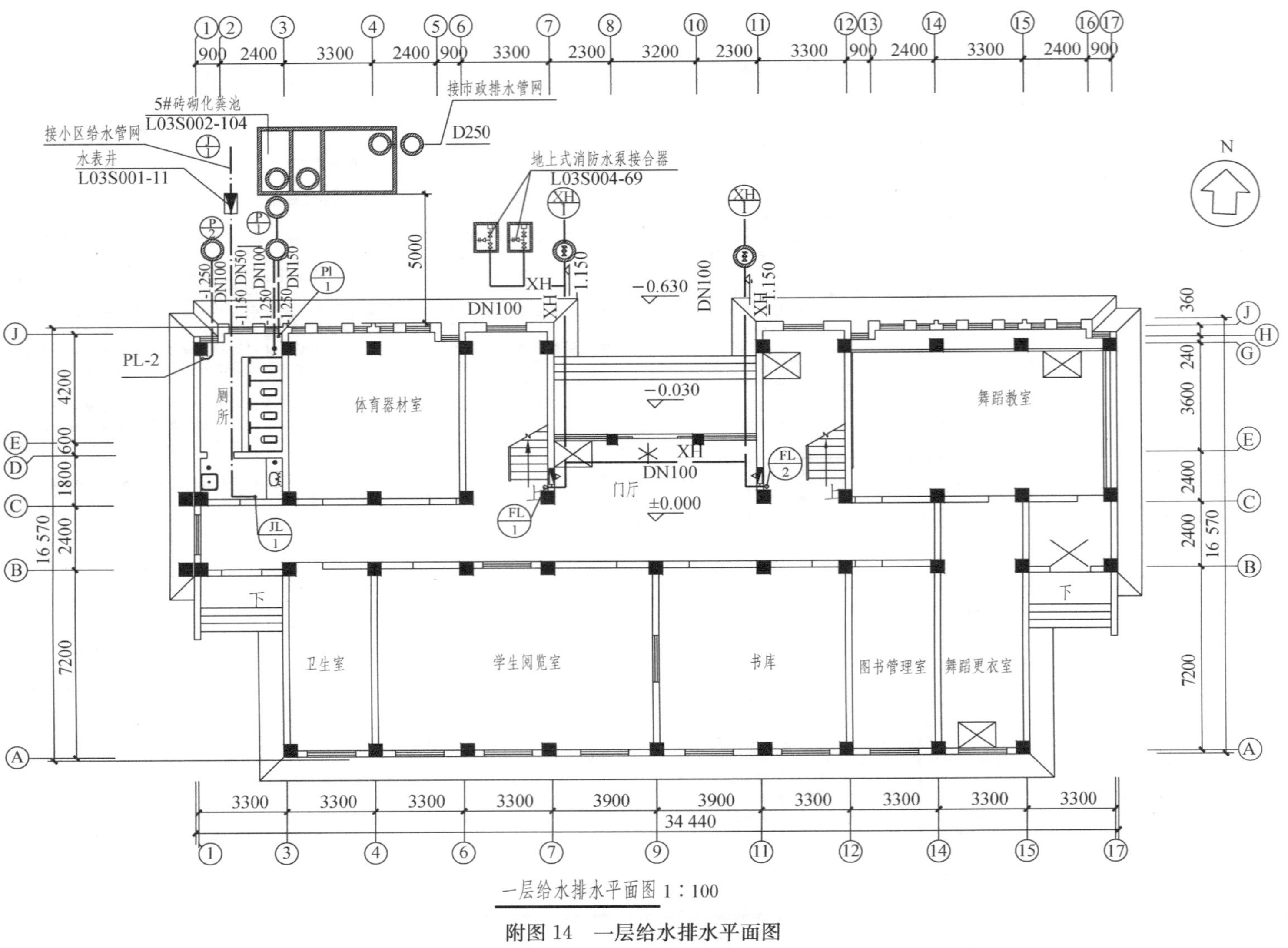

一层给水排水平面图 1∶100

附图14 一层给水排水平面图

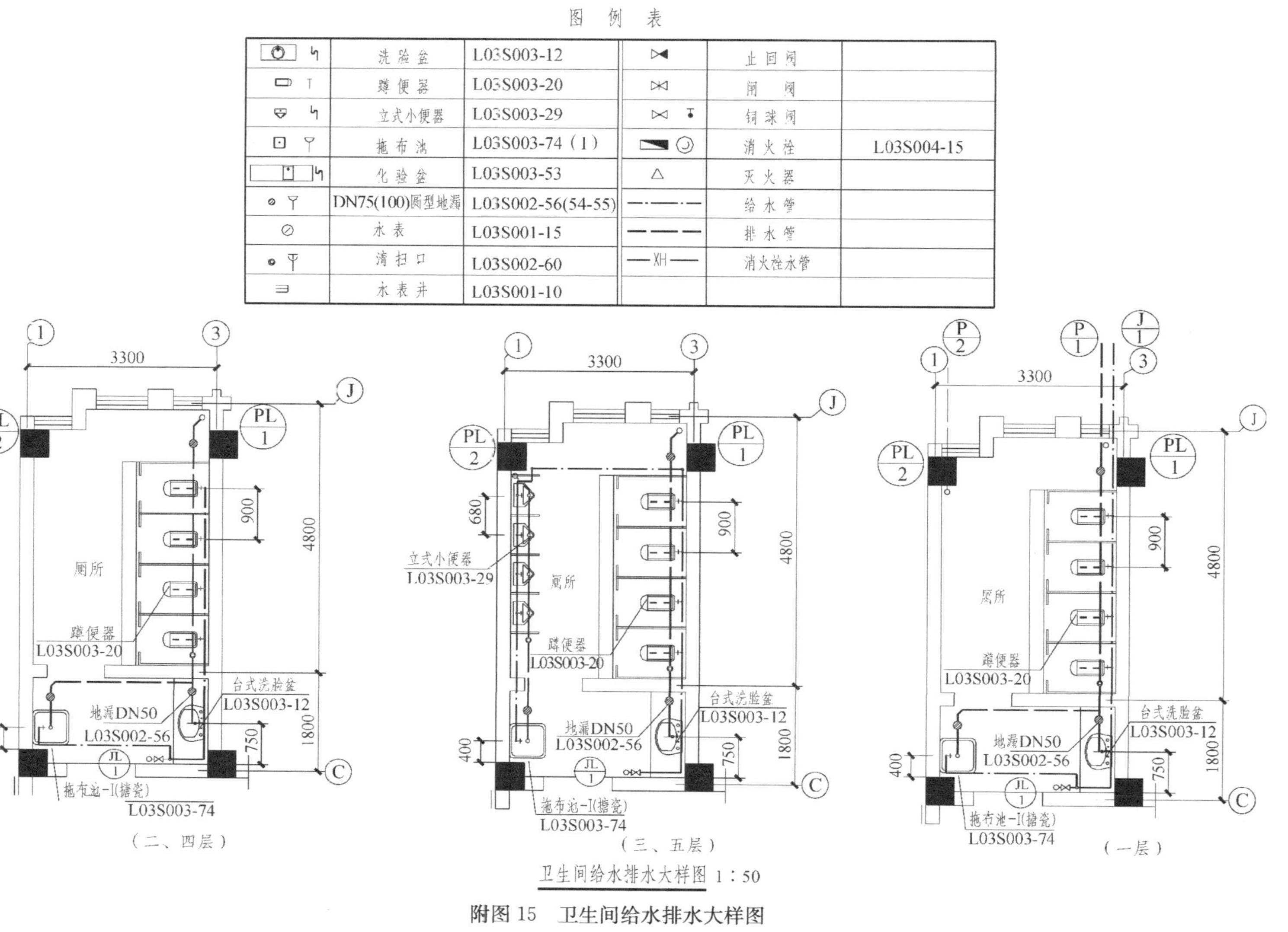

图　例　表

图例	名称	标准图号	图例	名称	标准图号
	洗脸盆	L03S003-12		止回阀	
	蹲便器	L03S003-20		闸　阀	
	立式小便器	L03S003-29		铜球阀	
	拖布池	L03S003-74（1）		消火栓	L03S004-15
	化验盆	L03S003-53		灭火器	
	DN75(100)圆型地漏	L03S002-56(54-55)		给水管	
	水表	L03S001-15		排水管	
	清扫口	L03S002-60	—XH—	消火栓水管	
	水表井	L03S001-10			

附图 15　卫生间给水排水大样图

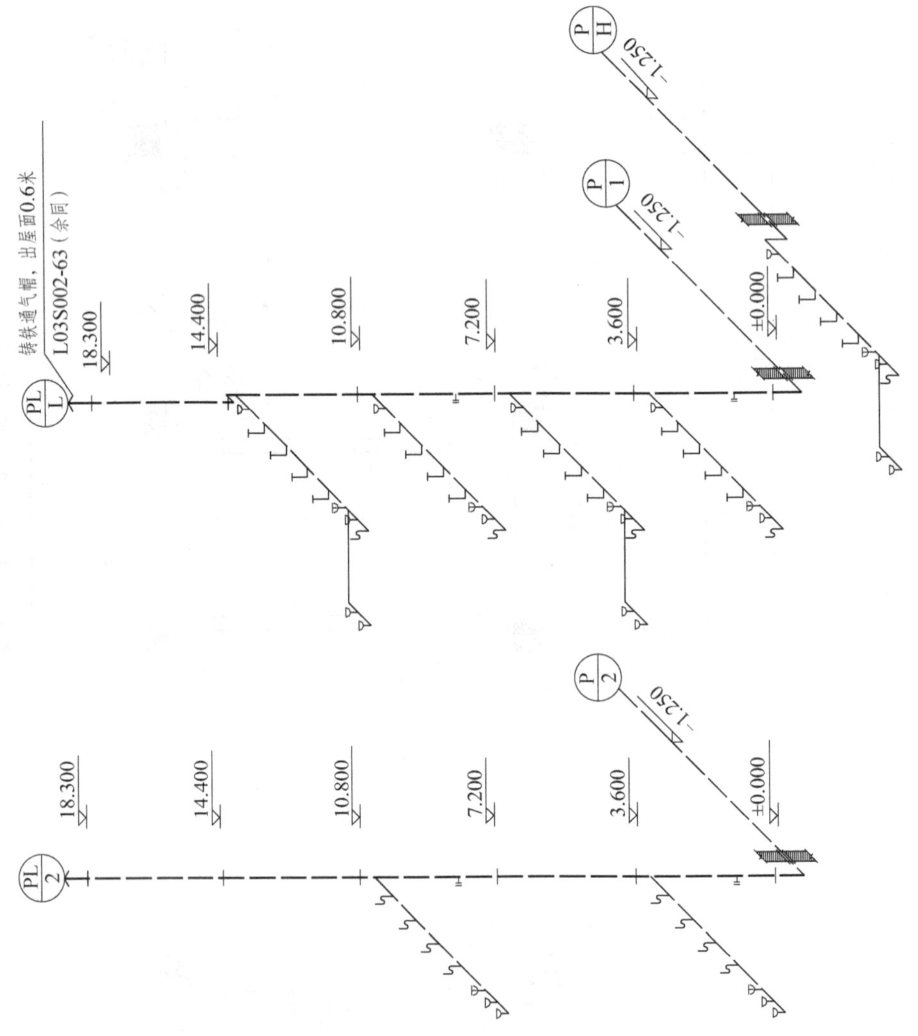

排水系统图 1：100

附图16 给水排水、消火栓系统图（一）

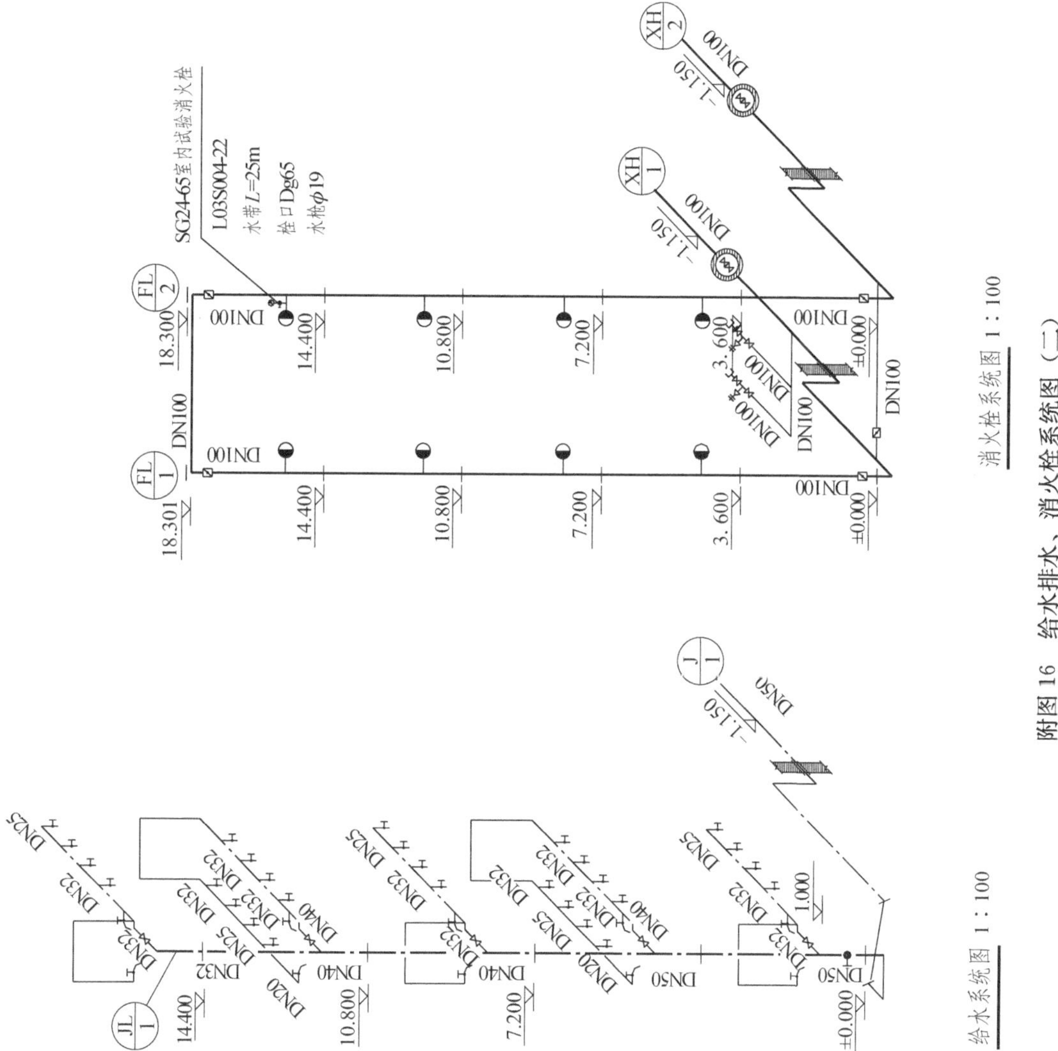

附图 16 给水排水、消火栓系统图（二）

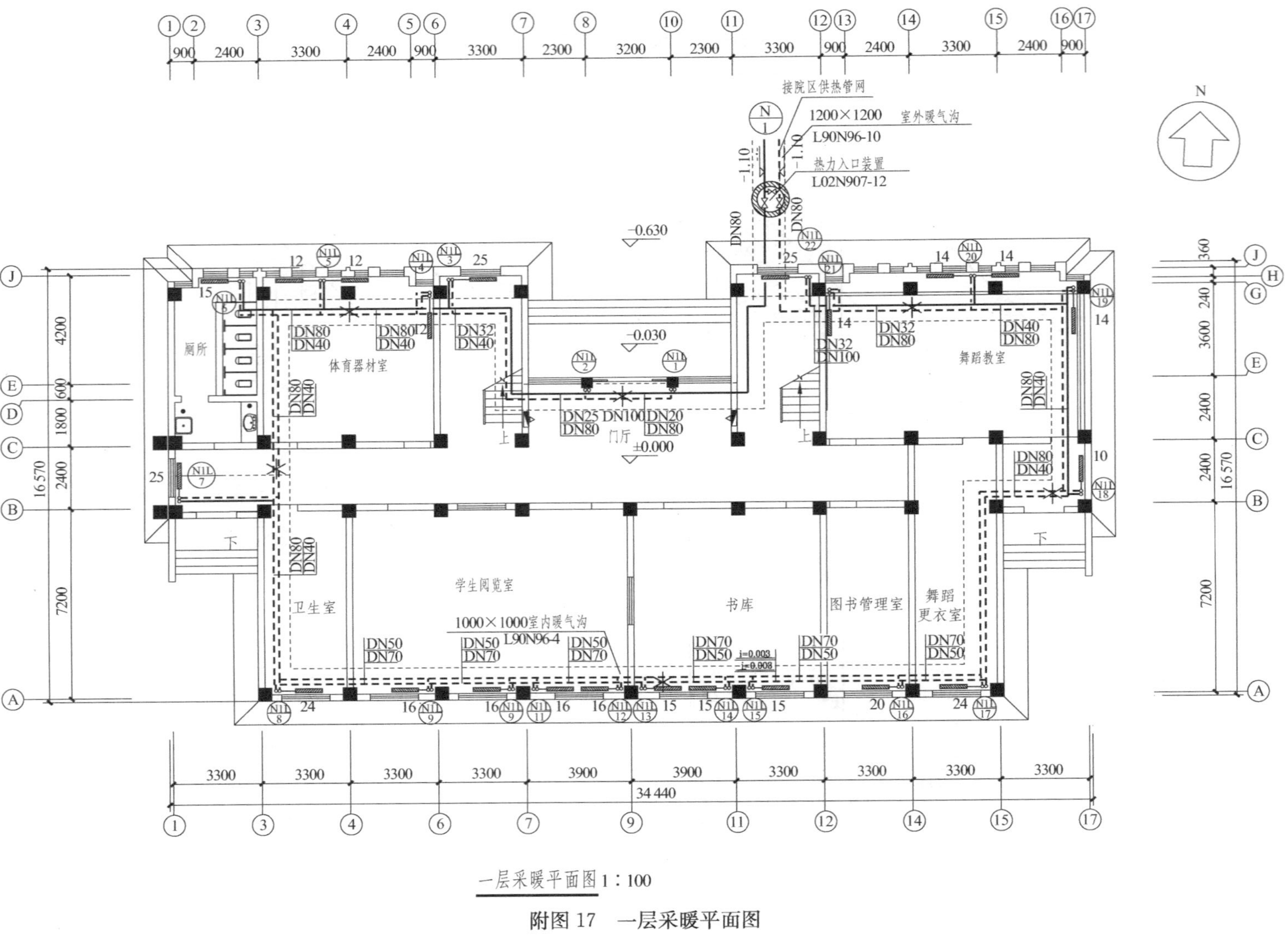

一层采暖平面图 1∶100

附图 17　一层采暖平面图

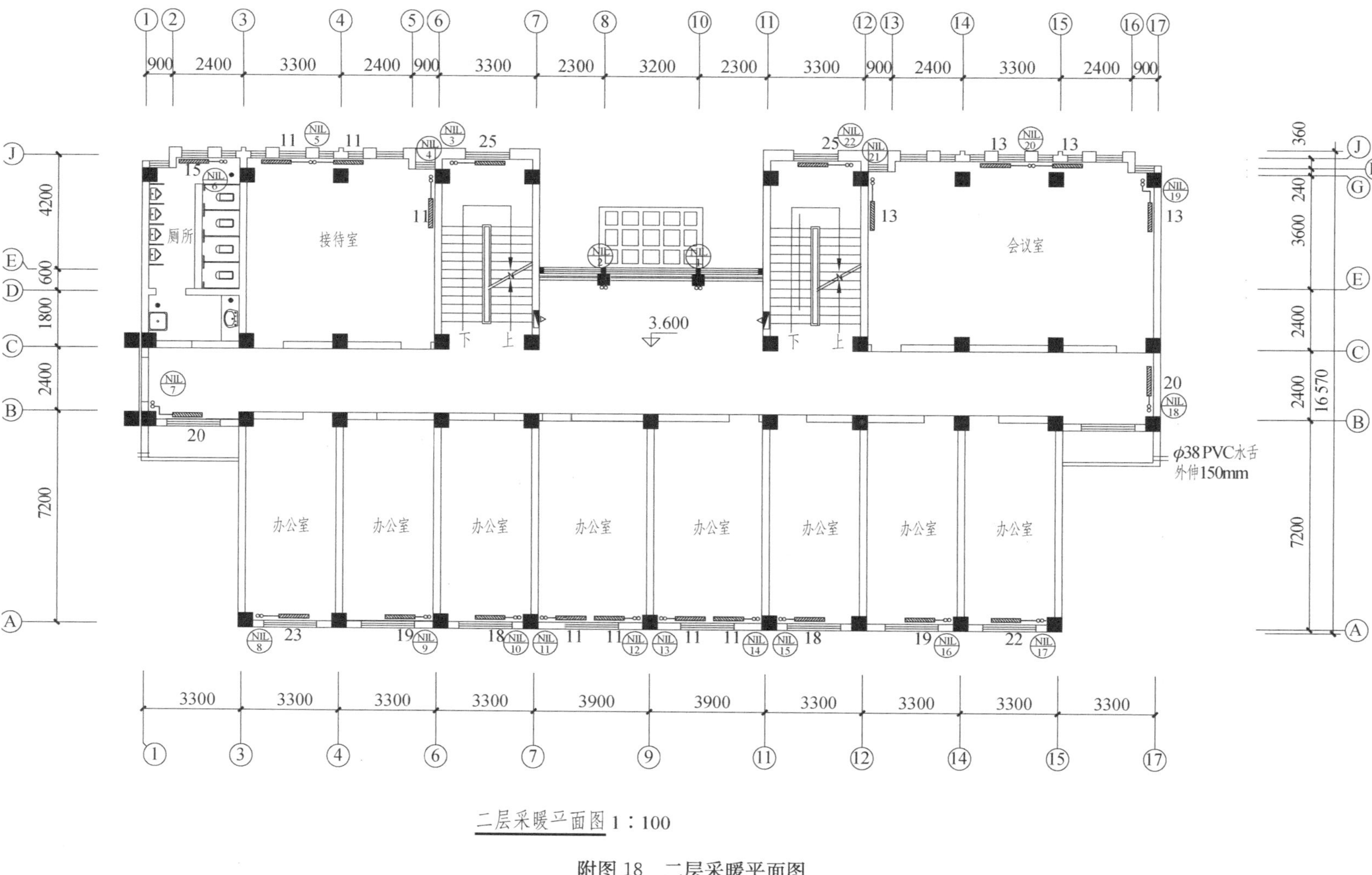

附图 18 二层采暖平面图

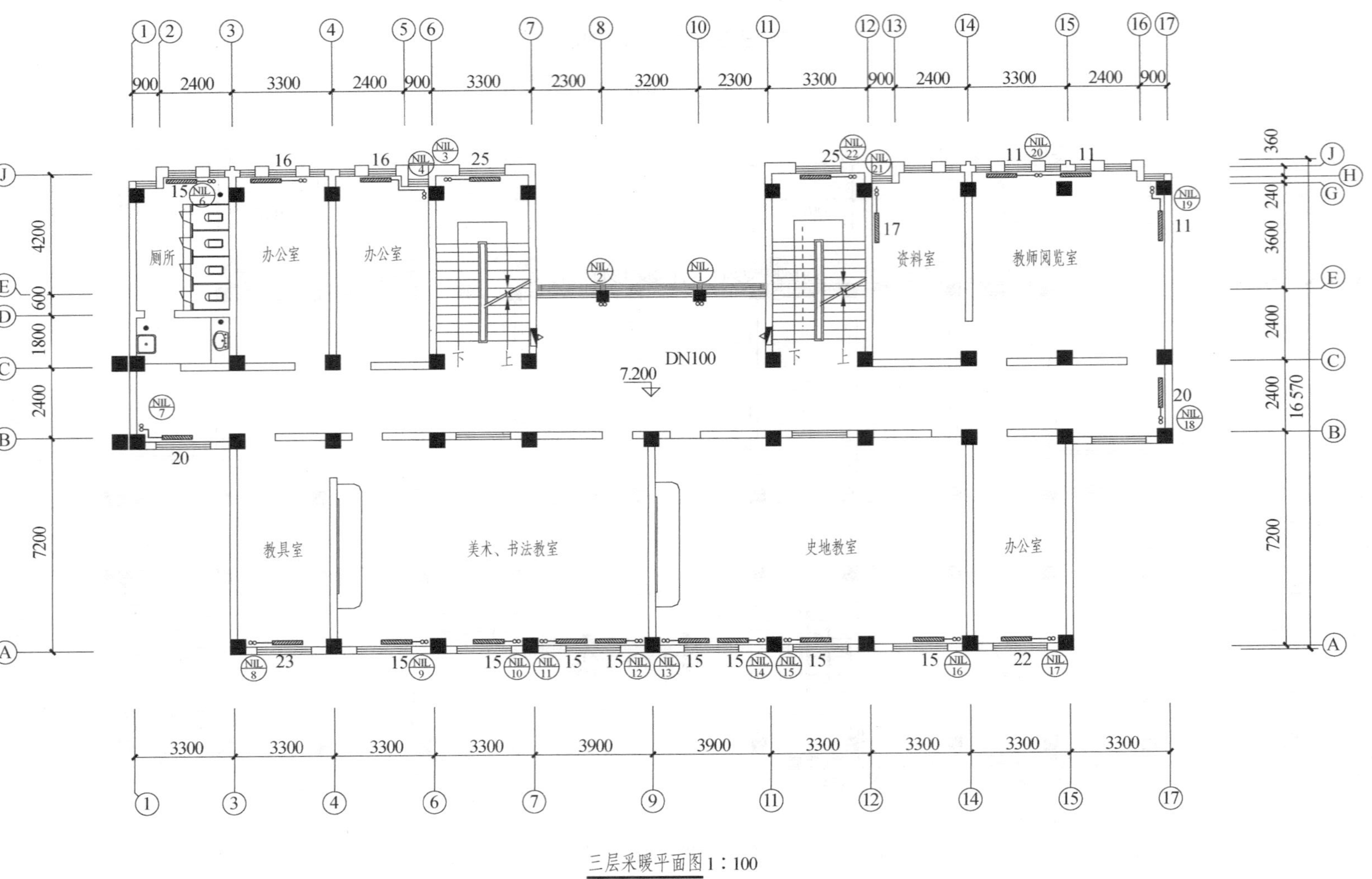

附图 19 三层采暖平面图

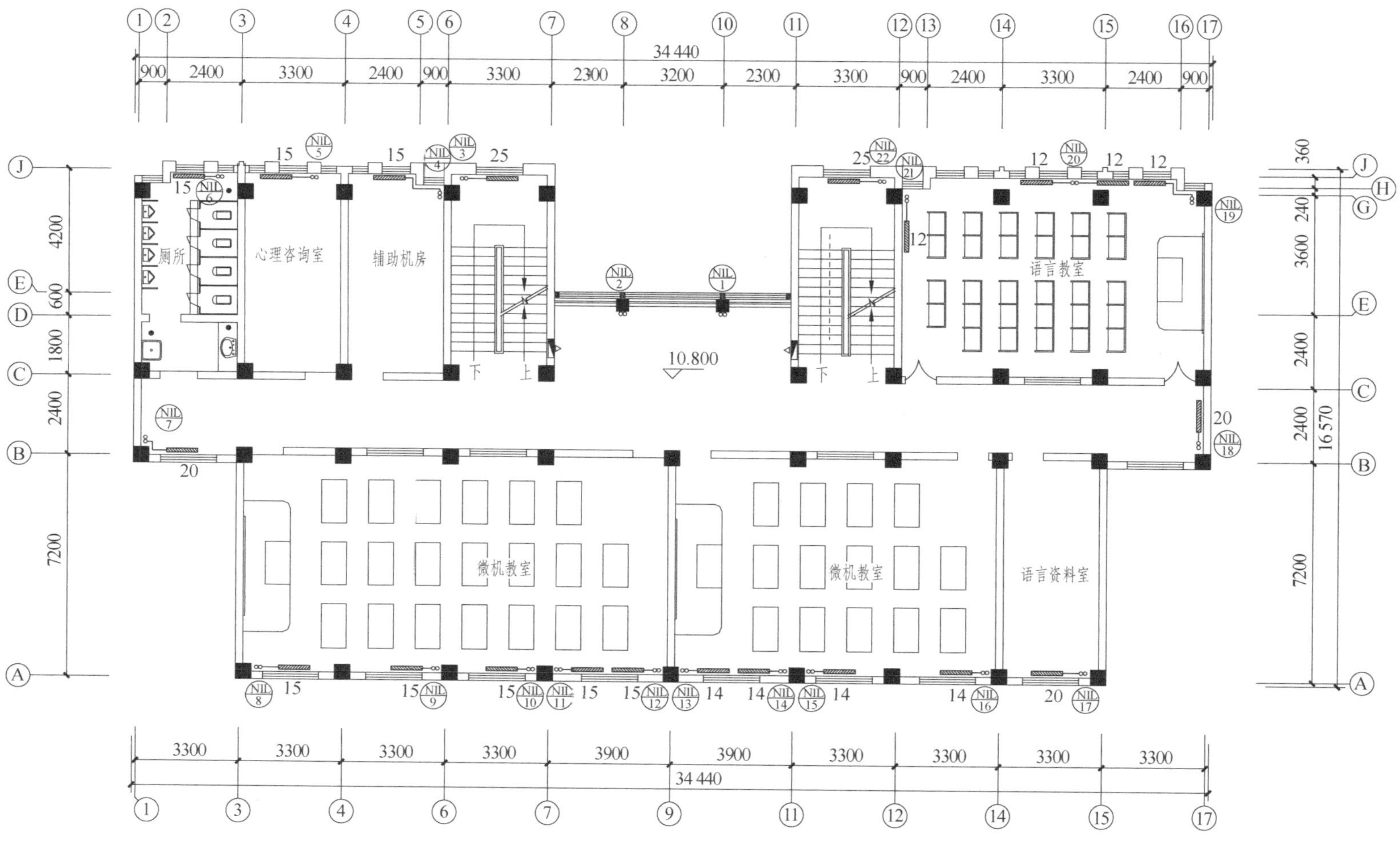

附图 20　四层采暖平面图

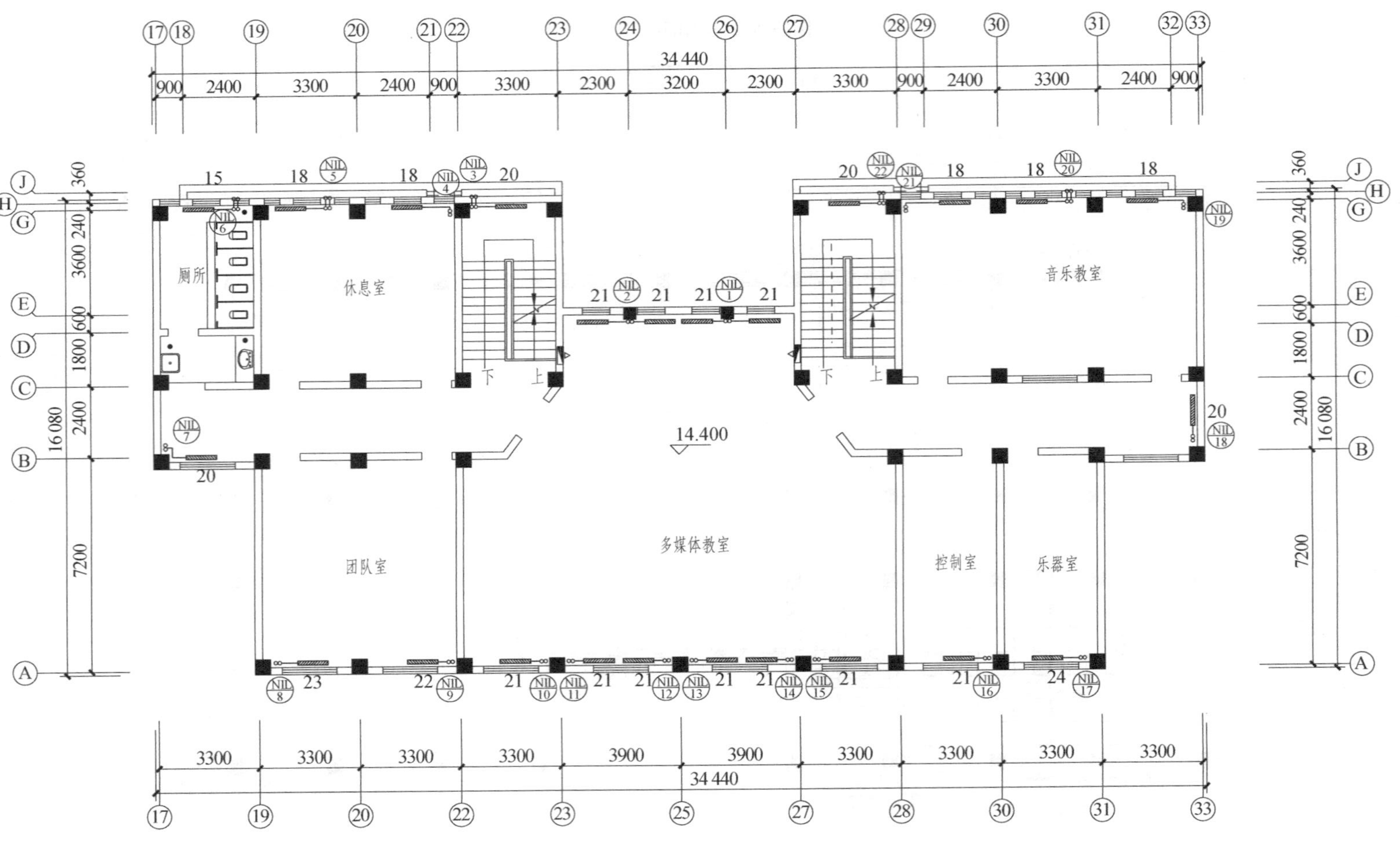

五层设施平面图 1：100

附图 21 五层设施平面图

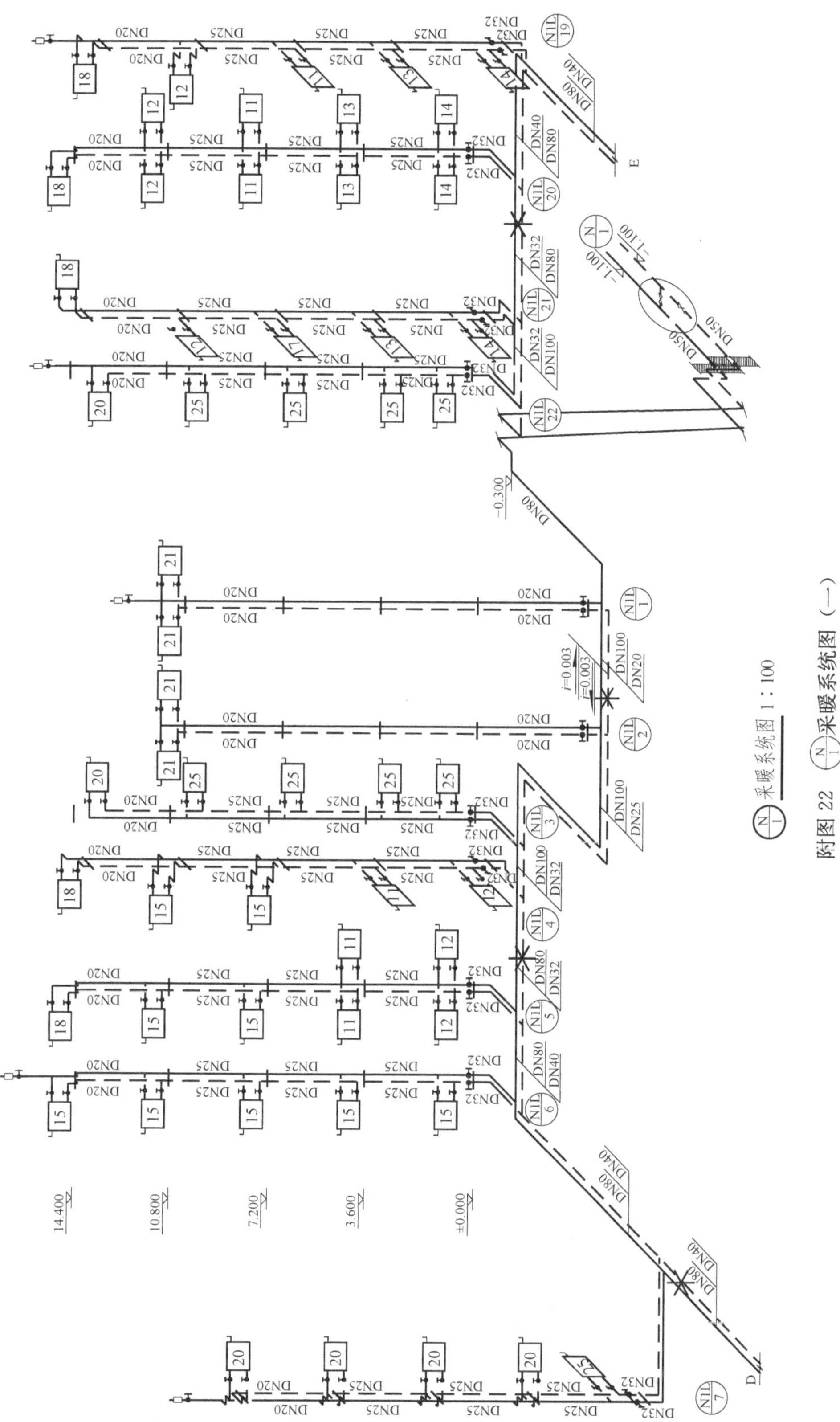

N/1 采暖系统图 1：100

附图 22　N/1 采暖系统图（一）

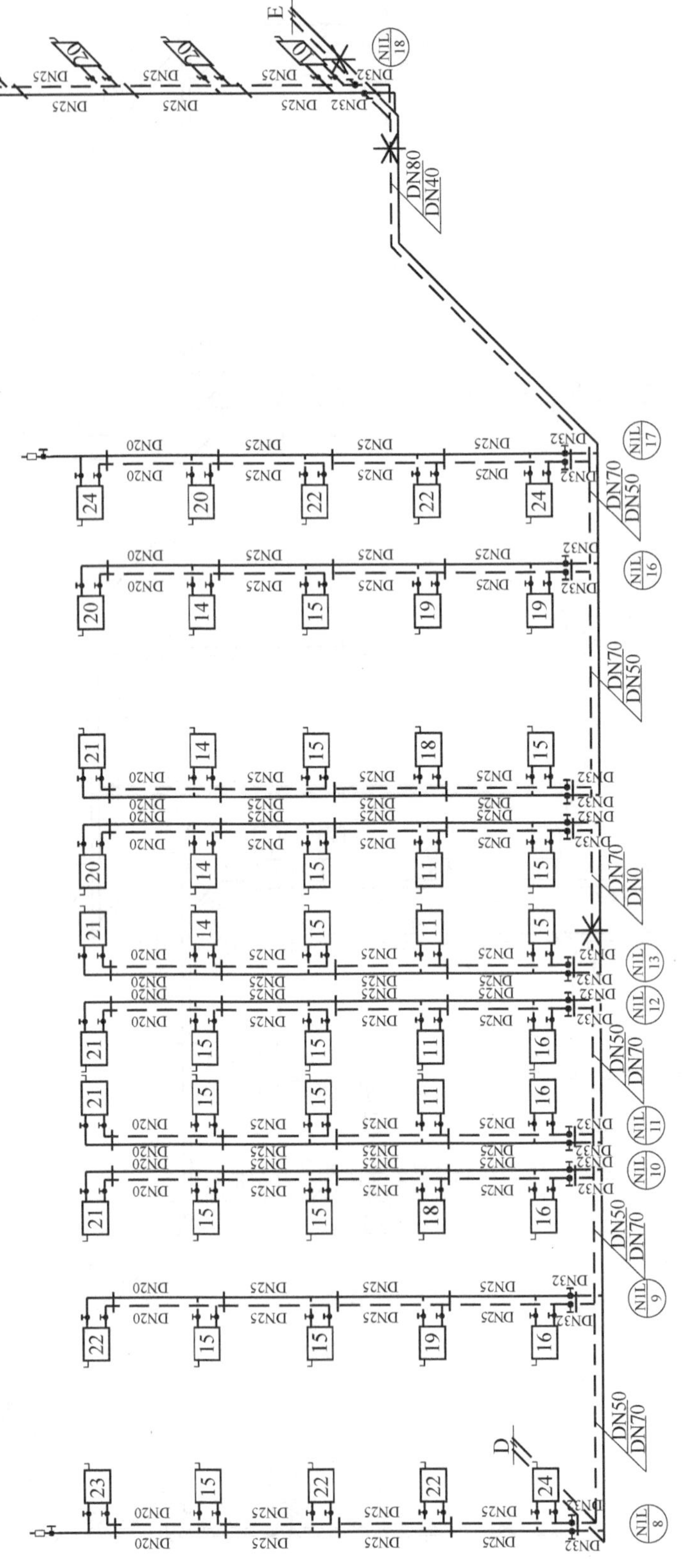

N/1 采暖系统图 1:100

附图 22 N/1 采暖系统图（二）

参 考 文 献

[1] 焦鹏寿. 建筑制图. 北京：中国电力出版社. 2003.
[2] 魏艳萍. 建筑制图与阴影透视. 北京：中国电力出版社. 2004.
[3] 宋安平. 建筑制图. 北京：中国建筑工业出版社. 1997.
[4] 尚久明. 工程制图. 北京：中国建筑工业出版社. 2005.
[5] 藏金玲. 工程制图. 北京：中国建筑工业出版社. 1997.
[6] 林晓新. 工程制图. 北京：机械工业出版社. 2003.
[7] 刑国清. 给水排水工程识图与 AutoCAD. 北京：中国建筑工业出版社. 2004.
[8] 屈辉立，王建洲. 新编 AutoCAD 2002 基础操作教程. 西安：西北工业大学出版社. 2002.
[9] 于勇. 完全掌握 AutoCAD 2002 建筑图形设计. 北京：中国青年出版社. 2002.
[10] 刘培晨，戈升涛，于诰方. AutoCAD-TArch 建筑图绘制方法与技巧. 北京：机械工业出版社. 2002.